高等学校电子信息类系列教材

现代通信系统原理

任光亮　王勇超　刘　毅

李　鹏　王奇伟　陈　超　刘龙伟　编著

西安电子科技大学出版社

内 容 简 介

本书面向现代通信系统及其发展过程，介绍了通信系统的基本概念、基本原理和基本技术，以及系统设计与分析方法。本书不仅包含经典传统的通信理论与技术，而且还包括国内外最新的一些通信理论与技术。

本书分为五大部分，共 12 章。第一部分为通信系统理论基础，包括通信系统概论、随机信号分析、信道与噪声；第二部分为模拟通信系统；第三部分为数字通信系统，包括数字基带传输系统、数字调制系统和模拟信号的数字传输系统；第四部分为数字通信系统中的关键技术，包括最佳接收技术、差错控制编码技术和同步技术；第五部分为典型通信系统，包括地面、空间、水下和机器通信系统。

本书概念清晰，理论严谨，通信应用案例丰富，文字叙述逻辑性强，注重理论联系实践，且每章例题丰富，并配有思考题、习题，部分章节还配有计算机仿真题。

本书可以作为通信工程和信息工程等专业本科生的教材，也可以作为通信与系统方向硕士和博士研究生的教材，还可以作为通信行业工程与技术人员的参考书。

图书在版编目(CIP)数据

现代通信系统原理/任光亮等编著. --西安：西安电子科技大学出版社，2024.6
ISBN 978 - 7 - 5606 - 7130 - 7

Ⅰ. ①现…　Ⅱ. ①任…　Ⅲ. ①通信系统—高等学校—教材　Ⅳ. ①TN914

中国国家版本馆 CIP 数据核字(2024)第 040835 号

策　　划　陈　婷
责任编辑　裴欣荣　陈　婷
出版发行　西安电子科技大学出版社(西安市太白南路 2 号)
电　　话　(029)88202421　88201467　　邮　　编　710071
网　　址　www. xduph. com　　　　电子邮箱　xdupfxb001@163.com
经　　销　新华书店
印刷单位　陕西天意印务有限责任公司
版　　次　2024 年 6 月第 1 版　2024 年 6 月第 1 次印刷
开　　本　787 毫米×1092 毫米　1/16　印张　27.5
字　　数　656 千字
定　　价　68.00 元
ISBN 978 - 7 - 5606 - 7130 - 7/TN

XDUP 7432001 - 1

＊＊＊如有印装问题可调换＊＊＊

前　言

随着信息化在全球各地和各个行业的应用与发展，信息技术已成为当今经济和社会生活的基石。通信技术作为信息技术的基础，备受关注和重视，目前已形成了以其为核心的通信生态系统，为各个行业的发展注入了新的活力，引领并推动了社会众多行业的迅速革新。通信技术已成为推动社会生产力发展的重要动力，能够创造出巨大的社会和经济效益。学习、了解和掌握现代通信系统理论与技术已成为相关行业，尤其是信息与通信工程领域工作者的迫切需求。

本书以现代通信系统为背景，介绍了通信系统中信息处理与信息传输的基本原理、基本技术、设计与分析方法，以及现代通信系统中关键技术的最新进展，包括通信系统的基本概念、数学基础、信道模型、信道容量、模拟通信系统理论与技术、数字基带传输理论与技术、数字调制与解调理论与技术、模拟信号的数字传输技术、数字通信系统最佳接收理论与技术、差错控制编码技术、同步技术和典型现代通信系统等内容。

本书分为五大部分，共 12 章。第一部分是通信系统理论基础，包括第 1、2、3 章；第二部分是模拟通信系统，包括第 4 章；第三部分是数字通信系统，包括第 5、6、7 章；第四部分是数字通信系统中的关键技术，包括第 9、10、11 章；第五部分是典型通信系统，包括第 12 章。各章例题丰富，并配有思考题、习题，部分章节还配有计算机仿真题。为了便于读者进一步深入了解与学习，附录部分给读者提供了深入阅读的内容。各章具体内容如下：

第 1 章通信系统概论，介绍了通信发展的历史；阐述了通信系统的基本概念、基本模型、主要分类、通信方式、信息的度量和通信系统的主要性能指标。

第 2 章随机信号分析，介绍了在通信系统设计与分析中遇到的随机过程的概念、随机过程的统计描述方法、平稳随机过程、高斯过程和随机过程通过线性系统；还讨论了通信系统中的两类信号模型，即窄带随机过程和正弦波加窄带随机过程。

第 3 章信道与噪声，介绍了信道模型与分类；分析了恒参信道与随参信道的特性，以及对抗信道衰落特性的分集接收技术；还介绍了离散信道容量和连续信道容量，以及衰落信道条件下信道的容量。

第 4 章模拟通信系统，重点讨论了以正弦波作为载波的各种模拟调制和解调的原理，分析了其抗噪声性能；还介绍了频分复用的概念和典型的模拟广播通信系统，包括 AM 广播和 FM 广播通信系统。

第 5 章数字基带传输系统，概述了数字基带传输系统，介绍了数字基带信号的时域信号模型和功率谱密度；介绍了线路编码、数字基带传输系统模型、无码间干扰的基带系统传输条件和基带系统的抗噪声性能；还讲解了眼图和减小码间干扰的时域均衡技术。

第 6 章模拟信号的数字传输，介绍了采样定理、模拟信号的量化、脉冲编码调制、差分脉冲编码调制和增量调制。

第 7 章二进制数字调制系统，介绍了二进制幅移键控、二进制频移键控和二进制相移键控，且分别给出了其调制原理和解调原理，分析了其频域特性和抗噪声性能。

第 8 章多进制和先进的数字调制系统，介绍了 MASK、MFSK、MPSK、MDPSK 和

MQAM 的多进制调制原理，以及改进的 QPSK、MSK、GMSK、CPM 等一些单载波调制技术的调制原理；还介绍了多载波(OFDM)、空间调制、序号调制、OTFS 等新型调制技术的基本原理。

第 9 章数字通信系统的最佳接收，介绍了数字通信系统的统计模型、信号空间的概念、最佳接收准则、确知信号的最佳接收机和随机相位信号的最佳接收机，以及最佳通信系统的概念。

第 10 章差错控制编码，介绍了差错控制编码的基本概念和常用的编码方法；重点讨论了线性分组码和卷积码；另外还简明地介绍了近年来出现的一些先进的编码方法。

第 11 章同步，介绍了载波同步、位同步和帧同步的概念、原理和方法，分析了其性能；还讨论了在现代通信系统中同步的数字化实现。

第 12 章典型通信系统，从应用场景和系统原理的角度，介绍了地面移动通信系统、空间通信系统、水下通信系统和机器通信系统的概况、信息传输方案、传输协议和发展趋势等内容。

本书由任光亮主持编写，编写了第 1、4、5 和 9 章；王勇超编写了第 7 和 8 章；刘毅编写了第 3 和 11 章；李鹏编写了第 6 章；王奇伟编写了第 2 章；陈超编写了第 10 章；刘龙伟编写了第 12 章。薛瑄参与了第 7 和 8 章的编写；博士生关丹丹、何雨轩，硕士生邵佳琪、钟金祥参与了第 4、5 和 9 章的编写；硕士生师瑞洋、张颖薇参与了第 3 和 11 章的编写；硕士生张义斌参与了第 6 章的编写。全书由任光亮修改定稿。本书在编写过程中得到了西安电子科技大学通信工程学院各级领导的大力支持和同事的倾力相助，还得到了西安电子科技大学出版社的大力支持，特别是本书的策划编辑陈婷为本书的出版付出了辛苦的工作。在此表示衷心的感谢。

限于作者水平，书中难免出现不足之处，殷切希望广大读者批评指正。

编 者

2023 年 12 月

目　录

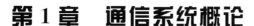

第1章 通信系统概论

随着信息化在全球各地的快速发展，信息技术已成为当今经济和社会生活的基石。作为信息技术核心的通信技术备受关注和重视，已成为引领社会众多行业发展的重要动力。本章首先介绍了通信发展的历史和通信发展过程中一些重要的人物及其贡献；其次概述了通信系统的基本概念、基本模型、主要分类和通信方式；然后介绍了通信系统所传输的消息与信息，以及信息的度量；最后阐述了通信系统的主要性能指标。

1.1 通信发展历史

通信是指克服距离上的障碍进行信息的传输与交换。在现代通信中，信息一般是以电信号的形式传输的。这里说的电信号是广义的，包括光信号，因为光也是一种电磁波。中国是世界上最早采用光信号通信的国家之一，其至少可以追溯到 3000 多年前，周朝时已经开始利用烽火和狼烟等光信号来传递消息了。当然，这只是原始的光通信，仅能传递一些简单的消息。

真正利用电信号进行通信的历史要从近代开始。1837 年美国人塞缪尔·莫尔斯（图 1.1.1）发明了实用的有线电报通信，1844 年长距离电报机研发成功，很快就风靡全球，成为当时最时尚的传信方式，这是近代通信开始的标志。1876 年美国人亚历山大·格雷厄姆·贝尔（图 1.1.2）发明了有线电话通信。仅仅过了 4 年，纽约大街电线杆上的电话线（图 1.1.3）已经多达 350 条，可以说电话通信改变了社会的面貌。电报和电话通信的出现，改变了人们的生活和工作方式，对人类社会发展产生了巨大的推动作用。

图 1.1.1　塞缪尔·莫尔斯　　图 1.1.2　亚历山大·格雷厄姆·贝尔　　图 1.1.3　1880 年纽约街貌

1895年意大利人伽利尔摩·马可尼(图1.1.4)和俄国人亚历山大·斯捷潘诺维奇·波波夫分别于同年发明了无线电通信,马可尼还设计了第一个无线电发射器。1909年马可尼获得诺贝尔物理学奖,并被称作"无线电之父"。1898年,美国人阿尔蒙·史端乔发明了自动电话交换机,有线电话通信网络得到迅速发展。1906年加拿大人雷金纳德·费森登发明了调幅广播,这是用无线电传送声音的开始。1907年美国电气工程师埃德温·阿姆斯特朗应用电子器件发明了超外差式接收装置。1920年美国无线电专家康拉德在匹兹堡建立了世界上第一家商业无线电广播电台,收音机成为人们了解时事新闻的方便途径。1924年第一条短波通信线路在瑙恩和布宜诺斯艾利斯之间建立。1920年至1928年美国人奈奎斯特(图1.1.5)和哈特莱等发表论文,提出了采样定理和无码间干扰传输准则等通信理论。1933年法国人克拉维尔建立了英法之间第一个商用微波无线电线路,推动了无线电技术的进一步发展。1933年美国人埃德温·阿姆斯特朗发明了调频系统。1935年美国纽约帝国大厦设立了一座电视台,次年就成功地把电视节目发送到70千米以外的地方。1937年美国人A·里弗斯提出了对于现代数字通信有着重要作用的模拟信号数字化技术,即脉冲编码调制(PCM)。1946年,美国人罗斯·威玛发明了高灵敏度摄像管,同年日本八本教授解决了家用电视机接收天线体积大的问题,从此一些国家相继建立了超短波转播站,电视迅速普及开来。在通信理论方面,1944年至1947年美国人斯蒂芬·莱斯给出噪声的数学表示,美国人诺伯特·维纳和俄国人莫哥洛夫等利用统计的方法进行信号检测,形成了统计通信理论。1948年至1950年美国人克劳德·香农(图1.1.6)发表信息论方面的奠基论文,美国人理查德·卫斯里·汉明和戈莱在贝尔实验室设计出纠错码,建立了信息与编码理论。1948年至1951年美国贝尔实验室的肖克利、巴丁和布拉顿发明了晶体三极管,于是晶体管收音机、晶体管电视机、晶体管计算机等很快代替了各式各样的真空电子管产品。1959年美国的基尔比和诺伊斯发明了集成电路,从此微电子技术诞生了。1967年大规模集成电路诞生,一块米粒般大小的硅晶片上可以集成1000多个晶体管。集成电路的出现,极大地推动了通信技术的进展,也是近代通信过渡到现代通信阶段的标志。

图1.1.4 伽利尔摩·马可尼

图1.1.5 哈里·奈奎斯特

图1.1.6 克劳德·香农

卫星通信、光纤通信和蜂窝移动通信是现代通信技术的重要方式。其中卫星通信是美国人约翰·罗宾森·皮尔斯于1955年提出的设想,1962年诞生了第一颗通信卫星Telstar(图1.1.7)。1964年,美国、日本等11个国家组建了国际通信卫星组织(INTELSAT),该组织在1965年4月把第一代国际通信卫星射入静止同步轨道,正式运营国际通信业务,自此卫星通信开始迅猛发展。我国在1972年建立了第一个卫星地球站,1984年发射了第一个实验通信卫星，1985 年后先后建立了承载固定业务的多个公用网地球站，以及承载移动业务的终端和卫星网络。截至 2022 年 5 月，全球在轨的卫星共有 4800 多颗，其中通信卫星占比约 50%。

　　光纤通信是华裔科学家高锟（图 1.1.8）于 1966 年发明的，因此高锟被誉为"光纤之父"。自此光纤和光纤通信技术得到不断的发展和完善，1992 年一根光纤的传输速率可达 2.5 Gb/s，2000 年一根采用波分复用（WDM）技术的光纤传输速率可达 640 Gb/s，2010 年后一根光纤的传输速率可达 4 Tb/s，光纤通信已成为现代高速通信的主要技术手段。没有光纤通信就没有今天互联网的广泛发展和应用，高锟也在 2009 年获得诺贝尔物理学奖。

图 1.1.7　第一颗通信卫星 Telstar　　　　图 1.1.8　"光纤之父"高锟

　　蜂窝移动通信的概念是由美国贝尔实验室的法朗基尔和恩克尔在 1971 年提出的，1978 年建成了世界上第一个蜂窝移动通信系统——先进移动电话系统（AMPS），从此移动通信迅速发展壮大。在短短的 40 年中，第一代模拟蜂窝移动通信网发展到第二代数字移动通信网（1990 年商用）和第三代宽带数字移动通信网（2009 年商用），再到数据峰值速率高达 100 Mb/s 的第四代宽带高速移动通信网络（2014 年商用）。从 2014 年开始，世界各国积极开展峰值速率高达 1Gb/s 的第五代（5G）移动通信网的研究工作，高速率、低时延和大连接的 5G 宽带移动通信技术，是实现人、机、物互联的网络基础设施，为移动互联网用户提供更加极致的使用体验，满足工业控制、远程医疗、自动驾驶等垂直行业的应用需求，以及智慧城市、智能家居、环境监测等以传感和数据采集为目标的应用需求。我国从 2018 年开始部署第五代（5G）移动通信网，并启动了商用化进程。2019 年 5G 网络开始全球商用，截至 2020 年 12 月，全球已有 129 个国家建立了 5G 网络。5G 网络不仅深刻地改变了人们的生活方式，而且加速了整个社会的信息化与数字化发展。面向"数字孪生"和"智慧泛在"的发展需求，目前世界各国已开展以"超级无线宽带、极其可靠通信、超大规模链接、普惠智能服务和通信感知融合"为五大典型场景的第六代（6G）移动通信系统与关键技术的研究，满足未来社会生产与生活的需求。

　　现代通信技术的高速发展和进步，促进了社会各行各业的发展，为不同行业的发展注入了新的活力，形成了通信行业的生态系统，促进了整个社会的发展。利用现代通信系统，世界各地的人们不用聚在一起，就可以通过电视/电话进行开会与交流；人们可以足不出户地获取新闻资讯和娱乐信息，并且可以在家中购物；购物可以不再用现金，人们可以直接利用手机进行移动支付。利用第五代移动通信提供的物联网业务，可以实现对于车辆、物品、气候和环境等的实时监控，以及实现智能家居生活等方式。通信的发展促进了人类社会生产力的发展，改进了社会的生产方式，改变了人们的生活方式与生活习惯，更新了人们的思想观念与发展理念，极大地促进了人类文明的进展。而社会生产力与社会文明的进步与发展又为通信行业的发展提供了基础与环境，会进一步促进通信行业的发展。

1.2 通信系统

通信系统是指完成通信的一切技术与设备的总和。通信系统的主要任务是信息传输，即将信源产生的消息传送到作为目的地的**信宿**，不同的终端通过信息传输进行信息交换。

本节首先介绍通信系统的基本模型，然后以基本模型为基础，介绍通信方式和通信系统的分类，最后重点介绍模拟通信系统和数字通信系统。

1.2.1 通信系统的基本模型

为了便于分析和研究通信系统，人们通过对大量通信系统进行研究与分析，提炼出通信系统的共性，形成通信系统的基本模型。如图 1.2.1 所示，信源和发送设备构成发送端，接收设备和信宿构成接收端。通信系统需要传输的消息可能是声音（语音、音乐等）、图片、图像、视频、文字等，这些消息的共同特点是具有不确定性，或称随机性，否则就没有必要去传输它们。在通信系统基本模型中，将消息转变成原始电信号或基带信号的部分定义为**信源**。在接收端，将原始电信号或基带信号转化为用户所需要消息的部分定义为**信宿**。信源和信宿的功能是互逆的。通信系统的核心是**发送设备**、**信道**和**接收设备**。此外，通信系统中发送设备和接收设备的元器件会产生噪声，信道也会引入噪声。因而在通信系统基本模型中，把这些噪声集中在信道中用一个噪声源表示。下面对这些部分分别进行介绍。

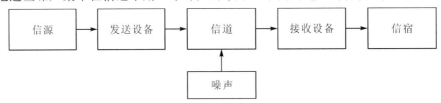

图 1.2.1 通信系统的基本模型

1. 发送设备

发送设备将输入的原始电信号或基带信号转换成适合于信道传输的信号形式。例如，无线电广播电台的发射机需要将输入音频信号的频率变换到适合由天线发射的频段上，这种变换过程称为**调制**。调制的主要手段是使一个高频正弦载波的振幅、频率或相位随输入信号变化而变化。例如，调幅广播发射机使其发射的高频正弦载波振幅随输入音频信号电压的变化而发生变化，主要目的是使发射信号的特性和信道特性相匹配，或者说，使发射信号的频率范围位于发射天线能够有效辐射的频段中。调制种类的选择要考虑到信道的可用频带宽度、信道中的噪声和干扰情况，以及所用的电子器件与部件等诸多因素。

发送设备除了调制功能外还完成其他一些任务，例如：对输入和输出信号进行滤波和功率放大等。在无线电发送设备中还必须有发射天线，才能将信号辐射出去。

2. 信道和噪声

信道是将信号从发送设备向接收设备传送的物理媒质。在无线电通信中，信道是空气和自由空间；有线电话的信道则是铜线或光纤等有线传输介质。信号在信道中传输会遇到衰减和干扰的问题。衰减是指信号的功率因在信道中传输而下降。在一些无线信道(如短波电离层信道和陆地移动通信信道)中，**多径传播**是另外一种使信号质量降低的重要因素。多径传播使信号振幅随机起伏的现象称为**衰落**。与加性干扰的作用机理不同，一般将衰减或衰落称为**乘性干扰或乘性噪声**。

信道中的基本干扰是由通信系统中各元器件产生的**热噪声**造成的。在无线电信道中，还有人为噪声和自然噪声等干扰进入接收设备。例如，汽车点火产生的干扰是一种人为噪声；闪电属于大气噪声，它是一种自然噪声。此外，无论是无线通信还是有线通信，信道中可能还有来自其他用户的干扰。上述这些噪声或干扰都是叠加在信号上的，故统称为**加性干扰或加性噪声**。

3. 接收设备

接收设备的功能是将接收到的信号转换为原始电信号或基带信号，这些原始电信号再通过信宿后恢复成消息。如果消息是由载波的调制载荷的，则接收设备需要将接收信号**解调**提取出原始电信号或基带信号。由于被解调的信号中包含各种干扰和噪声，因此解调出的消息质量必然有所降低。消息质量降低的多少和调制种类、干扰或噪声的强度及解调方法有关。除了解调外，接收设备还有一些其他功能，包括低噪声放大和滤波等处理。

通信系统基本模型给出了点到点的单向信息传输模型，即信息从信源传输到信宿。现在的调幅(AM)、调频(FM)广播和电视就是这种单向信息传输模型。而许多实际的通信系统中，通常包含多个用户之间的双向通信，双向通信系统模型也可由两个单向信息传输模型构成，多用户通信的多点对多点的通信模型也可由多个点对点的模型构成。

1.2.2　通信方式

上述通信系统基本模型给出的是单向通信系统，但在多数场合下，需要双向通信。电话就是一个最好的例子，通信双方都要有发送和接收设备，都要有信源和信宿，并需要双向的传输媒质，如果通信双方共用一个信道，就必须用频率或时间划分等方法来共享信道。而如何通过共享信道实现双向信息传输，就涉及到通信系统的工作方式。

通常将通信双方之间共享信道的工作方式定义为通信方式。对于点与点之间的通信，通信方式可分为单工、半双工及全双工三种。

单工通信，指消息只能单方向传输的工作方式，因此只占用一个信道，如图 1.2.2(a)所示。广播、遥测、遥控、无线寻呼等就是单工通信方式的实例。

半双工通信，指通信双方都能收发消息，但不能同时进行收和发的工作方式，如图 1.2.2(b)所示。例如，使用同一载频的对讲机通话，使用同一载频的收发报机通报以及问询、检索、科学计算等数据通信都是半双工通信方式。半双工通信的通信双方通过不同的时间来共享一个信道。

全双工通信，指通信双方可同时收发消息的工作方式。全双工通信的信道必须是双向信道，如图 1.2.2(c)所示。普通固定电话或手机通话都是最常见的全双工通信方式，计算机之间的高速数据通信也可能采用这种方式。在通信系统中，全双工通信方式分为频分双工(Frequency Division Duplexing，FDD)、时分双工(Time Division Duplexing，TDD)和同频同时全双工等。频分双工是指通信双方在不同的频率上进行双向信息传输；时分双工时指通信双方在不同的时隙(时间段)上进行双向信息传输。与频分和时分全双工通信方式相比，半双工通信消耗的信道资源少，并且可以实现信息的双向传输，但存在一定的信息传输时延。

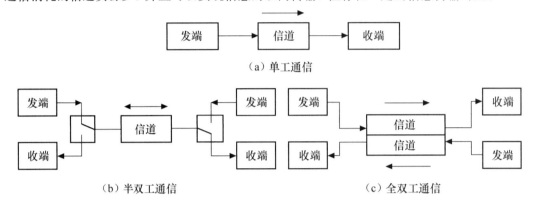

图 1.2.2 单工、半双工和全双工通信方式示意图

随着通信系统的传输速率的提高和用户用量的增长，信道资源越来越匮乏，为了满足全双工通信的需求，近年来国内外的研究人员先后提出了有效提高频谱效率的**同频同时全双工**(CCFD)技术。该技术在同一频率的物理信道上同时实现信号的两个方向传输，即发射机发射信号的同时接收来自目的用户的同频信号，故接收机接收信号时，需要消除自身发射机信号的同频干扰。与传统全双工技术相比，同频同时全双工的频谱效率可提高一倍。

1.2.3 通信系统的分类

在日常生活中，人们使用各种形式的通信系统获得所需的信息，相互之间进行着各种形式的交流。为了便于描述不同通信系统的特点，本小节从通信系统基本模型出发，根据基本模型中所包含的各个组成部分存在的不同之处，对通信系统进行分类。

1. 按信源输出的信息业务分类

按照信源输出信息的业务类型，通常将通信系统分为话务通信和非话务通信两类。

电话是电信领域中的重要业务，属于人与人之间的主要通信方式之一。近年来，非话务通信迅速发展。在具体细分中，非话务通信主要包括分组数据业务、数据库检索、电子信箱、电子数据交换、传真存储转发、可视图文及会议电视、图像与视频通信等。以前，由于电话通信最为发达，其他通信常常借助于公共的电话通信系统来进行。现在，随着通信技术的发展与通信业务的拓展，各种不同用途的消息，包括话音、图像、视频、数据文件等综合业务都可通过一个统一的互联网进行传输。

2. 按发送设备中所包含的转换装置分类

在通信系统的基本模型中，发送设备包含调制、功率放大器和天线等多个功能模块。根据发送设备中是否采用调制功能模块，可将通信系统分为基带传输系统和频带(带通或调制)传输系统。基带传输是将未经调制的信号(通常称为基带信号)在信道中直接传送，如音频市内电话、有线局域网各节点之间的数据传输系统。频带传输是对各种已调信号传输的总称。根据发送设备和接收设备中天线的数目，可以把通信系统分为单发单收(SISO)天线通信系统、单发多收(SIMO)天线通信系统、多发单收(MISO)天线通信系统和多发多收(MIMO)天线通信系统。

3. 按信道中传输信号的特征分类

信道是携带信息的信号的传输通道。一般根据信道中传输信号所携带信息参量的特征，可将信道信号分为模拟信号和数字信号两大类。在通信系统中，模拟信号是指信号中携带信息参量的变化状态是连续的、不可数的；数字信号是指信号中携带信息参量的变化状态是离散的、可数的。

按照信道中所传输的是模拟信号还是数字信号，相应地把通信系统分成模拟通信系统和数字通信系统两类。现在的调幅(AM)和调频(FM)广播都是将语音信号分别调制到载波的幅度和频率上，之后发送至用户的收音机，通过收音机恢复出语音信号。信道中高频载波分别在幅度和频率上携带状态连续不可数的参量，因而其属于模拟通信系统。而现在用户使用的第四代或第五代移动通信系统进行通信时，用户在发送端把模拟信号或数据转换成状态离散且可数的数字信号，然后调制到载波的某一参量上携带，再通过信道传输到接收端，信道中高频载波上携带信息参量的变化是离散的和可数的，因而其属于数字通信系统。

4. 按信道中的传输媒质分类

信道中传输信号的媒质有不同的类型。按信道中的传输媒质的不同，通信系统可分为有线通信系统和无线通信系统两大类。所谓有线通信是用导线(如架空明线、同轴电缆、光导纤维、波导等)作为传输媒质来传输信号的，如市内电话、有线电视、海底电缆通信等。所谓无线通信则依靠电磁波在空间传播以实现传递消息的目的，如依靠短波电离层传播、微波视距传播、卫星中继传播等。

5. 按信道中信号的复用方式分类

信道复用是指在一个信道中传输多路信号的方法，可以提高信道的利用率。

信道传输多路信号主要有四种复用方式，分别为：频分复用、时分复用、码分复用和空分复用。频分复用是指用频谱搬移的方法使各路信号占据不同的频率范围；时分复用是指各路信号占据不同的时间区间(又称为时隙)；码分复用是指各路信号占用不同的正交码序列；空分复用是指利用多天线对空间进行分割，各路信号占用不同的波束或子空间。传统的模拟通信中都采用频分复用方法；随着数字通信的发展，时分复用通信系统的应用愈来愈广泛；码分复用主要用于扩谱通信技术；空分复用主要应用在第四代和第五代移动通信系统中。

6. 按接收设备中解调方式分类

在通信系统基本模型中，接收设备完成发送设备的逆变换。调制是发送设备的重要功能，解调则是接收设备中的重要功能。通常根据解调中是否使用相干载波，把通信系统分为相干接收和非相干接收通信系统。所谓相干载波是指在接收端从接收信号中提取的与发端载波同频同相的载波。对于通信系统而言，采用相干解调的系统性能一般都优于采用非相干解调的通信系统。

以上分类是按照通信系统基本模型中不同的组成部分进行划分的，各个部分的分类方式是兼容的，可以将其组合，表达某一类通信系统，但可能比较冗长。日常生活中所提到的不同种类的通信系统，如移动通信系统、卫星通信系统和有线电话通信系统，其名称通常是指这类通信系统的主要特征。

1.2.4 模拟通信系统

模拟通信系统是利用模拟信号来传递信息的通信系统。信源发出的原始电信号称为**基带信号**，基带信号的频谱通常从零频率附近开始，如语音信号的频带为 300～3400 Hz，图像信号的频带为 0～6 MHz。由于这种信号具有频率很低的频谱分量，一般不宜直接传输，需要把基带信号变换成其频带适合在信道中传输的信号，并在接收端进行反变换。这种变换和反变换过程通常由调制器和解调器来完成。经过调制的信号称为**已调信号**，又称为**频带(带通)信号**。已调信号有 3 个基本特征：一是携带信息，二是适合在信道中传输，三是信号的频谱具有带通形式，且中心频率远离零频。

在模拟通信系统中，从发送端到接收端的传递过程中，除了基带信号与带通信号之间的变换外，实际通信系统中可能还有滤波、放大、天线辐射和控制等过程。由于实际通信系统中这些处理过程不会使信号发生质的变化，只是对信号进行了放大或改善信号特性等处理，因而不予讨论。

因此，模拟通信系统模型可由图 1.2.1 略加演变而成，如图 1.2.3 所示。

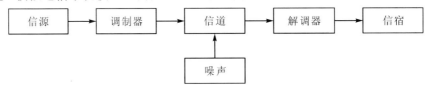

图 1.2.3　模拟通信系统模型

图 1.2.3 中的调制器和解调器就代表图 1.2.1 中的发送设备和接收设备。

1.2.5 数字通信系统

在信道中传输数字信号的通信系统称为数字通信系统。在数字通信系统中，若信源送出的是模拟信号，则此模拟信号需要先数字化，变换成数字信号，再经过数字调制发送出去；在接收端用数字解调器恢复出发送的数字信号，然后将其变换回原模拟信号。当信源发出的信号已经是数字信号时，例如计算机输出的数字数据，就不需要上述的数字化过程。图 1.2.4 画出了数字通信系统的模型。

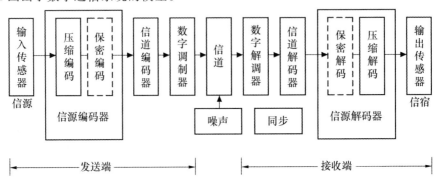

图 1.2.4　数字通信系统的模型

在发送端，信源的输入传感器输出的信号可以是模拟信号或是数字信号。若是模拟信号，则在信源编码时首先要将其数字化。**信源编码器**的功能可以分为独立的两部分。**压缩编码**部分的功能是减小或消除输入信号中的冗余度，以提高消息的传输效率。**保密编码**部分的功能是防止他人窃取传输的消息。根据系统设计和用户的需求，这两部分不一定都有，甚至可以都没有。例如，一些传输计算机数据的普通系统，信源输出的数字数据可以直接进行信道编码。信源编码器输出的信号一般都是二进制数字序列，它被送入信道编码器。

信道编码器的功能是在其输入数字序列中按照某种规律增加一些码元，接收到的数字序列按照这种规律可以检出错码或纠正错码，从而减小错误接收概率，提高系统抗干扰与噪声的能力。例如，最简单的一种信道编码方法就是将每个发送比特重复发送几次，若在传输中产生个别错码，则在接收端解码时可以按照"少数服从多数"原则，判定多数的正确。信道编码器的输出送到数字调制器。

数字调制器的主要功能是使发送到信道上的数字信号的电特性适合在信道上传输，并且能够可靠、高效地传输。在发送端，数字调制器之前的信号都称为基带信号。如前所述，基带信号的频谱一般从很低的频率开始，甚至包括直流分量，最高可以达到几十兆赫以上。许多信道不能传输低的频率分量和直流分量。为了在这类信道中传输包含低频率分量的信号，需要将基带信号调制到高频正弦载波上。这类调制称为载波调制。载波频率通常比基带信号所处的频带位置高很多。经过载波调制的信号称为频带(带通)信号。此外，基带信号也可以用其他方法做波形变换，使之适合在信道中传输。例如，将码元的码型改变以消除其直流分量；或将二进制码元变换成多进制码元，减小其带宽，以满足信道对于带宽的限制。这种基带信号处理也属于调制的范畴，可以称为基带调制(又称为基带码型变换)。所以，广义地说，调制可以分为载波调制(带通调制)和基带调制两大类。不过，在大多数场合和大多数中文书籍中，都将调制作狭义的理解，即把载波调制简称为调制。

信道对数字信号传输的影响有两个方面。第一，信道的带限特性使数字信号传输产生码间干扰；信道的随机时变特性使数字信号产生衰落。第二，信道中加性噪声使数字信号产生畸变。信道特性及其对于信号传输的影响将在后续章节中做专门介绍。

图 1.2.4 中接收端方框的功能和发送端相应方框的功能相反，这里不再赘述。只是其中的同步方框需要给予说明。同步是数字通信系统中不可缺少的组成部分，它为接收端提供与发送端一致的时间标准。接收端需要知道接收信号中每个码元的准确起止时刻，所以必须由同步电路从发送信号中提取码元同步信息；这种同步称为位同步或码元同步。类似地，接收端为了获知由若干码元组成的一个码组(或称码字)的起止时刻，还需要提取字同步信息(帧同步)。字同步类似文章中的标点符号，若没有标点符号则很难断句，因而难于理解文中的含义。此外，为了在通信网中使各通信站的时钟统一，还需要进行网同步。本书将在后续章节中专门介绍同步技术。

与模拟通信系统相比，数字通信系统具备下述优点：

(1) 数字信号受传输影响较小，因为在接收端可以利用整形的方法(再生，即重新恢复出原来信号的形式)除去信号波形的失真。特别是在长距离传输时，在每个转发站中都可以对接收信号进行整形，以消除噪声的积累。与此相反，在长距离传输时，模拟信号上叠加的噪声在转发站中不会消除或减小，各段线路中的噪声积累将使信号质量下降。

(2) 数字通信系统中可以采用纠错编码等差错控制技术，提高系统的抗干扰性能。

（3）数字通信系统中可以采用数据压缩技术，减少输入信号中的冗余度，采用存储转发等技术进行数据交换，采用扩频、非正交多址、多用户检测等多种先进的数字信号处理技术提高数字通信系统容量和抗干扰等方面的性能。

（4）数字通信系统中可以采用高保密度的加密技术，提高传输的安全性。

（5）和模拟通信设备相比，数字通信设备具有便于集成、小型化和低功耗等优点，其设计和制造更容易，价格更便宜。

由于数字通信对同步要求高，因而系统设备同模拟系统相比要更复杂。不过，随着微电子技术、超大规模集成电路和计算机技术的迅猛发展，数字通信的这一缺点已经弱化。数字通信的另一个缺点是其占用带宽大，例如传输一路模拟语音信号，基带带宽需要 4 kHz，而传输达到同样质量的数字语音信号需要 64 kHz。为满足数字通信系统对带宽的需求，通信系统的工作频段在不断提升，目前一些无线通信系统已工作到毫米波段和太赫兹频段。不断提高的频段为通信系统提供了丰富的带宽资源。数字通信的以上两个缺点在通信发展中不断弱化，数字通信相对于模拟通信无可比拟的优点，已使得数字通信逐步取代模拟通信而占主导地位。

1.3　信息及其度量

通信系统的主要任务是传输信息，信息包含于消息中，而消息则载荷于信号上传输。本节首先讨论消息、信息与信号的基本概念和相互关系，然后重点介绍信息量。

1.3.1　消息和信息

语音、图形、活动图像、视频、符号、文字等都是不同形式的消息。**消息**是信息的外在形式，**信息**是消息中包含的有效内容。消息具有一定的不确定性。人们传递消息是为了获取其中包含的信息。若此消息是确定的，或者说是确知的，则没有必要传递了。例如，"太阳会发光"是人所共知的，则没有必要传递这个消息。也就是说这个消息中不包含信息，或包含的信息量为 0。

相同的信息可以采用不同类型的消息传递。例如，天气预报的"晴"，可以用汉字表示，也可以用英文或其他图形表示，还可以用语音表示。在现代通信中，消息是用电信号的形式进行信息传输的。

1.3.2　信号

信号是消息的载体，是一种电波形，这种电波形代表消息，用于在通信系统中传输。在通信系统中，一般按照信号中代表消息的参量取值方式的不同，将信号分为模拟信号和数字信号两大类。

第一类：模拟信号，又称为连续信号，例如，话筒送出的语音信号。模拟信号的电压和电流可以用取值连续的时间函数表示，如图 1.3.1(a)所示。模拟信号还可以采用时间上不连续的波形表示，如图 1.3.1(b)所示。在 1.3.1 图中，脉冲的幅度承载语音信号，幅度变化的状态是不可数的。

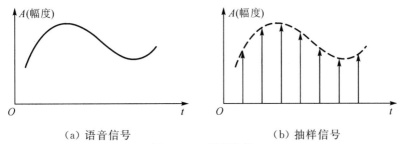

（a）语音信号　　　　　　　　　（b）抽样信号

图 1.3.1　模拟信号

第二类：数字信号，又称为离散信号，例如，计算机输出的数字信号。数字信号的电压和电流仅可能取有限个离散值，如图 1.3.2(a)所示。数字信号还可以用时间连续的波形表示，如图 1.3.2(b)所示。在该图中用于承载信息的是一个周期正弦波的初相，正弦波初相变化是离散的，状态是可数的。

特别需要注意的是：在通信系统中区分模拟信号和数字信号的准绳是在信号中表征消息参量的取值是连续的还是离散的，而不是时间波形是否连续变化。模拟信号在时间上可以是离散的，如图 1.3.1(b)所示；数字信号在波形上可以是连续变化的，如图 1.3.2(b)所示。

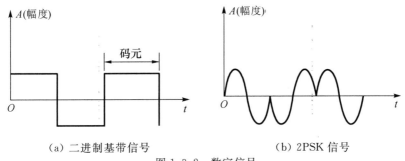

（a）二进制基带信号　　　　　　　（b）2PSK 信号

图 1.3.2　数字信号

通信的目的是传递消息中包含的信息。而信息可以由不同类型的消息传递，并且信息还有多少之分。通常采用信息量的概念来描述消息中所包含信息的多少。

1.3.3　信息量

新闻是最常见的消息。若一则新闻称某地在夏季降了一场大雪，这是一则惊人的新闻；若一则新闻称某地在夏季降了一场小雨，则人们认为这没有什么可以惊讶的。这就是说，前一则新闻包含的信息量比后一则大。若在新闻中除了天气方面的信息，还有路况等其他方面的信息，那么这则新闻相对于仅包含天气信息的新闻所含的信息量更大。

由上述例子可以看出，消息中包含的信息量大小，与该消息出现的可能性大小有关，还与消息中所包含相互独立消息的数目有关。一般而言，包含某一信息的消息 x 出现的可能性越小，所含的信息量越大。可能性在数学上可以用概率来表示。这就是说，消息出现的概率越小，则该消息所含的信息量越大。因此，消息 x 的信息量定义如下：

$$I(x) = \mathrm{lb}\frac{1}{P(x)} = -\mathrm{lb}P(x) \quad \mathrm{bit} \tag{1.3.1}$$

式中，$I(x)$ 为消息 x 的信息量，$P(x)$ 为消息 x 出现的概率，信息量的单位是比特或 bit(英文表示)。若消息 x 的出现概率等于 $1/2$，则按照式(1.3.1)可计算出 $I(x)$ 等于 1 比特。

在二进制数字通信中，若数字符号"1"和"0"的出现概率相等，各占 1/2，则每个符号所含的信息量等于 1 比特(这里已经暗中假定了每个符号的出现是独立的)。需要指出的是，在计算机技术和通信技术中，通常不考虑二进制数字符号是否以等概率出现，以及是否独立出现，都将一个二进制符号称为 1 比特。这时，比特已经成为信号的单位了，1 比特就是指一个二进制符号，它不再代表信息量。而在电路中一个二进制符号用一个二进制**码元**表示，如图 1.3.2(a)所示。这样，一个二进制码元又可以称为一个比特。

如一则新闻 y 中包含两个相互独立的消息 x_1 和 x_2，其出现的概率分别为 $P(x_1)$ 和 $P(x_2)$，则新闻 y 所包含的信息量为

$$I(y) = I(x_1) + I(x_2) = \mathrm{lb}\frac{1}{P(x_1)} + \mathrm{lb}\frac{1}{P(x_2)} = \mathrm{lb}P(x_1)P(x_2)\ \text{bit} \qquad (1.3.2)$$

在通信系统中，如果信源输出的消息是离散的数字消息，消息或符号的种类是有限的，则称为离散信源。如果一个信源输出的消息是连续的模拟消息，将这个信源称为模拟信源。如果对模拟信源输出模拟消息的信号数字化，变换成数字信号，即可将模拟信源转化为离散信源。因而下面我们重点讨论离散信源的情况。通常将离散信源输出符号的种类称为离散信源的进制数。对于一个离散信源，通常用其输出的符号和符号出现的概率表征其统计特性。如一 M 进制信源 X 的统计特性可以表示为

$$X \sim \begin{bmatrix} x_1 & x_2 & \cdots & x_M \\ P(x_1) & P(x_2) & \cdots & P(x_M) \end{bmatrix}, \quad \sum_{i=1}^{M} P(x_i) = 1 \qquad (1.3.3)$$

对于一个 M 进制离散信源而言，利用式(1.3.3)统计特性中给出的各个符号出现的概率，可以计算出各个符号所包含的信息量。

如果一条消息 y 包含该信源输出的 N 个符号，各个符号出现的次数分别为 $n_1, n_2, \cdots, n_M$，$\sum_{i=1}^{M} n_i = N$，且各个符号相互独立，则这条消息所包含的信息量为

$$I(y) = \sum_{i=1}^{M} n_i \cdot I(x_i) = -\sum_{i=1}^{M} n_i \cdot \mathrm{lb}P(x_i)\ \text{bit} \qquad (1.3.4)$$

例 1.1 一个离散信源 X 输出 0，1，2，3，4，5 共六种符号，各符号出现的概率分别为 $1/8, 1/2, 3/16, 1/16, 1/16, 1/16$，且输出的每个符号都是相互独立的。试求该信源输出的消息 101504201211510210115104020121131241151041011211341121151152111231411012113112121121123212 12 的信息量。

解 在此消息中，符号 0 出现 11 次，1 出现 45 次，2 出现 17 次，3 出现 5 次，4 出现 6 次，5 出现 6 次，共有 90 个符号，故此消息的信息量为

$$I = 11\mathrm{lb}8 + 45\mathrm{lb}2 + 17\mathrm{lb}\frac{16}{3} + 5\mathrm{lb}16 + 6\mathrm{lb}16 + 6\mathrm{lb}16 = 187.0556\ \text{bit}$$

当消息 y 所包含的符号数较少时，可以非常简单地统计出各个符号在一条消息的出现次数，利用式(1.3.4)可以计算出该条消息所包含的信息量。但如果一条消息所包含的符号数非常多，如一幅图片大约包含 10^8 个符号，统计各个符号出现的次数的工作量非常大，这种情况下按照式(1.3.4)计算消息所包含的信息量非常困难。

为了方便计算图片或视频等包含大量符号的此类消息中所包含的信息量，在通信系统

中通常引入平均信息量的概念，平均信息量又称为离散信源的熵。

1.3.4　平均信息量

如果一个离散信源 X 的统计特性式由式(1.3.3)给出，则该信源输出符号的平均信息量或该信源的熵定义为

$$H(X) = E[I(X)] = \sum_{i=1}^{M} P(x_i) \cdot I(x_i) = -\sum_{i=1}^{M} P(x_i) \cdot \mathrm{lb} P(x_i) \ \mathrm{bit/symbol}$$

$$(1.3.5)$$

平均信息量的单位是 bit/symbol，或中文表示为：比特/符号。平均信息量指的离散信源输出符号包含信息量的统计平均，对于计算一条包含符号数量较大的消息的信息量来说是非常简单的。若一条消息 y 包含 N 个 M 进制离散信源输出的符号，各个符号统计独立，信源的统计特性服从式(1.3.3)，平均信息量由式(1.3.5)给出，则该条消息所包含的信息量为

$$I(y) = N \cdot H(X) \ \mathrm{bit} \tag{1.3.6}$$

在式(1.3.6)中，N 可以任意大。平均信息量的引入大大地简化了消息信息量的计算。例 1.1 中，使用式(1.3.6)的方法计算离散信源的输出符号的平均信息量为

$$H(X) = -\frac{1}{8}\mathrm{lb}\frac{1}{8} - \frac{1}{2}\mathrm{lb}\frac{1}{2} - \frac{3}{16}\mathrm{lb}\frac{3}{16} - \frac{1}{16}\mathrm{lb}\frac{1}{16} - \frac{1}{16}\mathrm{lb}\frac{1}{16} - \frac{1}{16}\mathrm{lb}\frac{1}{16}$$

$$= 2.0778 \ \mathrm{bit/symbol}$$

则 90 个符号的信息量为 $I = 90 \times 2.0778 = 187.002 \ \mathrm{bit}$。

比较两个计算结果可见，两种算法的结果有一定误差，主要是因为符号出现的比率与符号出现的概率存在一定的差异。随着消息长度的增加，这个误差将会逐渐减小。

例 1.2　若某一发送 0 或 1 的二进制离散信源，代码 0 和 1 出现的概率分别为 $P_X(0) = p$ 和 $P_X(1) = 1 - p$，计算此信源输出的平均信息量，并分析概率 p 取什么值时平均信息量最大。

解　根据式(1.3.5)，可得此二进制信源的平均信息量为

$$H(X) = -p \, \mathrm{lb} p - (1-p) \mathrm{lb}(1-p)$$

由平均信息量的表达式可见，$H(X)$ 是概率 p 的函数，$H(X)$ 对 p 求导可得

$$\frac{\partial H(X)}{\partial p} = -\mathrm{lb} p + \mathrm{lb}(1-p) - \frac{1}{\ln 2} + \frac{1}{\ln 2}$$

$$= \mathrm{lb}\left(\frac{1-p}{p}\right)$$

令 $\dfrac{\partial H(X)}{\partial p} = 0$，可得 $\dfrac{1-p}{p} = 1$，$p = 0.5$，$H_{max}(X) = 1 \ \mathrm{bit/symbol}$。

由上述例题可以发现，当二进制离散信源输出的两个符号等概出现的情况下，信源输出符号的平均信息量最大。那么对于多进制离散信源，情况又如何呢？下面我们再看一个例题。

例 1.3　一个 M 进制离散信源 X，输出各符号概率分布为 $P_X(x_i)$，$i = 1, 2, \cdots, M$，证明平均信息量必然满足不等式

$$H(X) \leqslant \mathrm{lb} M$$

当且仅当 X 服从均匀分布（$P_X(x_i) = \frac{1}{M}$，$i = 1, 2, \cdots, M$）时等号成立。

证明 已知 $\sum_{i=1}^{M} P_X(x_i) = 1$ 和 $\ln a \leqslant a - 1$，推导如下

$$H(X) - \mathrm{lb}M = -\sum_i P_X(x_i)\mathrm{lb}P_X(x_i) - \mathrm{lb}M\sum_i P_X(x_i)$$

$$= -\sum_i P_X(x_i)\mathrm{lb}[MP_X(x_i)] = \sum_i P_X(x_i)\mathrm{lb}\frac{1}{MP_X(x_i)}$$

$$= \sum_i P_X(x_i)\frac{\ln\dfrac{1}{MP_X(x_i)}}{\ln 2} \leqslant \frac{1}{\ln 2}\sum_i P_X(x_i)\left[\frac{1}{MP_X(x_i)} - 1\right]$$

因此

$$H(X) - \mathrm{lb}M \leqslant \frac{1}{\ln 2}\sum_i\left[\frac{1}{M} - P_X(x_i)\right] = \frac{1}{\ln 2}\left[1 - \sum_i P_X(x_i)\right]$$

$$= \frac{1}{\ln 2}(1 - 1) = 0$$

当 $i = 1, 2, \cdots, M$，$P_X(x_i) = \frac{1}{M}$ 时，即当 X 服从均匀分布时，有

$$H(X) = -\sum_i\left(\frac{1}{M}\right)\mathrm{lb}\left(\frac{1}{M}\right) = -\left(\frac{1}{M}\right)\mathrm{lb}\left(\frac{1}{M}\right)\sum_i 1 = \mathrm{lb}M$$

由例 1.3 推导可见，当 M 种符号以等概率出现时，即各符号出现的概率均为 $1/M$ 时，平均信息量达到最大，即

$$H_{\max}(X) = \mathrm{lb}\frac{1}{1/M} = \mathrm{lb}M \quad \mathrm{bit/symbol} \tag{1.3.7}$$

若 M 是 2 的整次幂，例如 $M = 2^k (k = 1, 2, 3, \cdots)$，则式(1.3.7)变为

$$H_{\max}(X) = \mathrm{lb}2^k = k \quad \mathrm{bit/symbol} \tag{1.3.8}$$

本节介绍了离散信源输出离散消息所含信息量的度量方法。对于输出连续消息的模拟信源，通过模拟消息的信号数字化，变换成数字信号，也可以利用上述方法计算其信息量。因而在信息论中有一个重要结论，就是任何形式的待传信息都可以用二进制形式表示且不失主要内容。

1.4 通信系统的性能指标

通信系统的任务是快速、准确地传递信息。因此，从信息传输的角度评价一个通信系统优劣的主要性能指标是系统的有效性和可靠性。有效性是指在给定信道内传输的"速度"问题；而可靠性是指接收信息的准确程度，也就是传输的"质量"问题。这两个问题相互矛盾而又相互统一，通常还可以在性能指标上进行互换。

1.4.1 模拟通信系统的性能指标

模拟通信系统的有效性通常用频带利用率和功率利用率两个指标来表征。频带利用率

通常是指模拟基带信号带宽与系统所用传输带宽之比,功率利用率是指承载所传输模拟信号的边带信号功率与总发射功率之比。同样的消息用不同的调制方式,则需要不同的频带宽度。例如:AM 广播传输一路语音信号需要 8 kHz 的带宽,而在 FM 广播传输同样一路信号则需要 180 kHz;所以 AM 广播的有效性高于 FM 广播。

模拟通信系统的可靠性通常用接收端最终输出模拟信号的信噪比来度量。不同调制方式在解调器输入信噪比相同的条件下所得到解调后的信噪比是不同的。例如当 AM 和 FM 系统接收到的信号具有同样的信噪比时,而 FM 解调器输出的基带信号的信噪比远远高于 AM 解调器的输出信噪比,即调频系统的可靠性高于调幅系统;但 FM 系统的高可靠性是以占用更大的带宽为代价的。

1.4.2　数字通信系统的性能指标

数字通信系统的有效性是指传输信息的效率,主要指标有传输速率、频带利用率和能量利用率等。而可靠性则是指传输信息的准确程度,通常用错误率来表征,主要指标有误码率、误信率和误字率等。其有效性和可靠性的具体性能指标如下。

1. 传输速率

传输速率有如下 3 种定义:

(1) 码元速率(R_B):单位时间(s)内传输的码元数目,也称作传码率,其单位是符号/秒,简记为波特(Baud)。

(2) 信息速率(R_b):单位时间(s)内传输的信息量,也称作传信率,其单位是比特/秒(b/s)。

在 1.2 节中已经指出,通常认为一个二进制码元含有 1 比特的信息量。这时的码元速率和信息速率在数值上相等。例如,若码元速率为 2400 Baud,则相当于信息速率为 2400 b/s。

对于传输多(M)进制信号的情况,若 M 个符号的统计特性满足式(1.3.3),每个码元含有的平均信息量是 $H(X)$,信息速率和码元速率的关系为

$$R_b = R_B \cdot H(X) \tag{1.4.1}$$

(3) 消息速率(R_M):单位时间内传输的消息数目。例如,传输中文文件时,消息速率的单位是字/秒。

2. 频带利用率

频带利用率也是数字通信系统重要的性能指标之一。频带利用率通常有两种不同的定义,第一种是指单位频带内传输的码元速率。若系统传输带宽为 W,码元传输速率为 R_B,则频带利用率为

$$\eta_B = \frac{R_B}{W} \tag{1.4.2}$$

其单位是波特/赫兹,或 Baud/Hz,或者 B/Hz。对于一个通信系统而言,无码间干扰传输(在第五章介绍)的最高频带利用率是 2 B/Hz。

第二种定义指单位频带内传输的信息速率,若系统信息传输速率为 R_b,则频带利用

率为

$$\eta_{\mathrm{b}} = \frac{R_{\mathrm{b}}}{W} \tag{1.4.3}$$

其单位是比特/秒·赫兹，或 b/(s·Hz)。对于一个通信系统而言，这个频带利用率的数值与系统传输所用的符号进制数有关。

如果在传输中所用符号包含的平均信息量是 H，则两个指标之间的关系为

$$\eta_{\mathrm{b}} = \eta_{\mathrm{B}} \cdot H \tag{1.4.4}$$

由于 H 无上限，因而 η_{b} 也无上限。

3. 能量利用率

能量利用率是指传输每比特所需的码元能量，通常定义为有效信息传输速率与信号发射功率之比，单位是比特/焦耳。能量利用率描述了系统消耗单位能量时可以传输的信息量，表示系统能量资源的利用效率，通常简称为能效（Energy Efficiency 或 EE）。它和系统带宽有直接关系。采用占用频带宽的一些调制方式往往可以节省传输每比特所需的能量。

近年来随着信息产业的飞速发展，通信设备剧增，通信系统能耗也随之增加。2019 年我国通信行业每年耗电 200 亿度，消耗煤炭量达 675 万吨，据预测至 2025 年，通信行业将消耗全球 20% 的电力。不断攀升的系统能耗将会造成巨大的环境污染，加剧温室效应。近年来由于能量消耗的持续增加和环境的日益恶化，能量效率变得越来越重要。能效指标已成为通信系统有效性方面的主要指标，在通信系统设计中也越来越受到重视。

4. 错误率

错误率是衡量数字信号传输可靠性的主要指标。它有如下几种常用的定义：

（1）误码率（$P_{\mathrm{e,B}}$）：码元在传输过程中出错的概率，在实际应用中通常用错误接收的码元数在接收码元总数中所占的比例来表示，即

$$P_{\mathrm{e,B}} = \frac{错误接收码元数}{接收码元总数} \tag{1.4.5}$$

（2）误比特率（$P_{\mathrm{e,b}}$）：比特在传输过程中丢失的概率，在实际应用中通常用错误接收的比特数在接收的比特总数中所占的比例来表示，也称作误信率，即

$$P_{\mathrm{e,b}} = \frac{错误接收比特数}{接收比特总数} \tag{1.4.6}$$

现在讨论误码率和误比特率间的关系。对于二进制码元，两者显然相等。对于 M 进制码元，每个码元含有 $n = \mathrm{lb}M$ 比特。一个特定的错误码元可以有不同的错误样式，即一个码元中可以有 1 比特错，2 比特错，……，直至 n 比特错。故共有（$M-1$）种不同的错误样式。其中恰好 i 比特的错误样式有 C_n^i 个。若这些错误样式的出现概率相等，则在一个码元中发生的 i 个比特错误在比特总数中所占比例的平均值等于

$$E(n) = E\left(\frac{错误比特数}{一个码元中的比特数}\right) = \frac{1}{M-1}\sum_{i=1}^{n}\frac{i}{n}\mathrm{C}_n^i$$

$$= \frac{2^{n-1}}{M-1} = \frac{M}{2(M-1)} \tag{1.4.7}$$

当 M 很大时，误比特率等于

$$P_{e,b} = E(n) P_{e,B} = \frac{M}{2(M-1)} P_{e,B} \approx \frac{1}{2} P_{e,B} \tag{1.4.8}$$

即误比特率约等于误码率的一半。

当在系统比特与波形映射中采用格雷码形式时，相邻的码元之间只有一个比特不同。在传输中仅有 1 比特发生错误的概率最大时，近似地有

$$P_{e,b} \approx \frac{P_{e,B}}{lbM} \tag{1.4.9}$$

（3）误字率(P_w)：错误接收的字数在总接收字数中所占的比例。若一个字由 k 比特组成，用二进制码元传输，则误字率为

$$P_w = 1 - (1 - P_{e,B})^k \tag{1.4.10}$$

除了上述的误码率、误比特率和误字率外，还有误包率(PER)、误块率(BLER)和误帧率(FER)等，主要根据系统传输过程使用的传输单位来进行定义，这里不再详述。

思　考　题

1.1　在通信系统中，数字信号和模拟信号是如何定义的？二者有什么区别？

1.2　画出数字通信系统的一般模型，并简述各部分的主要功能。

1.3　简述数字通信系统的特点。

1.4　在数字通信系统中，其可靠性和有效性指的是什么？各有哪些重要指标？

1.5　按消息传递的方向和时间的关系，通信方式可以分为哪几类？

1.6　什么是码元速率？什么是信息速率？它们之间的关系如何？

1.7　什么是误码率？什么是误信率？它们之间的关系如何？

1.8　简述未来通信技术的发展趋势。

1.9　从通信发展历史的角度简述通信技术发展对于人们生产和生活方式所做出的改变。

1.10　通信系统如何进行分类？区分数字通信系统与模拟通信系统的标准是什么？

习　题

1.1　二进制信源，每一符号波形等概率独立发送，则传送二进制波形之一的信息量为_____。

(A) 0.5 bit　　　　　(B) 1 bit　　　　　(C) 0 bit　　　　　(D) 0.75 bit

1.2　某信源符号集由 A、B、C、D、E 和 F 组成，每一个符号独立出现，出现的概率分别为 1/4、1/4、1/16、1/8、1/16 和 1/4，则信息源符号 C 的信息量为_____。

(A) 3 bit　　　　　(B) 4 bit　　　　　(C) 2.375 bit　　　　　(D) 3.75 bit

1.3　一个由字母 A、B、C、D 组成的字，传输时每一个字母用二进制脉冲编码表示，

00 代替 A，01 代替 B，10 代替 C，11 代替 D，每个脉冲宽度为 5 ms。

（1）不同的字母是等概率出现的，试计算传输的平均信息速率；

（2）若每个字母出现的可能性分别为

$$P_A=\frac{1}{5}, \ P_B=\frac{1}{4}, \ P_C=\frac{1}{4}, \ P_D=\frac{3}{10}$$

试计算传输的平均信息速率。

1.4 设一数字传输系统传送二进制码元的速率为 2400 Baud，试求该系统的信息速率。若该系统改为传送十六进制码元，码元速率不变，则这时系统的信息速率为多少？（假设各码元独立等概率出现）

1.5 某信息源的符号集由 A、B、C、D 和 E 组成，假设每一符号独立出现，其出现概率分别为 1/4、1/8、1/8、3/16 和 5/16。信息源以 1000 Baud 速率传送信息。

（1）求传送 1 小时的信息量；

（2）求传送 1 小时可能达到的最大信息量。

1.6 如果二进制独立等概信号的码元宽度为 0.5 ms，求该信号的 R_B 和 R_b；若改用四进制信号，其他条件不变，求传码率和独立等概时的传信率。

1.7 已知某四进制数字传输系统的传信率为 2400 b/s，接收端在半小时内共收到 216 个错误码元，试计算该系统的误码率 P_e。

1.8 试证明二进制信源输出符号等概时，信源输出符号的平均信息量最大。

1.9 已知某通信系统采用十六进制独立等概的码元进行信息传输，其码元宽度为 0.2 ms，占用带宽为 8 kHz，求其频带利用率。

1.10 某四进制数字传输系统的平均误码率为 1%。已知传输单个汉字需要 16 bit，求此系统传输汉字时的误字率。

第 2 章 随机信号分析

随机过程是通信系统中分析随机物理量的重要数学工具，通常在信号、信道、干扰和噪声的随机性建模中，以及统计信号处理等应用中发挥重要作用。

本章首先介绍随机过程和随机信号的概念，定义随机过程的统计描述方法，并引出较为常用的平稳随机过程和高斯随机过程；然后介绍通过线性系统后的输出随机过程和窄带随机过程的统计特性；最后阐述实带通信号的复基带分析及其与复随机过程的关系。

2.1 随机过程与随机信号

2.1.1 随机过程的概念

通信系统中大多数的信号、干扰和噪声都是以时间为参量的随机函数，其取值无法通过确定的数学公式进行准确地计算或预测，需要利用随机过程对其进行描述。例如，由于包含非零的信息熵，通信信号具有随机性，再加上传输信道特性的随机性，通信接收机是无法准确地预测通信信号的。又比如，通信接收机中的热噪声是由电子的无序热运动引起的，表现为随机变化的电压或电流，是无法准确预测的，因此也只能利用随机过程进行描述。

随机过程可以看作一族时间函数 $X(t)$，其样本空间 Θ 包含有限多或无限多的样本函数 $x(t) \in \Theta$，每个样本函数都是一个确定的时间函数，并按照一定的规律随机出现，这样的一族时间函数 $X(t)$ 就称作随机过程，在通信领域中也常称作随机信号。

一个通信信号所对应的随机过程如图 2.1.1 所示。假设有一台通信接收机，开机后能够对通信信号的波形进行观察。进一步假设通信信号由 5 个码元组成，其中每个码元采用方波表示，并用幅度为 +1 的方波与幅度为 −1 的方波分别表示数字代码"1"和"0"。因此，可以很容易地想象，该通信信号的波形是由 5 个方波所组成的随机过程，其中每个样本函数 $x(t)$ 对应了数字代码'00000'至'11111'这 32 种排列中的任一波形。如果这些波形是等概出现的，那么每个样本波形的出现概率都是 1/32。由于不可能预先获知发射端的代码信息，因此接收机将可能接收到其中任意一个通信波形。对于接收机来说，这些可能接收到的通信波形的集合就是一族确定的时间函数，从总体上表现为随机过程。

进一步可以看出，随机过程是时间 t 的函数，对应的样本空间有限或无限大，其中的任一个样本 $x(t)$ 都是确定的时间函数，且每个样本是随机出现的，因此总体表现出随机特性；

与此同时，随机过程在任一时刻上的取值都是一个随机变量。如上述例子中，任一时刻的电平有可能是正电平＋1，也可能是负电平－1，服从等概的伯努利分布。由于随机过程在每个时刻上的取值都可以用随机变量进行描述，随机过程同样具有统计意义上的规律，并可以借助随机变量的知识，利用概率分布和数字特征刻画其统计特性。

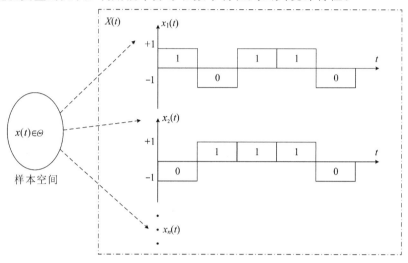

图 2.1.1　基于通信信号的随机过程示例

2.1.2　随机过程的统计特性

随机过程在任一时刻 t 的取值也可以用当前时刻的随机变量 $X(t)$ 表示，其概率分布被定义为一维累积分布函数，记为

$$F_X(x;t) = P[X(t) \leqslant x] \tag{2.1.1}$$

此函数代表某随机过程在时刻 t 的取值，即随机变量 $X(t)$ 小于等于数值变量 x 的概率。一维累积分布函数的微分被定义为一维概率密度函数，记为

$$p_X(x;t) = \frac{\mathrm{d}}{\mathrm{d}x} F_X(x;t) \tag{2.1.2}$$

由于随机过程是一族随时间 t 变化的随机变量，实际上会包含无穷多个对应不同时刻 t 的随机变量，因此通常采用多维累积分布函数和多维概率密度函数进行描述，分别记为

$$F_X(x_1, x_2, \cdots, x_n; t_1, t_2, \cdots, t_n) = P[X(t_1) \leqslant x_1, X(t_2) \leqslant x_2, \cdots, X(t_n) \leqslant x_n] \tag{2.1.3}$$

$$p_X(x_1, x_2, \cdots, x_n; t_1, t_2, \cdots, t_n) = \frac{\partial^n}{\partial x_1 \partial x_2 \cdots \partial x_n} F_X(x_1, x_2, \cdots, x_n; t_1, t_2, \cdots, t_n) \tag{2.1.4}$$

多维累积分布函数包含更多的统计信息，表现为随机过程在多个时刻 $t_1, t_2, \cdots, t_n$ 上的随机变量 $X(t_1), X(t_2), \cdots, X(t_n)$ 分别小于等于数值变量 $x_1, x_2, \cdots, x_n$ 的联合概率。

2.1.3　一维数字特征

在很多情况下，随机过程的多维累积分布函数和概率密度函数难以获取，可以退而求其次，利用随机过程的一维概率密度以及相应数字特征描述其统计特性。随机过程的数字特征可由随机变量的数字特征推广得到，其均值、均方值和方差均是时间的函数，如下所示：

（1）均值

$$m_X(t) = E[X(t)] = \int_{-\infty}^{\infty} x \cdot p_X(x; t)\mathrm{d}x \tag{2.1.5}$$

（2）均方值

$$P_X(t) = E[X^2(t)] = \int_{-\infty}^{\infty} x^2 \cdot p_X(x; t)\mathrm{d}x \tag{2.1.6}$$

（3）方差

$$\sigma_X^2(t) = E\{[X(t) - m_X(t)]^2\} = \int_{-\infty}^{\infty} [x - m_X(t)]^2 \cdot p_X(x; t)\mathrm{d}x \tag{2.1.7}$$

均值与方差反映了随机信号中直流分量的瞬时幅度与交流分量的瞬时功率，均方值反映了瞬时总时率，代表瞬时直流功率与瞬时交流功率之和，即有 $P_X(t) = m_X^2(t) + \sigma_X^2(t)$。图 2.1.2 所示为随机过程的三个样本（虚线）以及均值与方差等统计特征。可以发现，均值表示该随机过程样本在各个时刻上的统计平均（中心虚线），而大部分样本的取值应当在以均值为中心的置信区间内（上下两侧实线内，由方差定义），样本仅有较小的概率超出此范围。

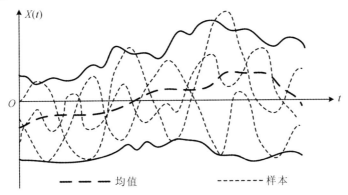

图 2.1.2　随机过程的期望与方差

由于均方值所代表的瞬时总功率是随时间变化的，因此可以进一步对所有时刻的均方值做时间平均，从而得到随机信号的时间平均总功率为

$$P_X = \overline{E[X^2(t)]} = E[\overline{X^2(t)}] = \lim_{T \to \infty} \frac{1}{T} \int_{-T/2}^{T/2} P_X(t)\mathrm{d}t \tag{2.1.8}$$

时间平均总功率是一个常数，代表了随机信号在持续时间内的平均总功率。

2.1.4　相关函数与功率谱密度

1. 随机过程的自相关函数

考察一个随机过程 $X(t)$ 的两个时刻 $t+\tau$ 和 t，其中 τ 为两个时刻的时延差，其自相关函数定义为

$$R_X(t+\tau, t) = E[X(t+\tau)X(t)] \tag{2.1.9}$$

这衡量了随机过程在任意两个时刻取值的统计关联程度，反映了随机信号变化的快慢。

与自相关函数类似，随机过程的自协方差函数定义为

$$B_X(t+\tau,\ t)=E\big[(X(t+\tau)-m_X(t+\tau))(X(t)-m_X(t))\big] \qquad (2.1.10)$$

自协方差函数消除了均值——直流分量的影响，主要衡量了两个时刻的瞬时交流分量之间的统计关联程度，反映了交流分量变化的快慢。

由于自相关函数 $R_X(t+\tau,t)$ 与时间 t 有关，如果对式(2.1.9)在时间轴 t 上做时间平均，可以进一步得到其时间平均自相关函数为

$$\overline{R}_X(\tau)=\overline{E[X(t+\tau)X(t)]}=E[\overline{X(t+\tau)X(t)}] \qquad (2.1.11)$$

其中，上式的展开表达式为

$$\overline{R}_X(\tau)=\lim_{T\to\infty}\frac{1}{T}\int_{-T/2}^{T/2}E[X(t+\tau)X(t)]\mathrm{d}t=E\Big[\lim_{T\to\infty}\frac{1}{T}\int_{-T/2}^{T/2}X(t+\tau)X(t)\mathrm{d}t\Big]$$

时间平均自相关函数能够消除自相关函数中的时间 t，使得时间平均自相关函数仅与时延差 τ 有关，从而展现了时延差为 τ 的两个时刻上随机变量的平均关联程度。

2. 随机过程的功率谱密度

从随机信号 $X(t)$ 的样本空间中任意抽取一个样本信号 $x(t)$，该样本可以看作一个确知的功率型信号，其功率谱密度定义为

$$P_x(f)=\lim_{T\to\infty}\frac{1}{T}|X_T(f)|^2 \qquad (2.1.12)$$

其中，$X_T(f)\Leftrightarrow x_T(t)$ 表示确知功率型信号 $x(t)$ 的截短信号 $x_T(t)$ 的傅里叶变换。

由于每个样本都是样本空间中的一个随机样本，各自具有不同的功率谱密度，因此，若要计算随机信号的功率谱密度，就需要对所有样本进行统计平均，得到功率谱密度为

$$P_X(f)=E\Big[\lim_{T\to\infty}\frac{1}{T}|X_T(f)|^2\Big]=\lim_{T\to\infty}\frac{1}{T}E\big[|X_T(f)|^2\big] \qquad (2.1.13)$$

同样地，已知随机信号的每个确知样本 $x(t)$ 的功率谱密度与自相关函数之间是傅里叶变换对的关系，即有 $R_x(\tau)\Leftrightarrow P_x(f)$。若对所有样本的傅里叶变换对进行统计平均和时间平均，那么随机信号 $X(t)$ 的时间平均自相关函数与功率谱密度之间也可以表示为傅里叶变换对的关系，即有

$$\overline{R}_X(\tau)\Leftrightarrow P_X(f) \qquad (2.1.14)$$

这称作一般随机信号的维纳-辛钦关系。

上式中令 $\tau=0$，傅里叶变换对的左侧就是随机信号的时间平均总功率，而傅里叶变换对的右侧则等于功率谱密度在频域上的积分结果，即有

$$P_X=\overline{R}_X(0)=\overline{E[|X(t)|^2]}=E[\overline{|X(t)|^2}]=\int_{-\infty}^{\infty}P_X(f)\mathrm{d}f \qquad (2.1.15)$$

可见，随机信号的时间平均总功率与频域的总功率相等，这正是平均功率意义上的帕斯瓦尔定理。这也清晰地体现了功率谱密度的物理意义：它代表了随机信号在统计意义上的频域功率分布情况，因此其在整个频域的积分就代表了平均总功率。

例 2.1 若一个余弦信号为 $X(t)=\cos(2\pi f_c t+\varphi)$，其中相位 φ 是随机变化的，服从 $[0,\pi/2]$ 上的均匀分布，求其时间平均自相关函数与功率谱密度。

解 余弦信号的傅里叶变换为

$$X(t)=\cos(2\pi f_c t+\varphi)\Leftrightarrow X(f)=\frac{1}{2}\big[\delta(f-f_c)\mathrm{e}^{\mathrm{j}\varphi}+\delta(f+f_c)\mathrm{e}^{-\mathrm{j}\varphi}\big]$$

由于是周期信号，其功率谱密度（严格来说，对应于周期信号的应该叫做功率谱）等于离散谱线的模平方，即有

$$P_X(f) = E[|X(f)|^2] = \frac{1}{4}[\delta(f - f_c) + \delta(f + f_c)]$$

同时该随机信号的自相关函数可以表示为

$$R_X(t + \tau, t) = E[X(t + \tau)X(t)] = E[\cos(2\pi f_c(t + \tau) + \varphi) \cdot \cos(2\pi f_c t + \varphi)]$$

$$= \frac{1}{2}\cos(2\pi f_c \tau) + \frac{1}{2}E[\cos(4\pi f_c t + 2\varphi + 2\pi f_c \tau)]$$

其中，第一项仅与 τ 有关，对第二项进行推导可得

$$E[\cos(4\pi f_c t + 2\varphi + 2\pi f_c \tau)] = \int_0^{\pi/2} \cos(4\pi f_c t + 2\varphi + 2\pi f_c \tau) \frac{1}{\pi/2} \mathrm{d}\varphi$$

$$= \frac{2}{\pi}\sin(2\varphi + 4\pi f_c t + 2\pi f_c \tau)\Big|_0^{\frac{\pi}{2}}$$

$$= \frac{2}{\pi}[\sin(\pi + 4\pi f_c t + 2\pi f_c \tau) - \sin(4\pi f_c t + 2\pi f_c \tau)]$$

$$= -\frac{4}{\pi}\sin(4\pi f_c t + 2\pi f_c \tau)$$

由于第二项包含时间 t，该信号的自相关函数是与时间 t 有关的。

为了消除时间 t 的影响，可以进一步通过时间平均获得时间平均自相关函数为

$$\bar{R}_X(\tau) = \overline{E[X(t + \tau)X(t)]} = \lim_{T \to \infty} \frac{1}{T} \int_{-T/2}^{T/2} E[X(t + \tau)X(t)] \mathrm{d}t$$

$$= \frac{1}{2}\cos(2\pi f_c \tau) - \frac{2}{\pi} \lim_{T \to \infty} \frac{1}{T} \int_{-T/2}^{T/2} \sin(4\pi f_c t + 2\pi f_c \tau) \mathrm{d}t = \frac{1}{2}\cos(2\pi f_c \tau)$$

可以发现，最终的时间平均自相关函数仅与 τ 有关，其傅里叶变换对的关系为

$$\bar{R}_X(\tau) = \frac{1}{2}\cos(2\pi f_c \tau) \Leftrightarrow P_X(f) = \frac{1}{4}[\delta(f - f_c) + \delta(f + f_c)]$$

因此，该随机信号的时间平均自相关函数与功率谱密度之间满足一般随机信号的维纳-辛钦关系。

3. 两个随机过程的联合特性

与一个随机过程的自相关函数和自协方差函数类似，同样可以定义两个随机过程的互相关函数和互协方差函数，用来衡量两个随机过程之间的统计关联程度。对于两个不同的随机过程 $X(t)$ 和 $Y(t)$，二者的互相关函数可以定义为

$$R_{XY}(t + \tau, t) = E[X(t + \tau)Y(t)] \tag{2.1.16}$$

互协方差函数定义为

$$B_{XY}(t + \tau, t) = E[(X(t + \tau) - m_X(t + \tau))(Y(t) - m_Y(t))] \tag{2.1.17}$$

进一步对式(2.1.16)和式(2.1.17)在时间轴 t 上做时间平均，还可以得到二者的时间平均互相关函数和时间平均互协方差函数为

$$\bar{R}_{XY}(\tau) = \overline{E[X(t + \tau)Y(t)]} = E[\overline{X(t + \tau)Y(t)}] \tag{2.1.18}$$

$$\bar{B}_{XY}(\tau) = \overline{E[(X(t + \tau) - m_X(t + \tau))(Y(t) - m_Y(t))]}$$

$$= E[\overline{(X(t + \tau) - m_X(t + \tau))(Y(t) - m_Y(t))}] \tag{2.1.19}$$

基于上述定义，两个一般随机信号在统计平均和时间平均的双重意义下通常有三种关系：

（1）正交：$\bar{R}_{XY}(\tau)=0$；

（2）不相关：$\bar{B}_{XY}(\tau)=0$；

（3）统计独立：任取 $t_1,t_2,\cdots,t_n,s_1,s_2,\cdots,s_n\in T$，恒有

$$p_{XY}(x_1,x_2,\cdots,x_n;y_1,y_2,\cdots,y_n;t_1,t_2,\cdots,t_n;s_1,s_2,\cdots,s_n)$$
$$=p_X(x_1,x_2,\cdots,x_n;t_1,t_2,\cdots,t_n)\cdot p_Y(y_1,y_2,\cdots,y_n;s_1,s_2,\cdots,s_n)$$

可以看出，正交与不相关是二阶矩的概念，对于一般随机过程，要求其时间平均互相关函数或时间平均互协方差函数分别为 0；而统计独立的要求非常苛刻，需要两个随机过程的多维联合概率分布满足独立可分解的条件。

与功率谱密度的推导类似，两个随机信号 $X(t)$ 和 $Y(t)$ 的互功率谱密度表示为

$$P_{XY}(f)=E\left[\lim_{T\to\infty}\frac{1}{T}X_T(f)Y_T^*(f)\right]=\lim_{T\to\infty}\frac{1}{T}E\left[X_T(f)Y_T^*(f)\right] \tag{2.1.20}$$

时间平均互相关函数与互功率谱密度之间也满足一般随机信号间的维纳-辛钦关系如下

$$\bar{R}_{XY}(\tau)\Leftrightarrow P_{XY}(f) \tag{2.1.21}$$

互功率谱密度可以用来得到互功率的概念。若对随机信号的互功率谱密度积分，就可以得到两信号的互平均功率，正对应 $\tau=0$ 时的时间平均互相关函数值，即有

$$P_{XY}=\bar{R}_{XY}(0)=\overline{E[X(t)Y(t)]}=E[\overline{X(t)Y(t)}]=\int_{-\infty}^{\infty}P_{XY}(f)\mathrm{d}f \tag{2.1.22}$$

需要注意：互功率并不是真正物理意义上的功率概念，其取值可正可负，主要用来衡量两个随机信号的相互关联程度。若两个随机信号的互功率 $P_{XY}=0$，这表示 $\tau=0$ 时两个随机信号在统计平均和时间平均的双重意义下相互正交，说明二者在同一时刻所取的随机变量没有统计关联性。

2.2　平稳随机过程

本节将进一步介绍在通信系统中应用非常广泛的平稳随机过程，它具有相比于一般的随机过程更加优良的性质，能够使随机信号的分析更加方便。

2.2.1　平稳随机过程

如果一个随机过程的统计特性不随时间的推移而变化，称其为平稳随机过程。对于任意自然数 n，任意时间间隔 Δt 和时间点 $t_1<t_2<\cdots<t_n$，若平稳随机过程的概率密度函数满足：

$$p_X(x_1,x_2,\cdots,x_n;t_1,t_2,\cdots,t_n)=p_X(x_1,x_2,\cdots,x_n;t_1+\Delta t,t_2+\Delta t,\cdots,t_n+\Delta t)$$
$$\tag{2.2.1}$$

那么这个随机过程 $X(t)$ 就称作严平稳随机过程，或狭义平稳随机过程。严平稳随机过程的时间点可以在时间轴上做任意平移，平移后的有限维概率密度函数不变。具体到一维和二

维，严平稳随机过程的概率密度函数表示为

$$p_X(x; t) = p_X(x) \tag{2.2.2}$$

$$p_X(x, x'; t+\tau, t) = p_X(x, x'; \tau) \tag{2.2.3}$$

因此，可得严平稳随机过程的均值、均方值与自相关函数为

$$E[X(t)] = \int_{-\infty}^{\infty} x \cdot p_X(x)\mathrm{d}x = m \tag{2.2.4}$$

$$E[X^2(t)] = \int_{-\infty}^{\infty} x^2 \cdot p_X(x)\mathrm{d}x = P_X \tag{2.2.5}$$

$$R_X(t+\tau, t) = E[X(t+\tau)X(t)] = \int_{-\infty}^{\infty} \int_{-\infty}^{\infty} xx' \cdot p_X(x, x'; \tau)\mathrm{d}x\mathrm{d}x' = R_X(\tau) \tag{2.2.6}$$

这表明，严平稳随机过程的一维数字特征为常数，而二维数字特征仅与时延差 τ 有关。

　　严平稳随机过程对于任意维度 n 的随机概率分布都需要满足"时间平移不变性"，但是这个性质通常很难满足。退而求其次，如果只关注随机过程的一维和二维数字特征是否满足"时间平移不变性"，则可以定义更为实用的宽平稳随机过程，亦称作广义平稳随机过程。宽平稳随机过程不要求概率密度函数满足"时间平移不变性"，但是要求一二维数字特征必须满足要求。因此，若随机过程 $X(t)$ 满足式(2.2.4)至(2.2.6)，则称其是宽平稳的。

　　与此同时，两个严平稳随机过程 $X(t)$ 和 $Y(t)$ 的互相关函数可表示为

$$R_{XY}(t+\tau, t) = E[X(t+\tau)Y(t)] = \int_{-\infty}^{\infty} \int_{-\infty}^{\infty} xy \cdot p_{XY}(x, y; \tau)\mathrm{d}x\mathrm{d}y = R_{XY}(\tau) \tag{2.2.7}$$

　　如果两个随机过程 $X(t)$ 和 $Y(t)$ 各自是宽平稳的，即一二维数字特征分别满足式(2.2.4)至式(2.2.6)，同时二者的互相关函数又满足式(2.2.7)，则称这两个随机过程联合平稳。

　　值得注意的是，若一个严平稳随机过程的均方值有界(即功率有限)，那么它必定是宽平稳过程；但反过来不成立，因为严平稳随机过程的定义更为苛刻。通信系统中的信号、信道和噪声在多数情况下都可看作宽平稳随机过程。图 2.2.1 所示为一个平稳随机过程的三个样本示例，可用来与图 2.1.2 中的一般随机过程形成对比。根据平稳性假设可知，该平稳随机过程的均值(中心虚线)恒为零，方差和均方值为常数(图中表现为与方差有关的置信区间不随时间发生变化)；该平稳随机过程的自相关函数也与时间无关，仅与时间间隔有关，表现为随机过程整体的变化快慢趋势也是平稳的，不随时间变化。

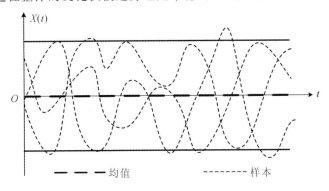

图 2.2.1　平稳随机过程的期望与方差

不论是严平稳过程还是宽平稳过程，由于平稳随机过程的相关函数本就与时间 t 无关，因此平稳过程的维纳-辛钦关系可以直接将公式(2.1.14)和(2.1.21)简化为

$$R_X(\tau) \Leftrightarrow P_X(f) \tag{2.2.8}$$

$$R_{XY}(\tau) \Leftrightarrow P_{XY}(f) \tag{2.2.9}$$

这表明，平稳随机过程的相关函数与功率谱密度为傅里叶变换对的关系，并不需要额外定义针对一般随机过程的时间平均相关函数。例如，在例 2.1 中，随机相位的余弦信号 $X(t) = \cos(2\pi f_c t + \varphi)$ 并不是平稳随机过程，因为其相关函数与时间 t 有关；但是，如果随机相位 φ 服从 $[0, 2\pi]$ 上的均匀分布，那么该随机信号的均值为 0，方差为常数，且相关函数与时间无关，此信号就是平稳随机过程，自相关函数与功率谱密度满足式(2.2.8)。

2.2.2 各态历经性

在实际应用中，如果要获取一个平稳随机过程的一维和二维数字特征，需要大量的观测数据进行统计，这在很多情况下是难以做到的。此时，如果一个随机过程的任意一个样本函数的一维和二维时间平均都能够等于其对应的一维和二维统计平均，就称这种特性为各态历经性或遍历性，相应的随机过程可以被简称为各态历经过程或遍历过程。

若随机信号 $X(t)$ 满足各态历经性，那么它的数字特征，即均值、均方值和自相关函数，分别等于任意一个确知样本 $x(t)$ 的时间均值、时间均方值和时间自相关函数，表示为

$$m_X = E[X(t)] = \overline{x(t)} = \lim_{T \to \infty} \frac{1}{T} \int_{-T/2}^{T/2} x(t) \mathrm{d}t \tag{2.2.10}$$

$$P_X = E[X^2(t)] = \overline{x^2(t)} = \lim_{T \to \infty} \frac{1}{T} \int_{-T/2}^{T/2} x^2(t) \mathrm{d}t \tag{2.2.11}$$

$$R_X(\tau) = E[X(t+\tau)X(t)] = R_x(\tau) = \lim_{T \to \infty} \frac{1}{T} \int_{-T/2}^{T/2} x(t+\tau)x(t) \mathrm{d}t \tag{2.2.12}$$

各态历经性的物理意义为：一个遍历过程的任一样本，只要持续时间足够长，就能够遍历该过程的所有状态，从而可以利用样本的时间平均代替该过程的统计特征。各态历经过程必定是平稳过程，但平稳过程不一定是各态历经过程，因此各态历经性的条件比平稳性条件更为苛刻。在实际应用中，如果无法获得足够多的样本进行统计平均，可以简化：假定随机信号具有各态历经性，从而利用单一样本的时间平均代替统计平均。

例 2.2 设 $e(t)$ 是一个周期为 T 的函数，随机变量 Δ 服从 $[0, T)$ 上的均匀分布，称 $X(t) = e(t+\Delta)$ 为随机周期函数，如 $e(t) = \cos(\omega_c t)$，$X(t) = \cos[\omega_c(t+\Delta)]$。请判断该随机信号 $X(t)$ 是否满足平稳性和各态历经性。

解 (1)平稳性分析。

分析随机信号的均值，有

$$E[X(t)] = \int_0^T e(t+\Delta) \frac{1}{T} \mathrm{d}\Delta = \frac{1}{T} \int_t^{t+T} e(\varphi) \mathrm{d}\varphi = \frac{1}{T} \int_0^T e(\varphi) \mathrm{d}\varphi = 常数$$

上式中使用了换元 $\varphi = t+\Delta$，并利用了 $e(t)$ 的周期性。再分析相关函数，可得

$$R_X(t+\tau, t) = \int_0^T e(t+\tau+\Delta)e(t+\Delta) \frac{1}{T} \mathrm{d}\Delta = \int_\Delta^{\Delta+T} e(\varphi+\tau)e(\varphi) \frac{1}{T} \mathrm{d}\varphi = R_X(\tau)$$

上式利用了 $e(\varphi+\tau)e(\varphi)$ 的周期性。可知，该随机信号是广义平稳信号。

（2）各态历经性分析。

由于周期信号的时间平均等于一个周期内的时间平均，样本 $e(t)$ 在时间跨度 $I \to \infty$ 上的时间平均可以转化为一个周期 T 内的时间平均，可以推得样本的时间均值为

$$\overline{x(t)} = \lim_{I \to \infty} \frac{1}{I} \int_{-I/2}^{I/2} e(t+\Delta) \mathrm{d}t = \frac{1}{T} \int_0^T e(t+\Delta) \mathrm{d}t = \frac{1}{T} \int_0^T e(\varphi) \mathrm{d}\varphi = E[X(t)]$$

其样本的时间相关函数为

$$R_x(\tau) = \lim_{I \to \infty} \frac{1}{I} \int_{-I/2}^{I/2} e(t+\tau+\Delta) e(t+\Delta) \mathrm{d}t = \frac{1}{T} \int_0^T e(t+\tau+\Delta) e(t+\Delta) \mathrm{d}t$$

$$= \frac{1}{T} \int_\Delta^{\Delta+T} e(\varphi+\tau) e(\varphi) \mathrm{d}\varphi = \frac{1}{T} \int_0^T e(\varphi+\tau) e(\varphi) \mathrm{d}\varphi = R_X(\tau)$$

即相关函数也满足各态历经性。因此，该随机过程不仅是平稳过程，而且是遍历过程。

2.3　高斯过程

高斯分布（或正态分布）在通信领域有着举足轻重的地位。通信系统中的噪声和信道衰落通常都由大量相互独立的随机因素叠加而成，根据中心极限定理，它们在某一时刻的取值大多可以认为近似地服从高斯分布，因此它们都可以被看作是服从高斯分布的随机过程。

2.3.1　高斯过程的定义

高斯过程（或正态过程）$X(t)$ 是指随机过程中的任意 n 维变量（n 个时刻取值对应的变量）的联合概率密度函数都服从高斯分布，即

$$p_X(x_1, x_2, \cdots, x_n; t_1, t_2, \cdots, t_n) = \frac{1}{\sqrt{(2\pi)^2 |C|}} \exp\left[-\frac{1}{2}(\boldsymbol{x}-\boldsymbol{a})^{\mathrm{T}} \boldsymbol{C}^{-1} (\boldsymbol{x}-\boldsymbol{a})\right]$$

$$(2.3.1)$$

其中，$\boldsymbol{x} = [x_1, x_2, \cdots, x_n]^{\mathrm{T}}$ 表示由 n 个取值组成的列向量。$\boldsymbol{X} = [X(t_1), X(t_2), \cdots, X(t_n)]^{\mathrm{T}}$ 代表随机过程中 n 维随机变量所对应的列向量，相应的均值向量为 $\boldsymbol{a} = (a_1, a_2, \cdots, a_n)^{\mathrm{T}}$，矩阵 $\boldsymbol{C}$ 代表 n 维变量的协方差矩阵，表达式为

$$\boldsymbol{C} = E[(\boldsymbol{X}-\boldsymbol{a})(\boldsymbol{X}-\boldsymbol{a})^{\mathrm{T}}] = \begin{pmatrix} C_{11} & \cdots & C_{1n} \\ \vdots & \ddots & \vdots \\ C_{n1} & \cdots & C_{nn} \end{pmatrix}$$

矩阵元素 C_{ik} 是变量 $X(t_i)$ 与 $X(t_k)$ 的协方差 $E[(X(t_i)-a_i)(X(t_k)-a_k)]$。

由于任意 n 维随机变量服从联合高斯分布，高斯过程具有高斯分布所具备的重要性质：

（1）高斯分布的 n 维分布完全由其均值、方差和协方差等数字特征所决定，一旦参数已知，那么高斯分布的概率密度函数就是已知的；

（2）若高斯过程是广义平稳的，即均值、方差和协方差与时间无关，且协方差只与时间间隔有关，由第一条性质可知，此时高斯概率密度函数的 n 维分布也与时间起点无关，所以高斯过程的广义平稳与狭义平稳等价；

（3）如果高斯过程在不同时刻所取的变量不相关，那么它们也是统计独立的。

2.3.2 高斯分布函数

高斯过程 $X(t)$ 在某时刻 t_1 所取的变量 $X(t_1)$ 的一维概率密度函数可以表示为

$$p_X(x;t_1) = \frac{1}{\sqrt{2\pi\sigma^2}}\exp\left[-\frac{(x-a)^2}{2\sigma^2}\right] \tag{2.3.2}$$

其中，a 和 σ^2 分别为变量 $X(t_1)$ 所对应的均值与方差。根据定义，高斯分布的概率密度函数的积分即为累积分布函数，简称为高斯分布函数，表示为

$$F(x) = \int_{-\infty}^{x}\frac{1}{\sqrt{2\pi}\sigma}\exp\left[-\frac{(\xi-a)^2}{2\sigma^2}\right]d\xi$$

$$= \frac{1}{\sqrt{2\pi}\sigma}\int_{-\infty}^{x}\exp\left[-\frac{(\xi-a)^2}{2\sigma^2}\right]d\xi = \phi\left(\frac{x-a}{\sigma}\right) \tag{2.3.3}$$

上式中，$\phi(x)$ 被称作概率积分函数，定义为

$$\phi(x) = \frac{1}{\sqrt{2\pi}}\int_{-\infty}^{x}\exp\left[-\frac{\xi^2}{2}\right]d\xi \tag{2.3.4}$$

这对应了标准高斯分布（均值为 0，方差为 1）的不定积分值，且有 $\phi(\infty)=1$。概率积分函数不存在闭式表达，实用中通常利用特殊函数进行简化表达，再通过查表的方式确定其近似解，下边介绍两种常用的特殊函数。

1. 误差函数与互补误差函数

误差函数的定义为

$$\text{erf}(x) = \frac{2}{\sqrt{\pi}}\int_{0}^{x}\exp\left[-\frac{\xi^2}{2}\right]d\xi \tag{2.3.5}$$

而互补误差函数的定义为

$$\text{erfc}(x) = 1 - \text{erf}(x) = \frac{2}{\sqrt{\pi}}\int_{x}^{\infty}\exp\left[-\frac{\xi^2}{2}\right]d\xi \tag{2.3.6}$$

可以发现，在自变量 x 的取值相同时，误差函数与互补误差函数之和为 1，表明二者的"互补"特性。误差函数是自变量 x 的递增函数，即有 $\text{erf}(0)=0$，$\text{erf}(\infty)=1$；而互补误差函数的特性与其相反。当 $x\gg1$ 时，互补误差函数可以取近似式以方便求解，如下

$$\text{erfc}(x) \approx \frac{1}{\sqrt{\pi}x}\exp[-x^2] \tag{2.3.7}$$

基于上述定义，概率积分函数与（互补）误差函数二者之间的关系可以表示为

$$\phi\left(\frac{x-a}{\sigma}\right) = \begin{cases} \frac{1}{2}+\frac{1}{2}\text{erf}\left(\frac{x-a}{\sqrt{2}\sigma}\right), & x\geqslant a \\ 1-\frac{1}{2}\text{erfc}\left(\frac{x-a}{\sqrt{2}\sigma}\right), & x<a \end{cases} \tag{2.3.8}$$

2. Q 函数

Q 函数通常用来表示高斯分布的尾部积分，定义为

$$Q(x) = 1-\phi(x) = \frac{1}{\sqrt{2\pi}}\int_{x}^{\infty}\exp\left[-\frac{\xi^2}{2}\right]d\xi \tag{2.3.9}$$

概率积分函数、（互补）误差函数与 Q 函数三者之间具有可替换关系，具体表示为

$$Q(x) = \frac{1}{2}\mathrm{erfc}\left(\frac{x}{\sqrt{2}}\right) \tag{2.3.10}$$

$$\phi(x) = 1 - \frac{1}{2}\mathrm{erfc}\left(\frac{x}{\sqrt{2}}\right) \tag{2.3.11}$$

$$\mathrm{erfc}(x) = 2Q(\sqrt{2}\,x) = 2\left[1 - \phi(\sqrt{2}\,x)\right] \tag{2.3.12}$$

那么，为什么要定义概率积分函数、（互补）误差函数以及 Q 函数呢？

这是由于通信系统中的噪声可以近似认为服从高斯分布，通常可以利用高斯过程进行建模。因此，在对通信系统的性能进行统计分析时，需要利用高斯过程的性质，统计系统出现错误的概率。由于高斯分布函数没有闭式表达式，在计算过程中可以利用上述几种函数对系统误差进行简化表达，从而代替高斯分布函数，并通过查表法快速获得结果。因此，上述函数在通信系统的抗噪声性能分析与统计信号处理中被广泛应用。

2.3.3　高斯白噪声

通信系统中的噪声通常采用零均值的平稳随机过程的描述方法。如果随机噪声的功率谱密度为常数，即噪声在整个频率范围内的强度是均匀的，就称其为白噪声。白噪声的功率谱密度可以表示为 $P(f) = n_0/2$，其中 n_0 为白噪声的单边功率谱密度。白噪声中的"白"是由物理学中白光的概念拓展而来的，类比了通俗认知中白光的各色光谱的均匀分布特性（需要指出的是，实际上白光的各色光谱强度分布并非均匀）。与白噪声对应，非白色的噪声都被统称为有色噪声，同样也是类比了各有色光的非均匀光谱特性。

根据平稳随机信号的维纳-辛钦关系（2.2.8）可知，白噪声的自相关函数可以求得为

$$R(\tau) = \frac{n_0}{2}\delta(\tau) \tag{2.3.13}$$

上式表明，在白噪声平稳过程中，任意两个不同时刻的取值所对应的随机变量是不相关的；仅有 $\tau = 0$ 时，即同一个随机变量的自相关存在，如图 2.3.1 所示。如果一个白噪声同时又是高斯随机过程，就称作高斯白噪声。高斯白噪声同时具备了高斯过程与平稳过程的性质，一个高斯白噪声中任意两个不同时刻的随机变量不仅是不相关的，而且还是统计独立的。

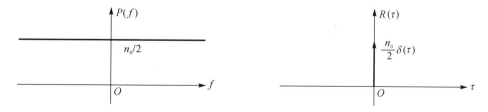

图 2.3.1　高斯白噪声的功率谱密度与自相关函数

值得注意的是，在自然界和工程应用中，实际的随机过程在非常临近的两个时刻的状态常会存在一定的相关性，其相关函数不会是严格的冲激函数。然而，由于白噪声在数学上的处理简单方便，所以在实际应用中仍有重要的理论意义。例如，如果噪声信号在比有用频带宽得多的范围内都具有均匀的功率谱密度，就可以当作白噪声来处理。

2.4 随机过程通过线性系统

线性系统是指满足线性叠加原理的系统，系统输入的线性组合的响应等于各自输出响应的线性组合。本节将主要考虑线性时不变系统，即冲激响应不随时间变化的线性系统，考察随机过程通过线性时不变系统后的时频统计特性。

2.4.1 平稳随机过程通过线性系统

考虑一个平稳随机过程 $X(t)$，其样本空间中的任一样本通过线性系统后的输出信号为

$$y(t) = \int_{-\infty}^{\infty} x(u)h(t-u)\mathrm{d}u = \int_{-\infty}^{\infty} x(t-u)h(u)\mathrm{d}u \tag{2.4.1}$$

由于随机过程 $X(t)$ 是所有可能样本的集合，那么输出随机过程 $Y(t)$ 可以表示为

$$Y(t) = \int_{-\infty}^{\infty} X(t-u)h(u)\mathrm{d}u \tag{2.4.2}$$

可见，随机过程的输出过程可以表示为所有可能的输出样本集合。因此，我们可以根据输入过程的特点得到输出过程的数字特征、概率密度分布以及功率谱密度等参数。

1. 输出过程的均值

当输入过程 $X(t)$ 为平稳随机过程，输出信号 $Y(t)$ 的均值为

$$\begin{aligned}
E[Y(t)] &= E\left[\int_{-\infty}^{\infty} X(t-u)h(u)\mathrm{d}u\right] \\
&= \int_{-\infty}^{\infty} E[X(t-u)]h(u)\mathrm{d}u \\
&= m_X \cdot \int_{-\infty}^{\infty} h(u)\mathrm{d}u = m_X \cdot H(0)
\end{aligned} \tag{2.4.3}$$

其中，m_X 表示平稳随机过程 $X(t)$ 的常数均值，同时线性系统在频率 $f=0$ 时的直流响应为

$$H(0) = \int_{-\infty}^{\infty} h(u)\,\mathrm{e}^{\mathrm{j}2\pi fu}\,\Big|_{f=0}\,\mathrm{d}u = \int_{-\infty}^{\infty} h(u)\mathrm{d}u$$

可以发现，输出过程的均值是输入过程的均值受到系统直流响应加权的结果。

2. 输出过程的自相关函数

对输出过程 $Y(t)$ 求自相关函数，可得

$$\begin{aligned}
E[Y(t+\tau)Y(t)] &= E\left[\left(\int_{-\infty}^{\infty} X(t+\tau-u)h(u)\mathrm{d}u\right)\left(\int_{-\infty}^{\infty} X(t-v)h(v)\mathrm{d}v\right)\right] \\
&= E\left[\int_{-\infty}^{\infty}\int_{-\infty}^{\infty} h(u)h(v)X(t+\tau-u)X(t-v)\mathrm{d}u\mathrm{d}v\right] \\
&= \int_{-\infty}^{\infty}\int_{-\infty}^{\infty} h(u)h(v)R_X(\tau-u+v)\mathrm{d}u\mathrm{d}v = R_Y(\tau)
\end{aligned} \tag{2.4.4}$$

由于 $X(t)$ 是平稳过程，其自相关函数与时间无关，因此输出过程的自相关函数也与时间无关。结合输出过程的均值表达式，可以得到一个重要结论：如果通过线性系统的输入过程是平稳随机过程，那么输出过程同样也是平稳随机过程。

类似地，输入过程 $X(t)$ 与输出过程 $Y(t)$ 的互相关函数可表示为

$$E\big[X(t+\tau)Y(t)\big]=E\Big[X(t+\tau)\int_{-\infty}^{\infty}X(t-u)h(u)\mathrm{d}u\Big]$$

$$=\int_{-\infty}^{\infty}h(u)R_X(\tau+u)\mathrm{d}u\mathrm{d}v=R_{XY}(\tau) \tag{2.4.5}$$

可以发现，输入过程 $X(t)$ 和输出过程 $Y(t)$ 的互相关函数也与时间无关，二者联合平稳。

例 2.3　若线性系统的冲激响应为 $h(t)$，输入过程为白噪声信号，其自相关函数为

$$R_X(\tau)=\frac{n_0}{2}\delta(\tau)$$

求系统输出的均方值。

解　根据均方值的定义，可以推得

$$E\big[Y^2(t)\big]=R_Y(0)=\int_{-\infty}^{\infty}\int_{-\infty}^{\infty}h(u)h(v)R_X(v-u)\mathrm{d}u\mathrm{d}v$$

$$=\frac{n_0}{2}\int_{-\infty}^{\infty}\int_{-\infty}^{\infty}h(u)h(v)\delta(v-u)\mathrm{d}u\mathrm{d}v=\frac{n_0}{2}\int_{-\infty}^{\infty}h^2(u)\mathrm{d}u$$

也就是说，白噪声通过系统的输出功率为其双边功率谱密度乘上系统的总能量。在系性性能分析时有一种常见的情形，即当系统是带宽为 B 且高度为 1 的理想带通滤波器时，系统双边谱的总能量等于 $2B$，此时通过理想带通滤波器的白噪声输出功率为 $2B\times n_0/2=n_0B$。

3. 输出过程的功率谱密度

根据维纳-辛钦关系，对式(2.4.4)中的自相关函数 $R_Y(\tau)$ 进行傅里叶变换，可得

$$P_Y(f)=\int_{-\infty}^{\infty}R_Y(\tau)\mathrm{e}^{-\mathrm{j}2\pi f\tau}\mathrm{d}\tau$$

$$=\int_{-\infty}^{\infty}\Big[\int_{-\infty}^{\infty}\int_{-\infty}^{\infty}h(u)h(v)R_X(\tau-u+v)\mathrm{d}u\mathrm{d}v\Big]\mathrm{e}^{-\mathrm{j}2\pi f\tau}\mathrm{d}\tau \tag{2.4.6}$$

令 $\zeta=\tau-u+v$，则有

$$P_Y(f)=\int_{-\infty}^{\infty}h(u)\mathrm{e}^{\mathrm{j}2\pi fu}\mathrm{d}u\cdot\int_{-\infty}^{\infty}h(v)\mathrm{e}^{-\mathrm{j}2\pi fv}\mathrm{d}v\cdot\int_{-\infty}^{\infty}R_X(\zeta)\mathrm{e}^{-\mathrm{j}2\pi f\zeta}\mathrm{d}\zeta \tag{2.4.7}$$

最终得到输出过程的功率谱密度为

$$P_Y(f)=H^*(f)H(f)P_X(f)=|H(f)|^2P_X(f) \tag{2.4.8}$$

可见，输出过程的功率谱密度是输入过程的功率谱密度受到系统能量谱密度 $|H(f)|^2$ 加权后的结果。

进一步对输出信号 $Y(t)$ 与输入信号 $X(t)$ 的互相关函数进行分析，可以得到

$$E\big[Y(t+\tau)X(t)\big]=\int_{-\infty}^{\infty}h(u)R_X(\tau-u)\mathrm{d}u=R_X(\tau)*h(\tau) \tag{2.4.9}$$

$$E\big[X(t+\tau)Y(t)\big]=\int_{-\infty}^{\infty}h(u)R_X(\tau+u)\mathrm{d}u=R_X(\tau)*h(-\tau) \tag{2.4.10}$$

对式(2.4.9)和(2.4.10)进行傅里叶变换，可以得到输入与输出过程之间的互功率谱密度为

$$P_{YX}(f)=P_X(f)H(f) \tag{2.4.11}$$

$$P_{XY}(f)=P_X(f)H^*(f) \tag{2.4.12}$$

这说明，输出过程与输入过程之间的互功率谱密度是输入过程的功率谱密度受到系统频域响应加权的结果。值得说明的是，上述结论是在本书中所定义的相关函数表达式的基础上所得到的结论，其他教材中可能会采用不同的定义得到不同的表达式，但本质含义一致。

4. 输出过程的概率密度分布

由随机信号通过线性系统的表达式

$$Y(t) = \int_{-\infty}^{\infty} X(t-u)h(u)\,du \qquad (2.4.13)$$

可以发现，输出过程的分布特性与输入过程的分布特性的加权叠加密切相关。此时，如果输入过程是高斯型的，由于多个高斯分布的线性叠加服从高斯分布，输出过程仍然是高斯过程。通信系统中的噪声通常都可以利用高斯型平稳随机过程进行建模，因此通过线性信道或滤波器的噪声仍然服从高斯分布，这就为很多分析带来了便利。

2.4.2 白噪声通过线性系统

白噪声的功率谱密度为常数，自相关函数是一个冲激函数，其任意两个时刻的变量之间都不相关甚至独立。当白噪声通过线性系统后，由于线性系统时频响应的影响，白噪声的功率谱密度将会发生变化，根据维纳-辛钦关系，相关函数也会发生变化。本小节将主要考虑两种经过理想线性系统的白噪声及其时频特性，如图 2.4.1 所示。

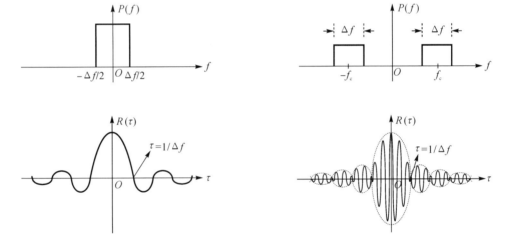

图 2.4.1 低通(左)与带通(右)白噪声的功率谱密度与自相关函数

低通白噪声是指，功率谱密度主要集中在零频附近的白噪声，其功率谱密度在带内为常数，即"白"的，但是在带外为 0，表示为

$$P(f) = \begin{cases} \dfrac{P_N}{\Delta f}, & |f| \leqslant \dfrac{\Delta f}{2} \\ 0, & \text{其他} \end{cases} \qquad (2.4.14)$$

利用维纳-辛钦关系，自相关函数可以表示为

$$R(\tau) = \int_{-\infty}^{\infty} P(f)\mathrm{e}^{-\mathrm{j}2\pi f\tau}\,\mathrm{d}f = 2\int_0^{\infty} P(f)\cos(2\pi f\tau)\,\mathrm{d}f$$

$$= 2\int_0^{\Delta f/2} P(f)\cos(2\pi f\tau)\,\mathrm{d}f = P_N\frac{\sin(\pi\Delta f\tau)}{\pi\Delta f\tau} = P_N\mathrm{sinc}(\pi\Delta f\tau) \qquad (2.4.15)$$

其中，第二个等号后面的公式利用了功率谱密度的对称性。可以发现，由于低通白噪声的功率谱密度为矩形，其对应的自相关函数为 sinc 函数。当 $\tau = 0$ 时，低通白噪声的平均功率正是 P_N；而当 $\tau = n/\Delta f$ 时且 n 为非零整数，sinc 函数都处于过零点的状态，其自相关函数

$R(\tau)=0$。这表明低通白噪声仅在以 $\tau=1/\Delta f$ 为间隔的两个变量之间才是不相关的，而以其他取值为间隔的任意两个变量间是有相关性的，这些相关性正是由线性系统的卷积作用引入的，如图 2.4.1 中左图所示。

与之类似，带通白噪声是指功率谱密度主要集中在某个中心频率 f_c 附近的白噪声，其功率谱密度在频带内为常数，在带外为 0，表示为

$$P(f)=\begin{cases} \dfrac{P_N}{2\Delta f}, & f_c-\dfrac{\Delta f}{2}\leqslant |f| \leqslant f_c+\dfrac{\Delta f}{2} \\ 0, & \text{其他} \end{cases} \tag{2.4.16}$$

利用维纳-辛钦关系，同样可以求得带通白噪声的自相关函数为

$$R(\tau)=\int_{-\infty}^{\infty}P(f)\mathrm{e}^{-\mathrm{j}2\pi f\tau}\mathrm{d}f = 2\int_0^{\infty}P(f)\cos(2\pi f\tau)\mathrm{d}f$$

$$= 2\int_{f_c-\frac{\Delta f}{2}}^{f_c+\frac{\Delta f}{2}}P(f)\cos(2\pi f\tau)\mathrm{d}f = P_N\mathrm{sinc}(\pi\Delta f\tau)\cdot\cos(2\pi f_c\tau) \tag{2.4.17}$$

可以看出，带通白噪声的自相关函数与低通白噪声的自相关函数密切相关。带通白噪声的平均功率仍旧是 P_N，这可以通过功率谱密度的物理意义来解释：虽然带通白噪声的功率谱密度在频率轴上出现了频谱搬移，但是由于面积不变，对应的平均功率也不变。如图 2.4.1 中右图所示，带通白噪声的相关函数由两部分构成，其中第一部分与低通白噪声类似，是由 sinc 函数构成的相关性变化；但是由于带通信号的频带较高，sinc 函数会受到与中心频点 f_c 所对应的 $\cos(2\pi f_c\tau)$ 的影响。由于通常 f_c 远大于带宽 Δf，$\cos(2\pi f_c\tau)$ 可以看作是高频振荡，而 $P_N\mathrm{sinc}(\pi\Delta f\tau)$ 则可以看作该振荡的包络，这两部分最终构成快速变化的自相关函数。

2.5 窄带随机过程

窄带随机过程是通信系统中非常常见的一种随机过程。当通信系统中的随机信号和噪声本身具有较窄的带宽或通过了窄带线性系统，其频带宽度远小于载波频率，同时包络或相位具有随机变化的特性，这就形成了窄带随机过程。例如，由于白噪声的频带宽度理论上无限大，接收机必须要设置带通滤波器，以防引入较大的噪声功率，此时经过带通滤波器的噪声就变成了上一小节中介绍的带通白噪声，也是窄带随机过程的一种。

2.5.1 窄带随机过程概述

对于任意一个随机过程，如果该随机过程的带宽 B 与中心频率 f_c 相比要小得多，即 $B\ll f_c$，那么该随机过程就称作窄带随机过程。若观察窄带随机过程的实际波形，可以发现，窄带随机过程是以某中心频率进行振荡的正弦波，但是正弦波的幅度和相位却随着时间发生随机的变化，体现了随机特性。如图 2.5.1 中，左图中的实线代表了窄带随机过程的真实波形，虚线代表了窄带随机过程的随机包络；右图是功率谱密度示意图，由于窄带随机过程的频带宽度相对于中心频率 f_c 来说很窄，即 $B\ll f_c$，因此包络和相位的变化要比中心频率所对应的载波变化慢得多，相应的时域波形也必然是以 f_c 为中心频率的振荡。

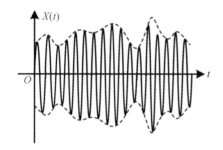 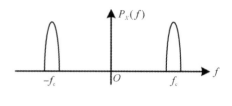

图 2.5.1 窄带随机过程的典型波形与功率谱密度示例

窄带随机过程可以表示如下

$$X(t) = A(t)\cos[2\pi f_c t + \Phi(t)] \tag{2.5.1}$$

其中，$A(t)$ 和 $\Phi(t)$ 分别是窄带随机过程的随机包络和相位。上式可以被进一步展开为

$$X(t) = A(t)\cos[2\pi f_c t + \Phi(t)] = I(t)\cos(2\pi f_c t) - Q(t)\sin(2\pi f_c t) \tag{2.5.2}$$

其中，$I(t)$ 和 $Q(t)$ 分别称作窄带随机过程的同相分量与正交分量，它们也是随机过程，即有

$$\begin{cases} I(t) = A(t)\cos(\Phi(t)) \\ Q(t) = A(t)\sin(\Phi(t)) \end{cases} \tag{2.5.3}$$

而 $\cos(2\pi f_c t)$ 和 $\sin(2\pi f_c t)$ 分别称作同相载波和正交载波。

由于包络 $A(t)$ 和相位 $\Phi(t)$ 反映了窄带随机过程的随机特性，而同相分量 $I(t)$ 与正交分量 $Q(t)$ 又是包络和相位的非线性变换，因此本节的后续内容将主要关注零均值平稳窄带随机过程的包络和相位、同相分量与正交分量的统计特性。

2.5.2 平稳高斯窄带随机过程的统计特性

1. 同相分量和正交分量的统计特性

首先分析同相分量与正交分量的数学期望，根据窄带随机过程的零均值和平稳性假设可得

$$E[X(t)] = E[I(t)]\cos(\omega_c t) - E[Q(t)]\sin(\omega_c t) = 0 \tag{2.5.4}$$

因此，必然有 $E[I(t)] = 0$ 和 $E[Q(t)] = 0$。接下来分析窄带过程的自相关函数，可得

$$\begin{aligned} R_X(t+\tau, t) &= E[X(t+\tau)X(\tau)] \\ &= R_I(\tau) \cdot \cos[2\pi f_c(t+\tau)]\cos(2\pi f_c t) + R_Q(\tau) \cdot \sin[2\pi f_c(t+\tau)]\sin(2\pi f_c t) - \\ &\quad R_{IQ}(\tau) \cdot \cos[2\pi f_c(t+\tau)]\sin(2\pi f_c t) - R_{QI}(\tau) \cdot \sin[2\pi f_c(t+\tau)]\cos(2\pi f_c t) \end{aligned} \tag{2.5.5}$$

利用积化和差，上式可进一步整理得

$$\begin{aligned} R_X(t+\tau, t) &= \frac{1}{2}[R_I(\tau) + R_Q(\tau)]\cos(2\pi f_c \tau) + \frac{1}{2}[R_I(\tau) - R_Q(\tau)]\cos[2\pi f_c(2t+\tau)] + \\ &\quad \frac{1}{2}[R_{IQ}(\tau) - R_{QI}(\tau)]\sin(2\pi f_c \tau) - \frac{1}{2}[R_{IQ}(\tau) + R_{QI}(\tau)]\sin[2\pi f_c(2t+\tau)] \end{aligned} \tag{2.5.6}$$

由于 $X(t)$ 是平稳的，上式中第二项和第四项应恒为零，即自相关函数与时间无关，这要求

$$R_I(\tau) = R_Q(\tau) \tag{2.5.7}$$

$$R_{IQ}(\tau) = -R_{QI}(\tau) \tag{2.5.8}$$

因此，平稳窄带随机过程的自相关函数最终可以表示为

$$R_X(\tau) = \frac{1}{2}[R_I(\tau) + R_Q(\tau)]\cos(2\pi f_c\tau) + \frac{1}{2}[R_{IQ}(\tau) - R_{QI}(\tau)]\sin(2\pi f_c\tau)$$

$$= R_I(\tau)\cos(2\pi f_c\tau) - R_{QI}(\tau)\sin(2\pi f_c\tau) \tag{2.5.9}$$

结合互相关函数是奇函数的基本性质，即 $R_{IQ}(-\tau) = -R_{IQ}(\tau) = R_{QI}(-\tau)$，可以推得 $\tau = 0$ 时 $R_{IQ}(0) = E[X_I(t)X_Q(t)] = 0$，且有 $R_X(0) = R_I(0) = R_Q(0)$。因此，窄带随机过程的同相分量与正交分量在同一时刻相互正交，二者具有与窄带随机过程相等的平均功率。

2. 包络和相位的统计特性

进一步假定窄带随机过程 $X(t)$ 是高斯型的，其均值为 0，方差为 σ^2。根据式(2.5.2)，由于 $X(t)$ 是 $I(t)$ 和 $Q(t)$ 的线性组合，因此，$I(t)$ 与 $Q(t)$ 同样是零均值的高斯随机过程。又因为 $R_{IQ}(0) = 0$，即同相分量与正交分量在同一时刻是不相关的，根据高斯分布的性质，$I(t)$ 与 $Q(t)$ 还是统计独立的。因此，在任一时刻，$I(t)$ 与 $Q(t)$ 的联合概率密度函数为

$$p_C(x_I, x_Q) = p_I(x_I) \cdot p_Q(x_Q) = \frac{1}{2\pi\sigma^2}\exp\left[-\frac{x_I^2 + x_Q^2}{2\sigma^2}\right] \tag{2.5.10}$$

根据式(2.5.3)，可以得到窄带随机过程的包络 $A(t)$ 与相位 $\Phi(t)$ 的联合概率密度函数为

$$p_X(A, \Phi) = p_C(x_I, x_Q)\left|\frac{\partial(x_I, x_Q)}{\partial(A, \Phi)}\right| \tag{2.5.11}$$

其中，根据变量间的关系 $x_I = A \cdot \cos\Phi$ 和 $x_Q = A \cdot \sin\Phi$，雅克比行列式表示为

$$\left|\frac{\partial(x_I, x_Q)}{\partial(A, \Phi)}\right| = \begin{vmatrix} \dfrac{\partial x_I}{\partial A} & \dfrac{\partial x_Q}{\partial A} \\ \dfrac{\partial x_I}{\partial \Phi} & \dfrac{\partial x_Q}{\partial \Phi} \end{vmatrix} = \begin{vmatrix} \cos\Phi & \sin\Phi \\ -A \cdot \sin\Phi & A \cdot \cos\Phi \end{vmatrix} = A \tag{2.5.12}$$

最终得到幅度和相位的二维联合概率密度函数如下

$$p_X(A, \Phi) = \frac{A}{2\pi\sigma^2}\exp\left[-\frac{(A \cdot \cos\Phi)^2 + (A \cdot \sin\Phi)^2}{2\sigma^2}\right]$$

$$= \frac{A}{2\pi\sigma^2}\exp\left[-\frac{A^2}{2\sigma^2}\right] \tag{2.5.13}$$

注意 $A \geqslant 0$，且相位 $\Phi \in [0, 2\pi]$。根据二维联合概率密度函数的表达式，可进一步获取幅度与相位的一维概率密度函数。通过边际化操作，分别对另一个变量进行积分，可得

$$p_X(A) = \int_{-\infty}^{\infty} p_X(A, \Phi)\mathrm{d}\Phi = \int_{-\infty}^{\infty} \frac{A}{2\pi\sigma^2}\exp\left[-\frac{A^2}{2\sigma^2}\right]\mathrm{d}\Phi$$

$$= \frac{A}{\sigma^2}\exp\left[-\frac{A^2}{2\sigma^2}\right] \tag{2.5.14}$$

这就是著名的瑞利分布，本质上是两个独立的零均值高斯变量所对应包络的概率分布。

同理，也可以得到相位的一维概率密度函数为

$$p_X(\Phi) = \int_{-\infty}^{\infty} p_X(A, \Phi)\mathrm{d}A = \int_{-\infty}^{\infty} \frac{A}{2\pi\sigma^2}\exp\left[-\frac{A^2}{2\sigma^2}\right]\mathrm{d}A = \frac{1}{2\pi} \tag{2.5.15}$$

可见，相位服从均匀分布，本质上是两个独立的零均值高斯变量所对应相位的概率分布。

结合同相分量与正交分量的统计特性，最终可以得到关于窄带随机过程的重要结论：

一个零均值的平稳高斯窄带随机过程，在任一时刻，其同相分量和正交分量都服从零均值的高斯分布，二者相互独立，且与窄带随机过程具有相同的功率；而且，该窄带随机过程的包络服从瑞利分布，相位服从均匀分布，同时，包络与相位也是统计独立的，即有

$$p_X(A, \Phi) = p_X(A) \cdot p_X(\Phi) \tag{2.5.16}$$

2.5.3 正弦波加窄带随机过程

上一小节主要讨论了平稳高斯窄带随机过程的统计分布情况，通常可以看作窄带（带通）高斯噪声的统计特性。在实际的通信过程中，通过带通滤波器的不仅有窄带噪声，还会有信号成分。带通输出通常是信号与窄带随机过程的混合波形，其基础模型是将信号考虑为具有随机相位的单频正弦波，以此来指导分析。正弦波加高斯窄带随机过程表示为

$$X(t) = a \cdot \cos(2\pi f_c t + \Theta) + N(t) \tag{2.5.17}$$

其中，$N(t) = N_1(t)\cos(2\pi f_c t) - N_Q(t)\sin(2\pi f_c t)$ 是式(2.5.2)的平稳高斯窄带随机过程，而正弦信号的幅度 a 和频率 f_c 为常数，相位 Θ 服从均匀分布。合成信号可以进一步展开为

$$\begin{aligned} X(t) &= [a\cos\Theta + N_1(t)]\cos(2\pi f_c t) - [a\sin\Theta + N_Q(t)]\sin(2\pi f_c t) \\ &= I(t)\cos(2\pi f_c t) - Q(t)\sin(2\pi f_c t) \\ &= A(t)\cos(2\pi f_c t + \Phi(t)) \end{aligned} \tag{2.5.18}$$

其同相分量和正交分量表示为

$$\begin{cases} I(t) = a \cdot \cos\Theta + N_1(t) \\ Q(t) = a \cdot \sin\Theta + N_Q(t) \end{cases}$$

包络和相位表示为

$$\begin{cases} A(t) = \sqrt{I^2(t) + Q^2(t)} \\ \Phi(t) = \arctan\dfrac{Q(t)}{I(t)} \end{cases}$$

能够发现，正弦波加高斯窄带随机过程的合成信号仍旧满足窄带随机信号的分解形式。其与窄带随机过程的差别在于，合成信号的同相分量与正交分量不仅包含窄带随机过程的分量 $N_1(t)$ 与 $N_Q(t)$，还包含了正弦波信号的分量 $a \cdot \cos\Theta$ 与 $a \cdot \sin\Theta$。

由于正弦波信号的相位 Θ 是均匀分布的，会对分析产生影响。首先假定 Θ 是给定的，在此条件下，$a \cdot \cos\Theta$ 和 $a \cdot \sin\Theta$ 就是常数。因此，根据高斯分布的性质，同相分量 $I(t)$ 和正交分量 $Q(t)$ 仍旧服从高斯分布，方差为 σ^2，但二者均值非零。因此，在给定 Θ 的条件下，二者的联合条件概率密度函数为

$$p_C(x_I, x_Q | \Theta) = \frac{1}{2\pi\sigma^2}\exp\left[-\frac{(x_I - a \cdot \cos\Theta)^2 + (x_Q - a \cdot \sin\Theta)^2}{2\sigma^2}\right] \tag{2.5.19}$$

经过变量代换，可以再次得到包络与相位的联合条件概率密度函数为

$$\begin{aligned} p_X(A, \Phi | \Theta) &= p_C(x_I, x_Q | \Theta)\left|\frac{\partial(x_I, x_Q)}{\partial(A, \Phi)}\right| \\ &= \frac{A}{2\pi\sigma^2}\exp\left[-\frac{A^2 + a^2 - 2Aa \cdot \cos(\Theta - \Phi)}{2\sigma^2}\right] \end{aligned} \tag{2.5.20}$$

对上式进行边际化，推得包络的一维条件分布如下

$$p_X(A\mid\Theta) = \int_0^{2\pi} p_X(A,\Phi\mid\Theta)\mathrm{d}\Phi = \int_0^{2\pi} \frac{A}{2\pi\sigma^2}\exp\left[-\frac{A^2+a^2-2Aa\cdot\cos(\Theta-\Phi)}{2\sigma^2}\right]\mathrm{d}\Phi$$

$$= \frac{A}{2\pi\sigma^2}\exp\left[-\frac{A^2+a^2}{2\sigma^2}\right]\int_0^{2\pi}\exp\left[\frac{Aa\cdot\cos(\Theta-\Phi)}{\sigma^2}\right]\mathrm{d}\Phi \tag{2.5.21}$$

上式中的积分式非常复杂，没有闭式解，通常引入如下特殊函数进行表述

$$\frac{1}{2\pi}\int_0^{2\pi}\exp[x\cdot\cos\Theta]\mathrm{d}\Theta = I_0(x) \tag{2.5.22}$$

其中，$I_0(x)$ 称作零阶修正贝塞尔函数；当 $x\geqslant 0$ 时，$I_0(x)$ 是单调递增函数且有 $I_0(0)=1$。因此，式(2.5.22)可以利用 $I_0(x)$ 表示为

$$p_X(A\mid\Theta) = \frac{A}{\sigma^2}\exp\left[-\frac{A^2+a^2}{2\sigma^2}\right]I_0\left(\frac{Aa}{\sigma^2}\right) \tag{2.5.23}$$

在引入了 $I_0(x)$ 后，上式中正弦波信号的随机相位 Θ 可以被消除，表明包络的分布与随机相位 Θ 无关。因此上式可以简化为包络的一维概率密度函数，表示如下

$$p_X(A) = \frac{A}{\sigma^2}\exp\left[-\frac{A^2+a^2}{2\sigma^2}\right]I_0\left(\frac{Aa}{\sigma^2}\right),\ A\geqslant 0 \tag{2.5.24}$$

这就是著名的莱斯分布，因为与瑞利分布非常相似，也称作广义瑞利分布。其本质是：两个独立的高斯变量，只要其中任一个的均值非零，那么联合分布的包络就服从莱斯分布。

由于特殊函数 $I_0(x)$ 的存在，通常只需对莱斯分布进行定性分析和理解。

(1) 当信号分量很大时，此时 $I_0(x)\approx \mathrm{e}^x/\sqrt{2\pi x}$，此时近似有

$$p_X(A) \approx \frac{1}{\sqrt{2\pi\sigma^2}}\exp\left[-\frac{(A-a)^2}{2\sigma^2}\right]$$

表明合成波的包络近似于以 a 为中心的高斯分布。从物理意义上来看，就是本应是恒包络的正弦波，受到了较小的高斯窄带随机过程的影响，使得包络产生了服从高斯分布的波动。

(2) 当信号分量很小时，即 $a\to 0$ 时，此时信号噪声功率比 $a^2/2\sigma^2\to 0$，可以认为 $I_0(Aa/\sigma^2)\to 1$，此时包络分布近似退化为

$$p_X(A) \approx \frac{A}{2\sigma^2}\exp\left[-\frac{A^2}{2\sigma^2}\right]$$

即瑞利分布。这从物理意义上很容易理解，由于信号分量非常小，合成波以高斯窄带随机过程为主要分量，因此仍旧近似表现出窄带噪声的特性。

由此可见，莱斯分布的具体表现形式与正弦波信号和窄带随机过程的成分占比大小有关，小信号时近似于瑞利分布，大信号时近似于高斯分布，而在一般情况下则介于二者之间。另外，合成波的相位分布更加复杂，本小节仅做定性描述：在小信号时相位服从均匀分布，与高斯窄带随机过程一致；而在大信号时相位主要集中在信号的相位 θ 附近，表明有用信号占据着主导成分。

2.6 实带通信号的复分析

通信系统中的信号大部分都是带通型信号，其频谱局限于某个有限的区间内 (f_1,f_2)，其中 $f_2>f_1>0$。此时带通信号占用远离零频的某个通带进行信息传输，对应的传输信道

也是带通型的。这些带通信号只需要一条实际的物理传输通道，可以使用实信号进行描述。然而，虽然实际的传输信号本身是实信号，但是在处理过程中，实带通信号经常可以等效地采用复信号进行描述。常见的复信号包括解析信号和复基带信号，本节将首先基于确知信号，阐述这两种复信号与实带通信号之间的关系；而后基于随机信号，针对它们的复随机过程形式，分析二者的统计特性，及其与窄带随机过程之间的联系。

为了方便区分，本节以 $X(t)$ 代表实随机信号，$x(t)$ 代表实确知信号或实样本信号；并以 $S(t)$ 代表复随机信号，$s(t)$ 代表复确知信号或复样本信号。

2.6.1 实带通确知信号的复分析

1. 希尔伯特变换与解析信号

复数使用实部和虚部两个实数的复合形式进行表征，并利用虚数符号 j 将实部和虚部构成相互正交的直角坐标系，即复平面，其中实部和虚部分别对应坐标系中横轴和纵轴的坐标。复信号是在复数基础上的拓展，可以看作是两路实信号的复合，即有 $s(t)=x_R(t)+j \cdot x_I(t)$，其中 $x_R(t)$ 和 $x_I(t)$ 分别表示复信号 $s(t)$ 的实部和虚部信号。实信号的频谱在正负频率处为共轭对称，利用正频率上的谱可以完全表示出负频率上的谱，因此正负频谱具有冗余性。如果仅传输实信号在正频率上的频谱，可以保证信息完全不丢失，这就涉及解析信号的概念。

实信号 $x(t)$ 与其希尔伯特变换 $\hat{x}(t)$ 所构造的复信号

$$z(t)=x(t)+j \cdot \hat{x}(t) \tag{2.6.1}$$

称为实信号 $x(t)$ 的解析信号。上式中希尔伯特变换的频域响应为

$$H(f)=-j \cdot \text{sgn}(f)=\begin{cases} -j, & f>0 \\ j, & f<0 \end{cases} \tag{2.6.2}$$

可以发现，因为虚数单位 j 表示在复平面上逆时针90°的旋转，所以希尔伯特变换的实质是对信号的正、负频率部分分别在复平面上逆时针地进行 $-90°$ 与 $90°$ 的相移，并保持幅度不变。

对应于频域响应，希尔伯特变换的时域冲激响应可以表示为 $h(t)=1/\pi t$。当线性系统为希尔伯特变换时，实信号 $x(t)$ 通过该线性系统的输出即为

$$\hat{x}(t)=x(t) * \frac{1}{\pi t} \tag{2.6.3}$$

那么，实信号及其希尔伯特变换所组成的解析信号 $z(t)$ 具有什么物理意义呢？

一方面，分析实信号 $x(t)$ 与其正频率谱的关系，可得

$$\begin{aligned} x(t) &= \int_{-\infty}^{\infty} X(f)e^{j2\pi ft}df = \int_{-\infty}^{0} X(f)e^{j2\pi ft}df + \int_{0}^{\infty} X(f)e^{j2\pi ft}df \\ &= \int_{0}^{\infty} X(-f)e^{-j2\pi ft}df + \int_{0}^{\infty} X(f)e^{j2\pi ft}df \\ &= \left[\int_{0}^{\infty} X(f)e^{j2\pi ft}df\right]^* + \int_{0}^{\infty} X(f)e^{j2\pi ft}df \\ &= \text{Re}\left[2\int_{0}^{\infty} X(f)e^{j2\pi ft}df\right] \end{aligned} \tag{2.6.4}$$

可以看出，实信号 $x(t)$ 完全可以通过其正频率谱表征出来，正频率谱的两倍通过傅里叶变换取实部，就可以得到原信号。此时，如果令 $Z(f)=2X(f)u(f)$ 表示正频率谱的 2 倍所对

应的信号频谱，那么该频谱所对应的时域形式 $z(t)$ 就是解析信号，即有

$$z(t)=2x(t)*\left[\frac{1}{2}\delta(t)+\mathrm{j}\cdot\frac{1}{2\pi t}\right]=x(t)+\mathrm{j}\cdot x(t)*\frac{1}{\pi t}=x(t)+\mathrm{j}\cdot\hat{x}(t)\qquad(2.6.5)$$

由于仅有单边谱信息，因此解析信号必然不是实信号，而是复信号，这与其构造形式一致。

另一方面，解析信号与实信号是一一对应的，可通过解析信号表征出原信号为

$$x(t)=\mathrm{Re}[z(t)]=\frac{z(t)+z^*(t)}{2}\qquad(2.6.6)$$

从频域来看，解析信号 $z(t)$ 的频谱为 $Z(f)$，其共轭信号 $z^*(t)$ 的频谱为 $Z^*(-f)$，因此实带通信号 $x(t)=[z(t)+z^*(t)]/2$ 的频谱 $X(f)$ 可以表示为

$$X(f)=\frac{1}{2}\left[Z(f)+Z^*(-f)\right]\qquad(2.6.7)$$

这表明，由于解析信号的频谱对应正频率谱，可以通过构造共轭镜像恢复出原始实信号。

上述分析同样可以从几何的观点来佐证。解析信号的虚部 $\mathrm{j}\cdot\hat{x}(t)$ 可以如此理解：$\hat{x}(t)$ 的负频率谱被逆时针旋转 $90°$，正频率谱被逆时针旋转 $-90°$，而虚数 j 又表示复平面上逆时针的 $90°$ 旋转，因此 $\mathrm{j}\cdot\hat{x}(t)$ 最终相当于负频率谱被逆时针旋转 $180°$，正频率谱被逆时针旋转 $0°$。这就意味着，实信号 $x(t)$ 的负频率部分刚好被取反，正频率部分保持不变，因此 $\mathrm{j}\cdot\hat{x}(t)$ 与 $x(t)$ 相加后，负频率谱会被抵消，正频率谱变为原来的 2 倍，从而形成解析信号。

最后，根据 $Z(f)=2X(f)u(f)$，可以进一步得到解析信号的功率谱密度为

$$P_z(f)=P_x(f)|2u(f)|^2=4P_x(f)u(f)\qquad(2.6.8)$$

可以发现，利用解析信号的构造，实信号原本对称的功率谱密度，会在阶跃函数 $u(f)$ 的作用下变成单边的，只剩下正频率部分，且强度变为原来的 4 倍。

2. 频谱搬移与复基带信号

对应于中心频率在 $\pm f_c$ 的实带通信号 $x(t)$，其解析信号 $z(t)$ 仅在 $+f_c$ 处有正频率谱。此时，该正频率谱可以通过复下变频被搬移到基带处，变成复基带信号，表示为

$$c(t)=z(t)\mathrm{e}^{-\mathrm{j}2\pi f_c t}=[x(t)+\mathrm{j}\cdot\hat{x}(t)]\mathrm{e}^{-\mathrm{j}2\pi f_c t}\qquad(2.6.9)$$

二者的频谱信息完全相同，仅仅是频率搬移的差别，即由正频率 $+f_c$ 被复下变频到基带。

相应地，如果有一个复基带信号 $c(t)$ 与复载波 $\mathrm{e}^{\mathrm{j}2\pi f_c t}$ 相乘，这等效于对复基带信号进行复上变频，将其由基带搬移到载频 $+f_c$ 处，那么相乘的结果又可以表示为解析信号，即

$$z(t)=c(t)\mathrm{e}^{\mathrm{j}2\pi f_c t}\qquad(2.6.10)$$

由于解析信号是复基带信号与复单频信号的乘积，而复单频信号是复振荡（两路实震荡的复合），因此复基带信号也可以看作是解析信号的包络变化，常称作复包络。

再来分析复基带信号的频谱，由于 $c(t)=z(t)\mathrm{e}^{-\mathrm{j}2\pi f_c t}=x(t)\mathrm{e}^{-\mathrm{j}2\pi f_c t}+\mathrm{j}\cdot\hat{x}(t)\mathrm{e}^{-\mathrm{j}2\pi f_c t}$，且已知 $Z(f)=2X(f)u(f)$，复基带信号与解析信号以及实带通信号的频谱关系为

$$C(f)=Z(f+f_c)=2X(f+f_c)u(f+f_c)$$
$$=X(f+f_c)+\mathrm{j}\cdot X^*(-f-f_c)\qquad(2.6.11)$$

上式表明，复基带信号对应了解析信号被搬移回基带后的频谱，同样也对应了实带通信号的 2 倍正频谱被搬移回基带后的频谱。图 2.6.1 所示为实带通信号、解析信号与复基带信号三者频谱的相互关系。

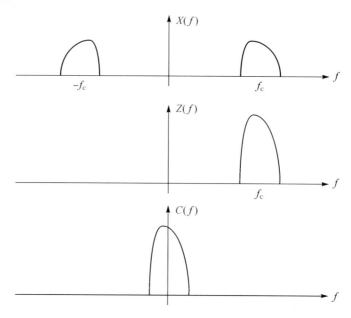

图 2.6.1　实带通信号、解析信号与复基带信号的频谱示意图

利用式(2.6.11)中的频谱关系，可以进一步分析复基带信号的功率谱密度，由于

$$P_c(f) = P_z(f + f_c) \tag{2.6.12}$$

因此，实带通信号、解析信号和复基带信号的功率谱密度可以表示为

$$P_x(f) = \frac{1}{4}[P_z(f) + P_z(-f)] = \frac{1}{4}[P_c(f - f_c) + P_c(-f + f_c)] \tag{2.6.13}$$

其反向等效表述为

$$P_c(f) = P_z(f + f_c) = 4P_x(f + f_c)u(f + f_c) \tag{2.6.14}$$

通过上述分析，最终可以得到如下关于实带通信号、解析信号和复基带信号的结论：

(1)实带通信号在正频率部分的频谱或功率谱密度与其解析信号和复基带信号的一致，但是强度不同，同时复基带信号的频谱或功率谱密度发生了频谱搬移；

(2)实带通信号和解析信号的带宽是复基带信号的两倍，这是由于复基带信号的频谱范围是以零频为中心的，有一半频率信息处于负频率范围，因此占用的有效频率范围降低了一半；

(3)实带通信号的核心本质是复基带信号，科研与工程中通常等效地研究复基带信号。

3. 正交调制与解调

由于 $z(t) = x(t) + j \cdot \hat{x}(t) = c(t)e^{j2\pi f_c t}$，且有 $x(t) = \text{Re}[z(t)]$，实带通信号可以采用如下等效表达式进行表征，即有

$$
\begin{aligned}
x(t) = \text{Re}[z(t)] &= \text{Re}[c(t) \cdot e^{j2\pi f_c t}] \\
&= \text{Re}[(c_I(t) + j \cdot c_Q(t)) \cdot (\cos(2\pi f_c t) + j \cdot \sin(2\pi f_c t))] \\
&= c_I(t)\cos(2\pi f_c t) - c_Q(t)\sin(2\pi f_c t)
\end{aligned} \tag{2.6.15}
$$

这种形式称为实信号的莱斯表示或正交表示，其中，$\cos(2\pi f_c t)$ 称作同相载波，$\sin(2\pi f_c t)$ 称作正交载波，而 $c_I(t)$ 和 $c_Q(t)$ 分别称作同相分量与正交分量。若把复基带信号 $c(t) = \alpha(t)e^{j\varphi(t)}$ 表示为极坐标形式，其中 $\alpha(t) = \sqrt{c_I^2(t) + c_Q^2(t)}$，$\varphi(t) = \arctan[c_Q(t)/c_I(t)]$，则进一步有

$$x(t) = \mathrm{Re}[\alpha(t)\mathrm{e}^{\mathrm{j}\varphi(t)} \cdot \mathrm{e}^{\mathrm{j}2\pi f_c t}] = \mathrm{Re}[\alpha(t)\mathrm{e}^{\mathrm{j}(2\pi f_c t + \varphi(t))}] = \alpha(t)\cos[2\pi f_c t + \varphi(t)]$$

$$(2.6.16)$$

可见，$x(t)$ 的瞬时幅度正是复基带信号的幅度，而瞬时相位也正是复基带信号的相位。这进一步表明了实带通信号与复基带信号二者之间的对应关系，即实带通信号的核心本质是复基带信号。

从上式也可以发现，若要得到实际的实带通信号，我们可以将复基带信号和复单频信号相乘并将结果取实部得到，这就是正交调制的原理，在实际收发信机中发挥着重要作用。其中复单频信号也被称作载波，它可以携带一个带宽受限的复基带信号，并将其频谱搬移到目标频带上进行传输，这个过程称作调制。图 2.6.2 所示为正交调制的原理框图，对应了通信系统在发送端的核心工作：发射机利用复基带信号 $c(t)$ 携带信息，并将 $c(t)$ 转换为实带通信号 $x(t)$ 的形式，最终实现信号传输。

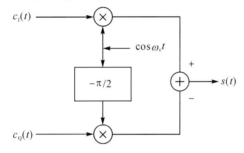

图 2.6.2　正交调制原理框图

与正交调制对应的反过程是正交解调。正交解调是从收到的实带通信号中提取信息的过程，也就是利用 $x(t)$ 获得 $c(t)$，并提取 $c(t)$ 所携带的信息。正交解调的方法可以借助如下表达式得到，即 $z(t) = c(t)\mathrm{e}^{\mathrm{j}2\pi f_c t}$ 与 $x(t) = \mathrm{Re}[z(t)] = [z(t) + z^*(t)]/2$，由此可知

$$2x(t)\mathrm{e}^{-\mathrm{j}2\pi f_c t} = [z(t) + z^*(t)]\mathrm{e}^{-\mathrm{j}2\pi f_c t} = c(t) + c^*(t)\mathrm{e}^{-\mathrm{j}4\pi f_c t} \quad (2.6.17)$$

由于 $c(t)$ 是低频带限的，上式右端的高频分量可用低通滤波器完全消除，于是有

$$c(t) = \mathrm{LPF}\{x(t) \times 2\mathrm{e}^{-\mathrm{j}2\pi f_c t}\} \quad (2.6.18)$$

展开可得

$$c_\mathrm{I}(t) + \mathrm{j} \cdot c_\mathrm{Q}(t) = \mathrm{LPF}\{x(t) \times 2\cos(2\pi f_c t) - \mathrm{j} \cdot x(t) \times 2\sin(2\pi f_c t)\}$$

$$= \mathrm{LPF}\{x(t) \times 2\cos(2\pi f_c t)\} - \mathrm{j} \cdot \mathrm{LPF}\{x(t) \times 2\sin(2\pi f_c t)\} \quad (2.6.19)$$

可以看到，一路实带通信号可以同时携带两路信号分量 $c_\mathrm{I}(t)$ 和 $c_\mathrm{Q}(t)$，其本质原因在于各自对应的载波 $\cos(2\pi f_c t)$ 和 $\sin(2\pi f_c t)$ 是彼此正交的，两路载波可以分别携带信息。正交解调的原理框图如图 2.6.3 所示。

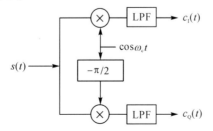

图 2.6.3　正交解调原理框图

正交解调是通信系统在接收端的核心工作：利用本地同相载波 $\cos(2\pi f_c t)$ 和正交载波 $\sin(2\pi f_c t)$ 分别与实带通信号 $x(t)$ 相互作用，并通过低通滤波器提取携带有效信息的两路信号 $c_1(t)$ 和 $c_Q(t)$，最终完成解调，完成整个通信的接收过程。

值得说明的是，正交解调的关键是在接收端产生独立的余弦震荡 $\cos(2\pi f_c t)$ 和正弦震荡 $\sin(2\pi f_c t)$，它们必须与传输信号的载波精确一致，这种同频同相的一致性被称为相干特性，因此这类解调技术称作相干解调。另外，上述的正交调制与解调架构也可以简化为只携带一路信号的单支路形式，即 $c(t) = c_1(t)$，可看作正交调制解调的特例，常用于模拟通信。

2.6.2 实带通随机信号的复分析

在上一小节中，我们以确知信号或样本信号为例介绍了实带通信号的复分析。由于确知样本可以看作是实带通随机信号的样本空间中的任意一个，从总体上看，实带通随机信号也将在统计意义上满足实带通信号、解析信号和复基带信号的各种相互关系。

本小节首先介绍复随机过程和复随机信号，为解析信号和复基带信号提供数学描述；而后引出实信号希尔伯特变换的相关函数，为解析信号的分析提供基础；最终将实带通随机信号与窄带随机过程联系起来，分析解析信号和复基带信号的相关函数与功率谱密度，并将所有的统计分析结果构建成一个统一的整体。

1. 复随机过程与复随机信号

复随机过程 $S(t) = X_1(t) + j \cdot X_Q(t)$ 是两个实随机过程的复合，也称作复随机信号。复随机过程的统计特性可由实部过程 $X_1(t)$ 和虚部过程 $X_Q(t)$ 的联合概率分布完整地描述，相应的累积分布函数与概率密度函数表示为

$$F_S(x_{I,1}, \cdots, x_{I,n}, x_{Q,1}, \cdots, x_{Q,n}; t_1, \cdots, t_n, t_1, \cdots, t_n)$$
$$= P[X_1(t_1) \leqslant x_{I,1}, \cdots, X_1(t_n) \leqslant x_{I,n}, X_Q(t_1) \leqslant x_{Q,1}, \cdots, X_Q(t_n) \leqslant x_{Q,n}]$$
$$(2.6.20)$$

$$p_S(x_{I,1}, \cdots, x_{I,n}, x_{Q,1}, \cdots, x_{Q,n}; t_1, \cdots, t_n, t_1, \cdots, t_n)$$
$$= \frac{\partial^{2n}}{\partial x_{I,1} \cdots \partial x_{I,n} \partial x_{Q,1} \cdots \partial x_{Q,n}} F_X(x_{I,1}, \cdots, x_{I,n}, x_{Q,1}, \cdots, x_{Q,n}; t_1, \cdots, t_n, t_1, \cdots, t_n)$$
$$(2.6.21)$$

考虑复随机过程的实部过程和虚部过程各自所对应的一维概率分布，复随机过程的一维数字特征可以通过实部过程和虚部过程所对应的一维数字特征进行表示，如下所示：

（1）均值
$$m_S(t) = E[S(t)] = E[X_1(t)] + j \cdot E[X_Q(t)] = m_{X_1}(t) + j \cdot m_{X_Q}(t) \quad (2.6.22)$$

（2）均方值
$$P_S(t) = E[S(t)S^*(t)] = E[|S(t)|^2] = E[|X_1(t) + j \cdot X_Q(t)|^2]$$
$$= E[X_1^2(t)] + E[X_Q^2(t)] = P_{X_1}(t) + P_{X_Q}(t) \quad (2.6.23)$$

（3）方差
$$\sigma_S^2(t) = E\{(S(t) - m_S(t))(S(t) - m_S(t))^*\} = E\{|S(t) - m_S(t)|^2\}$$
$$= E\{|(X_1(t) - m_1(t)) + j \cdot (X_Q(t) - m_Q(t))|^2\}$$
$$= E\{(X_1(t) - m_1(t))^2\} + E\{(X_Q(t) - m_Q(t))^2\} = \sigma_{X_1}^2(t) + \sigma_{X_Q}^2(t) \quad (2.6.24)$$

可以发现，复随机过程的一维数字特征正是实随机过程一维数字特征的复数拓展，其均值仍为复数；而由于均方值和方差分别代表了瞬时总功率与瞬时交流功率的物理概念，因此复随机过程的这两个数字特征仍是实数，且是两路实随机过程各自的均方值与方差之和。

复随机过程 $S(t)$ 的自相关函数定义为

$$R_S(t+\tau,t)=E[S(t+\tau)S^*(t)] \tag{2.6.25}$$

自协方差函数定义为

$$B_S(t+\tau,t)=E[(S(t+\tau)-m_S(t+\tau))(S(t)-m_S(t))^*] \tag{2.6.26}$$

复随机过程的方差、均方值、自相关函数与自协方差函数的定义与实随机过程的定义类似，但是需要加入共轭操作"$*$"。

复随机过程的严平稳定义与实随机过程的严平稳定义相同，需要其概率分布不随时间变化。但是复随机过程宽平稳与否，则取决于是否满足以下平稳性条件

$$E[S(t)]=\int_{-\infty}^{\infty}s \cdot p_S(x)\mathrm{d}x=m_S \tag{2.6.27}$$

$$E[\,|\,S(t)\,|^{\,2}\,]=\int_{-\infty}^{\infty}|\,s\,|^{\,2} \cdot p_S(x)\mathrm{d}x=P_S \tag{2.6.28}$$

$$R_S(t+\tau,t)=E[S(t+\tau)S^*(t)]=R_S(\tau) \tag{2.6.29}$$

$$R_{SS^*}(t+\tau,t)=E[S(t+\tau)S(t)]=R_{SS^*}(\tau) \tag{2.6.30}$$

其中，式 (2.6.27) 与式 (2.6.28) 表明平稳复随机过程的一维数字特征与时间 t 无关，式 (2.6.29) 表明其自相关函数与时间 t 无关，仅与时延差 τ 有关。与实随机过程最大的差别在于，复随机过程需要进一步考察共轭自相关函数 (2.6.30) 是否满足平稳性条件。若条件 (2.6.27) 至 (2.6.30) 都能够满足，则称复随机过程是宽平稳或广义平稳的。平稳复随机过程的自相关函数与功率谱密度同样也满足维纳-辛钦关系 $R_S(\tau)\Leftrightarrow P_S(f)$，此处不再赘述。

2. 实带通信号希尔伯特变换的相关函数

实平稳随机过程 $X(t)$ 与其希尔伯特变换 $\hat{X}(t)$ 的自相关函数相同，即有

$$R_X(\tau)=R_{\hat{X}}(\tau) \tag{2.6.31}$$

这可以通过希尔伯特变换的冲激响应 $h(t)=1/\pi t$ 推得，表示为

$$R_{\hat{X}}(\tau)=E[\hat{X}(t+\tau)\hat{X}(t)]=E\left[\int_{-\infty}^{\infty}\frac{X(t+\tau-\eta)}{\pi\eta}\mathrm{d}\eta\int_{-\infty}^{\infty}\frac{X(t-\xi)}{\pi\xi}\mathrm{d}\xi\right]$$

$$=\int_{-\infty}^{\infty}\int_{-\infty}^{\infty}\frac{1}{\pi\eta}\frac{1}{\pi\xi}E[X(t+\tau-\eta)X(t-\xi)]\mathrm{d}\eta\mathrm{d}\xi$$

$$=\int_{-\infty}^{\infty}\int_{-\infty}^{\infty}\frac{1}{\pi\xi}\frac{R_X(\tau-\eta+\xi)}{\pi\eta}\mathrm{d}\eta\,\mathrm{d}\xi=\int_{-\infty}^{\infty}\frac{\hat{R}_X(\tau+\xi)}{\pi\xi}\mathrm{d}\xi=R_X(\tau)$$

上式中令 $\tau=0$，可得 $R_X(0)=R_{\hat{X}}(0)$。这说明实平稳过程经过希尔伯特变换后，输出过程仍旧平稳，且平均功率不变，这符合希尔伯特变换仅是相移器的本质。

实平稳过程 $X(t)$ 与其希尔伯特变换 $\hat{X}(t)$ 的互相关函数有如下性质

$$R_{X\hat{X}}(\tau)=-\hat{R}_X(\tau) \tag{2.6.32}$$

$$R_{\hat{X}X}(\tau)=\hat{R}_X(\tau) \tag{2.6.33}$$

这可以利用实平稳随机过程与其希尔伯特变换的互相关函数推得，即有

$$R_{X\hat{X}}(\tau) = E[X(t+\tau)\hat{X}(t)] = E\left[X(t+\tau) \cdot \int_{-\infty}^{\infty} \frac{X(t-\eta)}{\pi\eta}\mathrm{d}\eta\right]$$

$$= \int_{-\infty}^{\infty} \frac{1}{\pi\eta} E[X(t+\tau)X(t-\eta)]\mathrm{d}\eta$$

$$= \int_{-\infty}^{\infty} \frac{R_X(\tau+\eta)}{\pi\eta}\mathrm{d}\eta = -\int_{-\infty}^{\infty} \frac{R_X(\tau-\xi)}{\pi\xi}\mathrm{d}\xi$$

$$= -\hat{R}_X(\tau)$$

$R_{\hat{X}X}(\tau) = \hat{R}_X(\tau)$ 的推导同理。这表明，$X(t)$ 与 $\hat{X}(t)$ 的互相关函数与 $X(t)$ 自相关函数的希尔伯特变换有关，可以通过 $X(t)$ 的自相关函数快速得到二者的互相关函数。

进一步利用相关函数的对称性质，即 $R_X(-\tau) = R_X(\tau)$，还可以推得

$$\hat{R}_X(-\tau) = \int_{-\infty}^{\infty} \frac{R_X(-\tau-\eta)}{\pi\eta}\mathrm{d}\eta = \int_{-\infty}^{\infty} \frac{R_X(\tau+\eta)}{\pi\eta}\mathrm{d}\eta = -\hat{R}_X(\tau) \qquad (2.6.34)$$

因此，$R_{X\hat{X}}(\tau)$ 与 $R_{\hat{X}X}(\tau)$ 的相互关系最终可以表示为

$$R_{\hat{X}X}(\tau) = \hat{R}_X(\tau) = -\hat{R}_X(-\tau) = R_{X\hat{X}}(-\tau) \qquad (2.6.35)$$

此关系将在接下来被用于推导解析信号的自相关函数。令 $\tau = 0$，有 $R_{\hat{X}X}(0) = R_{X\hat{X}}(0) = 0$，还可以得知实平稳随机过程与其希尔伯特变换在同一时刻是正交的。

3. 实带通随机信号与窄带随机过程的关系

利用 2.6.1 小节中的式(2.6.15)和(2.6.16)，实带通样本信号的正交表达式如下所示

$$x(t) = \alpha(t)\cos[2\pi f_c t + \varphi(t)] = c_\mathrm{I}(t)\cos(2\pi f_c t) - c_\mathrm{Q}(t)\sin(2\pi f_c t)$$

由于随机信号是所有样本信号的集合，实带通随机信号 $X(t)$ 可以在上式的基础上表示为

$$X(t) = A(t)\cos[2\pi f_c t + \Phi(t)] = C_\mathrm{I}(t)\cos(2\pi f_c t) - C_\mathrm{Q}(t)\sin(2\pi f_c t) \qquad (2.6.36)$$

其中，$A(t)$ 和 $\Phi(t)$ 分别是实带通随机信号的包络和相位，$C_\mathrm{I}(t) = A(t)\cos(\Phi(t))$ 和 $C_\mathrm{Q}(t) = A(t)\sin(\Phi(t))$ 分别是同相与正交分量，它们都是实随机过程。这为我们带来一个有趣的事实，对比式(2.5.2)，可以发现实带通随机信号的表达式与窄带随机过程的表达式其实是相同的。窄带随机过程实际上也是实带通随机信号的一种，二者的内涵基本相同，都代表了频带宽度有限且远小于载频的随机信号，后文内容将不对二者加以区分。

实带通随机信号或窄带随机过程也可以表示成解析信号 $Z(t) = X(t) + \mathrm{j} \cdot \hat{X}(t)$ 与复基带信号 $C(t) = C_\mathrm{I}(t) + \mathrm{j} \cdot C_\mathrm{Q}(t)$。由于 $2X(t) = C(t)\mathrm{e}^{\mathrm{j}2\pi f_c t} + C^*(t)\mathrm{e}^{-\mathrm{j}2\pi f_c t}$，复基带信号实质上代表了实带通随机信号或窄带随机过程的全部特性。复基带信号 $C(t)$ 由两个实随机信号 $C_\mathrm{I}(t)$ 和 $C_\mathrm{Q}(t)$ 组成，其概率密度函数可以通过 $C_\mathrm{I}(t)$ 和 $C_\mathrm{Q}(t)$ 的分布特性获得。根据 2.5.2 小节的分析，如果实带通随机信号或窄带随机过程是零均值的高斯型平稳随机过程，则 $C_\mathrm{I}(t)$ 与 $C_\mathrm{Q}(t)$ 分别也为零均值的高斯随机过程，二者在同一时刻上相互独立，且功率相等。此时，复基带信号 $C(t)$ 的概率分布就是 $C_\mathrm{I}(t)$ 与 $C_\mathrm{Q}(t)$ 的联合概率密度函数 $p_C(x_\mathrm{I}, x_\mathrm{Q})$，如式(2.5.10)所示；相应地，复基带信号 $C(t)$ 的包络 $A(t)$ 和相位 $\Phi(t)$ 也就是实带通随机信号或窄带随机过程的包络和相位，其统计特性如式(2.5.14)至(2.5.16)所示。因此，由于复基带信号所对应的同相和正交分量、以及包络和相位的统计分布特性均已给出，我们在后文中将不再赘述，并将主要分析解析信号 $Z(t)$ 和复基带信号 $C(t)$ 的相关函数与功率谱密度。

4. 解析信号和复基带信号的相关函数

由于实带通随机信号和复基带信号的统计分布特性已知，且解析信号与复基带信号有相同的随机特性，我们进一步考察三者的自相关函数与功率谱密度之间的关系。

一方面，首先利用平稳实带通随机信号表征解析信号和复基带信号。解析信号 $Z(t)$ 的自相关函数可以展开为

$$R_Z(\tau)=E[Z(t+\tau)Z^*(t)]=E[(X(t+\tau)+\mathrm{j}\cdot\hat{X}(t+\tau))(X(t)-\mathrm{j}\cdot\hat{X}(t))]$$
$$=E[X(t+\tau)X(t)+\hat{X}(t+\tau)\hat{X}(t)+\mathrm{j}\cdot\hat{X}(t+\tau)X(t)-\mathrm{j}\cdot X(t+\tau)\hat{X}(t)]$$
$$=R_X(\tau)+R_{\hat{X}}(\tau)+\mathrm{j}\cdot R_{\hat{X}X}(\tau)-\mathrm{j}\cdot R_{X\hat{X}}(\tau)$$
$$=R_X(\tau)+R_X(\tau)+\mathrm{j}\cdot\hat{R}_X(\tau)+\mathrm{j}\cdot\hat{R}_X(\tau)=2[R_X(\tau)+\mathrm{j}\cdot\hat{R}_X(\tau)] \tag{2.6.37}$$

由于 $X(t)$ 是平稳的，解析信号的功率谱密度可以根据维纳-辛钦关系得到。由于

$$\hat{R}_X(\tau)\Leftrightarrow-\mathrm{j}\cdot\mathrm{sgn}(f)P_X(f)$$

因此解析信号的功率谱密度为

$$P_Z(f)=2[P_X(f)+P_X(f)\mathrm{sgn}(f)]=4P_X(f)u(f) \tag{2.6.38}$$

可以发现，对应于实带通随机信号，解析信号的功率谱密度是其功率谱密度的正频率部分的 4 倍，这与 2.6.1 小节中实带通确知信号的相关结论是一致的。

复基带信号 $C(t)$ 的自相关函数可以根据解析信号的频谱搬移得到，表示为

$$R_C(\tau)=E[C(t+\tau)C^*(t)]=E[Z(t+\tau)\mathrm{e}^{-\mathrm{j}2\pi f_c(t+\tau)}Z^*(t)\mathrm{e}^{\mathrm{j}2\pi f_c t}]$$
$$=E[Z(t+\tau)Z^*(t)]\mathrm{e}^{-\mathrm{j}2\pi f_c\tau}=R_Z(\tau)\mathrm{e}^{-\mathrm{j}2\pi f_c\tau} \tag{2.6.39}$$

根据维纳-辛钦关系，复基带信号的功率谱密度为 $P_C(f)=P_Z(f+f_c)$，可展开得到

$$P_C(f)=4P_X(f+f_c)u(f+f_c) \tag{2.6.40}$$

因此，对应于实带通随机信号，复基带信号的功率谱密度也是其功率谱密度的正频率部分的 4 倍，且被下变频搬移到了基带处，这与 2.6.1 小节中的相关结论也是一致的。

另外，由于是复随机过程，解析信号与复基带信号的共轭自相关函数可以分别展开为

$$R_{ZZ^*}(\tau)=E[Z(t+\tau)Z(t)]=E[(X(t+\tau)+\mathrm{j}\cdot\hat{X}(t+\tau))(X(t)+\mathrm{j}\cdot\hat{X}(t))]$$
$$=E[X(t+\tau)X(t)-\hat{X}(t+\tau)\hat{X}(t)+\mathrm{j}\cdot\hat{X}(t+\tau)X(t)+\mathrm{j}\cdot X(t+\tau)\hat{X}(t)]$$
$$=R_X(\tau)-R_{\hat{X}}(\tau)+\mathrm{j}\cdot R_{\hat{X}X}(\tau)+\mathrm{j}\cdot R_{X\hat{X}}(\tau)$$
$$=R_X(\tau)-R_X(\tau)+\mathrm{j}\cdot(R_{\hat{X}}(\tau)-R_{\hat{X}}(\tau))$$
$$=0 \tag{2.6.41}$$

和

$$R_{CC^*}(\tau)=E[C(t+\tau)C(t)]=E[Z(t+\tau)\mathrm{e}^{-\mathrm{j}2\pi f_c(t+\tau)}Z(t)\mathrm{e}^{-\mathrm{j}2\pi f_c t}]$$
$$=E[Z(t+\tau)Z(t)]\mathrm{e}^{-\mathrm{j}2\pi f_c\tau}=0 \tag{2.6.42}$$

其中，式(2.6.41)的第四个等式用到了式(2.6.35)的结论。结果表明，平稳实带通随机信号的解析信号和复基带信号分别与自身的共轭正交，再结合自相关函数的表达式以及均值为常数的事实，可知解析信号与复基带信号也都是平稳的，满足式(2.6.27)至(2.6.30)的要求。

另一方面，反过来利用解析信号和复基带信号表征平稳实带通随机信号。由于解析信号的共轭自相关函数为 0，利用实带通随机信号的下述表达式

$$X(t)=\frac{1}{2}\left[Z(t)+Z^*(t)\right]=\frac{1}{2}\left[C(t)\mathrm{e}^{\mathrm{j}2\pi f_c t}+C^*(t)\mathrm{e}^{-\mathrm{j}2\pi f_c t}\right]$$

可以推得，实带通随机信号 $X(t)$ 的自相关能够简化成两部分的自相关函数之和，即有

$$R_X(\tau)=\frac{1}{2}\left[R_Z(\tau)+R_Z^*(\tau)\right]=\frac{1}{2}\left[R_C(\tau)\mathrm{e}^{\mathrm{j}2\pi f_c \tau}+R_C^*(\tau)\mathrm{e}^{-\mathrm{j}2\pi f_c \tau}\right]$$

$$=\frac{1}{2}\mathrm{Re}\left[R_Z(\tau)\right]=\frac{1}{2}\mathrm{Re}\left[R_C(\tau)\mathrm{e}^{\mathrm{j}2\pi f_c \tau}\right] \tag{2.6.43}$$

根据维纳-辛钦关系，相应的功率谱密度也可以利用解析信号和复基带信号表示为

$$P_X(f)=\frac{1}{2}\left[P_Z(f)+P_Z^*(-f)\right]=\frac{1}{2}\left[P_C(f-f_c)+P_C^*(-f-f_c)\right] \tag{2.6.44}$$

上式正是式(2.6.38)和式(2.6.40)的反过程，对应了解析分解的物理意义。

最终我们能够得到结论：实带通随机信号和确知信号的复分析理论是统一的，确知信号是随机信号的样本特例。与此同时，实带通随机信号与窄带随机过程的分析理论也相互统一，不论是实信号本身，还是包络与相位、同相分量与正交分量，亦或是解析信号与复基带信号，都反映了统计特性的不同侧面。这些内容共同构成了实带通信号复分析的统一整体。

思　考　题

2.1　什么是随机过程？随机过程有哪些基本特征？

2.2　宽平稳随机过程、严平稳随机过程与各态历经随机过程之间的相互关系是什么？

2.3　随机信号的平稳性在实际应用中有什么意义？如果白噪声不满足平稳性，会给通信系统的设计带来什么问题？

2.4　白噪声的自相关函数在 $\tau=0$ 处的值是什么？白噪声通过理想滤波器后的相关函数与功率谱密度是什么形式？

2.5　高斯窄带过程的包络服从什么概率分布？与正弦波加窄带高斯过程的合成包络有什么联系和区别？

2.6　系统冲激响应的定义是什么？如何在频域中描述线性系统输入和输出的关系？

2.7　一个信号的解析信号有什么物理意义？为什么说复基带信号携带了实带通信号的全部信息？

2.8　一个信号经过希尔伯特变换所对应的线性系统后，其功率是否发生变化？为什么？

2.9　复随机过程的宽平稳条件是什么？与实随机过程的平稳性条件相比，有什么区别？

2.10　若某实信号是低通的基带信号，那么该信号是否还存在解析信号和复基带信号的形式？若存在的话，解析信号的物理意义是什么？复基带信号的同相分量和正交分量分别是什么？

习　题

2.1　一个取值为$\{-1,+1\}$，出现概率为$\{0.4,0.6\}$的二进制传输信号$X(t)$，每个符号的持续时间为T，符号间相互独立，试问：

(1) 信号的均值$E[X(t)]$；

(2) 信号的自相关函数$R_X(t+\tau,t)$；

(3) 信号的一维概率密度函数$p_X(x;t)$。

2.2　两个随机信号$X(t)=A\sin(\omega t+\Theta)$与$Y(t)=B\cos(\omega t+\Theta)$，其中幅度$A$和$B$为随机变量，$\Theta$是在$[0,2\pi]$上均匀分布的随机变量，且这些随机变量两两独立，$\omega$为常数，试问：

(1) 两个随机信号的互相关函数$R_{XY}(t_1,t_2)$；

(2) 两个随机信号是否是互不相关的？

2.3　随机过程$X(t)=A\cos\omega t+B\sin\omega t$，其中$\omega$为常数，$A$和$B$是两个相互独立的高斯变量，且有$E[A]=E[B]=0$，$E[A^2]=E[B^2]=\sigma^2$。试求$X(t)$的数学期望和自相关函数，并判断该过程的广义平稳性。

2.4　判断随机过程$X(t)=A\cos(\omega t+\Phi)$是否是广义平稳的？其中，$\omega$为常数，$A$和$\Phi$分别是服从瑞利分布和均匀分布的随机变量，且相互独立，二者的分布函数由下面两式给出，即有

$$f_A(a)=\frac{a}{\sigma^2}e^{-\frac{a^2}{2\sigma^2}},\ a\geqslant 0$$

$$f_\Phi(\varphi)=\frac{1}{2\pi},\ 0\leqslant\varphi<2\pi$$

2.5　一个随机过程$X(t)$由三个样本函数$x_1(t)=2$，$x_2(t)=\cos t$，$x_2(t)=7\sin t$构成，每个样本函数出现的概率相等，试推断该过程是否满足严平稳或宽平稳的条件？

2.6　设$X(t)$和$Y(t)$是相互独立的平稳随机过程，它们的乘积$Z(t)=X(t)Y(t)$是否平稳？

2.7　已知随机过程$X(t)=A\cos(2\pi ft+\Phi)$，Φ为$[0,2\pi)$内均匀分布的随机变量。试问A在满足什么条件时，该随机过程是各态历经过程？

2.8　一个随机过程$X(t)=A\sin(2\pi f_c t)+B\cos(2\pi f_c t)$，其中$A$和$B$是均值为零，方差为$\sigma^2$的相互独立的高斯随机变量，试问：

(1) $X(t)$的均值是否是各态历经的？

(2) $X(t)$的均方值是否是各态历经的？

2.9　某语音随机信号$X(t)$满足各态历经性，现将该信号通过无线信道传输，假设信道噪声为各态历经的加性高斯白噪声$N(t)$。试讨论：

(1) 信号$Y(t)=X(t)+N(t)$的均值各态历经性；

(2) 信号$Y(t)=X(t)+N(t)$的相关函数能够满足各态历经性的条件。

2.10　求随机相位正弦信号$X(t)=\cos(2\pi f_c t+\Phi)$的功率谱密度，其中，$\Phi$服从

$[0,2\pi)$内的均匀分布，f_c是常数。

2.11 一个随机过程 $Y(t)=X(t)\cos(2\pi f_c t+\Phi)$ 可以利用另一个随机过程 $X(t)$ 来表示，其中 Φ 表示$[0,2\pi)$内均匀分布的随机变量，且 $X(t)$ 与 Φ 相互独立。试通过 $X(t)$ 的自相关函数和功率谱密度表示 $Y(t)$ 的自相关函数与功率谱密度。

2.12 设两个随机过程 $X(t)$ 和 $Y(t)$ 联合平稳，其互相关函数为

$$R_{XY}(\tau)=\begin{cases}9e^{-3\tau}, & \tau>0\\0, & \tau\leqslant0\end{cases}$$

求互功率谱密度 $P_{XY}(f)$ 与 $P_{YX}(f)$。

2.13 由联合平稳过程 $X(t)$ 和 $Y(t)$ 定义一个随机过程

$$Z(t)=X(t)\cos(2\pi f_c t)+Y(t)\sin(2\pi f_c t)$$

试求：

(1) $X(t)$ 和 $Y(t)$ 的均值和自相关函数满足哪些条件时可以使得 $Z(t)$ 是平稳过程？

(2) 在此基础上，利用 $X(t)$ 和 $Y(t)$ 的功率谱密度和互功率谱密度表示 $Z(t)$ 的功率谱密度。

2.14 某积分系统的输入和输出之间的关系为

$$Y(t)=\int_{t-T}^{t}X(\tau)\mathrm{d}\tau$$

式中，T 为积分时间。若输入过程是平稳过程，请计算输出过程的功率谱密度。

2.15 若双边功率谱密度为 5 W/Hz 的平稳白噪声作用到冲激响应为 $h(t)=e^{-at}u(t)$ 的系统，试求该系统输出的均方值和功率谱密度。

2.16 复随机过程为 $Z(t)=e^{j(2\pi f_c t+\Phi)}$，其中 Φ 是在$[0,2\pi]$上均匀分布的随机变量。试求：

(1) 自相关函数 $E[Z(t+\tau)Z^*(t)]$ 和共轭自相关函数 $E[Z(t+\tau)Z(t)]$；

(2) 信号 $Z(t)$ 的功率谱密度。

仿 真 题

2.1 试利用任意低通滤波器，实现一个低通带限的近似高斯白噪声，并通过仿真验证其概率分布、自相关函数和功率谱密度。

2.2 试通过仿真实现一个窄带高斯随机过程 $X(t)=X_1(t)\cos\omega_c t-X_Q(t)\sin\omega_c t$，其均值为零，请展示出该随机过程 $X(t)$ 及其分量 $X_1(t)$ 和 $X_Q(t)$ 的概率分布情况，同时展示出该随机过程包络和相位的概率分布情况。

第 3 章　信道与噪声

信道是以传输媒质为基础，进行信息传输的信号通道，是通信系统重要的组成部分。本章首先介绍了信道的模型与分类，然后，按照信道特性随时间变化的不同特点，介绍了恒参信道与随参信道。接着，介绍了用来对抗信道衰落的分集接收技术。最后，介绍了离散信道容量和连续信道容量，以及衰落信道下信道的容量。

3.1　信道的概念与数学模型

3.1.1　信道的概念及分类

信道是以传输媒质为基础，连接发信者与收信者的信号通道。根据信道中是否含有除了传输媒质之外的其他转换装置，可以将信道分为狭义信道和广义信道两大类。

只含有信号传输媒质的信道称为狭义信道。根据传输媒质的不同，狭义信道又可以分为有线信道和无线信道两类。有线信道是以导线（双绞线或者光纤等）为传输媒质，其中包括明线、对称电缆、同轴电缆、光缆及波导等一些肉眼可见的传输媒质。信号通过有线信道传输，能量相对集中，信噪比较高，因此传输效率高。但由于部署复杂，人力以及物力资源耗费大，不适用于远距离、大范围通信。无线信道是一种形象的比喻，肉眼不可见，不能够直观的表述出来。无线信道是发射机和接收机之间的无形信道，其传播路径多变，并且可能不止一条。无线信道主要包括地波传播、短波电离层反射、超短波或微波视距中继、人造卫星中继、移动无线电信道以及各种散射信道等。由于信道的不确定性，无线信道易受周围环境的影响，噪声干扰较大，可靠性稍差，但由于其部署范围灵活，成本低廉，被广泛应用。

除了传输媒质之外，还包含通信系统中的其他转换装置的信道称为广义信道。这些转换装置主要包括发送与接收设备、馈线与天线、调制器以及解调器等。与狭义信道相比，广义信道扩大了信道的范围。在后续的讨论过程中，将广义信道简称为信道。根据信道功能的不同，一般可以将广义信道分为调制信道和编码信道，如图 3.1.1 所示。当然，根据不同需求，也可以形成其他形式的广义信道。

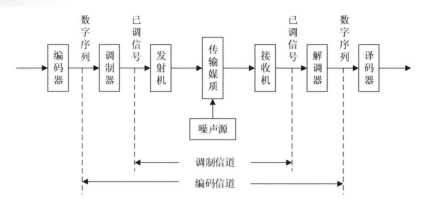

图 3.1.1 广义信道模型

调制信道是从研究调制和解调问题的角度来定义和建模的。调制信道可以由一个包含输入端和输出端的框图表示。调制器的输出端作为框图的输入端,解调器的输入端作为框图的输出端。框图内部可以划分为三大部分:发射机、传输媒质以及接收机。编码信道是在调制信道的基础之上增加了调制器和解调器,是从研究纠错编译码问题的角度来定义和建模的。编码信道将编码器的输出端作为输入,将译码器的输入端作为输出,从而可以更好地分析数字通信系统中的编码和译码问题。

3.1.2 信道的数学模型

本小节根据信道所包含功能的不同,来研究广义信道下的调制信道和编码信道这两种数学模型。

1. 调制信道模型

调制信道主要关注调制信道输入端的信号形式和经过调制信道后已调信号的失真情况以及噪声对其产生的影响,并不关心其内部的转换过程。此外,由于已调信号的瞬时值是连续变化的,因此可以将调制信道看作是模拟信道。

基于已有的经验和大量的数据分析,关于调制信道可以得到如下的结论:

(1) 调制信道的输入端和输出端是成对存在的,既可以是一对也可以是多对;

(2) 一般情况下的调制信道都是线性的,相互之间可以线性叠加;

(3) 受传输距离的影响,信号会有固定或时变的延时;

(4) 受传输路径以及环境等因素的干扰,信号会产生一定程度的损耗,该损耗可能随时间发生变化,或者不变;

(5) 由于噪声的影响,即使输入端没有任何的输入信号,在输出端口依旧存在一定的功率输出。

调制信道模型描述的是调制信道的输入信号和输出信号之间的数学关系,可以用一个简化的线性时变的二端口网络来形象描述,如图 3.1.2 所示。

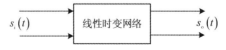

图 3.1.2 调制信道模型

假设输入端口输入的已调信号为 $s_i(t)$，经过线性时变网络之后的输出信号为 $s_o(t)$，则两者之间的关系可以表述为如下形式

$$r(t) = s_o(t) + n(t) = h[s_i(t)] + n(t) \tag{3.1.1}$$

其中 $n(t)$ 代表了信道的加性噪声，它与已调信号互不相关；$h[\cdot]$ 代表了信道的变换特性，对于不同信道，$h[\cdot]$ 代表的含义不同，复杂程度也不同。从时域的角度来看，$s_o(t)$ 一般情况下可以表示为单位冲激响应 $h(t)$ 与输入的已调信号的卷积，即

$$s_o(t) = h(t) * s_i(t) \tag{3.1.2}$$

其中，$*$ 是卷积运算符号。

从频域的角度可以表述为

$$S_o(\omega) = H(\omega) S_i(\omega) \tag{3.1.3}$$

从上述公式中可以看出，信道对信号会造成乘性干扰 $H(\omega)$ 和加性噪声 $n(t)$，这个模型称为乘性干扰和加性噪声信道模型。如果能够很好地分析出模型中乘性干扰和加性噪声的特点，就可以明确调制信道对输入信号产生的影响，进而提高信息传输的可靠性。

乘性干扰特性非常复杂，很难用确切的表达式表述出来。此外，乘性干扰可能随着时间的变化，同时会受到各种失真、时延、损耗等因素的影响，因此通常把它作为一种随机过程来研究。根据乘性干扰特性的不同，可以将调制信道划分为两大类：一类是恒参信道，全称为恒定参量信道，即 $H(\omega)$ 不随时间变化或者变化极为缓慢；另一类是随参信道，全称为随机参量信道，即 $H(\omega)$ 随时间随机快速变化。

在实际通信系统中，通常把乘性干扰和加性噪声信道模型具体化，常用的信道模型通常有三类。第一类是加性噪声信道模型，在该模型中 $H(\omega)$ 在整个频带上或一定的频带范围内保持不变，是一个常数，即 $H(\omega) = C$，通常情况下令 $C = 1$。如图 3.1.3 所示。若加性噪声 $n(t)$ 服从高斯分布，又称为加性高斯噪声信道模型（AWGN），这类模型是通信系统中理想的信道模型。输入信号与输出信号的关系用数学表达式表示为

$$r(t) = s_o(t) + n(t) = C s_i(t) + n(t) \tag{3.1.4}$$

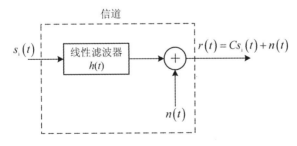

图 3.1.3　加性噪声信道模型

第二类是线性时不变滤波器信道模型，属于恒参信道，在该模型中 $H(\omega)$ 在整个频带上或一定的频带范围内不是一个常数，而且与时间不相关，不会因为时间的改变而发生变化。$n(t)$ 为加性噪声。图 3.1.4 给出了信道模型的示意图。在模型中，输入信号与输出信号的关系用数学表达式表示为

$$r(t) = s_o(t) + n(t) = h(t) * s_i(t) + n(t) \tag{3.1.5}$$

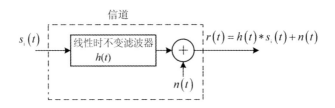

图 3.1.4　线性时不变滤波器信道模型

第三类是线性时变滤波器信道模型，属于随参信道，在该模型中 $H(\omega)$ 在整个频带上或一定的频带范围内不是一个常数，而且与时间相关，会随着时间的改变而发生变化。$n(t)$ 为加性噪声。图 3.1.5 给出了信道模型的示意图。在模型中，输入信号与输出信号的关系用数学表达式表示为

$$r(t) = s_o(t) + n(t) = h(t, \tau) * s_i(t) + n(t) \tag{3.1.6}$$

其中 $h(t, \tau)$ 是随着时间变化的单位冲激响应，此时的乘性干扰 $H(\omega)$ 转化为 $H(\omega, \tau)$。

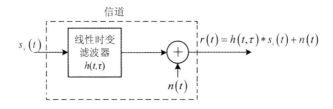

图 3.1.5　线性时变滤波器信道模型

在一些随参信道中，$h(t, \tau)$ 通常采用时变多径形式来表征。若一个信道包含 n 条路径，各条路径到达时间不同，$h(t, \tau)$ 可以表示为

$$h(t, \tau) = \sum_{j=1}^{n} h_j(t) \delta(\tau - \tau_j) \tag{3.1.7}$$

将式(3.1.7)带入可以得到输入信号与输出信号的关系为

$$r(t) = \sum_{j=1}^{n} h_j(t) s_i(t - \tau_j) + n(t) \tag{3.1.8}$$

2. 编码信道模型

编码信道是在调制信道的基础之上增加了调制器和解调器两部分。与调制信道不同的是，编码信道的输入和输出都是数字序列，因此可以将编码信道看作数字信道。在编码信道中，通过调制器，可以将数字序列转化为模拟信号再输入到调制信道，然后通过解调器将调制信道输出的模拟信号转化为数字序列。

但由于信道会受到多种不确定因素的影响(例如噪声)，输入和输出的数字序列可能存在偏差，这就降低了信息传输的可靠性。在这里，本小节使用错误转移概率来描述编码信道输入和输出数字序列之间的错误概率程度。为了便于理解，首先分析一种简单的二进制数字传输系统的编码信道模型，如图 3.1.6 所示。设发送码元为 0 时，接收正确的概率为 $P(0/0)$，接收错误的概率为 $P(1/0)$，其中 $P(0/0) + P(1/0) = 1$。同理，发送码元为 1 时，接收正确的概率

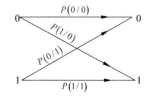

图 3.1.6　二进制编码信道模型

为 $P(1/1)$，接收错误的概率为 $P(0/1)$，其中 $P(0/1)+P(1/1)=1$。假设每个码元之间接收概率是相互独立的，即码元 0 传输的概率并不影响码元 1 传输的概率。换句话说，假设信道是无记忆的。通过对信道进行大量的数据统计和分析，才能够得到码元的转移概率。一个确切的编码信道对应一个确切的转移概率。

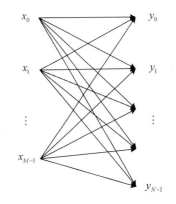

通过对二进制无记忆数字传输系统的编码信道模型进行分析，很容易推广到多进制无记忆数字传输系统的编码信道，如图 3.1.7 所示。假设编码信道的输入端共有 M 个输入码元，接收端共接收到 N 个码元，则第 i 个输入码元 X_i 在经过编码信道后在第 j 个接收端接收到 Y_j 的概率为 $P(Y_j/X_i)$，其中 $\sum_{i=1}^{M} P(Y_j/X_i)=1$。当 $Y_j = X_i$ 时，$P(Y_j/X_i)$ 为正确转移概率，当 $Y_j \neq X_i$ 时，$P(Y_j/X_i)$ 为错误转移概率。

图 3.1.7　多进制无记忆编码信道模型

当每个码元之间接收概率是相互关联的，即当前码元的差错传输概率与前一码元和后一码元相关，则该信道是有记忆信道。此时的编码信道模型变得更为复杂，转移概率也很难用数学表达式表示出来。

3.2　恒 参 信 道

恒参信道是一类较为简单的通信信道，其主要特点在于信号在该信道中主要经历的是传播损耗引起的衰减和信道中的噪声。信道时变性较小，传播特性相对稳定。下面介绍几种典型的恒参信道。

3.2.1　典型恒参信道

1. 微波中继信道

微波是一种工作频率非常高，频段范围在 300 MHz～3000 GHz 的电磁波。其波长非常微小，在 0.1 mm～1 m 范围内波动。由于微波只能够沿着直线进行传播，不能绕射传播，所以微波通信是一种视距通信，而地球表面是一个球形，若天线的高度不够高，就导致两个通信节点之间存在阻碍。因此就需要中继系统来辅助通信，通过在收发端之间加入多个中继系统来避免地面弯曲造成的阻碍遮挡，这就产生了微波中继传输通信。

微波中继信道的结构组成如图 3.2.1 所示，它由源节点，目的节点和多个中继设备之间的微波直射传播路径组成。微波中继信道具有传输距离远、传输稳定、节约能源、可靠性好等优点，因此它被广泛应用到多路电话和电视的传输中。

在微波中继信道中，由于地球表面存在曲率，故一跳能传输的最大距离，与收发天线的高度（分别用 h_1 和 h_2 表示）密切相关。一般来说，视距传播距离 $= 4.12 \times (\sqrt{h_1} + \sqrt{h_2})$，单位为 km。例如发射天线高度为 20 m，接收天线高度为 10 m，那么无线电视距传播距离为：$4.12 \times (4.472 + 3.162) = 31.45$ km。鉴于此，微波中继天线常常布放在山顶或者通过铁搭架高，一般情况下每隔 40~50 km 就设立一个中继通信设备。通过在收发端中间加入多个中继设备的方式，为远距离通信传输提供保障。

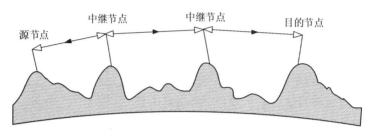

图 3.2.1 微波中继信道

2. 卫星中继信道

卫星中继信道是将人造卫星作为收发端之间的中继节点的通信信道。卫星中继通信也是利用了微波信号视距传输的特点。但与微波中继信道不同的是，中继设备是由人造卫星承载的，而微波中继信道的中继设备是在地面上。若卫星绕着地球运行的轨道在赤道平面上，并且与地面的距离约为 35 786.6 km 时，它绕着地球运行一周的时间约为 24 小时，该卫星可以看作与地球的自转同步，含有这些特点的卫星则称为同步卫星。卫星中继信道概貌示意图如图 3.2.2 所示。

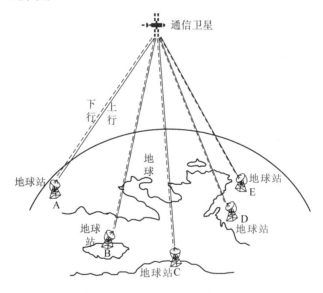

图 3.2.2 卫星中继信道概貌

如果将这种人造卫星作为中继节点，那么它可以覆盖地球上 18 101 km 范围内的通信连接，赤道的周长约为 40 075 km，那么需要三颗相差 120°的人造卫星中继就可以覆盖全球范围内的通信设备(除两级盲区之外)，如图 3.2.3 所示。若卫星中继没有发射到赤道平面上，即中轨移动卫星或低轨移动卫星，则需要数量更多的中继卫星来实现通信范围的全面覆盖。其中卫星的个数与轨道高低有关，轨道高度越高，所需要的卫星中继数目越少。

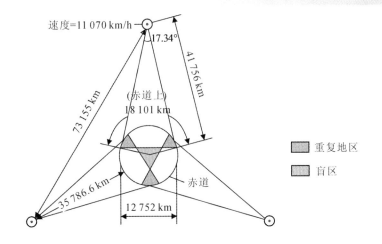

图 3.2.3　卫星中继信道详情示意图

下面来列举几个卫星中继信道所应用的几个常用的微波波段：

（1）用于移动卫星业务和导航系统的 L(Long Wave)波段，它主要广泛应用在频带范围为 1.5～1.6 GHz 的子带上，表示为 1.5/1.6 GHz。

（2）用于固定卫星业务的 C(Compromise)波段，它主要广泛应用在频带范围为 4～6 GHz 的子带上。

（3）用于卫星广播业务及部分固定卫星业务的 Ku(Kurtz-under)波段，它主要广泛应用在频带范围为 12～18 GHz 的子带上。

（4）用于个人卫星通信业务的 Ka(Kurtz-above)波段，它主要广泛应用在频带范围为 20～30 GHz 的子带上。

相比于地面上的微波中继信道，卫星中继信道的覆盖范围更大，传输距离更远，可以传输大容量数据。其次，卫星中继信道所占用的微波波段的频带范围很广泛，无需担心频谱资源稀缺等问题。此外，由于在太空中进行视距传输，阻碍遮挡很小，传输性能很好，不会受多径效应的影响。最后，卫星中继应对自然灾害的能力强，不会受到洪水、地震等自然因素的影响，等等。

3．有线电信道

1）明线

明线是指架设在电线杆上的平行且互相绝缘的架空线路，其通频带在 0.3～27 kHz 之间。与电缆相比，明线具有传输损耗低的优点，但由于其易受环境因素如天气、外界噪声等的影响，并且在实际应用中很难沿一条路径建设大量的线路，所以逐渐被电缆代替。

2）对称电缆

对称电缆是指将若干对双导线套在同一保护套内的传输媒质。对称电缆的传输损耗比明线大很多，通频带在 12～250 kHz 之间。为了减少导线对之间的干扰，每一对导线都拧成扭绞状，如图 3.2.4 所示，称为双绞线，因此对称电缆也叫双绞线电缆。其优点是性能稳定、价格便宜、安装容易。对称电缆主要分为屏蔽型(STP)和非屏蔽型(UTP)两类，STP 电缆特性和 UTP 特性一样，但由于其采用了屏蔽措施，所以对干扰的屏蔽更强，价格也更贵。

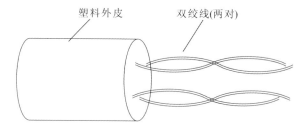

图 3.2.4　双绞线电缆示意图

3）同轴电缆

同轴电缆由内外两个同轴导体、绝缘层和外保护层组成，其结构如图 3.2.5 所示。内导体是金属线（芯线），外导体是一根圆柱形的空心导管，内外导体之间填充介质，起到绝缘作用，常见的介质有空气、塑料等。其中外导体通常是接地的，可以起到屏蔽外界干扰的作用，因此同轴电缆的抗干扰能力很强，在使用和维护时也比较方便，但其价格也比较高。同轴电缆分小同轴电缆和中同轴电缆，小同轴电缆的通频带在 60～4100 kHz 之间，中同轴电缆的通频带在 300～60 000 kHz 之间。为了增大容量，提高传输能力，通常会将若干根同轴线管套在一个大的保护套内，如图 3.2.6，同时还会加入一些二芯绞线对或四芯线组来传输控制信号或供给电源。

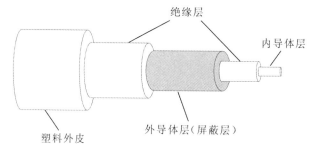

图 3.2.5　单根同轴电缆的基本结构

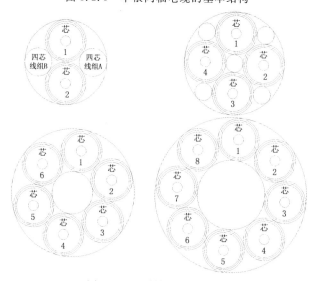

图 3.2.6　同轴电缆结构图

4. 光纤信道

光纤信道是以光导纤维(简称光纤)为传输媒质、以光波为载波的信道,具有极宽的通频带以及极大的传输容量。由于光纤通信具有损耗低、通频带宽、重量轻、不怕腐蚀、不受电磁干扰以及安全保密性好等优点,被认为是目前最有发展潜力的传输媒质。利用光纤代替电缆可节省大量有色金属,目前的技术可使光纤的损耗低于 0.2 dB/km,随着科学技术的发展这个数字还会下降。光纤的结构如图 3.2.7 所示。

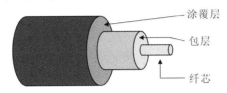

图 3.2.7　光纤示意图

按照传输模式以及折射率剖面可以将光纤分为单模光纤和多模光纤,光纤类型如图 3.2.8 所示。单模光纤只能传输一种光波,其光波波长极短,芯径极小,通常适用于长距离、大容量通信。多模光纤的传输模式不止一种,其截面尺寸较大,在制造、连接以及耦合方面都比单模光纤容易。多模光纤可以分为阶跃光纤和渐变光纤两种。阶跃光纤的折射率在芯线和包层的交界面上呈现阶梯型突变,一般适用于短距离、小容量通信;渐变光纤在包层中的折射是均匀的,在芯线中的折射率是沿半径方向逐渐减小的,近似为抛物线型,一般适用于中距离、中容量通信。

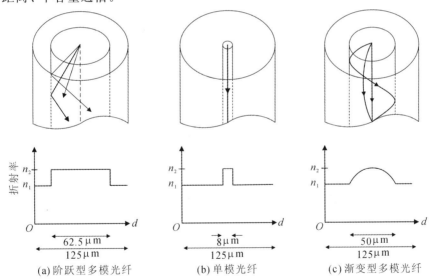

图 3.2.8　光纤类型

上面介绍了几种恒参信道,这类信道具有的共性是传播特性稳定和时变性较小,为了在数学上对恒参信道进行描述,可以通过如下的模型对信道进行建模。

3.2.2　恒参信道特性

恒参信道的信道特性是不随时间变化的,或者说变化极其缓慢。因此,可以把信号经过恒参信道的传输特性等效为经过一个线性时不变系统的传输特性。一般用幅度-频率失真和相位-频率失真来表述线性网络的传输特性。在讨论信号失真之前，先来讨论理想情况下的恒参信道。

1. 理想恒参信道特性

将没有失真的，信道特性不随时间变化或者变化极为缓慢的信道称为理想恒参信道，其等效的线性网络传输特性为

$$H(\omega)=K_0\mathrm{e}^{-\mathrm{j}\omega t_\mathrm{d}} \tag{3.2.1}$$

其中 K_0 为传输系数，ω 为频率，t_d 为延时，K_0，t_d 都是常数，与频率无关。根据公式，可以得出理想恒参信道的幅频特性，如图 3.2.9(a)所示。

$$|H(\omega)|=K_0 \tag{3.2.2}$$

相频特性，如图 3.2.9(b)所示。

$$\varphi(\omega)=\omega t_\mathrm{d} \tag{3.2.3}$$

群延迟-频率特性，如图 3.2.9(c)所示。

$$\tau(\omega)=\frac{\mathrm{d}\varphi(\omega)}{\mathrm{d}\omega}=t_\mathrm{d} \tag{3.2.4}$$

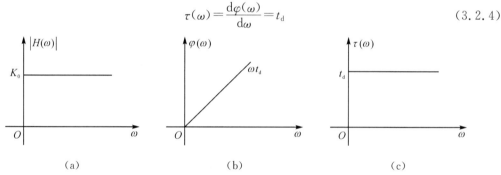

图 3.2.9　理想恒参信道的特性曲线

当存在延时 t_d 时，信道的冲激响应可以表示为

$$h(t)=K_0\delta(t-t_\mathrm{d}) \tag{3.2.5}$$

假设理想恒参信道的输入信号为 $s(t)$，则输出为

$$r(t)=s(t)*h(t)=K_0s(t-t_\mathrm{d}) \tag{3.2.6}$$

从上式可以看出，信号经过理想恒参信道不仅在幅度上产生固定衰减，在时间上也会存在固定延时，即无失真传输。

2. 幅度-频率失真

从上述的分析中可以得到理想恒参信道的幅频特性和相频特性。根据式(3.2.2)和(3.2.3)可知，在一定频率范围内或者整个频率范围上，理想恒参信道的幅频特性是一个常数，相频特性是关于 ω 的线性函数。若不满足上述任一条件要求，则会造成信号的失真(或畸变)，这种频率失真称为线性失真。当在信道的输入端输入数字信号时，相邻信号的波形会相互重叠，引起码间干扰。

当信道的幅频特性不是常数时，把这种失真称为幅度-频率失真。音频电话信道就是一种典型的幅度衰减信道，如图 3.2.10(a)所示。当频率在 500～2800 Hz 范围内时，其幅度-频率特性是一常数，信号可以准确传输；当频率在 300～500 Hz 以及 2800～3000 Hz 范围内时，其幅度-频率特性是一常数，但幅度加倍；当频率低于 300 Hz 或高于 3000 Hz 时，信道衰减严

重，会产生严重失真。CCITT M.1020 建议规定的衰减特性如图 3.2.10(b)所示。

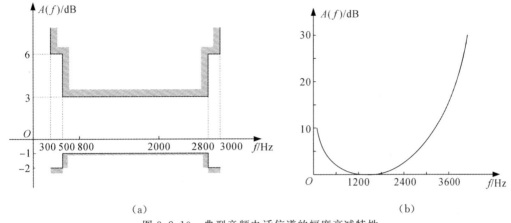

(a)   (b)

图 3.2.10 典型音频电话信道的幅度衰减特性

3. 相位-频率失真

当信道的相频特性不是关于 ω 的线性函数时，即相频特性是非线性时，把这种线性失真称为相位-频率失真。一个典型的电话信道失真情况如图 3.2.11 所示。图 3.2.11(a)是电话信道的相频特性曲线，从图中可以看出电话信道的相频特性曲线与理想特性曲线存在一定的偏差，这会使信号产生严重的相频失真。由于相频失真对人耳产生的影响不大，因此可以忽略不计。但相频失真对数字信号传输会产生很大的影响，它会引起严重的码间干扰，特别是在数字信号传输速率很大时。图 3.2.11(b)是电话信道的群延迟-频率特性曲线，从图中可以看出不同频率情况下，电话信道的群延迟不同，即信号到达的时间不同，会造成信号的失真。

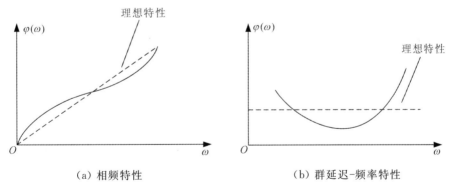

(a) 相频特性   (b) 群延迟-频率特性

图 3.2.11 典型电话信道特性曲线

对于相位和幅度引起的线性失真，可以采取信道均衡的方法对其进行补偿，进而避免信道失真带来的影响，有关信道均衡的概念将在后续章节进行描述。

3.3 随参信道

信道传输特性随时间随机快速变化的信道称为随机参量信道，简称为随参信道。常见的随参信道有陆地移动信道、短波电离层反射信道、超短波及微波对流层散射信道、超短波电离层散射信道、超短波流星余迹散射信道以及超短波超视距绕射信道等。

3.3.1 典型随参信道

1. 陆地移动信道

陆地移动通信工作频段主要在甚高频(VHF)和超高频(UHF)频段,电波主要以直射波传播方式为主。在传播过程中,电波会遇到城市建筑群和其它地形地物,从而产生反射波、散射波以及它们的合成波,形成较为复杂的电波传播环境,因此移动信道是典型的随参信道。

受发射端和接收端之间距离以及障碍物等因素的影响,信号在传播过程中平均能量会降低,将这种使得信号平均能量减少的衰落称为大尺度衰落,包括路径损耗和阴影衰落。大尺度衰落情况下信号的局部中值随着距离缓慢变化。

1) 一般路径损耗模型

首先讨论信号在自由空间的传输过程,即发送端和接收端之间的信道在没有障碍物的情况下,信号的接收功率 $P_r(d)$ 与发射端和接收端之间距离 d 之间的关系,即

$$P_r(d) = \frac{P_t G_t G_r \lambda^2}{(4\pi)^2 d^2 L} \tag{3.3.1}$$

其中 P_t 是信号的发射功率,G_t、G_r 是发射天线和接收天线的增益,λ 是电磁波波长,L 是系统损耗系数,与环境无关,与硬件系统例如天线、滤波器、传输天线等的损耗有关。通常情况下 L 的取值大于 1。当系统没有硬件损耗的时候,L 的取值为 1。

假设系统没有损耗,即 $L=1$,则路径损耗表达式(按照 dB 形式进行描述)可以表示为

$$PL_F(d) = 10\lg\left(\frac{P_t}{P_r}\right) = -10\lg\left(\frac{G_t G_r \lambda^2}{(4\pi)^2 d^2}\right) \tag{3.3.2}$$

当天线增益为 1,即没有增益时,可以简化为

$$PL_F(d) = 10\lg\left(\frac{P_t}{P_r}\right) = 10\lg\left(\frac{4\pi d}{\lambda}\right)^2 \tag{3.3.3}$$

从式(3.3.1)中可以看出信号的接收功率 $P_r(d)$ 随着距离的增加而逐渐降低,距离越大,路径损耗越大。

从式(3.3.2)和(3.3.3)中可以看出路径损耗随着收发端之间距离的增加而逐渐变大,与距离的平方成正比。

此外,路径损耗还与电磁波的波长有关,波长越长,频率越低,路径损耗越小,信号衰落程度越低,传输距离越长。

2) 折射波

由于大气中介质的密度随着高度增加而减小,因此电波在空间传播时会产生折射、散射等现象,如图 3.3.1 所示。通常可用地球等效半径来表征大气折射对电波传输的影响,地球的实际半径和地球等效半径之间的关系为

$$k = \frac{r_e}{r_0} \tag{3.3.4}$$

式中，k 称为地球等效半径系数，$r_0 = 6370$ km 为地球实际半径，r_e 为地球等效半径。在标准大气折射情况下，地球等效半径系数 $k = \dfrac{4}{3}$，此时地球等效半径为

$$r_e = kr_0 = \frac{4}{3} \times 6370 = 8493 \text{ km} \tag{3.3.5}$$

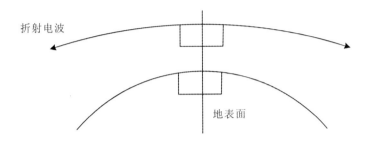

图 3.3.1　电波折射示意图

3）非自由空间路径损耗

由于受到收发端之间建筑物、山丘等障碍物的影响，信号会产生绕射、反射、散射等现象，造成信号的衰落。图 3.3.2 描述的是信号经过反射后到达接收端的信号模型。

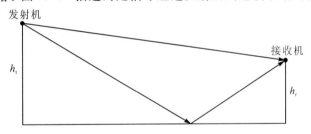

图 3.3.2　无线传播射线地面反射模型

信号的接收功率 P_r 为

$$P_r(d) = P_t G_t G_r \frac{h_t^2 h_r^2}{d^4} \tag{3.3.6}$$

其中，P_t 是信号的发射功率，G_t，G_r 是发射机和接收机的增益，h_t，h_r 是发射天线和接收天线距离地面的高度，d 为两者之间的水平距离。

根据公式(3.3.6)，可以得到路径损耗的表达式(按照 dB 形式表示)为

$$PL_F(d) = 10\lg\left(\frac{P_t}{P_r}\right) = -10\lg\left(\frac{G_t G_r h_t^2 h_r^2}{d^4}\right) \tag{3.3.7}$$

当天线增益为 1，即没有增益时，可以简化为

$$PL_F(d) = 10\lg\left(\frac{P_t}{P_r}\right) = 10\lg\left(\frac{d^2}{h_t h_r}\right)^2 = -20\lg h_t h_r + 40\lg d \tag{3.3.8}$$

从公式(3.3.8)可以得到非自由空间的路径损耗不仅与发射端和接收端之间的水平距离有关，还与收发端天线的高度有关。当收发端天线的高度一定时，路径损耗与 d^4 成正比。在这里统一将自由空间和非自由空间的路径损耗表达式表述为 $L \propto d^a$，其中 a 为路径损耗指数。比较式(3.3.3)和式(3.3.8)可以得出非自由空间的路径损耗指数更大，信号衰落更快。

在实际的通信传播环境中，信号传播路径要复杂的多，无法确切地推算出路径损耗模型。人们只能根据大量的数据结果测试及推到得到一个近似估计结果。

下面通过一个典型的模型对非自由空间路径损耗模型进行描述。

Okumura 模型是广泛应用于移动通信系统的一种信道模型，考虑了天线高度以及地区的覆盖类型。在预测城市地区路径损耗的所有模型中，Okumura 模型是被采用最多的一种，主要适用于载波范围为 $500 \sim 1500$ MHz、小区半径为 $1 \sim 100$ km，天线高度为 $30 \sim 1000$ m 的移动通信系统。Okumura 模型中的路径损耗可以表示为

$$PL_{Ok}(d)[dB] = PL_F + A_{MU}(f, d) - G_{Rx} - G_{Tx} + G_{AREA} \tag{3.3.9}$$

其中，$A_{MU}(f, d)$ 为频率 f 处的中等起伏衰减因子，G_{AREA} 为具体地区的传播环境增益，这两个值的大小可以根据实测得到的经验图中查找到结果。G_{Rx} 和 G_{Tx} 分别为接收天线和发射天线的增益，仅仅考虑天线的高度，并不考虑天线方向等其他因素。

4）阴影衰落

在移动通信过程中，由于受到障碍物阻挡，电磁波在传输过程中会形成阴影区，使得场强中值随地理环境的改变而缓慢变化，把这种现象称为阴影效应。由阴影效应而引起接收信号强度下降的情况称阴影衰落。

一般情况下，阴影衰落服从对数正态分布，其概率密度函数可以表示为

$$p(x) = \frac{1}{\sqrt{2\pi}\sigma} e^{-(\ln x - \mu)^2/2\sigma^2} \tag{3.3.10}$$

其中 μ 为均值，σ^2 为方差。将其转化为 dB 的形式时，阴影衰落服从正态分布，一般取均值为 0，方差为 $5 \sim 12$ dB 的正态分布。

2. 短波电离层反射信道

短波电离层反射信道是利用地面发射的无线电波在电离层，或电离层与地面之间的一次反射或多次反射所形成的信道。电离层距离地面 $60 \sim 600$ km，是由太阳紫外线和宇宙射线辐射导致大气电离的区域。由于太阳辐射的变化，电离层的密度和厚度也随时间随机变化，因此短波电离层反射信道也是随参信道。

在通信过程中，由于电离层发射过程会产生多条路径，并且每条路径的时延和衰减都随着时间的变化而变化，从而引起信号衰落。由于多径传播而引起信号衰落的现象称为多径效应。在这里以两径信道模型为例来详细描述多径效应产生的影响，如图 3.3.3 所示。

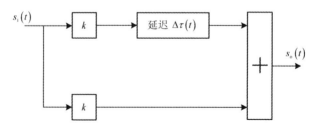

图 3.3.3　两径信道模型

假设两径信道模型的输入为 $s_i(t)$，则输出可以表示为

$$s_o(t) = k s_i(t) + k s_i[t - \Delta\tau(t)] \tag{3.3.11}$$

其中 k 为信道衰减系数，$\Delta\tau(t)$ 为信号在不同路径传输时的相对时延差。

将其转化为频域表示为

$$
\begin{aligned}
S_o(\omega) &= kS_i(\omega) + kS_i(\omega)\mathrm{e}^{-\mathrm{j}\omega\Delta\tau(t)} \\
&= kS_i(\omega)\left[1 + \mathrm{e}^{-\mathrm{j}\omega\Delta\tau(t)}\right]
\end{aligned}
\tag{3.3.12}
$$

信道响应可以表示为

$$
H(\omega) = \frac{S_o(\omega)}{S_i(\omega)} = k\left[1 + \mathrm{e}^{-\mathrm{j}\omega\Delta\tau(t)}\right]
\tag{3.3.13}
$$

其幅频特性可以表示为

$$
\begin{aligned}
|H(\omega)| &= \left|k\left[1 + \mathrm{e}^{-\mathrm{j}\omega\Delta\tau(t)}\right]\right| = k\left|1 + \cos[\omega\Delta\tau(t)] - \mathrm{j}\sin[\omega\Delta\tau(t)]\right| \\
&= k\left|2\cos^2\frac{\omega\Delta\tau(t)}{2} - \mathrm{j}2\sin\frac{\omega\Delta\tau(t)}{2}\cos\frac{\omega\Delta\tau(t)}{2}\right| \\
&= 2k\left|\cos\frac{\omega\Delta\tau(t)}{2}\right|\left|\cos\frac{\omega\Delta\tau(t)}{2} - \mathrm{j}\sin\frac{\omega\Delta\tau(t)}{2}\right| \\
&= 2k\left|\cos\frac{\omega\Delta\tau(t)}{2}\right|
\end{aligned}
\tag{3.3.14}
$$

当信道的相对时延差固定，信道的幅频特性曲线是关于频率的余弦函数，如图 3.3.4(a)所示，信号的频率不同，其幅频特性不同，信号的衰减造成的失真程度也不相同。把不同频率造成信号不同程度失真的现象称为频率选择性失真。特别是当信号的频谱宽度大于 $\dfrac{1}{\Delta\tau(t)}$ 时，会造成严重的频率选择性失真，甚至在有些频点处其幅度会衰减至 0。

当信道的相对时延不固定时，到达接收端的各分量之间的相位关系随时间随机变化，如图 3.3.4(b)所示，此时信道的幅频特性曲线并不固定，随机的频率选择性失真会导致频率选择性衰落，分析起来更加困难。

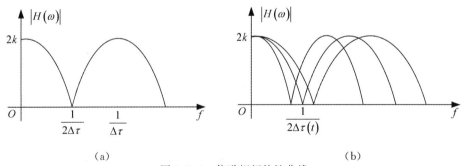

（a）　　　　　　　　　　　　　　（b）

图 3.3.4　信道幅频特性曲线

一般情况下，信道模型远比两径模型复杂得多，不同路径之间的时延差不同。通常用最大多径时延差 $\Delta\tau_m$ 来表述多径信道的相对时延差。定义多径传播信道幅频特性曲线中相邻两个零点之间的频率间隔为多径传播信道的相关带宽 B_c，则

$$
B_c = \frac{1}{\Delta\tau_m}
\tag{3.3.15}
$$

当信号的频谱带宽大于相关带宽时，信道对于此信号来说为频率选择性衰落信道，即信号在该信道中传输会经历频率选择性衰落；反之，当信号的频谱带宽小于相关带宽时，信道对于此信号来说为平坦衰落信道，信号在该信道中传输会经历平坦衰落。一般情况下，

为了保证传输信号不失真，应通过各种技术手段使得信号在平坦衰落信道传输且信号带宽为信道相关带宽的 1/5 至 1/3。

3. 对流层散射信道

对流层散射信道是一种超视距的传播信道，其一跳的传播距离约为 $100\sim500$ km，可工作在超短波和微波波段。从地面至高约十余千米间的大气层称为对流层。在对流层中，大气存在强烈的上下对流现象，从而使得大气中形成不均匀的湍流。故由于这种不均匀性，电磁波会产生散射现象。利用对流层散射进行通信的频率范围主要是 $100\sim4000$ MHz；按照对流层的高度估算，可以达到的有效散射传播距离最大约为 600 km。

4. 流星余迹散射信道

宇宙空间存在着大量的物质粒子和尘埃，当它们落入地球大气层时便与大气摩擦从而发出大量的光和热。这些光和热，会使周围的气体电离，形成柱状电离云，即"流星余迹"，该电离余迹使得电磁波产生散射。流星余迹的高度为 $80\sim120$ km，余迹长度为 $15\sim40$ km。流星余迹散射的频率范围为 $30\sim100$ MHz，传播距离可达 1000 km 以上。一条流星余迹的存留时间在十分之几秒到几分钟之间，但是空中随时都有大量人们肉眼看不见的流星余迹存在，能够随时保证信号断续地传输。所以，流星余迹散射通信只能用低速存储、高速突发的断续方式传输数据。

在移动通信过程中，收发两端存在相对移动时，可能造成收发端频率差异(生活中的一个例子是火车向你开来和离你远去时，你听到的火车鸣笛声有所差异)，这种由于收发设备相对运动而造成频率变化的现象称为多普勒效应。对流层散射信道和流星余迹散射信道都可能存在多普勒效应，由多普勒效应引起的频率偏移称为多普勒频移，其表达式如下所示：

$$f_{\mathrm{d}}=\frac{v}{\lambda}\cos\theta=\frac{vf_{\mathrm{c}}}{c}\cos\theta=f_{\mathrm{m}}\cos\theta \tag{3.3.16}$$

其中 λ 为载波波长，f_{c} 为载波频率，v 为移动速度，θ 为信号到达角，f_{m} 为最大多普勒频移。

由多普勒频移而形成的频谱展宽称为多普勒扩展 D_{s}，其范围可以表示为 $[f_{\mathrm{c}}-f_{\mathrm{m}}$，$f_{\mathrm{c}}+f_{\mathrm{m}}]$。将信道保持恒定的最大时间差范围定义为信道的相干时间，无线信道的相干时间与多普勒扩展成反比

$$T_{\mathrm{c}}\propto\frac{1}{D_{\mathrm{s}}} \tag{3.3.17}$$

当多普勒扩展越小时，相干时间越大。通常将与相干时间相关的信道模型划分为两类：慢衰落信道和快衰落信道。当符号传输的时间间隔小于相干时间时，信号经过的信道为慢衰落信道，可认为该符号经历了相同的衰落；相反，当符号传输的时间间隔大于相干时间时，信号经过的信道为快衰落信道，则认为该符号前后经历了不同的衰落，此时信号失真较为严重。

3.3.2 随参信道特性与典型模型

从对上述典型随参信道的分析可以看出，随参信道的特征包括有大尺度(路损加阴影)衰落和小尺度衰落(多径)两类衰落，比恒参信道的特性更为复杂。接下来讨论如何对随参信道进行建模。

1. 随参信道特性

由对大尺度衰落和小尺度衰落的分析可知，随参信道不仅与时间有关，还与信号发送的频率有关，与恒参信道相比，其信道特性更为复杂。

通过大量实验研究和分析，可以得到随参信道的共同特性为：

（1）信号传输过程中的衰减随时间变化；

（2）信号传输时延随时间变化；

（3）多径传播。

由于在随参信道中受多径传播的影响，且每条路径信号的时延和衰减随机变化，因此在接收端接收到的各路信号的合成信号也是随时间随机变化的。

假设发射端的发射信号为 $A\cos\omega_0 t$，多径传播信道数目为 n，则接收端接收到的合成信号 $R(t)$ 为

$$R(t) = \sum_{i=1}^{n} \mu_i(t)\cos\omega_0\big[t - \tau_i(t)\big] = \sum_{i=1}^{n} \mu_i(t)\cos\big[\omega_0 t + \varphi_i(t)\big] \qquad (3.3.18)$$

其中 $\mu_i(t)$ 为信号经过第 i 条路径后的接收信号的振幅，$\tau_i(t)$ 为第 i 条路径的传输时延，是时变的，$\varphi_i(t) = -\omega_0\tau_i(t)$。

将上式展开可得

$$R(t) = \sum_{i=1}^{n} \mu_i(t)\cos\varphi_i(t)\cos\omega_0 t - \sum_{i=1}^{n} \mu_i(t)\sin\varphi_i(t)\sin\omega_0 t \qquad (3.3.19)$$

经过大量的实验研究表明，与随着发射信号频率 ω_0 的变化相比，$\mu_i(t)$ 和 $\varphi_i(t)$ 随时间变化得更缓慢。因此 $R(t)$ 可以看成是由振幅分别为 $\mu_i(t)\cos\varphi_i(t)$ 和 $\mu_i(t)\sin\varphi_i(t)$ 的两个相互正交的分量构成。

假设

$$X_c(t) = \sum_{i=1}^{n} \mu_i(t)\cos\varphi_i(t) \qquad (3.3.20)$$

$$X_s(t) = \sum_{i=1}^{n} \mu_i(t)\sin\varphi_i(t) \qquad (3.3.21)$$

则式（3.3.19）可以改写为

$$R(t) = X_c(t)\cos\omega_0 t - X_s(t)\sin\omega_0 t = V(t)\cos\big[\omega_0 t + \varphi(t)\big] \qquad (3.3.22)$$

其中 $V(t) = \sqrt{X_c^2(t) + X_s^2(t)}$ 为接收端合成信号的包络；$\varphi(t) = \arctan\dfrac{X_s(t)}{X_c(t)}$ 为接收端合成信号的相位。因为 $\mu_i(t)$ 和 $\varphi_i(t)$ 随时间变化而缓慢变化，因此 $V(t)$ 和 $\varphi(t)$ 也随着时间缓慢变化。于是 $R(t)$ 就可以看作是包络和相位都随时间缓慢变化的窄带信号，如图 3.3.5 所示。

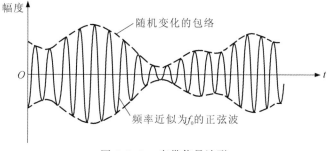

图 3.3.5　窄带信号波形

根据中心极限定理可以知道 $X_c(t_1)$ 和 $X_s(t_1)$ 是高斯随机变量，因此 $R(t)$ 可以看作是一个窄带高斯过程。因为接收信号的包络 $V(t)$ 的一维分布服从瑞利分布，因此可以将其看作瑞利型衰落，其一维概率密度函数可以表示为

$$f(V) = \frac{V}{\sigma^2}\exp(-\frac{V^2}{2\sigma^2}) \tag{3.3.23}$$

但是当信号路径出现一条固定的镜面发射信号时，接收信号的包络将服从广义瑞利分布，而相位也将不服从均匀分布。

由上面的分析可知，当存在着大量的相对时延差别不大的一束多径时，多径传播会产生上述的瑞利衰落；如果存在相对时延差别较大的多个径或者多束多径，会造成频率选择性衰落等快衰落效应，具体内容已经在大尺度衰落和小尺度衰落中讲述，这里就不再详细赘述，将无线信道的主要特性总结如下。

	$T_s > T_c$	$T_s < T_c$
$B_s > B_c$	频率选择性衰落，快衰落	频率选择性衰落，慢衰落
$B_s < B_c$	平坦衰落，快衰落	平坦衰落，慢衰落

其中 T_s 为信号传输时间，B_s 为信号传输带宽，T_c 为相干时间，B_c 为相干带宽。

2. 典型的随参信道模型

对于多径衰落信道，通常用功率时延分布(Power Delay Profile，PDP)来描述信道特征，表 3.3.1 是 COST 207 模型的功率时延分布情况，主要列举了典型城市和恶劣城市的功率时延分布情况。

表 3.3.1　COST 207 模型(简化的 TU，简化的 BU)的 PDP

路径编号	典型城市(TU)			恶劣城市(BU)		
	相对时延/μs	平均功率/dB	多普勒谱	相对时延/μs	平均功率/dB	多普勒谱
1	0.0	-3	Jakes	0.0	-7	Jakes
2	0.2	0	Jakes	0.2	-3	Jakes
3	0.5	-2	Jakes	0.4	-1	Jakes
4	1.6	-6	GAUSS1	0.8	0	GAUSS1
5	2.3	-8	GAUSS2	1.6	-2	GAUSS1
6	5.0	-10	GAUSS2	2.2	-6	GAUSS2
X	X	X	X	3.2	-7	GAUSS2
X	X	X	X	5.0	-1	GAUSS2
X	X	X	X	6.0	-2	GAUSS2
X	X	X	X	7.2	-7	GAUSS2
X	X	X	X	8.2	-10	GAUSS2
X	X	X	X	10.0	-15	GAUSS2

3.3.3 高斯噪声

信息经过信道后，输出的信号除了输入的有用信号外，还叠加了其他的电信号，将叠加的这一类信号统称为噪声，或者将其称为加性干扰。噪声时时刻刻都存在于信道之中，它会造成模拟信号失真，增加数字信号的误码率，影响信号传输可靠性。

根据噪声产生的来源进行区分，它可以分为人为噪声和自然噪声两大类。顾名思义，人为噪声是由于人类的各种行为活动产生的噪声，例如电气设备开关造成的电火花，机器的电磁波辐射等等。自然噪声是自然界中存在的各种各样的电磁波辐射，例如阴雨天气的闪电形成的大气噪声。按照噪声的性质分类，噪声可以分为脉冲噪声、窄带噪声和起伏噪声三类。脉冲噪声(impulse noise)是突发性地产生的，幅度很大，与间隔时间相比，脉冲的持续时间短得多。由于脉冲噪声持续时间很短，故其频谱很宽，可以从低频一直分布到甚高频，但是频率越高其频谱的强度越小。电火花就是一种典型的脉冲噪声。窄带噪声(narrow band noise)可以看作是一种非所需的连续的已调正弦波，或简单地看作是一个振幅恒定的单一频率的正弦波。通常它来自相邻电台或其他电子设备，其频谱或频率位置通常是确知的或可以测知的。起伏噪声(fluctuation noise)是遍布在时域和频域内的随机噪声，包括热噪声、电子管内产生的散弹噪声(shot noise)和宇宙噪声等。

1. 热噪声

本节将讨论自然界中一种特别的噪声——热噪声。热噪声是由于电子运动产生的热能而造成的，当设备工作时不可避免地产生热噪声，除非热力学温度为 0 K 时，热噪声才能忽略不计。图 3.3.6 为电阻热噪声电压波形的一个样本。

图 3.3.6　电阻热噪声电压波形样本

假设一个电阻阻值为 R，在频带宽度为 B 的范围内工作时，电阻两端产生的热噪声电压均方值为

$$U_n^2 = \lim_{T \to \infty} \frac{1}{T} \int_0^T u_n^2 \mathrm{d}t = 4kTBR \tag{3.3.24}$$

有效值为

$$U_n = \sqrt{4kTBR} \tag{3.3.25}$$

其中，$k = 1.38 \times 10^{-23}$(J/K) 是玻尔兹曼常数，T 是热力学温度(K)，R 为阻值(Ω)，B 为带宽(Hz)。

根据概率论可知，由于热噪声电压是由大量电子运动产生的感应电动势之和，所以总的噪声电压服从高斯分布，即其概率密度函数 $p(u_n)$ 表示如下

$$p(u_n) = \frac{1}{\sqrt{2\pi}U_n} \exp\left(-\frac{u_n^2}{2U_n^2}\right) \tag{3.3.26}$$

将具有这种分布的噪声称为高斯噪声。

根据式(3.3.26)，电阻的热噪声可以用一个噪声电压源和一个无噪声的电阻串联的等效电路图来表示，如图 3.3.7(a) 所示。根据戴维宁定理，将图 3.3.7(a) 化为图 3.3.7(b) 所示的电流源电路，其中 $G = 1/R$。

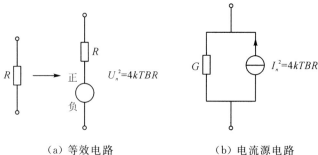

（a）等效电路　　　　　　　（b）电流源电路

图 3.3.7　电阻热噪声等效电路图

由于电阻的功率与电流或电压的均方值成正比，因此电阻热噪声也可以看成是噪声功率源。根据图 3.3.7 可知，此功率源输出的最大噪声功率为 kTB。因此可以得出电阻的输出热噪声功率与带宽成正比。假设带宽为 Δf，则对应的噪声功率为 $kT\Delta f$。因而单位频带（1 Hz 带宽）内的最大噪声功率为 kT，该值就是噪声源的噪声功率谱密度。由于该值是任意电阻的最大输出，因此与电阻值 R 无关。把这种功率谱不随频率变化的噪声，称为白噪声。

为什么说电阻热噪声是白噪声呢？本小节将从它产生的来源进行分析。热噪声是大量运动电子产生的电压脉冲之和。对于一个电子来说，它的持续时间很短（自由电子两次碰撞间的时间间隔为 $10^{-12} \sim 10^{-14}$ s），在电阻两端感应的电压脉冲就很窄。根据傅里叶分析，窄脉冲具有很宽的频谱，且频谱分布平坦。电阻热噪声的功率谱是所有电子产生的功率谱相加，因此其频谱也是平坦的。事实上电阻热噪声其均匀频谱大致可以保持到 $10^{12} \sim 10^{14}$ Hz，即相当于红外线的频率范围，对无线电频率范围来说，完全可以当作白噪声。

白噪声的功率谱密度为一常数，如图 3.3.8(a) 所示，其双边功率谱密度为

$$P_n(f) = \frac{n_0}{2} \quad (-\infty < f < +\infty) \tag{3.3.27}$$

单边功率谱密度为

$$P_n(f) = n_0 \quad (0 < f < +\infty) \tag{3.3.28}$$

自相关函数可以表述为

$$R(\tau) = \frac{n_0}{2}\delta(\tau) \tag{3.3.29}$$

如图 3.3.8(b) 所示，白噪声仅在 $\tau = 0$ 时才相关，而在任意两个时刻（即 $\tau \neq 0$）的随机变量都是不相关的。

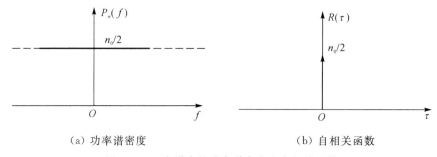

（a）功率谱密度　　　　　　　（b）自相关函数

图 3.3.8　白噪声的功率谱密度和自相关函数

由于白噪声的带宽是无限宽的，因此它的平均功率是无穷的，可以通过下式表述

$$R(0) = \int_{-\infty}^{\infty} \frac{n_0}{2} \mathrm{d}f = \infty \qquad (3.3.30)$$

2. 低通白噪声

当白噪声经过理想的低通信道或者滤波器时(假设增益是归一化的),其频带会受到一定的限制,即$|f| \leqslant f_H$,如图 3.3.9 所示。此时输出的噪声就称为低通白噪声,其功率谱密度和自相关函数可以表示为

$$\begin{cases} P_n(f) = \begin{cases} \dfrac{n_0}{2} & |f| \leqslant f_H \\ 0 & 其他 \end{cases} \\ R(\tau) = n_0 f_H Sa(2\pi f_H \tau) \end{cases} \qquad (3.3.31)$$

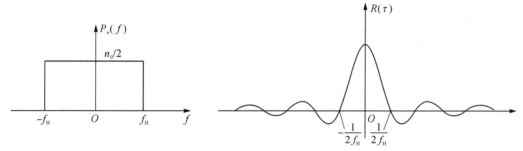

(a) 功率谱密度　　　　　　　　(b) 自相关函数

图 3.3.9　低通白噪声的功率谱密度和自相关函数

3. 带通白噪声

当白噪声经过理想的带通信道或者滤波器时,其输出的噪声称为带通白噪声,由于带通滤波器的带宽远小于中心频率,因此带通滤波器也称为窄带滤波器。由于滤波器是一种线性电路,高斯过程通过线性电路后,仍为一高斯过程,因此带通白噪声又称为窄带高斯白噪声,如图 3.3.10 所示。

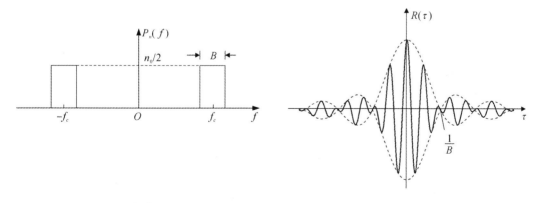

(a) 功率谱密度　　　　　　　　(b) 自相关函数

图 3.3.10　带通白噪声的功率谱密度和自相关函数

假设理想带通滤波器的传输特性为

$$H(f) = \begin{cases} 1 & f_c - \dfrac{B}{2} \leqslant |f| \leqslant f_c - \dfrac{B}{2} \\ 0 & \text{其他} \end{cases} \tag{3.3.32}$$

式中：f_c 为中心频率；B 为通带宽度。

噪声的功率谱密度为

$$P_n(f) = \begin{cases} \dfrac{n_0}{2} & f_c - \dfrac{B}{2} \leqslant |f| \leqslant f_c - \dfrac{B}{2} \\ 0 & \text{其他} \end{cases} \tag{3.3.33}$$

自相关函数为

$$R(\tau) = \int_{-\infty}^{\infty} P_n(f) e^{j2\pi f \tau} \, df = \int_{-f_c - \frac{B}{2}}^{-f_c + \frac{B}{2}} \frac{n_0}{2} e^{j2\pi f \tau} \, df + \int_{f_c - \frac{B}{2}}^{f_c + \frac{B}{2}} \frac{n_0}{2} e^{j2\pi f \tau} \, df$$

$$= n_0 B Sa(\pi B \tau) \cos 2\pi f_c \tau \tag{3.3.34}$$

根据图 3.3.10(a)可知其平均功率为

$$N = n_0 B \tag{3.3.35}$$

3.4　分集接收技术

分集接收技术指的是通过一定的技术手段在多条路径上接收相互独立或者互相关性能很小的载有同一消息的多个信号，然后通过合并技术再将各条路径的信号合并后输出。通过对多个信号进行有效处理，可以减少信号衰落，提高信道性能，改善多径传播对接收信号的影响。从广义信道方面来看，分集接收技术可以看作是随参信道的一部分或者说是完善后的随参信道，它可以很好地减缓衰落的影响，获得分集增益，改善系统性能，提高接收机灵敏度。

3.4.1　分集方式

分集方式就是通过一定的技术手段使得接收端接收到的来自不同路径且携带同一信息的信号相互独立。通常可以利用不同的路径、频率、角度、极化、时间等技术手段来获取。根据技术手段采用方式的不同，可以将分集方式分为空间分集、频率分集、角度分集、极化分集以及时间分集等。下面将介绍几种有效的分集方式。

1. 空间分集

空间分集，又称为天线分集，是通过采用多副接收天线来实现的。一般情况下，发射机只有一副天线，而接收机具有多副天线，如图 3.4.1 所示。通过隔离接收端的接收天线，即增加接收端接收天线的间隔距离，使得接收端接收到的来自不同天线上的同一信号的信号衰落相互独立。为了满足这一特性，

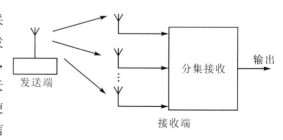

图 3.4.1　空间分集模型图

通常使得相邻天线之间的间距 d 满足

$$d \geqslant 10\lambda \tag{3.4.1}$$

其中 λ 表示工作频率的波长。

　　为了获得分集增益，通常会增加接收端的天线数目，即分集阶数，进而更好的改善系统的性能。但并不代表分集阶数越多越好，当分集阶数增加到一定程度时，继续增加接收天线数目，只会造成资源的浪费，并且衰落情况改善能力也逐步下降，性价比不高。一般情况下设立分集阶数为 2～4 阶。

2. 频率分集

　　频率分集指的是发射机将同一信息在不同的载波频率上发送多次。由于载波频率不同，因此电磁波之间的相关性极小，各电磁波的衰落程度也不同。通过调整载波频率间隔，使接收端接收到的信号衰落相互独立。在实际应用中，所设立的载波频率间隔 Δf 要大于相关带宽 B_c。

$$\Delta f \geqslant B_c = \frac{1}{\Delta \tau_m} \tag{3.4.2}$$

其中 $\Delta \tau_m$ 为最大多径时延差。

　　通过上一节的描述可知当载波频率间隔大于相关带宽时，信道是频率选择性衰落信道。频率分集就是通过不同频率衰落统计特性上的差异，来实现抗频率选择性衰落的功能。但采用频率分集技术同时也会付出相应的代价，由于占用了不同的载波频率，因此降低了频谱利用率。此外采用频率分集技术还成倍地增加了接收机的数目。

　　在移动通信中，当信号的工作频率在 900 MHz 频段，最大多径时延差为 5 μs 时，载波频率间隔至少为

$$\Delta f \geqslant B_c = \frac{1}{\Delta \tau_m} = \frac{1}{5 \times 10^{-6}} = 200 \text{ kHz} \tag{3.4.3}$$

3. 时间分集

　　时间分集就是在衰落信道中将同一数字信号相隔一定的时间发送多次。当每一次发送的时间间隔足够大时，即每一次发送的时间间隔大于信道的相干时间，接收端接收到的信号衰落就可以认为是相互独立的。时间分集技术常应用于 CDMA 技术来对抗多径衰落带来的影响。

　　根据相干时间的定义可知相干时间与多普勒扩展成反比。此外，多普勒扩展与移动台的运动速度和工作频率有关。因此，为了确保接收到的衰落信号相互独立，发射端发射同一数字信号的时间间隔至少为

$$\Delta t \geqslant \frac{1}{2f_m} = \frac{1}{2(v/\lambda)} \tag{3.4.4}$$

其中 f_m 为最大多普勒频移，v 为移动台移动速度，λ 为载波波长。

　　从微观分集的角度来看，以上三种分集接收方式分别从空域、频域以及时域的角度进行分析，属于典型的显分集方式。此外还有一类只需要一副天线就可以接收信号的隐分集技术，该分集作用是隐藏在传输信号当中的，例如 Rake 接收机。不同的接收分集方式具有不同的优缺点，在实际应用中，可以单独应用这些方式，也可以将它们联合应用来对抗信

号衰落，优化系统性能。

3.4.2 合并方式

通过采用分集的方式，接收端可以接收到来自不同路径且携带同一信息的相互独立的多个信号。因此，需要采用一定的方式将这些衰落信号相加后合并输出，这就是所谓的合并。通常情况下采用加权相加的方式将这些衰落信号进行合并，从而获取分集增益。

假设在接收端接收到 N 个相互独立的衰落信号，并将其表示为 $r_1(t)$，$r_2(t)$，…，$r_N(t)$，则经过合并后其输出信号为

$$r(t) = a_1 r_1(t) + a_2 r_2(t) + \cdots + a_N r_N(t) = \sum_{i=1}^{N} a_i r_i(t) \tag{3.4.5}$$

其中 a_i 为第 i 个输出信号的加权系数。

根据加权系数的不同分配规则，可以形成不同的合并方式。根据复杂度由低到高排序，常用的几种合并方式有：选择式合并、等增益合并和最大比合并。合并既可以在中频频段上合成，也可以在基带上合成。通常通过平均输出信噪比或合并增益等来表征合并方式的好坏。

1. 选择式合并

选择式合并是所有合并方式中复杂度最低的一种合并方式，其原理是在接收端具有 N 个接收机，将每个接收机接收到的衰落信号送入选择逻辑电路，选择逻辑再将每路信号的信噪比进行比较，并选择出最大信噪比的一路信号作为输出信号。

2. 等增益合并

等增益合并也称为相位均衡，它主要是纠正衰落信号的相位，而不改变信号的幅度。相较于选择性合并来说等增益合并的复杂度较高，但它提高了增益幅度。等增益合并的原理是假设 N 个接收机的加权系数相同，即 $k_1 = k_2 = \cdots = k_N$，输出的结果是各路信号幅值的叠加。与选择性合并方式相比，每增加一条路径，其合并增益增长的幅度不会减小，而是维持不变。等增益合并不是一种最佳的合并方式，只有假设在每一路信号的信噪比相同的情况下，在信噪比最大化的意义上，它才是最佳的。

3. 最大比合并

最大比合并是三种合并方式中复杂度最高的一种合并方法。与等增益合并相比，最大比合并在加权系数方面做了改进。最大比合并根据每一条路径的平均信噪比的大小来分配大小不一的加权系数，当该路径的信噪比较高时，则分配较大的加权系数；当该路径的信噪比较低时，则分配较小的加权系数。通过分配不同的加权系数来强化高信噪比信号的作用，弱化低信噪比信号的作用。

假设每条路径的平均噪声功率相等，都为 σ^2，第 k 条路经的信号幅度为 A_k，则当每条路径的加权系数为

$$a_k = \frac{A_k}{\sigma^2} \tag{3.4.6}$$

时，分集合并后的平均输出信噪比最大。

通过对上述三种合并方式进行分析，对比了不同支路数目情况下三种方式的性能，如

图 3.4.2 所示。通过图 3.4.2 可以看出当分集支路数目一定的情况下，最大比合并的性能最好，但复杂度最高；选择式合并的性能最差，但复杂度最低。此外，当分级支路数目较大时，等增益合并的合并增益与最大比合并的合并增益近似，此时可以采用等增益合并的方式，因为其复杂度相对较低。

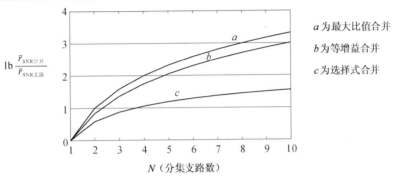

图 3.4.2　三种分集合并方式的性能比较

　　需要注意的是，图 3.4.2 是通过多天线接收的模型来展示合并方案的原理图，但这三种合并方式并不仅限于多天线空间分集系统，它们在时间分集、频率分集等系统中仍然适用，因为其本质是在多个信号副本之间的加权求和，只需要将图中不同天线接收到的信号副本替换为时间域或者频率域上的信号副本即可适用不同的系统。此外，分集合并技术同样会使误码率性能提升，能有效克服信道的衰落。分集增益阶数定义为 $d=\lim\limits_{r_{\text{SNR}}\to\infty}\dfrac{\lg P_{\text{e}}}{\lg r_{\text{SNR}}}$，其中，$P_{\text{e}}$ 为误码率，r_{SNR} 为信噪比。分集增益阶数体现在误码率曲线上就是在大信噪比的情况下误码率曲线的斜率，斜率越大表明分集阶数越高。如图 3.4.3 所示。在分集支路数为 4 的情况下，不同分集合并方式下，随信噪比的提升误比特率下降。同样，最大比合并的性能最好，选择式合并的性能最差，三种合并方法均优于不进行分集的合并方法。

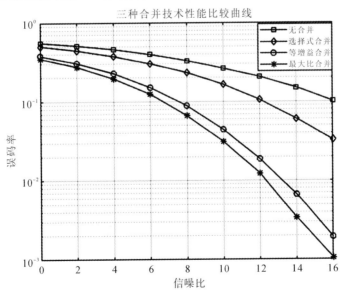

图 3.4.3　三种分集合并方式下的误码率性能

3.5 信 道 容 量

通信系统的根本任务就是处理、存储和传递信息。然而，通信过程会受到不同因素的干扰，可能导致接收端接收到无法识别的信息，这就失去了通信传播的意义。因此，为了保证信息的有效传输，首先需要对通信系统进行度量。本节将讨论如何实现信息的度量。

3.5.1 互信息

通常，信息在信道传输过程中会受到噪声和干扰的影响，使得发射端发送的信息和接收端接收到的信息存在一定的差异，将收发端之间信号相关联的程度定义为互信息，用来度量通信系统性能的好坏。

假设发射端发射离散符号 x_i 的集合为 X，接收端接收到的离散符号 y_j 的集合为 Y，当发射端发射符号 x_i，同时在接收端接收到符号 y_j 的联合概率为 $P(x_iy_j)$，则其联合信息量可以表示为

$$I(x_iy_j) = -\text{lb}P(x_iy_j) \tag{3.5.1}$$

定义联合信息量的数学期望为联合熵或共熵，表示为

$$H(XY) = E[I(x_iy_j)] = \sum_i \sum_j P(x_iy_j)I(x_iy_j)$$
$$= -\sum_i \sum_j P(x_iy_j)\text{lb}P(x_iy_j) \tag{3.5.2}$$

在数字通信系统中，假设发射端已知发送符号 x_i 的概率 $P(x_i)$，即先验概率已知。当接收到符号 y_j 后，接收端会重新预估发射端发送符号 x_i 的概率，即后验概率 $P(x_i/y_j)$。

定义在集合 Y 上接收到集合 X 的随机变量为集合 X 相对于集合 Y 的条件熵，记为

$$H(X/Y) = -\sum_i \sum_j P(x_iy_j)\text{lb}P(x_i/y_j) \tag{3.5.3}$$

同理，集合 Y 相对于集合 X 的条件熵为

$$H(Y/X) = -\sum_i \sum_j P(x_iy_j)\text{lb}P(y_j/x_i) \tag{3.5.4}$$

可以证明熵和条件熵都是非负数。此外，条件熵表明了集合 X 和集合 Y 之间联系的紧密程度，若集合 X 和集合 Y 相互独立，则

$$\begin{cases} H(X/Y) = H(X) \\ H(Y/X) = H(Y) \end{cases} \tag{3.5.5}$$

通常将互信息定义为后验概率与先验概率比值的对数，即

$$I(x_i,y_j) = \text{lb}\frac{P(x_i/y_j)}{P(x_i)} \tag{3.5.6}$$

将互信息的统计平均值记为平均互信息量，表示为

$$I(X,Y) = -\sum_i \sum_j P(x_iy_j)I(x_i,y_j) = -\sum_i \sum_j P(x_iy_j)\text{lb}\frac{P(x_i/y_j)}{P(x_i)} \tag{3.5.7}$$

根据上述公式很容易推理得出熵、联合熵、条件熵以及平均互信息之间的关系，表述

如下：

$$H(XY) = H(X) + H(Y/X) = H(Y) + H(X/Y) \tag{3.5.8}$$

$$I(X,Y) = H(X) - H(X/Y) = H(Y) - H(Y/X)$$

$$= H(X) + H(Y) - H(XY) \tag{3.5.9}$$

其关系图如图 3.5.1 所示。

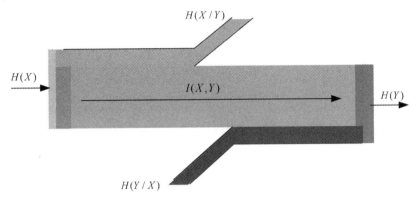

图 3.5.1　互信息、条件熵与联合熵关系图

当集合 X 和集合 Y 相互独立时

$$\begin{cases} H(XY) = H(X) + H(Y) \\ I(X,Y) = 0 \end{cases} \tag{3.5.10}$$

由式(3.5.9)可以推导得出平均互信息具有对称性，即 $I(X,Y) = I(Y,X)$，此外再由熵和条件熵都是非负数可证平均互信息也是非负的，即 $I(X,Y) \geqslant 0$，这里，当且仅当集合 X 和集合 Y 相互独立时等号成立。

3.5.2　信道容量

信息经过信道不可避免地会受到干扰和噪声的影响，通信系统总是想追求最大程度地提高信息在信道中无差错传输的速率，即最大化信道容量。下面详细介绍一下有噪声影响情况下的离散信号和连续信号经过信道时的信道容量情况。

1. 离散信道容量

对于编码信道，信号的输入和输出都是离散符号。当信道是理想信道时，即信道没有噪声，那么每输入一个符号就有对应的符号输出，他们之间的关系是一一对应的。但若信道是不理想的，即信道受到噪声的影响，则输入一个符号 X，输出符号 Y 是随机的，此时它们之间没有确定的对应关系，而是具有一定的统计相关特性，这种特性与符号的转移概率有关。

由 3.5.1 节的内容可知离散信源的平均互信息为

$$I(X,Y) = H(X) - H(X/Y) = H(Y) - H(Y/X) \tag{3.5.11}$$

假设发射端每秒钟发射 r 个符号，则在干扰存在的情况下，离散信道的信息传输速率为

$$R = I(X,Y)r = [H(X) - H(X/Y)]r = [H(Y) - H(Y/X)]r \tag{3.5.12}$$

信道容量的定义为信息能够在信道中无差错传输的最大速率，若 $P(x)$ 为 x 的发生概率，则

离散信道情况下的信道容量可表示为

$$C = R_{max} = \max_{P(X)}\{[H(X) - H(X/Y)]r\} = \max_{P(X)}\{[H(Y) - H(Y/X)]r\} \quad (3.5.13)$$

当条件熵 $H(X/Y)$ 或 $H(Y/X)$ 固定时，要想使信息传输速率最大，则只需要最大化熵 $H(X)$ 或 $H(Y)$。

2. 连续信道容量

对于调制信道，信号的输入和输出都是连续符号。假设连续信道带宽为 B_w（单位为 Hz）；信道存在加性高斯白噪声 $n(t)$，功率为 N，服从均值为 0，方差为 σ_n^2 的高斯分布，其一维概率密度函数表示为

$$p(n) = \frac{1}{\sqrt{2\pi}\sigma_n}\exp\left(-\frac{n^2}{2\sigma_n^2}\right) \quad (3.5.14)$$

设输入功率为 S 的连续信号 $x(t)$，则经过信道后输出信号为

$$y(t) = x(t) + n(t) \quad (3.5.15)$$

对于频带限制在一定带宽 B_w 下的连续信号，可以运用采样定理，按照抽样速率为 $2B_w$ 的速率对信号和噪声进行采样，将其变化为离散信号。根据式(3.5.13)，可以得出连续信号经过采样后的信道容量为

$$C = \max[H(X) - H(X/Y)] \cdot 2B_w = \max[H(Y) - H(Y/X)] \cdot 2B_w \quad (3.5.16)$$

当 x 服从均值为 0，方差为 σ_x^2 的高斯分布时，熵 $H(X)$ 和 $H(Y)$ 达到最大，表示为

$$\begin{cases} H(X) = -\int_{-\infty}^{\infty} p(x)\ln p(x)\mathrm{d}x \\ \qquad = -\int_{-\infty}^{\infty} p(x)\ln\left[\frac{1}{\sqrt{2\pi}\sigma_x}\exp\left(-\frac{x^2}{2\sigma_x^2}\right)\right]\mathrm{d}x \\ \qquad = \ln\sqrt{2\pi}\sigma_x\int_{-\infty}^{\infty} p(x)\mathrm{d}x + \frac{1}{2\sigma_x^2}\int_{-\infty}^{\infty} p(x)x^2\mathrm{d}x \\ \qquad = \mathrm{lb}\sqrt{2\pi e S} \\ H(Y) = -\int_{-\infty}^{\infty} p(y)\ln p(y)\mathrm{d}y = \mathrm{lb}\sqrt{2\pi e(S+N)} \end{cases} \quad (3.5.17)$$

连续信源的相对熵为

$$H(Y/X) = -\int_{-\infty}^{\infty} p(x)\mathrm{d}x\int_{-\infty}^{\infty} p(y/x)\lg p(y/x)\mathrm{d}y \quad (3.5.18)$$

因为条件概率密度 $P(y/x) = P(y - x) = p(n)$，因此相对熵可以化为

$$H(Y/X) = -\int_{-\infty}^{\infty} p(x)\mathrm{d}x\int_{-\infty}^{\infty} p(n)\lg p(n)\mathrm{d}n = -\int_{-\infty}^{\infty} p(n)\lg p(n)\mathrm{d}n$$

$$= \mathrm{lb}\sqrt{2\pi e N} = H(n) \quad (3.5.19)$$

将式(3.5.17)和式(3.5.19)代入式(3.5.16)可得

$$C = \max[H(Y) - H(Y/X)] \cdot 2B_w = \left[\mathrm{lb}\sqrt{2\pi e(S+N)} - \mathrm{lb}\sqrt{2\pi e S}\right] \cdot 2B_w$$

$$= 2B_w\left(\mathrm{lb}\sqrt{\frac{S+N}{N}}\right) = B_w\mathrm{lb}\left(1 + \frac{S}{N}\right) \quad (3.5.20)$$

式(3.5.20)就是著名的香农信道容量公式，简称为"香农公式"，单位为 b/s。假设信道中噪声的单边功率谱密度为 n_0，则噪声功率可以表示为 $N = B_w n_0$，因此，香农公式的另一种表

达形式可以写为

$$C = B_{\mathrm{w}} \mathrm{lb}\left(1 + \frac{S}{B_{\mathrm{w}} n_0}\right) \tag{3.5.21}$$

根据香农公式，可以推理得出如下结论：

（1）当带宽一定时，提高信噪比（信号功率与加性高斯白噪声功率的比值）可以增加信道容量；

（2）当带宽和信道噪声功率一定时，增加信号的发射功率可以增加信道容量，当发射功率趋于无穷大时，信道容量也趋于无穷大；

（3）当带宽一定且信道之间不存在噪声时，即 $N \to 0$，信噪比趋于无穷大，信道容量也趋于无穷大；

（4）无限程度增加带宽并不能使香农容量趋于无穷大，而是趋于一个有限值，称为香农极限，即

$$\lim_{B_{\mathrm{w}} \to \infty} C = \lim_{B_{\mathrm{w}} \to \infty} B_{\mathrm{w}} \mathrm{lb}\left(1 + \frac{S}{B_{\mathrm{w}} n_0}\right) \approx 1.44 \frac{S}{n_0} \tag{3.5.22}$$

（5）当信道容量一定时，带宽资源、信噪比和传输时间之间可以相互转换。可以通过占用更宽的信道带宽来减少发射信号的发射功率，例如调频广播和扩频通信就是占用更宽的带宽来降低对信噪比的要求，反之也可以通过增加信号的发射功率来减少占用频谱资源，例如有线载波电话信道。同样如果信噪比不变，占用更宽的信道带宽可以减少信号的传输时间，提高传输效率。

香农公式表明的是在一定的频带带宽下，当给定信噪比时，单位时间内理论上可能传输的信息量的极限数值。当信息传输速率在极限值以内，则可以进行无差错传输；反之，则无法实现无差错传输。图 3.5.2 给出了归一化信道容量与信噪比的关系，曲线下方是实际系统可以实现的区域，曲线上方为系统不可实现区域。

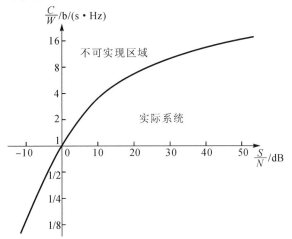

图 3.5.2　归一化信道容量与信噪比的关系

在此，为便于理解，本小节对香农限予以证明如下。

由公式（3.5.22）探究带宽无限大时信道容量的上限

$$\lim_{B_{\mathrm{w}} \to \infty} C = \lim_{B_{\mathrm{w}} \to \infty} B_{\mathrm{w}} \mathrm{lb}\left(1 + \frac{S}{B_{\mathrm{w}} n_0}\right) = \frac{S}{n_0} \lim_{B_{\mathrm{w}} \to \infty} \frac{B_{\mathrm{w}} n_0}{S} \mathrm{lb}\left(1 + \frac{S}{B_{\mathrm{w}} n_0}\right) \tag{3.5.23}$$

令 $n=\dfrac{S}{B_{w}n_{0}}$，$B_{w}\to\infty$ 时，$n\to0$，上式可化为

$$\lim_{B_{w}\to\infty}C=\frac{S}{n_{0}}\lim_{n\to0}\mathrm{lb}\,(1+n)^{\frac{1}{n}} \tag{3.5.24}$$

由 $\lim\limits_{n\to0}\ln\,(1+n)^{\frac{1}{n}}=1$，$\mathrm{lb}a=\mathrm{lb}e\times\ln a$ 可得

$$\lim_{B_{w}\to\infty}C=\frac{S}{n_{0}}\lim_{n\to0}\mathrm{lb}(1+n)^{\frac{1}{n}}=\frac{S}{n_{0}}\mathrm{lb}\,e\times\lim_{n\to0}\ln(1+n)^{\frac{1}{n}}=\frac{S}{n_{0}}\mathrm{lb}\,e\approx1.44\frac{S}{n_{0}} \tag{3.5.25}$$

上式表明，当给定 S/n_{0} 时，若带宽 B_{w} 趋于无穷大，信道容量不会趋于无限大，而只是 S/n_{0} 的 1.44 倍。这是因为当带宽 B_{w} 增大时，噪声功率也随之增大。

3.5.3 衰落信道容量

香农公式所定义的信道容量是一个恒定值，其发射端的发送方式不会随着信道状态信息的改变而发生变化，此定义适用于高斯白噪声信道。在通常情况下，信道由于建筑物、高山等因素的影响，信道会发生衰落，接收信号也会由于时变和衰落的影响而产生失真，导致信道的瞬时信噪比不固定，进而导致信道容量发生变化。在衰落信道下，运用香农公式求取的信道容量只能作为信息传输速率的上限值，一般采用中断容量来分析系统性能。中断容量指的是在中断概率下，信道所能够传输的最大数据速率。中断概率可以表示为

$$P(C_{\mathrm{out}})=P(C<C_{\mathrm{out}}) \tag{3.5.26}$$

其中 C_{out} 为香农容量的最大值。

当符号传输时间小于相干时间时，信道是慢衰落信道。慢衰落信道的信道增益是随机的，但不随时间发生变化，即任意时间 t，都有 $h(t)=h$。假设发射端的信噪比为 r_{SNR}，信道增益为 $|h|^{2}$，经过加性高斯白噪声信道后则在接收端接收到的信噪比为 $|h|^{2}r_{\mathrm{SNR}}$，进而可以得到信道能够支持的可靠通信的最大速率为

$$R_{\max}=\mathrm{lb}(1+|h|^{2}\,r_{\mathrm{SNR}})\ \mathrm{b/(s\cdot Hz)} \tag{3.5.27}$$

由于信道增益是随机的，因此可支持的最大传输速率也是随机的，如图 3.5.3 所示。

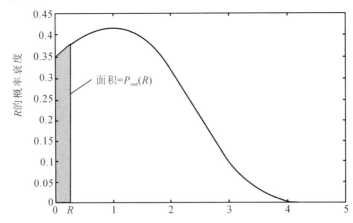

图 3.5.3 r_{SNR} 为 0 dB 时瑞利衰落信道中 $\mathrm{lb}(1+|h|^{2}\,r_{\mathrm{SNR}})$ 的密度，
对于任意目标速率 R，中断概率都不为零

假设发射机的发射速率为 R，当 $R\leqslant R_{\max}$ 时，系统可以进行无差错传输。反之，当

$R>R_{\max}$ 时，无论发射机采取何种编码措施，都无法保证较小的译码差错概率，此时系统处于中断状态，其中断概率为

$$P_{\text{out}}(R)=P\{R_{\max}<R\} \tag{3.5.28}$$

当信道是瑞利衰落信道时，即信道系数 h 服从 $CN(0,1)$ 分布，则其中断概率为

$$P_{\text{out}}(R)=1-\exp\left(\frac{-(2^R-1)}{r_{\text{SNR}}}\right) \tag{3.5.29}$$

当信噪比很高时，中断概率可以近似为

$$P_{\text{out}}(R)\approx\frac{2^R-1}{r_{\text{SNR}}} \tag{3.5.30}$$

瑞利衰落信道的中断概率随着信噪比的增加而逐渐减小，说明在高信噪比时信息无差错传输能力较强，中断概率较低。

慢衰落信道与加性高斯白噪声信道略有不同。在加性高斯白噪声信道中，在保证差错概率尽可能小的情况下，用户可以以任意小于 $R_{\max}$ 的速率传输。然而，在慢衰落信道中，若在深度衰落情况下的差错概率不为 0，则无法发送数据，此时慢衰落的信道容量为 0。

还可以用中断容量来表征系统性能，慢衰落信道的中断容量为

$$C_{\text{out}}=\text{lb}(1+F^{-1}(1-P_{\text{out}}(R))r_{\text{SNR}}) \tag{3.5.31}$$

F 为 $|h|^2$ 的互补累积积分函数。

对于未编码系统，通常考虑高信噪比的情况；对于编码系统，高、低信噪比的情况都会纳入考虑且两种情况都有意义，那么在衰落信道下，高信噪比和低信噪比两种方式哪种情况下的中断性能更好呢？

从式子可以看出，无论信噪比取值多少，衰落信道都需要额外的功率 $10\text{lb}(1/F^{-1}(1-P_{\text{out}}(R)))$ 来达到和加性高斯白噪声信道相同的传输速率。因此，在任意信噪比的情况下其衰落容限都是一致的。若信噪比一定，则衰落信道下中断容量的大小取决于系统的工作状态，如图 3.5.4 所示。图是衰落情况下系统的中断容量与加性高斯白噪声信道的中断容量的比值随着信噪比的变化情况。从图中可以看出，在低信噪比时，衰落更为严重。

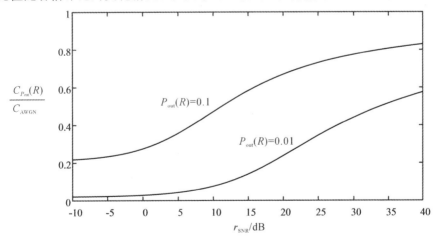

图 3.5.4　在瑞利衰落信道中，当 $P_{\text{out}}(R)=0.1$ 和 $P_{\text{out}}(R)=0.01$ 时，
中断容量与加性高斯白噪声信道容量的比值

当在高信噪比时，其中断容量可以近似为

$$C_{\text{out}} \approx \text{lb}(F^{-1}(1-P_{\text{out}}(R))r_{\text{SNR}})$$
$$\approx \text{lb}(F^{-1}(1-P_{\text{out}}(R))) + \text{lb}\ r_{\text{SNR}}$$
$$\approx C_{\text{AWGN}} - \text{lb}\left(\frac{1}{F^{-1}(1-P_{\text{out}}(R))}\right) \tag{3.5.32}$$

当在低信噪比时，其中断容量可以近似为

$$C_{\text{out}} \approx F^{-1}(1-P_{\text{out}}(R))r_{\text{SNR}}\text{lb}\ e \approx F^{-1}(1-P_{\text{out}}(R))C_{\text{AWGN}} \tag{3.5.34}$$

在高信噪比的情况下，中断容量是一个恒定的差值，与信噪比无关，信道衰落造成的影响较小；在低信噪比的情况下，当中断概率较小时，其中断容量仅仅是加性高斯白噪声信道的一小部分。当信道是瑞利衰落信道且中断概率较小时，$F^{-1}(1-P_{\text{out}}(R)) = P_{\text{out}}(R)$，此时信道衰减非常严重。

思 考 题

3.1 高斯白噪声有什么特点？通信中高斯白噪声的常见来源有哪些？

3.2 什么是信道的相干时间？什么是信道的相干带宽？它们对通信系统会有什么影响？

3.3 无线通信中可以采取哪些办法来提高信道容量？

3.4 线性时变信道模型是否能描述所有的信道特性？有哪些信道特征无法用线性时变模型来描述？

3.5 研究信道特性对通信系统的设计有什么作用？

3.6 分集能够提升接收信号质量，有没有比分集更有效的提升接收信号质量的方法？

3.7 请思考一下，在发射功率一定的条件下，有哪些可以提高信号接收信噪比的办法？

3.8 通信信道特性有哪些是我们可以控制的，哪些是无法控制的？

3.9 除了书中提到的分集方法，是否还有其它获取分集增益的方法？

3.10 通信信道中的噪声除了热噪声，还有哪些噪声来源？

习 题

3.1 地球半径 $r_0 = 6370$ km，设有一条无线链路采用视距传播方式通信，其收发天线的高度均为 h 米，不考虑大气折射的影响，试分析该通信链路最远通信距离 s（单位：千米）与 h（单位：米）的关系。

3.2 某信源输出 5 种符号，各符号独立出现，且概率分别为 1/4，1/8，1/2，1/16，1/16。若信源每秒传输 400 个符号，求该信源的平均信息量，以及每分钟传输的信息量。

3.3 某四进制信源，其中一个符号出现概率为 1/2，且各符号的出现是相对独立的，若要使该符号集的平均信息量最大，其余三个符号出现的概率分别为多少？

3.4 已知某 16 进制数字信号码元速率为 1200 Baud，试问变换为二进制数字信号时，为保证信息传输速率不变，其码元速率应该为多少？

3.5 某通信系统在 $250\ \mu s$ 内传输 1024 个二进制码元，请计算信息传输速率。若该系统在 1 s 内有 4 个码元产生误码，那么系统误码率是多少？

3.6 一个通信系统传输图像过程中，每幅图像含 2.25×10^{6} 个像素，每个像素有 12 个亮度电平，它们等概独立出现。线路传输条件为：$B = 3\ kHz$，$S/N = 30\ dB$，求传输 1 幅图片所需的最小时间。

3.7 每幅黑白电视图像含有 3×10^{5} 个像素，每个像素有 32 个等概出现的亮度等级。要求每秒钟传输 25 帧图像。在高斯白噪声信道中传输该信号，若信道输出信噪比等于 $30\ dB$，试确定无差错传输所要求的最小信道带宽。

3.8 在移动通信中，当工作频率处于 $900\ MHz$ 频段，市区的最大时延差为 5，室内的最大时延差为 0.04。试计算两种情况下的相干带宽分别为多少。

3.9 设某恒参信道的传输函数具有如下升余弦特性：

$$H(\omega) = \begin{cases} \dfrac{T_s}{2}\left(1 + \cos\dfrac{\omega T_s}{2}\right)\mathrm{e}^{-\mathrm{j}\frac{\omega T_s}{2}}, & |\omega| \leqslant \dfrac{2\pi}{T_s} \\ 0, & |\omega| \geqslant \dfrac{2\pi}{T_s} \end{cases}$$

式中 T_s 为常数。试求信号 $s(t)$ 通过该信道后的输出信号表示式，并对结果进行讨论。

3.10 两个恒参信道的等效模型如图 P3.1(a)、(b)所示。试求这两个信道的幅频特性和群迟延特性，并画出它们的群迟延特性曲线。试分析信号 $s(t)$ 通过这两个信道时有无群迟延失真？

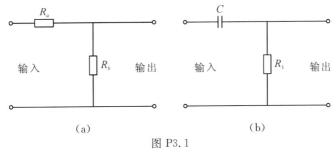

图 P3.1

3.11 均值为 0，双边功率谱密度为 $\dfrac{n_0}{2}$ 的高斯白噪声通过一个高度为 1 带宽为 B 的矩形低通滤波器后，求其输出噪声的自相关函数。

3.12 假设有一均匀功率谱密度的噪声通过某一信道，该信道的传输特性为 $H(\omega) = Sa(\omega - \omega_c) + Sa(\omega + \omega_c)$，试计算噪声带宽。

3.13 某发射机发射功率为 $50\ W$，载波频率为 $900\ MHz$，发射天线和接收天线增益均为 1。试求在自由空间中距离发射机 $10\ km$ 处的接收机天线接收功率和路径损耗。

3.14 设某随参信道的最大多径时延差为 $2\ \mu s$，为了避免发生频率选择性衰落，试估算在该信道上传输的数字信号的码元脉冲宽度。

3.15 利用数学极限的方法，证明：$\lim\limits_{B \to \infty} C = \dfrac{S}{n_0}\mathrm{lb}\,e \approx 1.44\dfrac{S}{n_0}$。

3.16 已知有线电话信道的带宽为 $3.4\ kHz$：

(1) 试求信道输出信噪比为 $30\ dB$ 时的信道容量。

（2）若要在该信道传输 33.6 kb/s 的数据，试求接收端需要的最小信噪比为多少。

3.17 某计算机网络通过同轴电缆相互连接，已知同轴电缆每个信道带宽为 8 MHz，信道输出信噪比为 30 dB，试求计算机无误码传输的最高信息速率为多少？

3.18 假设需要设计一个通信系统，信道的平均衰落为 130 dB，收发天线增益均为 8 dB，接收机本底噪声单边功率谱密度为 −174 dBm，接收机带通滤波器带宽为 10 MHz，接收机解调信噪比不低于 10 dB，试求发射机功率至少应为多少？

3.19 已知某二进制通信系统信道带宽为 B（单位：Hz），信道中噪声为高斯白噪声，单边功率谱密度为 n_0（单位：W/Hz），要求系统无差错传输的最大信息速率为 $C=2B$（单位：b/s），试求此时系统中信号的平均功率应为多少。

仿 真 题

3.1 通过 MATLAB 仿真一个三角波信号通过加性高斯白噪声信道后的结果，信噪比为 20 dB，分别尝试用 randn 函数和 awgn 函数实现。

3.2 通过 MATLAB 分别产生最大多普勒频移为 10 和 20 的单径瑞利衰落信道，假设信号的抽样时间间隔为 1/1000，并画出信道的功率随时间的变化曲线。

3.3 通过 MATLAB 产生最大多普勒频移为 120 Hz 的多径瑞利衰落信道，假设信号的抽样时间间隔为 10 μs，多径延迟为 $[0 \quad 6e^{-5} \quad 11e^{-5}]$ s，各径增益为 $[0 \quad -3 \quad -6]$dB，请用 MATLAB 仿真出信道的功率增益随时间的变化曲线。

3.4 采用 MATLAB 画出 $P/N_0=20$ dB 时，加性高斯白噪声信道的容量作为带宽 B 的函数的图，试分析当 B 无限增大时，信道容量是多少。

第 4 章　模拟通信系统

本章介绍模拟通信系统，重点讨论以正弦波作为载波的各种模拟调制，分析各种已调信号的时域波形和频谱结构、调制和解调的原理，以及抗噪声性能，并进行对比分析。最后介绍频分复用的概念和典型的模拟通信系统，包括 AM 广播和 FM 广播通信系统。

4.1　概　　述

在日常生活中，通信双方需要交换的语音、音乐和视频等消息都是模拟的，这些消息通过信源形成原始电信号。图 4.1.1(a)给出了一段音乐的时域波形，图 4.1.1(b)给出了其对应的功率谱。由图可见，音乐信号低频频率成分丰富，带宽为 $15 \sim 20$ kHz。因为这些模拟信源输出的原始电信号(基带信号)具有频率很低的频谱分量，一般不宜直接传输，需要经过调制，把频谱搬移到合适的高频载波上，再通过天线发射到信道中。

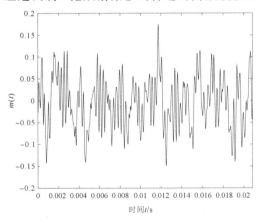
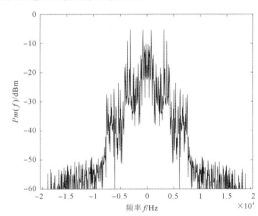

(a) 时域波形　　　　　　　　　　　　　　　(b) 功率谱

图 4.1.1　语音信号波形与功率谱

在第 1 章中已给出模拟通信系统的模型，在该模型发送设备中最重要的变换就是调制，调制就是使高频载波的某个参量随基带信号的规律变化。调制需要有一个载波，载波通常是一个正弦波形的信号，用以载荷基带信息。与发送设备相对应，接收设备中最重要的设备是解调，通过解调恢复出发送的基带信号。对载波进行调制的信号称为调制信号或基带信号，经过调制后的信号称为已调信号。图 4.1.2 给出了调制的模型。在模型中，$C(t)$ 表示高频载波信号，$S_m(t)$ 表示已调信号；$m(t)$ 表示基带信号，又称为调制信号。调制信号

通常是一种不含直流分量的功率型信号，其功率 P_m 通常可以表示为

$$P_m = \overline{m^2(t)} = \lim_{T \to \infty} \frac{1}{T} \int_{-T/2}^{T/2} m^2(t)\,\mathrm{d}t \tag{4.1.1}$$

在通信系统中，调制有如下目的：第一，通过调制把基带信号变为频带（带通，passband）信号，即把信号的频谱变换到载波频率附近。选择不同的载波频率，就可以将信号的频谱搬移到期望的频段上，使之与信道的频率特性匹配。第二，通过调制可以提高信号通过信道传输的抗干扰能力。第三，通过调制可以实现多路信号复用，即在同一条线路中实现多路信号的传输。

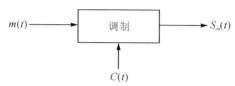

图 4.1.2　调制的模型

在图 4.1.2 调制的模型中，通常根据调制信号、载波和已调信号的特征对于调制进行分类。根据调制信号是模拟信号还是数字信号，调制可分为模拟调制和数字调制。根据载波是高频正弦波还是高频周期脉冲，调制可分为连续波调制和脉冲调制。根据已调信号的频谱对于基带信号频谱的搬移特征，调制可分为线性调制和非线性调制。在线性调制中，已调信号的频谱结构和调制信号的频谱结构相同，线性调制是指调制信号频谱沿频率轴平移的结果。之所以称为线性调制，是因为其调制信号和已调信号之间满足线性叠加原理，即当调制信号为 $m_1(t)$ 时，已调信号为 $S_1(t)$；调制信号为 $m_2(t)$ 时，已调信号为 $S_2(t)$；而当调制信号为 $a_1 m_1(t) + a_2 m_2(t)$ 时，已调信号为 $a_1 S_1(t) + a_2 S_2(t)$，其中 a_1 和 a_2 为任意常数。线性调制要求发射机功放要具有一定的线性度，功放的非线性将使信号产生失真。在非线性调制中，已调信号的频谱结构已经和调制信号频谱结构有很大不同，除了频谱搬移之外，还增加了许多新的频率成分。

在调制过程中，根据调制信号改变高频载波参数的不同，又将调制分为幅度调制，频率调制、相位调制、幅相联合调制等多种不同形式。幅度调制对应的已调信号是将基带信号频谱进行简单地搬移，属于线性调制。而频率调制和相位调制对应的已调信号频谱则不是将基带信号频谱简单地搬移，属于非线性调制。

模拟通信系统的性能主要包括有效性和可靠性两个方面的指标。有效性的指标通常用频带利用率和功率利用率来表征。频带利用率通常是指模拟基带信号带宽与系统所用传输带宽之比，功率利用率是指承载所传输模拟信号的边带信号功率与总发射功率之比。频带利用率和功率利用率越高，系统有效性越高。可靠性的指标通常用终端输出模拟信号的信噪比来表示。输入条件一定，终端输出的模拟信号信噪比越大，可靠性越高。

4.2　线性调制原理

在模拟调制中，线性调制包括常规调幅、双边带、单边带、残留边带等。最早出现的线性调制形式是常规调幅。随着人们对线性调制性能要求的提高和线性调制技术的进步，逐

渐出现了双边带、单边带及残留边带等线性调制。下面首先介绍常规调幅。

4.2.1　常规调幅

常规调幅(AM)已调信号的包络与基带信号的变化成比例。设 $m(t)$ 是不含直流分量的基带信号，其波形如图 4.2.1(a)所示。它叠加一个直流电压 A_0 后，若 $|m(t)|\leqslant A_0$，则 $m(t)+A_0\geqslant 0$，即两者之和总为非负值，其信号波形永远在横轴之上，如图 4.2.1(b)中 $m_1(t)$ 所示。这样，将 $[m(t)+A_0]$ 与载波 $C(t)$(如图 4.2.1(d)所示)相乘后得到的已调信号就是 AM 信号，如图 4.2.1(e)中 $S_{m_1}(t)$ 所示。由此图可见，AM 信号的包络和调制信号 $m(t)$ 的波形成正比。若条件 $|m(t)|\leqslant A_0$ 不满足，则 $[m(t)+A_0]$ 会出现负值，如图 4.2.1(c)中 $m_2(t)$ 所示。这时，已调信号的包络将不再与调制信号成正比，如图 4.2.1(f)中 $S_{m_2}(t)$ 所示。

在 AM 调制中，通常定义 AM 的调制度 $\eta_m=[|m(t)|_{\max}/A_0]\times 100\%$。若调制度超过 100%，则将发生失真；这种情况称为过调制，如图 4.2.1(f)所示。

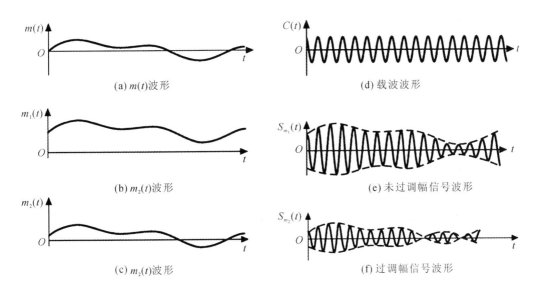

(a) $m(t)$波形　　(d) 载波波形

(b) $m_2(t)$波形　　(e) 未过调幅信号波形

(c) $m_2(t)$波形　　(f) 过调幅信号波形

图 4.2.1　AM 信号波形

AM 信号的时域表示式为

$$S_{AM}(t)=[A_0+m(t)]\cos\omega_c t$$
$$=A_0\cos\omega_c t+m(t)\cos\omega_c t \qquad (4.2.1)$$

若 $m(t)$ 的频谱是 $M(\omega)$，则由式(4.2.1)可得 AM 信号的频域表示为

$$S_{AM}(\omega)=\pi A_0[\delta(\omega+\omega_c)+\delta(\omega-\omega_c)]+$$
$$\frac{1}{2}[M(\omega+\omega_c)+M(\omega-\omega_c)] \qquad (4.2.2)$$

按照式(4.2.2)画出的频谱图如图 4.2.2 所示。图中，$C(\omega)$ 是载波信号的频谱，$S_{AM}(\omega)$ 为已调信号的频谱。

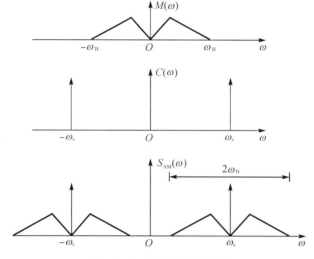

图 4.2.2　AM 信号的频谱

在图 4.2.2 中，AM 信号的频谱 $S_{AM}(\omega)$ 由载频分量和上、下两个边带组成，上边带的频谱结构与原调制信号的频谱结构相同，下边带是上边带的镜像。因此，AM 信号是带有载波的双边带信号，它的带宽是基带信号带宽 f_H 的两倍，即 $B_{AM}=2f_H$。

AM 信号调制器的原理框图如图 4.2.3 所示。图中给出不含直流分量的调制信号 $m(t)$ 先和直流电压 A_0 相加，再和载波电压信号 $\cos\omega_c t$ 相乘，就得到已调信号 $S_{AM}(t)$。

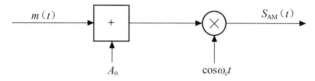

图 4.2.3　AM 调制器原理框图

AM 信号的解调有两种方法。第一种是非相干解调法，由于 AM 已调信号的包络与基带信号成比例，通常采用包络检波器直接实现解调，这种解调方法称为非相干解调，其原理框图如图 4.2.4(a)所示。另一种是相干解调，其原理框图如图 4.2.4(b)所示。首先通过带通滤波器，在进行解调过程中需要与接收信号所包含载波同频同相的相干载波，将已调信号的边带从载波频率搬移到基带，再通过低通滤波器恢复出基带信号。在实际系统中，通常采用比较简单的包络检波法进行解调。

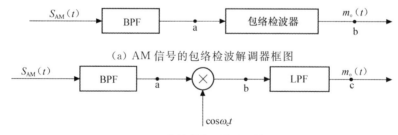

(a) AM 信号的包络检波解调器框图

(b) AM 信号的相干解调器框图

图 4.2.4　AM 信号解调器框图

下面给出采用相干解调器的工作原理：设相干解调器输入的 AM 信号是

$$S_{\mathrm{AM}}(t)=[A_0+m(t)]\cos\omega_c t \tag{4.2.3}$$

式(4.2.3)中，A_0 为载波信号的幅度，$m(t)$ 为调制信号，且假设 $m(t)$ 的均值为 0，$A_0 \geqslant |m(t)|_{\max}$。式(4.2.3)与解调器中相干载波 $\cos\omega_c t$（与接收信号中的载波同频同相的载波）相乘，得到

$$S_{\mathrm{AM}}(t)\cos\omega_c t=\frac{1}{2}\{[A_0+m(t)][\cos 2\omega_c t+1]\} \tag{4.2.4}$$

然后通过低通滤波器(LPF)，滤除 $\cos 2\omega_c t$ 分量，去除直流分量，便恢复出原始信号

$$m_{\mathrm{o}}(t)=\frac{1}{2}[A_0+m(t)] \tag{4.2.5}$$

图 4.2.5 给出了图 4.2.4 中 AM 信号非相干解调器中 a、b 各点和相干解调器中 a、b、c 各点波形。

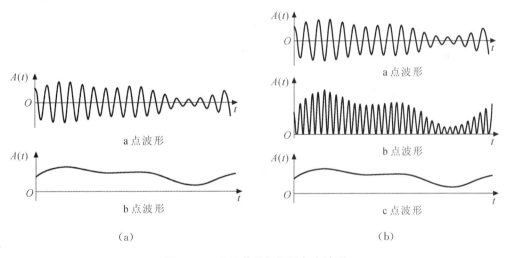

图 4.2.5　AM 信号解调器各点波形

下面来分析 AM 信号的功率和频带利用率。

AM 信号的功率（通常采用信号在 1 Ω 电阻上的功率来表示），即 P_{AM} 等于电压 $S_{\mathrm{AM}}(t)$ 的均方值，即

$$\begin{aligned}P_{\mathrm{AM}}&=\overline{S_{\mathrm{AM}}^2(t)}=\overline{[A_0+m(t)]^2\cos^2\omega_c t}\\&=\overline{A_0^2\cos^2\omega_c t}+\overline{m^2(t)\cos^2\omega_c t}+\overline{2A_0 m(t)\cos^2\omega_c t}\end{aligned} \tag{4.2.6}$$

已经假设 $\overline{m(t)}=0$，因此上式右端第三项等于 0。于是，上式变成

$$P_{\mathrm{AM}}=\frac{A_0^2}{2}+\frac{\overline{m^2(t)}}{2}=P_{\mathrm{C}}+P_{\mathrm{S}} \tag{4.2.7}$$

式(4.2.7)中，$P_{\mathrm{C}}=\dfrac{A_0^2}{2}$ 为载波功率，$P_{\mathrm{S}}=\dfrac{\overline{m^2(t)}}{2}=\dfrac{P_m}{2}$ 为两个边带功率。式(4.2.7)表明，AM 信号的总功率 P_{AM} 包括载波功率 P_{C} 和边带功率 P_{S}。但是只有边带才携带信息，载波分量在接收信号中是不包含信息量的。我们把边带平均功率与总平均功率的比值称为功率利用率，用符号 $\eta_{\mathrm{AM},P}$ 表示

$$\eta_{\mathrm{AM},P} = \frac{P_S}{P_{\mathrm{AM}}} = \frac{\overline{m^2(t)}}{A_0^2 + \overline{m^2(t)}} = \frac{P_m}{A_0^2 + P_m} \tag{4.2.8}$$

当调制信号为单音余弦信号，即 $m(t) = A_m\cos\omega_m t$ 时，$P_m = \overline{m^2(t)} = A_m^2/2$。此时在"满调幅"($|m(t)|_{\max} = A_m = A_0$)条件下，功率利用率的最大值为 $\eta_{\mathrm{AM},P} = 1/3$。因此，AM 信号的功率利用率比较低。

AM 调制系统的频带利用率 $\eta_{\mathrm{AM},B}$ 通常定义为基带信号带宽 B_m 与已调信号带宽 B_{AM} 之比，可以表示为

$$\eta_{\mathrm{AM},B} = \frac{B_m}{B_{\mathrm{AM}}} = 0.5 \tag{4.2.9}$$

即 AM 调制通信系统的频带利用率为 50%。

4.2.2 抑制载波双边带调制

为了提高 AM 调制的功率利用率，可以只发送两个边带，抑制掉不携带信息的载波。将图 4.2.3 中的直流成分 A_0 去掉，即可去掉载波，调制器的输出信号就变成抑制载波双边带(DSB-SC)信号，简称双边带(DSB)信号，调制器的框图如图 4.2.6 所示。
其时域和频域表示式分别为

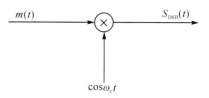

图 4.2.6 DSB 调制器原理框图

$$S_{\mathrm{DSB}}(t) = m(t)\cos\omega_c t \tag{4.2.10}$$

$$S_{\mathrm{DSB}}(\omega) = \frac{1}{2}\left[M(\omega+\omega_c) + M(\omega-\omega_c)\right] \tag{4.2.11}$$

按照以上两式画出的 DSB 信号的波形和频谱如图 4.2.7 所示。

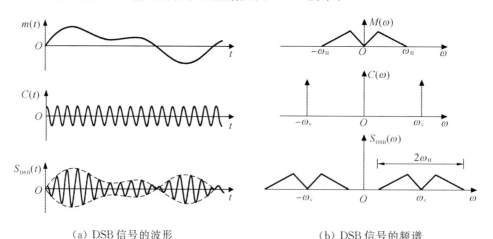

(a) DSB 信号的波形 　　　　　　 (b) DSB 信号的频谱

图 4.2.7 DSB 信号的波形图和频谱图

由信号波形可见，DSB 信号的包络不再与调制信号的变化规律一致。顺便指出，图 4.2.7(a)中在 $m(t)$ 的过零点处，已调信号的载波相位会突变180°，表示调制信号的极性变了。

由式(4.2.11)和图 4.2.7(b)都可以看出，DSB 信号中 $M(\omega+\omega_c)$ 和 $M(\omega-\omega_c)$ 是由调

制信号 $m(t)$ 的频谱平移得到的，在 ω_c 左右的两个边带具有对称特性，它们包含相同的信息。它的带宽是基带信号带宽 f_H 的两倍，即 $B_{DSB}=2f_H$。

DSB 信号的包络与调制信号不同，因而不能采用包络检波法来恢复调制信号。这时需采用相干解调器。DSB 信号的相干解调器原理框图和调制信号为正弦波时的解调器各点波形如图 4.2.8 所示。

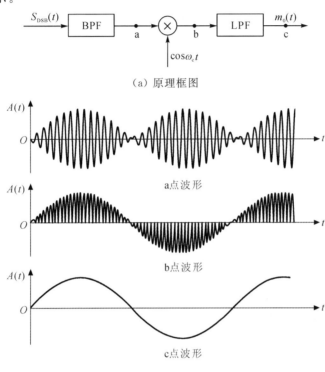

（a）原理框图

a点波形

b点波形

c点波形

（b）解调器各点波形

图 4.2.8　DSB 相干解调器原理框图及其各点波形

由式 (4.2.10)，设解调器 a 点输入信号为

$$S_{DSB}(t)=m(t)\cos\omega_c t$$

则它在解调器中和相干载波相乘后，得到 b 点输出信号为

$$m(t)\cos\omega_c t \cdot \cos\omega_c t = \frac{1}{2}m(t)+\frac{1}{2}m(t)\cos 2\omega_c t$$

经过 LPF 滤波后，滤除了二倍载频的高频成分，只保留低频成分，故解调器输出信号为

$$m_0(t)=\frac{1}{2}m(t) \tag{4.2.12}$$

由于 DSB 信号的相干解调器需要相干载波，而相干载波的频率和相位必须和接收信号所包含的载波分量完全相同，故从接收信号中提取相干载波的工作使相干解调器变得较为复杂。这也是为节省发送功率而采用 DSB 调制所必须付出的代价。

DSB 已调信号中的两个边带都携带信息，其功率利用率为 100%，但其频带利用率与 AM 信号一样，都是 50%，即两个边带携带的信息相同。如果只传输一个边带，将可大大提升模拟通信系统的频带利用率。

4.2.3 单边带调制

如上节所述，双边带调制中两个边带包含相同的信息。为了进一步提高频带利用率，节省带宽，只传输一个边带就能发送调制信号所包含的全部信息，这就是单边带（SSB）调制。为了得到 SSB 信号，最简单的方法就是用滤波器把 DSB 信号滤除一个边带。图 4.2.9 所示为通过滤波法获得 SSB 信号的频谱示意图。在 DSB 信号调制器后面加一个高通滤波器 $H_{USB}(\omega)$（或带通滤波器）就能得到上边带（USB）信号；若采用低通滤波器 $H_{LSB}(\omega)$ 就能得到下边带（LSB）信号。为了在实际系统中能用滤波器将上下边带分开，要求调制信号的频谱中不能有太低的频率分量和直流分量，因为滤波器不能实现非常陡峭的频率截止特性，通常都存在一定的过渡带。

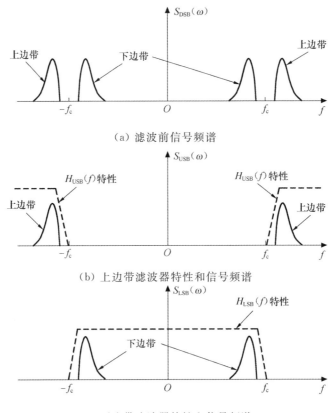

（a）滤波前信号频谱

（b）上边带滤波器特性和信号频谱

（c）下边带滤波器特性和信号频谱

图 4.2.9 单边带信号的频谱

由于单边带滤波器要求截止特性比较陡峭，实现起来非常困难，所以单边带调制通常采用相移法来实现。在介绍相移法之前，我们先讨论调制信号为单频正弦波时，单边带已调信号的特性。若调制信号为单频正弦波，可以表示为 $m(t)=A_m\cos\omega_m t$，则其双边带已调信号可以表示为

$$S_{DSB}(t)=A_m\cos\omega_m t\cos\omega_c t=\frac{A_m}{2}\cos(\omega_c+\omega_m)t+\frac{A_m}{2}\cos(\omega_c-\omega_m)t \qquad (4.2.13)$$

由式(4.2.13)可见，上边带和下边带信号分别为

$$S_{\text{USB}}(t) = \frac{A_m}{2}\cos(\omega_c + \omega_m)t = \frac{A_m}{2}\cos\omega_m t\cos\omega_c t - \frac{A_m}{2}\sin\omega_m t\sin\omega_c t \tag{4.2.14}$$

$$S_{\text{LSB}}(t) = \frac{A_m}{2}\cos(\omega_c - \omega_m)t = \frac{A_m}{2}\cos\omega_m t\cos\omega_c t + \frac{A_m}{2}\sin\omega_m t\sin\omega_c t \tag{4.2.15}$$

式(4.2.14)和式(4.2.15)中$\frac{A_m}{2}\sin\omega_m t$是调制信号$m(t)$相移90°后的信号。两式表明,已调信号与载波相乘后,与其90°相移信号和正交载波相乘后的信号减和加,分别可以得到上边带和下边带信号。从频谱上看,这种处理相当于利用式(4.2.14)或者式(4.2.15)中的后一项频谱抵消DSB 信号频谱中的一个边带分量获得单边带信号,这也给出了单边带信号调制实现的思路。

调制信号$m(t)$一般不是单频的正弦波信号,如何获得其相移90°后的信号?在信号处理中,通常采用希尔伯特(Hilbert)变换器,实现信号的90°相移。希尔伯特变换器的冲激响应和传输函数分别为

$$\begin{cases} h_{\text{h}}(t) = \dfrac{1}{\pi t} \\ H_{\text{h}}(\omega) = -\text{jsgn}(\omega) \end{cases} \tag{4.2.16}$$

式中,sgn(.)是符号函数。调制信号$m(t)$经过希尔伯特变换后,其时域和频域分别表示为

$$\begin{cases} \hat{m}(t) = m(t) * h_{\text{h}}(t) = \dfrac{1}{\pi}\displaystyle\int_{-\infty}^{+\infty}\dfrac{m(\tau)}{t-\tau}\mathrm{d}\tau \\ \hat{M}(\omega) = M(\omega) \cdot H_{\text{h}}(\omega) = -\text{jsgn}(\omega)M(\omega) \end{cases} \tag{4.2.17}$$

希尔伯特变换可使调制信号实现90°相移,$\hat{\hat{m}}(t) = -m(t)$。通过希尔伯特变换后,调制信号功率不变,即$m(t)$与$\hat{m}(t)$的平均功率相同。此外,$m(t)$与$\hat{m}(t)$之间相互正交,即$\displaystyle\lim_{T\to\infty}\frac{1}{2T}\int_{-T}^{T}m(t)\hat{m}(t)\mathrm{d}t = 0$。

根据式(4.2.14)和式(4.2.15)中单边带信号形成的原理,调制信号$m(t)$的单边带已调信号可以表示为

$$S_{\text{USB}}(t) = \frac{1}{2}m(t)\cos\omega_c t - \frac{1}{2}\hat{m}(t)\sin\omega_c t \tag{4.2.18}$$

$$S_{\text{LSB}}(t) = \frac{1}{2}m(t)\cos\omega_c t + \frac{1}{2}\hat{m}(t)\sin\omega_c t \tag{4.2.19}$$

因此,相移法实现的单边带调制器的框图如图4.2.10所示。

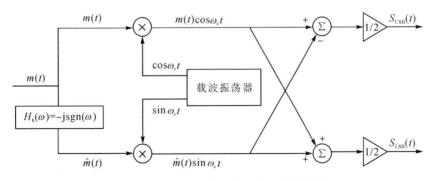

图 4.2.10　相移法实现单边带调制器框图

单边带(SSB)调制信号波形如图 4.2.11 所示。

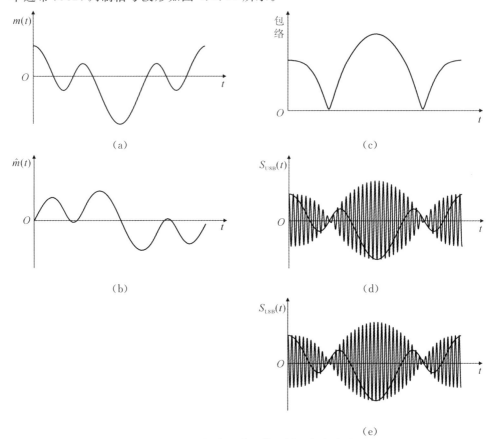

图 4.2.11　相移法单边带调制器各点波形

设单边带(SSB)调制信号为 $m(t)$，其信号时域波形如图 4.2.11(a)所示，经希尔伯特变换后的波形如图 4.2.11(b)所示。单边带信号波形的包络如图 4.2.11(c)所示。SSB 的上边带信号和下边带信号分别如图 4.2.11(d)和 4.2.11(e)所示。由波形图示能够直观得出，SSB 信号的上边带和下边带的包络信息类似。其对应的消息信号 $m(t)$ 如图 4.2.11(d)和 4.2.11(e)中粗一点的实线所示。

由于单边带已调信号波形的包络与调制信号不成比例，单边带信号的解调也必须采用相干解调，SSB 解调器的原理框图和 DSB 信号解调器的原理框图完全一样，如图 4.2.12 所示。现以调制信号 $m(t)$ 为例作如下简单说明。若通过相干解调中的带通滤波器后的上边带已调信号为

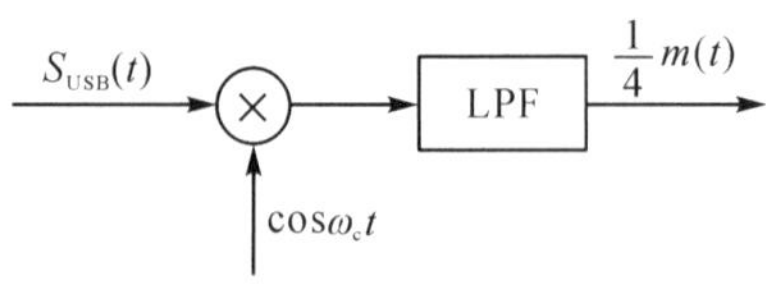

$$S_{USB}(t) = \frac{1}{2}m(t)\cos\omega_c t - \frac{1}{2}\hat{m}(t)\sin\omega_c t \qquad (4.2.20)$$

它与相干载波 $\cos\omega_c t$ 相乘后得到的信号为

$$S_{USB}(t)\cos\omega_c t = \frac{1}{2}m(t)(\cos\omega_c t)^2 + \frac{1}{2}\hat{m}(t)\cos\omega_c t\sin\omega_c t$$

$$= \frac{1}{4}m(t)[1+\cos2\omega_c t] + \frac{1}{4}\hat{m}(t)\sin2\omega_c t \qquad (4.2.21)$$

图 4.2.12　单边带相干解调器

然后经过低通滤波器,滤除两倍载波附近的高频分量,得到最终解调输出为 $\frac{1}{4}m(t)$。它与原调制信号相同,仅差一个常数因子。

SSB 信号与 DSB 信号相比,其携带信息的边带功率与发射信号功率相同,其功率利用率可达 100%,但 SSB 能够进一步节省占用频带,其已调信号带宽与基带信号带宽相同,其频带利用率可达 100%。所以在模拟通信系统中 SSB 是一种应用比较广泛的传输体制。

4.2.4　残留边带调制

SSB 信号和 DSB 信号相比,提高了频带利用率,但 SSB 调制器相移法相对要复杂一些;滤波法虽然简单,但为了滤出单边带信号,要求滤波器的边缘很陡峭,并且调制信号不能有直流分量和很低的频率分量,有时这些条件难以满足。例如,视频信号就包含直流分量和直流附近的低频分量。为了减小已调信号的带宽,并且便于调制实现,通常在单边带滤波器的基础上,采用具有一定过渡带的滤波器,实现模拟调制,这种调制方式称为残留边带(VSB)调制。

残留边带(VSB)信号的带宽仅比 SSB 信号的带宽略大一些,所以与单边带相比它实现简单,特别适合用于包含直流分量和很低频率分量的调制信号。因此残留边带调制在电视广播系统中得到了广泛的应用。

VSB 调制仍属于线性调制,图 4.2.13 所示为 VSB 调制器的原理框图。图中的调制信号为 $m(t)$,它与调制载波 $\cos\omega_c t$ 相乘后产生的信号就是 DSB 信号 $S_{\mathrm{DSB}}(t)$,与图 4.2.6 中 DSB 调制器原理框图给出的信号相同。这里与 DSB 调制器不同的是,在相乘器后接有一个带通滤

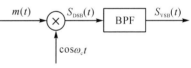

图 4.2.13　VSB 调制器原理框图

波器(BPF),即残留边带滤波器,其输出保留一个边带的大部分分量,以及另一个边带残留了少部分分量。所以,输出信号 $S_{\mathrm{VSB}}(t)$ 的频谱特性完全决定于残留边带的滤波特性。图 4.2.13 中相乘器的输出信号频谱表示式为

$$S_{\mathrm{DSB}}(\omega)=\frac{1}{2}\big[M(\omega-\omega_c)+M(\omega+\omega_c)\big] \tag{4.2.22}$$

设产生残留边带信号的滤波器(BPF)的传输函数为 $H_{\mathrm{VSB}}(\omega)$,在经过其滤波后得出的残留边带信号 $S_{\mathrm{VSB}}(t)$ 的时域信号和频谱可以分别表示为

$$\begin{cases} S_{\mathrm{VSB}}(t)=S_{\mathrm{DSB}}(t)*h_{\mathrm{VSB}}(t) \\ S_{\mathrm{VSB}}(\omega)=\frac{1}{2}\big[M(\omega-\omega_c)+M(\omega+\omega_c)\big]H_{\mathrm{VSB}}(\omega) \end{cases} \tag{4.2.23}$$

在残留边带调制中,最重要的是残留边带滤波器的设计,其过渡带的设计要满足接收端进行解调时,输出的基带信号不失真的要求。下面我们从这个角度推导残留边带滤波器要满足的条件。

VSB 信号需要采用相干解调,则在信号 $S_{\mathrm{VSB}}(t)$ 和本地载波 $\cos\omega_c t$ 相乘后,乘积信号 $r(t)$ 的频谱将是 $S_{\mathrm{VSB}}(\omega)$ 平移 ω_c 的结果,即 $r(t)$ 的频谱将等于

$$\frac{1}{2}\big[S_{\mathrm{VSB}}(\omega+\omega_c)+S_{\mathrm{VSB}}(\omega-\omega_c)\big] \tag{4.2.24}$$

将式(4.2.23)中的残留边带已调信号频谱代入式(4.2.24)中,得到 $r(t)$ 的频谱为

$$\frac{1}{4}\{[M(\omega)+M(\omega+2\omega_c)]H_{VSB}(\omega+\omega_c)+[M(\omega-2\omega_c)+M(\omega)]H_{VSB}(\omega-\omega_c)\}$$

$$(4.2.25)$$

式(4.2.25)中 $M(\omega+2\omega_c)$ 和 $M(\omega-2\omega_c)$ 两项在解调器中可以用低通滤波器滤除,所以得到滤波后输出的解调信号为

$$\frac{1}{4}M(\omega)[H_{VSB}(\omega+\omega_c)+H_{VSB}(\omega-\omega_c)] \qquad (4.2.26)$$

为了无失真地传输,从上式明显地看出要求满足

$$H_{VSB}(\omega+\omega_c)+H_{VSB}(\omega-\omega_c)=K \qquad (4.2.27)$$

式(4.2.27)中,K 为常数。

由于 $M(\omega)$ 为基带调制信号的频谱,设它的最高频率分量为 ω_H,即有

$$M(\omega)=0, \quad |\omega|>\omega_H \qquad (4.2.28)$$

因此式(4.2.27)可以写为

$$H_{VSB}(\omega+\omega_c)+H_{VSB}(\omega-\omega_c)=K, \quad |\omega|\leqslant\omega_H \qquad (4.2.29)$$

若调制器中的滤波器特性满足式(4.2.29),则相干解调器的输出可无失真地恢复 $m(t)$。满足上述条件的 $H(\omega)$ 的可能形式有两种:低通滤波器形式和带通(或高通)滤波器形式,如图4.2.14所示。只要滤波器的截止特性对于载波频率 ω_c 具有互补对称特性即可。

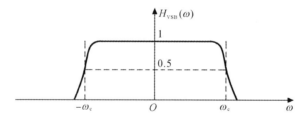

(a) 低通滤波器形式

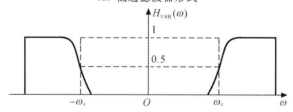

(b) 带通(或高通)滤波器形式

图 4.2.14　$H_{VSB}(\omega)$ 的两种形式

4.2.5　线性调制器原理模型

从4.2.1小节～4.2.4小节介绍的不同调制原理可以看出,它们的共性都属于线性调制。线性调制器的一般模型如图4.2.15所示。

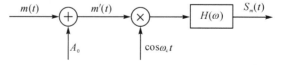

图 4.2.15　线性调制器的一般模型

在图 4.2.15 中，$m(t)$ 是无直流成分的调制信号，A_0 是直流分量（常数），$m'(t)=A_0+m(t)$ 是带直流分量的调制信号，$\cos\omega_c t$ 是载波，$H(\omega)$ 是滤波器的传输函数，$S_m(t)$ 是输出的已调信号。若调制信号 $m'(t)$ 的频谱为 $M'(\omega)$，滤波器的传输函数为 $H(\omega)$，冲激响应为 $h(t)$，则该模型输出已调信号的时域和频域一般表示式为

$$S_m(t)=\left[m'(t)\cos\omega_c t\right]*h(t) \tag{4.2.30}$$

$$S_m(\omega)=\frac{1}{2}\left[M'(\omega+\omega_c)+M'(\omega-\omega_c)\right]H(\omega) \tag{4.2.31}$$

由式(4.2.30)和式(4.2.31)可见，在频域上，已调信号的频谱完全是由基带信号频谱在频域内平移构成的，因此属于线性调制。在该模型中，适当选择 A_0 和带通滤波器的传输函数 $H(\omega)$，便可以得到各种线性调制信号。当 $A_0\geqslant|m(t)|_{\max}$，且带通滤波器 $H(\omega)$ 的通频带宽度大于两倍调制信号带宽时，得到的是 AM 信号。当 $H(\omega)$ 保持不变而 $A_0=0$ 时，得到的是 DSB 信号。当 $H(\omega)$ 的通频带宽度只能允许一个边带通过，且 $A_0=0$ 时，得到的是 SSB 信号。当 $H(\omega)$ 的特性满足式(4.2.29)时，得到的是 VSB 信号。

4.3　线性调制系统的抗噪声性能

在实际模拟通信系统中，发送端的信号通过信道传输到达接收端，信道在传输模拟已调信号时，还叠加了噪声；接收端需要对包含噪声的已调信号进行处理，从噪声中恢复出发送的模拟信息。解调器输入信噪比的大小直接影响到接收端恢复出模拟信息的质量。本节将重点讨论信道噪声对于模拟通信系统的影响。

4.3.1　线性调制系统抗噪声性能分析模型

不同的线性调制方式在接收端的解调方式不同。如 AM 调制的解调方式有两种，一种是非相干解调，即包络检波；另外一种是相干解调。DSB、SSB 和 VSB 三种体制常用相干解调这一种解调方式。下面首先介绍线性调制系统抗噪声性能的分析模型。

若模拟调制信号为 $m(t)$，形成的线性已调信号为 $S_m(t)$，经过高斯白噪声信道传输衰减为 L，叠加上高斯白噪声 $n(t)$ 到达接收端，接收端的框图如图 4.3.1 所示。在图 4.3.1 中，接收信号首先通过带通滤波器，带通滤波器中心频率为已调信号频谱的中心频率，带宽与已调信号带宽一致，利用带通滤波器滤除带外噪声，提取已调信号。一般都假定已调信号可以无失真通过带通滤波器。

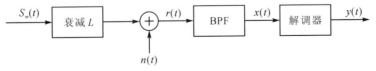

图 4.3.1　线性调制系统抗噪声性能分析模型

接收端接收到的信号与噪声 $n(t)$ 的合成波形为

$$r(t)=L\cdot S_m(t)+n(t) \tag{4.3.1}$$

$r(t)$通过带通滤波器滤波之后，解调器的输入为

$$x(t) = S_i(t) + n_i(t) = L \cdot S_m(t) + n_i(t) \tag{4.3.2}$$

$r(t)$的信号部分$L \cdot S_m(t)$通过带通滤波器之后输出的信号为$S_i(t)$，由于假定已调信号可以无失真通过带通滤波器，并假设滤波器高度为1(实际上会有一定损耗)，因此$S_i(t)$可由$L \cdot S_m(t)$替换代入上式。$n_i(t)$为高斯白噪声$n(t)$经过带通滤波器滤波后的窄带高斯噪声，若带通滤波器中的中心角频率ω_0，则$n_i(t) = n_c(t)\cos\omega_0 t - n_s(t)\sin\omega_0 t$。若信号部分$S_i(t)$的平均功率为$S_i$，噪声部分$n_i(t)$的单边功率谱密度为$n_0$，带通滤波器 BPF 为带宽为$B$的理想带通滤波器，则噪声$n_i(t)$的平均功率为$N_i = n_0 B$，解调器的输入信噪比为

$$r_{SNR_i} = \frac{S_i}{N_i} \tag{4.3.3}$$

若解调器的输出$y(t)$为

$$y(t) = S_o(t) + n_o(t) \tag{4.3.4}$$

假设解调器输出中的信号部分$S_o(t)$的平均功率为S_o，噪声$n_o(t)$的平均功率为N_o，则输出信噪比为

$$r_{SNR_o} = \frac{S_o}{N_o} \tag{4.3.5}$$

输出信噪比r_{SNR_o}通常用来表征模拟调制系统的抗噪声性能。在一定的条件下，输出信噪比越大，抗噪声能力越强。在衡量解调器的性能时，还通常用调制制度增益G来表示，其定义为

$$G = \frac{r_{SNR_o}}{r_{SNR_i}} \tag{4.3.6}$$

由调制制度增益的表达式可见，G反映了在解调过程中对信噪比的改善程度。

4.3.2 DSB 调制系统抗噪声性能

若模拟通信系统采用 DSB 调制，接收端的解调器需要采用相干解调。设接收端带通滤波器输出的信号为

$$x(t) = S_i(t) + n_i(t) = m(t)\cos\omega_c t + n_c(t)\cos\omega_c t - n_s(t)\sin\omega_c t \tag{4.3.7}$$

则相干解调器的输入信号和噪声的功率分别为

$$\begin{cases} S_i = \overline{S_i^2(t)} = \overline{m^2(t)\cos^2\omega_c t} = \frac{1}{2}\overline{m^2(t)} \\ N_i = \overline{n_i^2(t)} = n_0 B_{DSB} \end{cases} \tag{4.3.8}$$

解调器输入的信噪比为

$$r_{SNR_i} = \frac{S_i}{N_i} = \frac{\overline{m^2(t)}}{2n_0 B_{DSB}} \tag{4.3.9}$$

下面我们推导相干解调器输出的信号与噪声的表达式。式(4.3.7)与相干载波$\cos\omega_c t$相乘后，可得

$$\begin{aligned} x(t)\cos\omega_c t &= [m(t) + n_c(t)](\cos\omega_c t)^2 - n_s(t)\sin\omega_c t\cos\omega_c t \\ &= \frac{1}{2}m(t) + \frac{1}{2}n_c(t) + \frac{1}{2}[m(t) + n_c(t)]\cos 2\omega_c t - \frac{1}{2}n_s(t)\sin 2\omega_c t \end{aligned} \tag{4.3.10}$$

式(4.3.10)经过低通滤波器，滤除二倍频分量，解调器输出为

$$y(t)=\frac{1}{2}m(t)+\frac{1}{2}n_{c}(t) \tag{4.3.11}$$

在式(4.3.11)中，信号分量和噪声分量分别为

$$\begin{cases} S_{o}(t)=\dfrac{1}{2}m(t) \\ n_{o}(t)=\dfrac{1}{2}n_{c}(t) \end{cases} \tag{4.3.12}$$

输出信号和噪声的功率分别为

$$\begin{cases} S_{o}=\dfrac{1}{4}\overline{m^{2}(t)} \\ N_{o}=\dfrac{1}{4}\overline{n_{c}^{2}(t)}=\dfrac{1}{4}n_{0}B_{\mathrm{DSB}} \end{cases} \tag{4.3.13}$$

输出信噪比为

$$r_{\mathrm{SNR_o}}=\frac{S_{o}}{N_{o}}=\frac{\overline{m^{2}(t)}}{n_{0}B_{\mathrm{DSB}}} \tag{4.3.14}$$

由式(4.3.9)和式(4.3.14)可知，DSB调制系统的调制制度增益为

$$G=\frac{r_{\mathrm{SNR_o}}}{r_{\mathrm{SNR_i}}}=2 \tag{4.3.15}$$

即输出信噪比是输入信噪比的 2 倍或者比输入信噪比高 3 dB，这是因为在相干解调过程中，抑制掉了窄带噪声中的正交分量。

4.3.3 SSB 调制系统抗噪声性能

若模拟通信系统采用 SSB 调制，接收端的解调器则需要采用相干解调。设接收端带通滤波器输出的信号(SSB 信号设为 USB 信号)为

$$\begin{aligned} x(t)&=S_{i}(t)+n_{i}(t)\\ &=\frac{1}{2}m(t)\cos\omega_{c}t-\frac{1}{2}\hat{m}(t)\sin\omega_{c}t+n_{c}(t)\cos\omega_{0}t-n_{s}(t)\sin\omega_{0}t \end{aligned} \tag{4.3.16}$$

则相干解调器的输入信号噪声的功率分别为

$$\begin{cases} S_{i}=\overline{S_{i}^{2}(t)}=\dfrac{1}{4}\overline{m^{2}(t)\cos^{2}\omega_{c}t}+\dfrac{1}{4}\overline{\hat{m}^{2}(t)\sin^{2}\omega_{c}t}=\dfrac{1}{4}\overline{m^{2}(t)} \\ N_{i}=\overline{n_{i}^{2}(t)}=n_{0}B_{\mathrm{SSB}} \end{cases} \tag{4.3.17}$$

式(4.3.17)中，$m(t)$ 与 $\hat{m}(t)$ 的平均功率相同，即 $\overline{m^{2}(t)}=\overline{\hat{m}^{2}(t)}$。

解调器输入的信噪比为

$$r_{\mathrm{SNR_i}}=\frac{S_{i}}{N_{i}}=\frac{\overline{m^{2}(t)}}{4n_{0}B_{\mathrm{SSB}}} \tag{4.3.18}$$

为了便于推导，接收端带通滤波器输出噪声 $n_{c}(t)\cos\omega_{0}t-n_{s}(t)\sin\omega_{0}t$ 用中心频率为 ω_{c} 的单边噪声形式 $n'_{c}(t)\cos\omega_{c}t-n'_{s}(t)\sin\omega_{c}t$ 替代，$n'_{c}(t)=\frac{1}{2}[n_{c}(t)+\hat{n}_{s}(t)]$，$n'_{s}(t)=\frac{1}{2}[n_{s}(t)-\hat{n}_{c}(t)]$，式中 $n'_{c}(t)$ 和 $n'_{s}(t)$ 的功率为 $n_{0}B_{\mathrm{SSB}}$。

下面我们推导相干解调器输出的信号与噪声的表达式。式(4.3.16)与相干载波 $\cos\omega_c t$ 相乘后,可得

$$x(t)\cos\omega_c t = \left[\frac{1}{2}m(t)+n'_c(t)\right](\cos\omega_c t)^2 - \left[\frac{1}{2}\hat{m}(t)+n'_s(t)\right]\sin\omega_c t\cos\omega_c t$$

$$= \frac{1}{4}m(t)+\frac{1}{2}n'_c(t)+\frac{1}{2}\left[\frac{1}{2}m(t)+n'_c(t)\right]\cos2\omega_c t - \frac{1}{2}\left[\frac{1}{2}\hat{m}(t)+n'_s(t)\right]\sin2\omega_c t$$

$$(4.3.19)$$

式(4.3.19)经过低通滤波器,滤除二倍频分量,解调器输出为

$$y(t) = \frac{1}{4}m(t)+\frac{1}{2}n'_c(t) \tag{4.3.20}$$

在式(4.3.20)中,信号分量和噪声分量分别为

$$\begin{cases} S_o(t) = \dfrac{1}{4}m(t) \\ n_o(t) = \dfrac{1}{2}n'_c(t) \end{cases} \tag{4.3.21}$$

输出信号和噪声的功率分别为

$$\begin{cases} S_o = \dfrac{1}{16}\overline{m^2(t)} \\ N_o = \dfrac{1}{4}\overline{n_c^2(t)} = \dfrac{1}{4}n_0 B_{SSB} \end{cases} \tag{4.3.22}$$

输出信噪比为

$$r_{SNR_o} = \frac{S_o}{N_o} = \frac{\overline{m^2(t)}}{4n_0 B_{SSB}} \tag{4.3.23}$$

由式(4.3.18)和式(4.3.23)可知,SSB 调制系统的调制制度增益为

$$G = \frac{r_{SNR_o}}{r_{SNR_i}} = 1 \tag{4.3.24}$$

由式(4.3.24)可见,单边带的调制制度增益是 1,即输出信噪比与输入信噪比相同。双边带的调制制度增益是 2,是否就意味着双边带的抗噪性能就优于单边带呢? 如果要比较两种体制,首先要在相同的条件下进行对比。若解调器输入的已调信号的功率为 S_i,信道高斯白噪声单边功率谱密度为 n_0,调制信号的带宽为 B_m,在这些条件下我们分析一下两种体制解调器输出的信噪比。DSB 体制解调器输出的信噪比为

$$r_{SNR_o,DSB} = G_{DSB}r_{SNR_i,DSB} = 2 \cdot \frac{S_i}{n_0 B_{DSB}} = \frac{S_i}{n_0 B_m} \tag{4.3.25}$$

SSB 体制解调器输出的信噪比为

$$r_{SNR_o,SSB} = G_{SSB}r_{SNR_i,SSB} = 1 \cdot \frac{S_i}{n_0 B_{SSB}} = \frac{S_i}{n_0 B_m} \tag{4.3.26}$$

比较式(4.3.25)和式(4.3.26)可见,两种体制输出的信噪比相同,即在上述条件下两种体制的抗噪声性能是一致的。

4.3.4　AM 调制系统抗噪声性能

AM 模拟调制系统接收端的解调方式有两种,第一种是非相干解调,即包络检波;第二种是相干解调。采用相干解调的抗噪声性能分析方法与 DSB 和 SSB 调制系统采用相干

解调的方法类似，不再赘述。下面分析一下 AM 调制系统采用非相干解调的抗干扰性能。

在 AM 调制系统的接收端，带通滤波器输出的信号为

$$x(t) = S_i(t) + n_i(t) = [A_0 + m(t)]\cos\omega_c t + n_c(t)\cos\omega_c t - n_s(t)\sin\omega_c t$$
$$= [A_0 + m(t) + n_c(t)]\cos\omega_c t - n_s(t)\sin\omega_c t \tag{4.3.27}$$

包络检波器输入信号和噪声的功率分别为

$$\begin{cases} S_i = \overline{S_i^2(t)} = \overline{[A_0 + m(t)]^2\cos^2\omega_c t} = \dfrac{1}{2}A_0^2 + \dfrac{1}{2}\overline{m^2(t)} \\ N_i = \overline{n_i^2(t)} = n_0 B_{AM} = 2n_0 B_m \end{cases} \tag{4.3.28}$$

包络检波解调器输入的信噪比为

$$r_{SNR_i} = \frac{S_i}{N_i} = \frac{A_0^2 + \overline{m^2(t)}}{4n_0 B_m} \tag{4.3.29}$$

下面我们推导包络检波解调器的输出信号表示形式。假设包络检波器的传输系数为 1，式(4.3.27)通过包络检波器后输出的信号为

$$y(t) = \{[A_0 + m(t) + n_c(t)]^2 + n_s^2(t)\}^{\frac{1}{2}}$$
$$= \{[A_0 + m(t)]^2 + 2[A_0 + m(t)]n_c(t) + n_c^2(t) + n_s^2(t)\}^{\frac{1}{2}} \tag{4.3.30}$$

由式(4.3.30)可见，包络检波器对信号进行了非线性处理，为了获得输出波形的信号分量和噪声分量，针对高信噪比和低信噪比两种情况分别进行近似处理。

1. 高信噪比

在高信噪比条件下，即 $[A_0 + m(t)]^2 \gg n_c^2(t) + n_s^2(t)$，式(4.3.30)可以表示为

$$y(t) = [A_0 + m(t)]\left\{1 + 2\frac{n_c(t)}{[A_0 + m(t)]} + \frac{n_c^2(t) + n_s^2(t)}{[A_0 + m(t)]^2}\right\}^{\frac{1}{2}}$$
$$\approx [A_0 + m(t)]\left\{1 + 2\frac{n_c(t)}{[A_0 + m(t)]}\right\}^{\frac{1}{2}} \tag{4.3.31}$$

利用近似表达式 $\sqrt{1+x} \approx 1 + \dfrac{1}{2}x$，$x \ll 1$，式(4.3.31)可以近似表示为

$$y(t) \approx [A_0 + m(t)]\left\{1 + 2\frac{n_c(t)}{[A_0 + m(t)]}\right\}^{\frac{1}{2}}$$
$$\approx A_0 + m(t) + n_c(t) \tag{4.3.32}$$

由式(4.3.32)可见，包络检波器输出信号分量和噪声分量分别为

$$\begin{cases} S_o(t) = m(t) \\ n_o(t) = n_c(t) \end{cases} \tag{4.3.33}$$

输出信号和噪声的功率分别为

$$\begin{cases} S_o = \overline{m^2(t)} \\ N_o = \overline{n_c^2(t)} = n_0 B_{AM} = 2n_0 B_m \end{cases} \tag{4.3.34}$$

输出信噪比为

$$r_{SNR_o} = \frac{S_o}{N_o} = \frac{\overline{m^2(t)}}{2n_0 B_m} \tag{4.3.35}$$

由式(4.3.29)和式(4.3.35)可得高信噪比条件下 AM 调制系统的调制制度增益

$$G = \frac{r_{SNR_o}}{r_{SNR_i}} = \frac{2\overline{m^2(t)}}{A_0^2 + \overline{m^2(t)}} \tag{4.3.36}$$

若 $m(t) = A_0 \cos\omega_m t$，幅度调制度为 100%，其功率为 $\overline{m^2(t)} = \dfrac{1}{2}A_0^2$，则

$$G_{\mathrm{AM}} = \frac{2}{3} \tag{4.3.37}$$

这是 AM 调制系统最大的调制制度增益，说明包络检波器这种解调器使信噪比恶化。

2. 低信噪比

在低信噪比条件下，即 $[A_0 + m(t)]^2 \ll n_c^2(t) + n_s^2(t)$，令 $\Gamma(t) = \sqrt{n_c^2(t) + n_s^2(t)}$，$\cos\phi(t) = n_c(t)/\Gamma(t)$，式(4.3.30)可以表示为

$$
\begin{aligned}
y(t) &= \left\{ \Gamma^2(t) + 2[A_0 + m(t)]n_c(t) + [A_0 + m(t)]^2 \right\}^{\frac{1}{2}} \\
&\approx \Gamma(t) \left\{ 1 + 2\frac{n_c(t)[A_0 + m(t)]}{\Gamma^2(t)} \right\}^{\frac{1}{2}} \approx \Gamma(t) + [A_0 + m(t)]\cos\phi(t)
\end{aligned} \tag{4.3.38}
$$

由式(4.3.38)可见，包络检波器输出波形中已无单独的有用信号分量，信号分量 $[A_0 + m(t)]$ 被噪声 $\cos\phi(t)$ 扰乱成噪声了。

根据包络检波器在高信噪比和低信噪比输出的信号可见，随着输入信噪比的下降，输出信噪比也在下降。当输入信噪比小于某一门限时，输出信噪比急剧下降，即出现上面分析的低信噪比的这种情况，这一现象称为门限效应。门限效应主要是由于包络检波器的非线性作用引起的。需要指出的是，前面介绍的相干解调，无论信噪比的高低，在解调输出的波形中始终包含着信号分量，这种解调方式不存在门限效应。相干解调方式的抗噪性能与非相干解调在高信噪比条件下的抗噪性能一致。

VSB 调制系统的接收端仅能采用相干解调，其抗噪性能分析方法与 DSB 和 SSB 类似，由于残留边带滤波器不同，其抗噪性能分析比较复杂。如果其残留边带比较小，抗噪声性能与 SSB 调制系统类似。

4.4 非线性调制原理与抗噪声性能

线性调制是将调制信号附加在载波的振幅上，非线性调制则是将调制信号附加到载波的相角上，使载波的频率或相位随调制信号而变，故又称为角度调制。非线性调制产生的已调信号的频谱结构，与线性调制相比有很大不同。非线性调制信号频谱中除了平移的调制信号频谱之外，还增加了许多新的频率成分。因为非线性调制的已调信号幅度保持恒定，故系统可以采用非线性功放实现已调信号的功率放大，非线性功放或采用非线性功放的发射机功率效率高。

4.4.1 基本原理

载波是具有恒定振幅、恒定频率和恒定相位的正（余）弦波。在数学上，用 $\cos\omega_c t$ 表示载波时，已经默认它在时间上是无限延伸的，从负无穷大延伸到正无穷大，因此，在频域上它才具有单一角频率分量 ω_c。载波在被调制后，或被截短后，其频谱不再仅有单一频率分量。角度调制使载波的频率或相位随调制信号而变，这里实际上已经引入了"瞬时频率"的概念，因为在严格的数学意义上载波的频率是恒定的。下面为瞬时频率作出定义。设一个

载波可以表示为

$$C(t) = A\cos\varphi(t) = A\cos(\omega_c t + \varphi_c) \tag{4.4.1}$$

式(4.4.1)中，φ_c 为载波的初始相位；$\varphi(t) = \omega_c t + \varphi_c$ 为载波的瞬时相位；$\omega_c = \mathrm{d}\varphi(t)/\mathrm{d}t$ 为载波的角频率。载波的角频率 ω_c 原本是一个常量。现在将被角度调制后的 $\mathrm{d}\varphi(t)/\mathrm{d}t$ 定义为瞬时角频率 $\omega_i(t)$，它是一个时间函数，即定义瞬时角频率

$$\omega_i(t) = \frac{\mathrm{d}\varphi(t)}{\mathrm{d}t} \tag{4.4.2}$$

由式(4.4.2)可以写出

$$\varphi(t) = \int_{-\infty}^{t} \omega_i(\tau)\mathrm{d}\tau + \varphi_c \tag{4.4.3}$$

由式(4.4.3)可见，$\varphi(t)$ 是载波的瞬时相位。若使它随调制信号 $m(t)$ 变化，则统称其为角度调制。按照它随调制信号变化的规律不同，角度调制可分为下列两种。

1. 相位调制

若使相位 $\varphi(t)$ 随 $m(t)$ 线性变化，即令

$$\varphi(t) = \omega_c t + \varphi_c + k_p m(t) \tag{4.4.4}$$

式(4.4.4)中，k_p 是相位随 $m(t)$ 变化的相偏系数。这时，已调信号可表示为

$$S_{PM}(t) = A\cos[\omega_c t + \varphi_c + k_p m(t)] \tag{4.4.5}$$

将式(4.4.4)代入式(4.4.2)中，得出此已调载波的瞬时角频率为

$$\omega_i(t) = \omega_c + k_p \frac{\mathrm{d}}{\mathrm{d}t} m(t) \tag{4.4.6}$$

式(4.4.6)表示，在相位调制中瞬时角频率 $\omega_i(t)$ 随调制信号的导数函数线性地变化。

2. 频率调制

若使瞬时角频率 $\omega_i(t)$ 随调制信号线性地变化，则得到频率调制。这时，瞬时角频率为

$$\omega_i(t) = \omega_c + k_f m(t) \tag{4.4.7}$$

式(4.4.7)中，k_f 是频偏系数。

将式(4.4.7)代入式(4.4.3)中，得到

$$\varphi(t) = \int_{-\infty}^{t} \omega_i(\tau)\mathrm{d}\tau + \varphi_c = \omega_c t + k_f \int_{-\infty}^{t} m(\tau)\mathrm{d}\tau + \varphi_c \tag{4.4.8}$$

则频率调制时的已调信号为

$$S_{FM}(t) = A\cos\left[\omega_c t + \varphi_c + k_f \int_{-\infty}^{t} m(\tau)\mathrm{d}\tau\right] \tag{4.4.9}$$

从式(4.4.5)和式(4.4.9)中可以看出，在相位调制中载波瞬时相位随调制信号 $m(t)$ 线性地变化，而在频率调制中载波瞬时相位随调制信号的积分线性地变化。两者不仅没有本质上的区别，而且关系密切。如果将调制信号 $m(t)$ 先积分，再对载波进行相位调制，即得到频率调制信号，这种方法称为间接调频，如图 4.4.1(a)所示。类似地，如果将调制信号 $m(t)$ 先微分，再对载波进行频率调制，就得到相位调制信号，这种方法称为间接调相，如图 4.4.1(b)所示。

(a) 间接调频　　　　　　　　　　　　(b) 间接调相

图 4.4.1　间接调频和间接调相原理框图

对于同一个调制信号 $m(t)$，在相位调制时，已调信号的瞬时相位 $\varphi(t)$ 随 $m(t)$ 线性变化；在频率调制时，瞬时相位 $\varphi(t)$ 随 $m(t)$ 的积分线性变化。若 $m(t)$ 是一个余弦波 $\cos\omega_m t$，则在相位调制时 $\varphi(t)$ 按 $\cos\omega_m t$ 规律变化，在频率调制时 $\varphi(t)$ 按 $\sin\omega_m t$ 规律变化，两者差 $90°$。从这个简单例子可以看出，两个已调信号的波形相同，仅在时间上有差别。在图 4.4.2 中给出了一般的调制信号 $m(t)$ 和其积分信号的波形，图 4.4.3 和 4.4.4 给出了分别利用 $m(t)$ 进行调相和调频的波形。在图 4.4.4 调频信号波形中，正弦波的频率随 $m(t)$ 信号大小成比例线性变化，而在图 4.4.3 调相信号波形中正弦波的频率变化则缓慢得多，主要是其相位随 $m(t)$ 线性变化，其频率随 $m(t)$ 的导数波形线性变化。无论是频率调制还是相位调制，已调信号的振幅都是恒定的。而且仅从已调信号波形上看无法区分二者。二者的区别仅是已调信号和调制信号的关系不同。换句话说，当接收设备收到一个角度调制信号时，若没有发送端告知，则接收设备无法判别接收的信号是频率调制信号还是相位调制信号。

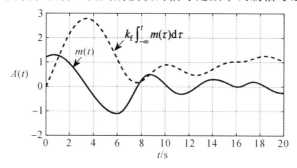

图 4.4.2　$m(t)$ 和其积分后的信号波形

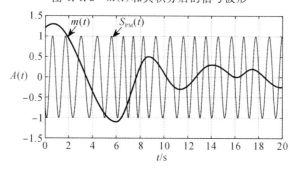

图 4.4.3　调制信号为 $m(t)$ 的调相信号

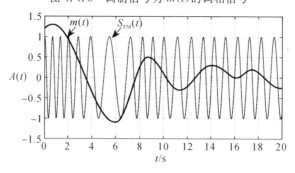

图 4.4.4　调制信号为 $m(t)$ 的调频信号

由调频和调相信号波形可见，对于同一个调制信号，一般频率调制信号变化相对剧烈，其带宽较大，而相位调制信号变化相对比较缓慢，带宽相对较小。由于调相和调频无本质区别，因此二者可以相互转换。但在实际模拟通信系统中，调频体制应用比较广泛，下面将重点介绍调频体制。

4.4.2　窄带调频

在模拟调频通信系统中，通常根据已调信号中，调制信号引起的相位变化范围的不同将模拟调频系统分为窄带调频和宽带调频。若在已调信号中，调制信号引起的相位变化满足

$$\left| k_f \int_{-\infty}^{t} m(\tau) d\tau \right| \ll \frac{\pi}{6} \tag{4.4.10}$$

则这种系统为窄带调频；如果不满足这个条件则是宽带调频。

窄带调频（NBFM）的已调信号可以表示为

$$S_{NBFM}(t) = A\cos\left[\omega_c t + \varphi_c + k_f \int_{-\infty}^{t} m(\tau) d\tau\right] \tag{4.4.11}$$

为了便于推导，假设初始相位 $\varphi_c = 0$。式(4.4.11)展开后可以表示为

$$S_{NBFM}(t) = A\cos\omega_c t \cos\left[k_f \int_{-\infty}^{t} m(\tau) d\tau\right] - A\sin\omega_c t \sin\left[k_f \int_{-\infty}^{t} m(\tau) d\tau\right] \tag{4.4.12}$$

由于 $\left| k_f \int_{-\infty}^{t} m(\tau) d\tau \right| \ll \dfrac{\pi}{6}$，$\cos\left[k_f \int_{-\infty}^{t} m(\tau) d\tau\right] \approx 1$，$\sin\left[k_f \int_{-\infty}^{t} m(\tau) d\tau\right] \approx k_f \int_{-\infty}^{t} m(\tau) d\tau$，因而式(4.4.12)可以简化为

$$S_{NBFM}(t) = A\cos\omega_c t - A\sin\omega_c t \left[k_f \int_{-\infty}^{t} m(\tau) d\tau\right] \tag{4.4.13}$$

由式(4.4.13)可见，窄带调频信号可等效为 $m(t)$ 的积分信号进行幅度调制，时域表达式与 AM 信号类似。利用傅里叶变换可得其频谱

$$S_{NBFM}(\omega) = A\pi[\delta(\omega - \omega_c) + \delta(\omega + \omega_c)] + \frac{Ak_f}{2}\left[\frac{M(\omega - \omega_c)}{\omega - \omega_c} - \frac{M(\omega + \omega_c)}{\omega + \omega_c}\right]$$
$$\tag{4.4.14}$$

由式(4.4.14)可见，窄带调频信号的频谱与 AM 信号的频谱类似，都含有载波的离散谱，实现了基带信号频谱的搬移。但 NBFM 搬移基带信号频谱时进行了加权，使搬移后的频谱与基带信号的频谱形状不同。NBFM 信号的带宽窄，无法充分发挥调频体制的优势，在实际系统中应用较少，而能充分发挥调频体制优势的宽带调频在实际系统中有着广泛的应用，下面重点介绍一下宽带调频。

4.4.3　宽带调频

宽带调频（WBFM）的已调信号可以表示为

$$S_{WBFM}(t) = A\cos\left[\omega_c t + k_f \int_{-\infty}^{t} m(\tau) d\tau\right] \tag{4.4.15}$$

由于式(4.4.15)中 $k_f \int_{-\infty}^{t} m(\tau) d\tau$ 变化较大，无法进行简化和近似，使得宽带调频信号的频谱分析变得非常困难。为了便于分析，通常将调制信号选择为单频正弦波，然后再推广到一般情况。

设调制信号 $m(t)$ 为

$$m(t) = A_m \cos\omega_m t \qquad (4.4.16)$$

用此调制信号调频得到的瞬时角频率等于

$$\omega_i(t) = \omega_c + k_f m(t) = \omega_c + k_f A_m \cos\omega_m t \qquad (4.4.17)$$

在式(4.4.17)中相对于载波角频率的最大角频偏 $\Delta\omega$ 为

$$\Delta\omega = k_f A_m \quad \text{rad/s} \qquad (4.4.18)$$

则这时的已调信号表示式为

$$S_{\text{WBFM}}(t) = A\cos\left[\omega_c t + k_f A_m \int_{-\infty}^{t} \cos\omega_m \tau \, d\tau\right]$$

$$= A\cos\left[\omega_c t + \left(\frac{\Delta\omega}{\omega_m}\right)\sin\omega_m t\right] \qquad (4.4.19)$$

式(4.4.19)中，$\Delta\omega/\omega_m = \Delta f/f_m$ 为最大频率偏移和调制信号频率之比，称为调频指数 m_f，可以表示为

$$m_f = \frac{\Delta f}{f_m} = \frac{\Delta\omega}{\omega_m} = \frac{k_f A_m}{\omega_m} \qquad (4.4.20)$$

式(4.4.19)是频率调制信号的表示式，它是一个含有正弦函数的余弦函数。它可以展开成为如下无穷级数

$$S_{\text{WBFM}}(t) = A\{J_0(m_f)\cos\omega_c t + J_1(m_f)[\cos(\omega_c + \omega_m)t - \cos(\omega_c - \omega_m)t] +$$
$$J_2(m_f)[\cos(\omega_c + 2\omega_m)t + \cos(\omega_c - 2\omega_m)t] +$$
$$J_3(m_f)[\cos(\omega_c + 3\omega_m)t - \cos(\omega_c - 3\omega_m)t] + \cdots\} \qquad (4.4.21)$$

式(4.4.21)中，$J_n(m_f)$ 为第一类 n 阶贝塞尔函数，其值可以从图 4.4.5 所示的曲线查到。

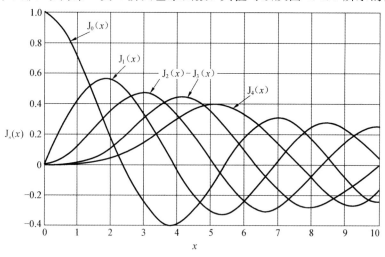

图 4.4.5　第一类 n 阶贝塞尔函数

第一类 n 阶贝塞尔函数具有如下性质

$$\begin{cases} J_n(m_f) = J_{-n}(m_f) & n \text{ 为偶数} \\ J_n(m_f) = -J_{-n}(m_f) & n \text{ 为奇数} \end{cases} \qquad (4.4.22)$$

所以式(4.4.22)可以改写为

$$S_{\text{WBFM}}(t) = A \sum_{n=-\infty}^{\infty} J_n(m_f) \cos(\omega_c + n\omega_m)t \tag{4.4.23}$$

由式(4.4.21)和式(4.4.23)得知，此已调信号的频谱中在载频两侧出现角频率为$(\omega_c \pm \omega_m)$，$(\omega_c \pm 2\omega_m)$，$(\omega_c \pm 3\omega_m)$，…的成对边频，如图 4.4.6 所示。图中只画出了各频率分量的振幅，没有显示其正负极性。为了便于画图，图中取 $A_m = 2\pi$，则 $\Delta f = k_f$。从式(4.4.21)、式(4.4.23)和图 4.4.6 看，似乎已调信号的带宽为无穷大。但是，实际上大部分的功率集中在以载频为中心的有限带宽内。例如，当调频指数 $m_f \leqslant 1$ 时，由图 4.4.5 可见，除 $J_0(m_f)$ 和 $J_1(m_f)$ 外，其他分量都可以忽略不计。这时已调信号的带宽基本等于 AM 时的已调信号带宽 $2B_m$。通常把调频指数 $m_f < 0.5$ 的频率调制称为窄带频率调制。当调频指数增大时，已调信号的带宽也随之增大，这时的调制称为宽带频率调制。在宽带调频时，若忽略那些振幅小于未调载波振幅 1% 的边频，则由贝塞尔函数的曲线可以看出，$n > m_f$(n 取整数)的那些 $J_n(m_f)$ 可以忽略。这样处理后，所考虑带宽内信号的功率大于信号总功率的 98% 以上，按照这种方式定义的已调信号带宽 B 为

$$B \approx 2(m_f + 1)f_m = 2(\Delta f + f_m) \tag{4.4.24}$$

式中，$\Delta f = \Delta\omega/2\pi$ 为最大频偏；f_m 为调制信号频率。式(4.4.24)又称为卡森公式。

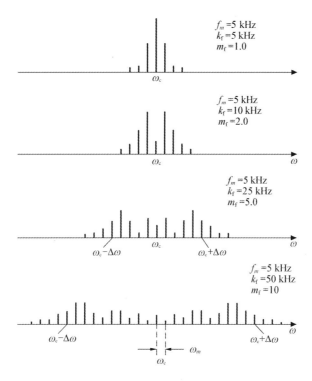

图 4.4.6　频率调制信号的频谱举例

上面讨论的是用单频正弦波调制的情况。一般的调制信号分析非常复杂，但任意信号都可以分解成多个不同频率分量正弦信号，因而可将卡森公式推广应用到一般信号。这时式(4.4.24)中的 f_m 应是一般调制信号的最高频率分量的频率。例如在商用 FM 广播中，调制信号的带宽通常为 15 kHz，已调信号的最大频偏为 75 kHz，下面计算商用 FM 广播中已调信号的带宽和调频指数。已知 $f_m = 15$ kHz，$\Delta f = 75$ kHz，根据卡森公式，则 $B =$

$2(\Delta f + f_m) = 180\ \text{kHz}$，其调制指数为 $m_f = \Delta f / f_m = 5$。

4.4.4 调频信号的调制与解调

1. 调制

调频信号调制有直接和间接两种方法。

直接法就是利用调制信号控制压控振荡器(VCO)的电抗元件，使压控振荡器输出的信号频率随着调制信号的变化而变化，即满足 $\omega_i(t) = \omega_c + k_f m(t)$。简单的压控振荡器频率稳定度不足，一般需要采用锁相环的方式来实现。图4.4.7给出了采用锁相环产生调频信号的原理框图，图中调制信号 $m(t)$ 与环路滤波器输出的信号相加后控制压控振荡器的电抗元件(可变电容)，利用锁相环(PLL)获得较高的频率稳定度。直接法的优点是可以获得较大的频偏。

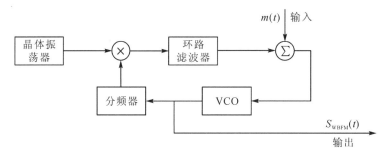

图4.4.7 锁相环调频信号产生框图

间接法就是先进行窄带调频，然后通过倍频器获得宽带调频信号。式(4.4.13)给出窄带频率调制的实现方法，如图4.4.8所示。在窄带调频的基础上，通过 n 倍频器后，再通过变频器和带通滤波器后可以获得宽带调频信号，如图4.4.9所示。

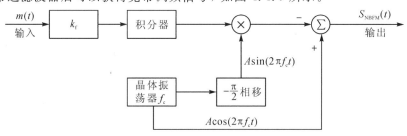

图4.4.8 窄带调频原理框图

图4.4.9 间接法产生宽带调频信号框图

在图中形成的窄带调频信号为 $S_{\text{NBFM}}(t) = A\cos\left[2\pi f_c t + k_f \int_{-\infty}^{t} m(\tau)\mathrm{d}\tau\right]$，经过 n 次倍频后的宽带调频信号为

$$S'_{\text{WBFM}}(t) = A\cos\left[2\pi f'_c t + k'_f \int_{-\infty}^{t} m(\tau)\mathrm{d}\tau\right] \tag{4.4.25}$$

式中，$f'_c = nf_c$，$k'_f = nk_f$。若所需要的载波频率为 f_0，则变频器的频率为 $f_0 - f'_c$，再通过带

通滤波器，输出的信号为

$$S_{\mathrm{WBFM}}(t) = A\cos\left[2\pi f_0 t + nk_{\mathrm{f}} \int_{-\infty}^{t} m(\tau)\mathrm{d}\tau\right] \qquad (4.4.26)$$

2. 解调

宽带调频信号的解调一般采用非相干解调。由于调频信号的频率变化与调制信号成比例，因而在解调器中需要能将频率变化转化为幅度变化的部件，实现这一功能的部件称为鉴频器。理想鉴频器由微分器和包络检波器组成，若宽带调频信号为 $S_{\mathrm{WBFM}}(t) = A\cos\left[2\pi f_{\mathrm{c}} t + k_{\mathrm{f}} \int_{-\infty}^{t} m(\tau)\mathrm{d}\tau\right]$，通过微分器后，信号为

$$S_{\mathrm{d}}(t) = \frac{\mathrm{d}S_{\mathrm{WBFM}}(t)}{\mathrm{d}t} = -A\left[2\pi f_{\mathrm{c}} + k_{\mathrm{f}}m(t)\right]\sin\left[2\pi f_{\mathrm{c}} t + k_{\mathrm{f}} \int_{-\infty}^{t} m(\tau)\mathrm{d}\tau\right] \qquad (4.4.27)$$

由式(4.4.27)可见，微分器将调频信号的频率变化转化为幅度变化，因而通过包络检波器就可提取出调制信号。利用这种鉴频器的非相干解调器的原理框图如图 4.4.10 所示。

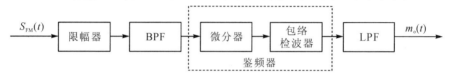

图 4.4.10 调频信号非相干解调框图

在图 4.4.10 中，非相干解调过程中，首先通过限幅器和带通滤波器的处理，去除信道中噪声等非理想因素的影响；通过微分器和包络检波器构成的鉴频器处理后，再通过低通滤波器获得发送的调制信号。

调频信号的解调还可以采用锁相环来实现，如图 4.4.11 所示。调频信号输入到锁相环的鉴相器，与本地压控振荡器输出的信号进行鉴相，误差信号通过环路滤波器滤波，再经过环路放大器放大后控制压控振荡器的电抗元件，调整压控振荡器输出信号的相位。通过不断调整，使本地压控振荡器输出信号的相位与输入信号的相位基本上保持一致。

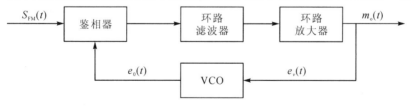

图 4.4.11 调频信号锁相环解调框图

若输入的调频信号为 $S_{\mathrm{FM}}(t) = A\cos\left[2\pi f_{\mathrm{c}} t + k_{\mathrm{f}} \int_{-\infty}^{t} m(\tau)\mathrm{d}\tau\right]$，压控振荡器输出本地信号为

$$e_0(t) = A\sin\left[2\pi f_{\mathrm{c}} t + \theta(t)\right] \qquad (4.4.28)$$

经过锁相环的环路跟踪，当锁相环路锁定时，可以得到

$$\theta(t) \approx k_{\mathrm{f}} \int_{-\infty}^{t} m(\tau)\mathrm{d}\tau \qquad (4.4.29)$$

控制锁相环相位变化的信号，即解调输出的信号为

$$m_{\mathrm{o}}(t) = e_v(t) = \frac{\mathrm{d}\theta(t)}{\mathrm{d}t} \approx k_{\mathrm{f}}m(t) \qquad (4.4.30)$$

由式(4.4.30)可见,锁相环路起到鉴频器的作用,可解调出调制信号。

4.4.5 调频系统抗噪声性能

模拟调频通信系统的抗噪性能分析模型如图 4.4.12 所示,与线性调制系统一样。

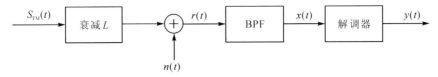

图 4.4.12 抗噪声性能分析模型

在模型中,采用的信道模型是加性高斯白噪声信道模型。调频信号经过衰减和叠加高斯白噪声后到达接收端,若发送端已调信号可以表示为

$$S_{\mathrm{FM}}(t) = A\cos\Big[2\pi f_c t + k_{\mathrm{f}}\int_{-\infty}^{t} m(\tau)\mathrm{d}\tau\Big]$$

则接收端信号为

$$r(t) = LS_{\mathrm{FM}}(t) + n(t) = a\cos\Big[2\pi f_c t + k_{\mathrm{f}}\int_{-\infty}^{t} m(\tau)\mathrm{d}\tau\Big] + n(t) \tag{4.4.31}$$

式(4.4.31)中 $n(t)$ 是均值为零、单边功率谱密度为 n_0 的高斯白噪声。$r(t)$ 经过带通滤波器后,假设信号分量可完全通过,噪声变为窄带高斯噪声,其输出为

$$x(t) = a\cos\Big[\omega_c t + k_{\mathrm{f}}\int_{-\infty}^{t} m(\tau)\mathrm{d}\tau\Big] + n_i(t)$$

$$= a\cos\Big[\omega_c t + k_{\mathrm{f}}\int_{-\infty}^{t} m(\tau)\mathrm{d}\tau\Big] + n_c(t)\cos\omega_c t - n_s(t)\sin\omega_c t \tag{4.4.32}$$

在式(4.4.32)中,解调器输入的信号功率和噪声功率分别为

$$\begin{cases} S_i = \dfrac{a^2}{2} \\ N_i = n_0 B_{\mathrm{FM}} \end{cases} \tag{4.4.33}$$

因而调频信号解调器输入的信噪比为

$$r_{\mathrm{SNRi}} = \frac{S_i}{N_i} = \frac{a^2}{2n_0 B_{\mathrm{FM}}} \tag{4.4.34}$$

由于 FM 信号的解调过程中存在非线性处理,分析系统的抗噪功能非常复杂。我们先考虑在高信噪比,即信号功率远大于噪声功率的情况。这时窄带噪声可以表示为

$$n_i(t) = \sqrt{n_c^2(t) + n_s^2(t)}\cos\Big[\omega_c t + \arctan\frac{n_s(t)}{n_c(t)}\Big]$$

$$= V_n(t)\cos[\omega_c t + \varPhi_n(t)] \tag{4.4.35}$$

式(4.4.35)中 $V_n(t)$ 和 $\varPhi_n(t)$ 分别表示窄带噪声的幅度和相位。在高信噪比的情况下,信号远大于噪声,即 $V_n(t) \ll a$。为了推导方便,令 $\phi(t) = k_{\mathrm{f}}\int_{-\infty}^{t} m(\tau)\mathrm{d}\tau$,则

$$x(t) = a\cos[\omega_c t + \phi(t)] + V_n(t)\cos[\omega_c t + \varPhi_n(t)]$$

$$\approx \{a + V_n(t)\cos[\varPhi_n(t) - \phi(t)]\}\cos\Big[\omega_c t + \phi(t) + \frac{V_n(t)}{a}\sin[\varPhi_n(t) - \phi(t)]\Big] \tag{4.4.36}$$

信号与噪声叠加合成的矢量图如图 4.4.13 所示。

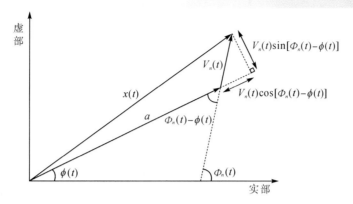

图 4.4.13 调频信号与窄带噪声叠加合成矢量图

解调器输出信号为

$$y(t)=\frac{k_{\mathrm{f}}}{2\pi}m(t)+\frac{\mathrm{d}}{\mathrm{d}t}\left[\frac{V_n(t)}{a}\sin\left[\Phi_n(t)-\phi(t)\right]\right] \tag{4.4.37}$$

在式(4.4.37)中,第一项是信号分量,第二项是噪声分量。为了便于研究噪声的特性,令

$$\begin{aligned}
Y_n(t)&=\frac{V_n(t)}{a}\sin\left[\Phi_n(t)-\phi(t)\right]\\
&=\frac{1}{a}\left[V_n(t)\sin\Phi_n(t)\cos\phi(t)-V_n(t)\cos\Phi_n(t)\sin\phi(t)\right]\\
&=\frac{1}{a}\left[n_{\mathrm{c}}(t)\cos\phi(t)-n_{\mathrm{s}}(t)\sin\phi(t)\right]
\end{aligned} \tag{4.4.38}$$

通过计算 $Y_n(t)$ 的相关函数,可以获得其功率谱密度为

$$P_Y(f)=\frac{n_0}{a^2} \tag{4.4.39}$$

在式(4.4.38)中,解调器输出的噪声分量是 $Y'_n(t)=\dfrac{\mathrm{d}Y_n(t)}{\mathrm{d}t}$,其功率谱密度是

$$P_{Y'}(f)=\frac{n_0}{a^2}f^2 \tag{4.4.40}$$

功率谱密度的形状如图 4.4.14 所示。在调制信号带宽内,信号和噪声功率分别为

$$\begin{cases}
S_{\mathrm{o}}=\dfrac{k_{\mathrm{f}}^2}{4\pi^2}\overline{m^2(t)}\\[2mm]
N_{\mathrm{o}}=\dfrac{2n_0 B_m^3}{3a^2}
\end{cases} \tag{4.4.41}$$

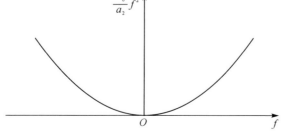

图 4.4.14 调频解调器输出噪声的功率谱密度

则输出信噪比为

$$r_{\text{SNR}_o} = \frac{S_o}{N_o} = \frac{3a^2 k_f^2 \overline{m^2(t)}}{8\pi^2 n_0 B_m^3} \tag{4.4.42}$$

调制制度增益为

$$G_{\text{FM}} = \frac{r_{\text{SNR}_o}}{r_{\text{SNR}_i}} = \frac{3a^2 k_f^2 \overline{m^2(t)}}{8\pi^2 n_0 B_m^3} \cdot \frac{2n_0 B_{\text{FM}}}{a^2} = \frac{3k_f^2 \overline{m^2(t)} B_{\text{FM}}}{4\pi^2 B_m^3} \tag{4.4.43}$$

将 $B_{\text{FM}} = 2(m_f+1)B_m$ 带入式(4.4.43)，可得

$$G_{\text{FM}} = \frac{3k_f^2 \overline{m^2(t)}(m_f+1)}{2\pi^2 B_m^2} \tag{4.4.44}$$

若 $m(t) = \cos 2\pi f_m t$，则 $\overline{m^2(t)} = \frac{1}{2}$，$B_m = f_m$，$m_f = \frac{k_f}{2\pi B_m} = \frac{k_f}{2\pi f_m}$，输出信噪比为

$$r_{\text{SNR}_o} = \frac{3a^2 k_f^2 \overline{m^2(t)}}{8\pi^2 n_0 B_m^3} = \frac{3a^2}{2n_0 f_m} \cdot \frac{k_f^2}{4\pi^2 f_m^2} \cdot \frac{1}{2} = \frac{3a^2 m_f^2}{4n_0 f_m} \tag{4.4.45}$$

调制制度增益为

$$G_{\text{FM}} = \frac{r_{\text{SNR}_o}}{r_{\text{SNR}_i}} = \frac{3a^2 m_f^2}{4n_0 f_m} \cdot \frac{2n_0 B_{\text{FM}}}{a^2} = \frac{3a^2 m_f^2}{4n_0 f_m} \cdot \frac{2n_0 \cdot 2(m_f+1)f_m}{a^2}$$
$$= 3m_f^2(m_f+1) \tag{4.4.46}$$

由式(4.4.42)~(4.4.46)可知：

(1) 调频系统的输出信噪比与调频指数的平方成比例，因而增大调频指数即可以增大输出信噪比，这是幅度调制无法做到的。

(2) 输出信噪比与带宽之间存在平方的关系；要增大输出信噪比可以通过增大调频带宽来实现，调频提供了带宽和发射功率之间进行折衷的技术途径。

(3) 虽然输出信噪比随着调频指数的增大而增加，但大的调频指数意味着系统大的带宽，解调器输入的噪声功率也增大。上面所得到的的公式是在高信噪比情况下近似的结果，不适用于低信噪比的情况。在低信噪比情况下，解调器会出现门限效应。

(4) 在调频系统中，噪声中的高频分量随着频率的增大而增大，即信号的高频分量受到的影响要比低频分量大。在实际应用中，为了克服噪声对于信号的非均匀影响，通常在发送端引入预加重，接收端采用去加重处理，这里不进行详细讨论。

上面的分析建立在调频解调器输入的信噪比是高信噪比的情况下，在这种情况下可以看到解调器输出的信号分量和噪声分量是一种加性关系，才可以进行上述分析。高信噪比的假设是一种简化的假设，通常适用于非线性解调系统的分析。由于解调过程的非线性本质特性，一般输入的加性关系在输出中不会保持，仅在高信噪比假设的条件下，这种非线性可以近似为一种加性的形式。特别是在低信噪比下，信号和噪声分量被混合在一起，无法从中分辨出信号和噪声分量，因而再用信噪比衡量其性能就无意义。在低信噪比的情况下，信号会被扰乱成噪声，随着信噪比的下降，会出现门限效应，即存在一个特殊的输入信噪比，当输入信噪比小于该数值时，输出信噪比会急剧下降。门限效应的存在给出了带宽和发射功率折衷关系的上限。这个限制实际上是对于调频系统中调频指数的限制。这种推

导非常复杂,本书仅给出调频系统中门限效应的结果。可以证明调频系统的门限与调频指数存在近似关系为

$$r_{\mathrm{SNR}_{\mathrm{i,\ th}}} = \frac{S_{\mathrm{i}}}{n_0 B_{\mathrm{FM}}} = 20(m_{\mathrm{f}} + 1) \tag{4.4.47}$$

由式(4.4.47)可知,可以根据工作的门限计算出最大的调频指数 m_{f}。根据计算出的调频指数,利用卡森公式可以计算出带宽,从而计算出所需要的最小接收信号功率。

在一个调频系统中,一般有两个因素影响调频指数 m_{f}:第一个是带宽,带宽与调频指数之间关系满足卡森公式;第二个是接收信号功率,它限制了调频指数的数值,即需要满足式(4.4.47)。图 4.4.15 给出了 FM 系统中输出信噪比与输入信噪比之间的关系。

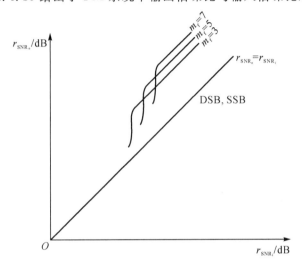

图 4.4.15　输出信噪比与输入信噪比之间的关系

4.5　模拟调制的比较与频分复用

4.5.1　模拟调制系统的比较

为了在实际系统中选择合适的模拟调制,需要对不同模拟调制系统的性能进行分析对比。为了便于对比,假定解调器的输入信号的平均功率为 S_{i},噪声的单边功率谱密度为 n_0,模拟调制信号的带宽为 B_m,接收端带通滤波器的带宽与相应的已调模拟信号带宽一致,其中 AM 信号的调制度为 100%。FM 调制中考虑的调制信号为单频正弦波,调频指数为 m_{f}。

不同调制的模拟通信系统进行比较时主要对比三个方面的性能:第一个是系统的有效性,通常用频带利用率和功率利用率来表征;频带利用率对于相同调制信号,也可用已调信号带宽来表征。第二个是系统的可靠性,通常用抗噪声性能方面的指标来表征。第三个是系统包括收发信机实现的难易程度。不同调制系统的性能对比如表 4.5.1 所示。

表 4.5.1 各种模拟调制系统性能比较

调制体制	信号带宽	输出信噪比	制度增益	复杂度	应用情况
AM	$2B_m$	$\dfrac{1}{3}\dfrac{S_i}{n_0 B_m}$	$\dfrac{2}{3}$	简单	中频和短波广播
DSB	$2B_m$	$\dfrac{S_i}{n_0 B_m}$	2	中等	短波电台
SSB	B_m	$\dfrac{S_i}{n_0 B_m}$	1	复杂	短波电台
VSB	略大于 B_m	近似 $\dfrac{S_i}{n_0 B_m}$	与 SSB 类似	复杂	电视广播
FM	$2(m_f+1)B_m$	$\dfrac{3}{2}m_f^2\dfrac{S_i}{n_0 B_m}$	$3m_f^2(m_f+1)$	中等	调频广播

由表 4.5.1 可见，在有效性方面，SSB 带宽最小，其次是 VSB，再次是 DSB 和 AM，带宽最大的是 FM。在可靠性方面，输出信噪比最大的是 FM(通常指宽带调频)，其次是 SSB、DSB 和 VSB，最小的是 AM 调制。在复杂度方面，最简单的是 AM 调制，其次是 DSB 和 FM，复杂度最高的是 SSB 和 VSB。

4.5.2 频分复用

在许多实际应用中，在一个地方的许多信源需要通过同一个信道将信息传输到另外一个地方。将这些信源在同一个信道上同时传输多路信号的技术称为复用技术。在通信系统中，通常信道所能提供的带宽往往要比传送一路信号所需的带宽宽得多。因此，一个信道只传输一路信号是非常浪费的。为了充分利用信道的带宽，可以采用频分复用方法。

所谓的频分复用(FDM)是指信道按照频率区分信号，即将信道划分成若干个相互不重叠的子频带，每个子频带占用不同的频段，如图 4.5.1 所示，然后将需要在同一信道上同时传送的多个信号调制到不同的子频带上，它们合并到一起不会相互影响，并且能在接收端彼此分离开。

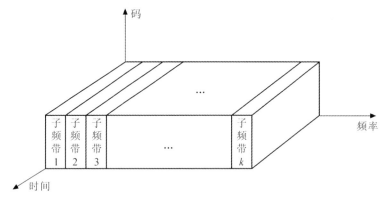

图 4.5.1 频分复用的子频带的划分

从图 4.5.1 中可以看出，在 FDM 系统中，各信号在频域上是分开的，而在时域上是重叠在一起的，即实现了信号频域的正交性。

频分复用系统的典型结构如图 4.5.2 所示。图中描述了 n 个信号在发送端的调制和频分复用，及其在接收端的解复用和解调。在发射端用 n 路基带信号分别去乘以不同频率的正弦载波，然后再通过带通滤波器，即实现了信号的调制。这样各路信号在频率位置上就被分开了，然后再通过相加器将它们合并成适合信道内传输的复用信号。若图 4.5.2(a) 中的调制器产生双边带信号，为了使信号能够被分开，要求两个相邻的子载频间的距离至少大于基带信号最高频率 f_m 的二倍。在接收端，分别采用中心频率不同的带通滤波器分离出各路已调信号，然后再进行解调恢复出原基带信号。

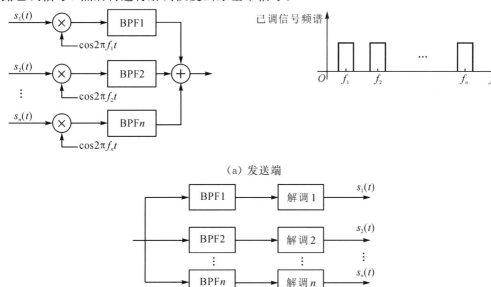

（a）发送端

（b）接收端

图 4.5.2 频分复用系统组成原理图

频分复用是利用各路信号在频率域不相互重叠来区分的。若相邻信号之间产生相互干扰，将会使输出信号产生失真。为了防止相邻信号之间产生相互干扰，应合理选择载波频率 f_1，f_2，$\cdots$，f_n，并使各路已调信号频谱之间留有一定的保护间隔 f_g。

在图 4.5.3 中，各路信号具有相同的 f_m。若调制器产生单边带信号，n 路单边带信号的总频带宽度为

$$
\begin{aligned}
B_n &= nf_m + (n-1)f_g = (n-1)(f_m + f_g) + f_m \\
&= (n-1)B_1 + f_m
\end{aligned}
\tag{4.5.1}
$$

在式 (4.5.1) 中，$B_1 = f_m + f_g$ 为一路信号占用的带宽。

若基带信号是模拟信号，则调制方式可以是 DSB-SC、AM、SSB、VSB 或 FM 等，其中 SSB 方式的频带利用率最高。若基带信号是数字信号，则调制方式可以是 ASK、FSK、PSK 等各种数字调制。SSB 方式复用信号的频谱结构示意图如图 4.5.3 所示。

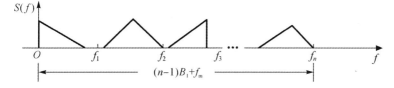

图 4.5.3 复用信号的频谱结构

在长途载波电话中所采取的 FDM 群路标准（国际电联（ITU-T）建议）如表 4.5.2 所示。每个话路的频率范围规定为 300～3400 Hz，分配 4 kHz 带宽。12 个话路组成一个基群，工

作于 60～108 kHz 的频率，占用 48 kHz 带宽。以基群为基本单位可以进一步的复合，5 个基群（60 个话路）又可以复合成 1 个超群，5 个超群（300 个话路）又可以复合成 1 个主群，3 个主群（900 个话路）又可以组成一个超主群。这一标准曾在模拟长途电话系统中广泛使用，目前基本上被数字复用系统所替代。

表 4.5.2　FDM 模拟电话群路标准

FDM 等级	话路数	频率范围/kHz	带宽/kHz
基群	12	60～108	48
超群	60	312～552	240
主群	300	812～2044	1232
超主群	900	8516～12 386	3870

FDM 系统是模拟通信中最主要的一种复用方式，在模拟有线电视网等场合中仍有应用。FDM 系统的主要缺点是设备比较复杂，由于滤波器特性不够理想和信道中存在非线性失真，因而会产生路间干扰。

4.6　模拟广播通信系统

随着通信技术的发展，模拟通信系统逐渐被数字通信系统所取代，使用模拟调制系统的场景越来越少。目前在许多国家中，尤其是发展中国家和一些经济不发达的国家，模拟广播还在广泛地使用。在一些发达的国家，如欧洲的一些国家、日本和美国等，从 20 世纪 90 年代已开始采用数字音频广播和数字视频广播（DAB 和 DVB），但模拟广播依然存在。模拟广播的优势主要是接收机成本低；生产简单；使用操作方便；占用带宽小。作为模拟调制的一种重要应用，本节首先回顾了模拟广播的历史，然后介绍了模拟广播的标准及特点。

4.6.1　AM 模拟广播

1906 年加拿大人雷金纳德·费森登发明了调幅（AM）广播，这是用无线电传送声音的开始。1920 年美国无线电专家康拉德在匹兹堡建立了世界上第一家商业无线电广播电台，收音机成为人们了解时事新闻的方便途径。1922 年底，美国的广播电台已经发展到 500家；1922 年 5 月，莫斯科中央无线电台开始试播；1922 年底，美国广播公司 BBC 成立。1924 年，私营东京广播电台开始试播。1926 年 10 月，中国自己创办的第一座广播电台建成并进行广播。截至 1930 年，无线电广播几乎遍及全世界。

商业 AM 无线电广播利用 535～1605 kHz 频带传输语音和音乐。载波频率分配范围为 540～1600 kHz，间隔为 10 kHz。广播电台采用传统 AM 进行信号传输，基带消息信号 $m(t)$ 仅限于约 4 kHz 的带宽，AM 已调信号带宽为 8 kHz。两个相邻电台之间留有 2 kHz 的保护带。由于有数十亿个接收机和相对较少的无线电发射机，从经济角度来看，使用传统的 AM 进行广播是合理的，降低了接收机的成本。

AM 无线电广播中最常用的接收机是超外差接收机。在超外差接收机中，每个 AM 无

线电信号都转换为 $f_{IF}=455$ kHz 的公共中频。此转换允许对来自频带内任何无线电台的信号使用单个调谐 IF 放大器。中频放大器的设计带宽为 10 kHz，与传输信号的带宽相匹配。

世界各国针对境内的 AM 模拟广播分别制定了各自的标准，表 4.6.1 给出了中国和美国 AM 广播的标准(美国 AM 电台标准依据 FCC 技术标准归纳)。

表 4.6.1　中国和美国的 AM 广播标准

参数	中　国	美　国
频带	中波、短波	中波、短波
频率范围	531～1602 kHz(中波) 2～24 MHz(短波)	540～1700 kHz(中波) 3～30 MHz(短波)
传播模式	天波、地波	天波、地波
信道带宽	9 kHz	10 kHz
载波频率稳定性	偏移量±20 Hz	偏移量±20 Hz
电台发射功率	几十千瓦级	几十千瓦级
电台数目	744	4825

4.6.2　FM 模拟广播

1933 年美国人爱德文·阿姆斯特朗发明了调频系统，美国在 20 世纪 30 年代后期，将 42 MHz 和 50 MHz 之间的频段用于 FM 广播。在 1945 年后，VHF 调频频段完全重新布置，FM 广播频段被重新定位到 88～108 MHz。

从 20 世纪 40 年代起，调频广播陆续出现。相比于中波调幅广播，调频广播有明显优点：高保真广播，抗干扰能力强，可实现立体声广播，发射功率小。正因为这些特点，一些国家内的国内广播几乎都已采用调频广播。从 20 世纪 70 年代后期起，许多国家开始探索立体感更强的调频立体声广播。现在调频广播中，一般模拟音频信号的带宽通常考虑为 15 kHz，调频指数一般选为 5，最大频偏固定为 75 kHz，调频信号的带宽为 180 kHz，考虑一定的保护带，一个调频广播的信道带宽为 200 kHz。

FM 无线电广播中最常用的接收机是超外差接收机。与 AM 无线电接收一样，RF 放大器和本地振荡器之间的共同调谐，可使混频器将所有 FM 无线电信号调至 200 kHz 的公共中频带宽，中心频率为 $f_{IF}=10.7$ MHz。世界各国也制定了其国内 FM 模拟广播的标准，中国和美国 FM 模拟广播参数见表 4.6.2。

表 4.6.2　中国和美国 FM 模拟广播参数

参　数	中　国	美　国
频段	超短波	超短波
频率范围	87.5～108 MHz	88.1～107.9 MHz
传播模式	视距传播	视距传播
信道带宽	200 kHz	200 kHz
电台数目	17 554	9000

FM 广播的一般频率范围为 76～108 MHz。各个国家具体的频率范围有所不同。我国 FM 广播的频率范围为 87.5～108 MHz，日本频率范围为 76～90 MHz，美国频率范围为 88.1～107.9 MHz。FM 广播的电波传播方式为视距传播，覆盖范围较小，因此发射天线大多设置在山顶，基本上是为本地用户服务。FM 广播传输成本低，发射功率小，在使用相同的发射功率时，FM 广播比中波 AM 广播的发射范围大得多。在短波范围内的 28～30 MHz 之间的广播也有采用 FM 调制方式，应用于业余电台、太空和人造卫星通讯。调频广播的频带利用率为 7.5%，远小于 AM 广播的频带利用率，这也是 FM 相对于 AM 在接收质量存在优势的原因，即利用带宽换取信噪比的提升。

由于 AM 和 FM 各自的特点，目前国内广播和地方台广播大多采用 FM 广播，传输质量高，音质好；中央电台广播大多采用 AM 广播，传输距离远。随着科学技术的发展与人们生活水平的提高，模拟广播已越来越不能满足人们的需求，数字调幅广播（DRM）技术越来越成熟。数字调幅广播在与模拟调幅广播保持相同带宽的前提下，通过数字音频压缩，以及信号处理技术，将 AM 广播的优点保留下来，同时能够提升其传输质量，可以达到 FM 单声道广播的质量。

思 考 题

4.1 简述调制在通信系统中的作用。

4.2 模拟通信系统中的可靠性和有效性的指标有哪些？

4.3 什么是线性调制？在模拟调制中线性调制有哪些？已调信号的时域和频域表示式如何？波形和频谱有哪些特点？

4.4 SSB 相对于 DSB 有哪些优点和缺点？

4.5 画出 SSB 信号产生方法的框图。

4.6 VSB 滤波器的传输特性应满足什么条件？为什么？

4.7 VSB 信号和 SSB 信号有哪些差异和相同点？

4.8 什么是调制制度增益？调制制度增益和信噪比有什么关系？

4.9 什么是频率调制？什么是相位调制？两者关系如何？

4.10 包络检波器在线性调制和非线性调制中分别有怎样的应用？

4.11 非线性调制和线性调制相比有哪些优点和缺点？

4.12 简述窄带调频和宽带调频之间的区别、各自的特点和应用。

4.13 画出调频信号非相干解调的框图。

4.14 画出使用窄带调频信号生成宽带调频信号的框图。

4.15 简述锁相环在调频信号的调制与解调中的应用。

4.16 什么是鉴频器？它的作用是什么？

4.17 调频信号的抗噪声性能受哪些因素的影响？这些因素是怎样影响抗噪声性能的？

4.18 简述调频系统中预加重和去加重的作用。

4.19 什么是频分复用？频分复用可以实现什么目的？

4.20 FM 广播相对于 AM 广播有哪些优点和缺点?

习 题

4.1 已知某 AM 调制器的输出为 $S_m(t) = 40\cos400\pi t + 4\cos360\pi t + 4\cos440\pi t$,试求其调制度和功率利用率。

4.2 已知调制信号为 $m(t) = \cos2000\pi t + 2\cos4000\pi t$,其载波信号为 $100\cos2\pi f_c t$,$f_c = 10^6$ Hz,试求其生成的 DSB 信号和 USB 信号,并画出 USB 信号的频谱。

4.3 已知语音信号的频率范围为 $0\sim4$ kHz,现将语音信号通过 DSB 信号发送,接收端采用相干解调。

(1) 画出接收端解调的原理框图。

(2) 当解调的输出信噪比为 20 dB 时,求接收端的输入信噪比。

4.4 已知某 AM 信号为 $s_{AM}(t) = 5\cos1800\pi t + 20\cos2000\pi t + 5\cos2200\pi t$,其调制信号的平均功率为 0.5 W,试求其调制信号、载波信号、调制度及功率利用率。

4.5 已知某 SSB 信号的载波频率为 80 kHz,载波幅度为 10 V,调制信号为 $m(t) = \cos2000\pi t + 2\sin2000\pi t$,求 $\hat{m}(t)$ 及 LSB 信号的时域表达式。

4.6 已知调制信号 $m(t)$ 的带宽为 10 kHz,其功率为 0.5 W,载波 $A\cos2\pi f_c t$ 的功率为 200 W,求:

(1) 其生成 SSB 信号的带宽和功率。

(2) 其生成 DSB 信号的带宽和功率。

(3) 调制度为 0.6 时的 AM 信号带宽及功率。

4.7 已知调制信号 $m(t) = \cos(2000\pi t)$,载波为 $2\cos10^4\pi t$,分别写出 AM、DSB、USB、LSB 信号的表示式,并画出频谱图。

4.8 请给出 USB、LSB 和 AM 信号的同相分量、正交分量和包络的表达式。

4.9 证明在一个 DSB 调制后得到的带通信号的包络与调制信号的绝对值成正比。

4.10 根据图 P4.1 所示的调制信号波形,试画出 DSB 及 AM 信号的波形图,并比较它们分别通过包络检波器后的波形差别。

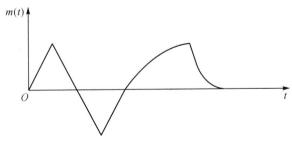

图 P4.1

4.11 将调幅波通过残留边带滤波器产生残留边带信号。若此信号的传输函数 $H(\omega)$ 如图 P4.2 所示(斜线段为直线)。当调制信号为 $m(t) = A[\sin100\pi t + \sin6000\pi t]$ 时,试确定所得残留边带信号的表达式。

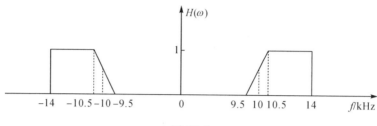

图 P4.2

4.12 对抑制载波的双边带信号进行相干解调,设接收信号功率为 2 mW,载波为 100 kHz,并设调制信号 $m(t)$ 的频带限制在 4 kHz,信道噪声双边功率谱密度 $P_n(f)=2\times 10^{-3}$ μW/Hz。

(1) 画出该理想带通滤波器传输特性 $H(\omega)$ 图。

(2) 求解调器输入端的信噪比。

4.13 设有一调制信号为 $m(t)=\cos\Omega_1 t+\cos\Omega_2 t$,载波为 $A\cos\omega_c t$,试写出当 $\Omega_2=2\Omega_1$,载波频率 $\omega_c=5\Omega_1$ 时相应的 SSB 信号的表达式。

4.14 图 P4.3 是同一载波被两个消息信号进行调制的系统,LPF、HPF 分别为低、高通滤波器,截止频率均为 ω_c。

(1) 当 $f_1(t)=\cos\omega_1 t$,$f_2(t)=\cos\omega_2 t$ 时,试求 $s(t)$ 的表达式。

(2) 画出适应 $s(t)$ 解调的框图。

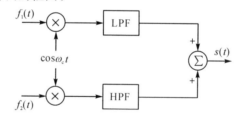

图 P4.3

4.15 已知某发射器的载波频率为 1 kHz,若发射器的输出如(1)(2)(3)所示时,求其最大频率偏移和相位偏移。

(1) $s(t)=\cos[2000\pi t+20t^2]$;

(2) $s(t)=\cos(1000\pi t^2)$;

(3) $s(t)=\cos(2200\pi t)$。

4.16 已知调制信号 $m(t)$ 的带宽为 10 kHz,其峰值幅度为 $\max(|m(t)|)=1$ V,求其频偏常数分别为(1) $k_f=10$ Hz/V;(2) $k_f=300$ Hz/V;(3) $k_f=1100$ Hz/V 时的 FM 信号带宽。

4.17 已知 FM 调制器的载波信号为 $5\cos 2\pi f_c t$,$f_c=10$ MHz,调制信号为 $m(t)=2\cos 2000\pi t+3\cos 3000\pi t$,$k_f=3$ kHz/V,求初始相位为 0 时调制器输出信号的表达式。

4.18 某 FM 调制器的载波频率为 1 kHz,频偏常数为 $k_f=12.5$ Hz/V。若调制信号为 $m(t)=4\cos 20\pi t$,求其调频指数。请分析该信号是否为窄带调频信号?若要生成波形相同且为 $k_p=5$ rad/V 的调相信号,求其调制信号。

4.19　某 FM 调制器的载波为 $10\cos1000\pi t$，调制信号为 $m(t)=10\cos20\pi t$，频偏常数为 $k_f=8$ Hz/V，求其最大频率偏移、最大相位偏移和调频指数。

4.20　已知某 FM 信号为 $s_{\mathrm{FM}}(t)=100\cos(2\pi f_c t+4\sin2\pi f_m t)$，其中 $f_c=10$ MHz，$f_m=1000$ Hz，求其调频指数和带宽。若 f_m 放大至两倍，求其调频指数和带宽。

4.21　已知某 FM 信号的频偏常数为 $k_f=25$ Hz/V，其调制信号如图 P4.4 所示。请画出该信号的频率偏移(Hz)和相位偏移(rad)。

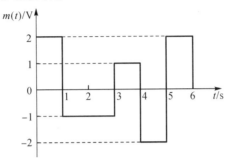

图 P4.4

4.22　已知生成某窄带调频信号的调制信号频率为 15 kHz，调频指数为 0.1，振荡器输出频率为 100 kHz。如果想产生一个载波频率为 104 MHz，最大频偏为 75 kHz 的宽带信号，需要的倍频器和变频器参数应为多少？

4.23　一个 FM 信号为 $s_{\mathrm{FM}}(t)=100\cos\left[2\pi f_c t+100\int_{-\infty}^{t}m(\tau)\mathrm{d}\tau\right]$，其中调制信号如图 P4.5 所示，求其瞬时频率和最大频率偏移。

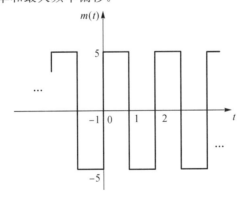

图 P4.5

4.24　已知某载波信号 $A\cos2\pi10^6 t$ 使用调制信号 $m(t)=2\cos2000\pi t$ 进行频率调制，频偏常数为 $k_f=3000$ Hz/V。

(1) 求调频指数。

(2) 使用卡森公式计算信号带宽。

(3) 如果调制信号频率提高到原来的两倍，求此时的调频指数和带宽。

4.25　已知调制信号的波形如图 P4.6 所示，使用该信号对相同的载波信号分别进行调频和调相。

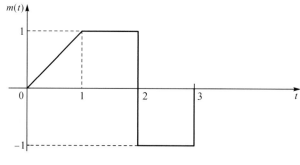

图 P4.6

（1）当频偏常数 k_f 和相偏常数 k_p 需满足什么关系时可以使得调制信号的最大相位偏移相同？

（2）若 $k_f = k_p = 1$，调频信号和调相信号的最大瞬时频率分别是多少？

4.26　已知某单频调频波的振幅是 10 V，瞬时频率为

$$f(t) = 10^6 + 10^4 \cos 2\pi \times 10^3 t$$

试求：

（1）此调频波的表达式。

（2）此调频波的最大频率偏移、调频指数和频带宽度。

（3）若调制信号频率提高到 2×10^3 Hz，则调频波的最大频偏、调频指数和频带宽度如何变化？

4.27　某角调波为 $S_m(t) = 10\cos(2 \times 10^6 \pi t + 10\cos 2000\pi t)$。

（1）计算其最大频偏、最大相移和带宽。

（2）分析该信号是 FM 信号还是 PM 信号。

4.28　已知调频信号 $S_m(t) = 10\cos[(10^6 \pi t) + 8\cos(10^3 \pi t)]$，调制器的频偏常数 $k_f = 200$ Hz/V，试求：

（1）载频 f_c、调频指数和最大频偏。

（2）调制信号 $m(t)$。

4.29　试证明使用相同载波 $A\cos 2\pi f_c t$ 的两个调制信号 $m_1(t)$ 和 $m_2(t)$ 生成的 DSB 信号之和与两个调制信号之和 $m_1(t) + m_2(t)$ 生成的 DSB 信号相同。

4.30　试证明使用相同载波 $A\cos 2\pi f_c t$ 的两个调制信号 $m_1(t)$ 和 $m_2(t)$ 生成的 FM 信号之和与两个调制信号之和 $m_1(t) + m_2(t)$ 生成的 FM 信号不同。

第 5 章　数字基带传输系统

在数字通信系统中，通常根据系统中是否包含实现频谱搬移的调制与解调将其分为数字基带传输系统和数字频带传输系统。如果将数字频带传输系统中的调制与解调等效到信道中，数字频带传输系统可以等效为数字基带传输系统。因而数字基带系统传输的理论也适用于数字频带传输系统的基带处理。数字通信系统的原理首先从数字基带传输系统开始。

本章主要研究数字基带传输系统的基本理论。首先概述了数字基带传输系统，然后介绍了数字基带信号的时域波形、信号模型和功率谱密度；针对带限的基带信道，介绍了线路编码，然后给出了基带传输系统模型；并在此基础上研究了码间干扰、无码间干扰的基带系统传输条件和基带系统的抗噪声性能；最后介绍了实际工程中用于观察码间干扰和噪声影响的方法——眼图，以及减小码间干扰的时域均衡技术。

5.1　概　　述

在数字通信系统中，离散信源或模拟信源输出的数字化后的信号一般都含有丰富的低频分量或者直流，这些信号通常称为数字基带信号。在某些具有低通特性且信道带宽仅受传输媒质限制的有线信道中，可以直接进行传输。但许多基带信道或者等效的基带信道的带宽都是有限的，通常对于直流和低频分量具有较大的衰减，基带信号需要通过处理满足信道的带宽限制后，才能通过信道传输。信道在信号通过时叠加上噪声，经过信道传输后的信号在接收端首先通过接收滤波器，提取信号并滤除带外噪声。通过接收滤波器的信号分成两路，一路通过位定时同步（码元同步）电路获得码元同步脉冲，利用该脉冲对于另外一路信号进行抽样和判决，抽样判决后的信号再进行与发端相逆的处理。一般数字基带传输系统的原理框图如图 5.1.1 所示。

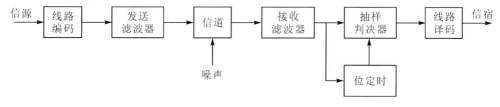

图 5.1.1　数字基带传输系统原理框图

在图 5.1.1 中，数字基带传输系统一般包括信源、线路编码、发送滤波器、信道、噪

声、接收滤波器、位定时(码元同步)、抽样判决器、线路译码和信宿等部分。其主要部分的功能和作用如下:

(1)线路编码:线路编码是对信源输出的代码进行码型变换,改变数据代码的统计特性和相关性,改变基带信号功率谱密度的形状,以满足系统线路(信道)传输的需求,与信源编码和信道编码不同。

(2)发送滤波器:它将线路编码送过来的数据脉冲形成适合于带限信道传输的波形,与线路编码一起完成原始数字基带信号的变换,使数字基带信号与信道匹配,同时所形成的波形有利于接收端进行定时提取。

(3)信道:基带信道包括有线信道和等效的基带信道。有线信道包括电缆、电话线和架空明线等。等效的基带信道包括微波信道、卫星信道和水下信道等。这些信道通常可采用线性滤波器模型来描述,带宽是受限的。其功能是给信号提供传输带宽有限的通道,同时将噪声叠加到信号上。

(4)接收滤波器:它主要是提取信号,滤除带外噪声,对信道特性具有一定的均衡作用,满足抽样和判决的要求。

(5)抽样判决器:它在同步脉冲的作用下对接收滤波器输出的信号进行抽样和判决,恢复发送滤波前的数字信息。由于信道特性和噪声会使数字基带信号的波形发生畸变,抽样判决后恢复出的数字信息可能会产生错误。

(6)位定时:它从接收信号中采用线性或者非线性的方法提取位同步信息,并形成抽样脉冲送给抽样判决器。其提取定时同步的误差影响抽样判决后数字信息的误码性能。

除了上述这些主要的部分外,线路译码完成线路编码的逆运算,从编码后的数据中恢复出编码前的数字信息。图 5.1.1 给出的是数字基带系统中主要功能的一些模块,除这些模块外还可以包含信源编译码、信道编译码和加解密等数字通信系统中的模块。本章主要讨论图 5.1.1 中的数字基带系统的主要模块。

5.2 数字基带信号

在数字基带系统中,信源输出的符号通常采用一个持续时间有限的波形表示,每个符号对应的波形承载着该符号所表示的信息。信源连续输出的多个符号对应的波形序列就形成了数字基带信号。在数字基带传输系统中最基本的是二进制数字基带系统。本节首先介绍二进制数字基带信号的常用波形,然后介绍多进制数字基带信号波形;再根据这些波形的特点建立数字基带信号的模型,最后利用信号模型推导出数字基带信号的功率谱密度。

5.2.1 数字基带信号的波形

信源输出的数字基带信号波形与数字符号(代码)和符号(码元)的基本波形有关。符号的基本波形有矩形脉冲、高斯脉冲和余弦滚降脉冲等形式,其中矩形脉冲使用最为广泛,下面以矩形脉冲形式介绍信源输出的单极性不归零波形、双极性不归零波形、单极性归零波形、双极性归零波形、差分波形和多进制波形等基带信号的波形。

1. 单极性不归零波形

在单极性不归零波形中，符号"1"用持续时间为一个码元宽度 T_s 的正电平表示，符号"0"用持续时间为一个码元宽度 T_s 的零电平表示。若发送的信息符号为"1110101"，则其波形如图 5.2.1 所示。单极性不归零波形的主要缺点是有直流分量，不适合在基带传输系统中长距离传输。

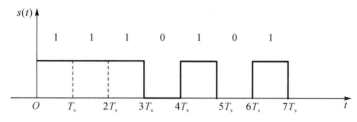

图 5.2.1　单极性不归零波形

2. 双极性不归零波形

在双极性不归零波形中，符号"1"用持续时间为一个码元宽度 T_s 的正电平表示，符号"0"用持续时间为一个码元宽度 T_s 的负电平表示。若发送的信息符号为"1110101"，其波形如图 5.2.2 所示。双极性不归零波形的特点是当符号"1"、"0"等概出现时，无直流分量，受信道特性变化的影响小，抗噪能力强。

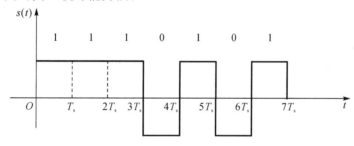

图 5.2.2　双极性不归零波形

3. 单极性归零波形

单极性归零波形，符号"1"用持续时间小于一个码元宽度 T_s 的正电平表示，符号"0"用持续时间为一个码元宽度 T_s 的零电平表示。若发送的信息符号为"1110101"，其波形如图 5.2.3 所示。每个符号对应的波形在一个码元的持续时间内总要回到零电平，所以称为归零波形。单极性归零波形的特点是有直流分量，其带宽比不归零波形的带宽要大，电平跳变丰富，有利于同步脉冲的提取。

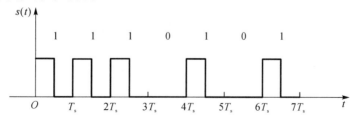

图 5.2.3　单极性归零波形

4. 双极性归零波形

双极性归零波形，符号"1"用持续时间小于一个码元宽度 T_s 的正电平表示，符号"0"用持续时间小于一个码元宽度 T_s 的负电平表示。若发送的信息符号为"1110101"，其波形如图 5.2.4 所示。双极性归零波形当符号"1"和"0"等概率出现时，没有直流成分，其带宽比不归零波形的带宽要大，电平跳变丰富，并有利于提取同步。

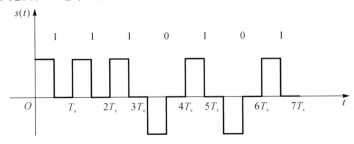

图 5.2.4　双极性归零波形

5. 差分波形

差分波形是利用电平的改变表示信息的。符号"1"用相对于前一个符号出现电平跃变来表示，符号"0"用相对于前一个符号电平不变来表示。双极性的差分波形如图 5.2.5 所示。差分波形又称为相对码波形，而相应地称前面介绍的单极性或双极性波形为绝对码波形。差分波形主要的特点是可消除系统初始状态的不稳定的影响。

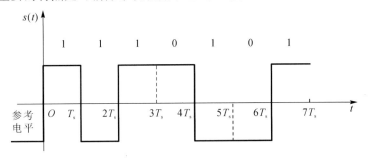

图 5.2.5　差分波形

6. 多进制波形

前面 5 种波形都是二进制信号对应的波形，由二进制代码和矩形脉冲形成。如果信源输出的符号是多进制符号，利用符号与基本波形组合可形成多进制基带信号波形。如四进制波形，信源输出四种不同符号，如 x_0，x_1，x_2，x_3；在等概的条件下，每个符号包含两个比特信息，如 x_0 对应 00，x_1 对应 01，x_2 对应 10，x_3 对应 11。符号 x_0 可用持续时间为一个码元宽度 T_s 且电平 $+3E$ 的矩形波形表示；符号 x_1 可用持续时间为一个码元宽度 T_s 且电平 $+E$ 的矩形波形表示；符号 x_2 可用持续时间为一个码元宽度 T_s 且电平 $-E$ 的矩形波形表示；符号 x_3 可用持续时间为一个码元宽度 T_s 且电平 $-3E$ 的矩形波形表示。信息比特为 10011100011001 的四进制波形如图 5.2.6 所示。与二进制数字基带信号波形相比，多进制数字基带信号在同样的码元速率下，信息传输速率更高。

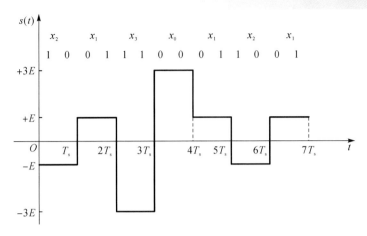

图 5.2.6 多进制波形

5.2.2 数字基带信号的模型

在前面介绍的 6 种数字基带信号波形中，符号基本的波形采用了矩形脉冲的形式，除此之外还可以采用高斯脉冲、余弦脉冲等其他的多种形式。若码元宽度是 T_s，符号的基本波形通常可以表示为 $g(t)$，$-\dfrac{T_s}{2} \leqslant t \leqslant \dfrac{T_s}{2}$。但无论采用何种形式的电波形，由于信源输出符号的随机性，由符号对应波形构成的数字基带信号也都具有一定的随机性，所以数字基带信号的模型通常采用随机过程表示。数字基带信号可表示为

$$s(t) = \sum_{n=-\infty}^{\infty} s_n(t - nT_s) \tag{5.2.1}$$

式 (5.2.1) 中，$s_n(t)$ 是第 n 个符号所对应的波形，若信源输出的第 n 个符号为 a_n，则

$$s_n(t) = a_n g(t - nT_s) \tag{5.2.2}$$

在二进制数字基带信号中，若符号"1"出现的概率为 P，"0"出现的概率为 $1-P$，则第 n 个符号 a_n 可以表示为

$$a_n = \begin{cases} v_1, & P \\ v_2, & 1-P \end{cases} \tag{5.2.3}$$

式 (5.2.3) 表示符号"1"的电平 v_1 出现的概率为 P，"0"的电平 v_2 出现的概率为 $1-P$。对于多进制数字基带信号，若信源的统计特性为 $X \sim \begin{bmatrix} x_1 & x_2 & \cdots & x_M \\ P(x_1) & P(x_2) & \cdots & P(x_M) \end{bmatrix}$，$\displaystyle\sum_{i=1}^{M} P(x_i) = 1$，第 n 个符号 a_n 为

$$a_n = \begin{cases} v_1, & P(x_1) \\ v_2, & P(x_2) \\ \cdots \\ v_M, & P(x_M) \end{cases} \tag{5.2.4}$$

式 (5.2.4) 中，v_1，v_2，$\cdots$，v_M 分别是符号 x_1，x_2，$\cdots$，x_M 对应的电平。由数字基带信号符号的统计特性，可以得知数字基带信号是一种平稳随机过程。

5.2.3 数字基带信号的功率谱密度

由数字基带信号的数学模型可见，数字基带信号是一个平稳随机过程。要在数字基带系统中进行有效传输，必须了解它的频域特性。只有了解其所占的频带宽度、所包含的频谱分量，有无直流分量，有无定时分量等信息，才能确定信号频谱与传输信道特性是否相匹配，以及能否从信号中提取定时分量。

对于平稳随机过程，计算其功率谱密度的思路是从其时域统计特性入手，研究其相关函数，然后通过对相关函数进行傅里叶变换，得到它的功率谱密度。

按照式(5.2.1)给出的数字基带信号时域模型

$$s(t) = \sum_{n=-\infty}^{\infty} s_n(t - nT_s) = \sum_{n=-\infty}^{\infty} a_n g(t - nT_s) \tag{5.2.5}$$

根据随机信号功率谱密度的推导思路，先考察一下式(5.2.5)数字基带信号的统计特性，然后推导其相关函数，再通过傅里叶变换获得其功率谱密度。

首先，数字基带信号 $s(t)$ 的均值为

$$E[s(t)] = \sum_{n=-\infty}^{\infty} E[a_n] g(t - nT_s) = m_a \sum_{n=-\infty}^{\infty} g(t - nT_s) \tag{5.2.6}$$

式(5.2.6)中，m_a 是随机序列 $\{a_n\}$ 的均值。需要注意的是，虽然 m_a 是一个常数，但 $\sum_{n=-\infty}^{\infty} g(t - nT_s)$ 是一个周期为 T_s 的周期函数，因而数字基带信号 $s(t)$ 的均值是一个周期函数。

数字基带信号 $s(t)$ 的自相关函数表示为

$$R_s(t + \tau, t) = E\{s(t)s(t + \tau)\}$$
$$= \sum_{n=-\infty}^{\infty} \sum_{m=-\infty}^{\infty} E(a_n a_m) g(t - nT_s) g(t + \tau - mT_s) \tag{5.2.7}$$

式(5.2.7)中以假设 $s(t)$ 为实信号为前提，如果 $s(t)$ 为复信号，则自相关函数为

$$R_s(t + \tau, t) = E\{s^*(t)s(t + \tau)\}$$
$$= \sum_{n=-\infty}^{\infty} \sum_{m=-\infty}^{\infty} E(a_n^* a_m) g(t - nT_s) g(t + \tau - mT_s) \tag{5.2.8}$$

下面以实信号为例推导功率谱密度。

不失一般性，我们通常假定信息序列 $\{a_n\}$ 是广义平稳的，其自相关序列为

$$R_a(n) = E\{a_m a_{n+m}\} \tag{5.2.9}$$

则式(5.2.7)可以表示为

$$R_s(t + \tau, t) = \sum_{n=-\infty}^{\infty} \sum_{m=-\infty}^{\infty} R_a(m - n) g(t - nT_s) g(t + \tau - mT_s) \tag{5.2.10}$$

令 $m - n = k$，则 $m = k + n$；对于一个确定的 n，$-\infty \leqslant k \leqslant \infty$，式(5.2.10)通过变量代换后为

$$R_s(t + \tau, t) = \sum_{n=-\infty}^{\infty} \sum_{k=-\infty}^{\infty} R_a(k) g(t - nT_s) g(t + \tau - nT_s - kT_s)$$
$$= \sum_{k=-\infty}^{\infty} R_a(k) \sum_{n=-\infty}^{\infty} g(t - nT_s) g(t + \tau - nT_s - kT_s) \tag{5.2.11}$$

考察一下式(5.2.11)中的第二项

$$\sum_{n=-\infty}^{\infty} g(t-nT_s)g(t+\tau-nT_s-kT_s) \tag{5.2.12}$$

可以发现这个求和项是周期的，其周期是 T_s，因而自相关函数 $R_s(t+\tau,\,t)$ 也是周期的，即

$$R_s(t+T_s+\tau,\,t+T_s)=R_s(t+\tau,\,t) \tag{5.2.13}$$

随机过程 $s(t)$ 具有周期的均值和周期的相关函数，这种随机过程是循环平稳的。其平均自相关函数为

$$
\begin{aligned}
\bar{R}_s(\tau) &= \frac{1}{T_s}\int_{-\frac{T_s}{2}}^{\frac{T_s}{2}} R_s(t+\tau,\,t)\mathrm{d}t \\
&= \sum_{k=-\infty}^{\infty} R_a(k) \sum_{n=-\infty}^{\infty} \frac{1}{T_s}\int_{-\frac{T_s}{2}}^{\frac{T_s}{2}} g(t-nT_s)g(t+\tau-nT_s-kT_s)\mathrm{d}t \\
&= \sum_{k=-\infty}^{\infty} R_a(k) \sum_{n=-\infty}^{\infty} \frac{1}{T_s}\int_{nT_s-\frac{T_s}{2}}^{nT_s+\frac{T_s}{2}} g(t)g(t+\tau-kT_s)\mathrm{d}t \\
&= \frac{1}{T_s}\sum_{k=-\infty}^{\infty} R_a(k) \int_{-\infty}^{\infty} g(t)g(t+\tau-kT_s)\mathrm{d}t
\end{aligned} \tag{5.2.14}
$$

在式(5.2.14)中，我们定义基本波形 $g(t)$ 的时间自相关函数为

$$R_g(\tau) = \int_{-\infty}^{\infty} g(t)g(t+\tau)\mathrm{d}t \tag{5.2.15}$$

则 $s(t)$ 平均自相关函数为

$$\bar{R}_s(\tau) = \frac{1}{T_s}\sum_{k=-\infty}^{\infty} R_a(k)R_g(\tau-kT_s) \tag{5.2.16}$$

因此，$s(t)$ 的功率谱密度就是其平均自相关函数的傅里叶变换，

$$
\begin{aligned}
P_s(f) &= \int_{-\infty}^{\infty} \bar{R}_s(\tau)\mathrm{e}^{-\mathrm{j}2\pi f\tau}\mathrm{d}\tau = \frac{1}{T_s}\sum_{k=-\infty}^{\infty} R_a(k) \int_{-\infty}^{\infty} R_g(\tau-kT_s)\mathrm{e}^{-\mathrm{j}2\pi f\tau}\mathrm{d}\tau \\
&= \frac{1}{T_s}\sum_{k=-\infty}^{\infty} R_a(k)\mathrm{e}^{-\mathrm{j}2\pi fkT_s} \int_{-\infty}^{\infty} R_g(\tau')\mathrm{e}^{-\mathrm{j}2\pi f\tau'}\mathrm{d}\tau'
\end{aligned} \tag{5.2.17}
$$

若信息序列 $\{a_n\}$ 的功率谱定义为

$$P_a(f) = \sum_{k=-\infty}^{\infty} R_a(k)\mathrm{e}^{-\mathrm{j}2\pi fkT_s} \tag{5.2.18}$$

基本波形 $g(t)$ 的频谱为

$$G(f) = \int_{-\infty}^{\infty} g(t)\mathrm{e}^{-\mathrm{j}2\pi ft}\mathrm{d}t \tag{5.2.19}$$

则

$$\int_{-\infty}^{\infty} R_g(\tau)\mathrm{e}^{-\mathrm{j}2\pi f\tau}\mathrm{d}\tau = |G(f)|^2 \tag{5.2.20}$$

将式(5.2.18)和(5.2.20)代入式(5.2.17)可得

$$P_s(f) = \frac{1}{T_s}P_a(f)|G(f)|^2 \tag{5.2.21}$$

由式(5.2.21)可见，数字基带信号的功率谱密度与信息序列的功率谱密度和基本波形频谱有关。改变信息序列的功率谱或基本波形的频谱都可改变基带信号功率谱密度的形状。

下面重点讨论一下信息序列的功率谱密度，由式(5.2.18)可见，$P_a(f)$ 是周期的，其周期是 $1/T_s$，它是以 $\{R_a(k)\}$ 为系数的傅里叶级数。因而自相关序列 $\{R_a(k)\}$ 与 $P_a(f)$ 之间

的关系为

$$R_a(k) = T_s \int_{-\frac{T_s}{2}}^{\frac{T_s}{2}} P_a(f) e^{j2\pi fkT_s} df \tag{5.2.22}$$

若信息序列 $\{a_n\}$ 中各个信息符号之间是不相关的，则

$$R_a(k) = \begin{cases} \sigma_a^2 + m_a^2, & k = 0 \\ m_a^2, & k \neq 0 \end{cases} \tag{5.2.23}$$

式(5.2.23)中 $\sigma_a^2 = E(a_n^2) - m_a^2$ 是信息符号序列的方差。将式(5.2.23)代入式(5.2.18)可得

$$P_a(f) = \sigma_a^2 + m_a^2 \sum_{m=-\infty}^{\infty} e^{-j2\pi fmT_s} \tag{5.2.24}$$

由傅里叶级数的性质 $\sum\limits_{m=-\infty}^{\infty} e^{-j2\pi fmT_s} = \dfrac{1}{T_s} \sum\limits_{m=-\infty}^{\infty} \delta\left(f - \dfrac{m}{T_s}\right)$，令 $f_s = \dfrac{1}{T_s}$ 可得

$$P_a(f) = \sigma_a^2 + \frac{m_a^2}{T_s} \sum_{m=-\infty}^{\infty} \delta\left(f - \frac{m}{T_s}\right) = \sigma_a^2 + \frac{m_a^2}{T_s} \sum_{m=-\infty}^{\infty} \delta(f - mf_s) \tag{5.2.25}$$

将式(5.2.25)代入式(5.2.21)可得信息序列不相关时的功率谱密度为

$$P_s(f) = \sigma_a^2 f_s |G(f)|^2 + m_a^2 f_s^2 \sum_{m=-\infty}^{\infty} |G(mf_s)|^2 \delta(f - mf_s) \tag{5.2.26}$$

在式(5.2.26)中，数字基带信号 $s(t)$ 的功率谱包含两个部分，第一部分 $\sigma_a^2 f_s |G(f)|^2$ 为连续谱，其形状由基本波形谱 $G(f)$ 决定。第二部分由于有冲激函数 $\delta(f - mf_s)$，所以为离散谱，离散谱线间隔为 mf_s。当数字基带信号的均值为零时，其功率谱密度为

$$P_s(f) = \sigma_a^2 f_s |G(f)|^2 \tag{5.2.27}$$

由式(5.2.27)可见，这些数字基带信号无离散谱。

式(5.2.26)给出了数字基带信号功率谱密度的一般表示形式。下面针对最基本的二进制实信号的情况，讨论其功率谱密度的一般形式。若二进制的信息序列 $\{a_n\}$ 互不相关，信息序列的统计特性如式(5.2.3)所示，则信息序列的均值和方差分别为

$$\begin{aligned} m_a &= Pv_1 + (1-P)v_2 \\ \sigma_a^2 &= P(1-P)(v_1 - v_2)^2 \end{aligned} \tag{5.2.28}$$

将式(5.2.28)代入式(5.2.26)可得二进制数字基带信号的功率谱密度为

$$\begin{aligned} P_s(f) &= f_s P(1-P)(v_1 - v_2)^2 |G(f)|^2 + f_s^2 (Pv_1 + (1-P)v_2)^2 \sum_{m=-\infty}^{\infty} |G(mf_s)|^2 \delta(f - mf_s) \\ &= f_s P(1-P) |(v_1 - v_2)G(f)|^2 + \sum_{m=-\infty}^{\infty} |f_s(Pv_1 + (1-P)v_2)G(mf_s)|^2 \delta(f - mf_s) \end{aligned}$$

$$\tag{5.2.29}$$

在二进制通信系统中，"1"码及"0"码的电平不可能相同，故 $v_1 \neq v_2$，因而从式(5.2.29)可以看出连续谱总是存在的。离散谱中存在哪些离散分量，取决于电平 v_1 和 v_2 的数值及其出现的概率。

数字基带信号的功率谱密度对于数字基带传输系统的设计具有非常重要的作用，系统可根据功率谱密度中的连续谱确定数字基带信号的带宽。根据离散谱可以确定随机序列是否包含直流成分($m = 0$)及定时分量($m = \pm 1$)。

例 5.1　若单极性二进制数字基带信号 $s(t)$ 的码元传输速率为 $R_B = f_s = 1/T_s$，基本波形为 $g(t)$，表示符号"1"的电平为 $v_1 = 1$，表示符号"0"的电平 $v_2 = 0$，则由式(5.2.29)可以得到其功率谱密度为

$$P_s(f) = f_s P(1-P)\,|G(f)|^2 + \sum_{m=-\infty}^{\infty} |f_s PG(mf_s)|^2 \delta(f - mf_s) \qquad (5.2.30)$$

式(5.2.30)中，$G(f)$ 为 $g(t)$ 的频谱。

若 $g(t)$ 是幅度为1、宽为 T_s 的不归零矩形脉冲，则 $s(t)$ 是单极性不归零波形，此基带信号波形如图 5.2.7 所示，在图中，$T_s = 5$ ms。基带基本波形 $g(t)$ 的频谱为 $G(f) = T_s Sa(\pi f T_s)$，则在符号等概发送的条件下

$$P_s(f) = \frac{T_s}{4} Sa^2(\pi f T_s) + \frac{1}{4}\delta(f) \qquad (5.2.31)$$

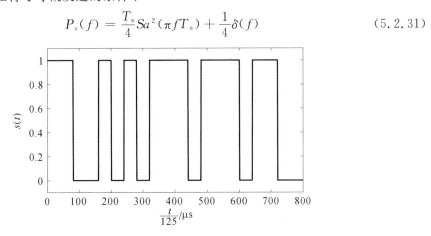

图 5.2.7　单极性不归零随机矩形脉冲序列的波形

在式(5.2.30)的离散谱中，当 $m=0$ 时，$G(mf_s) = T_s Sa(0) \neq 0$，因此离散谱中有直流分量。当 $m \neq 0$ 时，$G(mf_s) = T_s Sa(m\pi) = 0$。因而 $m = \pm 1$ 时，$G(\pm f_s) = 0$，故基带信号不含定时信号的离散谱。式(5.2.31)中连续谱的形状由 $G(f)$ 决定。图 5.2.8 所示为信号在等概条件下的功率谱密度曲线。由图可见，基带信号的带宽取决于连续谱，由频谱函数 $G(f)$ 决定。功率谱密度的第一个零点在 $f = f_s = 200$ Hz 处，因此单极性不归零矩形脉冲序列的第一零点带宽为 $B_s = f_s = 200$ Hz。

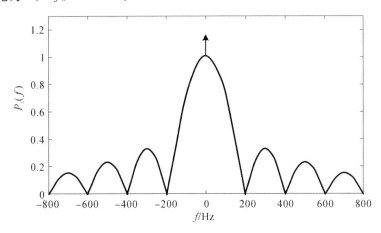

图 5.2.8　单极性不归零波形的功率谱密度

若 $g(t)$ 是幅度为1、占空比为50%的归零矩形脉冲，则 $G(f) = \dfrac{T_s}{2} Sa\left(\dfrac{\pi f T_s}{2}\right)$，则符号等概发送条件下

$$P_s(f) = \frac{T_s}{16} Sa^2\left(\frac{\pi f T_s}{2}\right) + \frac{1}{16} \sum_{m=-\infty}^{\infty} Sa^2\left(\frac{m\pi}{2}\right) \delta(f - mf_s) \tag{5.2.32}$$

式(5.2.32)的离散谱中，当 $m=0$ 时，$G(mf_s) = \dfrac{T_s}{2} Sa(0) \neq 0$，因此离散谱中有直流分量；当 m 为奇数时，尤其是当 $m = \pm 1$ 时，$G(\pm f_s) \neq 0$，因而该信号包含离散的定时分量；当 m 为偶数时，$G(mf_s) = \dfrac{T_s}{2} Sa\left(\dfrac{m\pi}{2}\right) = 0$。图5.2.9所示为发送信号在等概条件下的功率谱密度曲线。由图可见这种数字基带信号的第一零点带宽为 $B_s = f_s = 400$ Hz。

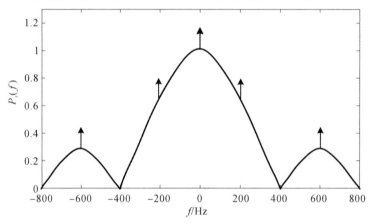

图5.2.9 单极性半占空归零波形的功率谱密度

例5.2 若双极性二进制数字基带信号 $s(t)$ 的码元传输速率为 $R_B = f_s = 1/T_s$，基本波形为 $g(t)$，表示符号"1"的电平为 $v_1 = 1$，表示符号"0"的电平 $v_2 = -1$，则由式(5.2.29)可以得到其功率谱密度为

$$P_s(f) = 4f_s P(1-P) |G(f)|^2 + \sum_{m=-\infty}^{\infty} |f_s(2P-1)G(mf_s)|^2 \delta(f - mf_s) \tag{5.2.33}$$

式(5.2.33)中，$G(f)$ 为 $g(t)$ 的频谱。等概时，$P = 1/2$，则

$$P_s(f) = f_s |G(f)|^2 \tag{5.2.34}$$

若 $g(t)$ 是幅度为1、宽为 T_s 的不归零矩形脉冲，则 $s(t)$ 是双极性不归零波形，$G(f) = T_s Sa(\pi f T_s)$，则

$$P_s(f) = T_s Sa^2(\pi f T_s) \tag{5.2.35}$$

此基带信号波形如图5.2.10所示，在图中，$T_s = 5$ ms。图5.2.11所示为信号在等概条件下的功率谱密度曲线。由图可见，基带信号的带宽取决于连续谱，由频谱函数 $G(f)$ 决定。功率谱密度的第一个零点在 $f = f_s = 200$ Hz 处，因此双极性不归零矩形脉冲序列的第一零点带宽为 $B_s = f_s = 200$ Hz。

若 $g(t)$ 是幅度为1、占空比为50%的归零矩形脉冲，则 $G(f) = \dfrac{T_s}{2} Sa\left(\dfrac{\pi f T_s}{2}\right)$，则

$$P_s(f) = \frac{T_s}{4} Sa^2 \left(\frac{\pi f T_s}{2} \right) \tag{5.2.36}$$

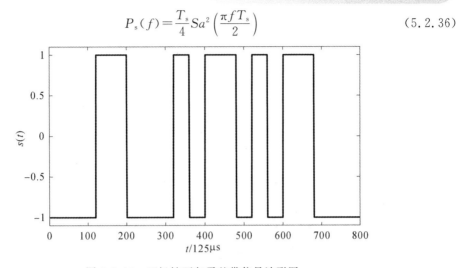

图 5.2.10　双极性不归零基带信号波形图

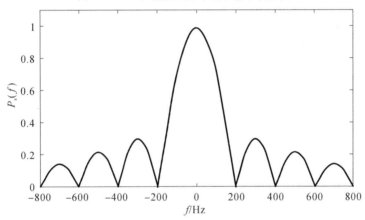

图 5.2.11　双极性不归零信号功率谱密度图

图 5.2.12 所示为发送信号在等概条件下的功率谱密度曲线。由图可见这种数字基带信号的第一零点带宽为 $B_s = 2f_s = 400$ Hz。

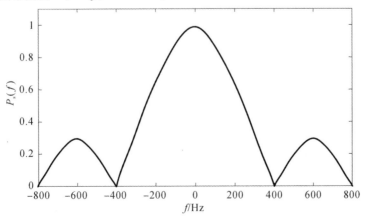

图 5.2.12　双极性归零信号功率谱密度图

5.3 线路编码

在数字基带传输系统中，大部分信道的频带通常是受限的，且对直流分量和低频分量具有很大的衰减。而信源输出的原始消息符号所形成的数字基带信号常含有直流分量，且低频分量比较丰富，通过基带信道传输，将产生畸变，影响接收信号的性能。为了适应大多数基带信道或等效基带信道传输的要求，通常在数字基带系统的发送端对信源输出的原始信息序列进行码型变换，使变换后信息序列形成的数字基带信号具有与信道匹配的功率谱密度形状，同时满足基带传输系统信息处理与同步的需求。

信源输出的原始信号经过线路编码后称为传输码或线路码，接收端通过线路译码恢复出信源输出的代码。线路编码实现了信息序列的代码的变换，又称为码型变换。本节首先讨论线路码的选择原则，然后重点介绍数字基带系统常用的线路码型。

5.3.1 线路码的选择原则

根据基带信道的传输特性和基带系统接收端的信息处理需求，线路码的选择需要考虑以下几个方面。

（1）功率谱：线路码对应的波形应无直流分量，且低频分量尽量少，功率谱密度的形状与传输信道匹配。

（2）定时：线路码形成的基带信号或其经过非线性变换后应包含与定时分量相关的离散谱，便于接收端从信号中提取定时信息。

（3）透明性：从信源输出的信息符号到线路码的码型变换应具有透明性，即线路编码与信源输出符号的统计特性无关。

（4）性能监测：线路码最好能具有内在的检错能力，便于接收端进行误码监测。

（5）传输的可靠性：在给定传输条件的情况下，线路码应能使系统的差错概率尽可能地小。

（6）复杂度：线路编码和线路译码的复杂度应尽可能地小，减小系统实现的复杂度。

5.3.2 常用线路码

满足或部分满足线路码选择原则的码型有许多种，下面具体介绍目前数字基带传输系统常用的几种线路码和其功率谱密度。

1. 传号交替反转码

传号交替反转码(AMI)的编码规则是：

（1）符号"1"交替地用"+1"和"−1"表示；

（2）符号"0"保持不变。

例如：

符号：   1 0 1 1 0 0 0 0 0 0 0 0 1   100 1 1 …

AMI 码：　+1　0　−1　+1　0 0 0 0 0 0 0 0 0　−1　　+100　−1　+1　…

　　上述 AMI 编码是从 +1 开始，实际编码也可以从 −1 开始。若 AMI 码采用幅度为 A 持续时间为 T_s 的矩形波作为基本波形，信息序列 1001011 对应的波形如图 5.3.1(a)所示。

　　若信源输出的符号"1"和"0"是等概的，则根据式(5.2.26)可以得到其功率谱密度为

$$P_s(f) = A^2 T_s \sin^2(\pi f T_s) Sa^2(\pi f T_s) \tag{5.3.1}$$

　　从图 5.3.1(b)中可见，其功率谱密度中的低频和直流分量较小，高频分量也比较小，适用于在电话信道中进行传输，也是最早用于基于 DS1/T1 的电话系统中的线路码。

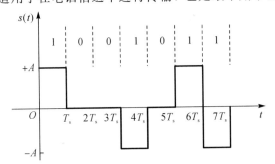 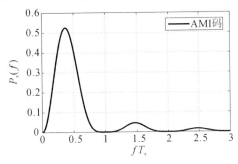

(a) 时域波形　　　　　　　　　　　　　　　(b) 功率谱密度

图 5.3.1　AMI 码时域波形和功率谱密度

　　AMI 码译码很简单，只需把 −1 和 +1 都译成符号"1"，0 译成"0"。

　　AMI 码的优点是不含直流成分，且零频附近低频分量小，编译码电路简单，便于利用传号极性交替的规律观察误码情况。AMI 码虽不含位定时频率分量的离散谱，但经非线性变换后，便可提取位定时信号。

　　AMI 码的缺点是当信源输出的符号中出现长串的连"0"时，信号的电平长时间不变，这给定时信号的提取带来不利的影响。为了克服 AMI 码的长串连"0"问题，美国和日本电话通信中采用了扰码技术以打乱符号排列的次序。除这种扰码的方法外，也可采用 HDB₃ 码解决长串连"0"的问题。

2. HDB₃ 码

　　HDB₃ 码是针对 AMI 码存在的长串连"0"问题提出的一种改进码。HDB₃ 码的编码规则是：

　　(1) 将信源符号先编为 AMI 码。

　　(2) 对编好的 AMI 码进行连"0"串长度检测，当连"0"串的长度不超过 3 时，此时的 AMI 码与 HDB₃ 码完全相同。

　　(3) 在 AMI 码中，若出现 4 个连"0"码，则将"0000"用"000V"来替代，V 称为破坏符号，V 的极性与前一个非零符号极性相同，且 V 码自身极性交替。

　　(4) 当相邻的两个破坏符号之间存在偶数个非零符号时，将后一个"000V"用"B00V"代替，B 和 V 的极性与前面一个非零符号极性相反。自 V 码后非零符号极性交替。

　　例如：

符号：	10	1000	00	1	1	000	0	1	1	000	00
HDB₃ 码：	10	−1000	−V0	+1	−1	+B00	+V	−1	+1	−B00	−V0

在实际基带传输系统中，±V 和±B 就是±1。若采用幅度为 A 持续时间为 T_s 的矩形波作为基本波形，信息序列在编码过程中对应的波形如图 5.3.2(a)所示。

若信源输出的"0"出现的概率为 q，则根据式(5.2.26)可以得到其功率谱密度。由于功率谱密度表示式比较复杂，此处不再给出。HDB$_3$ 码对应基带信号功率谱密度如图 5.3.2(b)所示。从图中可见，其功率谱密度不包含低频和直流分量，高频分量也比较小。

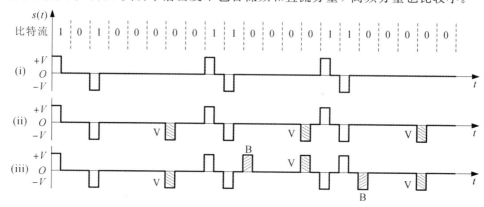

（a）时域波形

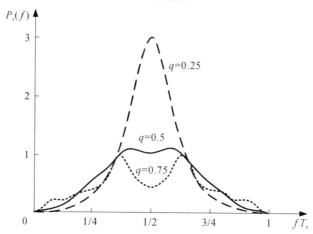

（b）功率谱密度

图 5.3.2 HDB$_3$ 码时域波形和功率谱密度

接收端对 HDB$_3$ 编码后的序列进行译码时，首先进行搜索，寻找与前一个非零符号极性相同的破坏符号，则该符号与其前面的三个符号应该是"0000"，再将所有的 −1 都变成 +1，即可恢复出信息符号。

例如：

HDB$_3$ 码：+10 −1000 −1 + 1000 +1 −1 +1 −100 −1 +100 +1 −10 +1

符号：   10 1000 0 1000 0 1 1 000 0 000 0 10 1

HDB$_3$ 码的优点是：无直流成分；低频成分小；译码比较简单；抑制了长的连"0"码，有利于位同步信号的提取。其缺点是编码电路比较复杂，由于各码元具有一定的相关性，传输中有一个误码，解码后会有误码增殖现象。在我国电话通信网络中中继线数据传输采用 HDB$_3$ 码，A 律 PCM 四次群以下的接口码型都采用 HDB$_3$ 码。

3. 数字双相码

数字双相码又称曼彻斯特码(Manchester code),其编码规则为:

(1) 符号"0"用"01"表示,即为先负后正的一个周期的对称方波;

(2) 符号"1"用"10"表示,即为先正后负的一个周期的对称方波。

例如:

符号:　　　1　1　1　0　0　1　0　1

双相码:　10　10　10　01　01　10　01　10

若采用幅度为 A,码元持续时间为 T_s 的矩形波作为基本波形,信息序列对应的波形如图 5.3.3(a)所示。

若信源输出的符号"1"和"0"是等概的,则根据式(5.2.26)可以得到其功率谱密度为

$$P_s(f) = A^2 T_s \sin^2\left(\frac{\pi f T_s}{2}\right) Sa^2\left(\frac{\pi f T_s}{2}\right) \tag{5.3.2}$$

从图 5.3.3(b)中可见,其功率谱密度低频和直流分量较小,高频分量也比较小,但带宽较大。

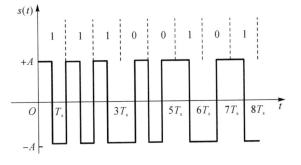
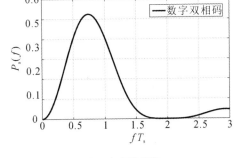

(a) 时域波形　　　　　　　　　　(b) 功率谱密度

图 5.3.3　数字双相码码时域波形和功率谱密度

双相码的优点是每个码元周期的中心点都存在电平跳变,便于提取位定时信息;无直流分量;编码过程简单;具有一定的检错能力。其缺点是带宽比原来的信息代码增大一倍。在有线局域网(10BASE T Ethernet)的线路中采用了数字双相码作为线路码。

4. Miller 码

Miller 码,又称为延迟调制码,其编码规则为:

(1) 符号"1"用码元中心有电平跃变的波形表示,即"10"或者"01"表示,但需要与前一个码元边界的电平保持连续。

(2) 符号"0"交替用"00"和"11"表示,但要与前一个码元的边界保持连续。连"0"时,相邻的符号"0"边界电平要跳变。

例如:

符号:　　　1　0　0　1　0　1　1

Miller 码:10　00　11　10　00　01　10

信息序列 1001011 对应的时域波形如图 5.3.4(a)所示。Miller 码的功率谱密度如图 5.3.4(b)所示。可见,其功率谱密度紧紧围绕着频率 $0.375/T_s$,能量比较集中,低频分量小,高频分量也小,信号的带宽小。

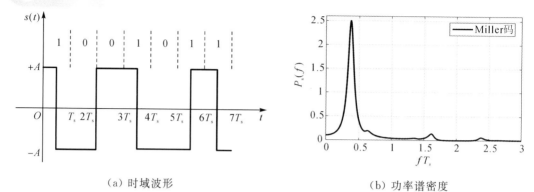

（a）时域波形　　　　　　　　　（b）功率谱密度

图 5.3.4　Miller 码时域波形和功率谱密度

Miller 码的波形中电平跳变丰富，信号功率集中，高频和低频分量都比较小。这些特点使其非常适合基带系统。Miller 码主要用于硬盘记录的编码，也是现在欧洲 RFID 标准中信号产生所用的码型。

5. mBnB 码

mBnB 码（其中，$n > m$）是光纤通信中常用的线路码，它将信源输出的每 m 个二进制符号分为一组，变换成 n 位二进制符号的新码组，从而避免了长的连"1"或连"0"。由于 $n > m$，因而在变换过程中只要从 2^n 个码组中选出 2^m 个码组应用即可。双相码和 Miller 码中，信源的每一个二进制符号都用 2 位码元表示，也称为 1B2B 码。

在光纤通信中，通常 $n = m + 1$，常用的线路码有 3B4B 码和 5B6B 码。根据光纤通信的要求，在线路码中，用"−1"代表符号"0"，用"+1"代表符号"1"，将整个码组中各个码元对应的数值"−1"或"+1"相加得到的"代数和"称为"码字数字和（WDS）"。通常选择 WDS 最小的 nB 码组来表示 mB 码。常用的 3B4B 码如表 5.3.1 所示，模式 1 称为正模式，模式 2 称为负模式。在实际应用中，为了减小直流漂移，将表 5.3.1 中 WDS 为 +2 和 −2 的码组在变换过程中交替使用。

表 5.3.1　3B4B 码表

信码（mB=3B）	线路码（nB=4B）			
	模式 1	WDS	模式 2	WDS
000	1011	+2	0100	−2
001	1110	+2	0001	−2
010	0101	0	0101	0
011	0110	0	0110	0
100	1001	0	1001	0
101	1010	0	1010	0
110	0111	+2	1000	−2
111	1101	+2	0010	−2

5.4　数字基带信号传输与码间干扰

数字基带传输系统的性能取决于基带信号的传输信道或等效基带信道。而大部分这些信道的带宽是受限的，且存在幅度频率失真和相位频率失真，使通过基带信道传输的基带信号产生畸变，同时给基带信号叠加上噪声。接收端通过对滤波后基带信号中各个码元对应的波形进行抽样判决，恢复出发送的信息符号，畸变的波形和噪声都会使恢复出的符号产生错误。

本节首先讨论带宽受限的基带信道对数字基带信号传输的影响，然后建立数字基带传输系统的信号传输模型，分析基带传输特性对基带信号码元抽样值的影响，最后研究无码间干扰的基带传输函数必须满足的条件，并介绍几种典型的无码间干扰的基带传输特性。

5.4.1　带限基带信道对基带信号传输的影响

在数字基带传输系统中，发端输出的基带信号是由信息符号序列对应的波形序列。在基带信号中，各个符号对应波形的持续时间是有限的，一般是一个码元的时间。时域有限的每个波形在频域上的频谱则是无限延展的。图 5.4.1(a)和(b)分别给出了一个持续时间为 T_s 秒的波形和其对应频谱图。由图可见，符号对应的时域有限波形在频域上是无限拓展的。

图 5.4.1(c)和(d)分别给出了带宽有限的基带系统对应的冲激响应和传输函数，频域带宽有限，冲激响应在时域上则是无限延展的。

波形通过这样的基带系统传输后，系统输出码元的波形和频谱如图 5.4.1(e)和(f)所示。由图可见，原先时域有限的码元波形经过频带有限的系统传输后，在时域上产生了无限延展。

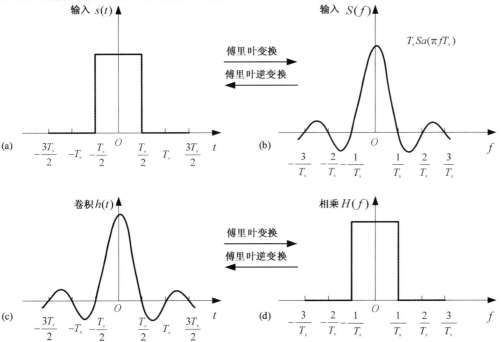

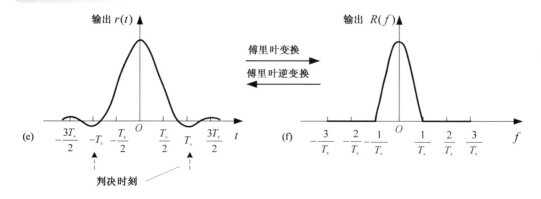

图 5.4.1 符号波形和频谱图

基带信道的带宽通常是受限的，无限延展的频谱经过有限带宽信道传输后，符号对应波形的频谱将是有限的，这将使接收波形在时域上无限延展。图 5.4.2 给出了单个码元波形和多个码元波形通过带限基带信道传输后的波形。由图可见，单个码元传输后的时域波形受到延展，多个码元传输后，波形延展会对其他的符号在抽样时刻形成干扰，这种干扰称为码间干扰。

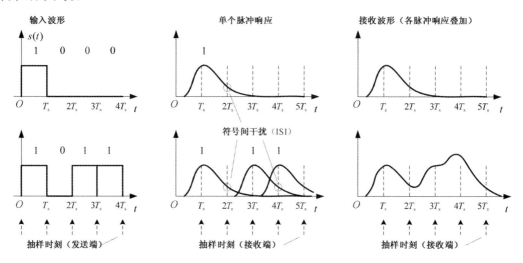

图 5.4.2 单个码元和多个码元波形经带限信道传输后的波形

在基带传输中，除了码间干扰对接收端抽样判决有影响外，信道中的噪声也会影响码元的判决结果。为了进一步分析码间干扰和噪声对于数字基带传输性能的影响，首先建立基带系统的信号传输模型，然后推导码间干扰和噪声对信号抽样值的影响。

5.4.2 数字基带信号传输模型与码间干扰

在数字基带传输系统中，信源产生的信息经过码型变换变成线路码，再通过发送滤波器后，形成具有一定波形的数字基带信号。此基带信号通过信道传输到达接收端，接收端对收到的信号进行滤波，再进行抽样判决，恢复出线路码；然后再经过码型变换后恢复出信息符号，送给信宿。在数字基带系统中涉及信号传输的主要部分包括发送滤波器、信道、接收滤波器和抽样判决器，这四部分就构成了数字基带信号的传输模型，如图 5.4.3 所示。

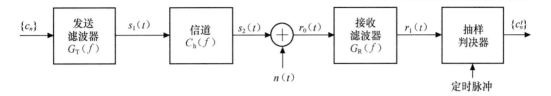

图 5.4.3　数字基带信号传输模型

在图 5.4.3 中，若发送滤波器传输函数为 $G_T(f)$，冲激响应为 $g_T(t)$，信道的传输函数为 $C_h(f)$，冲激响应为 $c_h(t)$，接收滤波器传输函数为 $G_R(f)$，冲激响应为 $g_R(t)$，则发送滤波器、信道和接收滤波器构成的传输通道的传输函数为

$$H(f) = G_T(f)C_h(f)G_R(f) \tag{5.4.1}$$

式 (5.4.1) 中，$H(f)$ 通常称作数字基带传输系统的传输函数，其对应的冲激响应为

$$h(t) = g_T(t) * c_h(t) * g_R(t) = \int_{-\infty}^{\infty} H(f)e^{j2\pi ft}\,df \tag{5.4.2}$$

在数字基带传输系统中，$\{c_n\}$ 为线路编码后的符号序列，通常用数据冲激脉冲表示。若数字基带系统的码元传输速率为 $1/T_s$，则送入发送滤波器的信号可以表示为

$$d(t) = \sum_{n=-\infty}^{\infty} c_n \delta(t - nT_s) \tag{5.4.3}$$

在图 5.4.3 中各个信号分别为：$s_1(t) = d(t) * g_T(t)$、$s_2(t) = s_1(t) * c_h(t)$ 和 $r_0(t) = s_2(t) + n(t)$。接收滤波器输出的信号为

$$
\begin{aligned}
r_1(t) &= s_2(t) * g_R(t) + n(t) * g_R(t) \\
&= d(t) * g_T(t) * c_h(t) * g_R(t) + n(t) * g_R(t) \\
&= d(t) * h(t) + n_R(t) \\
&= \sum_{n=-\infty}^{+\infty} c_n h(t - nT_s) + n_R(t)
\end{aligned}
\tag{5.4.4}
$$

式 (5.4.4) 中，$n_R(t) = n(t) * g_R(t)$。

若第 k 个码元的抽样判决时刻为 $t = kT_s$（若信道和接收滤波器等存在传输时延，一般可在接收端进行补偿，故抽样时刻未考虑系统时延的影响），则抽样值为

$$r_1(kT_s) = c_k h(0) + \sum_{\substack{n \neq k \\ n=-\infty}}^{+\infty} c_n h[(k-n)T_s] + n_R(kT_s) \tag{5.4.5}$$

在式 (5.4.5) 中，第一项 $c_k h(0)$ 是第 k 个码元波形的抽样值，是判定 c_k 的依据，代表有用信号分量。第二项 $\sum_{\substack{n \neq k \\ n=-\infty}}^{+\infty} c_n h[(k-n)T_s]$ 是其他码元波形在 $t = kT_s$ 时刻抽样值的和，它会干扰 c_k 的正确判决，称作码间干扰 (ISI)。第三项 $n_R(kT_s)$ 是噪声在 $t = kT_s$ 时刻的抽样值，与码间干扰一样也会影响 c_k 的正确判决。式 (5.4.5) 给出影响数字基带系统传输性能的两大因素，一是码间干扰，二是噪声。在数字基带系统设计中需要尽可能减小码间干扰和噪声，以提高系统的传输性能。

5.4.3　消除码间干扰的条件

码间干扰 ISI 即 $\sum_{\substack{n \neq k \\ n=-\infty}}^{+\infty} c_n h[(k-n)T_s]$ 的大小由基带系统的冲激响应 $h(t)$ 在 $t = (k-n)T_s =$

$mT_s(m = k - n \neq 0)$ 时刻的抽样值和 c_n 决定。c_n 是随机的，因而要想消除码间干扰，即使 $\sum\limits_{\substack{n \neq k \\ n = -\infty}}^{+\infty} c_n h[(k-n)T_s] = 0$，冲激响应 $h(t)$ 必须满足

$$h(mT_s) = \begin{cases} C \neq 0, & m = 0 \\ 0, & m \neq 0 \end{cases} \tag{5.4.6}$$

式(5.4.6)中，m 为整数，C 表示常数。式(5.4.6)是无码间干扰基带传输系统的冲激响应必须满足的条件，也是数字基带系统抽样点上无码间干扰的时域条件。图 5.4.4 给出了一个满足此条件的 $h(t)$。当基带系统的冲激响应采用图 5.4.4 中的 $h(t)$ 时，在无噪声条件下，接收滤波器输出端各个不同码元的波形如图 5.4.5 所示。由图可见，在抽样时刻上，各个码元波形之间的干扰为零。

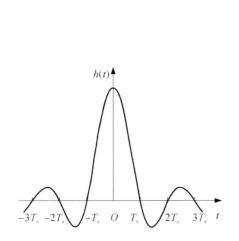

图 5.4.4 满足无码间干扰条件的 $h(t)$

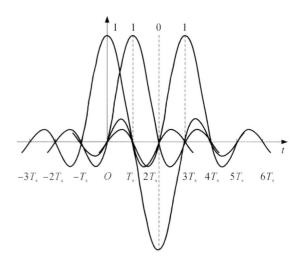

图 5.4.5 接收滤波器输出的波形

根据无码间干扰的时域条件式(5.4.6)，下面我们推导其基带系统传输函数满足的条件。

数字基带系统的传输函数 $H(f)$ 与其冲激响应 $h(t)$ 的关系为 $h(t) = \int_{-\infty}^{\infty} H(f)e^{j2\pi ft}df$，则在抽样时刻 $t = mT_s$ 时，可得

$$h(mT_s) = \int_{-\infty}^{\infty} H(f)e^{j2\pi fmT_s}df \tag{5.4.7}$$

将式(5.4.7)中积分改写成分段积分的形式，每段长度为 $\frac{1}{T_s}$，可得

$$h(mT_s) = \sum_{n=-\infty}^{\infty} \int_{(2n-1)/2T_s}^{(2n+1)/2T_s} H(f)e^{j2\pi fmT_s}df \tag{5.4.8}$$

令 $f' = f - \frac{n}{T_s}$，则 $f = f' + \frac{n}{T_s}$，式(5.4.8)为

$$h(mT_s) = \sum_{n=-\infty}^{\infty} \int_{-1/2T_s}^{1/2T_s} H\left(f' + \frac{n}{T_s}\right)e^{j2\pi\left(f' + \frac{n}{T_s}\right)mT_s}df'$$
$$= \sum_{n=-\infty}^{\infty} \int_{-1/2T_s}^{1/2T_s} H\left(f + \frac{n}{T_s}\right)e^{j2\pi fmT_s}df \tag{5.4.9}$$

当式(5.4.9)中求和部分一致收敛时，求和积分的次序可以交换，可得

$$h(mT_s) = \int_{-1/2T_s}^{1/2T_s} \left[\sum_{n=-\infty}^{\infty} H\left(f + \frac{n}{T_s}\right) \right] e^{j2\pi f mT_s} df = \int_{-1/2T_s}^{1/2T_s} Z(f) e^{j2\pi f mT_s} df \qquad (5.4.10)$$

在式(5.4.10)中，$Z(f) = \sum\limits_{n=-\infty}^{\infty} H\left(f + \dfrac{n}{T_s}\right)$，显然 $Z(f)$ 是一个周期为 $\dfrac{1}{T_s}$ 的周期函数，因而其可以展开成傅里叶级数形式，即

$$Z(f) = \sum_{m=-\infty}^{\infty} z_m e^{-j2\pi f mT_s} \qquad (5.4.11)$$

在式(5.4.11)中，z_m 为

$$z_m = T_s \int_{-1/2T_s}^{1/2T_s} Z(f) e^{j2\pi f mT_s} df = T_s \int_{-1/2T_s}^{1/2T_s} \left[\sum_{n=-\infty}^{\infty} H\left(f + \frac{n}{T_s}\right) \right] e^{j2\pi f mT_s} df$$

$$= T_s h(mT_s) = \begin{cases} CT_s, & m = 0 \\ 0, & m \neq 0 \end{cases} \qquad (5.4.12)$$

为了便于处理，在式(5.4.12)中通常将常数 C 取为 1。代入式(5.4.11)可得

$$Z(f) = \sum_{n=-\infty}^{\infty} H\left(f + \frac{n}{T_s}\right) = T_s, \quad |f| \leqslant \frac{1}{2T_s} \qquad (5.4.13)$$

式(5.4.13)给出了基带传输系统能够以 $1/T_s$ 的速率实现无码间干扰传输时其传输函数必须满足的条件，也是根据 $H(f)$ 的形式判断其有无码间干扰的依据，称为奈奎斯特第一准则或无码间干扰的奈奎斯特条件。$Z(f)$ 具有理想低通特性。

式(5.4.13)是将 $H(f)$ 以 $1/T_s$ 的频率间隔平移，然后将平移后的各个函数在区间$[-1/2T_s,$ $1/2T_s]$上的曲线进行叠加。图 5.4.6 给出了一种 $H(f)$ 的形式和其对应的 $Z(f)$ 示意图。

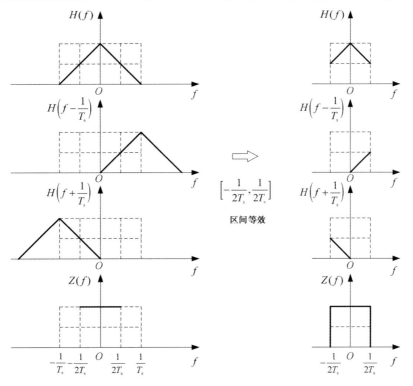

图 5.4.6　$H(f)$ 和 $Z(f)$ 的示意图

由图 5.4.6 可见,式(5.4.13)等效将 $H(f)$ 以 $1/T_s$ 的频率间隔划分后,平移至区间 $[-1/2T_s, 1/2T_s]$ 上进行叠加,叠加后的结果为常数。这也给出了在码元速率为 $1/T_s$ 时,判断传输函数 $H(f)$ 是否存在码间干扰的步骤,即"划分、平移、叠加、判断是否是常数"。

例 5.3 若一数字基带传输系统的码元传输速率为 $R_B = 1/T$,传输函数如图 5.4.7 所示,判断接收端在抽样值上有无码间干扰。

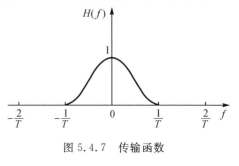

图 5.4.7 传输函数

解 按照式(5.4.13),将 $H(f)$ 进行平移,然后将区间 $[-1/2T, 1/2T]$ 内的所有传输函数曲线相加,如图 5.4.8 所示。由图可见,在 $[-1/2T, 1/2T]$ 区间,所有平移后的传输函数曲线相加为一个常数,因而接收端在抽样值上无码间干扰。图 5.4.9 给出了当发送符号是"101100"时,接收滤波器输出波形和抽样点(图中小圆点)的位置。由图 5.4.9 可见,在抽样点上无码间干扰。

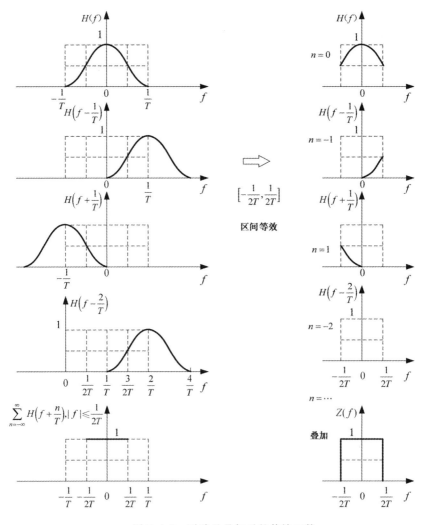

图 5.4.8 平移及叠加后的传输函数

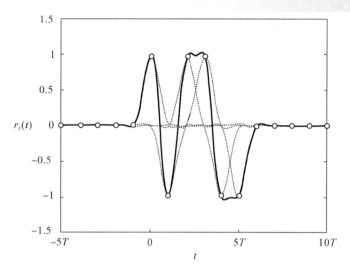

图 5.4.9　接收滤波器输出的波形和抽样点位置关系

例 5.4　若某一数字基带传输系统的传输函数 $H(f)$ 在码元速率 $R_B = 1/T_s$ 时，满足奈奎斯特第一准则，证明当码元传输速率 $R'_B = \dfrac{R_B}{n} = \dfrac{1}{nT_s}$（$n$ 为正整数）时，可以在该基带系统中实现无码间干扰传输。

思路　在码元速率为 $R_B = \dfrac{1}{T_s}$ 的情况下，$H(f)$ 满足无码间干扰的条件，即

$$\sum_{m=-\infty}^{\infty} H(f + \frac{m}{T_s}) = T_s, \quad |f| \leqslant \frac{1}{2T_s}$$

若码元速率为 $R'_B = \dfrac{1}{nT_s}$，则很难判断 $H(f)$ 是否满足

$$\sum_{m=-\infty}^{\infty} H(f + \frac{m}{nT_s}) = T_s, \quad |f| \leqslant \frac{1}{2nT_s}$$

因而从频域不好判断 $H(f)$ 是否满足上述条件，为了便于得到结论，可以从时域条件入手。

证明　在码元速率为 $R_B = 1/T_s$ 的情况下，$H(f)$ 满足无码间干扰的条件，其在时域的冲激响应满足

$$h(mT_s) = \begin{cases} C \neq 0, & m = 0 \\ 0, & m \neq 0 \end{cases}$$

对于码元速率为 $R'_B = \dfrac{1}{nT_s}$，n 为正整数，则其码元间隔为 $T'_s = nT_s$，若令 $k = mn$，则 $h(mT'_s) = h(mnT_s) = h(kT_s)$，满足

$$h(kT_s) = \begin{cases} C \neq 0, & k = mn = 0 \\ 0, & k = mn \neq 0 \end{cases}$$

因而码元速率 R'_B 在传输函数为 $H(f)$ 的基带系统中可以实现无码间干扰传输。图 5.4.10 给出 $n = 1, 2$ 时的无码间干扰波形示意图。

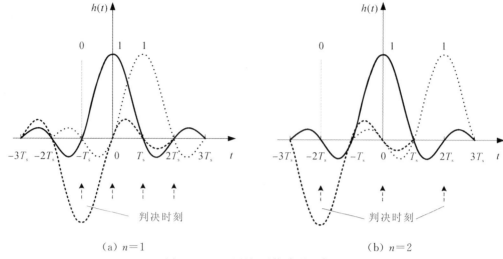

（a）$n=1$ （b）$n=2$

图 5.4.10 无码间干扰波形示意图

5.4.4 几种典型的无码间干扰的基带传输特性

满足奈奎斯特第一准则的 $H(f)$ 有很多，下面我们讨论几种典型的基带传输特性。

1. 频带最窄的 $H(f)$

当数字基带传输系统码元速率 $R_B=1/T_s$ 时，满足式（5.4.13）中无码间干扰传输条件的频带最窄的 $H(f)$ 如图 5.4.11 所示，其冲激响应 $h(t)$ 如图 5.4.12 所示。$H(f)$ 和 $h(t)$ 分别可表示为

$$H(f)=\begin{cases} T_s, & |f|\leqslant \dfrac{1}{2T_s} \\[2mm] 0, & |f|>\dfrac{1}{2T_s} \end{cases}, \quad h(t)=\frac{\sin\left(\dfrac{\pi}{T_s}t\right)}{\dfrac{\pi}{T_s}t}=\text{sinc}\left(\frac{\pi t}{T_s}\right)=Sa\left(\frac{T_t}{T_s}\right) \quad (5.4.14)$$

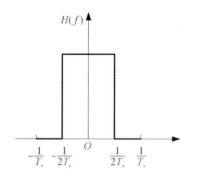

图 5.4.11 频带最窄的 $H(f)$

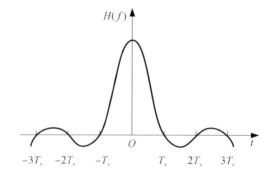

图 5.4.12 频带最窄的 $h(t)$

在图 5.4.11 中，$H(f)$ 与理想低通滤波器的传递函数相同，因而这种传输函数称为理想低通型。基带系统采用这种频带最窄的传输函数形式，且在发送符号为"101100"时和无噪声的条件下，接收滤波器输出的波形如图 5.4.13 所示。由图可见，在抽样点上无码间干扰。

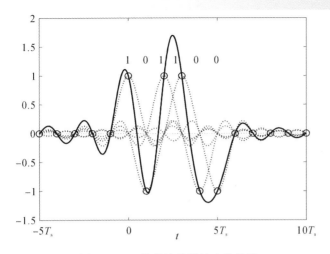

图 5.4.13　接收滤波器输出的波形

由图 5.4.11 可以得到，频带最窄的 $H(f)$ 的带宽 B 为 $1/2T_s$，系统码元传输速率 $R_B=1/T_s$，频带利用率 $\eta_B=R_B/B=2$ Baud/Hz，这是数字通信系统的最高频带利用率。在码元传输速率为 $1/T_s$ 时，基带系统能够实现无码间干扰传输所需的最小带宽 $1/2T_s$ 称为奈奎斯特带宽，记为 W_1。该系统无码间干扰的最高传输速率为 $2W_1$，将此速率称为该数字基带传输系统的奈奎斯特速率。

由图 5.4.13 可以发现，频带最窄的 $H(f)$ 虽然可以使抽样点上无码间干扰，但当定时存在偏差时，会产生较大的码间干扰，且 $H(f)$ 曲线的频率截止特性无限陡峭，在实际应用中无法实现。

2. 具有滚降特性的 $H(f)$

为了便于在实际应用中实现，并且减小系统对定时误差的敏感度，数字基带传输系统通常采用具有滚降特性的 $H(f)$，如图 5.4.14 所示。在图中，用竖线填充部分的面积与用横线填充的面积相等。通常用滚降系数表征 $H(f)$ 的滚降特性，该系数定义为

$$\alpha=\frac{\Delta f}{f_x} \tag{5.4.15}$$

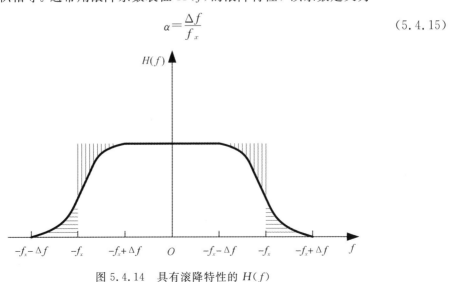

图 5.4.14　具有滚降特性的 $H(f)$

图 5.4.15 给出了频域滚降传输函数对于 sinc 函数旁瓣抑制的原理，在图 5.4.15(a)中 Sa 函数在时域具有比较大的旁瓣，对于定时误差敏感，引入一个双指数型衰减函数（如图 5.4.15(b)）进行加权，可以获得满足无码间干扰的传输条件且旁瓣较小的 $h(t)$ 波形（如图 5.4.15(c)所示）。各个时域波形下面是其频域形式，时域相乘等于各个频域函数的卷积，最后得到具有频域滚降特性的传输函数 $H(f)$。

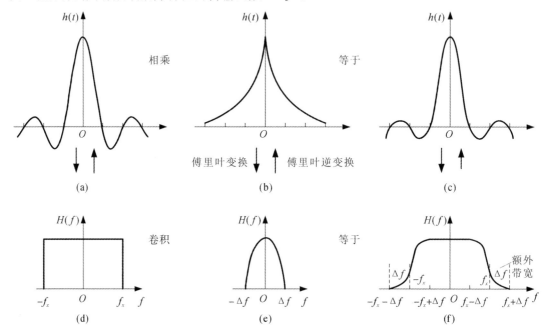

图 5.4.15　滚降特性抑制 Sa 函数旁瓣的原理

采用图 5.4.14 中滚降系数为 α 的 $H(f)$，其奈奎斯特带宽 $W_1 = f_x$，故无码间干扰的最高传输速率 $R_B = 2f_x$，系统带宽 $B = (1+\alpha)f_x$，系统的频带利用率为

$$\eta_B = \frac{R_B}{B} = \frac{2}{1+\alpha} \tag{5.4.16}$$

$H(f)$ 常用的滚降特性是余弦滚降，其频域传输函数和冲激响应分别为

$$\begin{cases} H(f) = \begin{cases} T_s, & 0 \leqslant |f| \leqslant \dfrac{1-\alpha}{2T_s} \\[2mm] \dfrac{T_s}{2}\left\{1+\cos\left[\dfrac{\pi T_s}{\alpha}\left(|f|-\dfrac{1-\alpha}{2T_s}\right)\right]\right\}, & \dfrac{1-\alpha}{2T_s} \leqslant |f| \leqslant \dfrac{1+\alpha}{2T_s} \\[2mm] 0, & |f| > \dfrac{1+\alpha}{2T_s} \end{cases} \\[6mm] h(t) = \dfrac{\sin\left(\dfrac{\pi t}{T_s}\right)}{\dfrac{\pi t}{T_s}} \dfrac{\cos\left(\dfrac{\pi \alpha t}{T_s}\right)}{1-\dfrac{4\alpha^2 t^2}{T_s^2}} \end{cases} \tag{5.4.17}$$

滚降系数通常用百分数来表示，图 5.4.16 所示为滚降系数分别为 0、50% 和 100% 的 $H(f)$ 余弦滚降特性曲线，图 5.4.17 所示为滚降系数分别为 0、50% 和 100% 的 $H(f)$ 所对应的冲激响应波形。

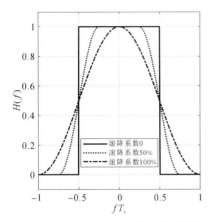

图 5.4.16　余弦滚降传输函数 $H(f)$

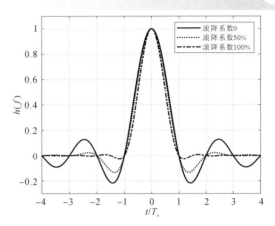

图 5.4.17　余弦滚降特性的冲激响应 $h(t)$

在具有余弦滚降特性的 $H(f)$ 中，当 $\alpha=100\%$ 时，$H(f)$ 称为升余弦滚降特性，其传输函数可表示为

$$H(f)=\begin{cases}\dfrac{T_s}{2}(1+\cos\pi fT_s),&|f|\leqslant\dfrac{1}{T_s}\\0,&|f|>\dfrac{1}{T_s}\end{cases}$$

$$=\begin{cases}T_s\cos^2\left(\dfrac{\pi fT_s}{2}\right),&|f|\leqslant\dfrac{1}{T_s}\\0,&|f|>\dfrac{1}{T_s}\end{cases}\tag{5.4.18}$$

其冲激响应为

$$h(t)=\frac{\sin(\pi t/T_s)}{\pi t/T_s}\cdot\frac{\cos(\pi t/T_s)}{1-4t^2/T_s^2}\tag{5.4.19}$$

图 5.4.18 所示为当数字基带传输系统采用升余弦滚降特性的传输函数，发送数据为"101100"，且系统中噪声为零时，接收滤波器的输出波形。由图可见，由于升余弦滚降特性的 $h(t)$ 的尾部衰减非常快，即使存在定时误差，引入的码间干扰也较小，因而系统对定时误差不敏感。但同最窄的 $H(f)$ 相比，升余弦特性传输函数的带宽增加了一倍，其频带利用率仅为 1 Baud/Hz。

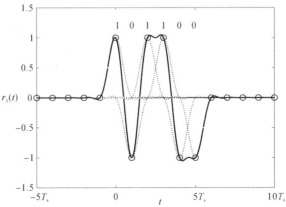

图 5.4.18　接收滤波器的输出波形

例 5.5　某一基带系统传输函数为

$$H(f)=\begin{cases} T & |f|\leqslant\dfrac{1-\alpha}{2T} \\ \left(\dfrac{T}{\alpha}\right)\left(-T|f|+\dfrac{1+\alpha}{2}\right), & \dfrac{1-\alpha}{2T}\leqslant|f|\leqslant\dfrac{1+\alpha}{2T} \\ 0, & \dfrac{1+\alpha}{2T}<|f| \end{cases}$$

其中 $0\leqslant\alpha\leqslant1$，求：（1）系统对应的冲激响应；（2）系统最大无码间干扰传输速率和频带利用率；（3）给出系统可实现无码间干扰的传输速率。

解　图 5.4.19(a)给出了 $H(f)$ 的图形。

（1）对于 $H(f)$ 利用傅里叶反变换，可得基带系统的冲激响应为 $h(t)=\text{sinc}\left(\dfrac{t}{T}\right)\text{sinc}\left(\dfrac{\alpha t}{T}\right)$，如图 5.4.19(b)所示。

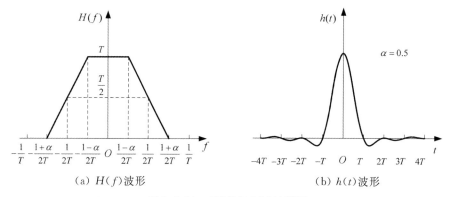

（a）$H(f)$ 波形　　　　　　　（b）$h(t)$ 波形

图 5.4.19　$H(f)$ 与 $h(t)$ 波形图

（2）利用奈奎斯特第一准则，可得 $H(f)$ 可以叠加出的最宽奈奎斯特带宽为 $W_1=\dfrac{1}{2T}$，因而其最大无码间干扰传输速率 $R_{\text{Bmax}}=2W_1=\dfrac{1}{T}$，频带利用率为 $\eta_B=\dfrac{R_{\text{Bmax}}}{B}=\dfrac{1/T}{(1+\alpha)/2T}=\dfrac{2}{1+\alpha}$。

（3）可实现无码间干扰的传输速率为 $R_B=\dfrac{R_{\text{Bmax}}}{n}$，$n$ 为正整数。

例 5.6　如果一个基带系统信道的带宽为 10 kHz，需要传输码元速率 16 kBaud 数字基带信号，要求设计一个幅度具有线性滚降的系统传输函数，计算其滚降因子。

解　码元传输速率为 16 kBaud，其奈奎斯特带宽 $W_1=8$ kHz，信道带宽为 10 kHz，仅有 2 kHz 的额外带宽用于滚降，因而滚降因子 $\alpha=\dfrac{2}{8}=0.25$，其传输函数为

$$H(f)=\begin{cases} T, & |f|\leqslant\dfrac{1-\alpha}{2T} \\ \left(\dfrac{T}{\alpha}\right)\left(-T|f|+\dfrac{1+\alpha}{2}\right), & \dfrac{1-\alpha}{2T}\leqslant|f|\leqslant\dfrac{1+\alpha}{2T} \\ 0, & \dfrac{1+\alpha}{2T}<|f| \end{cases}$$

在传输函数中 $T=6.25\times10^{-5}$。

5.5　无码间干扰数字基带传输系统的误码特性

在数字基带系统的传输模型中，码间干扰和噪声是影响其性能的两大因素，上节讨论了通过选择合适的系统传输函数 $H(f)$，可以消除码间干扰。本节利用这一结论，讨论在无码间干扰的条件下，噪声对于接收端恢复出符号的影响。

5.5.1　信号与噪声的统计特性

若一个数字基带传输系统采用无码间干扰的传输函数 $H(f)$，假设在定时同步理想的情况下，则接收滤波器输出信号的抽样中无码间干扰。这时式(5.4.5)变为

$$r_1(kT_s) = c_k h(0) + n_R(kT_s) \tag{5.5.1}$$

由式(5.5.1)可知，有用数据只受接收滤波器输出噪声抽样的影响。下面考察一下接收滤波器输出噪声抽样的统计特性。

在数字基带系统传输模型中，信道中噪声 $n(t)$ 是高斯白噪声，其均值为零，双边功率谱密度为 $n_0/2$，若接收滤波器是线性滤波器，其传输函数为 $G_R(f)$，则接收滤波器输出噪声 $n_R(t)$ 的均值为零，其功率谱密度为

$$P_{n_R}(f) = \frac{n_0}{2} |G_R(f)|^2 \tag{5.5.2}$$

其功率或方差为

$$\sigma_{n_R}^2 = \int_{-\infty}^{\infty} \frac{n_0}{2} |G_R(f)|^2 \mathrm{d}f \tag{5.5.3}$$

因而噪声抽样 $x = n_R(kT_s)$ 服从均值为 0，方差为 $\sigma_{n_R}^2$ 的高斯分布，可表示为

$$f_{n_R}(x) = \frac{1}{\sqrt{2\pi}\,\sigma_{n_R}} \exp\left[-\frac{x^2}{2\sigma_{n_R}^2}\right] \tag{5.5.4}$$

若在数字基带系统中，发送滤波器输入的是双极性二进制数字符号，发送符号"1"时，接收端的有用信号抽样值 $c_k h(0)$ 为 $+A$，而发送符号"0"时，其抽样值为 $-A$。为了方便表达，令发送代码"1"的假设情形为 H_1，发送代码"0"的假设情形为 H_0；因而，在 H_1 条件下，接收端的抽样值为

$$r_1(kT_s) = A + n_R(kT_s)$$

令 $y = r_1(kT_s)$，其概率密度函数为

$$f_y(y \mid H_1) = \frac{1}{\sqrt{2\pi}\,\sigma_{n_R}} \exp\left[-\frac{(y-A)^2}{2\sigma_{n_R}^2}\right] \tag{5.5.5}$$

在 H_0 条件下，接收端的抽样值为

$$y = r_1(kT_s) = -A + n_R(kT_s)$$

y 的概率密度函数为

$$f_y(y \mid H_0) = \frac{1}{\sqrt{2\pi}\,\sigma_{n_R}} \exp\left[-\frac{(y+A)^2}{2\sigma_{n_R}^2}\right] \tag{5.5.6}$$

5.5.2　判决规则与误码率

若设判决电路的判决门限为 V_d，判决规则为：如果 $y > V_d$，则判决为"1"；如果 $y < V_d$，则判决为"0"。在 H_1 条件下，判决错误的概率为

$$P_{e1} = P\{y < V_d \mid H_1\} = \int_{-\infty}^{V_d} f_y(y \mid H_1)\mathrm{d}y \tag{5.5.7}$$

在 H_0 条件下，判决错误的概率为

$$P_{e0} = P\{y > V_d \mid H_0\} = \int_{V_d}^{\infty} f_y(y \mid H_0)\mathrm{d}y \tag{5.5.8}$$

图 5.5.1 给出了 H_0 和 H_1 条件下错误概率的图形表示。

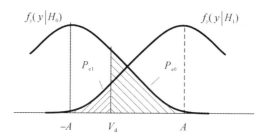

图 5.5.1　H_0 和 H_1 条件下的错误概率

若符号"0"和"1"出现的概率分别为 P_0 和 P_1，则系统的平均误码率为

$$P_e = P_0 P_{e0} + P_1 P_{e1} = P_0 \int_{V_d}^{\infty} f_y(y \mid H_0)\mathrm{d}y + P_1 \int_{-\infty}^{V_d} f_y(y \mid H_1)\mathrm{d}y$$
$$= F(V_d) \tag{5.5.9}$$

即平均误码率是判决门限 V_d 的函数。为了使系统误码率最小，通过对上式求导，令导数为零，即

$$\frac{\mathrm{d}P_e}{\mathrm{d}V_d} = \frac{\mathrm{d}F(V_d)}{\mathrm{d}V_d} = P_1 f_y(V_d \mid H_1) - P_0 f_y(V_d \mid H_0) = 0 \tag{5.5.10}$$

解式(5.5.10)可获得最佳判决门限为

$$V_d^* = \frac{\sigma_{n_R}^2}{2A}\ln\frac{P_0}{P_1} \tag{5.5.11}$$

将最佳判决门限 V_d^* 代入式(5.5.9)，可以得到数字基带传输系统的最小误码率，即

$$P_e = F(V_d^*) = P_0 \int_{V_d^*}^{\infty} f_y(y \mid H_0)\mathrm{d}y + P_1 \int_{-\infty}^{V_d^*} f_y(y \mid H_1)\mathrm{d}y \tag{5.5.12}$$

在式(5.5.12)中，通过研究 P_0 和 P_1 对数字基带传输系统误码率的影响发现，当 $P_0 = P_1 = 1/2$ 时，系统的误码率最大。由于在实际系统中符号"0"和"1"出现的概率是未知的，通常采用符号"0"和"1"出现等概情况下的误码率作为系统性能下限。

在等概的条件下，由式(5.5.11)可得最佳判决门限电平 $V_d^* = 0$。判决门限与接收信号的抽样电平无关，对信道变化具有一定的适应性。将最佳判决门限代入式(5.5.12)，其误码率为

$$P_e = \frac{1}{2}\mathrm{erfc}\left\{\frac{A}{\sqrt{2}\,\sigma_{n_R}}\right\} \tag{5.5.13}$$

式(5.5.13)中，erfc(·)为互补误差函数，是一个减函数，其数值可以通过查表获得。误码率与电平 A 和噪声均方根有关，$A/\sigma_{n_{\mathrm{R}}}$ 越大，误码率越小。

若在接收端定义抽样信号的信噪比为抽样信号与噪声的平均功率之比，即

$$\rho = \frac{\left[\dfrac{1}{2}A^2 + \dfrac{1}{2}\left(-A\right)^2\right]}{\sigma_{n_{\mathrm{R}}}^2} = \frac{A^2}{\sigma_{n_{\mathrm{R}}}^2} \tag{5.5.14}$$

则式(5.5.13)可表示为

$$P_{\mathrm{e}} = \frac{1}{2}\mathrm{erfc}\left\{\sqrt{\frac{\rho}{2}}\right\} \tag{5.5.15}$$

从式(5.5.15)中可以看出，随着信噪比的增大，误码率 P_{e} 迅速减小。图 5.5.2 画出了误码率与信噪比之间的关系曲线。

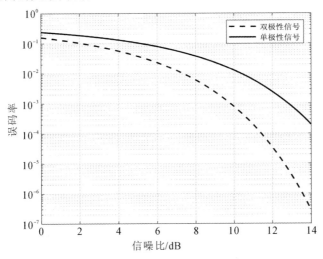

图 5.5.2　单极性和双极性信号的误码率曲线

若在数字基带传输系统中，发送滤波器输入的是单极性二进制数字序列，与符号"1"和"0"对应的有用信号的抽样值 $c_k h(0)$ 分别为 $+A$ 和 0。在噪声统计特性不变的条件下，与双极性二进制序列的抗噪性能推导类似，可得其最佳判决门限为

$$V_{\mathrm{d}}^* = \frac{A}{2} + \frac{\sigma_{n_{\mathrm{R}}}^2}{A}\ln\frac{P_0}{P_1} \tag{5.5.16}$$

在等概的条件下，最佳判决门限电平 $V_{\mathrm{d}}^* = A/2$，它与接收信号抽样电平有关，对信道的变化适应性较差，这时的误码率为

$$P_{\mathrm{e}} = \frac{1}{2}\mathrm{erfc}\left\{\frac{A}{2\sqrt{2}\,\sigma_{n_{\mathrm{R}}}}\right\} \tag{5.5.17}$$

由于单极性二进制数字基带信号的平均功率是双极性二进制数字基带信号平均功率的一半，故在 $r_1(t)$ 的抽样中，信号与噪声的功率之比即信噪比也减半，即 $\rho = A^2/(2\sigma_n^2)$，故式(5.5.17)可表示为

$$P_{\mathrm{e}} = \frac{1}{2}\mathrm{erfc}\left\{\sqrt{\frac{\rho}{4}}\right\} \tag{5.5.18}$$

比较式(5.5.15)和式(5.5.18)可以发现，在相同的信噪比下，双极性信号要比单极性信号的误码率低。

5.6 眼 图

数字基带系统在理论上可以设计出无码间干扰的传输函数，但在实际系统实现中，由于信道特性不一定能够完全掌握，而且信道特性可能会随时间发生变化，加上滤波器实现不理想等因素，实际系统中总是存在一定的码间干扰。在码间干扰和噪声同时存在的条件下，基带系统的性能会发生恶化。在这种情况下，通常采用"眼图"来定性地评估系统存在的码间干扰和噪声的大小，并利用"眼图"作为系统部件调整的依据。

所谓"眼图"就是把示波器 Y 轴接到基带系统接收滤波器的输出端，调整示波器的水平扫描周期，使其与接收信号的码元周期同步；由于示波器的余晖作用，各个码元的波形会重叠在一起，示波器屏幕上显示出类似于人眼睛的图形，这个图形称为"眼图"。

图 5.6.1 分别给出二进制和四进制数字基带信号的实际眼图。从眼图上下的张开度、眼图迹线的粗细和清晰度上可以观察出码间干扰和噪声影响的大小。眼图张开度大，迹线细而清晰，即"大眼睛，单眼皮"，表明基带系统码间干扰和噪声小，系统信息传输可靠性高。眼图张开度小，迹线粗而模糊，即"小眼睛，多眼皮"，表明基带系统码间干扰和噪声大，系统信息传输可靠性低。因而利用眼图可以评估系统的性能优劣，并通过观察眼图可以对系统的参数进行调整。

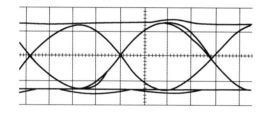
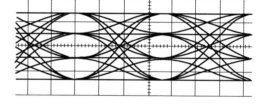

（a）二进制信号 　　　　　　　　　　　　　（b）四进制信号

图 5.6.1　基带信号眼图

为了从眼图中获取更多的有用信息，通常根据眼图的形状，在无噪声的条件下建立眼图模型，如图 5.6.2 所示。

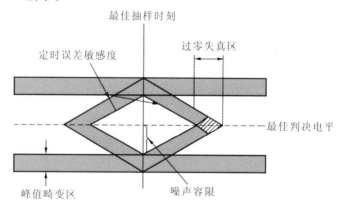

图 5.6.2　眼图的模型

根据图 5.6.2 所示的眼图模型，可以获取以下信息：（1）最佳抽样时刻：即眼睛睁开最大的时刻。(2)最佳判决电平：即眼图中央的横轴。(3)定时误差的敏感度：由眼图斜边的斜率决定。(4)峰值畸变区：即数字基带信号幅度的畸变范围。(5)过零失真区：即波形零点位置的变化范围。(6)噪声容限：即上下两个阴影区域间隔距离的一半。在抽样判决时刻，当噪声强度超过噪声容限时，则可能出现错判。

通过眼图可以观察一个数字基带传输系统码间干扰的大小，当观察到码间干扰比较严重，且通过调整系统参数改善不大时，必须对系统的传输特性进行校正，通常插入均衡器来降低系统码间干扰。对于多电平的基带信号，当电平数目很多时，观察眼图将变得十分困难，这种方法不再适用。

5.7　时 域 均 衡

数字基带传输系统在理论上可以设计出无码间干扰的传输函数，但由于信道的不确定性和实际系统实现部件的非理想化，在实际的数字基带传输系统中都或多或少地存在一些码间干扰，码间干扰和噪声将使数字基带系统的传输性能恶化，因而需要利用均衡器来减小码间干扰，提高实际系统的性能。

均衡是指在数字基带传输系统接收滤波器后插入一个网络，通过补偿数字基带系统的传输特性，从而降低系统码间干扰的一种技术，理论和实践均已证明均衡是一种减小码间干扰的有效技术。从实现原理上均衡可以分为频域均衡和时域均衡两种。频域均衡是指在频域上设计均衡器传输函数，使其与存在码间干扰的系统传输函数一起构成的总传输特性满足系统要求。时域均衡则是从时域出发，利用均衡器对于接收滤波器波形的处理，减小或者消除码间干扰。目前在大部分通信系统中使用的是时域均衡，本节重点介绍时域均衡。

5.7.1　时域均衡原理

在时域均衡中，最常用的均衡器(补偿网络)是横向滤波器，它由一条带抽头的延迟线构成，抽头延时间隔为一个码元的持续时间或者是小于一个码元的时间，每个抽头的延时信号经加权后相加输出，而每个抽头的加权系数将根据需要进行调整，因而可以适应于信道特性的变化，达到消除或减小码间干扰的目的。时域均衡器根据抽头之间的时间间隔是一个码元还是小于一个码元，分为整数间隔均衡和分数间隔均衡。整数间隔均衡器的抽头之间的时间间隔是一个码元周期 T_s，由于比较常用，整数间隔均衡器通常称为均衡器，通常把"整数间隔"省略掉。分数间隔均衡器的抽头之间的时间间隔通常小于一个码元的时间，一般取为 T_s/n，n 为正整数。

时域均衡器通常采用横向滤波器的形式实现，其原理图如图 5.7.1 所示。由图可见时域均衡器冲激响应为

$$h_E(t) = \sum_{n=-\infty}^{\infty} C_n \delta(t - nT_s) \tag{5.7.1}$$

其传输函数为

$$E(f) = \sum_{n=-\infty}^{\infty} C_n e^{-j2\pi f nT_s} \tag{5.7.2}$$

由式(5.7.2)可见，$E(f)$ 是周期为 $1/T_s$ 的周期函数，即 $E(f+1/T_s) = E(f)$。

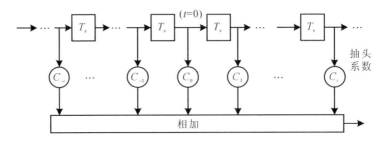

图 5.7.1　时域均衡器原理框图

在一个数字基带传输系统的接收滤波器与抽样判决之间插入一个时域均衡器的示意图如图 5.7.2 所示。若原来的数字基带传输系统的传输函数 $H(f)$ 存在码间干扰，即

$$Z(f) = \sum_{n=-\infty}^{\infty} H\left(f+\frac{n}{T_s}\right) \neq T_s, \ |f| \leqslant \frac{1}{2T_s} \tag{5.7.3}$$

在接收滤波器后级联 $E(f)$ 后，构成系统传输函数 $H'(f)$ 满足无码间干扰的条件，则

$$Z'(f) = \sum_{n=-\infty}^{\infty} H'\left(f+\frac{n}{T_s}\right) = \sum_{n=-\infty}^{\infty} H\left(f+\frac{n}{T_s}\right) E\left(f+\frac{n}{T_s}\right) = T_s, \ |f| \leqslant \frac{1}{2T_s} \tag{5.7.4}$$

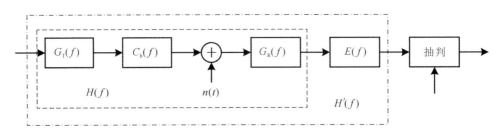

图 5.7.2　带有均衡器的数字基带传输系统

在式(5.7.4)中，$E(f)$ 是以 $1/T_s$ 为周期的函数，因而有

$$Z'(f) = E(f) \sum_{n=-\infty}^{\infty} H\left(f+\frac{n}{T_s}\right) = T_s, \ |f| \leqslant \frac{1}{2T_s} \tag{5.7.5}$$

由式(5.7.5)可得

$$E(f) = \frac{T_s}{\displaystyle\sum_{n=-\infty}^{\infty} H\left(f+\frac{n}{T_s}\right)}, \ |f| \leqslant \frac{1}{2T_s} \tag{5.7.6}$$

则时域均衡器的抽头系数为

$$\begin{aligned}
C_n &= T_s \int_{-T_s/2}^{T_s/2} E(f) e^{j2\pi fnT_s} \, df \\
&= T_s \int_{-T_s/2}^{T_s/2} \frac{T_s}{\displaystyle\sum_{n=-\infty}^{\infty} H\left(f+\frac{n}{T_s}\right)} e^{j2\pi fnT_s} \, df
\end{aligned} \tag{5.7.7}$$

由式(5.7.7)可见，时域均衡器的抽头系数完全由原数字基带系统的传输函数 $H(f)$ 决定。因而时域均衡的引入从理论上可以完全消除码间干扰，并且可以随着 $H(f)$ 的变化进行动态调整。

5.7.2　有限抽头的时域均衡器

在时域均衡的原理中，采用具有无限多个抽头的时域均衡器可以消除码间干扰，但无限多个抽头在实际中无法实现。另外由于电路的限制，抽头系数的实现精度也是受限的。如果抽头系数精度受限，即使再多的抽头也无法满足无码间干扰的传输要求。下面讨论有限个抽头的实际时域均衡器的问题。

具有 $2N+1$ 个抽头的时域均衡器如图 5.7.3 所示。该均衡器的冲激响应为

$$h_E(t) = \sum_{n=-N}^{N} C_n \delta(t - nT_s) \qquad (5.7.8)$$

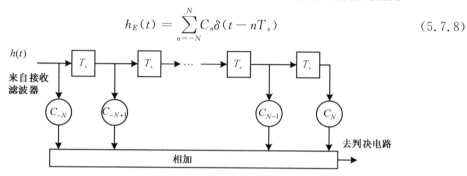

图 5.7.3　$2N+1$ 个抽头的时域均衡器

若原数字基带系统的冲激响应为 $h(t)$，在接收滤波器后级联图 5.7.3 的均衡器后，等效的系统 $H'(f)$ 对应的冲激响应为

$$h'(t) = h(t) * h_E(t) = \sum_{n=-N}^{N} C_n h(t - nT_s) \qquad (5.7.9)$$

则

$$h'(mT_s) = \sum_{n=-N}^{N} C_n h[(m-n)T_s] \qquad (5.7.10)$$

由式(5.7.10)可见，总的冲激响应在 mT_s 时刻上的抽样值是原基带系统冲激响应 $2N+1$ 个抽样值的加权线性组合，调整 $2N+1$ 个权值，可以改变总冲激响应的抽样值。但无码间干扰的条件是要求在 $m \neq 0$ 时，无穷多个抽样 $h'(mT_s)$ 为零。如果原先的冲激响应的抽样值 $h(mT_s)$ 有 $2N$ 个以上不为零，则通过调整 $2N+1$ 个抽头系数无法满足无码间干扰的条件。

虽然有限抽头的实际时域均衡器无法消除码间干扰，但可以减小码间干扰。下面以一个 3 抽头均衡器为例，考察一下它对于码间干扰的影响。

例 5.7　设有一个数字基带传输系统，其码元传输速率为 $1/T_s$，具有较大的码间干扰。其接收滤波器输出信号（即系统冲激响应）的电压抽样值为：$x(-T_s) = 1/4$，$x(0) = 1$，$x(T_s) = 1/2$，其他的抽样值都是零。在接收滤波器后插入一个 3 抽头的横向滤波器，如图 5.7.4 所示。其抽头加权系数分别为 $C_{-1} = -1/4$，$C_0 = 1$，$C_{+1} = -1/2$；试求均衡器的输出抽样序列。

解　若均衡前基带系统的抽样序列简记为：$x_k = x(kT_s)$，即 $x_{-1} = 1/4$，$x_0 = 1$，$x_1 = 1/2$，这个序列是 3 抽头均衡器的输入，均衡后基带系统的抽样序列简记为：$y_k = y(kT_s)$，在这里 $x(t)$、$y(t)$ 分别与 $h(t)$、$h'(t)$ 等效，则根据图 5.7.4 可见

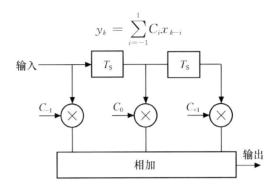

$$y_k = \sum_{i=-1}^{1} C_i x_{k-i}$$

图 5.7.4　三抽头均衡器

当 $k = 0$ 时，可得

$$y_0 = \sum_{i=-1}^{1} C_i x_{-i} = C_{-1} x_1 + C_0 x_0 + C_1 x_{-1} = \frac{3}{4}$$

当 $k = 1$ 时，可得

$$y_{+1} = \sum_{i=-1}^{1} C_i x_{1-i} = C_{-1} x_2 + C_0 x_1 + C_1 x_0 = 0$$

当 $k = -1$ 时，可得

$$y_{-1} = \sum_{i=-1}^{1} C_i x_{-1-i} = C_{-1} x_0 + C_0 x_{-1} + C_1 x_{-2} = 0$$

同理可求得：$y_{-2} = -1/16$，$y_{+2} = -1/4$，其余均为零。

图 5.7.5 和 5.7.6 分别给出了均衡前和均衡后系统的抽样序列。由图可见，均衡后的码间干扰同均衡前相比会大大下降。

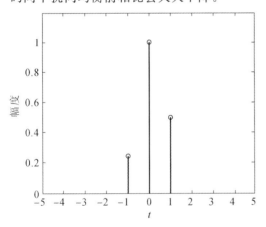

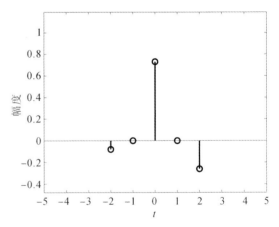

图 5.7.5　均衡前系统的抽样序列　　　　图 5.7.6　均衡后系统的抽样序列

　　例 5.8　给出一组横向滤波器的抽头系数，将该均衡器插入到对应数字基带传输系统的接收滤波器和抽样判决器之间就可以减小码间干扰。显然，横向滤波器的抽头数目和各抽头的加权系数都对均衡效果有影响。不难设想，横向滤波器的抽头数目越多，可以调整的加权系数也越多，就有可能调整得越精确。那么，应该如何选择抽头系数使码间干扰最小呢？

　　要回答这个问题，首先需要有衡量码间干扰大小的准则。

5.7.3　码间干扰大小的衡量准则

码间干扰大小衡量准则也是衡量均衡效果的准则；常用的准则有两个，即峰值失真准则和均方失真准则。这两个准则均是以数字基带系统的冲激响应的抽样值来定义的。

1. 峰值失真准则

若数字基带系统(包含均衡器)的冲激响应为 $h'(t)$，其抽样值为 $y_k = h'(kT_s)$，则衡量其码间干扰大小的归一化峰值失真的定义为

$$D = \frac{1}{y_0} \sum_{\substack{k=-\infty \\ k \neq 0}}^{\infty} |y_k| \tag{5.7.11}$$

式(5.7.11)的物理意义是所有抽样时刻的码间干扰绝对值之和与 $k = 0$ 时刻抽样值 y_0 之比。显然，对于无码间干扰的系统而言，应有 $D = 0$；对于码间干扰不为零的系统，希望 D 值越小，这样码间干扰越小。

2. 均方失真准则

均方失真的定义为

$$e^2 = \frac{1}{y_0^2} \sum_{\substack{k=-\infty \\ k \neq 0}}^{\infty} y_k^2 \tag{5.7.12}$$

式(5.7.12)的物理意义与峰值失真准则相似。对于无码间干扰的系统而言，$e^2 = 0$。码间干扰越小，e^2 的数值就越小。

峰值失真和均方失真准则都可有效衡量码间干扰的大小，均衡的目的就是选择最佳的抽头系数使码间干扰达到最小。均衡器抽头系数的选择方法就是均衡算法。

5.7.4　时域均衡算法

前面已定义了衡量码间干扰大小的两个不同准则，下面讨论在这些准则下如何选择抽头系数，使码间干扰达到最小，即均衡算法。

1. 迫零(ZF)均衡

为了便于推导，令均衡器前原数字基带系统的冲激响应的抽样值为 $x_k = h(kT_s)$，级联上均衡器后总的冲激响应的抽样值为 $y_k = h'(kT_s)$，采用图 5.7.3 中的 $2N+1$ 个抽头的时域均衡器，均衡器输入与输出的关系为

$$y_k = \sum_{i=-N}^{N} C_i x_{k-i} \tag{5.7.13}$$

若采用峰值失真准则衡量码间干扰的大小，均衡器输入的峰值失真为

$$D_0 = \frac{1}{x_0} \sum_{\substack{k=-\infty \\ k \neq 0}}^{\infty} |x_k| = \sum_{\substack{k=-\infty \\ k \neq 0}}^{\infty} \left| \frac{x_k}{x_0} \right| = \sum_{\substack{k=-\infty \\ k \neq 0}}^{\infty} |x_k'| \tag{5.7.14}$$

均衡器输出的峰值失真为

$$D = \frac{1}{y_0} \sum_{\substack{k=-\infty \\ k \neq 0}}^{\infty} |y_k| = \sum_{\substack{k=-\infty \\ k \neq 0}}^{\infty} \left| \frac{y_k}{y_0} \right| = \sum_{\substack{k=-\infty \\ k \neq 0}}^{\infty} |y_k'| \tag{5.7.15}$$

将式(5.7.13)代入式(5.7.15)可得

$$D = \sum_{\substack{k=-\infty \\ k \neq 0}}^{\infty} |y'_k| = \frac{1}{y_0} \sum_{\substack{k=-\infty \\ k \neq 0}}^{\infty} \left| \sum_{i=-N}^{N} C_i x'_{k-i} \right| \tag{5.7.16}$$

由式(5.7.16)可见，在输入序列 $\{x'_k\}$ 给定的条件下，均衡器输出的峰值失真 D 是 $2N+1$ 个抽头系数的函数。经过复杂的数学推导，可以证明当 $D_0 < 1$ 时，抽头系数是下列方程组的解时，峰值失真达到最小。方程组为

$$\begin{cases} y'_{-N} = \sum_{i=-N}^{N} C_i x'_{-N-i} = 0 \\ y'_{-N+1} = \sum_{i=-N}^{N} C_i x'_{-N+1-i} = 0 \\ \cdots \\ y'_0 = \sum_{i=-N}^{N} C_i x'_{-i} = 1 \\ \cdots \\ y'_N = \sum_{i=-N}^{N} C_i x'_{N-i} = 0 \end{cases} \tag{5.7.17}$$

式(5.7.17)也可写成矩阵形式为

$$\begin{bmatrix} x'_0, & x'_{-1}, & \cdots, & x'_{-2N} \\ x'_1, & x'_0, & \cdots, & x'_{-2N+1} \\ \cdots, & \cdots, & & \cdots \\ x'_N, & x'_{N-1}, & \cdots, & x'_{-N} \\ \cdots & \cdots & & \cdots \\ x'_{2N}, & x'_{2N-1}, & \cdots, & x'_0 \end{bmatrix} \begin{bmatrix} C_{-N} \\ C_{-N+1} \\ \cdots \\ C_0 \\ \cdots \\ C_N \end{bmatrix} = \begin{bmatrix} 0 \\ 0 \\ \cdots \\ 1 \\ \cdots \\ 0 \end{bmatrix} \tag{5.7.18}$$

由式(5.7.17)可见，在确定系数的方程组中，迫使 y_0 左右两边的 $2N$ 个抽样值为零，这种确定抽头系数的方法称为迫零(ZF)算法。利用迫零算法确定的抽头系数使均衡器输出的峰值失真最小，N 越大，峰值失真越小。

在 5.7.1 小节介绍的时域均衡原理中，具有无限多个抽头的均衡器在理论上可使系统传输函数满足无码间干扰的条件，从时域上看，它使输出冲激响应的抽样值在 y_0 左右各无穷多个点为零，也可视为迫零算法。因而在理论上，迫零均衡器的传输函数通常可以表示为

$$E(f) = \frac{1}{Z(f)}, \quad |f| \leqslant \frac{1}{2T_s} \tag{5.7.19}$$

信道中的噪声经过接收滤波器后，其功率谱密度为

$$P_{n_E}(f) = \frac{n_0}{2} |G_R(f)|^2 \left| \frac{1}{Z(f)} \right|^2, \quad |f| \leqslant \frac{1}{2T_s} \tag{5.7.20}$$

由式(5.7.20)可见，如果系统传输函数在某一或几个频率上存在严重的衰减，噪声功率谱密度将会大大增强，虽然迫零均衡器使码间干扰达到了最小，但会导致均衡器输出的信噪比严重下降。

2. 最小均方误差(MMSE)均衡

为了克服迫零均衡存在的问题，综合考虑噪声和码间干扰的影响，使均衡器输出的信号与发送的数据信号的均方误差(MSE)最小。若采用 $2N+1$ 个抽头横向滤波器作为均衡

器，该线性均衡器在第 k 个码元抽样值的误差定义为

$$e(k) = y_k - d_k h'_0 = \sum_{\substack{n \ne k \\ n = -N}}^{N} d_n h'_{k-n} + n_{E,k} \tag{5.7.21}$$

式中 d_k 是第 k 个码元的发送数据，h'_k 是包含均衡器在内的系统冲激响应的抽样，则其均方误差（MSE）为

$$J = \sigma_e^2 = E\{|e(k)|^2\} = E\{|y_k - d_k h'_0|^2\} \tag{5.7.22}$$

为了便于推导，令均衡器的输入采样 $x(k) = [x_{k-N}, \cdots, x_{k+N}]^T$，横向滤波器的抽头系数为 $C = [C_{-N}, \cdots, C_N]^T$，令 $\eta(k) = C^T d(k)$，则

$$\begin{aligned}
J &= E\{|C^T x(k) - \eta(k)|^2\} \\
&= C^T E[x(k) x^T(k)] C - C^T E[x(k)\eta(k)] \\
&\quad - E[x(k)\eta(k)] C + E[|\eta(k)|^2] \\
&= C^T R C - \lambda^T C - C^T \lambda + E[|\eta(k)|^2]
\end{aligned} \tag{5.7.23}$$

式（5.7.23）中，$R = E[x(k) x^T(k)]$ 是均衡器输入信号抽样的自相关矩阵，$\lambda = E[x(k)\eta(k)]$ 是均衡器输入与输出的互相关矩阵。当 J 对于 C 的导数等于零时，均方误差最小，即

$$\frac{\partial J}{\partial C} = -\lambda + RC = 0 \tag{5.7.24}$$

因而

$$C = R^{-1}\lambda \tag{5.7.25}$$

$$J_{\min} = E[|\eta(k)|^2] - \lambda^T C \lambda \tag{5.7.26}$$

最小均方误差均衡器的传输函数为

$$E_{MMSE}(f) = \frac{1}{Z(f) + 1/\rho}, \quad |f| \leqslant \frac{1}{2T_s} \tag{5.7.27}$$

式（5.7.27）中，ρ 为抽样信号的信噪比。

5.7.5　时域均衡的实现与系数调整

图 5.7.1 给出的时域均衡器包括一个码元的延时单元、可变增益的抽头和加法器三部分，这个均衡器是级联在接收滤波器之后的，用于理论分析非常方便。在实际系统中，时域均衡器一般在抽样后，采用数字滤波器（如 FIR 滤波器）的形式来实现，如图 5.7.7 所示。由于抽样的周期是一个码元时间，数字滤波器中不再用延时单元。

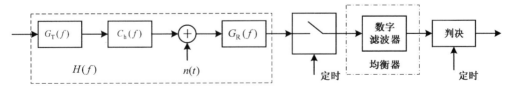

图 5.7.7　时域均衡器的实现

在均衡算法中给出根据不同的准则，通过计算一个 $2N+1$ 维线性方程组的解来获得均衡器的抽头系数，实际的系统中通常通过迭代的方式来获得这些解，避免复杂的矩阵求逆运算。实际均衡器通过迭代获得最佳系数的方式，即系数调整的方式主要有两类，第一类是预置式均衡，第二类是自适应均衡。

1. 预置式均衡

预置式均衡器如图 5.7.8 所示。在发送数据之前，发送端预先发送一些窄脉冲，接收端获得系统均衡器输出的冲激响应抽样值，利用这些抽样值计算峰值失真或者是均方失真数值，作为当前码间干扰大小的度量。首先改变 C_{-N}，增加一个 Δ，利用下一个窄脉冲的冲激响应，计算码间干扰是变大了还是变小了，如果变大了，则 C_{-N} 减小一个 Δ，再次利用下一个冲激响应计算码间干扰的大小，如果码间干扰减小，则 C_{-N} 继续减小，直至码间干扰变大，这时 C_{-N} 已调整到最佳了。接着按照上述步骤调整 C_{-N+1}，直至把所有的系数都调整到最佳，预置式均衡结束。

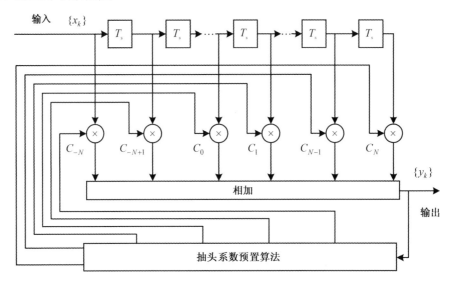

图 5.7.8　预置式抽头系数调整

根据预置式均衡的工作原理，可以得出以下结论：这种均衡器的性能与 Δ 有关，Δ 越小，每个系数调整次数越多，抽头系数的精度越高，均衡的性能越好，但时间耗费也越大。预置式均衡适用于信道特性基本不变，或者变化非常缓慢的基带系统中。

2. 自适应均衡

当一个数字基带信道的信道存在变化时，系统存在的码间干扰具有一定的时变特性，在这种情况下，需要跟踪信道的变化，调整均衡器的系数，降低系统存在的码间干扰，一般采用自适应均衡。自适应均衡如图 5.7.9 所示。在自适应均衡器中，一般采用最小均方误差准则，采用最陡梯度下降法进行系数更新，梯度矢量 g_k 为

$$g_k = RC_k - \lambda \qquad (5.7.28)$$

式中，C_k 为第 k 次迭代中的抽头系数，$R = E[x(k)x^T(k)]$ 是均衡器输入信号抽样值的自相关矩阵，$\lambda = E[x(k)\eta(k)]$ 是均衡器输入与输出的互相关矩阵。第 $k+1$ 次的抽头系数为

$$C_{k+1} = C_k - \Delta g_k \qquad (5.7.29)$$

式(5.7.29)中 Δ 是迭代选取的步长。为了确保迭代过程收敛，Δ 通常选为一个小的正数。在数字基带系统中，每一步迭代都在一个码元时间内完成，因而迭代几百步可收敛到最佳抽头系数的时间远远小于 1 秒。

式(5.7.29)中估计梯度矢量用的是统计梯度算法，也称为随机统计梯度(LMS)算法。

自适应均衡除了 LMS 算法外，还有递推最小二乘(RLS)算法和卡尔曼算法等。

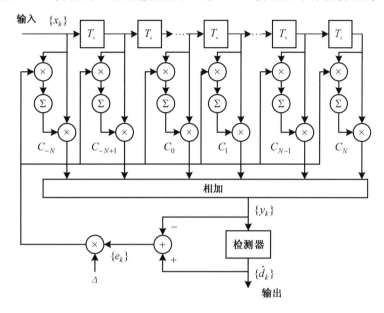

图 5.7.9 自适应均衡器

思 考 题

5.1 数字基带传输系统的基本组成是什么？

5.2 基带传输系统的信道对数字基带信号的码型有什么要求？

5.3 研究数字基带信号功率谱的目的是什么？它的带宽主要取决于什么？

5.4 AMI 码和 HDB3 码各有什么主要特点？

5.5 什么是码间干扰？它是如何产生的？码间干扰会带来什么影响？如何消除或减小码间干扰？

5.6 写出奈奎斯特速率和奈奎斯特带宽的定义。

5.7 什么是最佳判决门限电平？

5.8 无码间干扰时，基带系统的误码率取决于什么？选择什么波形可以在相同的接收信噪比的条件下，使系统误码率更小？

5.9 什么是眼图？眼图模型可以说明基带传输系统的哪些性能？

5.10 什么是时域均衡？

5.11 常用的时域均衡算法及其特点是什么？

5.12 数字基带传输系统中，知道哪些参数就可以判断接收端是否存在码间干扰？

习 题

5.1 已知信息代码为 110 010 101 110，画出它所相应的单极性不归零、双极性不归零、单极性归零、双极性归零以及差分波形。

5.2 设随机二进制序列中的"0"和"1"分别用 $g(t)$ 和 $-g(t)$ 表示，它们的出现概率分别为 P 及 $1-P$：

(1) 求其功率谱密度及功率；

(2) 若 $g(t)$ 为如图 P5.1(a)所示波形，T_s 为码元宽度，问该序列是否存在离散分量 $f_s=1/T_s$？

(3) 若 $g(t)$ 为如图 P5.2(b)所示波形，回答本题(2)所问。

5.3 设某二进制数字基带信号中，数字信息"1"和"0"分别用 $g(t)$ 和 $-g(t)$ 表示，且"1"和"0"等概出现，$g(t)$ 是升余弦频谱脉冲，即

$$g(t)=\frac{1}{2}\frac{\cos\left(\dfrac{\pi t}{T_s}\right)}{1-\dfrac{4t^2}{T_s^2}}Sa\left(\frac{\pi t}{T_s}\right)$$

(1) 写出该数字基带信号的功率谱密度表示式，并画出其示意图。

(2) 该数字基带信号中是否存在定时分量？

(3) 若码元间隔 $T_s=10^{-3}$ s，求该数字基带信号的传码率及系统传输带宽。

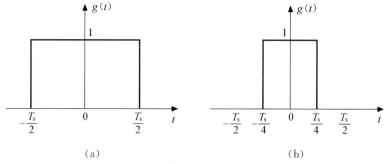

图 P5.1

5.4 已知信息代码为 1011000000000101，则相应的 HDB3 码为_____。

A. $+10-1+1000+1000-10+10-1$

B. $+10-1+1+100+1000-10+10-1$

C. $+10-1+1000+1-100-10+10-1$

D. $+10-1+1+100+1-100-10+10-1$

5.5 已知信息码为 0010110001100011，试确定与其相应的 AMI 码及 HDB$_3$ 码，并分别画出其波形图。

5.6 已知 HDB$_3$ 码为 $+1-1000-1+1000+1-1+1-100-10+10-1$，试译出对应的原信息代码。

5.7 试推导传号交替反转码(AMI 码)的功率谱密度公式，即从式(5.2.26)推导出式(5.3.1)。

5.8 设基带传输系统的发送滤波器、信道及接收滤波器组成总特性为 $H(\omega)$，若要求以 $2/T_s$ 波特的速率进行数据传输，则图 P5.2 所示的各种 $H(\omega)$ 能满足抽样点上无码间干扰的是_____。

A. (a)　　　　　B. (b)　　　　　C. (c)　　　　　D. (d)

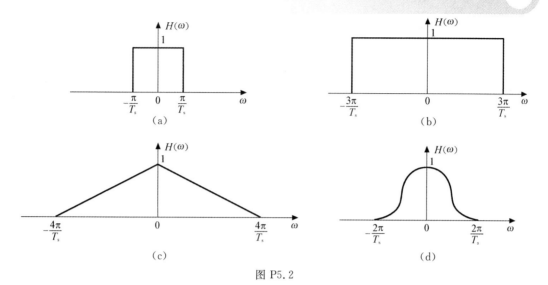

图 P5.2

5.9　已知基带传输系统总特性如图 P5.3 所示。其中 α 为某个常数（$0 \leqslant \alpha \leqslant 1$）。

（1）当传输速率为 $2W_1$ 时，试检验该系统能否实现无码间干扰传输。

（2）试求该系统的频带利用率为多大。

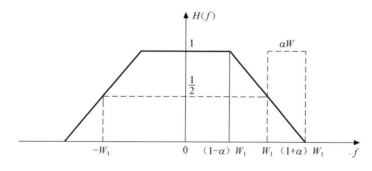

图 P5.3

5.10　为了传送码元速率 $R_B = 10^3$ Baud 的数字基带信号，试问系统采用图 P5.4 中所画的哪一种传输特性较好？并简要说明其理由。

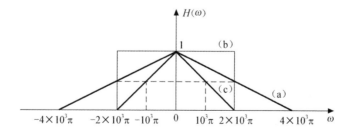

图 P5.4

5.11　设二进制基带系统的分析模型如图 P5.5 所示，现已知

$$H(\omega) = \begin{cases} \tau_0(1 + \cos\omega\tau_0), & |\omega| \leqslant \dfrac{\pi}{\tau_0} \\ 0, & \text{其他 } \omega \end{cases}$$

试确定该系统无码间干扰最高的码元传输速率 R_B 及相应码元间隔 T_s。

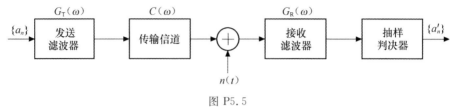

图 P5.5

5.12 若一基带系统传输函数如下：

$$H(f)=\begin{cases} T, & |f|\leqslant\dfrac{1-\alpha}{2T} \\[2mm] \left(\dfrac{T}{\alpha}\right)\left(-T|f|+\dfrac{1+\alpha}{2}\right), & \dfrac{1-\alpha}{2T}\leqslant|f|\leqslant\dfrac{1+\alpha}{2T} \\[2mm] 0, & \dfrac{1+\alpha}{2T}<|f| \end{cases}$$

其中 $0\leqslant\alpha\leqslant1$，试求该系统可能的无码间干扰的传输速率和最高频带利用率。

5.13 若十六进制系统采用滚降系数为 1/3 的传输信道，试讨论并设计出至少两种不同的二进制系统，使其与多进制系统达到相同的频率利用率。

5.14 某二进制数字基带系统所传送的是单极性基带信号，且数字信息"1"和"0"的出现概率相等。

（1）若数字信息为"1"时，接收滤波器输出信号在抽样判决时刻的值 $A=1$ V，且接收滤波器输出噪声是均值为 0、均方根值为 0.2 V 的高斯噪声，试求这时的误码率 P_e。

（2）若要求误码率 P_e 不大于 10^{-5}，A 至少应该是多少？

5.15 一随机二进制序列 1011001…，"1"码用脉冲 $g(t)=\dfrac{1}{2}\left(1+\cos\dfrac{2\pi t}{T_s}\right)$ 表示，"0"码用 $-g(t)$ 表示，码元持续时间为 T_s。

（1）当示波器扫描周期 $T_0=T_s$ 时，试画出眼图；

（2）当 $T_0=2T_s$ 时，试画出眼图；

（3）比较以上两种眼图的最佳抽样判决时刻、最佳判决门限及噪声容限。

5.16 若系统脉冲冲激响应的采样值为 $h(-1)=0.2$，$h(0)=1$，$h(1)=-0.2$，其余采样点均为 0，试设计一个三抽头迫零(ZF)均衡器。

仿 真 题

5.1 若双极性不归零信号符号"1"出现的概率为 P，采用幅度为 A、宽度为 T_s 的矩形脉冲，试画出 $P=0.5$ 时的功率谱密度曲线，横坐标可采用归一化频率 fT_s。

5.2 试画出传号交替反转码（AMI 码）的功率谱密度曲线，并与双极性不归零码进行对比，横坐标可采用归一化频率 fT_s。

5.3 试画出 Miller 码的功率谱密度曲线。

第 6 章 模拟信号的数字传输系统

本章主要介绍模拟信号的数字传输，重点讨论模拟信号的数字化转换，即模数转换（ADC）。首先讨论了将时间和取值都连续的模拟信号转换为时间离散、取值连续的采样信号的处理过程，以及该转换过程中的理论依据和具体实现方法。然后介绍了将时间离散、取值连续的采样信号转化为时间离散、取值离散的量化信号的处理过程。在了解采样和量化技术的基础上，还详细介绍了数字脉冲调制技术中的脉冲编码调制、差分脉冲编码调制和增量调制，从而帮助读者进一步掌握模拟信号数字化的具体处理过程。

6.1 采样定理

采样在数字通信和信号处理中有着广泛的应用，是模拟信号数字化转换的第一个关键步骤。作为必不可少的工作，采样在模拟信号及其数字化表示之间架起了一座桥梁。通过采样，可以将时间和取值都连续的模拟信号转换为时间离散、取值连续的采样信号，所得到的采样信号通常在时间上呈现出均匀分布的特点。能否由采样信号对应的样值序列无失真地重建原始信号，是采样定理要回答的问题。

采样定理指出，如果对一个频带宽度有限、时间连续的模拟信号进行采样，当采样频率超过一定的阈值时，就可以根据样值序列无失真地重建原始信号。这意味着，如果需要传输模拟信号，不一定要传输模拟信号本身，只需要按照采样定理对其进行采样，然后传输得到的样值序列；当接收端接收到这些样值序列之后，再依照采样定理对其进行重建，就能无失真地还原出原始的模拟信号。因此，采样定理是模拟信号数字化的重要理论依据。

根据待采样模拟信号是低通型的还是带通型的，可以将采样过程分为低通采样和带通采样，与之相应的理论依据分别为低通采样定理和带通采样定理。根据用于采样的脉冲序列是等间隔的还是非等间隔的，可以将采样分为均匀采样和非均匀采样。根据采样的脉冲序列是冲激序列还是非冲激序列，可以将采样分为理想采样和实际采样。

6.1.1 低通采样定理

由 Nyquist 提出的**低通采样定理**表明：模拟低通信号 $g(t)$ 可以完全由 $g_s(t)$ 描述，并可以唯一的从 $g_s(t)$ 中恢复，其前提条件是采样周期 $T_s \leqslant \dfrac{1}{2W}$，或者采样率 $f_s \geqslant 2W$。其中，

W 表示低通信号 $g(t)$ 的带宽。将采样周期 $T_s = \dfrac{1}{2W}$ 称为**奈奎斯特采样周期**(或奈奎斯特采样间隔),将采样率 $f_s = 2W$ 称为**奈奎斯特采样率**(或奈奎斯特采样速率)。

　　理想的采样过程可视为使用一系列脉冲信号来获得输入信号的理想样本。图 6.1.1 展示了一个理想的采样过程。具体而言,图 6.1.1(a)给出了理想的瞬时采样和信号恢复的模型框图;图 6.1.1(b)为一个能量有限的实值低通模拟信号 $g(t)$ 的时域波形;若 $g(t)$ 是一个严格的带限信号,并假设其带宽为 W,其频谱如图 6.1.1(c)所示,则 $g(t)$ 的频谱 $G(f)$ 满足:

$$\begin{cases} G(f)=0, & |f|>W \\ G(f)\neq 0, & |f|\leqslant W \end{cases} \tag{6.1.1}$$

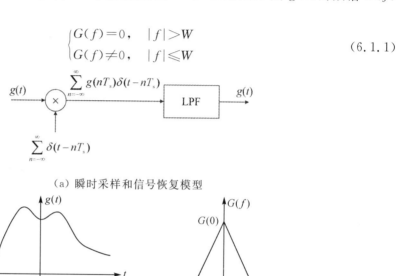

(a) 瞬时采样和信号恢复模型

(b) 低通模拟信号的时域波形　　　　(c) 信号的频谱

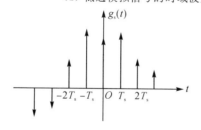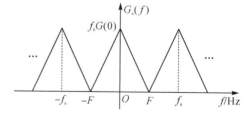

(d) 采样信号　　　　　　　　　(e) 采样信号的频谱

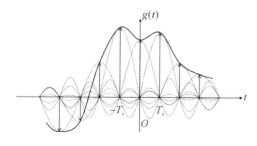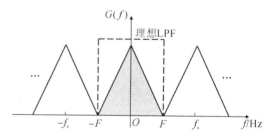

(f) 重建的信号　　　　　　　(g) 使用理想低通重建的模拟信号

图 6.1.1　理想采样过程示意图

假设对 $g(t)$ 以均匀间隔 T_s 秒为单位进行均匀采样,得到的理想瞬时采样信号记为

$g_s(t)$，如图 6.1.1(d)所示。理想的瞬时采样信号 $g_s(t)$ 可以视为模拟信号 $g(t)$ 和时间间隔为 T_s 周期性冲激序列的乘积。利用冲激序列的采样性质，可以将 $g_s(t)$ 表示为

$$g_s(t) = g(t) \cdot \sum_{n=-\infty}^{\infty} \delta(t-nT_s) = \sum_{n=-\infty}^{\infty} g(nT_s)\delta(t-nT_s) \tag{6.1.2}$$

由频域卷积定理可知，瞬时采样信号 $g_s(t)$ 的频谱 $G_s(f)$ 可以表示为模拟信号 $g(t)$ 的频谱 $G(f)$ 和周期性冲激序列频谱的卷积。而周期性冲激序列的傅里叶变换也是周期性的冲激序列，即

$$\mathscr{F}\Big[\sum_{n=-\infty}^{\infty}\delta(t-nT_s)\Big] = \frac{1}{T_s}\sum_{n=-\infty}^{\infty}\delta\Big(f-\frac{n}{T_s}\Big) = f_s\sum_{n=-\infty}^{\infty}\delta(f-nf_s) \tag{6.1.3}$$

因此，$G_s(f)$ 可以表示为

$$G_s(f) = G(f) * \Big(f_s\sum_{n=-\infty}^{\infty}\delta(f-nf_s)\Big) \tag{6.1.4}$$

利用冲激函数的卷积性质，可得

$$G_s(f) = f_s\sum_{n=-\infty}^{\infty} G(f-nf_s) \tag{6.1.5}$$

由式(6.1.5)可知，理想瞬时采样信号 $g_s(t)$ 的频谱 $G_s(f)$ 是以 f_s 为周期的连续频谱，如图 6.1.1(e)所示。因此，经过等间隔的均匀采样，原始信号的频谱被沿频率轴水平搬移到脉冲函数所在的位置，相邻的间隔等于采样率 f_s。

为了从理想的瞬时采样信号中恢复出原始的连续时间信号，需要能够从采样信号的频谱中恢复出原始信号的频谱。对等式(6.1.2)的两边进行傅里叶变换，并注意到冲激函数 $\delta(t-nT_s)$ 的傅里叶变换为 $\mathrm{e}^{-\mathrm{j}2\pi fnT_s}$，同时 $g(nT_s)$ 是一个标量，因此当采样间隔 $T_s = \frac{1}{2W}$ 时，可以得到如下的离散时间傅里叶变换关系

$$G_s(f) = \sum_{n=-\infty}^{\infty} g(nT_s)\mathrm{e}^{-\mathrm{j}2\pi fnT_s} = \sum_{n=-\infty}^{\infty} g\Big(\frac{n}{2W}\Big)\mathrm{e}^{-\mathrm{j}\pi fn/W} \tag{6.1.6}$$

同时，当 $f_s = 2W$ 且 $|f| \leqslant W$ 时，式(6.1.5)可以转化为

$$G(f) = \frac{1}{2W} \cdot G_s(f), \quad |f| \leqslant W \tag{6.1.7}$$

式(6.1.7)表明，在频率范围 $|f| \leqslant W$ 内，瞬时采样信号的频谱 $G_s(f)$ 与原始模拟信号的频谱 $G(f)$ 完全相同。将式(6.1.6)带入式(6.1.7)，可得

$$G(f) = \frac{1}{2W} \cdot \sum_{n=-\infty}^{\infty} g\Big(\frac{n}{2W}\Big)\mathrm{e}^{-\mathrm{j}\pi fn/W}, \; |f| \leqslant W \tag{6.1.8}$$

由式(6.1.8)可知，通过使用模拟信号 $g(t)$ 在所有采样时刻上的样本值 $g\Big(\frac{n}{2W}\Big)$，可以唯一确定模拟信号 $g(t)$ 的傅里叶变换 $G(f)$。由于 $G(f)$ 和 $g(t)$ 之间存在着一一对应的关系，因此对于所有整数 n，采样时刻的样本值 $g\Big(\frac{n}{2W}\Big)$ 可以唯一确定模拟信号 $g(t)$。这意味着代表采样值的样本序列 $\Big\{g\Big(\frac{n}{2W}\Big)\Big\}$ 包含了关于模拟信号 $g(t)$ 的全部信息。

为了从样本序列 $\Big\{g\Big(\frac{n}{2W}\Big)\Big\}$ 重建原始模拟信号 $g(t)$，可以在 $G(f)$ 到 $g(t)$ 的傅里叶逆变

换中，将 $G(f)$ 替换为式(6.1.8)，从而有

$$g(t) = \int_{-\infty}^{\infty} G(f) e^{j2\pi ft} \, df$$

$$= \int_{-W}^{W} \frac{1}{2W} \sum_{n=-\infty}^{\infty} g\left(\frac{n}{2W}\right) e^{-j\pi nf/W} e^{j2\pi ft} \, df \qquad (6.1.9)$$

交换积分与求和顺序，可以将式(6.1.9)化简为

$$g(t) = \sum_{n=-\infty}^{\infty} g\left(\frac{n}{2W}\right) \int_{-W}^{W} \frac{1}{2W} e^{j2\pi f\left(\frac{2Wt-n}{2W}\right)} \, df$$

$$= \sum_{n=-\infty}^{\infty} g\left(\frac{n}{2W}\right) \mathrm{sinc}(2Wt - n) \qquad (6.1.10)$$

式(6.1.10)被称为**插值公式**，用于从采样后得到的样值序列 $\left\{g\left(\frac{n}{2W}\right)\right\}$ 重建原始信号 $g(t)$。其中，$\mathrm{sinc}(2Wt - n)$ 函数可以视为插值函数，即使用每个样本值乘以相应的延迟版本的插值函数，并将所得到的信号时域波形叠加，就可以获得原始的模拟信号 $g(t)$，如图 6.1.1(f) 所示。我们注意到事实上函数 $\mathrm{sinc}(2Wt)$ 对应的频域传输函数是带宽为 W 的理想低通滤波器，那么式(6.1.10)表示采样后得到的样值序列 $\left\{g\left(\frac{n}{2W}\right)\right\}$ 送入理想低通时得到的输出响应。因此，原始信号 $g(t)$ 可以从采样后得到的样值序列 $\left\{g\left(\frac{n}{2W}\right)\right\}$ 中重建，实现方法是将其通过一个带宽为 W 的理想低通滤波器，如图 6.1.1(g) 所示。

6.1.2 实际采样

低通采样定理中使用周期性的冲激脉冲序列进行采样是一种理想的情况，称为**理想采样**。然而实际系统中无法实现，因为理想的冲激脉冲序列在实际系统中是无法获得的。即使能够获得理想的冲激脉冲序列，其采样后信号的频谱无限延展，即信号的带宽是无穷大的，对于有限带宽的通信信道而言也是无法传输的。因此，在实际中通常使用脉冲宽度相对于采样间隔很小的窄脉冲序列代替理想的冲激脉冲序列，从而实现对模拟信号的采样，我们将这种采样方式称为**实际采样**。本小节将介绍使用窄脉冲序列实现实际采样的两种方式：曲顶采样和平顶采样。

1. 曲顶采样

曲顶采样又称自然采样，是指采样后脉冲的幅度随被采样信号 $m(t)$ 的变化而变化，或者说保持了 $m(t)$ 的变化规律。曲顶采样的原理框图如图 6.1.2 所示。

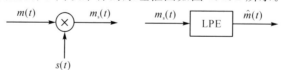

（a）曲顶采样原理　　　　（b）曲顶采样重建原理

图 6.1.2　曲顶采样的采样和重建原理

设模拟基带信号 $g(t)$ 的波形如图 6.1.3(a) 所示，频谱如图 6.1.3(b) 所示，脉冲序列记为 $s(t)$，它是由宽度为 τ 的矩形窄脉冲组成的周期为 T_s 的脉冲序列，其中 T_s 的选择满足

低通采样定理的要求，此处，取 $T_s = \dfrac{1}{2f_H}$。$s(t)$ 的时域波形如图 6.1.3(c)所示，频谱如图 6.1.3(d)所示。

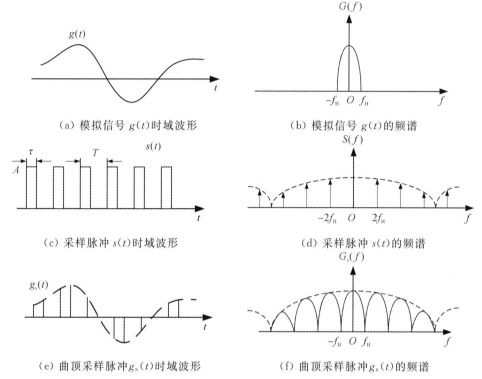

(a) 模拟信号 $g(t)$ 时域波形　　　　　　　(b) 模拟信号 $g(t)$ 的频谱

(c) 采样脉冲 $s(t)$ 时域波形　　　　　　　(d) 采样脉冲 $s(t)$ 的频谱

(e) 曲顶采样脉冲 $g_s(t)$ 时域波形　　　　　(f) 曲顶采样脉冲 $g_s(t)$ 的频谱

图 6.1.3　曲顶采样过程示例

由曲顶采样的定义可知，曲顶采样信号 $g_s(t)$ 是 $g(t)$ 与 $s(t)$ 的乘积，即

$$g_s(t) = g(t)s(t) \tag{6.1.11}$$

其中，$s(t)$ 的频谱为

$$S(f) = \frac{\tau}{T_s} \sum_{n=-\infty}^{\infty} \operatorname{sinc}\left(\frac{n\tau f_s}{2}\right) \delta(f - nf_s)$$

$$= \frac{\tau}{T_s} \sum_{n=-\infty}^{\infty} \operatorname{sinc}(n\tau f_H) \delta(f - 2nf_H) \tag{6.1.12}$$

由频域卷积定理可知，时域相乘对应于频域卷积，即

$$G_s(f) = G(f) * S(f)$$

$$= \frac{\tau}{T_s} \sum_{n=-\infty}^{\infty} \operatorname{sinc}(n\tau f_H) G(f - 2nf_H) \tag{6.1.13}$$

曲顶采样信号的时域波形如图 6.1.3(e)所示，其频谱如图 6.1.3(f)所示。由图 6.1.3(f)可知，曲顶采样信号的频谱与理想采样的频谱非常相似，也有由无限多个间隔为 $f_s = 2f_H$ 的基带信号频谱 $G(f)$ 叠加而成，其中 $n = 0$ 时的频谱为 $\dfrac{\tau}{T_s}G(f)$，与原始基带信号的频谱 $G(f)$ 之间只差一个比例因子 $\dfrac{\tau}{T_s}$，因而也可以通过理想的低通滤波器从中滤出原始基带信号的频谱 $G(f)$，进而无失真地重建出原始的基带信号 $g(t)$。

比较式(6.1.13)和式(6.1.6)可以发现,两者的不同之处主要在于:理想采样的频谱被常数 $f_s = \dfrac{1}{T_s}$ 加权,因而采样信号的带宽是无穷大;而曲顶采样的频谱包络按照 sinc 函数随频率升高而降低,其带宽与脉冲宽度 τ 有关。实际中,脉冲宽度 τ 的选择要综合考虑信号的频带宽度和复用路数的要求。

2. 平顶采样

平顶采样也叫做瞬时采样,是指采样后的信号中的脉冲均为顶部平坦的矩形脉冲,矩形脉冲的幅度即为瞬时采样值。平顶采样信号从原理上讲,可以通过理想采样和脉冲成型电路而产生,其实现原理及信号示例如图 6.1.4 所示,其中脉冲成型电路的作用就是将冲激脉冲转换为矩形脉冲。

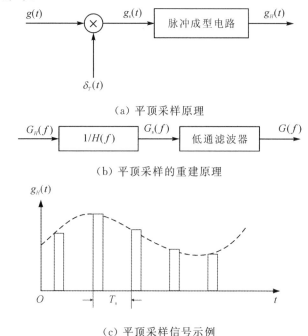

(a) 平顶采样原理

(b) 平顶采样的重建原理

(c) 平顶采样信号示例

图 6.1.4　平顶采样原理及平顶采样信号示例

设基带信号为 $g(t)$,矩形脉冲成型电路的单位冲激响应为 $h(t)$,基带信号 $g(t)$ 经过理想采样后得到的信号 $g_s(t)$ 可以表示为

$$g_s(t) = \sum_{n=-\infty}^{\infty} g(nT_s)\delta(t-nT_s) \tag{6.1.14}$$

由式(6.1.14)可知,理想采样后得到的信号 $g_s(t)$ 是由一系列被 $g(nT_s)$ 加权的冲激序列组成,而 $g(nT_s)$ 就是第 n 个采样值的幅度。经过矩形脉冲成型电路,每当输入一个冲激信号,在其输出端就会产生一个幅度为 $g(nT_s)$ 的矩形脉冲,或者说理想采样后得到的信号 $g_s(t)$ 与矩形脉冲成型电路的单位冲激响应相卷积,就可以得到平顶采样信号 $g_H(t)$,即

$$g_H(t) = g_s(t) * h(t) = \sum_{n=-\infty}^{\infty} g(nT_s)\delta(t-nT_s) * h(t)$$

$$= \sum_{n=-\infty}^{\infty} g(nT_s)h(t-nT_s) \tag{6.1.15}$$

设脉冲成型电路的传输函数为 $H(f)$，根据时域卷积定理可知，时域卷积对应于频域相乘，即平顶采样信号 $g_H(t)$ 的频谱 $G_H(f)$ 可以表示为

$$G_H(f) = G_s(f)H(f) = f_s \sum_{n=-\infty}^{\infty} H(f)G(f-nf_s) \tag{6.1.16}$$

由式(6.1.16)可知，平顶采样信号的频谱 $G_H(f)$ 是由 $H(f)$ 加权后的周期性重复的 $G(f)$ 叠加而成，由于 $H(f)$ 是频率 f 的函数，如果直接使用理想低通滤波器对平顶采样信号进行滤波，得到的是 $f_s H(f)G(f)$，此时相对于原始基带信号 $g(t)$ 的频谱 $G(f)$ 显然存在失真。

为了从平顶采样信号 $g_H(t)$ 中无失真地重建原始基带信号 $g(t)$，可以让平顶采样信号 $g_H(t)$ 先通过传输函数为 $\dfrac{1}{H(f)}$ 的频谱校正网络，然后再利用理想的低通滤波器还原原始的基带信号 $m(t)$，其实现原理框图如图 6.1.4(b) 所示。

实际应用中，平顶采样信号可以使用采样保持电路来实现，得到的脉冲为矩形脉冲。在后续章节中介绍到的脉冲编码调制系统中，输入编码器的信号就是经过采样保持电路得到的平顶采样脉冲。同时，重建原始信号的理想低通滤波器所具有的锐截止特性几乎是不可能实现的，因此考虑到实际滤波器的实现难易程度，通常选择的采样频率 f_s 要大于 $2f_H$。例如，语音信号的频率范围通常是 $300 \sim 3400$ Hz，实际中所选取的采样频率 f_s 一般为 8000 Hz。

6.1.3　带通采样定理

在 6.1 节中，我们讨论了针对低通信号的低通采样定理。然而，在实际的通信系统中，所遇到的大多数信号往往具有带通型的频域特性。例如，采用频分多路复用传输的 60 路超群载波电话信号，其频率范围为 $312\sim552$ kHz，该信号的带宽 $W = 552-312 = 240$ kHz。对于带通型信号，为了实现对原始信号的无失真重建，采样后信号的频谱也不能存在混叠失真。

实际上，如果依照低通采样定理所规定的采样频率 $f_s \geqslant 2W$ 对频率限制在 f_L 至 f_H 之间的带通型信号进行采样，同样可以满足频谱不发生混叠的需求。图 6.1.5 给出了一个使用低通采样定理采样带通信号过程的示例。其中，图 6.1.5(a)表示原始带通信号的频谱，图 6.1.5(b)是低通采样过程中所使用的间隔为 f_s 的冲激序列，图 6.1.5(c)则给出了采样后得到的样值序列的频谱。由样值序列的频谱可知，在接收端使用理想的带通滤波器，就可以提取出原始带通信号的频谱，从而实现对信号的无失真重建。

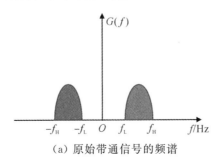

（a）原始带通信号的频谱

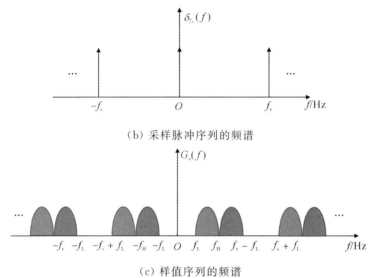

（b）采样脉冲序列的频谱

（c）样值序列的频谱

图 6.1.5　带通信号按照低通采样定理采样的示例

然而，针对带通信号使用低通采样定理规定条件的采样方式，存在以下两方面的问题：

（1）若带通信号的截止频率 f_H 较高，则意味着所选择的采样频率 f_s 过高，使得实际系统难以实现或者实现成本大幅度上升；

（2）其次，按照低通采样定理得到的采样后信号的频谱中，在 $0 \sim f_L$ 范围内的频带间隔得不到利用，从而造成对宝贵频谱资源的浪费。

为了提高信道的利用率，同时保证采样后的信号频谱中不出现混叠失真，需要采用更为合理的方式选择采样频率 f_s，带通采样定理给出了这一问题的答案。

带通采样定理：一个带通信号 $g(t)$，其频谱限制在 f_L 至 f_H 之间，即带通信号 $g(t)$ 的带宽 $W = f_H - f_L$。如果最小的采样频率 $f_s = \dfrac{2f_H}{m}$，其中 m 是一个不超过 $\dfrac{f_H}{W}$ 的最大整数，那么 $g(t)$ 可以由其采样值序列完全确定。

下面分两种情况对带通采样定理加以说明：

（1）若带通信号 $g(t)$ 的最高频率 f_H 为信号带宽 W 的整数倍，即 $f_H = nW$。此时，$\dfrac{f_H}{W} = n$ 是整数，即 $m = n$，所以采样频率 $f_s = \dfrac{2f_H}{m} = 2W$。图 6.1.6 给出了 $f_H = 5W$ 时的带通信号的采样频谱示例。其中，图 6.1.6(a) 表示原始带通信号的频谱，图 6.1.6(b) 表示采样脉冲序列的频谱，图 6.1.6(c) 表示采样后得到的样值序列的频谱。

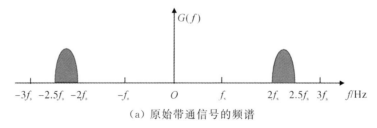

（a）原始带通信号的频谱

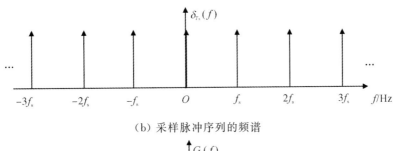

（b）采样脉冲序列的频谱

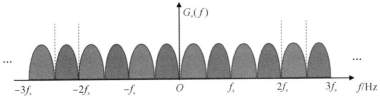

（c）采样后得到样值序列的频谱

图 6.1.6　$f_H = 5W$ 时带通信号的采样频谱

由图 6.1.6(c)可知，采样后信号的频谱 $G_s(f)$ 没有发生混叠失真，相邻的频谱之间也没有空隙，同时其包含了带通信号 $g(t)$ 的频谱 $G(f)$，如图中虚线部分所示。此时，采用理想的带通滤波器对采样后的信号进行滤波，就能够无失真地恢复出原始的带通信号，且此时的采样频率 $f_s = 2W$，远小于按照低通采样定理时 $f_s = 10W$ 的要求。显然，如果 f_s 减小，即 $f_s < 2W$ 时采样后的信号频谱中必然会出现混叠失真。由此可知，当 $f_H = nW$ 时，能够重建原始带通信号 $g(t)$ 的最小采样频率为

$$f_s = 2W \tag{6.1.17}$$

（2）若带通信号 $g(t)$ 的最高频率 f_H 不是信号带宽 W 的整数倍，即

$$f_H = nW + kW, \quad 0 < k < 1 \tag{6.1.18}$$

此时，$\dfrac{f_H}{W} = n + k$，由带通采样定理可知，m 是一个不超过 $n+k$ 的最大整数，因此 $m = n$。此时，能够恢复出原始带通信号 $g(t)$ 的最小采样频率为

$$f_s = \frac{2f_H}{m} = \frac{2(nW + kW)}{n} = 2W\left(1 + \frac{k}{n}\right) \tag{6.1.19}$$

式中，n 是一个不超过 $\dfrac{f_H}{W}$ 的最大整数，$k \in (0, 1)$。

根据式(6.1.19)以及带通信号带宽和截止频率之间的关系：$f_H = W + f_L$，可以画出截止频率 f_L 和采样频率 f_s 之间的函数关系，如图 6.1.7 所示。

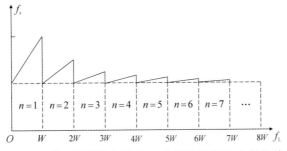

图 6.1.7　带通信号截止频率 f_L 和采样频率 f_s 之间的关系

由图 6.1.7 可知，f_s 的取值在 $2W$ 至 $4W$ 之间，当 $f_L \gg W$ 时，f_s 收敛至 $2W$。这一结论同样可以由式(6.1.19)得到。因此，当 $f_L \gg W$ 时，无论 f_H 是否为带宽 W 的整数倍，式(6.1.19)都可以简化为

$$f_s \approx 2W \tag{6.1.20}$$

实际系统中广泛使用的高频信号就符合这种情况，此时 f_H 较高而带宽 W 较小，意味着 f_L 也远离零频，很容易满足 $f_L \gg W$ 这一条件。

值得强调的是，前面讨论的时域采样定理存在一个对偶定理，即**频域采样定理**。频域采样定理指出，如果一个连续时间信号的时间严格限制在 τ 秒，那么信号的傅里叶变换可以从其频域采样唯一确定，前提是频域采样率不大于 $\frac{1}{2\tau}$ Hz。例如，持续时间为 $2 \, \mu s$ 的短脉冲的傅里叶变换必须以不高于 250 kHz 的速率进行采样，因此脉冲的傅里叶变换可以在频域中由其样本序列唯一的重建。

6.1.4 压缩感知

在过去的数十年中，模拟信号的数字化技术沿着奈奎斯特采样定理所描绘的技术路线不断演进，可以说奈奎斯特采样定理几乎是所有涉及数字信号处理应用的技术基础，包括音频、视频、无线电接收机、无线通信、雷达应用、医疗设备、光学系统等。然而，随着对数据速率需求的日益增长以及射频技术的进步，许多涉及高带宽信号的应用涌现出来，此时由奈奎斯特采样定理所决定的采样速率对采集设备硬件以及随后的存储和处理均带来了严峻的挑战。一些学者和研究人员开始思考，能否采用远低于奈奎斯特采样定理所规定的采样速率对宽带信号进行采样，同时仍保存基本信号中所编码的重要信息？

2006 年，陶哲轩、Emmanuel Candes 以及 Candes 的老师 Donoho 在 IEEE Transaction on Information Theory 上提出了"压缩感知"(Compressed Sensing)的概念，并证明了如果信号是稀疏的，那么它可以由远低于采样定理要求的采样点重建恢复。压缩感知突破的关键点在于采样的方式，在奈奎斯特采样定理中，我们使用的是等间隔采样，而在压缩感知中，通过采用随机亚采样的方式，为恢复原始信号提供了可能。以三个不同频率的单音正弦信号的合成信号为例，该信号在频域上满足稀疏性。通常采用匹配追踪算法进行恢复。具体的步骤如下：

（1）由于原信号频域中的非零值在随机采样后的频谱中仍然保留了较大的值，其中较大的两个值可以通过设定阈值进行检出；

（2）假设信号只存在这两个非零值，则可以计算出由这两个非零值引起的干扰；

（3）使用原始信号经过随机采样得到的频谱，减去所检出的两个较大非零值经过随机采样的到的频谱，就可以得到第三个非零值及其经过随机采样之后得到的频谱，再通过设置阈值就可以检测出第三个信号，从而从频域中恢复出原始信号；

（4）如果原始信号频域中包含更多的非零值，则可以通过上述步骤采用迭代的方式将它们逐个检出。

综上所述，压缩感知理论的核心思想是以比奈奎斯特采样频率的要求的采样密度更为稀疏的密度对原始信号进行随机采样，由于频谱在频域上均匀泄露，而非整体延拓，因此可以通过特别的追踪方法将原信号恢复。

值得强调的是，要实现采样频率低于奈奎斯特采样频率的压缩感知，需要满足两个前提条件，即：

（1）信号在某个域内具有稀疏性，即在该域中只有少量非零值；

（2）采用随机亚采样的方式才能实现信号的恢复。

压缩感知理论是模拟信号数字化领域最新的研究成果之一，目前也已经成为多个应用领域的研究热点，建议感兴趣的读者阅读本章的参考文献以及与压缩感知相关的专著。

6.2　模拟信号的量化

6.2.1　量化原理

利用预先定义的有限个电平来近似模拟信号采样值的过程称为量化。时间连续的模拟信号经过采样后得到的离散样值序列，虽然在时间上表现为离散的样值，但由于信号本身所具有的随机性，使得采样后得到的样值 $m(kT_s)$ 可能的取值仍然有无穷多个，即可以认为采样信号在时间上离散，幅度上仍然是"连续"的。以二进制数字传输系统为例，如果要传输模拟信号采样后得到的采样值，就意味着要将每个采样值映射成一个电平，进一步用 N 位二进制符号来表示各个电平的大小，当接收端接收到完整的 N 位二进制符号就可以恢复出各个电平的大小，进而还原出所传输的采样值，依照采样定理重建原始的模拟信号。然而，由数字电路和计算机原理课程所学过的知识我们可以知道，N 位二进制符号只能和 $M=2^N$ 种电平值相对应，即 N 位二进制符号能够表示的总的电平数 M 是有限的。这就意味着，在数字传输系统中，只能使用有限种电平值来近似模拟信号采样后得到的无穷多种取值的离散样值序列，这一过程中将会引起信号的失真，称之为**量化失真**。我们将所选定的 M 个用于近似采样值的离散电平，称为**量化电平**。

量化的过程可以通过图 6.2.1 所示的例子加以说明。

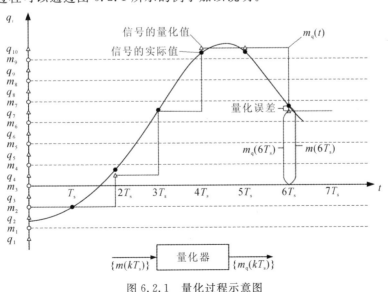

图 6.2.1　量化过程示意图

图 6.2.1 其中，$m(t)$ 是模拟信号，采样率为 $f_s = 1/T_s$，采样值用"∗"表示，第 k 个采样值为 $m(kT_s)$，令 $m_q(t)$ 表示量化信号，$q_1 \sim q_M$ 是预先定义的 M 个量化电平（图 6.2.1 中 $M=7$），m_i，$i=1,2,\cdots,7$ 称为第 i 个量化区间的分层电平（终点电平），相邻分层电平之间的间隔 $\Delta_i = m_i - m_{i-1}$，$i=1,2,\cdots,7$ 称为量化间隔，那么量化的过程就是将采样值 $m(kT_s)$ 转换为预先规定的 M 个量化电平 $q_1 \sim q_M$ 中的一个，即

$$m_q(kT_s) = q_i, \quad m_{i-1} < m(kT_s) \leqslant m_i \tag{6.2.1}$$

以图 6.2.1 中 $t=6T_s$ 时刻的采样值 $m(6T_s)$ 为例，其落在 $m_5 \sim m_6$ 分层电平所覆盖的量化间隔内，此时按照所规定的量化值 q_6 对采样值 $m(6T_s)$ 进行量化，即 $m_q(6T_s) = q_6$。量化器的输出是图中的阶梯波 $m_q(t)$，其中

$$m_q(t) = m_q(kT_s), \quad kT_s < t \leqslant (k+1)T_s \tag{6.2.2}$$

由上述的示例可知，量化后的信号 $m_q(t)$ 是对原始模拟信号 $m(t)$ 的近似。直观上看，当采样频率 f_s 一定时，增加量化电平数（量化级个数）和适当的选择量化电平，可以使 $m_q(t)$ 对 $m(t)$ 的近似程度提高。

将 $m_q(kT_s)$ 与 $m(kT_s)$ 之间的差值称为量化误差。对于语音、图像、视频等随机信号，量化误差也是随机的，其像噪声一样会对通信的质量产生影响，因此也将量化误差称为量化噪声，通常用均方误差来度量量化噪声的大小。对于均值为零，概率密度函数为 $f(x)$ 的平稳随机过程 $m(t)$，如果用符号 m 表示 $m(kT_s)$，用符号 m_q 表示 $m_q(kT_s)$，则量化噪声的均方误差（即平均功率）可以表示为

$$N_q = E\left[(m - m_q)^2\right] = \int_{-\infty}^{\infty} (x - m_q)^2 f(x)\,\mathrm{d}x \tag{6.2.3}$$

在给定信源统计特性的条件下，$f(x)$ 是确定的。量化噪声反映了量化信号与模拟信号采样值之间的近似程度，而量化噪声的平均功率则从统计意义上给出了量化信号与模拟信号采样值之间近似程度的定量大小。从量化的过程来看，量化误差的平均功率与量化间隔的划分有关，如何使量化误差的平均功率最小或者服从某一特定规律，是量化器相关理论主要研究的问题之一。

6.2.2 均匀量化

将输入信号的取值范围按照等间隔分割的量化方式称为**均匀量化**。在均匀量化中，每个量化区间的量化电平均取该区间的中点电平，如图 6.2.1 所示。均匀量化的量化间隔（也称为量化台阶）Δ 的大小取决于输入信号的动态范围以及预先选定的量化电平数 M。设输入模拟信号的动态范围为 $m(t) \in [a, b]$，则均匀量化时各个区间的量化间隔为

$$\Delta = \frac{b-a}{M} \tag{6.2.4}$$

均匀量化器的输出为

$$m_q = q_i, \quad m_{i-1} < m \leqslant m_i \tag{6.2.5}$$

式（6.2.5）中，m_i 表示第 i 个量化区间的终点电平，m_i 可以表示为

$$m_i = a + i\Delta \tag{6.2.6}$$

q_i 是第 i 个量化区间的量化电平，通常取该区间的中点，q_i 可以表示为

$$q_i = \frac{m_i + m_{i-1}}{2}, \quad i=1,2,\cdots,M \tag{6.2.7}$$

量化电平也可以取量化区间的终点电平或者前一个量化区间的终点电平，同一量化器中需要采用同一种量化电平选取方式，在量化器的设计阶段规定。

量化器的输入和输出关系可以用量化特性来表示，如图 6.2.2 所示。图 6.2.2(a)给出了一个均匀量化器的量化特性。当输入的采样值 m 落入量化区间 $(m_{i-1}, m_i]$ 时，量化电平 q_i 对应于该量化区间的中点。相应的量化误差 $e_q = m - m_q$ 与输入信号采样值幅度之间的关系如图 6.2.2(b)所示。

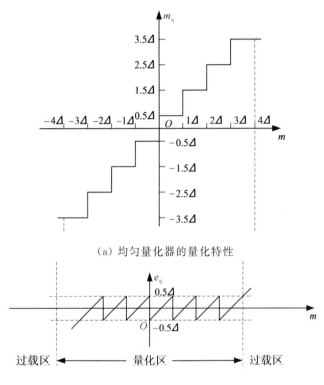

(a) 均匀量化器的量化特性

(b) 量化误差与输入信号采样幅值之间的关系

图 6.2.2　均匀量化特性及量化误差曲线

对于一个随机信号而言，通常我们可以通过统计获得该信号大概率出现的动态范围，但随机信号仍然有较小的概率落在我们所统计得到的动态范围之外。这就意味着在使用根据统计得到的动态范围所设计的量化器对随机信号进行量化时，仍然有一定概率出现随机信号的采样值落在量化器能够覆盖的区域之外的情况。当随机信号的采样值落在动态范围之内时，对应于量化器的量化区(即量化器能够正常工作的范围)，此时量化误差的绝对值 $|e_q| \leqslant \Delta/2$；当随机信号的采样值落在动态范围之外时，对应于量化器的过载区，此时量化值将不再发生变化，量化误差 $|e_q| > \Delta/2$，将这种现象称为**过载**，即量化器不再能反映采样值的真实值，超出了量化器的量化能力。在过载区量化器的量化误差特性是线性增长的，因而过载误差比量化误差大，对重建信号有着严重的影响。在设计量化器时，应当充分考虑输入信号的幅度范围，尽可能不让信号幅度进入量化器的过载区，或者只能以极小的概率进入量化器的过载区。

上述的量化误差 $e_q = m - m_q$ 通常称为**绝对量化误差**，对于均匀量化而言，绝对量化误差在每个量化间隔内的大小不超过 $\Delta/2$。在衡量量化器性能时，仅考察绝对量化误差的大小是不够的，因为绝对量化误差对不同信号的影响程度不一样。同样大小的绝对量化误差对于大信号的影响有限，但对于小信号而言就有可能造成严重的后果。因此，在衡量量化器系统性能时，应该考察量化噪声与信号的相对大小。通常，我们使用量化信噪比(S/N_q)来衡量量化器的性能，其定义为信号功率与量化噪声功率之比，即

$$\frac{S}{N_q} = \frac{E[m^2]}{E[(m-m_q)^2]} \tag{6.2.8}$$

式(6.2.8)中，S 表示信号功率，N_q 表示量化噪声功率，$E[\cdot]$ 表示计算数学期望。显然，量化信噪比 S/N_q 越大，量化器性能越好。

设输入量化器的模拟信号 $m(t)$ 是均值为零，概率密度函数为 $f(x)$ 的平稳随机过程，其取值范围为(a,b)，且假设不出现过载量化，则量化噪声的平均功率 N_q 可以表示为

$$N_q = E[(m-m_q)^2] = \int_a^b (x-m_q)^2 f(x)\mathrm{d}x \tag{6.2.9}$$

如果将积分区间划分为 M 个量化区间，则式(6.2.3)可以表示为

$$N_q = \sum_{i=1}^{M} \int_{m_{i-1}}^{m_i} (x-q_i)^2 f(x)\mathrm{d}x \tag{6.2.10}$$

其中，$m_i = a + i\Delta$，$i = 1, 2, \cdots, M$，$m_0 = a$，$q_i = a + i\Delta - \dfrac{\Delta}{2}$。

依照上述条件，信号功率可以表示为

$$S = E[m^2] = \int_a^b x^2 f(x)\mathrm{d}x \tag{6.2.11}$$

如果给出输入信号的统计特性，以及均匀量化器的量化特性，就可以根据式(6.2.9)～(6.2.11)计算出量化信噪比 S/N_q。

让我们来考察一个在区间$[-a,a]$具有均匀分布的模拟信号 $m(t)$，使用 M 个量化电平对其进行均匀量化，此时该量化器的量化噪声功率为

$$\begin{aligned}
N_q &= \sum_{i=1}^{M} \int_{m_{i-1}}^{m_i} (x-q_i)^2 \frac{1}{2a}\mathrm{d}x \\
&= \sum_{i=1}^{M} \int_{-a+(i-1)\Delta}^{-a+i\Delta} \left(x+a-i\Delta+\frac{\Delta}{2}\right)^2 \frac{1}{2a}\mathrm{d}x \\
&= \sum_{i=1}^{M} \left(\frac{1}{2a}\right)\left(\frac{\Delta^3}{12}\right) = \frac{M\Delta^3}{24a}
\end{aligned} \tag{6.2.12}$$

由于 $M \cdot \Delta = 2a$，所以有

$$N_q = \frac{\Delta^2}{12}$$

由式(6.2.5)可知信号功率为

$$S = \int_{-a}^{a} x^2 \cdot \frac{1}{2a}\mathrm{d}x = \frac{\Delta^2}{12} \cdot M^2$$

因而，量化信噪比为

$$\frac{S}{N_q} = M^2 \tag{6.2.13}$$

或以分贝(dB)为单位可以表示为

$$\frac{S}{N_q} = 20\lg M \text{ dB} \tag{6.2.14}$$

由式(6.2.14)可知,均匀量化器的量化信噪比随量化电平数 M 的增大而提高。通常,量化电平数的选择应该根据系统对于量化信噪比的需求来确定。

均匀量化器被广泛应用于线性 A/D 转换中,例如:在软件无线电的 A/D 转换中,N 为 A/D 转换器的位数,常用的有 8 位、10 位、12 位等不同精度。另外,在遥感系统、仪表、图像和视频信号的 A/D 转换中,也都采用均匀量化器。

6.2.3　非均匀量化

在数字电话通信中,需要对所传输的语音信号进行量化。此时如果采用均匀量化,会存在一个明显的现象:量化信噪比随信号电平的减小而下降。导致这一现象的原因是均匀量化的量化间隔 Δ 是固定值,量化电平均匀的分布在各个量化区间内,无论信号大小如何,每个量化区间内的量化噪声功率保持不变,这就意味着小信号时的量化信噪比很难达到实际系统的需求,即采用均匀量化时,幅度较小的语音信号通过数字电话系统传输会产生较为严重的失真,影响通话质量。为了保证通话质量,数字电话系统通常都会规定需要满足的最小量化信噪比,将满足量化信噪比要求的输入信号的取值范围称为系统允许信号的动态范围。显然,采用均匀量化时,允许信号的动态范围将受到较大的限制。为了克服均匀量化的缺点,在数字电话通信中,通常采用非均匀量化。

非均匀量化是指在输入信号动态范围内量化间隔不相等的量化方式。在信号取值小的区间,量化间隔划分得小;反之,在信号取值大的区间,量化间隔也划分得大。这样就使量化器输出的量化噪声在信号取值小的区间减小,从而改善了小信号的量化信噪比,同时对大信号的质量影响不大。非均匀量化使量化器输出的平均量化信噪比提高,从而获得较好的小信号的接收效果。非均匀量化的原理如图 6.2.3 所示。

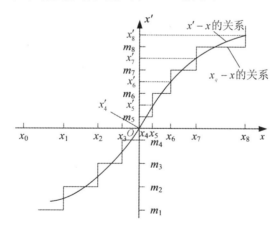

图 6.2.3　非均匀量化原理

实现非均匀量化的方法之一,是首先对送入量化器的信号 x 进行压缩处理,然后对压缩处理得到的信号 y 进行均匀量化。所谓压缩处理就是让输入信号 x 通过一个非线性变换电路,对微弱信号进行放大的同时,对强信号进行压缩。

非线性变换的函数关系可以表示为

$$y = f(x) \tag{6.2.15}$$

在系统的接收端,通过一个与压缩特性相反的扩张处理来还原原始信号 x。图 6.2.4

给出了一种压缩和扩张实现的示意图。

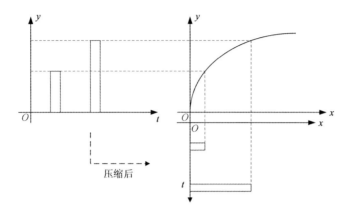

图 6.2.4　压缩与扩张示意图

在数字电话系统中，通常使用对数函数来实现对输入语音信号的压缩和扩张处理，将这种非均匀量化器称为对数量化器。在国际标准中，广泛采用的两种对数压扩特性是 μ 律压扩特性和 A 律压扩特性。其中，北美、日本等国采用 μ 律压扩特性，我国和欧洲等大多数国家均采 A 律压扩特性。下面分别讨论这两种压扩技术的实现原理。

1. A 律压扩特性

国际标准所定义的 A 律压扩特性中输入与输出之间的非线性函数关系采用如下的函数形式

$$y=\begin{cases} \dfrac{Ax}{1+\ln A}, & |x|<\dfrac{1}{A} \\[3mm] \dfrac{1+\ln Ax}{1+\ln A}, & \dfrac{1}{A}\leqslant |x|\leqslant 1 \end{cases} \tag{6.2.16}$$

其中，x 表示归一化的输入信号，y 表示归一化的输出信号。归一化是指信号的电压与信号最大电压的绝对值之比，因而归一化后信号的动态范围为 $[-1,1]$。A 表示压扩参数，$A=1$ 时无压缩，A 值越大压缩效果越明显，国际标准所定义的 A 律压扩特性中，$A=87.6$。A 律压扩特性曲线如图 6.2.5(a)所示。需要说明的是，A 律压扩特性曲线相对于原点呈奇对称，图中仅画出了正向部分。

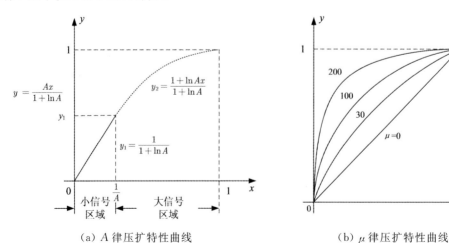

（a）A 律压扩特性曲线　　　　　　　（b）μ 律压扩特性曲线

图 6.2.5　对数压扩特性曲线

2. μ 律压扩特性

国际标准所定义的 μ 律压扩特性中输入与输出之间的非线性函数关系采用如下的函数形式

$$y=\frac{\ln(1+\mu x)}{\ln(1+\mu)},\quad |x|\leqslant 1 \tag{6.2.17}$$

其中，μ 表示压扩参数，$\mu=1$ 时无压缩，μ 值越大压缩效果越明显。国际标准所定义的 μ 律压扩特性中，$\mu=255$。μ 律压扩特性曲线如图 6.2.5(b)所示。同样，μ 律压扩特性曲线相对于原点呈奇对称，图中仅画出了正向部分。

现在以 μ 律压扩特性来说明其对小信号量化信噪比的改善程度。图 6.2.6 给出了参数 $\mu=100$ 时的压扩特性曲线，虽然其 y 轴进行了等间隔的划分，但映射到 x 轴的划分间隔是不等的(即非均匀的)，此时对应于小信号的划分间隔 Δx 小，对应于大信号的划分间隔 Δx 大，从而实现了根据不同的信号幅度分别划分不同大小的量化间隔，进而实现了非均匀量化。而在均匀量化中，无论是大信号还是小信号，其量化间隔都是相同的。下面通过一个例子来分析压扩技术对量化器量化信噪比的改善。

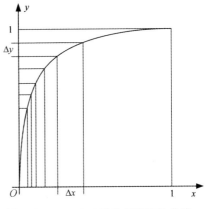

图 6.2.6　$\mu=100$ 时的压扩特性曲线

图 6.2.7 给出了有压扩和无压扩时，量化信噪比与信号动态范围之间的函数关系曲线。其中 $\mu=0$ 对应无压扩时信号输入(以 dB 为单位)对应的量化信噪比，$\mu=100$ 对应有压扩时信号输入对应的量化信噪比。由图 6.2.7 可知，无压扩时，量化信噪比随输入信号的减小而迅速下降(注意 x 轴取值沿坐标方向逐渐减小)；而有压扩时，量化信噪比随输入信号的减小下降的却比较缓慢。为了保证语音通信质量，如果要求量化信噪比不小于 26 dB，对于 $\mu=0$ 时意味着要求输入信号幅度必须大于 -18 dB；而对于 $\mu=100$ 则意味着只要输入信号的幅度大于 -36 dB 即可。可见，采用压扩技术提高的小信号的量化信噪比，从而相当于扩大了输入信号的动态范围。

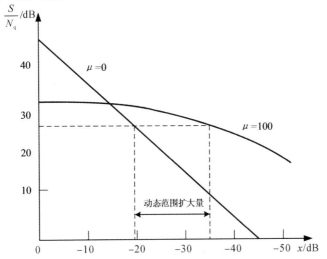

图 6.2.7　有/无压扩时量化信噪比与信号动态范围之间的关系

3. 对数压扩特性的折线近似

早期的 A 律和 μ 律压扩特性曲线都是使用非线性模拟电路得到的。由于对数压扩特性是连续曲线，随压扩参数的不同，在电路上实现这样的非线性函数关系是相当复杂的，而且精度和稳定度都受到比较多的限制，进而导致早期的语音通信设备具有较高的制造成本，限制了其广泛应用。随着数字电路特别是大规模集成电路的飞速发展，另一种新型的压扩技术——数字压扩，已经被广泛应用于语音通信系统中。数字压扩技术是指利用数字电路产生很多折线，来逼近 A 律和 μ 律定义的对数压扩特性曲线。实际系统中，通常使用的是两种数字压扩技术，即采用 13 折线近似 A 律压扩特性和采用 15 折线近似 μ 律压扩特性。其中，A 律 13 折线主要应用于欧洲各国的 PCM 30/32 路基群中，我国的 PCM 30/32基群也采用了 A 律 13 折线。μ 律 15 折线主要用于美国、加拿大和日本等国的 PCM 24 路基群中。国际标准组织 CCITT 的语音通信标准 G.711 规定上述两种折线近似压扩律的详细实施方案，并且规定了在国际间数字语音通信系统互联时，要以 A 律为标准，即由使用 μ 律的国家和地区负责完成由 μ 律至 A 律的转换。这里我们重点介绍 A 律 13 折线。

A 律 13 折线的产生是从非均匀量化的原理出发，使用 13 段折线逼近国际标准规定的 $A=87.6$ 的压缩特性曲线。具体实现方法如下。

首先，对 x 轴在 $0\sim1$ 范围内按照非均匀的方式划分成 8 段，分段的原则是将当前待划分的区间等分为 2 段，下一次划分时待划分的区间为上一次划分结果中左侧的 1 段，并按照此规律递归划分直至完成 8 段的划分。第一次的划分点在 $0\sim1$ 区间的中点处，取 $1/2\sim1$作为第 8 段；第二次的划分点在 $0\sim1/2$ 区间的中点处，取 $1/4\sim1/2$ 作为第 7 段；依次分下去，直至剩余的最后一段为 $0\sim1/128$ 区间，作为第 1 段。值得注意的是，第 2 段的区间范围是 $1/128\sim1/64$，其区间长度是 $1/128$，与第 1 段的区间长度相等。

其次，对 y 轴在 $0\sim1$ 范围内按照均匀方式划分成 8 段，每段区间长度均为 $1/8$，从第 1段到第 8 段的区间范围分别为：$0\sim1/8$，$1/8\sim2/8$，$\cdots$，$7/8\sim1$。

最后，将 x 轴和 y 轴各对应段的交点连接起来，构成 8 段直线，得到如图 6.2.8 所示的折线压扩特性。

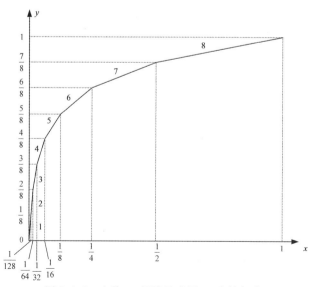

图 6.2.8　A 律 13 折线示意图（正半轴部分）

其中，第 1、2 段的斜率相同(均为 16)，因此可以视为一条直线段，故正半轴存在 7 条斜率不同的折线。

上述划分只分析了正半轴的情况，由于传感器采集到的语音信号可视为是双极性信号，因此在负半轴方向也有与正半轴方向关于原点对称的一组折线段，数量也是 7 根，其中负半轴方向靠近零点位置的第 1、2 段斜率也等于 16，与正半轴方向第 1、2 段的斜率相同，可以合并为一根线段。正、负半轴方向共有 $2\times(8-1)-1=13$ 段折线，故称其为 A 律 13 折线。

A 律 13 折线的第 1 段斜率为 16，根据式(6.2.16)可以计算出压扩参数 A，第 1 段对应于小信号$(0\leqslant x<\frac{1}{A})$，此时有

$$y=\frac{Ax}{1+\ln A}$$

由此可得第 1 段斜率为

$$\frac{\mathrm{d}y}{\mathrm{d}x}=\frac{A}{1+\ln A}=16$$

求解可得 $A\approx87.6$。

下面我们考察一下 A 律 13 折线与国际标准定义的 A 律压扩特性的近似程度。A 律压扩特性的小信号分界点为 $x=\frac{1}{A}=\frac{1}{87.6}$，其对应 y 轴分界点为

$$y=\frac{Ax}{1+\ln A}=\frac{A\cdot\frac{1}{A}}{1+\ln A}=\frac{1}{1+\ln 87.6}\approx0.183 \qquad (6.2.18)$$

因此，当 $y<0.183$ 时，x 和 y 的关系满足

$$y=\frac{Ax}{1+\ln A}=\frac{87.6}{1+\ln 87.6}x\approx16x \qquad (6.2.19)$$

由于 A 律 13 折线中 y 轴是等分的，y 的取值在第 1、2 段的起点小于 0.183，因此这两段起始点的坐标可以由式(6.2.19)计算得到；当 $y\geqslant0.183$ 时，x 和 y 的关系满足

$$y-1=\frac{\ln x}{1+\ln A}=\frac{\ln x}{\ln(eA)}$$

进而有

$$\ln x=(y-1)\ln(eA)$$

由此可得

$$x=\frac{1}{(eA)^{1-y}} \qquad (6.2.20)$$

将 y 轴中除第 1、2 段外的 6 段的坐标带入式(6.2.15)可以计算出对应的 x 轴坐标，进而得到剩余 6 段的起始点坐标。将 A 律 13 折线中正半轴的 8 段折线的起始点坐标和 A 律压扩特性依照式(6.2.13)和式(6.2.15)计算所得的 8 段的起始点坐标填入表 6.2.1 进行比较。

表 6.2.1 $A=87.6$ 压扩特性与 A 律 13 折线的比较

折线段落	1	2	3	4	5	6	7	8
y	$0\sim1/8$	$1/8\sim2/8$	$2/8\sim3/8$	$3/8\sim4/8$	$4/8\sim5/8$	$5/8\sim6/8$	$6/8\sim7/8$	$7/8\sim1$
模拟 A 律 x	$0\sim1/128$	$1/128\sim$ $1/60.6$	$1/60.6\sim$ $1/30.6$	$1/30.6\sim$ $1/15.4$	$1/15.4\sim$ $1/7.79$	$1/7.79\sim$ $1/3.93$	$1/3.93\sim$ $1/1.98$	$1/1.98\sim$ 1
13 折线 x	$0\sim$ $1/128$	$1/128\sim$ $1/64$	$1/64\sim$ $1/32$	$1/32\sim$ $1/16$	$1/16\sim$ $1/8$	$1/8\sim1/4$	$1/4\sim1/2$	$1/2\sim1$
斜率	16	16	8	4	2	1	$1/2$	$1/4$

由表 6.2.1 可知，A 律 13 折线各段落的分界点与 $A=87.6$ 曲线的逼近程度非常好，并且前两个起始段的斜率相同均为 16，这意味着 A 律 13 折线很好地逼近了 $A=87.6$ 的对数压扩特性。

6.3　脉冲编码调制(PCM)

脉冲编码调制(Pulse Code Modulation，PCM)简称为脉码调制，是指用一组二进制数字代码来表示连续信号采样值的量化结果，从而实现数字通信的方式。这种通信方式抗干扰能力强，在数字程控电话交换机、光纤通信、数字微波通信、卫星通信等通信系统中获得了极为广泛的应用。

PCM 是一种最典型的语音信号数字化的编码方式，其原理如图 6.3.1 所示。首先，在发送端对信号波形进行编码，主要包括采样、量化和编码三个步骤，从而实现将模拟信号转换为二进制码组。编码后的 PCM 码组可以直接进行基带的数字传输，也可以经过微波、光波等载波调制后进行数字传输。在接收端，二进制的数字码组经过译码后还原成量化后的样值脉冲序列，再经过低通滤波器滤除高频分量，就可以得到原始模拟信号的重建信号 $\hat{m}(t)$。

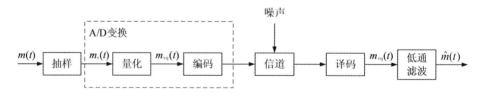

图 6.3.1　PCM 系统原理图

PCM 系统中的采样是指依照采样定理的要求，将时间上连续的模拟信号转换成时间上离散的采样信号。量化则是指将幅度上取值无限多的采样信号进行幅度离散，用预先选定的 M 个规定的电平近似表示采样信号。编码则是指用规定的二进制码组表示量化后的 M 个电平的样值脉冲。图 6.3.2 给出了 PCM 信号产生的示意图。

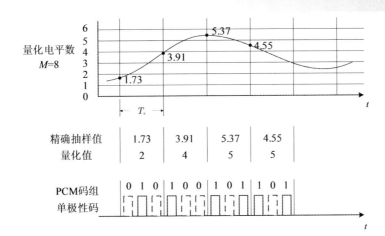

图 6.3.2　PCM 信号的产生示意图

由图 6.3.2 可知，PCM 信号的形成是输入的模拟信号经过采样、量化、编码三个步骤实现的，这是一种模拟信号实现数字化的典型过程。其中，采样和量化的原理已经在本章的前两节给出了详细的介绍，接下来主要讨论 PCM 的编码。

6.3.1　PCM 编码和译码

将量化后的信号电平值转换为二进制码组的过程称为编码，其逆过程称为译码或解码。模拟信源输出的模拟信号 $m(t)$ 经过采样和量化之后，得到的输出脉冲序列是一个 M 进制的多电平数字信号，如果直接进行传输的话，其抗噪声性能较差，因此还需要经过编码器将其转换为二进制数字信号，再通过数字信道进行传输。在接收端，接收到的二进制码组经过译码器被还原成 M 进制的量化信号，再经过低通滤波器滤除高频分量，恢复出原始的模拟基带信号 $\hat{m}(t)$，上述采样、量化和编码的过程由图 6.3.1 所示的脉冲编码调制系统实现。接下来，我们介绍二进制码组的选择以及编码器和译码器的实现原理。

1. 码字和码型

二进制数字信号具有抗干扰能力强，易于生成和处理等优点，因此 PCM 系统中一般采用二进制码组。对于 M 个量化电平，可以使用 N 位二进制码来表示，其中每一个码组称为一个码字。为了保证通信质量，目前国际上多采用 8 位编码的 PCM 系统。

码型是指代码的编码规律，其含义是将量化后的所有量化级，按照量化电平的大小次序进行排序，并对其中的每个电平分配一组码字，这种对应关系就称为码型。在 PCM 系统中，最常用的码型有三种：自然二进制码、折叠二进制码和格雷二进制码。表 6.3.1 给出了使用 4 位码表示 16 个量化电平时，上述三种码型的实现方案。

自然二进制码是指将量化电平的十进制序号采用二进制数形式表示，这种码型编码简单、便于记忆，译码时可以按照逐比特形式进行译码。如果将自然二进制码从低位到高位依次以 2 的幂进行加权，就可以还原为对应的十进制数。设 N 位二进制码为

$$(a_{N-1}, a_{N-2}, \cdots, a_1, a_0)$$

则

$$D = a_{N-1}2^{N-1} + a_{N-2}2^{N-2} + \cdots + 2a_1 + a_0$$

就是其对应的十进制数。这种"线性加权"可以简化实际的译码器结构。

表 6.3.1　PCM 系统中常用的二进制码型

样值脉冲极性	格雷二进制码	自然二进制码	折叠二进制码	量化级序号
正极性部分	1 0 0 0	1 0 0 0	1 0 0 0	15
	1 0 0 1	1 0 0 1	1 0 0 1	14
	1 0 1 0	1 0 0 0	1 0 0 0	13
	1 0 1 0	1 0 0 1	1 0 0 1	12
	1 1 1 1	1 0 0 0	1 0 0 0	11
	1 1 1 1	1 0 0 1	1 0 0 1	10
	1 1 0 1	1 0 0 0	1 0 0 0	9
	1 1 0 0	1 0 0 1	1 0 0 1	8
负极性部分	1 0 0 0	1 0 0 0	1 0 0 0	7
	1 0 0 0	1 0 0 1	1 0 0 0	6
	1 0 0 0	1 0 0 0	1 0 0 0	5
	1 0 0 1	1 0 0 1	1 0 0 1	4
	1 0 0 0	1 0 0 0	1 0 0 0	3
	1 0 0 1	1 0 0 0	1 0 0 1	2
	1 0 0 0	1 0 0 0	1 0 0 0	1
	1 0 0 1	1 0 0 1	1 0 0 1	0

折叠二进制码是一种幅度符号码。其码组中最高位表示信号的极性，信号为正用 1 表示，信号为负用 0 表示；第二位至最后一位表示信号的幅度。由于正、负绝对值相同时，折叠码的上半部分与下半部分相对于零电平对称折叠，因此称其为折叠码，其幅度码的编码规则与自然二进制码的编码规则相同。与自然二进制码相比，折叠二进制码的优点主要体现在处理语音信号这类的双极性信号时，只要绝对值相同，除符号位外可以使用单极性编码的方法来实现，从而降低了编码器的实现复杂度。同时，在传输过程中出现误码时，折叠二进制码对小信号的影响较小。例如，如果由于噪声的干扰，导致传输中大信号对应的码组由 1111 被误判为 0111，由表 6.3.1 可知，自然二进制码由序号为 15 的电平错判为序号为 7 的电平，误差为 8 个量化级，而对于折叠二进制码，误差为 15 个量化级。显然，大信号时误码对折叠二进制码影响更大。如果由于噪声的干扰，导致传输中小信号对应的码组由 1000 被误判为 0000，对于自然二进制码误差仍为 8 个量化级，而对于折叠二进制码误差却仅为 1 个量化级。考虑到语音信号中小幅度信号出现的概率比大幅度信号出现的概率大，所以折叠二进制码更着眼于提升小信号的传输效果。

格雷二进制码的特点是任何相邻电平的码组，只有一位码发生了变化，即相邻码字的码距恒为 1。在译码时，如果传输或者判决导致仅出现少量的误码，此时输出的量化电平大概率落在相邻序号的电平，因而造成的量化电平误差较小。同时，除了极性码之外，当正、负极性的绝对值相同时，其幅度码相同。但这种码型不是可以通过"线性加权"还原的，不能逐比特独立进行译码，需要先转换为自然二进制码之后才能译。因此，一般系统中更多地选用折叠二进制码和自然二进制码。

通过以上三种码型的比较，可以知道，在 PCM 系统中的编码模块，折叠二进制码相比于自然二进制码和格雷码是更为折中的选择，它是 A 律 13 折线 PCM 30/32 路基群设备中所采用的码型。

2. 码位的选择

码位是指用于表征量化电平数的二进制符号个数，其含义是按照一定的规则建立量化电平与二进制码组之间的映射关系。码位的选择，不仅关系到通信质量的优劣，还涉及通信设备的实现复杂度。一般而言，码位选择得越多，能够表征的量化电平的个数就越多；反之，量化电平数一定，码位的个数也就确定了。在信号动态范围确定时，使用的码位越多，量化分层越密，量化误差就越小，通信质量就越好。但随着码位的增多，设备实现的复杂度也越高，同时会导致总码率提升，进而导致所需的传输带宽增大。从话音信号的可懂程度来说，一般采用 $3 \sim 4$ 位的非线性编码即可满足需求，如果可以增加到 $7 \sim 8$ 位，就能获得比较理想的通信质量。

在 A 律 13 折线编码中，采用 8 位二进制码，对应有 $M = 256$ 个量化级，即正、负信号输入幅度范围内各 128 个量化级，这意味着需要将 13 折线中每个折线段再均匀地划分成 16 个量化等级。由于每个段落长度不等，因此正、负输入的 8 个段落被划分成了 $8 \times 16 = 128$ 个非均匀的量化级。如果选择折叠二进制码的码型，这 8 位码的安排如下：

C_1：极性码

$C_2 C_3 C_4$：段落码

$C_5 C_6 C_7 C_8$：段内码

其中，第 1 位码 C_1 的数值 1 或 0 分别表示信号的极性为正或极性为负，称为极性码。对于正、负对称的双极性信号，在极性判决完毕后可以对信号进行整流，得到信号幅度的绝对值，然后对其进行编码。因此，只需要考虑 A 律 13 折线中正极性的 8 段折线即可。这 8 段折线一共包含 128 个量化级，正好使用剩下的 7 位幅度码 $C_2 C_3 C_4 C_5 C_6 C_7 C_8$ 表示。

第 $2 \sim 4$ 位码 $C_2 C_3 C_4$ 称为段落码，表示信号幅度的绝对值落在 8 个段落中的哪个段落，3 位码可以表示 8 种不同的状态，分别代表 8 个段落的起点电平。需要注意的是，段落码的每一位不表示固定的电平，只是使用 3 位码的不同排列码组指示各段落的起点电平。段落码和 8 个段落之间的关系如表 6.3.2 和图 6.3.3 所示。

表 6.3.2　段落码与各段的关系

段落序号	段落码		
	C_2	C_3	C_4
8	1	1	1
7	1	1	0
6	1	0	1
5	1	0	0
4	0	1	1
3	0	1	0
2	0	0	1
1	0	0	0

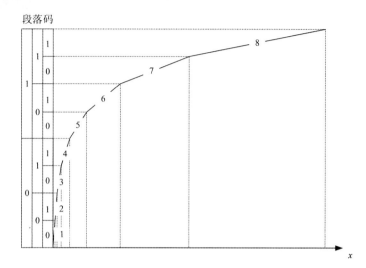

图 6.3.3　段落码与各段的关系

第 $5\sim8$ 位码 $C_5C_6C_7C_8$ 称为段内码，这 4 位码对应的 16 种状态，分别代表了每个段落内等分的 16 个均匀量化级。段内码与每个段落内 16 个量化级的关系如表 6.3.3 所示。

表 6.3.3　段内码与段内量化级的关系

电平序号	段 内 码				电平序号	段 内 码			
	C_5	C_6	C_7	C_8		C_5	C_6	C_7	C_8
15	1	1	1	1	7	0	1	1	1
14	1	1	1	0	6	0	1	1	0
13	1	1	0	1	5	0	1	0	1
12	1	1	0	0	4	0	1	0	0
11	1	0	1	1	3	0	0	1	1
10	1	0	1	0	2	0	0	1	0
9	1	0	0	1	1	0	0	0	1
8	1	0	0	0	0	0	0	0	0

值得注意的是，在 A 律 13 折线采用折叠二进制码编码的过程中，虽然各段落内的 16 个量化级是均匀划分的，但因 8 个段落的长度不等，因此不同段落之间的量化级是非均匀的。当输入信号为小信号时，量化间隔较小；当输入信号为大信号时，量化间隔较大。在正半轴对应的 8 个折线段中，第一、二段的长度最短，只有归一化信号长度的 1/128，再将其等分为 16 个小段，每一段的长度为

$$\frac{1}{128}\times\frac{1}{16}=\frac{1}{2048}$$

这是所划分的最小的量化级间隔，仅有输入信号归一化值的 1/2048，记为 Δ，代表一个单位量化级；第八段的长度最长，是归一化信号长度的 1/2，将其等分为 16 个小段后，每个小段的长度为

$$\frac{1}{2}\times\frac{1}{16}=\frac{1}{32}$$

其相当于 64 个单位量化级的大小，即 64Δ。如果以非均匀量化时的单位量化级 $\Delta=1/2048$ 作为输入信号对应的 x 轴的单位，那么 8 个段落的起点电平分别为

$$0,16,32,64,128,256,512,1024$$

表 6.3.4 给出了 A 律 13 折线中每个量化段的起点电平 I_i、量化间隔 Δ_i，以及各个幅度码对应的权值。

表 6.3.4　A 律 13 折线幅度码及其对应的电平

量化段序号 $i=1\sim 8$	电平范围 /Δ	段落码 C_2 C_3 C_4			段落起点电平 I_i/Δ	量化间隔 Δ_i/Δ	段内码对应权值/Δ C_5 C_6 C_7 C_8			
8	1024~2048	1	1	1	1024	64	512	256	128	64
7	512~1024	1	1	0	512	32	256	128	64	32
6	256~512	1	0	1	256	16	128	64	32	16
5	128~256	1	0	0	128	8	64	32	16	8
4	64~128	0	1	1	64	4	32	16	8	4
3	32~64	0	1	0	32	2	16	8	4	2
2	16~32	0	0	1	16	1	8	4	2	1
1	0~16	0	0	0	0	1	8	4	2	1

由表 6.3.4 可知，第 i 段的段内码 $C_5C_6C_7C_8$ 的权值如下：C_5 的权值为 $8\Delta_i$；C_6 的权值为 $4\Delta_i$；C_7 的权值为 $2\Delta_i$；C_8 的权值为 Δ_i。

由此可见，段内码的权值与二进制数的编码规律类似，但需要注意的是由于 8 个段落的长度不同，不同长度的段落对应不同的 Δ_i，因此段内码的权值并不是固定不变的，而是随着 Δ_i 的变化而变化，这是由于非均匀量化导致的。

以上讨论的是非均匀量化的情况，如果采用均匀量化会产生怎样的结果呢？

假设以非均匀量化中单位量化级 $\Delta=1/2048$ 作为均匀量化的量化间隔，那么 13 折线的第一段到第八段所包含的均匀量化级数分别为

$$16,16,32,64,128,256,512,1024$$

即总共包含 2048 个均匀量化级，而非均匀量化只有 128 个量化级。如果二进制码位个数 N 与量化电平数 M 之间的映射关系满足 $M=2^N$，则均匀量化需要 11 位码才能表示 2048 个量化级，而非均匀量化只需要 7 位码就可以表示 128 个量化级。通常，将按照非均匀量化特性实现的编码方案称为非线性编码，而将按照均匀量化特性实现的编码方案称为线性编码。

可见，在保证小信号时的量化间隔相同的条件下，7 位非线性编码和 11 位线性编码等效。相比于线性编码，非线性编码的码位数更少，因而所需的传输带宽更小。

3. 编码器原理

实现编码的具体方法和电路方案很多。在本节中我们只讨论目前广泛使用的逐次比较型编码器的实现原理。编码器的任务是根据输入的样值脉冲，输出与之对应的 8 位二进制非线性码组。除了第 1 位极性码之外，其他的 7 位二进制码是通过类似天平称重的方式逐次比较确定的。这种编码器就是 PCM 通信中常用的逐次比较型编码器。

与天平称重的过程类似，将样值脉冲信号视为待测物体，使用本地产生的标准电流（或电压）作为称重时使用的砝码。设 I_w 表示预先规定好的一些用作参考的标准电流，称为权值电流。权值电流的个数与编码器所选择的码位相关。当样值脉冲 I_s 到达时，用逐步逼近

的方法，使用各个标准电流 I_w 与样值脉冲比较，每比较一次输出一位码。当 $I_s > I_w$ 时，输出 1 码；反之，输出 0 码，直到标准电流 I_w 与样值脉冲 I_s 之间的差值小于某一阈值，从而完成对输入样值的非线性量化和编码。

实现 A 律 13 折线压扩特性的逐次比较型编码器的实现原理，如图 6.3.4 所示，该编码器由极性判决器、整流器、保持电路、比较器以及本地译码器等模块组成。

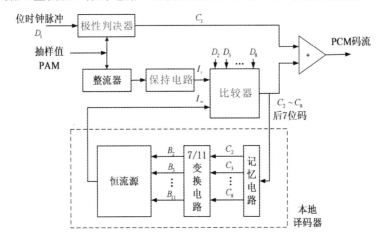

图 6.3.4　逐次比较型编码器原理

图 6.3.4 中，极性判决器被用于确定信号的极性。输入的 PAM 信号是双极性信号，其样值为正值时，位定时脉冲到达时刻极性判决器输出 1 码；样值为负值时，位定时脉冲到达时刻极性判决器输出 0 码；在完成极性判决之后 PAM 信号经过整流器，被转换为单极性信号。

保持电路的作用是在整个比较过程中保持输入信号的幅值不发生变化。由于逐次比较型编码器在编码除极性码外的 7 位码时，需要在一个采样周期 T_s 内完成样值电流 I_s 与标准电流 I_w 的 7 次比较，在整个比较过程中需要保持输入信号的幅度不发生变化（类似称重过程中待测物体不能替换成别的物体），因此要求使用保持电路将样值脉冲展宽并保持其不变。实际中通常使用采样保持电路来实现。

比较器是逐次比较型编码器的核心单元。其作用是通过比较样值电流 I_s 和标准电流 I_w，从而完成对输入信号采样值的非线性量化和编码。每比较 1 次，输出一位二进制代码，且当 $I_s > I_w$ 时，输出 1 码；反之，输出 0 码。由于在 A 律 13 折线中采用 7 位二进制码表示段落和段内码，所以对于每一个输入信号的样值都需要进行 7 次比较，每次比较过程中使用的标准电流 I_w 不是固定不变的，而是由本地译码器单元提供的。

本地译码器由记忆电路、7/11 变换电路和恒流源三部分组成。其中，记忆电路用于保存除第一次比较外，之前比较后输出的二进制代码，并根据比较的结果来确定下一次比较使用的标准电流值。因此，7 位码组中的前 6 位比较结果均由记忆电路进行寄存，并在下一个信号样值到来时清除。7/11 变换电路的作用是将记忆电路中寄存的 7 位二进制码组转换为 11 位二进制的线性码组。由于按 A 律 13 折线只编 7 位码，而记忆电路中能够寄存的二进制码也只有 7 位，而用于产生标准电流 I_w 的恒流源需要 11 个基本的权值电路支路，才能够按照线性组合方式产生每次比较所使用的标准电路 I_w，因此需要通过 7/11 变换电路将 7 位非线性码转换为 11 位线性码，其实质就是完成非线性码和线性码之间的转换。恒流源也称为 11 位线性解码电路或者电阻网络，其用于产生各种标准电流 I_w。在恒流源中，有多个基本的权值电流支路，支路的个数与量化级数相关。按 A 律 13 折线编出的 7 位码，需要 11 个基本的权值电流支路，每个支路都包含一个控制开关。每次应该接通哪个开关来形成比较过程中使用的标准电流 I_w，需要由前面的比较结果经过 7/11 变换后得到的控制信号来控制。

从原理上看，模拟信号的数字化过程可以分为采样、量化和编码三个步骤。但实际上，量化是在编码过程中同时完成的，即编码器本身就包含了量化和编码两个功能。接下来，我们通过一个具体的例子来说明编码过程。

例 6.1　设输入信号的采样值为 $I_s = -1198\Delta$（其中 Δ 表示一个单位量化级），采用逐次比较型编码器，按照 A 律 13 折线对该采样值进行编码，请写出 8 位码组的编码结果。

解　编码的过程如下：

(1) 确定极性码 C_1。由于输出信号的采样值 $I_s = -1198\Delta < 0$，所以极性码 $C_1 = 0$。

(2) 确定段落码 $C_2 C_3 C_4$。

由表 6.3.4 可知，段落码 C_2 用于表示输入信号的采样值 I_s 是位于 8 个段落中的前四段还是后四段，因此确定段落码 C_2 所需的标准电流为

$$I_w = 128\Delta$$

显然，$I_s > I_w$，输入信号样值位于后四段，即第一次的比较结果输出为 $C_2 = 1$。由表 6.3.4 可知，段落码 C_3 在第一次比较的基础上，进一步确定输入信号的样值 I_s 是位于第 5～6 段还是第 7～8 段，因此确定段落码 C_3 所需要的标准电流为

$$I_w = 512\Delta$$

显然，$I_s > I_w$，输入信号样值位于第 7～8 段，即第二次的比较结果输出为 $C_3 = 1$。由表 6.3.4 可知，段落码 C_4 在前两次比较的基础上，进一步确定输入信号的样值 I_s 是位于第 7 段还是第 8 段，因此确定段落码 C_4 所需要的标准电流为

$$I_w = 1024\Delta$$

显然，$I_s > I_w$，输入信号样值位于第 8 段，即第三次的比较结果输出为 $C_4 = 1$。由此可知，段落码 $C_2 C_3 C_4$ 为 111，输入信号的采样值 I_s 位于第 8 段，且第 8 段的起始电平为 1024Δ。

(3) 确定段内码 $C_5 C_6 C_7 C_8$。

段内码是在已知输入信号采样值 I_s 所处段落的基础上，进一步确定 I_s 处于该段落中细分的 16 个量化级中的哪一个。由表 6.3.4 可知，第 8 段的 16 个量化级的量化间隔均为 $\Delta_8 = 64\Delta$。而 C_5 决定了 I_s 位于 16 个量化级中的前 8 个还是后 8 个，因此确定 C_5 的标准电流应为

$$I_w = 1024\Delta + 8 \times 64\Delta = 1536\Delta$$

显然，$I_s < I_w$，即输入信号样值位于前 8 个量化级中，即第四次的比较结果输出为 $C_5 = 0$。同理，C_6 在上一次比较的基础上，决定了 I_s 位于前 8 个量化级中的 1～4 级还是 5～8 级，因此确定 C_6 的标准电流应为

$$I_w = 1024\Delta + 4 \times 64\Delta = 1280\Delta$$

显然，$I_s < I_w$，即输入信号样值位于 1～4 个量化级中，即第五次的比较结果输出为 $C_6 = 0$。同理，C_7 在上一次比较的基础上，决定了 I_s 位于 1～4 量化级中的 1～2 级还是 3～4 级，因此确定 C_7 的标准电流应为

$$I_w = 1024\Delta + 2 \times 64\Delta = 1152\Delta$$

显然，$I_s > I_w$，即输入信号样值位于 3～4 量化级中，即第六次的比较结果输出为 $C_7 = 1$。同理，C_8 在上一次比较的基础上，决定了 I_s 位于第 3 个量化级还是第 4 个量化级，因此确定 C_8 的标准电流应为

$$I_w = 1024\Delta + 3 \times 64\Delta = 1216\Delta$$

显然，$I_s < I_w$，即输入信号样值位于第 4 个量化级中，即第七次的比较结果输出为 $C_8 = 0$。由此可知，段内码 $C_5 C_6 C_7 C_8$ 为 0010。

由上述过程可知，非均匀量化和编码是通过非线性编码一次实现的。经过以上的七次比较，对于输入信号的采样值 $I_s = -1198\Delta$，逐次比较型编码器输出的 8 位 PCM 码组为 01110010，这表明输入信号采样值 I_s 位于第 8 段的第 4 个量化级（如果给每个段落内均匀划分的 16 个量化级编上序号 0～15，则 I_s 位于第 8 段中序号为 3 的量化级），其量化后对应的电平值为 1152Δ，与输入信号采样值 I_s 相比，量化误差等于 46Δ。

顺便指出，如果令非线性码组和线性码组指示的电平大小相等，就能得到非线性码组和线性码组之间的对应关系。编码时，非线性码组和线性码组之间的关系满足 7/11 变换，例如上述例题中，除极性码外的 7 位非线性码组为 1110010，其对应的电平值为 1152Δ，表示 1152Δ 所需的线性二进制码组需要 11 位，对应于 10010000000。

4. PCM 信号的码元速率与带宽

在 PCM 编码的过程中，每个样值都需要使用 N 位二进制码表示，即在一个采样周期 T_s 内，PCM 编码器会输出 N 位二进制码，因此每个二进制码元的持续时间为 T_s/N。回顾数字基带信号的带宽分析可知，码位数 N 越大，每个二进制码元持续时间越短，所占用的传输带宽越大。显然，传输 PCM 信号所需要的带宽要远大于模拟基带信号 $m(t)$ 的带宽。

假设 $m(t)$ 为低通信号，其最高频率为 f_H，依照低通采样定理，能够无失真地恢复出原始基带信号的采样频率应该满足 $f_s \geq 2f_H$，即在每个采样间隔 T_s 内，至少要采样 $2f_H$ 个样值。如果量化电平数选为 M，则采用二进制代码的码元速率为

$$R_B = f_s \cdot \text{lb}M = f_s \cdot N \tag{6.3.1}$$

其中，N 表示每个样值被编码成的二进制码位数。

如果采样频率选择低通采样定理所规定的临界值（$f_s = 2f_H$），此时对应的码元速率为

$$R_B = f_s \cdot N = 2f_H \cdot N$$

依照数字基带传输系统的分析结果可知，在无码间串扰和使用理想低通传输特性的条件下，此时所需的最小传输带宽，即奈奎斯特带宽为

$$B = \frac{R_B}{2} = f_H \cdot N \tag{6.3.2}$$

实际中，通常使用滚降系数 $\alpha = 1$ 的升余弦传输特性，此时所需的传输带宽为

$$B = R_B = f_s \cdot N = 2f_H \cdot N \tag{6.3.3}$$

以电话系统传输为例。一路模拟话音信号的频带范围约为 300～3400 Hz，采样速率通常取 $f_s = 8000$ Hz，若按照 A 律 13 折线进行编码，则需要 $N = 8$ 位码，此时所需的传输带宽 $B = f_s \cdot N = 64$ kHz。显然，采用数字化的方式传输模拟语音信号在带来诸多优点的同时，也意味着所需要的传输带宽显著提升。这就意味着我们需要采用一些更为高效的技术来提升传输带宽的利用率，这也是语音编码技术的重要研究内容之一。

5. 译码原理

译码的作用是将接收到的 PCM 信号还原成原始的样值信号，然后经过低通滤波后得到原始模拟信号 $m(t)$ 的近似。与逐次比较型编码器对应的 A 律 13 折线译码器原理如图 6.3.5 所示。

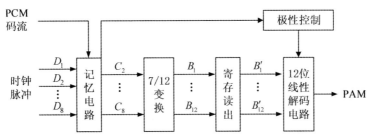

图 6.3.5　基于 A 律 13 折线的 PCM 译码器原理

由图 6.3.5 可知，A 律 13 折线的译码器与逐次比较型编码器中的本地译码器的结构类似，不同之处在于增加了极性控制部分和带有寄存读出功能的 7/12 位码变换模块，下面简单介绍一下各部分的功能。

记忆电路的作用是将串行传输的 PCM 码组转换为并行码，并保存下来，其作用与编码器中译码电路的记忆电路作用基本相同。

极性控制部分的作用是根据收到的极性码 C_1 是"1"码还是"0"码，来控制译码后 PAM 信号的极性，进而恢复出原始模拟信号的极性。

7/12 变换模块的作用是将 7 位非线性码转换为 12 位线性码。在逐次比较型编码器的本地译码器中，采用的是 7/11 变换，其作用是 7 位非线性码转换为 11 位线性码组，用于指示该段落中对应的量化间隔的起点位置，此时如果采样值落在当前量化间隔内靠近下一个量化间隔起点的位置，就有可能导致量化误差大于本段落中量化间隔的一半，即 $\Delta_i/2$。而译码器中使用 7/12 变换电路，其作用相当于增加了一个 $\Delta_i/2$ 的恒流电流，从而人为地将译码得到的量化电平置于本段落中量化间隔的中点位置，从而使最大量化误差不超过量化间隔的一半，即 $\Delta_i/2$，进而改善量化信噪比。

寄存读出电路是将输入的串行码在存储器中寄存起来，待全部接收后再一起读出，送入解码网络中恢复出 PAM 信号对应的样值，其实质上是进行串/并转换。

12 位线性解码电路主要由恒流源和电阻网络组成，其结构与逐次比较型编码器中本地译码器模块的解码网络类似。它在寄存读出电路的控制下，输出对应的 PAM 信号。PAM 信号经过理想的低通滤波之后，就能得到原始模拟信号 $m(t)$ 的近似。

6.3.2　PCM 编码方法

作为一种广泛使用的语音编码技术，PCM 已经有了八十多年的发展历史。在早期使用的 PCM 数字电话系统中，PCM 编解码器采用分立元件和小规模集成电路来实现，其电路功耗较高，设备体积大且调测过程复杂。因此，在 PCM 基群复用设备中，采用了群路公用编码器模式，即对每路语音信号进行脉冲幅度调制之后，送入一个公用的 PCM 编码器，按照不同的时隙对每路话音进行 PCM 编码。在接收端的公用解码器中，分别对不同时隙获得的 PCM 信号进行解码，恢复出对应的各路语音信号。随着超大规模集成电路技术的发展，目前已经可以使用单个芯片的 PCM 编解码器，而且在单个芯片上还可以包含 PCM 收发话路滤波器，即单个芯片就可以完成语音信号的采集、量化和编码，以及对应的解码、反量化和滤波复原，从而为单路单片 PCM 基群复用设备的出现奠定了技术基础。通过使用大规模集成电路，PCM 基群设备的功耗、体积大大减小，其可靠性也有了显著提升。

图 6.3.6 给出了一种目前广泛使用的现代 PCM 编码器原理图。该 PCM 编码器主要由 5 个部分组成，即 PCM 编码（发送端）、PCM 解码（接收端）、控制单元、发送端和接收端的开关电容滤波器。输入的模拟话音信号由图 6.3.6 中 V_x^+ 和 V_x^- 端输入到运算放大器，该放大器的增益由 GS_x 控制，最高可达 20 dB。放大后的信号进入开关电容滤波器，该滤波器在 300～3400 Hz 通带内的起伏小于 ±0.125 dB，并对 50～60 Hz 电源干扰有着 23 dB 以上的衰减。滤波后的模拟话音经过采样保持和模数转换（ADC）电路之后，在模数转换控制逻辑电路的控制下，经过逐次逼近反馈编码后，输出 PCM 码组，并保存在输出寄存器中，最后由 D_x 端输出 8 位 PCM 码组。该 8 位码的时隙位置由 FS_x 帧内路定时控制决定。发送 PCM 码的速率及其相位由发送端的主时钟 CLK_x 确定。收到的 PCM 码组送入输入寄存器，在（DAC）数模转换控制逻辑电路的控制下，进入采样保持电路和数模转换（DAC）电路，输出模拟信号，该模拟信号经过收端的开关电容滤波器滤波，经过运算放大后转换为平衡信号输出。

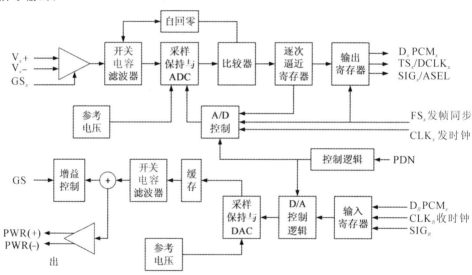

图 6.3.6　一种典型的现代 PCM 编码器原理图

实际系统中，PCM 编解码器的种类众多，具体的实现结构也存在差异，详细的技术指标和使用方法，请参见具体产品的技术手册。

6.4　差分脉冲编码调制(DPCM)

64 kb/s 的 A 律和 μ 律的对数压扩 PCM 编码已经被广泛应用于大容量的光纤通信系统和数字微波系统，但相比于模拟通信系统中一个标准话路的带宽 4 kHz，PCM 信号所占用的频带要大很多。这对于大容量的长途传输系统，特别是卫星通信系统，采用 PCM 的经济性能很难与模拟通信相比拟。

对于语音编码技术而言，以较低的码率获得高质量的通话体验，一直是该领域的重要研究目标之一。通常，人们将话路速率低于 64 kb/s 的语音编码方法，称为语音压缩编码技术。实际中使用的语音压缩编码技术有很多，其中，自适应差分脉冲编码（ADPCM）是语音压缩中复杂度较低的一种编码方法，能够以 32 kb/s 的话路速率实现接近 64 kb/s 的 PCM 数字电话的通话质量。因此，国际标准组织 CCITT 经过多年的研究和讨论，于 1986 年确定了修正后的 32 kb/s ADPCM 语音编码标准——G.721 建议。目前，ADPCM 已经成为长途话音传输中一种国际通用的语音编码方法。

ADPCM 是在差分脉冲编码调制（DPCM）的基础上发展而来的，为此，我们从 DPCM 的实现原理展开介绍。

6.4.1 DPCM

PCM 编码技术是对每个采样值的量化结果进行独立编码。为了满足一定的量化信噪比需求，在对整个幅值编码的过程中需要较多的码位数，编码后的码率较高，进而造成数字化后信号所需的传输带宽大幅度上升。然而，以奈奎斯特速率或者更高的采样频率对模拟信号进行采样的过程中，相邻的样值之间存在着很强的相关性，即相邻样值之间存在着信息的冗余。因此，可以对相邻样值的差值进行编码，从而显著减小需要编码的样值的动态范围，进而实现在量化台阶不变的情况下（即量化噪声不发生变化），显著减小编码位数，达到降低编码的比特率和压缩信号带宽的目的。将对语音信号相邻样值的差值进行量化编码的方法称为差分 PCM（DPCM）。如果样值之差仍采用于 PCM 相同码位数进行传输，那么 DPCM 的量化信噪比显然要优于 PCM 系统。

对于语音信号而言，其在时域上的相关性并不局限于相邻的两个样值之间，实际上，可以利用前 m 个样值来预测当前的样值，进而对当前样值与预测值之间的差值进行量化编码，实现 DPCM。令 x_n 表示当前采样点上的信号样值，用 $\tilde{x}_n$ 表示 x_n 的预测值，如果利用前 m 个样值来预测当前的样值，则有

$$\tilde{x}_n = \sum_{i=1}^{m} a_i x_{n-i} \tag{6.4.1}$$

其中，$a_i, i = 1, 2, \cdots, m$ 为线性预测系数，通过合理的选择 a_i，可以满足一定的误差准测所定义的约束条件。

实际中，衡量预测效果时广泛使用的一种误差函数是均方误差（MSE）。如果使用 MSE 作为式（6.4.1）所描述的预测器的性能指标，可以定义目标函数 ε_n 如下

$$\begin{aligned}
\varepsilon_n &= E\left[(x_n - \tilde{x}_n)^2\right] \\
&= E\left[\left(x_n - \sum_{i=1}^{m} a_i x_{n-i}\right)^2\right] \\
&= E\left[x_n^2 - 2\sum_{i=1}^{m} a_i x_{n-i} x_n + \sum_{i=1}^{m}\sum_{j=1}^{m} a_i a_j x_{n-i} x_{n-j}\right] \\
&= E[x_n^2] - 2\sum_{i=1}^{m} a_i E[x_{n-i} x_n] + \sum_{i=1}^{m}\sum_{j=1}^{m} a_i a_j E[x_{n-i} x_{n-j}] \tag{6.4.2}
\end{aligned}$$

通过最小化式(6.4.2)所示的目标函数 ε_n，选择与之对应的预测系数 a_i，进而实现均方误差最小意义下的最优预测。

假设信源的输出是平稳随机过程，利用平稳随机过程的性质，可以将式(6.4.2)表示为

$$\varepsilon_n = R(0) - 2\sum_{i=1}^{m} a_i R(i) + \sum_{i=1}^{m}\sum_{j=1}^{m} a_i a_j R(i-j) \tag{6.4.3}$$

其中，$R(i)$ 表示采样信号序列 x_n 的自相关函数。将目标函数 ε_n 关于预测系数 a_i 求导，并令求导的结果等于 0，经过整理后可以得到一组线性方程

$$\sum_{i=1}^{m} a_i R(i-j) = R(j),\ j=1,2,\cdots,m \tag{6.4.4}$$

将式(6.4.4)所示的线性方程组称为正态方程，也叫做 Yule-Walker 方程。求解该方程，即可得到对应于最小均方误差的预测系数 a_i。

在给出预测器系数 a_i 的确定方法之后，以一个实际 DPCM 系统为例，如图 6.4.1 所示。

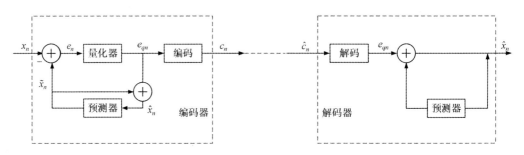

图 6.4.1　DPCM 系统实现原理

由图 6.4.1 可知，该 DPCM 系统由编码器和译码器两部分组成。在编码器中，输入信号为 $x(t)$，输入信号经采样之后，输出样值 x_n。样值 x_n 与预测器输出的当前采样值的预测值 $\tilde{x}_n$ 相减，得到预测误差值 e_n，e_n 经量化器量化后得到量化输出值 e_{qn}，对量化输出值编码就完成了 DPCM 系统的编码过程。由上述分析可知，预测误差值 e_n 可以表示为

$$e_n = x_n - \tilde{x}_n \tag{6.4.5}$$

其中，$\tilde{x}_n$ 表示预测器输出的当前采样值的预测值。而预测器的输入记为 $\hat{x}_n$，其可以表示为

$$\hat{x}_n = e_{qn} + \tilde{x}_n \tag{6.4.6}$$

由式(6.4.6)可知

$$e_{qn} = \hat{x}_n - \tilde{x}_n \tag{6.4.7}$$

从编码器中量化器的输入输出端来看，e_{qn} 相当于是对预测误差值 e_n 进行了量化，此时量化误差 q_n 可以表示为

$$q_n = e_n - e_{qn} \tag{6.4.8}$$

将式(6.4.5)和式(6.4.7)带入式(6.4.8)，有

$$q_n = e_n - e_{qn} = (x_n - \tilde{x}_n) - (\hat{x}_n - \tilde{x}_n) = x_n - \hat{x}_n \tag{6.4.9}$$

即编码器得到的量化误差 q_n 与当前采样点上的样值 x_n 和预测器的输入值 $\hat{x}_n$ 之间的差值等价，相当于我们在编码过程中，将当前采样点上的样值 x_n 量化成了预测器的输入值 $\hat{x}_n$，称

$\hat{x}_n$ 为编码器端的本地重建值。

再来看译码器，首先对接收到的码组进行译码，得到预测误差的量化值 e_{qn}，其与预测器输出的当前采样值的预测值 $\tilde{x}_n$ 叠加，得到当前采样值的重建值 $\hat{x}_n$，即

$$\hat{x}_n = e_{qn} + \tilde{x}_n \tag{6.4.10}$$

对重建值 $\hat{x}_n$ 进行低通滤波，就可以恢复出所要求的原始信号的近似值 $\hat{x}(t)$。本质上，DPCM 系统相当于使用重建值 $\tilde{x}_n$ 作为采样点上的样值 x_n 的近似，原始的样值 x_n 和重建值 $\hat{x}_n$ 的差值反映在了量化器的量化误差 $q_n = e_n - e_{qn}$ 之上。

对于上述的 DPCM 系统而言，总的量化信噪比可以表示为

$$\left(\frac{S}{N_q}\right)_{DPCM} = \frac{E[x_n^2]}{E[q_n^2]} = \frac{E[x_n^2]}{E[e_n^2]} \cdot \frac{E[e_n^2]}{E[q_n^2]} = G_p \cdot \left(\frac{S_q}{N_q}\right) \tag{6.4.11}$$

其中

$$G_p = \frac{E[x_n^2]}{E[e_n^2]} \tag{6.4.12}$$

可以视为 DPCM 系统相对于 PCM 系统而言的信噪比增益，称其为预测增益。而 S_q/N_q 是指将差值序列作为信号样值时，量化器的量化信噪比，其与 PCM 系统中考虑量化误差时所计算出的信噪比类似。如果能够合理地选择预测方案，预测误差 e_n 的功率可以远远小于信号样值 x_n 的功率，此时预测增益 G_p 远大于 1，从而可以获得系统增益。对 DPCM 的研究主要是围绕如何最大化预测增益 G_p 和量化信噪比 S_q/N_q 而展开的。通常，预测增益 G_p 约为 $6 \sim 12$ dB。

由式(6.4.11)可知，DPCM 系统总的量化信噪比远大于量化器的量化信噪比。因此，要求 DPCM 系统达到与 PCM 系统相同的量化信噪比时，可以降低对量化器量化信噪比的要求。这意味着可以减小量化器的量化级数，从而减小码位数，降低码率，减小所需传输带宽。

6.4.2 ADPCM

值得注意的是，DPCM 系统相对于 PCM 系统的性能改善是以最佳的预测和量化作为前提的。对于我们实际接触到的语音信号而言，一方面其动态范围较大，对语音信号进行精确的预测和量化是个十分复杂的问题；另一方面，以我们日常的语音通话为例，语音信号总是间断传输的，即我们在说话的时候，对方在听；反过来对方在讲话时，我们在听。这就意味着传感器所采集到的语音信号表现出一种显著的"通断"特性，即一段时间内有信号，一段时间内没有信号。这种情况下，语音信号通常不能视为一个平稳的随机过程。因此，采用上述的 DPCM 系统直接对语音信号进行数字化，很难获得理想的效果。

对于语音信号这类非平稳信号而言，虽然在一个较大的时间尺度上来看其不能视为是一个平稳随机过程，但在较短的时间尺度上，可以近似地看作是平稳随机过程。此时，如果根据短时平稳随机过程的统计特性，自适应地选取量化间隔和预测方法，就有可能实现较为理想的性能增益。我们将使用自适应量化取代固定量化，自适应预测取代固定预测的 DPCM 技术，称为自适应差分脉冲编码调制，简记为 ADPCM。其中，自适应量化是指，量化间隔的大小随信号的变化而变化，从而减小量化误差。而自适应预测是指预测器系数 a_i 可以随着信号的统计特性变化而自适应地调整，从而提高对信号样值的预测精度，进而得

到较高的预测增益。通过上述两点改进，可以显著提升 DPCM 系统的输出信噪比和扩大变化的动态范围。

图 6.4.2 给出了一种用于语音信号的 ADPCM 编码器实现原理。首先，将采用 A 律或 μ 律编码的 8 位非线性 PCM 码组转换为 12 位线性码组，并对其进行译码后还原为对应的信号样值 $s_d(n)$ 的量化值 $s(n)$；其次输入信号 $s(n)$ 与预测信号 $s_e(n)$ 相减，得到预测误差信号 $d(n)$；使用自适应量化编码器将预测误差信号 $d(n)$ 自适应地量化为 16 个电平，并编成 4 位二进制码；这 4 位二进制码代表一个预测误差信号 $d(n)$ 的量化值。由于自适应量化编码器的输出是 4 位非线性码组，当输入的 PCM 码组的码率为 64 kb/s 时，自适应量化编码器输出码组的码率为 32 kb/s；即相对于输入 PCM 码组，ADPCM 编码器输出的码率减小为原来码率的 1/2。这 4 位非线性码组送入到本地的自适应反量化编码器，重建出预测误差 $d(n)$ 的量化值 $d_q(n)$，与预测信号 $s_e(n)$ 叠加之后得到本地重建信号 $s_r(n)$，本地重建信号 $s_r(n)$ 和预测误差 $d(n)$ 的量化值 $d_q(n)$ 共同送入自适应预测器，用于产生预测信号 $s_e(n)$。

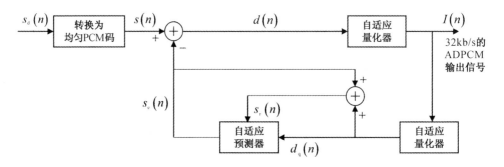

图 6.4.2 ADPCM 编码器实现原理

图 6.4.3 给出了与图 6.4.2 对应的 ADPCM 解码器的实现原理。解码是编码的逆过程，其包括与编码器中的本地解码器相同的反馈部分，线性 PCM 码组到 A 律或 μ 律编码的 8 位非线性 PCM 码组的转换器，以及同步编码校正单元。其中，同步编码校正单元主要用于解决在某些情况下同步级联编码中所产生的累积失真问题。

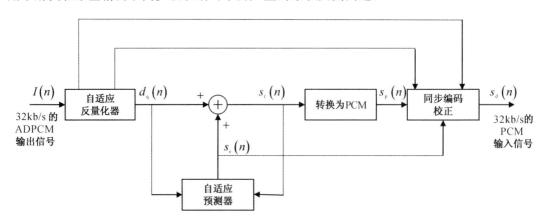

图 6.4.3 ADPCM 解码器实现原理

自适应预测和自适应量化技术都可以改善信噪比。一般而言，ADPCM 相比于 PCM 可以改善大约 20 dB 的量化信噪比，相当于将编码位数减小 3～4 位。因此，在保证相同的话音质量的前提下，ADPCM 可以将码率减小至 32 kb/s，这仅为标准 PCM 码率 64 kb/s 的一半。降低传输速率、压缩传输频带是数字通信领域重要的研究课题之一，而 ADPCM 技术是实现这一目标的一种有效途径。

国际标准组织 ITU 也制定了 ADPCM 系统的规范建议，包括 G.721，G.726 等。除了致力于制定更低速率的语音编码标准外，ITU 正在对已制定的语音编码标准进行全带宽的拓展，使其能够适应语音的应用，例如将 G.729 全频带扩展到 G.729.1 等。国际标准组织 ISO/MPEG 目前也已制定下一代音频编/解码标准 USAC（Unified Speech and Audio Coding），即语音/乐音联合编解码器。USAC 可以对任意比例混合的语音/音乐信号进行编/解码，同时，无论是语音成分还是音乐成分，其编码性能至少不亚于当前最好的专业语音编码器或乐音编码器的编码性能。除了应用于语音信号的压缩编码之外，在包括图像、视频信号的编码系统中，ADPCM 技术也获得了极为广泛的应用，在保证通信质量的前提下，为提高通信系统的频率利用率提供了有力的技术支撑。

6.5　增量调制（ΔM）

增量调制简称为 DM 或 ΔM，其可以视为是 DPCM 调制的一种特例。在 ΔM 中，使用两电平的量化器，同时使用一阶预测器来实现对当前样值的预测。ΔM 是继 PCM 之后出现的一种模拟信号数字化传输的方法，其可以简化语音信号量化编码的过程，因而在一些特定场景下获得了较为广泛的应用。

ΔM 和我们在 6.3 节中介绍的 PCM 都是使用二进制代码来表示模拟信号样值的量化编码方式。在 PCM 系统中，编码器输出的码组表示样值本身的大小，其所需的码位数较多，编译码设备的实现相对比较复杂。而在 ΔM 系统中，其量化器只包含两个量化电平，使用一位码（1 bit）来表示相邻两个样值的相对大小，从而反映采样时刻的样值相对于前一时刻样值的变化趋势，与样值本身的大小无关，显然其编译码设备可以采用较为简单的方式实现。与 PCM 相比，ΔM 具有编译码设备简单、低码率时量化信噪比高、抗误码特性好等优点，因而在军事、工业部门的专网通信中得到了较为广泛的应用。接下来，我们详细介绍一下 ΔM 的实现原理。

6.5.1　ΔM 的实现原理

以语音信号为例，如果以远大于奈奎斯特采样频率的采样率对模拟信号进行采样，此时由于采样间隔很小，相邻样点之间的幅值变化程度不会很大，相邻样值的相对大小（即相邻样值的差值）同样能反映模拟信号的变化规律。如果能够对这些差值进行编码传输，同样可以传输模拟信号中所包含的信息。将相邻样值的差值称为"增量"，其值可以是正值，也可以是负值。这种对增量（即相邻样值的差值）进行编码和传输的通信方式，就称为"增量调制"，简记为 ΔM 或 DM。

图 6.5.1 给出了采用 ΔM 对模拟信号进行编码的示意图。其中，$m(t)$ 表示随时间连续变化的模拟信号，$m'(t)$ 是相邻幅度差值为 $\pm\sigma$ 的阶梯波，$m'(t)$ 信号每个台阶的持续时间为 Δt，其对应的采样速率 $f_s=1/\Delta t$，如果时间间隔 Δt 足够小，且 σ 足够小，则阶梯波 $m'(t)$ 可以以较小的失真逼近模拟信号 $m(t)$。定义 σ 为 ΔM 的量化台阶，$\Delta t = T_s$ 为 ΔM 的采样间隔。

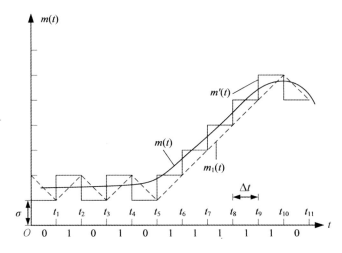

图 6.5.1　增量调制编码波形示意图

观察图 6.5.1 中的阶梯波 $m'(t)$，会注意到其具有两个特点。首先，在每个时间间隔 Δt 内，$m'(t)$ 的幅度保持不变；其次，相邻间隔的幅度值之差或者是 $+\sigma$，或者是 $-\sigma$，即在相邻的两个时间间隔内，阶梯波 $m'(t)$ 的幅度要么上升一个量化台阶，要么下降一个量化台阶。根据阶梯波 $m'(t)$ 的特点，我们可以采用"1"码表示 $m'(t)$ 上升一个量化台阶，使用"0"码表示 $m'(t)$ 下降一个量化台阶，从而将 $m'(t)$ 的波形变化规律使用一串二进制代码来表示，进而实现模数转换。

由图 6.5.1 可知，除了使用阶梯波 $m'(t)$ 来近似模拟信号 $m(t)$ 之外，还可以使用斜变波 $\tilde{m}(t)$ 来近似模拟信号 $m(t)$。斜变波 $\tilde{m}(t)$ 也仅包含两种变化形式，即在一个时间间隔 Δt 内按照斜率 $\sigma/\Delta t$ 上升一个量化台阶或者在一个时间间隔 Δt 内按照斜率 $-\sigma/\Delta t$ 下降一个量化台阶。如果用"1"码表示正斜率，用"0"码表示负斜率，同样可以生成一串二进制代码来表征斜变波 $\tilde{m}(t)$ 的变化规律，进而实现模数转换。相比于阶梯波 $m'(t)$，斜变波 $\tilde{m}(t)$ 在电路上更容易实现，因而实际中通常采用斜变波 $\tilde{m}(t)$ 来近似模拟信号 $m(t)$。

与编码过程相对应，当接收到一串二进制代码时，如果按照接收到"1"码上升一个量化台阶 σ，接收到"0"码下降一个量化台阶 σ，就可以将二进制代码还原成 $m'(t)$ 这样的阶梯波。如果按照接收到"1"码后产生一个正斜率的电压信号，在时间间隔 Δt 内依照固定斜率上升一个量化台阶 σ，收到"0"码时产生一个负斜率的电压信号，在时间间隔 Δt 内依照固定斜率下降一个量化台阶 σ，就可以将二进制代码还原成 $\tilde{m}(t)$ 这样的斜变波。对于后者而言，可以一个简单的 RC 积分电路来实现，图 6.5.2 给出了采用双极性脉冲表示二进制序列时，将双极性脉冲序列还原成斜变波 $\tilde{m}(t)$ 的译码过程。

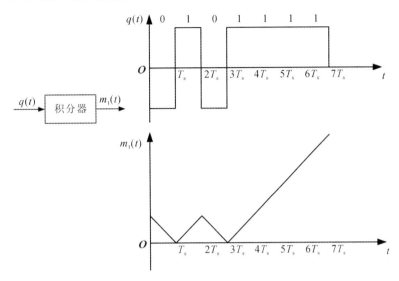

图 6.5.2　基于积分器的增量调制译码原理

基于上述分析，我们给出一种典型的 ΔM 系统的实现原理。其中，发送端负责将原始的模拟信号转换为表征二进制序列的脉冲信号，其包括相减器、判决器、本地译码器以及脉冲产生器。其中，相减器的作用是计算相邻样值的差值 $e(t)=m(t)-\tilde{m}(t)$；判决器也称为比较器或者数码形成器，其作用是识别差值信号 $e(t)$ 的极性，并依照其极性的判定结果在采样时刻输出与二进制序列对应的脉冲信号 $c(t)$，即如果在采样时刻 t_i，有

$$e(t_i)=m(t_i)-\tilde{m}(t_i)>0 \tag{6.5.1}$$

则判决器输出"1"码对应的脉冲。如果

$$e(t_i)=m(t_i)-\tilde{m}(t_i)\leqslant 0 \tag{6.5.2}$$

则判决器输出"0"码对应的脉冲。按照比较的结果每个时间间隔 Δt 输出一个脉冲信号，就构成了输出信号 $c(t)$。积分器和脉冲产生器共同组成了发送端的本地译码器，其作用是根据脉冲信号 $c(t)$ 生成对应的双极性信号 $p(t)$，然后对双极性信号进行积分，还原出斜变波 $\tilde{m}(t)$，送入相减器与 $m(t)$ 进行幅度比较。

注意，如果使用阶梯波 $m'(t)$ 作为预测信号，则采样时刻 t_i 应该为当前时刻的前一瞬间 t_i^-，即相当于选择阶梯波跃变点的前一瞬间。在 t_i^- 时刻，斜变波 $\tilde{m}(t)$ 与阶梯波 $m'(t)$ 具有相同的样值。

在接收端，解码电路由译码器和低通滤波器组成。其中，译码电路的结构和作用与发送端的本地译码器相同，都是使用脉冲信号 $c(t)$ 来还原斜变波 $\tilde{m}(t)$；低通滤波器的作用是滤除 $\tilde{m}(t)$ 的高次谐波，使输出波形平滑，更加逼近原来模拟信号 $m(t)$。

6.5.2　ΔM 的过载特性与编码动态范围

与 PCM 类似，ΔM 在实现模拟信号数字化时也会产生量化噪声。按照量化噪声表现形式的不同，ΔM 所产生的量化噪声可以分为一般量化噪声和过载量化噪声。图 6.5.3 给出

了两种形式量化噪声的示例。

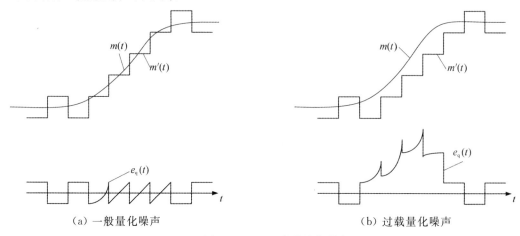

（a）一般量化噪声　　　　　　　　（b）过载量化噪声

图 6.5.3　ΔM 中的量化噪声

设采样间隔为 Δt，对应的采样频率 $f_s = 1/\Delta t$，此时一个量化台阶 σ 的最大斜率 K 可以表示为

$$K = \frac{\sigma}{\Delta t} = \sigma \cdot f_s \tag{6.5.3}$$

将其称为 ΔM 中译码器的最大跟踪斜率。

当译码器的最大跟踪斜率不低于模拟信号 $m(t)$ 的最大斜率时，即

$$\left| \frac{\mathrm{d}m(t)}{\mathrm{d}t} \right|_{\max} \leqslant \sigma \cdot f_s \tag{6.5.4}$$

此时译码器输出的阶梯波 $m'(t)$ 能够跟上输入信号 $m(t)$ 的变化，不会形成很大的信号失真。这种情况下 $m'(t)$ 与 $m(t)$ 的差值 $e_q(t)$ 在 $[-\sigma, \sigma]$ 范围内随机变化，如图 6.5.3（a）所示。将差值 $e_q(t)$ 称为 ΔM 中的**一般量化噪声**。

当输入信号 $m(t)$ 的斜率剧烈变化时，本地译码器输出的阶梯波 $m'(t)$ 不能跟上信号 $m(t)$ 的变化，进而造成 $m'(t)$ 与 $m(t)$ 的差值显著增大的情况，称之为 ΔM 过载。此时，会引起译码后信号相对于原始信号 $m(t)$ 的严重失真，将这种失真称之为过载失真，也叫做**过载量化噪声**，如图 6.5.3（b）所示。对于实际的 ΔM 系统而言，其正常工作时需要避免出现过载噪声。

由式（6.5.4）可知，为了不发生过载，必须增大 σ 或 f_s。但增大 σ，一般量化噪声也会增大，由于 ΔM 的量化台阶 σ 是固定的，很难同时满足两方面的要求。若提高采样频率 f_s，则可以在减小一般量化误差的同时，减小过载噪声出现的概率。因此，ΔM 系统中的采样频率要远高于 PCM 系统中的采样频率。ΔM 系统采样频率通常选择16 kHz 或 32 kHz，与之相应的单路话音编码码率为 16 kb/s 或 32 kb/s。

对于 ΔM 系统而言，在实际应用中不希望发生过载现象，这意味着需要对输入信号做出一定的限制。以正弦信号为例，设输入的模拟信号 $m(t) = A\cos(2\pi f_k t)$，其斜率的最大值为

$$\left| \frac{\mathrm{d}m(t)}{\mathrm{d}t} \right|_{\max} = \left| A \cdot 2\pi f_k \cdot [-\sin(2\pi f_k t)] \right|_{\max} = A \cdot 2\pi f_k \tag{6.5.5}$$

为了不发生过载，需要满足如下条件

$$A \cdot 2\pi f_k \leqslant \sigma \cdot f_s \tag{6.5.6}$$

所以，输入模拟信号 $m(t)$ 的临界过载振幅 $A_{\max}$ 为

$$A_{\max} = \frac{\sigma \cdot f_s}{2\pi f_k} \tag{6.5.7}$$

其中，f_k 表示输入模拟信号 $m(t)$ 的频率。可见，当信号的最大斜率确定时，ΔM 系统允许的信号幅度随信号频率的增加而减小，这意味着语音信号高频段的量化信噪比下降。这是限制简单增量调制在实际中广泛应用的原因之一。$A_{\max}$ 也被称为 ΔM 系统的最大允许编码电平。同样，对于能够正常编码的最小信号振幅也有限制。当输入模拟信号 $m(t)$ 的幅度小于 $\sigma/2$ 时，ΔM 系统中编码器输出的序列为"0"码和"1"相互交替的固定模板，即输出的二进制消息序列不是随机序列，此时不能够表征原始信号的变化规律，因而 ΔM 系统中允许的最小编码电平 $A_{\min}$ 满足

$$A_{\min} = \frac{\sigma}{2} \tag{6.5.8}$$

综上所述，ΔM 系统允许信号的幅度范围满足

$$\frac{\sigma}{2} \leqslant A \leqslant \frac{\sigma f_s}{2\pi f_k} \tag{6.5.9}$$

实际系统中，将编码器的动态范围定义为最大允许编码电平 $A_{\max}$ 和最小允许编码电平 $A_{\min}$ 之比，即

$$D_c = 20\lg \frac{A_{\max}}{A_{\min}} \quad \text{dB} \tag{6.5.10}$$

这是编码器能够正常工作的输入信号振幅动态范围。

将式(6.5.8)和式(6.5.9)带入式(6.5.10)，可得

$$D_c = 20\lg \left[\frac{\sigma f_s}{2\pi f_k} \Big/ \frac{\sigma}{2} \right] = 20\lg \left(\frac{f_s}{\pi f_k} \right) \quad \text{dB} \tag{6.5.11}$$

如果采用 $f_k = 800$ Hz 的信号作为测试信号，则有

$$D_c = 20\lg \left(\frac{f_s}{800\pi} \right) \text{dB} \tag{6.5.12}$$

对应于不同的采样频率 f_s 的动态范围如表 6.5.1 所示。

表 6.5.1　采样频率与编码的动态范围示例

采样速率为 f_s/kHz	10	20	32	40	80	100
编码的动态范围 D_c/dB	12	18	22	24	30	32

由表 6.5.1 可知，ΔM 的编码动态范围比较小。通常，话音信号的动态范围要求在 $40\sim50$ dB，显然在低码率时 ΔM 通常不能满足话音信号对动态范围的要求。因此，实际系统中通常使用 ΔM 的改进型。

6.5.3　ΔM 与 PCM 的比较

PCM 和 ΔM 都是模拟信号数字化的基本方法。通常，将 PCM 和 ΔM 统称为脉冲编码调制，ΔM 可以视为是 DPCM 的一个特例。两者之间的本质区别在于，PCM 是对样值本身进行编码，而 ΔM 是对相邻样值差值的极性编码。

从采样频率上看，PCM 系统中的采样频率 f_s 是根据采样定理来确定的，如果信号的最高频率为 f_H，则采样频率 f_s 需要满足 $f_s \geqslant 2f_H$，以语音信号为例，f_s 通常取 8 kHz。在 ΔM 系统中，由于传输的不是信号本身的样值，而是相邻样值差值的极性，因此其采样频率不能按照采样定理来确定。在不出现过载噪声的条件下，ΔM 系统的采样频率与过载条件和信噪比的要求有关。如果要达到与 PCM 系统相同的信噪比时，ΔM 系统的采样频率 f_s 要远高于奈奎斯特速率。

从带宽上看，ΔM 系统每次采样只传输一位二进制码，因此其波特率 R_B 数值上与采样频率 f_s 相等，此时在不发生码间干扰的条件下，系统的最小传输带宽为

$$B_{\Delta M} = \frac{R_B}{2} = \frac{f_s}{2} \tag{6.5.13}$$

如果采用升余弦传输特性，则系统的传输带宽为

$$B_{\Delta M} = R_B = f_s \tag{6.5.14}$$

而 PCM 系统中，每个样值要编码为 N 位二进制代码进行传输，因此其波特率 $R_B = Nf_s$。在同样的话音质量要求下，PCM 系统不发生码间干扰条件下的系统最小传输带宽为

$$B_{PCM} = \frac{R_B}{2} = \frac{Nf_s}{2} \tag{6.5.15}$$

若 PCM 系统中对信号的采样频率 $f_s = 8$ kHz，采用 $N = 8$ 位二进制码进行编码时，其波特率 $R_B = 64$ k Baud，对应的系统无码间干扰条件下的最小传输带宽为 32 kHz。而采用 ΔM 时，采样频率 f_s 至少为 100 kHz，其对应的系统无码间干扰条件下的最小传输带宽为 50 Hz。如果 ΔM 选择与 PCM 相同的采样频率，其话音质量不如 PCM。

再来看量化信噪比，在相同的系统传输带宽条件下，低码率时，ΔM 系统的抗噪声性能优于 PCM 系统；高码率时，如果允许的编码位数较多，此时 PCM 系统的抗噪声性能优于 ΔM 系统。图 6.5.4 给出了不同编码位数 N 对应的 PCM 和 ΔM 的量化信噪比曲线。

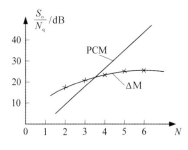

图 6.5.4 不同 N 值的 PCM 和 ΔM 的量化噪声曲线

由图 6.5.4 可知，若 PCM 系统的编码位数 $N < 4$ 时，ΔM 系统的量化信噪比优于 PCM 系统。

再来看信道误码的影响，在 ΔM 系统中，每个误码代表一个量化台阶的误差，所以其对误码的敏感程度不高。一般要求 ΔM 系统的误码率在 $10^{-4} \sim 10^{-3}$ 范围内，即可满足通信的需求。而 PCM 的每个误码所造成的量化误差与其所处的位置有关，当误码率位于高码位时，会引起较大的量化误差。所以误码对 PCM 系统的影响较大，一般要求 PCM 系统的误码率在 $10^{-6} \sim 10^{-5}$ 的范围内。由此可见，ΔM 系统适用于更加恶劣的信道条件。

最后来看实现的复杂度。PCM 系统的特点是可以对多路信号统一编码，一般对于语音

信号采用 8 位编码，编码设备复杂，但重建信号相对于原始信号的失真较小。PCM 系统一般用于大容量的干线通信。

ΔM 系统的特点是单路信号使用一个编码器，其实现简单，单路使用时不需要收发同步设备。但在多路引用时，每个话路需要使用一套单独的编译码设备，所以话路增多时，所需的设备数也成倍增长。ΔM 系统一般适用于小容量支线通信。

随着集成电路技术的不断发展以及数字信号处理技术的不断进步，ΔM 系统相比于 PCM 系统在一些特定场景下的优势已经不再那么明显。目前通用的多路通信系统中，已经很少或者不用 ΔM。ΔM 系统仅出现在一些对通信容量和通信质量要求不高的场景下，例如军事通信和一些特殊通信等。

思　考　题

6.1　为什么要进行模拟信号的数字化？

6.2　模拟信号数字化过程中，涉及到哪些关键技术？

6.3　对于一个低通信号，如果按照低通采样定理对其进行抽样，然后将样值序列直接通过一个加性高斯白噪声信道进行传输，在接收端能否无失真地重建原始低通信号？

6.4　对于一个带通信号，如果按照低通采样定理对其进行抽样，在接收端采用低通滤波器能否恢复出原始信号？为什么？

6.5　理想采样和实际采样有什么区别与联系？

6.6　什么是压缩感知？压缩感知与采样定理之间有什么区别和联系？是否对于所有的信号都可以采用压缩感知进行处理？

6.7　模拟信号数字化传输的过程中，为什么要对采样值序列进行量化？

6.8　什么是均匀量化？什么是非均匀量化？两者有什么联系？

6.9　量化过程中，是否会引起信号的失真？这种失真能消除么？

6.10　什么是脉冲编码调制？此处的调制与模拟调制之间存在着什么区别和联系？

6.11　什么是差分脉冲编码调制？相比于脉冲编码调制，差分脉冲编码调制有什么优点和缺点？

6.12　对于一帧数字图像，如何应用差分脉冲编码调制对其进行编码？

6.13　对于一个视频序列，如何应用差分脉冲编码调制对其进行编码？

6.14　什么是增量调制？增量调制可以应用在什么样的环境中？如何进一步提高增量调制的量化信噪比？

习　题

6.1　已知一低通信号 $m(t)$ 的频谱为

$$M(f) = \begin{cases} 1 - \dfrac{|f|}{400}, & |f| \leqslant 400 \text{ Hz} \\ 0, & \text{其他 } f \end{cases}$$

若用 $f_s = 500$ Hz 的速率进行采样，画出对 $m(t)$ 进行理想采样时，在频率范围 $|f| \leqslant 400$ Hz 内已采样信号的频谱。如果用 $f_s = 800$ Hz 的速率进行采样，已采样信号的频谱会发生怎样的变化？

6.2 设基带信号 $m(t) = \cos(4\pi t) + \cos(8\pi t)$，对其进行理想采样。如果希望在接收端无失真地恢复出原始信号 $m(t)$，应该选择什么样的采样间隔？若采样间隔取 0.1 s，请画出已采样信号的频谱图。

6.3 已知某基带信号 $m(t)$ 的频谱为

$$M(f) = \begin{cases} 1 - \dfrac{|f|}{200}, & |f| \leqslant 200 \text{ Hz} \\ 0, & \text{其他 } f \end{cases}$$

先采用 DSB-SC 对该基带信号进行调制，所使用的调制载波 $c(t) = \cos(40\ 000\pi t)$，如果对已调信号进行采样，要求在接收端可以无失真地恢复出已调信号，试确定最低的采样频率以及对应的采样间隔。

6.4 设信号 $m(t) = 16 + A\cos(2\pi ft)$，其中，$A \leqslant 10$ V。若 $m(t)$ 被均匀量化为 20 个电平，试确定所需的二进制码组的码位数 N 和对应量化间隔 Δ 的大小。

6.5 对于一个 8 bits 均匀量化器的量化范围为 $(-3.3 \text{ V}, 3.3 \text{ V})$，试确定量化器量化间隔 Δ 的大小。假如使用该量化器对一个单音正弦信号进行量化，其幅度覆盖了上述量化器的整个范围，计算量化信噪比。

6.6 对于一个 A 律压扩器，设其参数为 $A = 100$，以输入电压的大小作为输入，绘制出对应的输出电压。假设输入压扩器的电压为 0.2 V，其对应的输出电压是多少？假设输入压扩器的电压为 0.01 V，对应的输出电压是多少？（假设压扩器能够允许的最大输入为 1 V）

6.7 采用 A 律 13 折线编码，设最小的量化间隔为 Δ，已知采样脉冲值为 $+1023\Delta$。试求此时编码器输出码组，并计算量化误差（段内码使用自然二进制码）。写出对应于该 7 位非线性码的均匀量化 11 位线性码。

6.8 采用 A 律 13 折线编码，设最小的量化间隔为 Δ，已知采样脉冲值为 -55Δ。请写出此时编码器的输出码组，并计算量化误差（段内码使用自然二进制码）。写出逐次比较型译码器中，对应于该 7 位非线性码的均匀量化 12 位线性码，并计算译码后的量化误差。

6.9 设单路语音信号的最高频率为 4 kHz，使用 8 kHz 的采样速率对其进行采样，对所得到的样值序列进行 PCM 编码后进行数字传输。设传输信号的波形为矩形脉冲，其宽度为 τ，且占空比为 1。设采样后的信号按照 8 级量化，计算 PCM 系统的最小带宽。若采样后的信号按照 128 级量化，PCM 系统的最小带宽如何变化？

6.10 对输入信号 $m(t) = A\sin(2\pi f_m t)$ 进行简单增量调制，采样速率为 f_s，量化台阶为 σ。试求该简单增量调制系统的最大跟踪斜率 K。如果想要系统不出现过载现象，并且能够正常编码，则输入信号 $m(t)$ 的幅度范围应该满足什么条件？

仿　真　题

6.1　设均匀量化器是为一个零均值、方差为 $\sigma^2 = 4$ 的高斯信源而设计的。该均匀量化器包含 12 个量化电平，每个量化间隔的大小都等于 1。量化区间关于高斯信源的期望值对称。试使用 MATLAB 仿真求解如下问题：

（1）12 个量化区间的边界是什么？

（2）根据对应的量化区间和得到的均方差失真，确定 12 个量化电平。

6.2　使用 MATLAB 对下式给出的正弦信号以抽样间隔 $T_s = 0.1$ 进行量化：

$$s(t) = \sin(2\pi t)，0 \leqslant t \leqslant 10$$

设量化电平数为 8，画出原始信号与量化后的信号。若量化电平数改为 16，画出原始信号与量化后的信号，并对量化后的结果进行比较。

6.3　使用 MATLAB 生成一个长度为 1000 的零均值、方差为 1 的高斯序列。为该序列设计 8 电平、32 电平和 64 电平的均匀 PCM 编码器，画出作为分配给每个信源输出比特数的函数的量化信噪比（以 dB 为单位）。

6.4　使用 MATLAB 采集一段语音信号，对该序列分别使用 DPCM、A 律 PCM 和均匀 PCM 进行量化，所有上述方案均使用 8 比特/样值。画出三种方案的量化误差，并确定对应的量化信噪比。

第7章 二进制数字调制系统

第5章介绍了数字基带传输系统的基本理论,由第5章可知,数字信号可以通过数字基带传输系统进行传输,而基带传输系统仅适用于基带/低频信道下的数字信号传输。然而,在实际通信系统中信道通常具有带通特性,因而需要将基带信号搬移到适合信道传输的高频载波上,使得信号与信道相匹配,这个过程就是数字频带调制。

本章主要研究二进制数字频带调制的基本原理,分别介绍三种二进制数字调制技术,即二进制幅移键控、二进制频移键控和二进制相移键控,给出其调制原理和解调原理,分析其频域特性和抗噪声性能。

7.1 数字调制简介

数字调制是在调制端将输入比特序列(sequence of bits)转换为适合在信道传输的波形的过程。解调是在接收端将接收到的波形转换为输出比特序列的相应过程。与模拟调制系统类似,数字调制是数字信号可以通过载波调制,将原本具有低通频谱特性的数字基带信号进行频谱搬移,使其调制后的信号具有带通特性,从而可以通过带通信道进行传输。

数字调制系统的过程如图 7.1.1 所示。调制器将基带编码波形(baseband-encoded waveform)转变为以载波频率为中心频率的带通波形(passband waveform),解调器将经过信道的带通波形转变为基带波形。

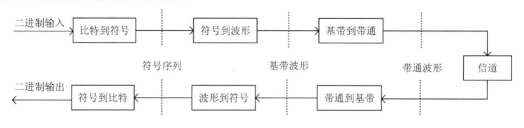

图 7.1.1 调制器与解调器的层级

除了通过与模拟调制类似的方法实现数字调制外,还可以通过数字键控技术实现数字调制。在数字调制中,调制信号可用符号或脉冲的时间序列表示,且每个符号含有有限种状态,因此,数字调制方式是用"电键"控制载波的某些分量,因而叫做"键控"。根据载波参数的不同,基于键控的数字调制技术可分为三类:

(1)幅移键控:Amplitude-shift keying(ASK),使用有限数量的振幅调制模拟载波信号。

（2）频移键控：Frequency-shift keying（FSK），使用有限数量的频率调制模拟载波信号。

（3）相移键控：Phase-shift keying（PSK），使用有限数量的相位调制模拟载波信号。

下面详细讲述二进制数字调制系统的原理及其性能。

7.2 二进制幅移键控（2ASK）

二进制幅移键控是通过载波的幅度对二进制信号进行调制，具体来讲，是将输入的二进制序列表示为幅度在 $\{u_1, u_2\}$ 集合内的符号。例如，令 $u_1 = 1$，$u_2 = 0$ 时，二进制符号序列对应的数字基带信号可以表示为

$$s(t) = \sum_k u_k p(t - kT_s) \tag{7.2.1}$$

其中，T_s 是两个相邻信号之间的间隔，$p(t)$ 是持续时间为 T_s 的矩形脉冲。

$$u_k = \begin{cases} u_1, & \text{发送概率为 } P \\ u_2, & \text{发送概率为 } 1-P \end{cases} \tag{7.2.2}$$

7.2.1 二进制幅移键控调制原理

2ASK 信号的表达式为 $e_{2\text{ASK}}(t) = s(t) \cdot \cos\omega_c t$，调制原理如图 7.2.1 所示，可以通过模拟调制的方法实现数字幅度调制，也可以通过数字键控的方法实现 2ASK 调制。

（a）模拟调制 （b）数字键控

图 7.2.1 二进制振幅键控信号调制器原理框图

调制后的 2ASK 信号波形如图 7.2.2 所示。

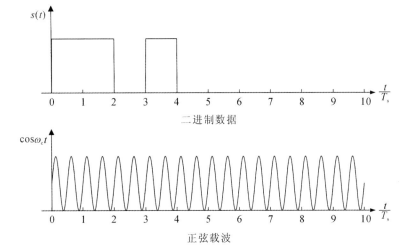

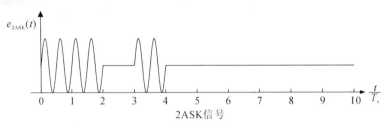

图 7.2.2 2ASK 信号波形图

7.2.2 二进制幅移键控解调原理

2ASK 信号解调主要有两种方式：非相干解调（包络检波法）与相干解调。

1. 2ASK 信号的非相干解调

包络检波法的原理框图如图 7.2.3 所示，各点波形如图 7.2.4 所示。首先使用带通滤波器(BPF)使 2ASK 信号完整地通过，并且滤除不需要的频谱分量，经过包络检波之后输出包络。

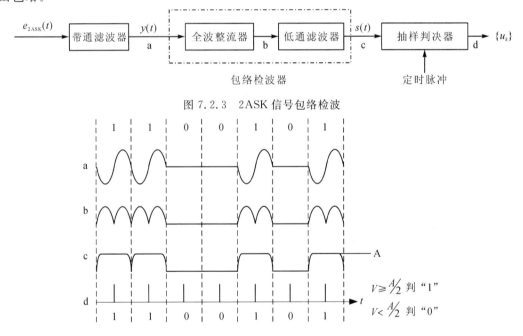

图 7.2.3 2ASK 信号包络检波

图 7.2.4 2ASK 信号包络检波各点波形

低通滤波器(LPF)的作用是滤除高频杂波，使得基带信号的频谱完整通过。抽样判决器包括抽样、判决和码元形成器。定时抽样脉冲（位同步信号）是很窄的脉冲，通常位于每个码元的中央位置，其周期等于码元的宽度。不计噪声影响时，带通滤波器的输出为 2ASK 信号（带通波形）$y(t) = e_{2ASK}(t) = s(t) \cdot \cos\omega_c t$，包络检波器的输出为基带波形 $s(t)$。经抽样、判决将码元再生成为数字序列 $\{u_k\}$。

2. 2ASK 信号的相干解调

相干解调的原理框图如图 7.2.5 所示，接收机产生一个与发送载波同频同相的本地载波信号，利用此载波与接收到的已调信号相乘，得到

$$z(t) = y(t)\cos\omega_c t = s(t)\cos^2\omega_c t = \frac{1}{2}s(t)(1+\cos2\omega_c t)$$

$$= \frac{1}{2}s(t) + \frac{1}{2}s(t)\cos2\omega_c t \tag{7.2.3}$$

再经过低通滤波器滤波后得到基带波形 $s(t)$。经抽样、判决后，获得二进制数字序列 $\{u_k\}$。

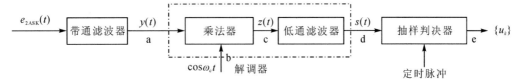

图 7.2.5　2ASK 信号相干解调

图 7.2.6 中，a 为已调信号 $y(t)$，b 是本地载波信号 $\cos\omega_c t$。已调信号与载波信号相乘，即得到信号 $Z(t)$。将信号 $Z(t)$ 经过低通滤波器，得到低通信号 $s(t)$。再对低通信号 $s(t)$ 进行抽样判决，得到数字信号 $\{u_k\}$，完成了信号的相干解调。

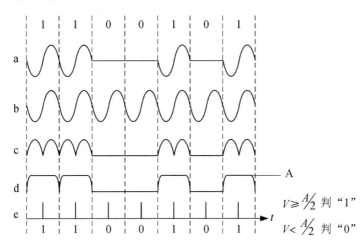

图 7.2.6　2ASK 信号相干解调各点波形

7.2.3　2ASK 信号频域特性及抗噪声性能

1. 2ASK 信号频域特性

前面已知 2ASK 信号的表达式为 $e_{2ASK}(t) = s(t)\cdot\cos\omega_c t$，$s(t)$ 为代表信息的随机单极性矩形脉冲序列。设 $P_e(f)$ 代表 2ASK 信号的功率谱密度，$P_s(f)$ 为基带波形 $s(t)$ 的功率谱密度。由于 $s(t)$ 为单极性波形，其功率谱密度为 $P_s(f) = \frac{1}{4}T_s Sa^2(\pi f T_s) + \frac{1}{4}\delta(f)$，2ASK 信号的功率谱密度为

$$P_e(f) = \frac{1}{4}\big[P_s(f+f_c) + P_s(f-f_c)\big]$$

$$= \frac{T_s}{16}\{Sa^2[\pi(f+f_c)T_s] + Sa^2[\pi(f-f_c)T_s]\} + \frac{1}{16}[\delta(f+f_c) + \delta(f-f_c)]$$

$$\tag{7.2.4}$$

其示意图如下图 7.2.7 所示。

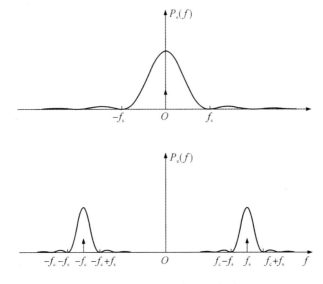

图 7.2.7　2ASK 信号功率谱

从图中可看出：

（1）2ASK 信号的功率谱由连续谱与离散谱组成。其中连续谱取决于数字基带信号 $s(t)$ 经线性调制后的双边带谱，离散谱由载波分量确定；

（2）2ASK 信号的带宽 B_{2ASK} 是数字基带信号带宽 f_s 的两倍，即

$$B_{2ASK}=2f_s=\frac{2}{T_s}=2R_B \tag{7.2.5}$$

（3）当 2ASK 系统的传输带宽选为信号带宽时，2ASK 系统的频带利用率为

$$\eta=\frac{R_B}{B_{2ASK}}=\frac{1}{2} \tag{7.2.6}$$

这意味着利用 2ASK 方式传送码元速率为 R_B 的二进制数字信号时，要求该系统的带宽至少为 $2R_B$。

2. 2ASK 信号相干解调的抗噪声性能

通信系统的抗噪声性能是指系统克服加性噪声的能力。在数字系统中通常用误码率衡量。由于加性噪声被认为只对信号的接收产生影响，故分析系统的抗噪声性能只需考虑接收部分。

对于 2ASK 信号，相干解调系统模型如图 7.2.8 所示。

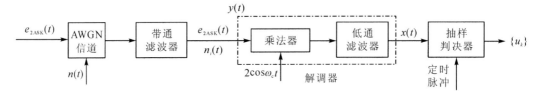

图 7.2.8　2ASK 信号相干解调系统模型

在上图中假设噪声 $n(t)$ 为加性高斯白噪声，其均值为 0，双边带功率密度为 $\frac{n_0}{2}$；接收的

2ASK 信号在任意码元持续时间 T_s 的波形为

$$s_R(t) = \begin{cases} a\cos\omega_c t, & \text{发送 1} \\ 0, & \text{发送 0} \end{cases} \tag{7.2.7}$$

假设接收端的带通滤波器具有理想矩形传输函数，恰好使信号无失真通过。则带通滤波器在任一码元内的输出波形为

$$y(t) = s_R(t) + n_i(t) = \begin{cases} a\cos\omega_c t + n_c(t)\cos\omega_c t - n_s(t)\sin\omega_c t, & \text{发送 1} \\ n_c(t)\cos\omega_c t - n_s(t)\sin\omega_c t, & \text{发送 0} \end{cases} \tag{7.2.8}$$

其中 $n_i(t) = n_c(t)\cos\omega_c t - n_s\sin\omega_c t$ 为高斯白噪声经带通滤波器限带后的窄带高斯噪声，其均值为 0，方差为 $\sigma_n^2 = n_0 B_{2ASK}$。

取本地载波为 $2\cos\omega_c t$，则乘法器输出为

$$z(t) = 2y(t)\cos\omega_c t \tag{7.2.9}$$

将式(7.2.8)代入式(7.2.9)中并经过低通滤波器滤除高频分量，在抽样判决器输入端得

$$x(t) = \begin{cases} a + n_c(t), & \text{发送 1} \\ n_c(t), & \text{发送 0} \end{cases} \tag{7.2.10}$$

其中 $n_c(t)$ 是均值为 0，方差为 σ_n^2 的高斯噪声。因此无论发送 1 或者 0，$x(t)$ 抽样 x 的一维概率密度 $f_1(x)$，$f_0(x)$ 都是方差为 σ_n^2 的正态分布函数，只是前者均值为 a，后者均值为 0，即

$$\begin{cases} f_1(x) = \dfrac{1}{\sqrt{2\pi}\sigma_n}e^{-\frac{(x-a)^2}{2\sigma_n^2}}, & \text{发送 1} \\[3mm] f_0(x) = \dfrac{1}{\sqrt{2\pi}\sigma_n}e^{-\frac{x^2}{2\sigma_n^2}}, & \text{发送 0} \end{cases} \tag{7.2.11}$$

其曲线如图 7.2.9 所示。

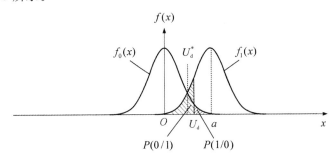

图 7.2.9 2ASK 信号同步检测误码率的几何表示

设判决门限为 U_d，且规定

$$\begin{cases} x > U_d, & \text{判为 1 码} \\ x < U_d, & \text{判为 0 码} \end{cases} \tag{7.2.12}$$

则存在两种错判的可能性：一是发送的码元为 1 时，错判为 0，其概率记为 $P(0/1)$；二是发送的码元为 0 时，错判为 1，其概率记为 $P(1/0)$。分别如图 7.2.9 中阴影部分所示，则

$$P(0/1) = P(x \leqslant U_d) = \int_{-\infty}^{U_d} f_1(x)\mathrm{d}x \tag{7.2.13}$$

$$P(1/0) = P(x > U_d) = \int_{U_d}^{\infty} f_0(x)\,\mathrm{d}x \tag{7.2.14}$$

系统的总误码率 P_e 为 $P(1/0)$ 与 $P(0/1)$ 的统计平均

$$P_e = P(1)P(0/1) + P(0)P(1/0) \tag{7.2.15}$$

将 $f_1(x)$，$f_0(x)$ 表达式代入上式得

$$P_e = P(1) \cdot \frac{1}{2}\mathrm{erfc}\left(\frac{a - U_d}{\sqrt{2}\,\sigma_n}\right) + P(0) \cdot \frac{1}{2}\mathrm{erfc}\left(\frac{U_d}{\sqrt{2}\,\sigma_n}\right) \tag{7.2.16}$$

当 $P(1) = P(0)$ 时，由 $\frac{\partial P_e}{\partial U_d} = 0$ 可得，使误码率最小的判决门限 $U_d = U_d^*$（称之为最佳判决门限）应使下式成立

$$f_1(U_d^*) = f_0(U_d^*) \tag{7.2.17}$$

将 $f_1(x)$，$f_0(x)$ 表达式代入上式得最佳判决门限

$$U_d^* = \frac{a}{2} \tag{7.2.18}$$

代入系统误码率公式得

$$P_e = \frac{1}{2}\mathrm{erfc}\left(\sqrt{\frac{r}{4}}\right) \tag{7.2.19}$$

式中 $r = \frac{a^2}{2\sigma_n^2}$ 为解调器输入信噪比。当 $r \gg 1$ 时，上式近似于

$$P_e \approx \frac{1}{\pi r}\mathrm{e}^{-\frac{r}{4}} \tag{7.2.20}$$

式(7.2.20)表明，随着输入信噪比的增加，系统的误码率将更加迅速地按照指数下降。需要注意的是上两式(7.2.19)和(7.2.20)的适用条件为发送符号等概率且为最佳门限。

3. 2ASK 信号的非相干解调的抗噪声性能

2ASK 信号的包络检波解调系统模型如图 7.2.10 所示。

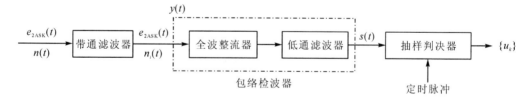

图 7.2.10 2ASK 信号包络检波法解调系统模型

上图接收带通滤波器的输出与相干解调时相同，为

$$y(t) = \begin{cases} a\cos\omega_c t + n_c(t)\cos\omega_c t - n_s\sin\omega_c t, & \text{发送 1} \\ n_c(t)\cos\omega_c t - n_s\sin\omega_c t, & \text{发送 0} \end{cases} \tag{7.2.21}$$

经过包络检波检测，输出包络信号

$$s(t) = \begin{cases} \sqrt{[a + n_c(t)]^2 + n_s^2(t)}, & \text{发送 1} \\ \sqrt{n_c(t)^2 + n_s^2(t)}, & \text{发送 0} \end{cases} \tag{7.2.22}$$

由上式可知，发送 1 时，接收带通滤波器的输出 $y(t)$ 为正弦波加窄带高斯噪声形式；

发送 0 时，接收带通滤波器 BPF 的输出 $y(t)$ 为窄带高斯噪声形式。发送 1 时，包络检波器输出包络 $x(t)$ 的抽样值 x 的一维概率密度函数 $f_1(x)$ 服从莱斯分布；而发 0 时，包络检波器输出包络 $x(t)$ 的抽样值 x 的一维概率密度函数 $f_0(x)$ 服从瑞利分布，即

$$f_1(x)=\frac{x}{\sigma_n^2}\mathrm{I}_0\left(\frac{ax}{\sigma_n^2}\right)\mathrm{e}^{-\frac{x^2+a^2}{2\sigma_n^2}} \tag{7.2.23}$$

$$f_0(x)=\frac{x}{\sigma_n^2}\mathrm{e}^{-\frac{x^2}{2\sigma_n^2}} \tag{7.2.24}$$

其中 $\mathrm{I}_0(x)=\dfrac{1}{2\pi}\displaystyle\int_0^{2\pi}\mathrm{e}^{x\cos\varphi}\mathrm{d}\varphi$ 为第一类零阶修正贝塞尔函数。当 $x\geqslant0$ 时，$\mathrm{I}_0(x)$ 是单调上升函数，且有 $\mathrm{I}_0(0)=1$。包络检波误码率的几何表示如图 7.2.11 所示。

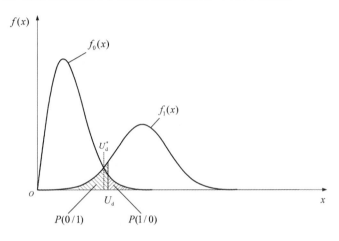

图 7.2.11　2ASK 信号包络检波误码率的几何表示

若仍令判决门限电平为 U_d，则将 1 判错为 0 的概率 $P(0/1)$，及将 0 判错为 1 的概率 $P(1/0)$ 分别为

$$P(0/1)=P(x\leqslant U_d)=\int_0^{U_d}f_1(x)\mathrm{d}x=S_1 \tag{7.2.25}$$

$$P(1/0)=P(x>U_d)=\int_{U_d}^{\infty}f_0(x)\mathrm{d}x=S_0 \tag{7.2.26}$$

式中，S_0、S_1 分别如图 7.2.11 所示的斜线阴影面积。假设发送 1 码的概率为 $P(1)$，假设发送 0 码的概率为 $P(0)$，则系统的误码率 P_e 为

$$P_e=P(1)P(0/1)+P(0)P(1/0) \tag{7.2.27}$$

当 $P(1)=P(0)=\dfrac{1}{2}$，即等概率时

$$P_e=\frac{1}{2}[P(0/1)+P(1/0)]=\frac{1}{2}(S_0+S_1) \tag{7.2.28}$$

当 $U_d=U_d^*$ 时，误码率 P_e 最低。U_d^* 即为最佳门限，满足

$$f_1(U_d^*)=f_0(U_d^*) \tag{7.2.29}$$

将 $f_1(x)$，$f_0(x)$ 代入上式得

$$r=\frac{a^2}{2\sigma_n^2}=\ln\mathrm{I}_0\left(\frac{aU_d^*}{\sigma_n^2}\right) \tag{7.2.30}$$

式中 $r=\dfrac{a^2}{2\sigma_n^2}$ 为解调器输入信噪比。上式是一个超越方程，现给出其近似解

$$U_d^* \approx \frac{a}{2}\left(1+\frac{8\sigma_n^2}{a^2}\right)^{\frac{1}{2}}=\frac{a}{2}\left(1+\frac{4}{r}\right)^{\frac{1}{2}} \qquad (7.2.31)$$

这表明 U_d^* 与信噪比 r 有关。2ASK 系统一般工作在大信噪比情况下，上式第二项可以忽略，有

$$U_d^* \approx \frac{a}{2} \qquad (7.2.32)$$

将 $f_1(x)$ 代入 $P(0/1)$ 表达式中可得

$$P(0/1) = \int_0^{U_d} f_1(x)\mathrm{d}x = 1-\int_{U_d}^\infty f_1(x)\mathrm{d}x$$

$$= 1-\int_{U_d}^\infty \frac{x}{\sigma_n^2}\mathrm{I}_0\left(\frac{ax}{\sigma_n^2}\right)\mathrm{e}^{-\frac{x^2+a^2}{2\sigma_n^2}}\mathrm{d}x \qquad (7.2.33)$$

上式的积分可以用 Marcum Q 函数计算，Marcum Q 函数定义为

$$Q(\alpha,\beta) = \int_\beta^\infty t\mathrm{I}_0(at)\mathrm{e}^{\frac{-(t^2+a^2)}{2}}\mathrm{d}t \qquad (7.2.34)$$

令上式

$$\alpha=\frac{a}{\sigma_n},\ \beta=\frac{U_d}{\sigma_n},\ t=\frac{x}{\sigma_n} \qquad (7.2.35)$$

则 $P(0/1)$ 可写为

$$P(0/1)=1-Q(\alpha,\beta) \qquad (7.2.36)$$

利用大信噪比情况下，Marcum Q 函数与互补误差函数的近似关系式

$$Q(\alpha,\ \beta) \approx 1-\frac{1}{2}\mathrm{erfc}\left(\frac{\alpha-\beta}{\sqrt{2}}\right) \qquad (7.2.37)$$

并考虑到最佳门限 $U_d=U_d^*=\dfrac{a}{2}$，

$$P(0/1)=\frac{1}{2}\mathrm{erfc}\left(\frac{\alpha-\beta}{\sqrt{2}}\right)=\frac{1}{2}\mathrm{erfc}\left(\frac{a-U_d}{\sqrt{2}}\right)$$

$$=\frac{1}{2}\mathrm{erfc}\left(\frac{a/2}{\sqrt{2}\sigma_n}\right)=\frac{1}{2}\mathrm{erfc}\sqrt{\frac{r}{4}} \approx \frac{1}{\sqrt{\pi r}}\mathrm{e}^{-\frac{r}{4}} \qquad (7.2.38)$$

式中 $r=\dfrac{a^2}{2\sigma_n^2}$ 为解调器输入信噪比。

将 $f_0(x)$ 代入 $P(1/0)$ 表达式中可得

$$P(1/0)=\int_{U_d}^\infty f_0(x) = \int_{\frac{a}{2}}^\infty \frac{x}{\sigma_n^2}\mathrm{e}^{-\frac{x^2}{2\sigma_n^2}}\mathrm{d}x = \mathrm{e}^{\frac{-a^2}{8\sigma_n^2}} = \mathrm{e}^{-\frac{r}{4}} \qquad (7.2.39)$$

将 $P(0/1)$，$P(1/0)$ 代入 P_e 的 2ASK 包络检波解调时系统误码率为

$$P_e=\frac{1}{2}\left(\frac{1}{\sqrt{\pi r}}+1\right)\mathrm{e}^{-\frac{r}{4}} \approx \frac{1}{2}\mathrm{e}^{-\frac{r}{4}} \qquad (7.2.40)$$

由此可见，包络解调 2ASK 系统的误码率随输入信噪比 r 的增大，近似地按照指数规律下降。必须指出，上式是在等概率、大信噪比、最佳门限的条件下推导得出的，使用时应注意适用条件。

比较相干解调与非相干解调的误码率曲线，如图 7.2.12 所示，在相同信噪比的情况下，2ASK 信号相干解调时的误码率始终低于包络解调时的误码率，即相干解调系统的抗噪声性能优于非相干解调系统，但在大信噪比情况下，两者相差并不太多。然而，包络检波系统不需要稳定的本地相干载波，故在电路上比相干解调简单的多。

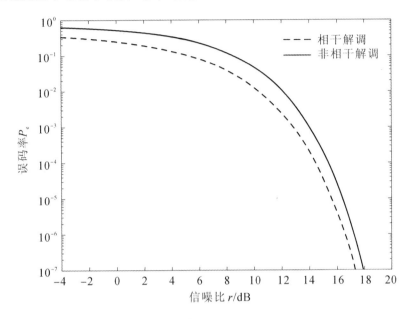

图 7.2.12　2ASK 相干解调与非相干解调误码率

此外，包络检波法存在门限效应，相干检测法没有门限效应，所以，一般情况下，2ASK 系统在大信噪比条件下使用包络检波，小信噪比情况下使用相干解调。

例 7.1　设发送的二进制信息为 101100011，采用 2ASK 方式传输。已知码元传输速率为 1×10^6 Baud，载波频率为 2×10^6 Hz。信道噪声为加性高斯白噪声，其双边功率谱密度 $n_0/2 = 3 \times 10^{-14}$ W/Hz，接收端解调器输入信号的振幅 $a = 4$ mV。

（1）试构成一种 2ASK 信号调制器原理框图，并用 Matlab 画出 2ASK 信号的时间波形。

（2）试画出 2ASK 信号频谱结构示意图，并计算其带宽。

（3）若采用相干解调，试求系统的误码率。

（4）若采用非相干解调，试求系统的误码率。

解　（1）2ASK 信号调制器原理框图及时间波形分别如图 7.2.13(a)、(b)所示。

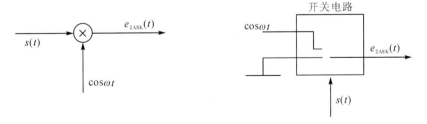

(a)

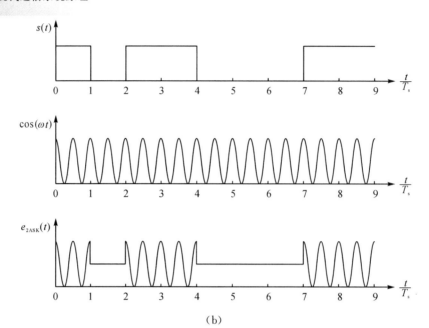

（b）

图 7.2.13　2ASK 信号调制器原理框图及时间波形

（2）2ASK 信号的频谱结构为

$$P_{s}(f)=\frac{T_{s}}{4}Sa^{2}(\pi f T_{s})+\frac{1}{4}\delta(f)P_{s}(f)=\frac{T_{s}}{4}Sa^{2}(\pi f T_{s})+\frac{1}{4}\delta(f),$$

如图 7.2.14 所示，2ASK 信号的带宽是其基带信号带宽的两倍，所以 $B=2R_{B}=2\times 10^{-6}$ Hz。

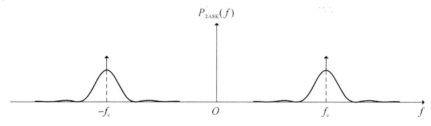

图 7.2.14　2ASK 信号频谱结构示意图

（3）带通滤波器的输出噪声的平均功率为

$$\sigma_{n}^{2}=2\times\frac{n_{0}}{2}\times B=12\times 10^{-8} \text{ W}$$

解调器输入信噪比为

$$r=\frac{a^{2}}{2\sigma_{n}^{2}}=\frac{16\times 10^{-6}}{2\times 12\times 10^{-8}}\approx 67\gg 1$$

若采用相干解调，误码率为

$$P_{e}=\frac{1}{2}\mathrm{erfc}\left(\sqrt{\frac{r}{4}}\right)\approx 3.67\times 10^{-9}$$

（4）若采用非相干解调，误码率为

$$P_{e}=\frac{1}{2}\mathrm{e}^{-\frac{r}{4}}\approx 2.66\times 10^{-8}$$

7.3　二进制频移键控(2FSK)

7.3.1　二进制频移键控调制原理

数字频率调制又称频移键控(FSK)，二进制频移键控记作 2FSK。数字频移键控使用载波的频率传送数字信息，即用所传送的数字消息控制载波频率。2FSK 信号便是符号 1 对应于载频 f_1，而符号 0 对应于载频 f_2(与 f_1 不同的另一载频)的波形，且 f_1 与 f_2 之间的转换是瞬间完成的。

从原理上讲，数字调频可用模拟调频法来实现，也可以用键控法实现。模拟调频法是利用一个矩形脉冲序列对一个载波进行调制，是数字调频早期采用的实现方法。2FSK 键控法则是利用受矩形脉冲序列控制的开关电路对两个不同的独立频率源进行选通。键控法的特点是转换快、波形好、稳定度高且易于实现，故应用广泛。2FSK 信号的产生原理如图7.3.1 所示。图中 $s(t)$ 代表信息的二进制矩形脉冲序列信号，$e_{2FSK}(t)$ 代表 2FSK 信号。

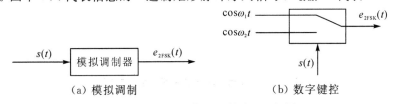

图 7.3.1　2FSK 信号调制器原理框图

2FSK 信号波形如图 7.3.2 所示。

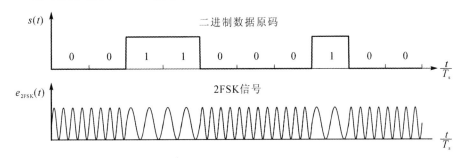

图 7.3.2　2FSK 信号波形图

根据以上 2FSK 信号的产生原理，已调信号的数学表达式可以表示为

$$e_{2FSK}(t) = s(t)\cos(\omega_1 t + \varphi_n) + \bar{s}(t)\cos(\omega_2 t + \theta_n) \tag{7.3.1}$$

式中，$s(t)$ 为单极性不归零矩形脉冲序列

$$s(t) = \sum_n a_n g(t - nT_s) \tag{7.3.2}$$

$$a_n = \begin{cases} 1, & \text{发送概率为 } P \\ 0, & \text{发送概率为 } 1-P \end{cases} \tag{7.3.3}$$

$g(t - nT_s)$ 是持续时间为 T_s，高度为 1 的门函数。

$\bar{s}(t)$ 是对 $s(t)$ 的逐码元取反所形成的脉冲序列信号，即

$$\bar{s}(t) = \sum_n \bar{a}_n g(t - nT_s) \qquad (7.3.4)$$

$\bar{a}_n$ 是 a_n 的反码，若 $a_n=0$，则 $\bar{a}_n=1$；若 $a_n=1$，则 $\bar{a}_n=0$，因此

$$\bar{a}_n = \begin{cases} 0, & \text{发送概率为 } P \\ 1, & \text{发送概率为 } 1-P \end{cases} \qquad (7.3.5)$$

在式(7.3.1)中，φ_n,θ_n 分别是第 n 个码元的初相位。一般来说，键控法得到的 φ_n,θ_n 与序列号无关，反映在 $e_{2FSK}(t)$，仅表现出当 ω_1 与 ω_2 改变时 $e_{2FSK}(t)$ 相位是连续的，故 φ_n,θ_n 不仅与第 n 个信号码元有关，而且 φ_n,θ_n 之间也应该保持一定的关系。

由 $e_{2FSK}(t)$ 的表达式知，一个 2FSK 信号可以视为两路 2ASK 信号的合成，其中一路以 $s(t)$ 为基带信号、ω_1 为载频，另一路以 $\bar{s}(t)$ 为基带信号、ω_2 为载频。

图 7.3.3 给出了用键控法实现 2FSK 信号的电路框图，两个独立的载波发生器的输出受控于输入的二进制信号，按 1 或 0 分别选择一个载波作为输出。

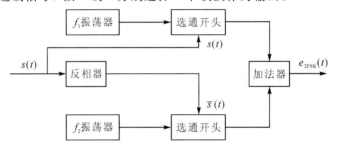

图 7.3.3　2FSK 信号数字键控实现框图

7.3.2　二进制频移键控解调原理

数字调频信号的解调方法也可以分为相干解调和非相干解调，其中，非相干解调包含包络检波法、过零检测法、差分检测法等。下面介绍相干解调和非相干解调的基本原理。

1. 相干解调

相干解调的具体电路是同步检波器，原理方框图如图 7.3.4 所示，图 7.3.5 给出了各点处波形图。

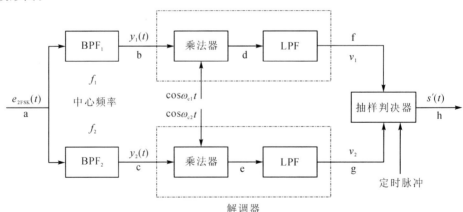

图 7.3.4　2FSK 信号相干检测法解调框图

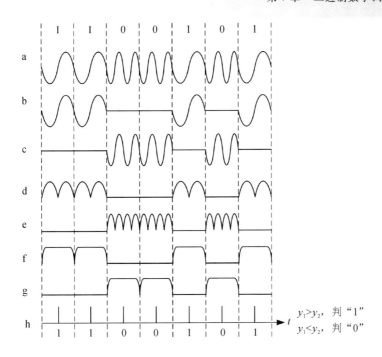

图 7.3.5 2FSK 信号相干检测法各点波形

图 7.3.4 中两个带通滤波器起分路作用。它们的输出分别与相应的同步相干载波相乘，再分别经低通滤波器滤掉二倍频信号，取出含基带数字信息的低频信号，抽样判决器在抽样脉冲到来时对两个低频信号的抽样值 v_1，v_2 进行比较判决（判决规则同于包络检波法），即可还原出数字信息。

2. 非相干解调（包络检波法）

2FSK 信号的包络检波法解调方框图如图 7.3.6 所示，其可视为由两路 2ASK 解调电路组成。图 7.3.6 中两个带通滤波器（带宽相同，皆为相应的 2ASK 信号带宽；中心频率不同，分别为 f_1，f_2）起分路作用，用以分开两路 2ASK 信号，上支路对应于 $y_1(t) = s(t)\cos(\omega_1 t + \varphi_n)$，下支路对应 $y_2(t) = \bar{s}(t)\cos(\omega_2 t + \theta_n)$，经包络检波后分别取出他们的包络 $s(t)$ 及 $\bar{s}(t)$。抽样判决器起比较器作用，把两路包络信号同时送到抽样判决器进行比较，从而判决输

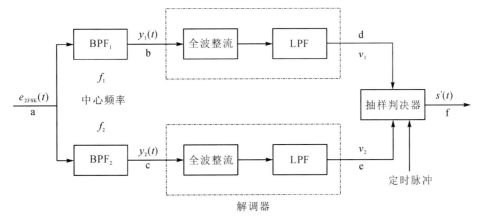

图 7.3.6 2FSK 信号包络检波法解调框图

出数字信息。若上下支路 $s(t)$ 及 $\bar{s}(t)$ 的抽样值分别用 v_1, v_2 表示，则抽样判决器的判决规则为

$$\begin{cases} v_1 \geqslant v_2, & \text{判为 } 1 \\ v_1 < v_2, & \text{判为 } 0 \end{cases} \tag{7.3.6}$$

2FSK 包络检波法各点的时域波形如图 7.3.7 所示。

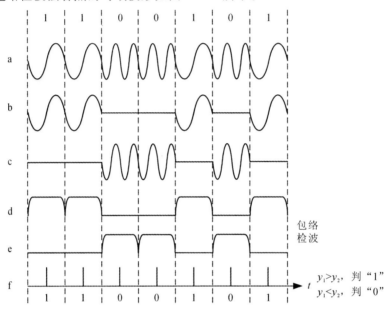

图 7.3.7　2FSK 信号包络检波法各点波形

3. 过零检测法(非相干解调)

单位时间内信号经过零点的次数多少，可以用来衡量频率的高低。在一个码元持续时间内，数字调频波的过零点数随不同载频而异，只要能够检测出一个码元持续时间内调频波的过零点数目，就可以得到关于频率的差异，这就是过零检测法的基本思想。

过零检测法方框图及各点波形如图 7.3.8 所示。

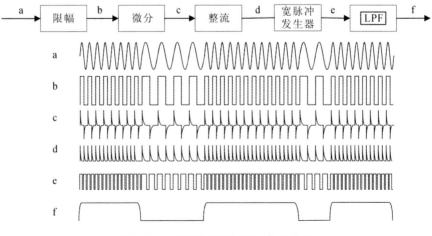

图 7.3.8　过零检测法框图及各点波形

图中 a 点 2FSK 输入信号经放大限幅后产生 b 点矩形脉冲序列，经微分及全波整流形成与频率变化相应的 d 点尖脉冲序列，这个序列就代表着调频波的过零点。尖脉冲触发一宽脉冲发生器，变换成具有一定宽度的 e 点矩形波，该矩形波的直流分量便代表着信号的频率，脉冲越密，直流分量越大，反映了输入信号的频率越高。经低通滤波器就可得到脉冲波的 f 点直流分量。这样就完成了频率幅度变换，从而再根据直流分量幅度上的差别还原出数字信号 1 和 0。

4. 差分检测法(非相干解调)

差分检测 2FSK 信号的原理图如图 7.3.9 所示。输入信号经带通滤波器滤除无用信号被分成两路，一路直接送乘法器，另一路经延时 τ 后送往乘法器，相乘之后再经低通滤波器去除高频成分即可提取基带信号。

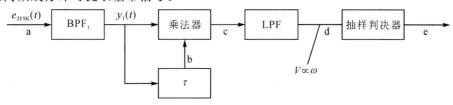

图 7.3.9　差分检测法框图

差分检测法的解调原理说明如下。

将 2FSK 信号表示为 $A\cos(\omega_c+\omega)t$，则角频率偏移 ω 有两种取值

$$\begin{cases} (\omega_c+\omega)=\omega_1，发送\ 1 \\ (\omega_c-\omega)=\omega_2，发送\ 0 \end{cases} \tag{7.3.7}$$

乘法器输出为

$$A\cos(\omega_c+\omega)t \cdot A\cos(\omega_c+\omega)(t-\tau)$$
$$=\frac{A^2}{2}\cos(\omega_c+\omega)\tau+\frac{A^2}{2}\cos[2(\omega_c+\omega)t-(\omega_c+\omega)\tau] \tag{7.3.8}$$

经低通滤波器去除倍频分量，得输出

$$V=\frac{A^2}{2}\cos(\omega_c+\omega)\tau=\frac{A^2}{2}[\cos\omega_c\tau\cos\omega\tau-\sin\omega_c\tau\sin\omega\tau] \tag{7.3.9}$$

可见，V 与 t 无关，是角频偏 ω 的函数，但不是一个简单的函数。不妨取 τ，使得 $\cos\omega_c\tau=0$，则有 $\sin\omega_c\tau=\pm1$，此时

$$V=\begin{cases} -\dfrac{A^2}{2}\sin\omega\tau\approx-\dfrac{A^2}{2}\omega\tau，当\ \omega_c\tau=\dfrac{\pi}{2} \\[3mm] +\dfrac{A^2}{2}\sin\omega\tau\approx+\dfrac{A^2}{2}\omega\tau，当\ \omega_c\tau=-\dfrac{\pi}{2} \end{cases} \tag{7.3.10}$$

其中，进一步考虑到角频偏较小的情况，即 $\omega\tau\ll1$。

由 V 的表达式知，输出电压与角频偏 ω 呈线性关系，实现近似线性的频幅转换特性，这正是鉴频特性所要求的。针对 ω 的两种取值，经抽样判决器可检测出 1 和 0。

差分检波法将输入信号与其延迟 τ 的信号相比较，信道上的失真将同时影响相邻信号，故不影响最终鉴频结果。实践表明，当延迟失真为 0 时，这种方法的检测性能不如普通鉴频法，但当信道有间严重的延迟失真时，其检测性能优于鉴频法。

差分检测法各点波形如图 7.3.10 所示。a 点 2FSK 输入信号经时延 τ 后产生 b 点信号，

a 点信号与 b 点信号经乘法器后得到 c 点信号，再经低通滤波器滤掉二倍频信号，取出含基带数字信息的 d 点低频信号，经抽样判决器后在抽样脉冲到来时对低频信号的抽样值进行比较判决，即可还原出 e 点数字信息。

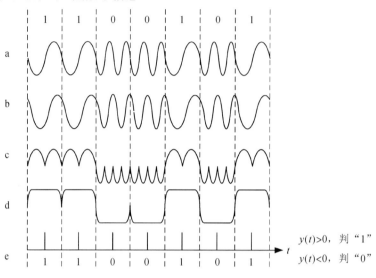

图 7.3.10　差分检测法各点波形

7.3.3　2FSK 信号频域特性及抗噪声性能

1. 2FSK 信号的频域特性

一个 2FSK 信号可视为两个 2ASK 信号的合成

$$e_{2FSK}(t) = s(t)\cos(\omega_1 t + \varphi_n) + \bar{s}(t)\cos(\omega_2 t + \theta_n) \tag{7.3.11}$$

因此，2FSK 信号的功率谱也是两个 2ASK 信号的功率谱之和。可得 2FSK 信号的功率谱表达式为

$$P_e(f) = \frac{1}{4}[P_s(f+f_1) + P_s(f-f_1)] + \frac{1}{4}[P_{\bar{s}}(f+f_2) + P_{\bar{s}}(f-f_2)] \tag{7.3.12}$$

其中，$P_s(f)$，$P_{\bar{s}}(f)$ 分别为基带信号 $s(t)$ 和 $\bar{s}(t)$ 的功率谱，当 $s(t)$ 是单极性非归零 NRZ 波形且 0、1 等概率出现时，$P_{\bar{s}}(f) = P_s(f)$。得 2FSK 信号的功率谱为

$$P_e(f) = \frac{1}{16}\{Sa^2[\pi(f+f_1)T_s] + Sa^2[\pi(f-f_1)T_s] + Sa^2[\pi(f+f_2)T_s] +$$

$$Sa^2[\pi(f-f_2)T_s]\} + \frac{1}{16}[\delta(f+f_1) + \delta(f-f_1) + \delta(f+f_2) + \delta(f-f_2)] \tag{7.3.13}$$

其功率谱曲线如图 7.3.11 所示。

由以上分析可知：

（1）2FSK 信号的功率谱与 2ASK 信号的功率谱类似，同样由连续谱和离散谱组成。其中，连续谱有两个双边谱叠加而成，而离散谱出现在两个载频位置上，这表明 2FSK 信号中含有载波 f_1 和 f_2 的分量。

（2）连续谱的形状随着 $|f_2 - f_1|$ 的大小而异。$|f_2 - f_1| > f_s$ 出现双峰，$|f_2 - f_1| < f_s$ 出现单峰。

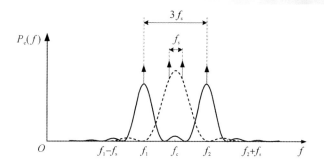

图 7.3.11 2FSK 信号的功率谱(仅画出正频率部分)

（3）2FSK 信号的频带宽度为

$$B_{2FSK} = |f_2 - f_1| + 2f_s = 2(f_D + f_s) = (2 + D)f_s \tag{7.3.14}$$

式中，$f_s = \dfrac{1}{T_s}$ 为基带信号的带宽，数值上与码元速率 R_B 相等；$f_D = |f_1 - f_2|/2$ 为频偏；$D = |f_1 - f_2|/f_s$ 为偏移率(或频偏指数)。

可见，当码元速率 f_s 一定时，2FSK 信号的带宽比 2ASK 信号的带宽宽 $2f_D$。通常为了便于接收端检测，又使宽带不至于过宽，可选取 $f_D = f_s$，此时 $B_{2FSK} = 4f_s$，是 2ASK 信号带宽的两倍，相应的系统频带利用率只有 2ASK 系统的 1/2。

2. 2FSK 信号的抗噪声性能

与 2ASK 的情形相对应，我们分别以相干解调和非相干解调(包络检波法)两种情况讨论 2FSK 系统的抗噪声性能，给出误码率，并比较其特点。

1) 相干解调的系统性能

2FSK 信号采用同步检测法的性能分析模型如图 7.3.12 所示。

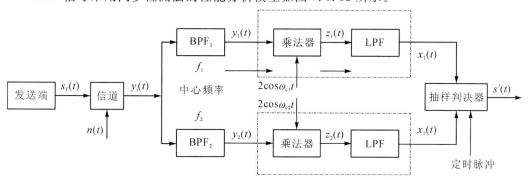

图 7.3.12 2FSK 信号采用同步检测法的性能分析模型

假定信道噪声 $n(t)$ 为高斯白噪声，其均值为 0，上边噪声功率谱密度为 $n_0/2$；在一个码元持续时间 $(0, T_s)$ 内，发送端产生的 2FSK 信号可表示为

$$s_T(t) = e_{2FSK}(t) = \begin{cases} A\cos\omega_1 t, & \text{发送 1} \\ A\cos\omega_2 t, & \text{发送 0} \end{cases} \tag{7.3.15}$$

则接收机输入端合成波形为

$$y_i(t) = \begin{cases} a\cos\omega_1 t + n(t), & \text{发送 1} \\ a\cos\omega_2 t + n(t), & \text{发送 0} \end{cases} \tag{7.3.16}$$

其中，为了简明起见，认为发送信号经过信道传输后除有固定衰耗外，未受到畸变，信号幅度由 A 变为 a。

图 7.3.13 中，两个分路带通滤波器带宽相同（皆为 B_{2ASK}），中心频率分别为 f_1、f_2，用以分开分别对应于 ω_1、ω_2 的 2ASK 的两路信号。这样接收端上下支路的两个带通滤波器 BPF_1 和 BPF_2 的输入波形分别为

上支路

$$y_1(t) = \begin{cases} a\cos\omega_1 t + n_1(t), & \text{发送 1} \\ n_1(t), & \text{发送 0} \end{cases} \qquad (7.3.17)$$

下支路

$$y_2(t) = \begin{cases} a\cos\omega_2 t + n_2(t), & \text{发送 1} \\ n_2(t), & \text{发送 0} \end{cases} \qquad (7.3.18)$$

其中，$n_1(t)$，$n_2(t)$ 分别为 BPF_1，BPF_2 输出的窄带高斯噪声，两者统计规律相同（输入同一噪声源，BPF 带宽相同）：均值为 0，方差为 $\sigma_n^2 = n_0 B_{2ASK}$。$n_1(t)$、$n_2(t)$ 可进一步表示为

$$\begin{cases} n_1(t) = n_{1c}\cos\omega_1 t - n_{1s}\sin\omega_1 t \\ n_2(t) = n_{2c}\cos\omega_2 t - n_{2s}\sin\omega_2 t \end{cases} \qquad (7.3.19)$$

式中，$n_{1c}(t)$，$n_{1s}(t)$ 是 $n_1(t)$ 的同相分量和正交分量；$n_{2c}(t)$，$n_{2s}(t)$ 是 $n_2(t)$ 的同相分量和正交分量。四者都是低通型高斯噪声，统计特性分别同于 $n_1(t)$ 和 $n_2(t)$，即均值都为 0，方差都为 σ_n^2。

将上两式代入 $y_1(t)$，$y_2(t)$ 的表达式中得

$$y_1(t) = \begin{cases} [a+n_{1c}(t)]\cos\omega_1 t - n_{1s}(t)\sin\omega_1 t, & \text{发送 1} \\ n_{1c}(t)\cos\omega_1 t - n_{1s}(t)\sin\omega_1 t, & \text{发送 0} \end{cases} \qquad (7.3.20)$$

以及

$$y_2(t) = \begin{cases} n_{2c}(t)\cos\omega_2 t - n_{2s}(t)\sin\omega_2 t, & \text{发送 1} \\ [a+n_{2c}(t)]\cos\omega_2 t - n_{2s}(t)\sin\omega_2 t, & \text{发送 0} \end{cases} \qquad (7.3.21)$$

假设在任意一个码元持续时间 T_s 内发送 1 符号，则上下支路带通滤波器输出波形分别为

$$\begin{cases} y_1(t) = [a+n_{1c}(t)]\cos\omega_1 t - n_{1s}(t)\sin\omega_1 t \\ y_2(t) = n_{2c}\cos\omega_2 t - n_{2s}\sin\omega_2 t \end{cases} \qquad (7.3.22)$$

经过与各自的相干载波相乘后得

$$\begin{cases} z_1(t) = 2y_1(t)\cos\omega_1 t \\ \qquad = [a+n_{1c}(t)] + [a+n_{1c}(t)]\cos 2\omega_1 t - n_{1s}(t)\sin 2\omega_1 t \\ z_2(t) = 2y_2(t)\cos\omega_2 t \\ \qquad = n_{2c}(t) + n_{2c}(t)\cos 2\omega_2 t - n_{2s}(t)\sin 2\omega_2 t \end{cases} \qquad (7.3.23)$$

分别通过上下支路低通滤波器，输出

$$\begin{cases} x_1(t) = a + n_{1c}(t) \\ x_2(t) = n_{2c}(t) \end{cases} \qquad (7.3.24)$$

因为 $n_{1c}(t)$，$n_{2c}(t)$ 均为高斯噪声，故 $x_1(t)$ 的抽样值 $x_1 = a + n_{1c}$ 为均值为 a，方差为 σ_n^2 的高斯随机变量；$x_2(t)$ 的抽样值 $x_2 = n_{2c}$ 为均值为 0，方差为 σ_n^2 的高斯随机变量。显然，在抽样判决器中，当出现 $x_1 < x_2$ 时，将造成发送 1 码而错判为 0 码的情况，错误概

率 $P(0/1)$ 为

$$P(0/1)=P(x_1<x_2)=P(x_1-x_2<0)=P(z<0) \tag{7.3.25}$$

式中，$z=x_1-x_2=a+n_{1c}-n_{2c}$，仍为高斯随机变量。

与 2ASK 类似，发送 1 符号而判错为 0 符号的概率 $P(0/1)$ 为

$$P(0/1)=\frac{1}{2}\mathrm{erfc}\left(\sqrt{\frac{r}{2}}\right) \tag{7.3.26}$$

式中 $r=\dfrac{a^2}{2\sigma_z^2}$ 为输出端信噪功率比。

同理可得，发送 0 符号而判错为 1 符号的概率 $P(1/0)$ 为

$$P(1/0)=P(x_1>x_2)=\frac{1}{2}\mathrm{erfc}\left(\sqrt{\frac{r}{2}}\right) \tag{7.3.27}$$

于是 2FSK 信号采用同步检测法解调系统的误码率为

$$P_e=P(1)P(0/1)+P(0)P(1/0)=\frac{1}{2}\mathrm{erfc}\sqrt{\frac{r}{2}}\left[P(1)+P(0)\right]$$

$$=\frac{1}{2}\mathrm{erfc}\left(\sqrt{\frac{r}{2}}\right) \tag{7.3.28}$$

在大信噪比条件下，即 $r\gg1$ 时，上式可近似表示为

$$P_e=\frac{1}{\sqrt{2\pi r}}\mathrm{e}^{-\frac{r}{2}} \tag{7.3.29}$$

2) 非相干解调(包络检波法)的系统性能

由于一路 2FSK 信号可以视为两路 2ASK 信号，所以 2FSK 信号也可以采用包络检波法解调。性能分析模型如图 7.3.13 所示。

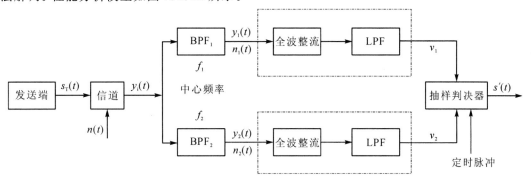

图 7.3.13　2FSK 信号采用包络检波法性能分析模型

若在任一码元持续时间 T_s 内发送 1 符号，则 $y_1(t)$，$y_2(t)$ 分别为

$$\begin{cases}y_1(t)=[a+n_{1c}(t)]\cos\omega_1 t-n_{1s}(t)\sin\omega_1 t\\ \qquad=\sqrt{[a+n_{1c}(t)]^2+n_{1s}^2(t)}\cos[\omega_1 t+\varphi_1(t)]\\ \qquad=v_1(t)\cos[\omega_1 t+\varphi_1(t)]\\ y_2(t)=n_{2c}\cos\omega_2 t-n_{2s}\sin\omega_2 t\\ \qquad=\sqrt{n_{2c}^2(t)+n_{2s}^2(t)}\cos[\omega_2 t+\varphi_2(t)]\\ \qquad=v_2(t)\cos[\omega_2 t+\varphi_2(t)]\end{cases} \tag{7.3.30}$$

由于 $y_1(t)$ 具有正弦波加窄带高斯噪声形式，故其包络 $v_1(t)$ 的抽样值 v_1 的一维概率密

度函数呈广义瑞利分布；$y_2(t)$ 为窄带高斯噪声，故其包络 $v_2(t)$ 的抽样值 v_2 的一维概率密度函数呈瑞利分布。即

$$\begin{cases} f_1(v_1) = \dfrac{v_1}{\sigma_n^2} \mathrm{I}_0 \left(\dfrac{av_1}{\sigma_n^2} \right) \mathrm{e}^{-\frac{v_1^2 + a^2}{2\sigma_n^2}} \\[4mm] f_2(v_2) = \dfrac{v_2}{\sigma_n^2} \mathrm{e}^{-\frac{v_2^2}{2\sigma_n^2}} \end{cases} \tag{7.3.31}$$

其曲线如图 7.3.14 所示。

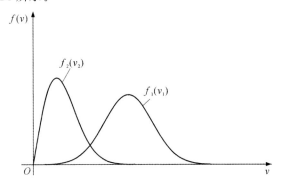

图 7.3.14 v_1，v_2 一维概率密度曲线

显然，在判决器中当出现 $v_1 < v_2$ 时，则将发生将 1 码判决为 0 码的错误。该错误概率 $P(0/1)$ 就是发 1 码时 $v_1 < v_2$ 的概率，可表示为

$$\begin{aligned} P(0/1) &= P(v_1 < v_2) = \iint_c f_{1,2}(v_1, v_2) \mathrm{d}v_1 \mathrm{d}v_2 \\[2mm] &= \iint_c f_1(v_1) f_1(v_1) \mathrm{d}v_1 \mathrm{d}v_2 = \int_0^\infty f_1(v_1) \left[\int_{v_2 = v_1}^\infty f_2(v_2) \mathrm{d}v_2 \right] \mathrm{d}v_1 \\[2mm] &= \int_0^\infty \frac{v_1}{\sigma_n^2} \mathrm{I}_0 \left(\frac{av_1}{\sigma_n^2} \right) \mathrm{e}^{-\frac{v_1^2 + a^2}{2\sigma_n^2}} \left[\int_{v_2 = v_1}^\infty \frac{v_2}{\sigma_n^2} \mathrm{e}^{-\frac{v_2^2}{2\sigma_n^2}} \mathrm{d}v_2 \right] \mathrm{d}v_1 \\[2mm] &= \int_0^\infty \frac{v_1}{\sigma_n^2} \mathrm{I}_0 \left(\frac{av_1}{\sigma_n^2} \right) \mathrm{e}^{-\frac{2v_1^2 + a^2}{2\sigma_n^2}} \mathrm{d}v_1 \end{aligned} \tag{7.3.32}$$

上式积分域 c 的确定如图 7.3.15 中阴影部分所示。

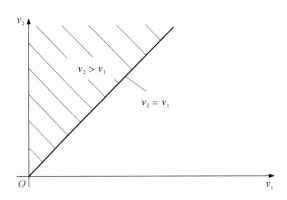

图 7.3.15 积分域 c 的确定

令 $t = \dfrac{\sqrt{2}\,v_1}{\sigma_n}$，$z = \dfrac{a}{\sqrt{2}\,\sigma_n}$，代入 $P(0/1)$ 表达式经过化简得

$$P(0/1) = \frac{1}{2} e^{-\frac{z^2}{2}} \int_0^\infty t I_0(zt) e^{-\frac{z^2+t^2}{2}} \, dt \tag{7.3.33}$$

根据 Marcum Q 函数的性质

$$Q(z, 0) = \int_0^\infty t I_0(zt) e^{-\frac{z^2+t^2}{2}} \, dt = 1 \tag{7.3.34}$$

则 $P(0/1)$ 可化简为

$$P(0/1) = \frac{1}{2} e^{-\frac{z^2}{2}} = \frac{1}{2} e^{-\frac{r}{2}} \tag{7.3.35}$$

式中 $r = z^2 = \dfrac{a^2}{2\sigma_z^2}$ 为图 7.3.13 中分路滤波器输出端信噪功率比。

于是 2FSK 信号采用包络检波法解调系统的误码率为

$$P_e = P(1)P(0/1) + P(0)P(1/0) = \frac{1}{2} e^{-\frac{r}{2}} [P(1) + P(0)]$$

$$= \frac{1}{2} e^{-\frac{r}{2}} \tag{7.3.36}$$

由上式可见，包络解调时 2FSK 系统的误码率将随着输入信噪比的增加呈指数规律下降。

将相干解调与包络（非相干）解调系统误码率进行比较，如图 7.3.16 所示，可以发现：

(1) 在输入信噪比 r 一定的情况下，相干解调的误码率小于包络解调的误码率。当系统的误码率一定时，相干解调比非相干解调对输入信号的信噪比要求低。所以相干解调系统的抗噪声性能优于非相干的包络检测。但当输入信号的信噪比 r 很大时，两者的相对差别并不明显。

(2) 此外，相干解调时，需要插入两个相干载波，电路较为复杂；包络检测无需相干载波，因而电路较为简单。一般情况下，系统在大信噪比条件下使用包络检波，小信噪比情况下使用相干解调，这与 2ASK 的情况相同。

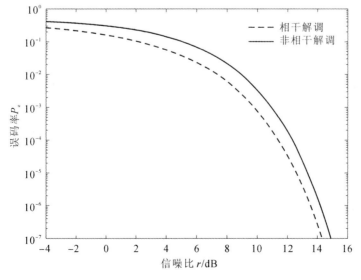

图 7.3.16　2FSK 相干解调与非相干解调误码率

例 7.2 设发送的二进制信息为 11001000101，采用 2FSK 方式传输。已知码元传输速率为 1000 Baud，"1"码元的载波频率为 3000 Hz，"0"码元的载波频率为 2000 Hz。

(1) 试构成一种 2FSK 信号调制器原理框图，并用 Matlab 画出 2FSK 信号的时间波形。

(2) 试画出 2FSK 信号频谱结构示意图，并计算其带宽。

(3) 假设解调器输入信噪比为：$r = 10$ dB，若采用相干解调，误码率为多少？

解 (1) 2FSK 信号调制器原理框图如图 7.3.17 所示。

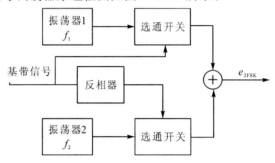

图 7.3.17 2FSK 信号调制器原理框图

根据码元传输速率以及两种载波频率之间的关系，信号时间波形如图 7.3.18 所示。

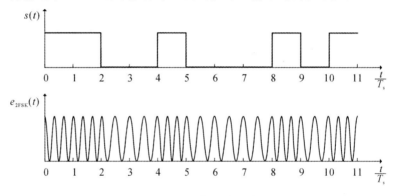

图 7.3.18 2FSK 信号时间波形图

(2) 2FSK 信号频谱结构示意图如图 7.3.19 所示，由于 $|f_1 - f_2| = f_s = 1000$ Hz，信号带宽为

$$B = |f_1 - f_2| + 2f_s = 3000 \text{ Hz}$$

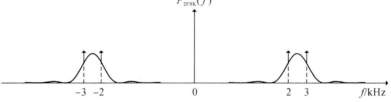

图 7.3.19 2FSK 信号频谱结构示意图

(3) 若采用相干解调，误码率为

$$P_e = \frac{1}{2}\text{erfc}\left(\sqrt{\frac{r}{2}}\right) \approx 7.83 \times 10^{-4}$$

7.4 二进制相移键控(2PSK)

绝对相移是利用载波的相位直接表示数字信号的方式。二进制相移键控中，通常用相位 0 和 π 来表示 0 和 1。2PSK 已调信号的时域表达式为

$$s_{2\text{PSK}}(t) = s(t)\cos\omega_c t \tag{7.4.1}$$

式中的基带信号与 2ASK 和 2FSK 时不同，为双极性数字基带信号，即

$$s(t) = \sum_n a_n g(t - nT_s) \tag{7.4.2}$$

式中，$g(t)$ 是高度为 1、宽度为 T_s 的门函数

$$a_n = \begin{cases} +1, & \text{发送 1} \\ -1, & \text{发送 0} \end{cases} \tag{7.4.3}$$

此处，之所以可以把相位携带信息的 2PSK 信号写成幅度调制形式，是因为在任一个码元持续时间 T_s 内，有

$$s_{2\text{PSK}}(t) = \begin{cases} \cos(\omega_c t + 0) = \cos\omega_c t, & \text{发送 0，以概率 } P \\ \cos(\omega_c t + \pi) = -\cos\omega_c t, & \text{发送 1，以概率 } 1-P \end{cases}$$
$$= a_n\cos\omega_c t = s(t)\cos\omega_c t \tag{7.4.4}$$

虽然相位调制和频率调制一样，本质上都是非线性调制，但在数字调相中，由于表征信息的相位变化只有有限的离散取值，因此，可以把相位变化归结为幅度变化。这样一来，数字调相与线性调制的数字调幅就联系起来了，为此可以把数字调相信号当作线性调制信号来处理。

不难看出，在等概时，$s(t)$ 的均值为 0，所以 2PSK 属于 DSB 调制。

7.4.1 二进制相移键控调制原理

2PSK 信号的波形如图 7.4.1 所示。

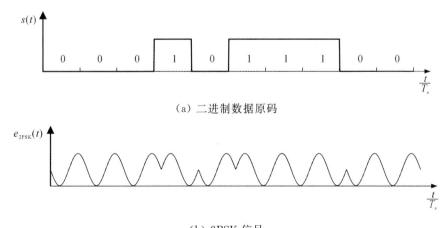

(a) 二进制数据原码

(b) 2PSK 信号

图 7.4.1 2PSK 信号的波形

2PSK 信号的调制方框图如图 7.4.2 所示。

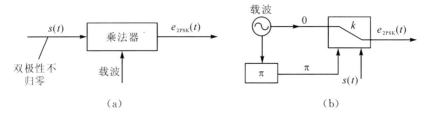

图 7.4.2　2PSK 信号调制器原理框图

从模拟调制法的角度来看，其与产生 2ASK 信号的方法比较，只是对输入信号要求不同，此处，2PSK 是双极性基带信号作用下的 DSB 调幅信号。而就键控法来说，用数字基带信号控制开关电路，选择不同相位的载波输出，这时输入信号为单极性非归零 NRZ 或双极性非归零 NRZ 脉冲序列信号均可。

7.4.2　二进制相移键控解调原理

2PSK 信号属于 DSB 信号，它的解调不能采用包络检测的方法，只能进行相干解调，原理框图如图 7.4.3 所示。

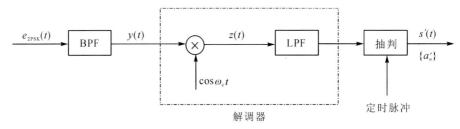

图 7.4.3　2PSK 信号解调框图

如果不考虑噪声，带通滤波器输出可表示为

$$y(t)=\cos(\omega_c t+\varphi_n) \tag{7.4.5}$$

式中，φ_n 为 2PSK 信号某一码元的初相。$\varphi_n=0$ 时，代表数字 0；$\varphi_n=\pi$ 代表数字 1。与同步载波 $\cos\omega_c t$ 相乘后，输出为

$$z(t)=\cos(\omega_c t+\varphi_n)\cos\omega_c t=\frac{1}{2}\cos\varphi_n+\frac{1}{2}\cos(2\omega_c t+\varphi_n) \tag{7.4.6}$$

经低通滤波器滤除高频分量，得解调器输出为

$$x(t)=\frac{1}{2}\cos\varphi_n=\begin{cases}1/2, & \varphi_n=0 \text{ 时}\\ -1/2, & \varphi_n=\pi \text{ 时}\end{cases} \tag{7.4.7}$$

根据发送端产生 2PSK 信号时 φ_n（0 或 π）代表数字信息（0 或 1）的规定，以及接收端 $x(t)$ 与 φ_n 的关系特性，抽样判决器的判决准则为

$$\begin{cases}x\geqslant 0, & \text{判为 0}\\ x<0, & \text{判为 1}\end{cases} \tag{7.4.8}$$

其中，x 为 $x(t)$ 在抽样时刻的值。

2PSK 接收系统各点波形图如图 7.4.4 所示。

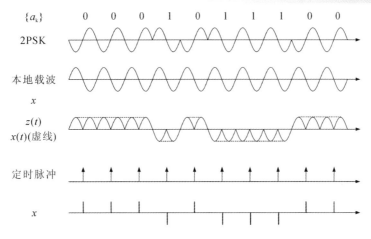

$\{a_k\}$ 0　0　0　1　0　1　1　1　0　0

2PSK

本地载波
x

$z(t)$
$x(t)$(虚线)

定时脉冲

x

判决规则：正—0；负—1

图 7.4.4　2PSK 接收系统各点波形图

可以看出，2PSK 信号相干解调的过程实际上是输入已调信号与本地载波信号进行极性比较的过程，故常称为极性比较法解调。

由于 2PSK 信号实际上是以一个固定初相的未调载波为参考的，因此，解调时必须有与此同频同相的同步载波。但是，由于 2PSK 信号的载波恢复过程中存在 180° 的相位模糊问题，即恢复的本地载波与所需的相干载波可能同相，也可能反相，所以恢复的数字信息就会发生 0 变 1 或 1 变 0 的情况，从而造成错误。这种因为本地参考载波倒相，而在接收端发生错误恢复的现象称为"倒 π"现象或"反相工作"现象。

绝对移相的主要缺点是容易产生相位模糊，造成反相工作。这也是它实际应用较少的主要原因。

7.4.3　2PSK 信号频域特性及抗噪声性能

2PSK 信号和 2ASK 信号的时域表达式在形式上是完全相同的，不同的只是两者基带信号 $s(t)$ 的构成，一个由双极性非归零 NRZ 码组成，另一个由单极性非归零 NRZ 码组成。因此，求 2PSK 信号的功率谱密度时，也可采用与求 2ASK 信号功率谱密度相同的方法。

2PSK 信号的功率谱密度 $P_e(f)$ 可以写成

$$P_e(f)=\frac{1}{4}\left[P_s(f+f_c)+P_s(f-f_c)\right] \tag{7.4.9}$$

对于双极性 NRZ 码，有

$$P_s(f)=T_s Sa^2(\pi f T_s) \tag{7.4.10}$$

需要注意的是，式(7.4.10)是在双极性基带信号 0、1 等概率出现的条件下获得的，一般情况下，当 $P\neq 1/2$ 时，$P_s(f)$ 中将含有直流分量。

则 2PSK 信号的功率谱为

$$P_e(f)=\frac{T_s}{4}\{Sa^2[\pi(f+f_c)T_s]+Sa^2[\pi(f-f_c)T_s]\} \tag{7.4.11}$$

2PSK 信号功率谱如图 7.4.5 所示。

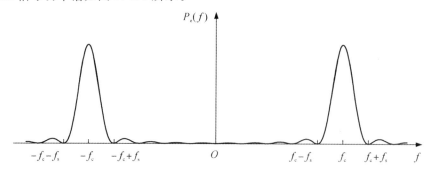

图 7.4.5　2PSK 信号功率谱

当双极性基带信号以相等概率出现时，2PSK 信号的功率谱仅由连续谱组成。而一般情况下，2PSK 信号的功率谱由连续谱和离散谱两部分组成。其中，连续谱取决于数字基带信号 $s(t)$ 经线性调制后的双边带谱，而离散谱则由载波分量确定。

2PSK 的连续谱部分与 2ASK 信号的连续谱基本相同。因此 2PSK 信号的带宽、频带利用率也与 2ASK 信号的相同，即有

$$B_{2PSK} = B_{2ASK} = 2f_s = \frac{2}{T_s} = 2R_B \tag{7.4.12}$$

$$\eta_{2PSK} = \eta_{2ASK} = \frac{1}{2}\text{Baud/Hz} \tag{7.4.13}$$

式中，$f_s = 1/T_s$ 是基带信号的带宽，数值上与码元速率 R_B 相等。这就表明，在数字调制中，2PSK 的频谱特性与 2ASK 十分相似。

2PSK 信号本质上属于 DSB 信号，只能采用相干解调。2PSK 信号相干解调系统性能分析模型如图 7.4.6 所示。

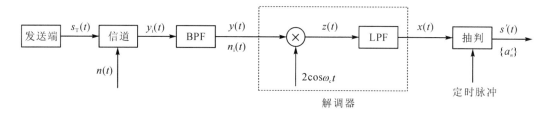

图 7.4.6　2PSK 信号相干解调框图

假定信道噪声为加性高斯白噪声 $n(t)$，其均值为 0，双边噪声功率谱密度为 $n_0/2$。在一个码元持续时间 $(0, T_s)$ 内，发送端发送的 2PSK 信号为

$$s_T(t) = \begin{cases} A\cos\omega_c t, & \text{发送 1} \\ -A\cos\omega_c t, & \text{发送 0} \end{cases} \tag{7.4.14}$$

则经信道传输，接收端输入信号为

$$y_i(t) = \begin{cases} a\cos\omega_c t + n(t), & \text{发送 1} \\ -a\cos\omega_c t + n(t), & \text{发送 0} \end{cases} \tag{7.4.15}$$

此处，为简明起见，认为发送信号经信道传输后除有固定损耗外，未收到畸变，信号幅度由 A 变为 a。

经带通滤波器输出

$$y(t) = s(t) + n_i(t)$$

$$= \begin{cases} a\cos\omega_c t + n_c(t)\cos\omega_c t - n_s(t)\sin\omega_c t, & \text{发送 1} \\ -a\cos\omega_c t + n_c(t)\cos\omega_c t - n_s(t)\sin\omega_c t, & \text{发送 0} \end{cases} \tag{7.4.16}$$

其中，$n_i(t) = n_c(t)\cos\omega_c t - n_s(t)\sin\omega_c t$ 为高斯白噪声 $n(t)$ 经 BPF 限带后的窄带高斯噪声，其均值为 0，方差为 $\sigma_n^2 = n_0 B_{2PSK}$。

取本地载波 $2\cos\omega_c t$，则乘法器输出

$$z(t) = 2y(t)\cos\omega_c t \tag{7.4.17}$$

将带通滤波器输出信号带入上式，再经过低通滤波器滤除高频分量，在抽样判决器输入端得到

$$x(t) = \begin{cases} a + n_c(t), & \text{发送 1} \\ -a + n_c(t), & \text{发送 0} \end{cases} \tag{7.4.18}$$

由于 $n_c(t)$ 为高斯噪声，因此，无论是发送 1 还是 0，$x(t)$ 抽样值的一维概率密度 $f_1(x)$、$f_0(x)$ 都是方差为 σ_n^2 的正态分布函数，只是前者均值为 a，后者均值为 $-a$，即

$$f_1(x) = \frac{1}{\sqrt{2\pi}\,\sigma_n} e^{-\frac{(x-a)^2}{2\sigma_n^2}}, \quad \text{发送 1}$$

$$f_0(x) = \frac{1}{\sqrt{2\pi}\,\sigma_n} e^{-\frac{(x+a)^2}{2\sigma_n^2}}, \quad \text{发送 0} \tag{7.4.19}$$

其曲线如图 7.4.7 所示。

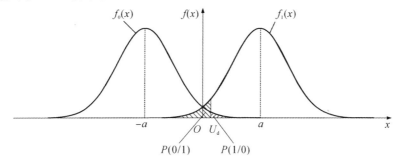

图 7.4.7　2PSK 信号相干解调误码率的几何表示

当 $P(1) = P(0) = 1/2$ 时，2PSK 系统的最佳判决门限电平为

$$U_d^* = 0 \tag{7.4.20}$$

在最佳门限时，2PSK 系统的误码率为

$$P_e = \frac{1}{2}\mathrm{erfc}\left(\frac{a}{\sqrt{2}\,\sigma_n}\right) = \frac{1}{2}\mathrm{erfc}(\sqrt{r}) \tag{7.4.21}$$

式中，$r = \dfrac{a^2}{2\sigma_n^2}$ 为解调器输入信噪比。在大信噪比条件下，上式近似为

$$P_e = \frac{1}{2\sqrt{\pi r}} e^{-r} \tag{7.4.22}$$

例 7.3　假设 2PSK 信号的码元速率为 1000 Baud，载波为 $A\cos(4\pi \times 10^6 t)$，
(1) 每个符号包含多少个载波周期？

（2）如果发送 0 和 1 的概率分别为 0.6 和 0.4，其功率谱密表达式是什么？

解 （1）从载波表达式可得，载波频率为 $f=\dfrac{\omega}{2\pi}=2\times10^6$ Hz，因此每个符号包含 2×10^3 个载波周期。

（2）2PSK 信号的功率谱密度可表示为

$$P_{2PSK}(f)=\frac{1}{4}\left[P_s(f-f_c)+P_s(f+f_c)\right]$$

其中

$$f_c=2\times10^6\ \text{Hz},\ f_s=1000\ \text{Hz}$$

$$P_s(f)=4f_sP(1-P)\,|\,G(f)\,|^2+\sum|\,f_s(2P-1)G(mf_s)\,|^2\delta(f-mf_s)$$

$$G(f)=\frac{\sin\pi fT_s}{\pi fT_s}$$

因此

$$P_{2PSK}(f)=f_sP(1-P)\left[\,|\,G(f-f_c)\,|^2+|\,G(f+f_c)\,|^2\,\right]+$$

$$\frac{1}{4}f_s^2(P-1)^2|\,G(0)\,|\cdot[\delta(f-f_c)+\delta(f+f_c)]$$

$$=\frac{240}{\pi^2}\left\{\left|\frac{\sin\dfrac{\pi(f-2\times10^6)}{1000}}{f-2\times10^6}\right|^2\right\}+\left\{\left|\frac{\sin\dfrac{\pi(f+2\times10^6)}{1000}}{f+2\times10^6}\right|^2\right\}+$$

$$10^{-2}[\delta(f-2\times10^6)+\delta(f+2\times10^6)]$$

7.5　二进制差分相移键控(2DPSK)

7.5.1　二进制差分相移键控调制原理

二进制差分相移键控也称为二进制相对移相键控，记作 2DPSK。它不是利用载波相位的绝对数值传送数字信息，而是用前后码字的相对载波相位值传送数字信息。所谓相对载波相位是指本码元初相与前一码元初相之差。

假设相对载波相位值用相位偏移 $\Delta\varphi$ 表示，并规定数字信息序列与之间的关系为

$$\Delta\varphi=\begin{cases}0, & \text{数字信息 0}\\ \pi, & \text{数字信息 1}\end{cases} \tag{7.5.1}$$

则按照该规定可画出 2DPSK 信号的波形如图 7.5.1 所示。由于初始参考相位有两种可能，因此 2DPSK 信号的波形可以有两种(另一种相位完全相反，图中未画出)。为便于比较，图中还给出了 2PSK 信号的波形。

由图 7.5.1 可以看出：

（1）与 2PSK 的波形不同，2DPSK 波形的同一相位并不对应相同的数字信息符号，而前后码元的相对相位才唯一确定信息符号。这说明解调 2DPSK 信号时，并不依赖于某一固定的载波相位参考值，只要前后码元的相对相位关系不破坏，则鉴别这个相位关系就可正

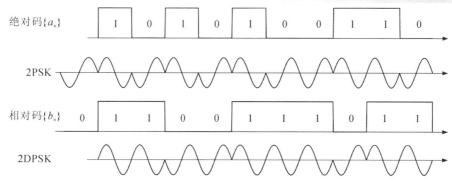

图 7.5.1　2DPSK 信号波形图

确恢复数字信息。这就避免了 2PSK 方式中的"倒 π"现象发生。由于相对移相调制无"反相工作"问题,因此得到广泛的应用。

(2) 单从波形上看,2DPSK 与 2PSK 是无法分辨的,比如图 7.5.1 中 2DPSK 也可以是另一符号序列(见图中下部的序列 $\{b_n\}$,称为相对码,而将原符号序列 $\{a_n\}$ 称为绝对码)经绝对移相而形成的。这说明,一方面,只有已知移相键控方式是绝对的还是相对的,才能正确判定原信息;另一方面,相对移相信号可以看作是把数字信息序列(绝对码)变换成相对码,然后再根据相对码进行绝对移相而形成。这就为 2DPSK 信号的调制与解调指出了一种借助绝对移相途径实现的方法。这里的相对码(差分码),是按相邻符号不变表示原数字信息 0、相邻符号改变表示原数字信息 1 的规律由绝对码变换而来的。

因此由以上讨论可知,2DPSK 信号的产生方法可以通过观察图 7.5.1 得到一种启示:先对二进制数字基带信号进行差分编码,即把表示数字信息序列的绝对码变换成相对码(差分码),然后再根据相对码进行绝对调相,从而产生二进制差分相移键控信号。2DPSK 信号调制器的实现可用模拟法(如图 7.5.2(a)所示),也可用键控法原理框图(如图 7.5.2(b)所示)。

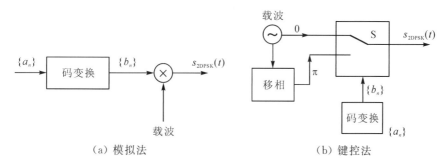

（a）模拟法　　　　　　　　　　（b）键控法

图 7.5.2　2DPSK 调制器框图

这里的差分码的概念就是一种差分波形。差分码可取传号差分码或空号差分码。其中,传号差分码的编码规则为

$$b_n = a_n \oplus b_{n-1} \tag{7.5.2}$$

式中:a_n 为绝对码,b_n 为相对码,$\oplus$ 为模 2 加,b_{n-1} 为 b_n 的前一码元,最初的 b_{n-1} 可任意设定。其逆过程称为差分译码(码反变换),即

$$a_n = b_n \oplus b_{n-1} \tag{7.5.3}$$

7.5.2　二进制差分相移键控解调原理

2DPSK 信号的解调有两种方式，一种是相干解调-码变换法（又称为极性比较-码变换法），另一种是差分相干解调法。

（1）相干解调-码变换法。此法即是 2PSK 解调加差分译码，其方框图如图 7.5.3 所示。2PSK 解调器将输入的 2DPSK 信号还原成相对码$\{b_n\}$，再由差分译码器（码反变换器）把相对码转换成绝对码，输出$\{a_n\}$。

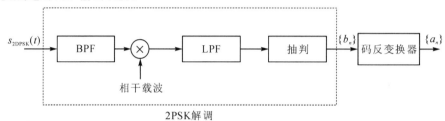

图 7.5.3　相干解调-码变换法解调 2DPSK 信号框图

（2）差分相干解调法。它是直接比较前后码元的相位差而构成的，故也称为相位比较法解调，其原理框图如图 7.5.4 所示。

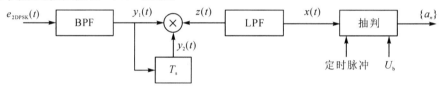

图 7.5.4　差分相干解调法解调 2DPSK 信号框图

这种方法不需要码变换器，也不需要专门的相干载波发生器，因此设备比较简单、实用。图中 T_s 延时电路的输出起着参考载波的作用，乘法器起着相位比较的作用。

图 7.5.5 以数字序列$\{a_n\}=1011111000$为例，给出了 2DPSK 信号差分相干解调系统各点波形。据此极易分析其工作原理。

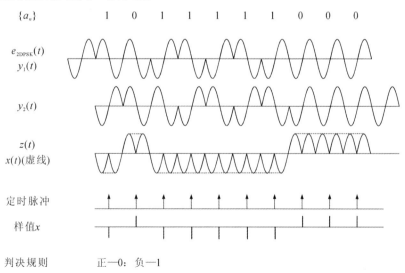

图 7.5.5　差分相干解调法解调 2DPSK 信号波形图

7.5.3　2DPSK 信号频域特性及抗噪声性能

由前面的讨论可知，无论是 2PSK 还是 2DPSK 信号，就波形本身而言，它们都可以等效成双极性基带信号作用下的调幅信号，区别在于前者的二进制序列为绝对码，后者的二进制序列为相对码。因此，2DPSK 和 2PSK 信号具有相同形式的表达式，不同的是 2PSK 表达式中的 $s(t)$ 是数字基带信号，2DPSK 表达式中的 $s(t)$ 是由数字基带信号变换而来的差分码数字信号。据此，有以下结论：

(1) 2DPSK 与 2PSK 信号有相同的功率谱，如图 7.4.5 所示。

(2) DPSK 与 2PSK 信号带宽相同，是基带信号带宽的两倍，即

$$B_{2DPSK}=B_{2PSK}=B_{2ASK}=2f_s=\frac{2}{T_s}=2R_B \tag{7.5.4}$$

(3) 2DPSK 与 2PSK 信号频谱利用率也相同，即

$$\eta_{2DPSK}=\eta_{2PSK}=\eta_{2ASK}=\frac{1}{2}\ \text{Baud/Hz} \tag{7.5.5}$$

1. 2DPSK 相干解调系统性能

2DPSK 的相干解调法，又称极性比较-码变换法，其模型如图 7.5.3 所示。其解调原理是对 2DPSK 信号进行相干解调，恢复出相对码序列 $\{b_n\}$，再通过码反变换器变换为绝对码序列 $\{a_n\}$，从而恢复出发送的二进制数字信息。因此，码反变换器输入端的误码率可由 2PSK 信号采用相干解调时的误码率公式来确定。于是，2DPSK 信号采用极性比较-码反变换法的系统误码率，只需在 2PSK 信号采用相干解调时的误码率公式基础上再考虑码反变换器对误码率的影响即可。简化模型如图 7.5.6 所示。

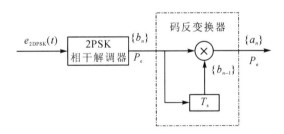

图 7.5.6　2DPSK 信号相干解调-码变换法解调系统性能分析模型

码反变换器的功能是将相对码变成绝对码。由式(7.5.3)可知，只有当码反变换器的两个相邻输入码元中，有一个且仅有一个码元出错时，其输出码元才会出错。设码反变换器输入信号的误码率是 P_e。则两个码元中前面码元出错且后面码元不错的概率是 $(1-P_e)P_e$，后面码元出错而前面码元不错的概率也是 $(1-P_e)P_e$。所以，输出码元发生错码的误码率为

$$P'_e=2(1-P_e)P_e \tag{7.5.6}$$

由式可见，若 P_e 很小，则有

$$\frac{P'_e}{P_e} \approx 2 \tag{7.5.7}$$

若 P_e 很大，即 $P_e \approx \dfrac{1}{2}$，则有

$$\frac{P'_e}{P_e} \approx 1 \tag{7.5.8}$$

这意味着 P'_e 总是大于 P_e。也就是说，反变换器总是使误码率增加，增加的系数在 1~2 之间变化。将 2PSK 信号采用相干解调时的误码率公式代入式(7.5.6)，则可得到 2DPSK 信号采用相干解调加码反变换器方式时的系统误码率为

$$P'_e = \frac{1}{2}\left[1 - \left(\operatorname{erfc}\sqrt{r}\right)^2\right] \tag{7.5.9}$$

当 $P_e \ll 1$ 时，式(7.5.9)可近似为

$$P'_e = 2P_e \tag{7.5.10}$$

2. 2DPSK 差分相干解调系统性能

2DPSK 信号差分相干解调方式，也称为相位比较法，是一种非相干解调方式，其性能分析模型如图 7.5.7 所示。

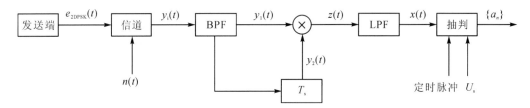

图 7.5.7　2DPSK 信号差分相干解调误码率分析模型

由图 7.5.7 可见，解调过程中需要对间隔为 T_s 的前后两个码元进行比较，并且前后两个码元中都含有噪声。假设当前发送的是"1"，且令前一个码元也是"1"（也可以令其为"0"），则送入相乘器的两个信号 $y_1(t)$ 和 $y_2(t)$（延迟器输出）可表示为

$$y_1(t) = a\cos\omega_c t + n_1(t) = [a + n_{1c}(t)]\cos\omega_c t - n_{1s}(t)\sin\omega_c t \tag{7.5.11}$$

$$y_2(t) = a\cos\omega_c t + n_2(t) = [a + n_{2c}(t)]\cos\omega_c t - n_{2s}(t)\sin\omega_c t \tag{7.5.12}$$

式中，a 为信号振幅，$n_1(t)$ 为叠加在前一码元 $y_1(t)$ 上窄带高斯噪声，$n_2(t)$ 为叠加在后一码元 $y_2(t)$ 上的窄带高斯噪声，并且 $n_1(t)$ 和 $n_2(t)$ 相互独立。

低通滤波器的输出 $x(t)$ 为

$$x(t) = \frac{1}{2}\left\{[a + n_{1c}(t)][a + n_{2c}(t)] + n_{1s}(t)n_{2s}(t)\right\} \tag{7.5.13}$$

经抽样后的样值为

$$x = \frac{1}{2}\left[(a + n_{1c})(a + n_{2c}) + n_{1s}n_{2s}\right] \tag{7.5.14}$$

然后，按下述判决规则判决：若 $x > 0$，则判为"1"——正确接收；若 $x < 0$，则判为"0"——错误接收。这时将"1"错判为"0"的错误概率为

$$P(0/1) = P\{x < 0\} = P\left\{\frac{1}{2}\left[(a + n_{1c})(a + n_{2c}) + n_{1s}n_{2s}\right] < 0\right\} \tag{7.5.15}$$

利用恒等式

$$x_1 x_2 + y_1 y_2 = \frac{1}{4}\left\{\left[(x_1 + x_2)^2 + (y_1 + y_2)^2\right] - \left[(x_1 - x_2)^2 + (y_1 - y_2)^2\right]\right\}$$

$$\tag{7.5.16}$$

令式中

$$x_1 = a + n_{1c}, \ x_2 = a + n_{2c}; \ y_1 = n_{1s}, \ y_2 = n_{2s} \tag{7.5.17}$$

则式可以改写为

$$P(0/1) = P\left\{\left[(2a + n_{1c} + n_{2c})^2 + (n_{1s} + n_{2s})^2 - (n_{1c} - n_{2c})^2 - (n_{1s} - n_{2s})^2\right] < 0\right\}$$

$$\tag{7.5.18}$$

令

$$R_1 = \sqrt{(2a + n_{1c} + n_{2c})^2 + (n_{1s} + n_{2s})^2} \tag{7.5.19}$$

$$R_2 = \sqrt{(n_{1c} - n_{2c})^2 + (n_{1s} - n_{2s})^2} \tag{7.5.20}$$

则式简化为

$$P(0/1) = P\{R_1 < R_2\} \tag{7.5.21}$$

因为 n_{1c}，n_{2c}，n_{1s}，n_{2s} 是相互独立的高斯随机变量，且均值为 0，方差相等为 σ_n^2。根据高斯随机变量的代数和仍为高斯随机变量，且均值为各随机变量的均值的代数和、方差为各随机变量方差之和的性质，则 $n_{1c} + n_{2c}$ 是零均值且方差为 $2\sigma_n^2$ 的高斯随机变量。同理，$n_{1s} + n_{2s}$，$n_{1c} - n_{2c}$，$n_{1s} - n_{2s}$ 都是零均值且方差为 $2\sigma_n^2$ 的高斯随机变量。由随机信号分析理论可知，R_1 的一维分布服从广义瑞利分布，R_2 的一维分布服从瑞利分布，其概率密度函数分别为

$$f(R_1) = \frac{R_1}{2\sigma_n^2} I_0\left(\frac{aR_1}{\sigma_n^2}\right) e^{-(R_1^2 + 4a^2)/4\sigma_n^2} \tag{7.5.22}$$

$$f(R_2) = \frac{R_2}{2\sigma_n^2} e^{-R_2^2/4\sigma_n^2} \tag{7.5.23}$$

将以上两式代入，可得

$$\begin{aligned}
P(0/1) &= P\{R_1 < R_2\} = \int_0^\infty f(R_1)\left[\int_{R_2 = n_1}^x f(R_2)\,dR_2\right]dR_1 \\
&= \int_0^\pi \frac{R_1}{2\sigma_n^2} I_0\left(\frac{aR_1}{\sigma_n^2}\right) e^{-2(n_1^2 + 4a^2) + a_2}\,dR_1 \\
&= \frac{1}{2} e^{-r}
\end{aligned} \tag{7.5.24}$$

式中，$\dfrac{a^2}{2\sigma_n^2}$ 为解调器输入端信噪比。

同理，可以求得将"0"错判为"1"的概率，即

$$P(1/0) = P(0/1) = \frac{1}{2} e^{-r} \tag{7.5.25}$$

因此，2DPSK 信号差分相干解调系统的总误码率为

$$P_e = \frac{1}{2}e^{-r} \tag{7.5.26}$$

将 2PSK 相干解调与 2DPSK 相干解调系统的误码率进行比较，如图 7.5.8 所示。可以发现：在输入信噪比 r 一定的情况下，2PSK 相干解调的误码率小于 2DPSK 相干解调的误码率。当系统的误码率一定时，2PSK 相干解调比 2DPSK 相干解调对输入信号的信噪比要求低。所以 2PSK 相干解调系统的抗噪声性能优于 2DPSK 相干解调。

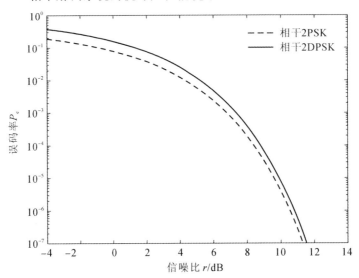

图 7.5.8　2PSK 信号和 2DPSK 信号相干解调误码率

例 7.4　设发送的二进制绝对信息为 1011100101，采用 2DPSK 方式传输。已知码元传输速率为 1200 Bd，载波频率为 1800 Hz。

（1）试构成一种 2DPSK 信号调制器原理框图，并画出 2DPSK 信号的时间波形（相位差 $\Delta\varphi$ 为后一码元起始相位和前一码元结束相位之差）。

（2）若采用差分相干方式进行解调，试画出各点时间波形。

（3）假设解调器输入信噪比为：$r = 10$ dB，若采用差分相干解调，试计算误码率为多少。

解　（1）定义后一码元起始相位和前一码元结束相位之差为

$$\Delta\varphi = \begin{cases} 0, & \text{发送 "0"} \\ \pi, & \text{发送 "1"} \end{cases}$$

则 2DPSK 信号的时间波形如图 7.5.9 所示。

图 7.5.9　2DPSK 信号时间波形图

（2）采用差分相干方式进行解调，解调器原理框图及各点波形如图 7.5.10 所示。

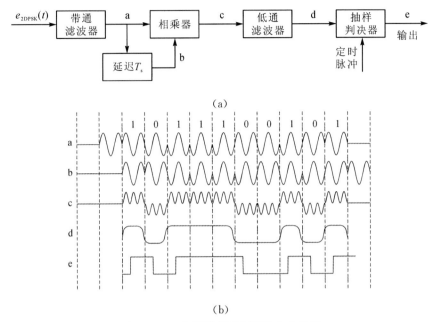

（a）

（b）

图 7.5.10　解调器原理框图及各点波形

（3）采用差分相干解调，误码率为 $P_\text{e} = \dfrac{1}{2}\text{e}^{-r} = \dfrac{1}{2}\text{e}^{-10} \approx 2.27 \times 10^{-5}$。

7.6　二进制数字调制系统性能对比

本节将以前四节对二进制数字调制系统的研究为基础，对各种二进制数字调制系统的性能进行总结和比较，内容包括系统的误码率、频带宽度。

7.6.1　误码率

在数字通信中，误码率是衡量数字通信系统最重要性能指标之一。表 7.6.1 列出了各种二进制数字调制系统误码率公式。

表 7.6.1　二进制数字通信调制系统误码率

键控模式	误码率 P_e	
	相干解调	非相干解调
2ASK	$\dfrac{1}{2}\text{erfc}\left(\sqrt{\dfrac{r}{4}}\right)$	$\dfrac{1}{2}\text{e}^{-\frac{r}{4}}$
2FSK	$\dfrac{1}{2}\text{erfc}\left(\sqrt{\dfrac{r}{2}}\right)$	$\dfrac{1}{2}\text{e}^{-\frac{r}{2}}$
2PSK	$\dfrac{1}{2}\text{erfc}(\sqrt{r})$	—
2DPSK	$\text{erfc}(\sqrt{r})$	$\dfrac{1}{2}\text{e}^{-r}$

应用这些公式时要注意的一般条件是：接收机输入端出现的噪声是均值为 0 的高斯白噪声，未考虑码间串扰的影响；采用瞬时抽样判决；表 7.6.1 中所有计算误码率的公式都仅是 r 的函数。式中，$r = \dfrac{a^2}{2\sigma_n^2}$ 是解调器输入端的信号噪声功率比。

对二进制数字调制系统的抗噪声性能做如下两个方面的比较：

1. 同一调制方式不同检测方法的比较

对表 7.6.1 作纵向比较，可以看出，对于同一调制方式不同检测方法，相干检测的抗噪声性能优于非相干检测。但是，随着信噪比 r 的增大，相干与非相干误码性能的相对差别越不明显。另外，相干检测系统的设备比非相干的要复杂。

2. 同一检测方法不同调制方式的比较

对表 7.6.1 作横向比较，可以看出：

相干检测时，在相同误码率条件下，对信噪比 r 的要求是：2PSK 比 2FSK 小 3 dB，2FSK 比 2ASK 小 3 dB。

非相干检测时，在相同误码率条件下，对信噪比 r 的要求是：2DPSK 比 2FSK 小 3 dB，2FSK 比 2ASK 小 3 dB。

反过来，若信噪比一定，2PSK 系统的误码率低于 2FSK 系统，2FSK 系统的误码率低于 2ASK 系统。

因此，从抗加性白噪声上讲，相干 2PSK 性能最好，2FSK 次之，2ASK 最差。

7.6.2　频带宽度

2ASK 系统和 2PSK（2DPSK）系统频带宽度相同，均为 $\dfrac{2}{T_s}$，是码元传输速率 $R_B = \dfrac{1}{T_s}$ 的 2 倍。2FSK 系统的频带宽度近似为 $|f_2 - f_1| + 2T_s$，大于 2ASK 系统和 2PSK（2DPSK）系统的频带宽度。因此从频带利用率上看，2FSK 系统最差。

思　考　题

7.1　为什么要进行数字频带调制？

7.2　说明数字调制系统的组成，简述各部分的功能。

7.3　二进制数字调制为什么可以用键控法实现？

7.4　简述 2ASK 调制原理。

7.5　2ASK 为什么可以通过包络检波法进行解调？

7.6　2FSK 是什么？其优缺点是什么？2FSK 适用于什么数据传输场景？

7.7　2PSK 信号为什么不能用包络检波方法进行解调？

7.8　2DPSK 调制方式的提出是为了解决 2PSK 调制的什么缺点？

7.9　2ASK，2FSK，2PSK，2DPSK 这四种调制方式中，哪些可以采用非相干解调？

7.10　采用相干解调时，2ASK，2FSK，BPSK，DBPSK 的抗噪声性能排序是什么？

习　　题

7.1　已知 2PSK 系统的发送信号为 $s_1(t)$ 和 $s_2(t)$，假设发送 $s_1(t)$ 和 $s_2(t)$ 的概率相等，信道加性高斯白噪声双边带功率谱密度为 $n_0/2$，试分析系统抗噪声性能。

7.2　设有一 2ASK 信号传输系统，其码元速率为 $R_B = 5 \times 10^6$ Baud，发"1"和发"0"的概率相等，接收端分别采用相干解调法和包络检波法解调。已知接收端输入信号的幅度 $a = 2$ mV，信道中加性高斯白噪声的单边功率谱密度 $n_0 = 4 \times 10^{-15}$ W/Hz。试求：

(1) 相干解调法解调时系统的误码率。

(2) 包络检波法解调时系统的误码率。

7.3　采用 2FSK 方式在等效带宽为 3200 Hz 的信道传输二进制数字。2FSK 信号的频率分别为 $f_1 = 950$ Hz，$f_2 = 1550$ Hz，码元速率 $R_B = 400$ Baud。接收端输入(即信道输出端)的信噪比为 6 dB。试求：

(1) 2FSK 信号的带宽。

(2) 包络检波法解调时系统的误码率。

(3) 相干解调法解调时系统的误码率。

7.4　假设采用 2DPSK 方式在微波线路上传送二进制数字信息。已知码元速率 $R_B = 2 \times 10^6$ Baud，信道中加性高斯白噪声的单边功率谱密度 $n_0 = 10^{-10}$ W/Hz。现要求误码率不大于 10^{-4}。试求采用差分相干解调时，接收机输入端所需的信号功率。

7.5　假设采用 2DPSK 方式在微波线路上传送二进制数字信息。已知码元速率 $R_B = 4 \times 10^6$ Baud，信道中加性高斯白噪声的单边功率谱密度 $n_0 = 5 \times 10^{-11}$ W/Hz。今要求误码率不大于 10^{-4}。试求采用相干解调-码反变换时，接收机输入端所需的信号功率。

7.6　设发送的二进制信息序列为 1011001，码元速率为 1500 Baud，载波信号为 $\sin(6\pi \times 10^3\, t)$。试确定：

(1) 每个码元中包含多少个载波周期。

(2) 计算 2ASK、2PSK、2DPSK 信号的第一谱零点带宽。

7.7　对 2ASK 信号进行相干接收，已知发送"1"和"0"符号的概率分别为 P 和 $1-P$，接收端解调器输入信号的振幅为 a，窄带高斯噪声的方差为 σ_n^2。试确定：

(1) 当 $P = 1/2$，信噪比 $r = 20$ 时，系统的最佳判决门限 b^* 和误码率 P_e 分别是多少。

(2) $P < 1/2$ 时的最佳判决门限值比 $P = 1/2$ 时的大还是小。

7.8　在 2ASK 系统中，已知发送端信号的振幅 6 V，接收端带通滤波器输出噪声功率 $\sigma_n^2 = 4 \times 10^{-12}$ W，且要求系统的误码率 $P_e = 10^{-4}$。

(1) 若采用非相干解调，试求从发送端到解调器输入端信号的衰减量。

(2) 若采用相干解调，试求从发送端到解调器输入端信号的衰减量。

7.9　在 2FSK 系统中，已知发送端信号的振幅为 7 V，接收端带通滤波器输出噪声功率 $\sigma_n^2 = 5 \times 10^{-12}$ W，且要求系统的误码率 $P_e = 10^{-4}$。

(1) 若采用非相干解调，试求从发送端到解调器输入端信号的衰减量。

（2）若采用相干解调，试求从发送端到解调器输入端信号的衰减量。

7.10 设二进制调制系统的码元速率 $R_B=1.6\times10^6$ Baud，信道加性高斯白噪声的功率谱密度 $n_0=5\times10^{-15}$ W/Hz，接收端解调器输入信号的峰值振幅 $a=0.8$ mV。试计算和比较：

（1）非相干接收 2ASK、2FSK 和 2DPSK 信号时，系统的误码率。

（2）相干接收 2ASK、2FSK、2PSK 和 2DPSK 信号时，系统的误码率。

7.11 对 2ASK 信号进行相干接收，已知发送"1"的概率为 P，发送"0"的概率为 $1-P$；已知发送信号的振幅为 6 V，解调器输入端的正态噪声功率为 4×10^{-12} W。

（1）若 $P=0.5$，$P_e=10^{-4}$，则发送信号传输到解调器输入端时共衰减多少分贝？这时的最佳门限值为多大？

（2）试说明 $P>0.5$ 的最佳门限比 $P=0.5$ 时的大还是小？

（3）若 $P=0.5$，$r=13$ dB，求 P_e。

7.12 在 2ASK 系统中，如果相干解调时接收机输入信噪比为 9 dB，欲保持相同的误码率，当采用包络解调时，试求接收机的输入信噪比为多少？

7.13 已知发送载波幅度 $A=10$ V，在 1 kHz 带宽的电话信道中分别利用 2ASK、2FSK 和 2PSK 系统进行传输，信道衰减为 1 dB/km，$n_0=4\times10^{-8}$ W/Hz，若采用相干解调，求当误码率 $P_e=10^{-5}$ 时，三种传输方式分别传信号多少千米？

7.14 在 2DPSK 系统中，已知码元传输速率为 4800 Baud，发送端发出的信号振幅为 7 V，信道加性高斯白噪声的双边功率谱密度 $n_0/2=10^{-12}$ W/Hz。要求解调器输出误码率 $P_e\leqslant10^{-4}$。

（1）若采用差分相干解调，试求从发送端到解调器输入端信号幅度的最大衰减。

（2）若采用相干解调-码反变换，试求从发送端到解调器输入端信号幅度的最大衰减。

7.15 一空间通信系统，码元传输速率为 1 Mb/s，接收机带宽为 2 MHz。地面接收天线增益为 43 dB，空间站天线增益为 3 dB。路径损耗为 $(60+10\lg d)$dB，d 为距离，假设平均发射功率为 8 W，噪声双边功率谱密度 $n_0/2=10^{-12}$ W/Hz。要求系统误码率 $P_e=10^{-5}$，当采用 2FSK 方式传输时，求能达到的最大通信距离。

第8章　多进制与先进的数字调制系统

上一章介绍了三种基本的二进制数字频带调制技术原理。随着人们对通信需求的日益提高，人们对通信传输速率、可靠性、抗噪声性能等指标的需求也随之提升，基本的二进制数字调制已无法满足现有的通信需求，因此，需发展和研究更为先进的数字调制系统。从提高系统有效性的角度出发，多进制调制的方式，如 MASK、MFSK、MPSK 等可提高系统的频带利用率。然而，多进制调制系统的可靠性较差，因而，多进制调制系统难以同时满足较高的可靠性与有效性的要求。另一方面，一些先进的单载波调制技术，如改进的QPSK、MSK、GMSK、CPM 等，可同时兼顾可靠性和有效性的需求。除上述单载波调制技术外，多载波(OFDM)、空间调制、OTFS 等新型调制可进一步提升通信系统性能。

本章主要研究多进制和先进的数字调制系统。首先介绍多进制数字调制技术，包括MASK、MFSK、MPSK、MDPSK 和 MQAM 的调制原理、解调原理，并分析其性能。其次，介绍改进的 QPSK、MSK、GMSK、CPM 等一些单载波调制技术的调制原理、解调原理和性能分析。最后，介绍多载波(OFDM)、空间调制、序号调制、OTFS 等新型调制技术的基本原理。

8.1　多进制数字调制系统

在信道的频带受限时，为了提高频带利用率，通常采用多进制数字调制系统。与二进制数字调制的不同点是，多进制数字调制利用多进制数字基带信号去调制载波的振幅、频率或相位，于是衍生出了多进制数字振幅调制、多进制数字频率调制和多进制数字相位调制。在多进制数字调制中，每个符号的时间间隔为 $0 < t < T_s$，能发送的符号有 M 种。M 进制数通常取 $M = 2^N$，N 为大于 1 的正整数。

在码元速率相同的条件下，可以提高信息速率。当码元速率相同时，M 进制系统的信息速率是二进制的 $\text{lb}M$ 倍。在信息速率相同的条件下，可以降低码元速率，提高传输的有效性。M 进制的码元宽度是二进制的 $\text{lb }M$ 倍，这样可以增加每个码元的能量和减小码间串扰的影响。

在接收机输入信噪比相同的条件下，多进制系统的误码率比相应的二进制系统高，且设备复杂。多进制数字调制常用在要求传输速率较高的场景。

8.1.1 多进制幅移键控(MASK)

1. 调制解调原理及信号的产生

多进制数字振幅调制又称为多电平调制，MASK 的产生方法与 2ASK 相同，不同的是基带信号由二电平转为多电平。因此，可以将二进制基带信号经电平转换器转为 M 电平的基带信号，再送入调制器进行双边带调制。由于采用多电平，因而要求调制器为线性调制器，即已调信号幅度应与输入基带信号幅度成正比。

M 进制数字振幅调制信号的多个载波幅值有 M 个取值，在每个符号时间间隔 T_s 内发送 M 个幅度的载波信号。对于 M 电平的调制信号，它可以等效为 $M-1$ 个振幅互不相等、时间互不重叠的二进制数字振幅调制信号的叠加，其表示式为

$$e_{MASK}(t) = \sum_n a_n g(t - nT_s)\cos\omega_c t \tag{8.1.1}$$

式中，$g(t)$ 为基带波形信号，T_s 为符号时间间隔，a_n 为幅值。

$$a_n = \begin{cases} 0, & \text{发送概率为 } P_0 \\ 1, & \text{发送概率为 } P_1 \\ \vdots & \vdots \\ M-1, & \text{发送概率为 } P_{M-1} \end{cases} \tag{8.1.2}$$

且有 $\sum_{i=0}^{M-1} P_i = 1$。

与 2ASK 信号解调类似，MASK 也有相干和非相干解调两种解调方式。

2. 信号的带宽及频带利用率

MASK 信号的功率谱与 2ASK 的功率谱类似，它是由 $M-1$ 个 2ASK 信号的功率谱叠加而成的。尽管 $M-1$ 个 2ASK 信号叠加后的频谱结构相对复杂，但仅考虑带宽的话，MASK 信号与其分解出的任一个 2ASK 信号的带宽是相同的。MASK 信号的带宽可以表示为

$$B_{MASK} = 2f'_s \tag{8.1.3}$$

式中，$f'_s = \dfrac{1}{T'_s}$ 是多进制码元速率。

设二进制码元速率为 f_s，当 $f'_s = f_s$ 时，$B_{MASK} = B_{2ASK}$。

当信息速率相等时，则其码元速率的关系为 $kf'_s = f_s$，于是有 $B_{MASK} = \dfrac{1}{k}B_{2ASK}$，式中 $k = \text{lb } M$。

通常考虑频带利用率，因此 2ASK 和 MASK 系统的频带利用率如下

$$\eta_{2ASK} = \frac{f_s}{B_{2ASK}} = \frac{f_s}{2f_s} = \frac{1}{2} \quad \text{b/(s \cdot Hz)} \tag{8.1.4}$$

$$\eta_{MASK} = \frac{kf'_s}{B_{MASK}} = \frac{kf'_s}{2f'_s} = \frac{k}{2} \quad \text{b/(s \cdot Hz)} \tag{8.1.5}$$

MASK 系统的频带利用率是 2ASK 系统的 k 倍。这说明在信息速率相等的情况下，

MASK 系统的频带利用率高于 2ASK 系统。

3. 系统的抗噪声性能、误码率

设发送端的电平数为 M，信道中的噪声为高斯白噪声，采用相干解调时，系统的总误码率为

$$P_e = \left(1 - \frac{1}{M}\right) \text{erfc}\left(\sqrt{\frac{3}{M^2 - 1} r}\right) \tag{8.1.6}$$

式中，r 是信噪比。

如图 8.1.1 所示，随着 M 的增大，MASK 在信噪比一定的情况下，误码率降低了。也就是说，随着 M 的增大，MASK 的抗噪声性能变差。由于 MASK 的抗噪声能力较差，通常只在恒参信道中使用，或用 QAM 调制替代。

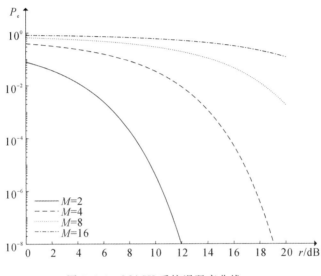

图 8.1.1　MASK 系统误码率曲线

8.1.2　多进制频移键控(MFSK)

1. 调制解调原理及信号的产生

多进制数字频率调制简称多频调制，它是 2FSK 方式的推广。MFSK 的数学表达式为

$$e_{\text{MFSK}}(t) = \sum_{i=1}^{M} s_i(t) \cos\omega_i(t) \tag{8.1.7}$$

式中

$$s_i(t) = \begin{cases} 1, & \text{当在时间间隔 } 0 \leqslant t \leqslant T_s \text{ 发送符号为 } i \text{ 时} \\ 0, & \text{当在时间间隔 } 0 \leqslant t \leqslant T_s \text{ 发送符号不为 } i \text{ 时} \end{cases} \quad i = 1, 2, \cdots, M \tag{8.1.8}$$

ω_i 为载波角频率，共有 M 种取值。

MFSK 用多个不同频率的正弦波分别代表不同的数字信息，MFSK 系统框图如图 8.1.2所示。发送端采用键控选频的方式，在一个码元期间 T_s 内 M 个频率中只有一个被选中输出。接收端采用非相干解调方式和相干解调两种不同的方式，输入的 MFSK 信号通过

M 个中心频率分别为 f_1，f_2，$\cdots$，f_M 的带通滤波器，分离出 M 个频率。再通过包络检波器、抽样判决器和逻辑电路，从而恢复出二进制信息。

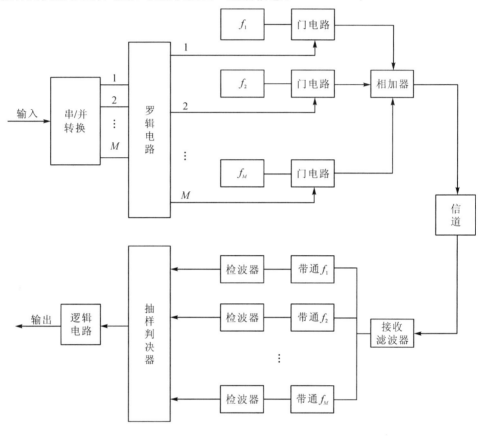

图 8.1.2　MFSK 系统框图

2. 信号带宽

MFSK 信号可以看作由 M 个振幅相同，载频不同，时间上互不相容的 2ASK 信号叠加而成。其带宽为

$$B_{\text{MFSK}} = f_{\text{H}} - f_{\text{L}} + 2f'_{\text{s}} \tag{8.1.9}$$

式中，f_{H} 为最高载频，f_{L} 为最低载频。由于 f_{H} 与 f_{L} 之间相差较多，多频制要占据较宽的频带，因此它的频带利用率不高，多频制一般在调制速率不高的场合使用。

3. 抗噪声性能、误码率

MFSK 系统的抗噪声性能分析与 2FSK 系统相同，有相干解调和非相干解调两种方式。

当多进制数字频率调制系统选用的 M 个发送信号互相正交时，得到相干解调系统的误码率为

$$P_{\text{e}} = \frac{1}{\sqrt{2\pi}} \int_{-\infty}^{\infty} \text{e}^{-1/2(x-a/\sigma_n)^2} \left[1 - \left(\frac{1}{\sqrt{2\pi}} \right) \int_{-\infty}^{x} \text{e}^{-u^2/2} \, \text{d}u \right]^{M-1} \text{d}x \approx \left(\frac{M-1}{2} \right) \text{erfc} \left(\sqrt{\frac{r}{2}} \right)$$

$$\tag{8.1.10}$$

MFSK 的非相干解调系统误码率为

$$P_e = \int_{-\infty}^{\infty} x e^{-[(x^2+a^2)/\sigma_n]/2} I_0\left(\frac{xa}{\sigma_n}\right)\left[1-(1-e^{-z^2/2})^{M-1}\right]dz \approx \left(\frac{M-1}{2}\right)e^{-\frac{r}{2}} \quad (8.1.11)$$

MFSK 调制方式适用于在码元速率较低及多径时延比较严重的信道（短波信道）中使用。

如图 8.1.3 所示，实线为相干解调方式，虚线为非相干解调方式。在 M 一定的情况下，信噪比 r 越大，误码率 P_e 越小；在 r 一定的情况下，M 越大，误码率 P_e 越大；在同一 M 下，随着信噪比 r 的增加，非相干解调性能趋近于相干解调性能。

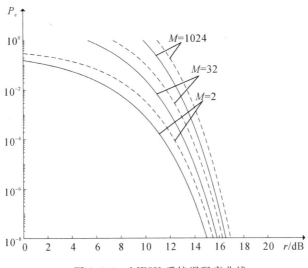

图 8.1.3 MFSK 系统误码率曲线

8.1.3 多进制相移键控（MPSK）

1. MPSK 信号的表示式与矢量图

多进制数字相位调制又称为多相调制，它是利用载波的多种不同相位（相差）来表示数字信息的调制方式。和 BPSK 调制一样，MPSK 也可以分为绝对移相和相对移相两种，在实际通信中我们通常使用相对移相。

由于 M 种相位可以用来表示 K 比特码元的 2^K 种状态，即 $2^K = M$。假设 K 比特码元的符号持续时间为 T_s，则 M 相调制波形可以表示为

$$\begin{aligned}
e_{\mathrm{MPSK}}(t) &= \sum_{k=-\infty}^{\infty} g(t-kT_s)\cos(\omega_c t+\varphi_k) \\
&= \sum_{k=-\infty}^{\infty} a_k g(t-kT_s)\cos\omega_c t - \sum_{k=-\infty}^{\infty} b_k g(t-kT_s)\sin\omega_c t
\end{aligned} \quad (8.1.12)$$

式中，$g(t)$ 是信号包络波形（通常为矩形波，高度为1）；φ_k 是受调相位，有 M 种取值，ω_c 是载波角频率；$a_k = \cos\varphi_k$；$b_k = \sin\varphi_k$。

由此可见，MPSK 的波形可以看作是两个正交载波进行多电平双边带调制所得信号之和，同时也代表 MPSK 信号的带宽与多电平双边带调制的信号带宽相同。

2PSK、4PSK、8PSK 信号矢量图及星座图分别如图 8.1.4、图 8.1.5、图 8.1.6 所示。

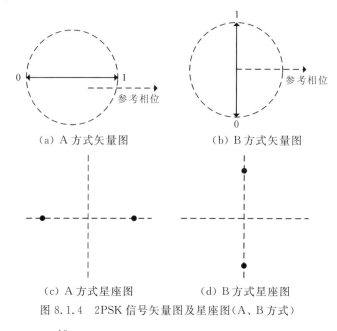

（a）A 方式矢量图　　　（b）B 方式矢量图

（c）A 方式星座图　　　（d）B 方式星座图

图 8.1.4　2PSK 信号矢量图及星座图（A、B 方式）

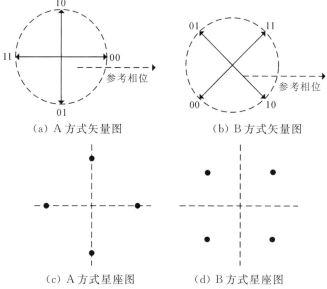

（a）A 方式矢量图　　　（b）B 方式矢量图

（c）A 方式星座图　　　（d）B 方式星座图

图 8.1.5　4PSK 信号矢量图及星座图（A、B 方式）

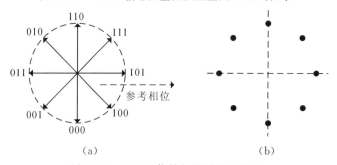

（a）　　　　　　　　（b）

图 8.1.6　8PSK 信号矢量图及星座图

2. MPSK 信号的调制解调(QPSK 为例)

多进制相位调制应用最广泛的是四相调制。四相调制也可分为四相绝对移相调制(QPSK)和四相相对移相调制(QDPSK)两种,其中 QDPSK 是为了解决接收信号解调时产生相位模糊的方案。

QPSK 是指利用载波的四种不同相位来表征四种数字信息。因此,对于输入的二进制数字序列应该先进行分组,将每两个信息分为一组,并根据组合情况用四种不同的载波相位去表征它们。由于每一种载波相位代表两个比特信息,因此每个四进制码元被称为双比特码元,并把组成双比特码元的前一信息比特用 A 表示,后一信息比特用 B 表示。双比特码元中两个信息比特 AB 是按格雷码排列的,因此,在接收端检测时,如果出现相邻相位判决错误,仅引起 1 bit 的差错,这样可以提高传输的可靠性。

4PSK 信号载波的相位 φ_k 与双比特码元的对应关系通常有两种:一种为 $AB=00$ 对应 $0°$相位, $AB=10$ 对应$90°$相位, $AB=11$ 对应$180°$相位, $AB=01$ 对应$270°$相位;另一种为 $AB=00$ 对应 $225°$相位, $AB=10$ 对应$315°$相位, $AB=11$ 对应$45°$相位, $AB=01$ 对应$135°$相位。

可以明显看出,四相绝对移相调制可以看成两个正交的二相绝对移相调制的合成,且其中每一个二相调制都具有相同的基带调制波形。因此,4PSK 也被称为正交相移键控(QPSK)。当所有相位值都以等概率出现时,四相绝对移相调制波形的功率谱将是两个正交二相调制波形功率谱的合成。

QPSK 信号的产生方法与 2PSK 一样,分为调相法和相位选择法。调相法产生 4PSK 信号的电路组成框图如图 8.1.7 所示。

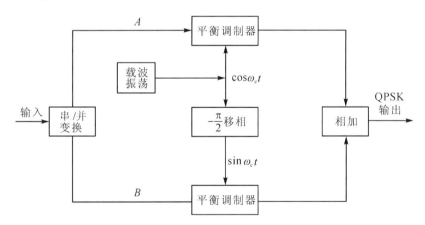

图 8.1.7　QPSK 调相法原理图

如图 8.1.7 所示,串/并变换器将输入的二进制数据序列依次分为两个并行的序列。设两个序列中的二进制数字分别为 A 和 B,每一对 AB 是一个双比特码元。双极性 A 和 B 数字脉冲通过两个极性变换器,对 $0°$相载波($\cos\omega_c t$)和正交载波($\sin\omega_c t$)进行二相调制并分别与极性变换后的 AB 相乘。最后将两路输出叠加得到四相信号。为了消除码间串扰,以及抑制旁瓣频率分量功率,通常会在平衡调制器之前增加一级成型滤波器。但是平衡调制器是对 0°相载波及正交载波进行调制的,由于两路信号叠加后信号的相位发生了 π/4 的偏移,因此采用相干解调时,相干载波实际上已转换为 45°相位载波及其正交载波信号。

用相位选择法产生 QPSK 信号的电路原理十分简单,四相载波发生器分别送出调相所需的四种不同相位(如 45°、135°、225°、315°)的载波如图 8.1.8 所示。按照串/并变换器输出的不同双比特码元,逻辑选相电路输出对应相位的载波。这种调制方式无法在数据调制前增加成型滤波器,只能依靠对已调信号进行带通滤波,来降低旁瓣功率。

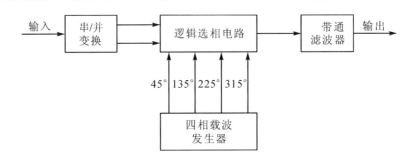

图 8.1.8　QPSK 相位选择法原理图

相干解调的原理是将调制信号乘以同频同相的载波信号后,通过低通滤波器滤除高频分量,再通过抽样判决得出基带信号,其框图如图 8.1.9 所示。

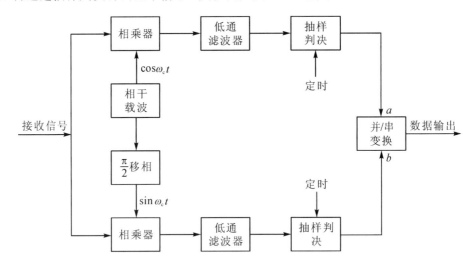

图 8.1.9　QPSK 相干解调原理图

3. 双比特码元差分编译码

对于 2PSK 来说,为了得到 2DPSK 信号,可以将绝对码变换为相对码,然后用相对码对载波进行绝对移相。同样 4DPSK 信号的产生也采用这种方法。现将输入的双比特码经过码型变换(差分编码),再用码型变换器输出的双比特码进行绝对移相。码元状态的对比情况如表 8.1.1 所示。

四相相对移相调制,就是利用前后码元之间的相对相位变化来表示数字信息。若以前一码元的相位作为参考,并令 $\Delta\varphi_k$ 为本码元与前一码元的初相差,则信息编码与载波相位变化关系与绝对移相调制类似。但是，绝对移相调制的相位为绝对相位 φ_k，相对移相调制的相位调制的相位是相对相位 $\Delta\varphi_k$。当相对相位变化以等概率出现时，相对调相信号的功率谱密度与绝对调相信号的功率谱密度相同。

表 8.1.1　码元状态对比表

本时刻到达的 $a\,b$ 及相对相位变化			前一码元状态			本时刻码元状态		
a_k	b_k	$\Delta\varphi_k$	c_{k-1}	d_{k-1}	φ_{k-1}	c_k	d_k	φ_k
			0	0	0°	0	0	0°
			1	0	90°	1	0	90°
0	0	0°	1	1	180°	1	1	180°
			0	1	270°	0	1	270°
			0	0	0°	1	0	90°
			1	0	90°	1	1	180°
1	0	90°	1	1	180°	0	1	270°
			0	1	270°	0	0	0°
			0	0	0°	1	1	180°
			1	0	90°	0	1	270°
1	1	180°	1	1	180°	0	0	0°
			0	1	270°	1	0	90°
			0	0	0°	0	1	270°
			1	0	90°	0	0	0°
0	1	270°	1	1	180°	1	0	90°
			0	1	270°	1	1	180°

假设解码器当前的输入数据为 c_k、d_k，前一码元输入数据为 c_{k-1}、d_{k-1}，输出的绝对码数据为 a_k、b_k，则根据编码器的规则，很容易获取解码器的转换关系。我们根据前一码元的状态分两种情况进行讨论。

第一种情况：前一码元 $c_{k-1}\oplus d_{k-1}=0$ 时，解码器的输出有 $a_k=c_k\oplus c_{k-1}$，$b_k=d_k\oplus d_{k-1}$。第二种情况：前一码元 $c_{k-1}\oplus d_{k-1}=1$ 时，解码器的输出有 $b_k=c_k\oplus c_{k-1}$，$a_k=d_k\oplus d_{k-1}$。因此，可以根据输入输出画出解码器的组成结构，如图 8.1.10 所示。

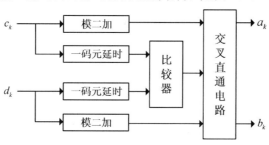

图 8.1.10　差分译码器框图

两路输入信号 c_k、d_k 分别与前一码元信号 c_{k-1}、d_{k-1} 模二加,然后比较前一码元信号 c_{k-1}、d_{k-1} 的极性,并用极性比较器输出的信号去控制交叉直通电路。当 $c_{k-1} \oplus d_{k-1} = 0$ 时,交叉直通电路处于直通状态,即把 $c_k \oplus c_{k-1}$ 作为 a_k 的输出,把 $d_k \oplus d_{k-1}$ 作为 b_k 的输出;反之,当 $c_{k-1} \oplus d_{k-1} = 1$ 时,交叉直通电路属于交叉状态,即把 $c_k \oplus c_{k-1}$ 作为 b_k 的输出,把 $d_k \oplus d_{k-1}$ 作为 a_k 的输出。

4. QDPSK 调制解调

QDPSK 信号的产生方法如图 8.1.11 所示,先将输入的双比特码进行码型变换,再用码型变换器输出的双比特码进行四相绝对移相,得到的输出信号就是四相相对移相信号。通常使用的方法是码变换加调相法,如图 8.1.11 所示。

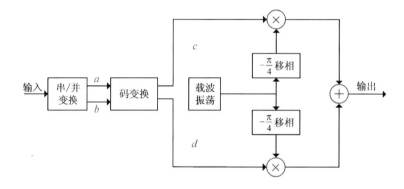

图 8.1.11 QDPSK 信号产出框图

在图 8.1.12 的差分编译码中,QDPSK 的基本原理可以表示如下:

假设当第 k 个信息符号 $I_k + jQ_k$,调制后的第 $k-1$ 个 QDPSK 符号为 $\widetilde{I}_{k-1} + j\widetilde{Q}_{k-1}$ 时,当前调制的 DQPSK 符号表示为

$$
\begin{aligned}
\widetilde{I}_k + j\widetilde{Q}_k &= (I_k + jQ_k)(\widetilde{I}_{k-1} + j\widetilde{Q}_{k-1})^* \\
&= \left[(I_k\widetilde{I}_{k-1} - Q_k\widetilde{Q}_{k-1}) + j(I_k\widetilde{Q}_{k-1} + Q_k\widetilde{I}_{k-1}) \right](\widetilde{I}_{k-1} + j\widetilde{Q}_{k-1})^* \\
&= (|\widetilde{I}_{k-1}|^2 + |\widetilde{Q}_{k-1}|^2)(I_k + jQ_k)
\end{aligned}
\tag{8.1.13}
$$

调制前的符号可以表示为

$$
I_k + jQ_k \in \left\{ \frac{\sqrt{2}}{2} + j\frac{\sqrt{2}}{2},\ \frac{\sqrt{2}}{2} - j\frac{\sqrt{2}}{2},\ -\frac{\sqrt{2}}{2} - j\frac{\sqrt{2}}{2},\ -\frac{\sqrt{2}}{2} + j\frac{\sqrt{2}}{2} \right\}
\tag{8.1.14}
$$

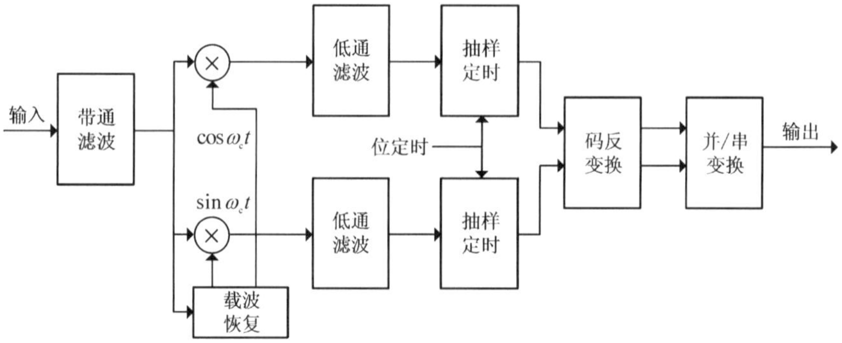

图 8.1.12 DQPSK 相干解调原理图

解调后得到的符号满足

$$\tilde{I}_k+\mathrm{j}\,\tilde{Q}_k\in\left\{\frac{\sqrt{2}}{2}+\mathrm{j}\,\frac{\sqrt{2}}{2},\,\frac{\sqrt{2}}{2}-\mathrm{j}\,\frac{\sqrt{2}}{2},\,-\frac{\sqrt{2}}{2}-\mathrm{j}\,\frac{\sqrt{2}}{2},\,-\frac{\sqrt{2}}{2}+\mathrm{j}\,\frac{\sqrt{2}}{2},\,1,\,-\mathrm{j},\,-1,\,\mathrm{j}\right\}$$

$$(8.1.15)$$

解调后出现的 8 个符号正好对应了相干解调中相位偏移的情况。

5. MPSK 系统的抗噪声性能

在 M 相数字调制中，我们可以认为这 M 个信号矢量把相位平面划分为 M 等分，每一等分的相位间隔代表一个传输信号。

在没有噪声时，每一信号相位都有相应的确定值。在有噪声叠加时，信号和噪声的合成波形相位将按一定的统计规律随机变化。若发送信号的基准相位为 0 相位，$M=8$，则合成波形相位 θ 在 $-\pi/8<\theta<\pi/8$ 范围内变化时，就不会产生错误判决；如果在这个范围之外，将造成判决错误。MPSK 的噪声容限如图 8.1.13 所示。

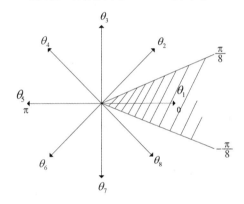

图 8.1.13　MPSK 的噪声容限

因此，假设发送每一信号的概率是相等的，且令合成波形的相位服从一维概率密度 $f(\theta)$，则系统的误码率 P_e 为

$$P_e = 1 - \int_{-\frac{\pi}{M}}^{\frac{\pi}{M}} f(\theta)\,\mathrm{d}\theta$$

$$(8.1.16)$$

只要给定 $f(\theta)$，则 P_e 便可求得。

在一般情况下，一维概率密度 $f(\theta)$ 是不易得到的，可以得到二相及四相的结果。

对于二相，有

$$P_e = \frac{1}{2}\mathrm{erfc}(\sqrt{r})$$

$$(8.1.17)$$

对于四相，有

$$P_e = 1 - \left[1 - \frac{1}{2}\mathrm{erfc}\left(\sqrt{\frac{r}{2}}\right)\right]^2$$

$$(8.1.18)$$

对于 MPSK 调制，当 r 足够大时，误码率 P_e 可以近似为

$$P_e \approx \mathrm{e}^{-r\sin^2(\pi/M)}$$

$$(8.1.19)$$

对于多相相对移相调制的性能，也可以按照这个原理推导。由于前一码元的相位是受扰的，因此合成波形相位 θ 在

$$\varphi_0 - \frac{\pi}{M} < \theta < \varphi_0 + \frac{\pi}{M}$$

$$(8.1.20)$$

的范围内才没有错判,其中 φ_0 是前一码元信号的相位。此时发生错判的概率为

$$P_e(\varphi_0) = 1 - \int_{\varphi_0 - \frac{\pi}{M}}^{\varphi_0 + \frac{\pi}{M}} f(\theta) \mathrm{d}\theta \tag{8.1.21}$$

由 MDPSK 的特性可知,φ_0 是随机的,若其概率密度为 $q(\varphi_0)$,则系统总误码率 P_e 为

$$P_e = \int_{-\pi}^{\pi} q(\varphi_0) P_e(\varphi_0) \mathrm{d}\varphi_0 \tag{8.1.22}$$

在大信噪比的情况下,可得

$$P_e \approx e^{-2r\sin^2(\pi/2M)} \tag{8.1.23}$$

比较 QPSK 和 QDPSK,在同样的误码率下,差分解调和相干解调的误码率相比较可得

$$\frac{r_{差分}}{r_{相干}} = \frac{\sin^2\left(\dfrac{\pi}{M}\right)}{2\sin^2\left(\dfrac{\pi}{2M}\right)} \tag{8.1.24}$$

6. QPSK 和 QDPSK 相干解调系统

对 QPSK 信号,采用相干解调器,系统总的误码率 P_e 为

$$P_e \approx \mathrm{erfc}\left(\sqrt{r}\sin\frac{\pi}{4}\right) \tag{8.1.25}$$

QDPSK 信号的相干解调的误码率 P_e 为

$$P_e \approx \mathrm{erfc}\left(\sqrt{2r}\sin\frac{\pi}{8}\right) \tag{8.1.26}$$

将 QPSK 与 QDPSK 系统的误码率进行比较,如图 8.1.14 所示,可以发现:在输入信噪比 r 一定的情况下,QPSK 的误码率小于 QDPSK 的误码率;当系统的误码率一定时,QPSK 比 QDPSK 对输入信号的信噪比要求低。所以 QPSK 系统的抗噪声性能优于 QDPSK 系统。

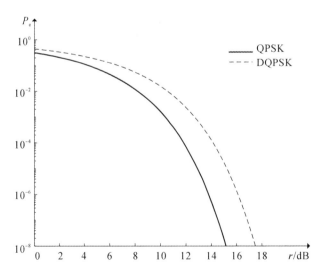

图 8.1.14　QPSK 和 QDPSK 的理论误码率曲线

8.2　先进的数字调制技术

8.2.1　正交幅度调制(QAM)

正交幅度调制(QAM)是一种幅度和相位联合键控的调制方式。相对于只有一个自由度(幅度或相位)的 MASK 和 MPSK，QAM 有两个自由度(幅度和相位)对信息位进行编码。在给定每个符号的平均能量时，QAM 能够编码的位数最多，因此，QAM 的频带利用率比 MASK 和 MPSK 更高。同时，因为利用了载波的幅度和相位两个自由度对信息位编码，其可靠性也显著地提高。

QAM 使用两路独立的基带信号对两个频率相同且相互正交载波信号进行抑制载波的双边带调制，因此 QAM 在一个码元中的信号可以表示为

$$s_k(t) = A_k \cos(\omega_c t + \theta_k), \ kT_s < t \leqslant (k+1)T_s \tag{8.2.1}$$

式中，k 取整数，A_k 和 θ_k 分别对应能够取到的幅值和相位。

$$s_k(t) = A_k \cos\theta_k \cos\omega_c t - A_k \sin\theta_k \sin\omega_c t \tag{8.2.2}$$

如果令

$$\begin{cases} X_k = A_k \cos\theta_k \\ Y_k = -A_k \sin\theta_k \end{cases} \tag{8.2.3}$$

可得

$$s_k(t) = X_k \cos\omega_c t + Y_k \sin\omega_c t \tag{8.2.4}$$

式中，X_k 和 Y_k 是可以取多个离散值的变量。由式 8.2.4 可以看出，正交幅度调制是两个相互正交的幅度键控信号之和。

QAM 一般有多种形式的信号星座图，方形和星形星座图是 QAM 比较常用的两种信号星座图。以 16QAM 为例，图 8.2.1 给出了两种不同的星座图。

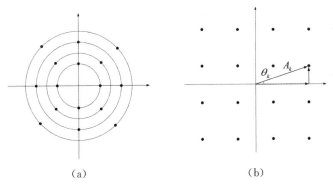

(a)　　　　　　　　　(b)

图 8.2.1　16QAM 的信号星座图

图 8.2.1(a)是星形的 16QAM 星座图。其信号点共有 4 种幅值和 4 种相位值。图 8.2.1(b)是方形的 16QAM 星座图。其信号点共有 3 种幅值和 12 种相位。在实际的通信环境中，由于多普勒频移、多径效应和随机噪声等多种干扰的存在，信号的幅值和相位能够取到的

种类越多，受到影响的概率也就越大，使得接收端的误码率增大，这就使得星形的 16QAM 比方形的 16QAM 具有更优的性能，但是方形的 16QAM 比星形的 16QAM 具有更小的发射功率，并且解调比较容易实现，因此在实际中方形星座的 MQAM 应用更广泛。MQAM 信号的星座图如图 8.2.2 所示。

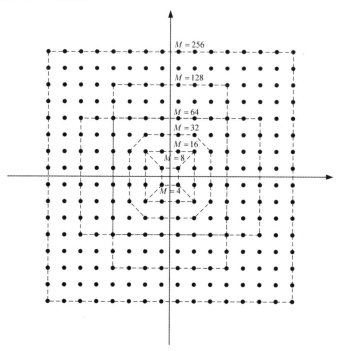

图 8.2.2　MQAM 信号的星座图

　　图 8.2.2 中纵坐标为同相分量，横坐标为正交分量。为了便于传输和检测，同相和正交支路一般为双极性 L 进制码元，且 L 一般为偶数。例如，取为 ± 1、± 3、$\cdots$、$\pm(L-1)$ 等。从图 8.2.2 中可以看出，对于 MQAM，当 $M=L^2$ 时，方形星座的 MQAM 信号可以等效为同相和正交支路的 L 进制抑制载波的 ASK 信号之和。当 $M \neq L^2$ 时，则需要综合考虑发射功率与系统的抗噪声性能，如 32QAM 一般去掉边角的 4 个星座点以节省功率。而 8QAM 则可以考虑留下边角的 4 个点，这样可以使得其信号点只有 4 种相位，可以提升系统的可靠性；也可以选择去掉边角的 4 个点和中间的一对，留下中间一对星座点以节省功率。

　　QAM 信号的调制过程如图 8.2.3(a)所示，串并转换器将速率为 R_b 的二进制序列分为两个速率为 $R_b/2$ 的二进制序列，$2-L$ 电平转换器将二进制信号转化为 L 进制电平信号，之后进入滤波器进行脉冲成形，正交调制后相加即可得到 QAM 信号。

　　QAM 信号的解调一般采用正交相干解调，其过程如图 8.2.3(b)所示。首先对接收到的 QAM 信号进行正交相干解调，然后经过 $L-1$ 电平判决恢复速率为 $R_b/2$ 的二进制序列，最后经过并/串变换将两路信号合并，恢复到原始信息。

　　假设传输信道具有理想的传输特性，则图中上半支路相干解调器的输出为

$$m'_1(t) = \frac{1}{2} m_1(t) \tag{8.2.5}$$

下半支路相干解调器的输出为

$$m'_{\mathrm{Q}}(t)=\frac{1}{2}m_{\mathrm{Q}}(t) \tag{8.2.6}$$

这样经过 $L-1$ 电平判决在将两路信号合并就可以恢复到原始信号。

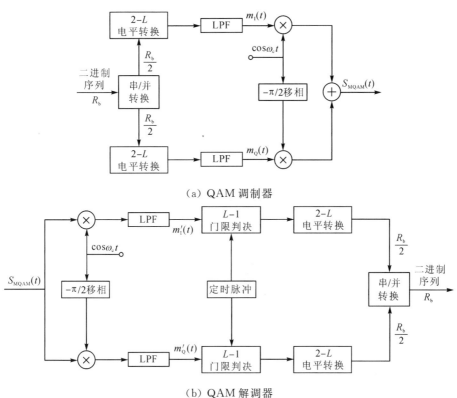

（a）QAM 调制器

（b）QAM 解调器

图 8.2.3　QAM 信号的调制与解调

MQAM 信号和 MPSK 信号的功率谱都由同相之路和正交之路基带信号的功率谱决定。一般基带信号采用的是双极性不归零矩形脉冲，MQAM 信号的带宽为

$$B_{\mathrm{MQAM}}=2f_{\mathrm{s}}=\frac{2}{T_{\mathrm{s}}}=\frac{2f_{\mathrm{b}}}{k} \tag{8.2.7}$$

式中，T_{s} 为传输一个 QAM 信号所需的时间，$k=\mathrm{lb}\,M$，f_{b} 与码元传输速率 R_{b} 相等，在码元传输速率不变的情况下，M 越大，MQAM 信号的带宽越小，频带利用率越高。此时 MQAM 系统的频带利用率为

$$\eta_{\mathrm{MQAM}}=\frac{R_{\mathrm{b}}}{B_{\mathrm{MQAM}}}=\frac{1}{2}\mathrm{lb}\,M \tag{8.2.8}$$

图 8.2.4 给出了在最大功率相同的条件下的方形 16QAM 和 16PSK 的信号星座图，图中信号点间的最小欧式距离代表着噪声容限的大小。对于 16PSK 来说，最小欧氏距离为

$$d_{16\mathrm{PSK}}=2A\sin\left(\frac{\pi}{16}\right)=0.39A \tag{8.2.9}$$

而 16QAM 信号方形星座图上信号点间的最小欧氏距离为

$$d_{16\mathrm{QAM}}=\frac{2}{3}A\sin\left(\frac{\pi}{4}\right)=\frac{\sqrt{2}A}{3}=0.47A \tag{8.2.10}$$

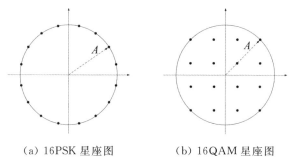

(a) 16PSK 星座图   (b) 16QAM 星座图

图 8.2.4   16PSK 与 16QAM 星座图

上述结果表明，d_{16QAM}超过d_{16PSK}约 1.57 dB，实际上以信号的平均功率相等为条件来比较信号点间的最小欧氏距离才合理。可以证明，假设每个信号点取到的概率相同，则方形 MQAM 信号的最大功率与平均功率之比为

$$\varepsilon_{MQAM} = \frac{L(L-1)^2}{2\sum_{i=1}^{L/2}(2i-1)^2} \tag{8.2.11}$$

对于 16QAM，将 $L=4$ 带入式(8.2.11)中可得 $\varepsilon_{16QAM}=1.8$，因此在平均功率相等的情况下 16QAM 的噪声容限比 16PSK 大 4.12 dB。

MQAM 信号可以看作由两个相互正交的 MASK 信号叠加而成的，这里仅考虑有方形星座的 MQAM，其正确判决符号的概率为

$$P_{cMQAM} = P_{c\sqrt{M}ASK}{}^2 = (1-P_{e\sqrt{M}ASK})^2 \tag{8.2.12}$$

则 MQAM 信号的误码率为

$$P_{eMQAM} = 1-P_{cMQAM} = 1-(1-P_{e\sqrt{M}ASK})^2 \tag{8.2.13}$$

将 MASK 信号的误码率公式代入可得

$$P_{eMQAM} = 1-\left[1-\left(1-\frac{1}{\sqrt{M}}\right)\text{erfc}\left(\sqrt{\frac{3}{2}\frac{\text{lb}\,M}{M-1}\frac{\bar{E_0}}{n_0}}\right)\right]^2 \tag{8.2.14}$$

通过对比图 8.2.5 可以发现，随着 M 的增大，MQAM 在信噪比一定的情形下，误码率会降低。也就是说，随着 M 的增大，MQA 的抗噪声性能变差。

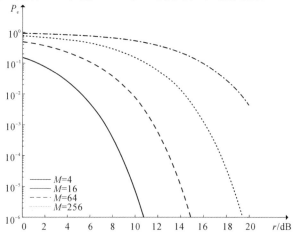

图 8.2.5   MQAM 误码率

8.2.2　QPSK 的改进：π/4 - QPSK 和 OQPSK

QPSK 的另外一种改进形式是 π/4 - QPSK，它可以看作是 QPSK 和 OQPSK 在相位变化上的折中，其相位变化为 ±π/4 或者 ±3π/4。相对于 QPSK 相位变化更小，而相对于 OQPSK，π/4 - QPSK 可以进行差分编码，这样就可以采用非相干解调，能够大大简化接收机的设计。π/4 - QPSK 的星座图如图 8.2.6 所示，其相位点可以分为两组，在图中分别用 "·"和"○"表示。相位每次变化都是在两组相位间交替跳变，这样每个信号间最小会有 π/4 的相移，有利于接收端提取同步码元，最大相移为 3π/4，比 QPSK 最大相移小，因此通过在频带受限的系统传输后其包络起伏也较小。

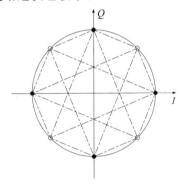

图 8.2.6　π/4 - QPSK 星座图

π/4 - QPSK 信号一个码元可以表示为

$$s_{\pi/4\text{-}QPSK}(t) = \cos(\omega_c t + \theta_k), \quad kT_s < t \leqslant (k+1)T_s \tag{8.2.15}$$

式中，θ_k 为当前码元的相位，将上式展开为

$$s_{\pi/4\text{-}QPSK}(t) = \cos\omega_c t \cos\theta_k - \sin\omega_c t \sin\theta_k \tag{8.2.16}$$

θ_k 可以看作前一个码元相位与变化的相位之和

$$\theta_k = \theta_{k-1} + \Delta\theta_k \tag{8.2.17}$$

设 $I_k = \cos\theta_k$，$Q_k = \sin\theta_k$ 为当前码元的同相分量和正交分量，则它们可以表示为

$$I_k = \cos\theta_k = \cos\Delta\theta_k \cos\theta_{k-1} - \sin\Delta\theta_k \sin\theta_{k-1} \tag{8.2.18}$$

$$Q_k = \sin\theta_k = \cos\Delta\theta_k \sin\theta_{k-1} + \sin\Delta\theta_k \cos\theta_{k-1} \tag{8.2.19}$$

将 $I_{k-1} = \cos\theta_{k-1}$，$Q_{k-1} = \sin\theta_{k-1}$ 代入可得

$$I_k = I_{k-1}\cos\Delta\theta_k - Q_{k-1}\sin\Delta\theta_k \tag{8.2.20}$$

$$Q_k = Q_{k-1}\cos\Delta\theta_k + I_{k-1}\sin\Delta\theta_k \tag{8.2.21}$$

由上两式可以看出，π/4 - QPSK 信号当前码元的值不仅与相位变化有关，还与前一个码元有关，即与信号变换电路的输入码组有关。

π/4 - QPSK 调制原理如图 8.2.7(a)所示，二进制序列在进行串并转换分为两路之后经过信号映射(电平变换)形成同相分量和正交分量，再经过低通滤波器进行脉冲成形，之后用两个相互正交的载波对两路信号进行调制，最后经过带通滤波器产生 π/4 - QPSK 信号。

π/4 - QPSK 解调一般采用非相干差分解调。延迟解调原理如图 8.2.7(b)所示，这样不需要提取载波，能够大大简化接收机的设计。π/4 - QPSK 信号在存在多径效应的系统中传输时性能要优于 OQPSK，抗干扰能力强，因此应用更为广泛。

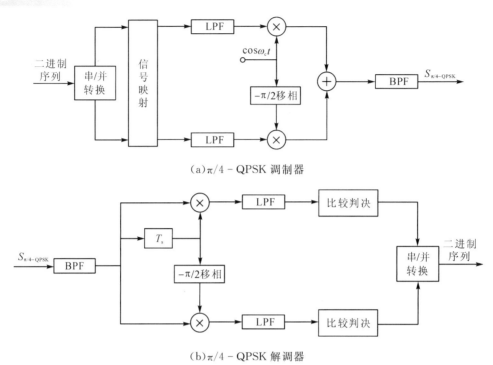

（a）π/4 - QPSK 调制器

（b）π/4 - QPSK 解调器

图 8.2.7 π/4 - QPSK 调制解调原理

在 QPSK 中，信号会发生 180°相位变化，如图 8.2.8 所示。这种大幅度的相位跳变实际上扩展了系统的带宽，导致其功率谱旁瓣增生、频谱扩散，还会增加对相邻信道的影响。在频带受限的系统中，QPSK 信号波形会出现明显的包络起伏，这是因为信号中 180°的相位变化处经过带限滤波器和非线性放大器后，信号波形会扭曲甚至出现零点。为了消除这种 180°的相位变化，在 QPSK 的基础上提出了 OQPSK。

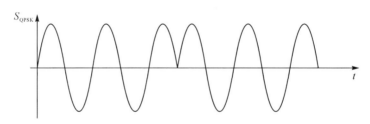

（a）理想的 QPSK 信号波形

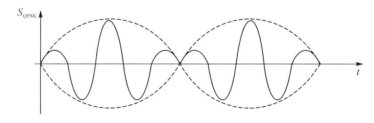

（b）经过带限滤波后的 QPSK 信号波形

图 8.2.8 QPSK 信号带限滤波前后的波形

偏移四相相移键控（OQPSK）通过将两个支路的码元错开半个符号周期的方式，来避免发生 180°相位变化。在经过线性器件时 OQPSK 有与 QPSK 相同的频谱特性，在经过非线性器件时 OQPSK 有比 QPSK 更高的频谱效率。在波形上，OQPSK 不会出现零点，且 OQPSK 信号的幅度波动比 QPSK 小，因此在一些非线性的系统中 OQPSK 性能要比 QPSK 性能更好。

QPSK 和 OQPSK 的相位转移图如图 8.2.9 所示，图中 I、Q 分别代表着同相支路和正交支路，是由输入的数据进行串/并转换后得到的，每两比特分为一组，得到四种组合：00、01、10、11。

从图 8.2.10 中可以看出，对于 QPSK 信号，随着输入数据的变化，QPSK 信号的相位跳变可能为 $\pm\pi/2$ 或 $\pm\pi$。而对于 OQPSK 信号，由于同相分量和正交分量在时间上错开了半个码元，即同相分量和正交分量不会同时发生变化，因此 OQPSK 信号的相位跳变只可能为 $\pm\pi/2$，OQPSK 的信号表达式为

$$s_{\text{OQPSK}}(t)=I(t)\cos(\omega_\text{c}t)-Q\left(t-\frac{T_\text{s}}{2}\right)\sin(\omega_\text{c}t) \tag{8.2.22}$$

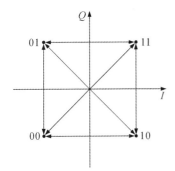

（a）QPSK 相位转移图

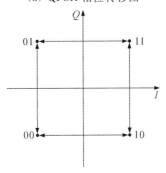

（b）OQPSK 相位转移图

图 8.2.9 QPSK 和 OQPSK 的
相位转移图

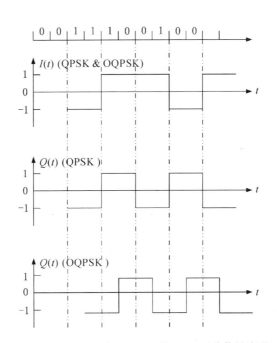

图 8.2.10 QPSK 和 OQPSK 的 I、Q 两路信号波形

OQPSK 的调制解调原理如图 8.2.11 所示，因为 OQPSK 和 QPSK 信号都可以看作是由同相分量和正交分量叠加而成的，唯一的区别就是 OQPSK 正交分量延时了半个符号周期，这不会对信号的功率谱产生影响，所以 OQPSK 与 QPSK 信号的功率谱相同。OQPSK 与 QPSK 都可以采用相干解调，理论上两者的误码性能相同，但是，由于经过带通滤波器后 OQPSK 信号的包络起伏要比 QPSK 信号小，带宽也更小，所以 OQPSK 的性能要比 QPSK 更优。

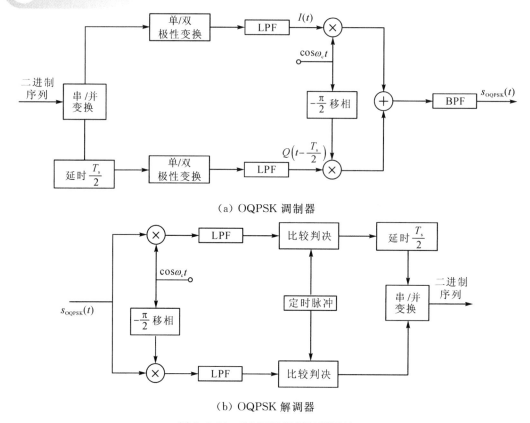

(a) OQPSK 调制器

(b) OQPSK 解调器

图 8.2.11　OQPSK 调制解调原理

8.2.3　连续相位调制

1. 最小移频键控(MSK)

OQPSK 和 π/4 - QPSK 虽然解决了 QPSK 信号相位最大突变为 180° 的问题，但仍然有相位变化，还会引起包络起伏并导致频带展宽。究其根本是由相位的不连续导致的，如果有一种调制方式可以使相位连续变化，那么就可以从根本上解决包络起伏的问题。按照上述的思路提出了最小频移键控。

最小频移键控是在 2FSK 的基础上提出的，2FSK 虽然性能较优、应用广泛，但是由于其频带利用率低、相位不一定连续、两个频率的信号也不一定正交，因而在实际中不是一种较为理想的调制方式。MSK 对 2FSK 进行了改进，能够以最小的频移指数获得正交信号，使其同时具有包络恒定、相位连续、带宽最小和相互正交的优点。

2. MSK 的正交性

对于二进制的数字调制信号，如果两种波形能够相互正交，那么就能够节省带宽和增加系统的抗噪声性能。因此我们在研究数字调制技术时一般都要考虑信号的正交性。设 2FSK 信号码元表达式为

$$s_{\text{MSK}}(t)=\begin{cases}A\cos(2\pi f_0+\varphi_0) & \text{发送 0}\\A\cos(2\pi f_1+\varphi_1) & \text{发送 1}\end{cases} \tag{8.2.23}$$

式中，f_1 和 f_0 为两个不同频率，φ_0 和 φ_1 是初始相位，则两种波形的互相关系数为

$$\rho = \frac{\sin 2\pi (f_1 - f_0) T_s}{2\pi (f_1 - f_0) T_s} + \frac{\sin 4\pi f_c T_s}{4\pi f_c T_s} \tag{8.2.24}$$

式中，$f_c = (f_0 + f_1)/2$ 为载波频率，T_s 是码元周期。

若使 2FSK 信号两路波形相互正交，则两者的相关系数为零，也就是式（8.2.24）右边两项都为零，由此可得

$$f_1 - f_0 = \frac{k}{2T_s}, \quad k = 1, 2, 3, \cdots \tag{8.2.25}$$

$$T_s = \frac{n}{4f_c}, \quad n = 1, 2, 3, \cdots \tag{8.2.26}$$

通过式（8.2.25）可以知道，如果 2FSK 信号的两路波形相互正交，则 FSK 信号的频差应该为 $1/(2T_s)$ 的整数倍。当 $k=1$ 时频差最小，可以获得 MSK 信号，因此 MSK 被称为最小频移键控。频移指数为

$$h = \frac{\Delta f}{f_s} = \frac{f_1 - f_0}{f_s} = 0.5 \tag{8.2.27}$$

基于上述理论，MSK 信号可以表示为

$$s_{MSK}(t) = \cos[\omega_c t + \theta_k(t)] = \cos\left(\omega_c t + \frac{\pi a_k}{2T_s} t + \varphi_k\right), \quad kT_s \leqslant t \leqslant (k+1)T_s \tag{8.2.28}$$

式中，$\omega_c = 2\pi f_c$，为载波角频率；$a_k = \pm 1$（分别对应输入为"1"和"0"）；$\pi a_k / 2T_s$ 表示相对载频的频偏；φ_k 表示第 k 个码元的初始相位；θ_k 为附加的相位函数；T_s 为码元宽度。

当输入码元为 1 时，$a_k = +1$，因此信号频率为

$$f_1 = f_c + \frac{1}{4T_s} \tag{8.2.29}$$

当 $a_k = -1$ 时，信号频率为

$$f_0 = f_c - \frac{1}{4T_s} \tag{8.2.30}$$

由此也可算出频差为

$$\Delta f = f_1 - f_0 = \frac{1}{2T_s} \tag{8.2.31}$$

3. MSK 码元时间包含的波形周期数

由式（8.2.26）可知，MSK 信号每个码元持续时间 T_s 内包含的波形周期数必须是 $1/4$ 载波周期的整数倍，即式（8.2.26）可以改写为

$$f_c = \frac{n}{4T_B} = \left(N + \frac{m}{4}\right)\frac{1}{T_B} \tag{8.2.32}$$

式中，N 为正整数，$m = 0, 1, 2, 3$。

将上式代入到 f_1 和 f_0 中，可得

$$\begin{cases} f_0 = f_c - \dfrac{1}{4T_B} = \left(N + \dfrac{m-1}{4}\right)\dfrac{1}{T_B} \\[3mm] f_1 = f_c + \dfrac{1}{4T_B} = \left(N + \dfrac{m+1}{4}\right)\dfrac{1}{T_B} \end{cases} \tag{8.2.33}$$

由式（8.2.33）可得

$$T_s = \left(N + \frac{m+1}{4}\right) T_1 = \left(N + \frac{m-1}{4}\right) T_0 \tag{8.2.34}$$

式中，$T_0 = 1/f_0$，$T_1 = 1/f_1$。

由式(8.2.34)可知，无论码元持续时间T_s和两个波形频率f_0和f_1为何值，与比特"0"和"1"对应的码元包含的正弦波数均相差1/2个周期。如当$N=2$，$m=1$时，比特"0"和"1"在一个码元时间内分别有2个和2.5个周期的正弦波。图8.2.12给出了输入比特为0，1，1，1，0，0时对应的MSK的信号波形。

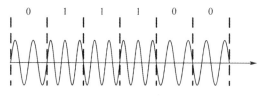

0　1　1　1　0　0

图8.2.12　MSK信号波形

4. MSK的相位变化

由式(8.2.28)可得相位函数为

$$\theta_k(t)=\varphi_k+\frac{\pi a_k}{2T_s}t \tag{8.2.35}$$

为了使码元变化时相位连续，必须保证第k个码元的起始相位等于第$k-1$个码元的终止相位，因此每个码元的初始相位必须满足$\theta_{k-1}(t)=\theta_k(t)$，即

$$a_{k-1}\frac{\pi kT_s}{2T_s}+\varphi_{k-1}=a_k\frac{\pi k_s}{2T_s}+\varphi_k \tag{8.2.36}$$

由此可得

$$\varphi_k=\varphi_{k-1}+(a_{k-1}-a_k)\frac{\pi k}{2}=\begin{cases}\varphi_k & a_{k-1}=a_k \\ \varphi_{k-1}+k\pi & a_{k-1}=1,a_k=-1 \\ \varphi_{k-1}-k\pi & a_{k-1}=-1,a_k=1\end{cases} \tag{8.2.37}$$

由式(8.2.37)可见，MSK信号在第k个码元的起始相位不仅与当前的输入a_k有关，还与前一个码元的输入a_{k-1}和初始相位φ_k有关。为了计算简便，设第一个码元的起始相位为0，可得$\varphi_k=0$或π。式(8.2.35)中的θ_k是MSK信号的总相位减去随时间线性增长的载波相位得到的剩余相位，它是一个直线方程，根据输入的a_k不同，θ_k相应地增大或者减小$\pi/2$，即

$$\theta_k(t+T_s)=\theta_k(t)+a_k\frac{\pi}{2}=\theta_k(t)+\begin{cases}\frac{\pi}{2} & a_k\text{为}+1 \\ -\frac{\pi}{2} & a_k\text{为}-1\end{cases} \tag{8.2.38}$$

由式(8.2.38)知，在每个码元时间间隔内，MSK信号的相位必须增加或者减小$\pi/2$。若$a_k=+1$，则表示第k个码元的附加相位增加$\pi/2$，若$a_k=-1$，则表示第k个码元的附加相位减少$\pi/2$。

设$t=0$时初相$\varphi_0=0$，则对于输入序列$a_k=+1$，$+1$，-1，$+1$，-1，-1，-1，$+1$，-1，-1，图8.2.13给出了其相位变化曲线。

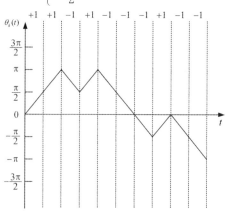

图8.2.13　MSK信号的相位变化

5. MSK 信号的产生与解调

前面已经证明 MSK 的正交性，为了寻找 MSK 调制解调的方法下面将式(8.2.28)展开

$$s_{\mathrm{MSK}}(t) = \cos\left(\frac{a_k \pi t}{2T_s} + \varphi_k\right)\cos\omega_c t - \sin\left(\frac{a_k \pi t}{2T_s} + \varphi_k\right)\sin\omega_c t$$

$$= \left(\cos\frac{a_k \pi t}{2T_s}\cos\varphi_k - \sin\frac{a_k \pi t}{2T_s}\sin\varphi_k\right)\cos\omega_c t -$$

$$\left(\sin\frac{a_k \pi t}{2T_s}\cos\varphi_k + \cos\frac{a_k \pi t}{2T_s}\sin\varphi_k\right)\sin_c t \qquad (8.2.39)$$

考虑到 $\varphi_k = 0$ 或 π，$a_k = \pm 1$，式(8.2.39)可变为

$$s_{\mathrm{MSK}}(t) = \cos\varphi_k\cos\frac{\pi t}{2T_s}\cos\omega_c t - a_k\cos\varphi_k\sin\frac{\pi t}{2T_s}\sin\omega_c t$$

$$= I_k\cos\frac{\pi t}{2T_s}\cos\omega_c t + Q_k\sin\frac{\pi t}{2T_s}\sin\omega_c t \qquad kT_s \leqslant t \leqslant (k+1)T_s \qquad (8.2.40)$$

式中，$I_k = \cos\varphi_k = \pm 1$，$Q_k = -a_k\cos\varphi_k = -a_k I_k = \pm 1$。由式(8.2.40)可知，MSK 信号可以看作是由同相分量和正交分量相加而成的。其中同相分量的载波为 $\cos\omega_c t$，I_k 包含输入的码元数据可以看作同相分量的系数，$\cos(\pi t/2T_s)$ 是同相分量的余弦波形加权函数。正交分量的载波为 $\sin\omega_c t$，Q_k 包含输入的码元数据可以看作正交分量的系数，$\sin(\pi t/2T_s)$ 是正交分量的加权函数。

由式(8.2.40)可以得出，MSK 调制原理如图 8.2.14 所示，输入序列 a_k 经过差分编码变为 c_k，这里要注意的是，由于 a_k 是双极性序列，经过差分编码后当 a_k 的值为 -1 时相应的 c_k 值才发生变化，同时 c_k 值也是在 $+1$ 和 -1 之间变化。例如对于输入序列

$$a_k = +1, \ -1, \ -1, \ +1, \ -1, \ +1, \ +1, \ +1, \ -1, \ -1$$

差分序列 c_k 的变化为

$$c_k = +1, \ -1, \ +1, \ +1, \ -1, \ -1, \ -1, \ -1, \ +1, \ -1$$

差分编码后的序列经过串并转换分为两路，其中一路延时 T_s，将分开的两路错开一个码元周期得到 I_k 和 Q_k，之后再利用加权函数对两路信号进行加权，最后利用载波对加权后的两路信号进行调制，再经过带通滤波器即可得到 MSK 信号。

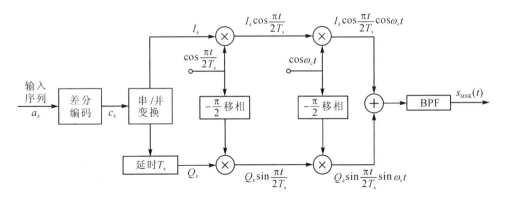

图 8.2.14　MSK 调制器

上述调制过程中各个位置的波形如图 8.2.15 所示，输入序列 a_k 经过差分编码变为 c_k，经过串并转换后分为两路，其中 Q_k 序列延迟一个码元周期反映在波形上可以认为 I_k 序列提

前了一个码元周期，反映到最终的输出上即相对于输入序列 MSK 信号整体延时一个码元周期。最后再经过两次相乘、一次相加，通过带通滤波器即可得到 MSK 信号。

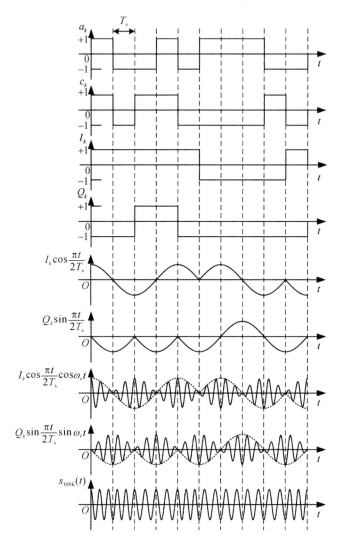

图 8.2.15　MSK 调制过程中的波形

MSK 信号的解调原理如图 8.2.16 所示，因为 MSK 是一种特殊的 2FSK 信号，所以它既可以采用相干解调的方式也可以采用非相干解调的方式，另外还有根据两路信号时间上

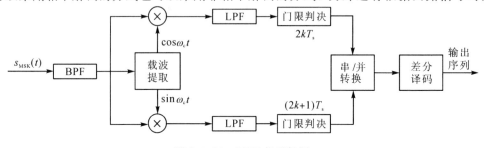

图 8.2.16　MSK 相干解调

相差一个码元时间，设计的一种延时相干解调方式。这里给出的是相干解调的方式。接收到的 MSK 信号首先经过带通滤波器滤除带外噪声，然后提取出载波，让其与信号相乘恢复出两路信号，在经过低通滤波器恢复包络信号。同相支路在 $2kT_s$ 时刻抽样判决，正交支路在$(2k+1)T_s$ 时刻抽样判决。判决时按照信号的极性进行判决，信号极性为正判为"$+1$"，信号极性为负判为"-1"，之后经过并串转换恢复出差分序列 c_k，最后经过差分译码即可得到原始序列 a_k。

6. MSK 的功率谱与误码率

通过推导可以得到 MSK 信号的归一化(平均功率为 1 W)单边功率谱密度为

$$P_{\mathrm{MSK}}(f)=\frac{32T_s}{\pi^2}\left[\frac{\cos 2\pi(f-f_c)T_s}{1-16\,(f-f_c)^2\,T_s^2}\right]^2 \tag{8.2.41}$$

式中，f_c 是载频，T_s 是码元宽度。

图 8.2.17 给出了 MSK 与 QPSK 和 OQPSK 信号的功率谱密度。通过对比可以看出，在原中心频率处 MSK 信号的衰减速率要远大于 QPSK 和 OQPSK 信号。实际上 MSK 信号的旁瓣峰值按照频率的 4 次幂衰减，而 QPSK 和 OQPSK 信号的的旁瓣峰值按照频率的 2 次幂衰减，因此 MSK 信号的功率谱密度更为集中，旁瓣衰减得更快，对邻近信道的影响更小。实际计算中在包含 90% 信号功率的带宽近似处理中，MSK 与 QPSK 和 OQPSK 相接近为 $1/T_s$，在包含 99% 信号功率的带宽在近似处理中，MSK 仅为 $1.2/T_s$，而 QPSK 和 OQPSK 为 $6/T_s$。

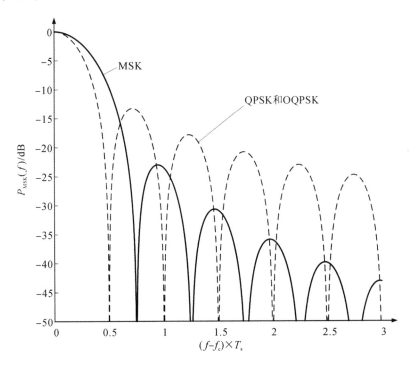

图 8.2.17　MSK 与 QPSK 和 OQPSK 信号的功率谱密度

可以看出，MSK 信号可以看作由两个相互正交的 2PSK 信号的叠加而成，需要注意的是 MSK 信号是用极性相反发半个正(余)弦波去调制两个相互正交的载波。因此，若使用匹配滤波器进行接收，MSK 信号的误码率性能与 2PSK、QPSK 和 OQPSK 相同。但如果将 MSK 信号看为 2FSK 信号采用相干解调的方式其性能要比 2PSK 信号差 3 dB。

8.3　调制技术的新进展

8.3.1　多载波(OFDM)系统调制解调原理

由第 6 章可知，信道的非理想频率响应特性会引起码间串扰，而均衡器是减小码间串扰、补偿信道失真的有效方法。另一方面，针对频率选择性衰落信道，另一种补偿信道失真的方法是将可用信道带宽细分为多个子信道，以使每个子信道几乎是理想的，该方法就是多载波调制技术。

正交频分复用(OFDM)技术是一种多载波传输技术。它将一串高速数据流分配到 N 个相互正交的子载波上，使其变为 N 个并行的低速率子数据流。由于子数据流的速率是原来的 $1/N$，宽带频率选择性信道就被转化为 N 个窄带平坦衰落信道，达到抗无线信道多径衰落和抗脉冲干扰的目的。每个子信道单独通过各自的子载波调制各自的信息符号，常用的子载波调制方式有正交幅度调制(Quadrature Amplitude Modulation，QAM)或相移键控法(Phase-Shift-Keying，PSK)。此外，由于 OFDM 的各个子载波之间的相互正交性，即使信号在频域相互混叠，接收端仍然可以将其分离出来，从而提高了系统的频谱利用率。OFDM 系统发送端和接收端的系统框图分别如图 8.3.1 和图 8.3.2 所示。

图 8.3.1　OFDM 系统发送端系统框图

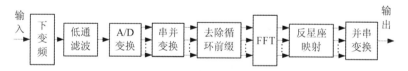

图 8.3.2　OFDM 系统接收端系统框图

一个典型的 OFDM 信号可以用复数形式表示为

$$s_{\text{OFDM}}(t) = \sum_{m=0}^{M-1} d_m(t) e^{j\omega_m t} \tag{8.3.1}$$

式中，$\omega_m = \omega_c + m\Delta\omega$ 为第 m 个子载波的角频率，$d_m(t)$ 为第 m 个子载波上的复信号。$d_m(t)$ 在一个符号期间 T_s 上为常数，则有

$$d_m(t) = d_m \tag{8.3.2}$$

若对信号 $s_{\text{OFDM}}(t)$ 进行采样，采样间隔为 T，则有

$$s_{\text{OFDM}}(kT) = \sum_{m=0}^{M-1} d_m e^{j\omega_m kT} = \sum_{m=0}^{M-1} d_m e^{j(\omega_c + m\Delta\omega)kT} \tag{8.3.3}$$

此时讨论的是基带信号，所以令 $\omega_{\mathrm{c}}=0$，则式(8.3.3)可以简化为

$$s_{\mathrm{OFDM}}(kT) = \sum_{m=0}^{M-1} d_m \mathrm{e}^{\mathrm{j}\omega_m kT} = \sum_{m=0}^{M-1} d_m \mathrm{e}^{\mathrm{j}m\Delta\omega kT} \tag{8.3.4}$$

式(8.3.4)的形式与离散反傅里叶变换(IDFT)的形式很相似

$$x(kT) = \sum_{m=0}^{M-1} X\left(\frac{m}{M}\right) \mathrm{e}^{\mathrm{j}\frac{2\pi}{M}mk} \tag{8.3.5}$$

也就是说，若将 $d_m(t)$ 看作频率采样信号，则 $s_{\mathrm{OFDM}}(kT)$ 为对应的时域信号。比较式(8.3.4)与式(8.3.5)可以看出，若令

$$\Delta f = \frac{1}{NT} = \frac{1}{T_{\mathrm{s}}} \tag{8.3.6}$$

则式(8.3.4)和式(8.3.5)相等。

其中，假设一个符号周期 T_{s} 内含有 N 个采样值，即 $T_{\mathrm{s}}=NT$。由此可见，若载波频率间隔选为 $1/T_{\mathrm{s}}$，则 OFDM 信号不但保持各子载波间的正交性，更可以用离散反傅里叶变换(IDFT)来表示，用快速反傅里叶变换(IFFT)来实现，相应地在接收端可以用离散傅里叶变换(DFT 或 FFT)来恢复原始信号。在 OFDM 系统中引入 DFT 技术使得最初实现 OFDM 技术的过程中存在的问题，如庞大的复数运算和高速存储器等，已不复存在。同时，快速傅里叶算法也避免了并行数据传输所需的正弦波发生器组和相关解调器组的使用，使得该技术的实现更趋实际。OFDM 的子带频谱是 $\sin x/x$ 函数，频谱结构如图 8.3.3 所示。

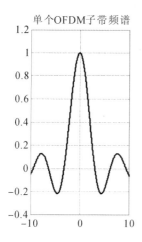
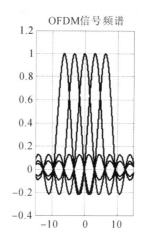

图 8.3.3　OFDM 信号频谱结构

从 OFDM 的频谱结构中我们可以看出，每个信号频谱与相邻信号的频谱有 1/2 的重叠。为了降低符号之间的干扰，再把每个符号周期 T 延长一个 T_{p}，称为保护间隔，这样可以最大限度地消除符号间干扰。如果在保护间隔内不发送信号，就破坏了子载波间的正交性。有学者提出了用循环前缀(Cyclic Prefix, CP)填补保护间隔，从而有效地模仿了循环卷积信道。当 CP 大于信道冲击响应时间时，就能够保证弥散信道中子载波间的正交性。加入 CP 后，符号周期变为

$$T_{\mathrm{s}} = T + T_{\mathrm{p}} \tag{8.3.7}$$

一般情况下，取符号尾部的一部分作为 CP，且保证 CP 的长度大于信道最大延迟扩展 $\tau_{\max}$，如图 8.3.4 所示。

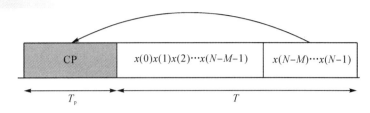

图 8.3.4　CP 示意图

通常 OFDM 信号中子载波由数据子载波(Data-subcarriers)、空闲子载波(Free-subcarriers)和导频子载波(Pilot-subcarriers)构成,数据子载波用于携带数据,空闲子载波不携带任何信号,导频子载波用于接收端信道估计和同步。为了便于理解导频子载波的作用,特举例如下:

假设仅有两个子载波的 OFDM 信号,原始信号 $s(t)$,数据子载波 $\cos(t)$,数据子载波 $\sin(t)$ 和导频信号 $+1$,则发送信号为

$$s_n(t) = s(t)\cos(t) + 1 \times \sin(t) \tag{8.3.8}$$

发送的信号经过信道 h 后,在接收端提取出的导频信号为 $\tilde{s}(t) = \sin(t) * h(t)$,那么就可以根据此估计信道 $h(t)$。对提取出的导频信号进行处理就可以恢复 $\cos(t)$,此时导频信号就可用于同步。

OFDM 系统的优点如下:

(1) 频谱利用率高。传统的 FDM 通常都采用在相邻的载波之间保留一定的保护间隔的方法来避免载波之间的干扰,从而降低频谱效率。而 OFDM 的各个子载波重叠排列,同时通过 FFT 技术来实现和保持子载波的正交性,从而在相同带宽内有数量更多的子载波,进而提升了频谱效率。

(2) 有效对抗多径。当符号之间无保护间隔时,多径效应使时域上出现码间串扰,频域上出现载波间干扰。由于 OFDM 信号的循环前缀使得一个符号周期内的波形为完整的正弦波,即可使得不同子载波对应的时域信号及其多径积分总为 0,因此,OFDM 能够通过符号之间的保护间隔来消除码间串扰和载波间干扰。

(3) 具有较好的抗频率选择性衰落的能力。OFDM 可将信号调制到在每个子信道上进行传输。由于每个子信道上的信号带宽小于信道的相关带宽,因此每个子信道上可以看成平坦性衰落,这样便可以有效抵抗频率选择性衰落。

虽然 OFDM 系统具有诸多优点,但是它仍存在如下缺点:

(1) 对频率偏移特别敏感。在 OFDM 系统中,发送和接收的子载波需完全一致,这样才能保证载波间的正交性。任何频率偏移都会破坏载波间的正交性,这将不可避免地导致载波间干扰。在现实系统中,由于本地时钟(晶体振荡器)产生的载波频率有误差,同时会产生随机相位调制信号,使得接收端产生的频率与发送端不完全一致。在这种情况下,可通过频偏纠正等方法进行频率的校正。然而,当频偏估计不精确时,会引起信号检测性能的下降。

(2) 时域信号的峰均比高。OFDM 系统中,如果子载波具有相同的相位,在时域中波形将直接叠加,导致瞬时功率信号急剧增大,也就是说峰值功率远远高于信号的平均功率,这种情况下 OFDM 信号的峰均比(PAPR)较高,使得调制信号的动态范围变大,这将增加发射器功放的成本,而且耗电量也大。因此,如何降低 OFDM 信号的峰均比是目前仍需解决的问题之一。

　　基于 OFDM 的上述优点，其在实际系统中获得了广泛应用，例如 OFDM 广泛应用在数字音频(DAB 标准)、视频广播业务(DVB - T 标准)，无线局域网领域(IEEE 802.16a 标准规范中明确定义了 OFDM 技术作为无线数据传输方式，4G 蜂窝系统方案等领域。

8.3.2　空间调制

　　移动通信技术的快速发展改变了我们的生活，实现高速可靠的海量数据传输成为未来通信发展的基本趋势。目前，多输入多输出(Multiple input multiple output，MIMO)传输技术在 4G 和 5G 通信系统中得到了广泛应用。MIMO 技术利用多根天线来传输数据流，在不增加系统带宽的情况下可大幅度提高通信系统的信道容量和频谱利用率，其系统框图如图 8.3.5 所示。MIMO 技术在传统时间和频率的维度基础上增加了空间维度，进而获得了额外的分集增益、多路复用增益和波束成形增益等。但是，由于信道干扰(Inter-Channel Interference，ICI)、天线同步(Inter-Antenna Synchronization，IAS)以及多射频链路(Radio Frequency，RF)等问题的存在，使用 MIMO 系统在获得上述优势的同时，也增加了通信系统的复杂度与成本。如何开发出新的多天线传输技术，减少 MIMO 技术在实施过程中的局限性，同时又能保留其优越性，成为当前无线通信研究中的热门课题。

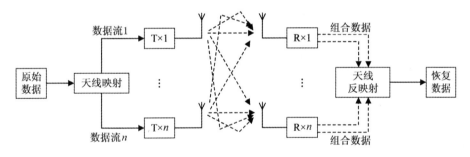

图 8.3.5　MIMO 系统框架

　　空间调制(Spatial Modulation，SM)技术是近年来提出的一种新型的 MIMO 传输技术，它保持了 MIMO 系统关键优势的同时，能够较好地降低多天线系统的复杂度和硬件开销。空间调制利用天线的激活状态作为信息传输的载体，能够有效简化传统 MIMO 系统中的信道干扰、天线同步和射频代价等问题。此外，空间调制可以应用于大规模、上下行链路天线数目不对称的 MIMO 信道。因此，空间调制是一种新型的物理层无线传输技术，它以独特的方式将数字调制、编码和多天线技术巧妙结合，进一步满足了对传输系统高速率和低复杂度的要求，成为未来通信系统的关键技术之一。

1. 空间调制基本原理及系统模型

　　空间调制是一种建立在多天线资源基础上的多维调制方式，与传统的二维幅度相位调制(Amplitude Phase Modulation，APM)技术有所不同。空间调制技术在时间和频率的二维基础上，引入了空间维度，利用激活天线的序号调制比特信息，进而建立不同的输入比特与天线序号的映射关系，实现空间资源的充分利用。此外，相比于传统多天线的复用和分集技术，空间调制的一部分信息隐含于天线的选择中，并未进行实际传输，发射天线的索引信息成为一种额外数据携带的方式。

基于空间调制系统的模型如图 8.3.6 所示，其中数据的传输和检测主要包含：

（1）发射端将待传的比特数据经过串/并转换转为比特数据矩阵，其中矩阵的每一列代表了一个发送时刻内要传输的数据比特，此数据比特向量的长度对应为系统的传输速率的大小。

（2）空间调制单元将数据比特向量中的一部分用来选择一根发射天线索引 j，将其余部分映射为传统的 APM 星座点 x_i，然后第 j 根天线被激活用来传输相应的 APM 星座点 x_i。

（3）接收端的空间调制检测单元在信号空间中对信号进行搜索、判决，并通过并/串转换单元恢复发射比特。

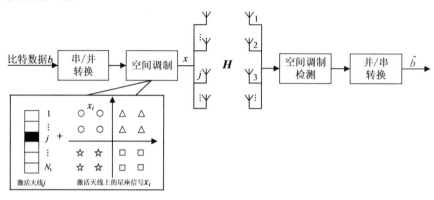

图 8.3.6　空间调制系统框图

在空间调制系统中，每一个发射符号周期中发射端只有一根天线被激活用来传输信息符号，其他的天线无需发送数据。因此，空间调制可以有效解决天线同步和信道干扰的问题。同时，因为发射端只有一根天线发送数据，所以发射端只需要一条射频链路，故空间调制能够降低硬件实现的成本和系统功耗。此外，空间调制中使用了一部分比特用于传统的星座符号调制，另一部分信息比特被用来决定激活天线的索引，所以发射天线的激活模式可以成为传输信息的额外载体，故空间调制能够提高系统的传输速率和频谱效率。

假设空间调制系统的发射天线数和接收天线数分别为 N_t、N_r，传统 APM 调制的阶数为 M，b 为每时隙传输的信息比特，x 为空间调制映射后的发射向量。b 的一部分映射到传统 APM 调制星座图中的一点，其余比特映射为系统中被激活的天线序号，形成三维的空间调制星座图。

在任意发射时刻，该系统仅激活一根天线用于传输信息符号，故天线索引可以携带的比特数量为 $\text{lb } N_t$。传统 APM 可携带的比特数为 $\text{lb } M$，故一个空间调制符号所携带的比特数量为

$$B = \text{lb } N_t + \text{lb } M \tag{8.3.9}$$

由式（8.3.9）可知，发射天线数 N_t 和传统 APM 调制的阶数共同决定了空间调制的传输速率的大小，所以在每时隙传输信息比特总数不变的情况下，可以灵活配置传统 APM 调制方式和发射天线数目。例如，以 3b/(s·Hz) 发送信息，可以选择 2 发 QAM 调制，也可以选择 4 发 BPSK 调制。

图 8.3.7 给出了发射天线数 $N_t = 4$，采用 QPSK 调制的空间调制系统的信息比特映射表。显然该系统每时刻可传输 4 个信息比特，其中 2 个比特用于选择激活的天线索引，另外 2 个比特用于选择 QPSK 调制星座点。

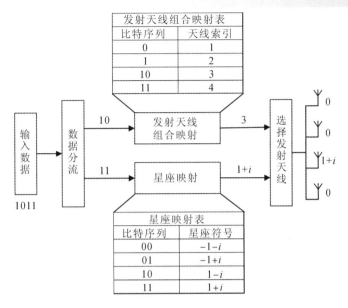

图 8.3.7 空间调制数学模型

假设空间调制系统的映射模式为先选取激活的天线索引，再获得激活天线上传输的 APM 星座点，则经过三维映射后，发射向量 x 可表示为

$$x = \begin{bmatrix} 0 & 0 & \cdots & x_{i,j} & 0 & \cdots & 0 \end{bmatrix} \qquad (8.3.10)$$
$$\underset{\text{第}j\text{个}}{}$$

其中，j 为激活天线的位置，$x_{i,j}$ 为激活天线 j 上传输的 M-APM 星座集合中的第 i 个元素。由式(8.3.10)可知空间调制后的发射向量 x 中只含有一个非零元素。

信道矩阵 H 为 $N_r \times N_t$ 维的复数矩阵，其中的元素均为均值为 0，方差为 1 的独立同分布的高斯随机变量，可将 H 记为如下形式

$$H = \begin{bmatrix} h_1 & h_2 & \cdots & h_{N_t} \end{bmatrix}$$

则发射信号经过衰落信道后，接收机接收到的时域信号为

$$y = Hx + n = h_j x_{i,j} + n \qquad (8.3.11)$$

其中 n 为 $N_r \times 1$ 维的加性高斯白噪声向量，其各元素相互独立，且均值为 0，方差为 N_0，h_j 代表信道矩阵的第 j 列。

由(8.3.11)可知接收端可以通过对天线索引信息和 APM 星座符号的联合检测实现对发射向量 x 的检测。

2. 空间调制性能分析

空时信道的容量表示每秒或者每个信道符号所能传送的最大信息量，它给出了在不考虑编译码条件下信道能无错误传送的最大信息率。信道容量定义为信道输入输出直接互信息在信道输入分布下的最大值。在本节中，我们考虑发射端未知信道状态信息的情况，即发射信号的功率为平均分配。

设离散时间加性高斯白噪声(Additive White Gaussian Noise，AWGN)的功率为 N_0，信道带宽为 B，接收信号的功率为 P，接收信噪比定义为

$$\gamma = \frac{P}{N_0} \tag{8.3.12}$$

由香农公式可知,该 AWGN 信道的容量为

$$C = B \, \text{lb}(1 + \gamma) \tag{8.3.13}$$

在实际中,无线信道是时变的,会受到各种衰落的影响,通常表现为平坦衰落或者是频率选择性衰落。设 h 为信道系数的瞬时值,则瞬时信道容量可表示为

$$C = B \, \text{lb}(1 + \gamma |h|^2) \tag{8.3.14}$$

进一步,对于发射天线数和接收天线数分别为 N_t、N_r 的 MIMO 系统,在发送端未知信道状态信息的情况下,其信道容量为

$$C = B \, \text{lb}\left[\det\left(\boldsymbol{I}_{N_r} + \frac{\gamma}{N_t} \boldsymbol{H} \boldsymbol{H}^{\text{H}} \right) \right] \tag{8.3.15}$$

空间调制系统的瞬时信道容量由随机选择发射天线系统的信道容量 C_1 和空间调制信道容量增量 C_2 组成,故有

$$C = C_1 + C_2 \tag{8.3.16}$$

其中,

$$C_1 = \frac{1}{N_t} \sum_{j=1}^{N_t} \text{lb}(1 + \gamma h_j^{\text{H}} h_j)$$

$$C_2 = \frac{1}{N_t} \sum_{j=1}^{N_t} \left[\int_y p(y \mid x_a = j) \, \text{lb}\left(\frac{p(y \mid x_a = j)}{p(y)} \right) \mathrm{d}y \right]$$

式中,h_j 为瞬时信道矩阵 $\boldsymbol{H}$ 的第 j 列,$p(y \mid x_a = j)$ 表示第 j 根天线激活时接收信道的概率密度,若信道噪声为高斯白噪声,则接收到的信号也服从高斯分布,此时

$$p(y \mid x_a = j) = \frac{1}{\pi N_0} \exp\left(-\frac{|y|^2}{N_0} \right) \tag{8.3.17}$$

故 $p(y)$ 可表示为

$$p(y) = \frac{1}{N_t} \sum_{j=1}^{N_t} p(y \mid x_a = j) \tag{8.3.18}$$

当已知衰落信道的分布后,即可求得瞬时信道容量,再对其取期望即得平均信道容量。

假设空间调制系统的传输速率为 m 比特/符号,在任意发射时刻,发射端从 2^m 个可能的信号 x_1,x_2,$\cdots$,x_{2^m} 中依据待传比特选择一个信号进行发送。根据并集界理论,空间调制的 BER 性能上界为

$$P_b \leqslant \varepsilon\left[\frac{1}{m} \sum_{\substack{j=1 \\ j \neq 1}}^{2^m} d(x_i, x_j) P(x_i \to x_j) \right] = \frac{1}{m 2^m} \sum_{i=1}^{2^m} \sum_{\substack{j=1 \\ j \neq i}}^{2^m} d(x_i, x_j) P(x_i \to x_j) \tag{8.3.19}$$

其中,$P(x_i \to x_j)$ 表示接收端将发射向量为 x_i 错判为估计向量为 x_j 时的成对错误概率,$d(x_i, x_j)$ 为 x_i 和 x_j 之间的汉明距离。

假设发射星座能量已归一化,则瞬时信号矩阵为 $\boldsymbol{H}$ 时的条件成对错误概率可表示为

$$P(x_i \to x_j \mid \boldsymbol{H}) = Q\left(\sqrt{\frac{\| \boldsymbol{H}(x_i - x_j) \|^2}{2 N_0}} \right) \tag{8.3.20}$$

根据式(8.3.20),当已知信道矩阵 $\boldsymbol{H}$ 元素的概率分布时,采用基于矩生成函数(Moment Generating Function,MGF)的方式可以得到无条件成对错误概率

$$P(x_i \rightarrow x_j) = \frac{1}{\pi} \int_0^{\frac{\pi}{2}} \Phi\left(-\frac{\| \boldsymbol{H}(x_i - x_j) \|^2}{4N_0 \sin^2\theta}\right) \mathrm{d}\theta \tag{8.3.21}$$

式中，$\Phi(\cdot)$ 表示随机变量 $\| H(x_i - x_j) \|^2$ 的矩生成函数。当信道矩阵 $\boldsymbol{H}$ 的元素服从独立同分布的复高斯分布时，无条件成对错误概率可表示为

$$P(x_i \rightarrow x_j) = \psi\left(\frac{\lambda_{ij}}{4N_0}\right)^{N_r} \sum_{k=0}^{N_r-1} \binom{N_r - 1 + k}{k} \left[1 - \psi\left(\frac{\lambda_{ij}}{4N_0}\right)\right]^k \tag{8.3.22}$$

其中，$\psi(x) = \frac{1}{2}\left(1 - \sqrt{\frac{x}{1+x}}\right)$，$\lambda_{ij} = (x_i - x_j)^{\mathrm{H}}(x_i - x_j)$。

将式(8.3.22)代入式(8.3.19)，可得基于并集界的空间调制系统的 BER 理论上界为

$$P_b \leqslant \frac{\psi\left(\frac{\lambda_{ij}}{4N_0}\right)^{N_r}}{m2^m} \sum_{i=1}^{2^m} \sum_{\substack{j=1 \\ j \neq 1}}^{2^m} d(x_i, x_j) \sum_{k=0}^{N_r-1} \binom{N_r - 1 + k}{k} \left[1 - \psi\left(\frac{\lambda_{ij}}{4N_0}\right)\right]^k \tag{8.3.23}$$

8.3.3　OTFS

5G 及未来的移动通信系统需要全方位支持不同类型的通信场景和应用需求，其中包括要在高速移动场景下保证通信质量。例如，国际电信联盟(ITU)提出 5G 的愿景之一是支持 500 km/h 的超高移动性。目前，在 4G 系统中主要使用的调制方式为正交频分复用(OFDM)，它利用子载波之间的正交性来提高系统的频谱效率，但在支持超高移动性的可靠通信方面还面临着诸多挑战。在时域上，超高移动性表现为信道响应的快速时变，这对信道估计的实时性和准确性提出了很高的要求。在频域上，超高移动性表现为强多普勒效应，会破坏子载波之间的正交性，这将导致 OFDM 系统出现严重的子载波间干扰，使得系统性能急速下降。

基于上述背景，R. Hadani 等人提出了一种新型调制技术，即"正交时频空"(OTFS)调制。OTFS 的主要思想是通过二维的傅里叶变换，将时频域上的快时变信道转换为时延-多普勒域上的时不变信道，从而对抗信道的动态时变性。因此，在时变衰落信道中使用 OTFS 可能会较好地控制信道估计开销和接收算法复杂度。此外，由于 OTFS 对每个调制符号进行了扩展，扩展后的符号占据了一帧 OTFS 信号对应的全部时频资源，因此 OTFS 具有获得信道全分集增益的潜力。OTFS 可以通过在 OFDM 系统中加入预处理和后处理来实现，这样可以很好地兼容现有的通信系统。

1. OTFS 基本模型

在 OTFS 系统中，我们假设子载波个数为 M，OTFS 符号数为 N，系统框图如图 8.3.8 所示。在时频域上，以时间间隔 T 和频率间隔 Δf 分别对时间轴和频率轴进行采样，则时频域网格 Γ 可以表示为

$$\Gamma = \{(nT, m\Delta f), \quad n = 0, 1, \cdots, N-1, \quad m = 0, 1, \cdots, M-1\} \tag{8.3.24}$$

其中 $T = 1/\Delta f$ 是一个 OTFS 符号的长度，Δf 为子载波间隔。在 OTFS 帧中，调制到时频域中的信号 $X[n, m]$ 共占据的带宽为 $M\Delta f$(单位：Hz)，持续时间为 NT(单位：s)。T 和 Δf 决定了 OTFS 系统所能支持的最大时延 $\tau_{\max}$ 和最大多普勒频移 $v_{\max}$：$\tau_{\max} < T$，$2v_{\max} < \Delta f$。

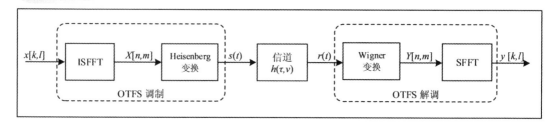

图 8.3.8　OTFS 系统框图

同样，在时延-多普勒域上，以时间间隔 $1/M\Delta f$ 和频率间隔 $1/NT$ 分别对时延轴和多普勒轴进行采样，则时延-多普勒域网格 L 可以表示为

$$L=\left\{\left(\frac{k}{nT},\frac{l}{m\Delta f}\right),\quad k=0,1,\cdots,N-1,\quad l=0,1,\cdots,M-1\right\} \tag{8.3.25}$$

其中时间间隔 $1/M\Delta f$ 和频率间隔 $1/NT$ 的大小决定了时延多普勒网格的分辨率。

2. OTFS 调制过程

首先将待发送的信息比特进行调制，得到 NM 个发送符号，再将这 NM 个符号放在时延-多普勒域网格中，即将信号调制到时延-多普勒域上。此时用 $x[k,l]$ 表示该域上的发送信号，其中 $k=0,1,\cdots,N-1$，$l=0,1,\cdots,M-1$，$x[k,l]$ 从调制解调的映射集合中取值。之后，对信号 $x[k,l]$ 进行逆辛有限傅里叶变换（Inverse Symplectic Finite Fourier Transform，ISFFT）得到信号 $X[n,m]$，此时，时延-多普勒网格上的信号转化为时频二维网格上的信号。

$$X[n,m]=\frac{1}{\sqrt{NM}}\sum_{k=0}^{N-1}\sum_{l=0}^{M-1}x[k,l]\mathrm{e}^{\mathrm{j}2\pi\left(\frac{nk}{N}-\frac{ml}{M}\right)} \tag{8.3.26}$$

由式(8.3.26)可知，ISFFT 可由 FFT 和 IFFT 组合实现。

接下来，通过海森堡变换（Heisenberg Transform）变换将时频域信号 $X[n,m]$ 转换为时域信号 $s(t)$，

$$s(t)=\sum_{n=0}^{N-1}\sum_{m=0}^{M-1}X[n,m]g_{\mathrm{tx}}(t-nT)\mathrm{e}^{\mathrm{j}2\pi m\Delta f(t-nT)} \tag{8.3.27}$$

其中，$g_{\mathrm{tx}}(t)$ 为发送端成型滤波器，与之相对应的在接收端进行逆变换时需要用到的是接收脉冲成型滤波器 $g_{\mathrm{rx}}(t)$。当 $g_{\mathrm{tx}}(t)$ 为矩形窗时，海森堡变换简化为 IFFT。

3. OTFS 解调过程

对接收机而言，其接收到的信号 $r(t)$ 可以表示为

$$r(t)=\int_{0}^{\tau_{\max}}\int_{-\nu_{\max}}^{\nu_{\max}}h(\tau,\nu)s(t-\tau)\mathrm{e}^{\mathrm{j}2\pi\nu(t-\tau)}\mathrm{d}\nu\mathrm{d}\tau \tag{8.3.28}$$

其中，$s(t)$、$r(t)$ 分别为发射信号和接收信号，$h(\tau,\nu)$ 表示时延-多普勒域扩展函数

$$h(\tau,\nu)=\sum_{i=1}^{P}h_i\delta(\tau-\tau_i)\delta(\nu-\nu_i) \tag{8.3.29}$$

其中，P 为发射端到接收端之间的传输路径数，h_i 表示第 i 条路径的复信道增益。

解调过程可看作调制过程的逆过程，先对时域信号 $r(t)$ 进行维纳变换（Wigner Transform，Heisenberg 变换的逆变换）得到时频域信号 $Y[n,m]$。具体来说，先利用 $g_{\mathrm{rx}}(t)$ 对 $r(t)$ 进行匹配滤波，然后做维纳变换得到 $Y[n,m]$，具体表达式如下：

$$
\begin{cases}
A_{g_{\mathrm{rx}},\,r}\,(t,\,f)\stackrel{\text{def}}{=}\displaystyle\int g_{\mathrm{rx}}^{*}\,(t'-t)\,r(t')\,\mathrm{e}^{-\mathrm{j}2\pi f(t'-t)}\,\mathrm{d}t' \\[2mm]
Y[n,\,m]=A_{g_{\mathrm{rx}},\,r}\,(t,\,f)\Big|_{t=nT,\,f=m\Delta f}
\end{cases}
\tag{8.3.30}
$$

之后通过辛傅里叶变换（Symplectic Finite Fourier Transform，SFFT）得到时延-多普勒域信号 $y[k,\,l]$，具体表达式为

$$
y[k,\,l]=\frac{1}{MN}\sum_{k=0}^{N-1}\sum_{l=0}^{M-1}Y[n,\,m]\mathrm{e}^{\mathrm{j}2\pi\left(\frac{nk}{N}+\frac{ml}{M}\right)}
\tag{8.3.31}
$$

综上所述，OTFS 是通过在 OFDM 的两端分别加上一级二维傅里叶变换，将信号调制在时延-多普勒域上，之后再利用时延-多普勒域上的信号 $y[k,\,l]$ 进行后续的信道估计和信号检测。

相较于 OFDM 调制，OTFS 调制具有以下几点优势：

（1）OTFS 可以在时频双选信道下实现高可靠和高速率的数据传输。因为 OTFS 调制将时变多径信道变换到时延-多普勒域上，使得所有符号经历几乎相同且变化缓慢的稀疏信道，能够有效应对高速移动性对信道产生的影响，从而提高通信质量。

（2）OTFS 具有获取时间和频率上的全部信道分集增益的潜力。同时，OTFS 相比于 OFDM 具有显著的信噪比优势、更低的峰均比（peak-to-average，PAPR）和更少的带外信号泄漏。

（3）OTFS 可以减少信道估计所需的资源，因为时延-多普勒域上的正交性意味着它可以用更少的导频符号来估计信道。因此，OTFS 的频谱效率高于 OFDM。

（4）OTFS 可以用于通信感知一体化系统，因为它可以利用信道变化反映物理环境的变化特征。

（5）OTFS 可通过在 OFDM 系统中加入预处理和后处理来实现，因此与主流无线通信标准相兼容。

除了上述优势之外，OTFS 也存在以下不足：

（1）OTFS 需要更复杂的信号处理，因为它需要在时延-多普勒域和时频域之间进行变换。

（2）OTFS 作为一种新型的调制技术，在走向应用的过程中仍然存在很多需要解决的问题，比如多址接入、信道估计和接收机算法等。这使得 OTFS 需要更多的时间和资金来推进技术的成熟化和商业化。

思　考　题

8.1　与二进制系统相比，多进制数字调制系统具有什么样的优缺点？

8.2　QAM 调制技术的基本原理是什么？

8.3　MFSK 调制技术的基本原理是什么？

8.4　对于 MPSK 调制，随着 M 的增大，其抗噪声能力会提高还是降低？为什么？

8.5　QPSK 调制的实现方法有哪些？

8.6 什么是单载波调制？什么是多载波调制？

8.7 OFDM 调制的优缺点有哪些？

8.8 为什么 OFDM 调制可抗频率选择性衰落？

8.9 什么是空间调制？

8.10 OTFS 调制的优缺点有哪些？

习　　题

8.1 已知数字基带信号(矩形单极性不归零脉冲)其信息传输速率为 R_b，若采用 MASK，MPSK，MFSK 调制后，求：

(1) 已调信号的带宽分别为多少？(基带信号带宽考虑谱零点带宽，MFSK 考虑非连续相位，且载波按序记为 f_1，f_2，…，f_M)

(2) 频带利用率分别为多少？(此时考虑 MFSK 各相邻载频差相等，且等于 2 倍码元速率)

(3) 实际传输中，考虑基带无码间串扰，发送端采用升余弦滤波成型(滚降系数为 α，则此时 MASK 信号所需的传输带宽为多少？系统的频带利用率为多少？(频带利用率取 η_b)

8.2 在相同信息传输速率的情况下，多进制频带传输系统的频谱利用率相比于二进制系统更高，但相应的代价是对系统本身要求也随之提高，假定基带信号的调幅范围为 $[0，A]$，若发送信息序列"0"，"1"等概率，信道仅考虑加性噪声，问：

(1) 接收端采用抽样判决法根据幅度值判决恢复，若不希望判决出错，则两者可容忍的噪声幅度上限值是多少？

(2) 对于 MASK，实际中噪声最容易引起相邻幅度值的错判决，故常采用格雷码对 M 个幅度值进行映射，请在 $[0，A]$ 内确定 8ASK 的编码与幅度值的映射关系。

8.3 对于一个 MASK 系统，其离散的幅值取 $[\pm d，\pm 3d，…，\pm(M-1)d]$，$d$ 为一常数，可知相邻幅值间距离为 $2d$。假定在接收端，接收信号无失真，仅附带窄带高斯噪声，对 MASK 信号采用相干解调，解调器输出，第 m 个码元信号采样时刻值表示为 $v_m = md + n$，$m = \pm 1$，± 3，± 5，…，$\pm(M-1)$，式中 $n \sim N(0，\sigma_n^2)$。假定 MASK 信号以等概率发送，

(1) 试推导 MASK 的误码率公式。

(2) 计算 MASK 信号的平均功率 P_{MASK}，并根据信噪比 $r = \dfrac{P_{MASK}}{\sigma_n^2}$，推导误码率同信噪比而非同 d 的关系式。$\left(\text{有} \displaystyle\sum_{i=1}^{n}\left[(2i-1)\right]^2 = \dfrac{n(4n^2-1)}{3}\right)$

8.4 考虑如图 P8.1 所示的 QPSK 系统，其错误判决是由信号的相位因噪声发生偏离导致的，问：

(1) 假定接收端的接收信号受噪声影响，相位偏移量的概率密度为 $f(\Delta\theta)$，则发生判决错误的概率是多少？

(2) QPSK 可以看作由两个相互正交的 2PSK 组成，假定接收端输入相干检测器前 QPSK 信号的信噪比为 r。且对

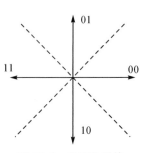

图 P8.1　QPSK 系统

于 2PSK，相干解调的误码率 $P_{\text{e-2PSK}} = \dfrac{1}{2}\text{erfc}(\sqrt{r_{\text{2PSK}}})$，则 QPSK 相干解调的误码率是否可以确定？

8.5 已知电话信道可用频带范围为 600～3000 Hz，取载波为 1800 Hz，说明：

(1) 采用 $\alpha=1$ 余弦基带信号 QPSK 调制可以传输 2400 b/s 数据。

(2) 采用 $\alpha=0.5$ 余弦滚降基带信号 8PSK 调制可以传输 4800 b/s 数据。

8.6 在四进制数字相位调制系统中，已知解调器输入端信噪比 $r=20$（高信噪比），试求 QPSK 和 QDPSK 方式系统误码率。

8.7 假定某系统采用相干 MPSK 调制，信息传输速率为 100 kb/s，信道为加性高斯白噪声信道，采用滚降系数 $\alpha=1$ 进行成型滤波，系统带宽为 100 kHz，要求系统误比特率 $P_b \leqslant 10^{-3}$，且按格雷码规律安排各组比特同相位之间的关系，问：

(1) 无 ISI 的最高频带利用率（单位为：b/(s·Hz)）。

(2) 解调器输入端所需的信噪比。（$\text{erfc}(2.18) \approx 0.00204935$，$\text{erfc}(2.19) \approx 0.00195405$）

8.8 最小移频键控（MSK）是连续相位频移键控（CPFSK）的一个特例，是为了克服 2FSK 信号在频率转换处相位不连续的缺点而引入的。已知数字基带信号为 110011，码元速率为 2000 Baud，采用 MSK 调制。已知 MSK 信号 $S_{\text{MSK}}(t) = \cos\left(\omega_c t + \dfrac{\pi a_k}{2T}t + \varphi_k\right)$，式中 $a_k=+1$ 对应数据基带信号的"1"，$a_k=-1$ 对应数据基带信号的"0"，载波频率 $f_c = 1750$ Hz。

(1) 数字信息"1"和"0"分别对应的频率为多少？

(2) 假设第一个码元的初始相位为 0，画出附加相位函数 $\theta_k(t) = \dfrac{\pi a_k}{2T}t + \varphi_k$ 的图形，并写出初始相位 φ_k 同基带信号 a_k 的对应关系。

8.9 考虑一个 OFDM 系统使用 5 个子载波信道并行发送数据，每个子信道上码元速率为 1000 Baud 且采用 2PSK 调制，将之相加后得到的波形送入信道中，问：

(1) 子载波的频率间隔 Δf 为多少？

(2) 忽略旁瓣功率，画出信道中传输波形的频谱示意图。

(3) 计算信道中传输信号的主瓣宽度和对应的频带利用率。

第9章 数字通信系统的最佳接收

数字通信系统中的一个基本问题是在接收端从受到信道特性畸变影响和噪声干扰的接收信号中恢复出发送的信息。由于数字通信系统中发送的符号是离散的和有限的，接收端恢复出发送信息过程就是从接收信号中检测出发送的符号。如何从接收信号中更有效地检测出所发送的符号，涉及到噪声、信道特性和发送符号的统计特性，信号检测与估计方面的理论，是数字通信系统中最佳接收研究的核心问题。

本章重点介绍高斯白噪声信道下数字通信信号的最佳接收理论，首先介绍信号空间的概念，再介绍数字通信系统的统计模型与最佳接收理论；其次介绍确知信号的最佳接收机设计，并分析其性能；最后介绍包含一定随机因素的数字信号的最佳接收机设计与性能分析。

本章提到的"最佳"是一个相对的概念，它是相对于某一条件、标准或准则下的最佳，在另外一个条件、标准或准则下则不一定是最佳。数字通信系统中的最佳标准或准则是最小差错概率准则，即数字通信系统传输可靠性最优的准则。

9.1 数字通信系统的统计模型

数字通信系统中信源以一定的速率输出信息，信息通过处理后以一定的码元速率形成发送的符号序列，符号序列通过映射形成相应的信号序列，经过信道的传输并叠加上噪声后到达接收端，经过检测处理，再经过译码等处理后恢复出信息，送给信宿。从数字通信系统信息的传输过程，可以看到发端发送信息具有一定的随机性，信道和噪声都具有一定的随机性，接收端所面临的有用信息和噪声都具有一定的随机性。为了减小这些随机因素对于接收机性能的影响，需要从统计的角度研究数字通信系统的模型。

9.1.1 数字通信系统统计模型

为了便于分析，忽略数字通信系统中一些中间处理过程，系统的统计模型如图9.1.1所示。在图中，数字通信系统统计模型包括消息空间、信号空间、噪声空间、观察空间、判决规则和判决空间。

在数字通信系统中，信源输出的消息

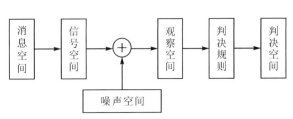

图 9.1.1 数字通信系统的统计模型

是离散的和可数的。消息空间就是信源输出所有可能的消息构成的集合，通常采用其统计特性描述消息的特性。若消息空间包含 M 个统计独立的消息，可以表示为 $X=\{x_1, x_2, \cdots, x_M\}$，其统计特性为

$$X \sim \begin{bmatrix} x_1 & x_2 & \cdots & x_M \\ P(x_1) & P(x_2) & \cdots & P(x_M) \end{bmatrix}, \quad \sum_{i=1}^{M} P(x_i) = 1 \tag{9.1.1}$$

消息是信息的表示形式，无法直接传输，需要映射为电信号才能通过数字通信系统进行传输。信号空间是与消息对应的所有信号构成的集合，通常也用其统计特性来描述其特性。若信号空间可以表示为 $S=\{s_1, s_2, \cdots, s_M\}$，其统计特性为

$$S \sim \begin{bmatrix} s_1 & s_2 & \cdots & s_M \\ P(s_1) & P(s_2) & \cdots & P(s_M) \end{bmatrix}, \quad \sum_{i=1}^{M} P(s_i) = 1 \tag{9.1.2}$$

式(9.1.2)中，$P(s_i)=P(x_i)$，$i=1, \cdots, M$，描述了信号发送的概率，通常称为先验概率。

由于本章重点分析在噪声作用下接收机的设计问题，因而信道模型采用的是高斯白噪声信道模型。噪声空间是噪声 $n(t)$ 样本的集合，通常用均值为零，双边功率谱密度为 $n_0/2$，其任意维概率密度服从高斯分布来描述其统计特性。

观察空间是指观察到所有可能信号的集合，也就是接收端收到所有可能信号的集合，若发送信号为 $s_i(t)$，则接收到的信号为

$$y(t)=s_i(t)+n(t), \quad i=1, \cdots, M; \ 0 \leqslant t \leqslant T_s \tag{9.1.3}$$

判决规则是依据预先定义的规则，将接收信号经过处理后，提取信号量进行判决，确定发送的是哪一个信号。

判决空间是所有可能判决结果构成的集合。

了解了数字通信系统的统计模型，下面从信号空间的角度重点讨论统计模型中发送信号、噪声和接收信号的模型。

9.1.2 发送信号模型

上面提到的信号集合是在信号空间的一个子集。数字通信的发送信号是由各个符号对应波形构成的波形序列，每个符号对应波形为持续一个码元时间的能量有限的信号。若在式(9.1.2)中，单个信号(码元)$s_i(t)$，$i=1, \cdots, M$，码元持续时间为 T_s，其码元能量为

$$E_i = \int_0^{T_s} s_i^2(t) \, \mathrm{d}t \tag{9.1.4}$$

每个信号都可以用张成信号空间的一组正交基函数来表示，即

$$s_i(t) = \sum_{j=1}^{J} s_{i,j} \phi_j(t), \quad i=1, \cdots, M \tag{9.1.5}$$

式(9.1.5)中 J 为信号空间维数，$[\phi_1(t), \phi_2(t), \cdots, \phi_J(t)]$ 是信号空间的正交基函数，基函数之间满足

$$\int_0^{T_s} \phi_i(t) \phi_j(t) \, \mathrm{d}t = \begin{cases} 1, & i=j \\ 0, & i \neq j \end{cases} \tag{9.1.6}$$

式(9.1.5)中的 $s_{i,j}$ 为

$$s_{i,j} = \int_0^{T_s} s_i(t) \phi_j(t) \, \mathrm{d}t \tag{9.1.7}$$

因而 $s_i(t)$ 在信号空间中就可以表示为一组矢量，即

$$\boldsymbol{s}_i = [s_{i,1}, s_{i,2}, \cdots, s_{i,J}] \tag{9.1.8}$$

因而数字通信系统中的 M 个发送信号在 J 维信号空间中就是 M 个点。在信号空间中通常定义信号矢量 s_i 的模为

$$\| \boldsymbol{s}_i \|^2 = \boldsymbol{s}_i^{\mathrm{T}} \boldsymbol{s}_i = \sum_{j=1}^{J} s_{i,j}^2, \ i = 1, \cdots, M \tag{9.1.9}$$

式(9.1.9)中 $\boldsymbol{s}_i^{\mathrm{T}}$ 表示矢量 $\boldsymbol{s}_i$ 的转置，信号 $s_i(t)$ 的能量可以表示为

$$E_i = \int_0^{T_s} s_i^2(t) \mathrm{d}t = \sum_{j=1}^{J} s_{i,j}^2 = \| \boldsymbol{s}_i \|^2 \tag{9.1.10}$$

在信号空间中，$s_i(t)$ 与 $s_k(t)$ 信号之间的相关运算可以表示为

$$\int_0^{T_s} s_i(t) s_k(t) \mathrm{d}t = \boldsymbol{s}_i^{\mathrm{T}} \boldsymbol{s}_k \tag{9.1.11}$$

信号 $s_i(t)$ 与 $s_k(t)$ 之间的距离通常定义为

$$\| \boldsymbol{s}_i - \boldsymbol{s}_k \| = \left\{ \sum_{j=1}^{J} (s_{i,j} - s_{k,j})^2 \right\}^{\frac{1}{2}} = \left\{ \int_0^{T_s} [s_i(t) - s_k(t)]^2 \mathrm{d}t \right\}^{\frac{1}{2}} \tag{9.1.12}$$

信号 $s_i(t)$ 与 $s_k(t)$ 在信号空间矢量之间夹角 $\theta_{i,k}$ 为

$$\cos\theta_{i,k} = \frac{\boldsymbol{s}_i^{\mathrm{T}} \boldsymbol{s}_k}{\| \boldsymbol{s}_i \| \ \| \boldsymbol{s}_k \|} \tag{9.1.13}$$

如果两个信号之间正交，则 $\boldsymbol{s}_i^{\mathrm{T}} \boldsymbol{s}_k = 0$，$\theta_{i,k} = 90°$。信号空间对于从数字信号处理角度分析研究数字通信系统的波形设计与性能分析非常直观。

数字通信系统发端信号集合中有 M 个信号波形，对于这些信号，如何确定其信号空间的维度和完备基函数集？在信号处理中一般采用 Gram-Schmidt 正交化过程来获得。下面以发送信号集合中 M 个信号 $s_i(t)$，$i=1, \cdots, M$ 为例，介绍 Gram-Schmidt 正交化过程。

第一步，从集合中选择 $s_1(t)$ 或者其他任意一个波形作为第一个基函数，即

$$\phi_1(t) = \frac{s_1(t)}{\sqrt{E_1}} \tag{9.1.14}$$

式(9.1.14)中 E_1 是 $s_1(t)$ 的能量。显然，$s_1(t)$ 可以表示为

$$s_1(t) = \sqrt{E_1} \phi_1(t) = s_{1,1} \phi_1(t) \tag{9.1.15}$$

式中系数 $s_{1,1} = \sqrt{E_1}$，$\phi_1(t)$ 具有单位能量，满足基函数的要求。

第二步，利用 $s_2(t)$，可以获得其在 $\phi_1(t)$ 上的系数，即

$$s_{2,1} = \int_0^{T_s} s_2(t) \phi_1(t) \mathrm{d}t \tag{9.1.16}$$

为了推导方便，引入一个中间函数为

$$g_2(t) = s_2(t) - s_{2,1} \phi_1(t) \tag{9.1.17}$$

式(9.1.17)中函数 $g_2(t)$ 与 $\phi_1(t)$ 在区间 $0 \leqslant t \leqslant T_s$ 正交，则第二个基函数定义为

$$\phi_2(t) = \frac{g_2(t)}{\sqrt{\int_0^{T_s} g_2^2(t) \mathrm{d}t}} \tag{9.1.18}$$

将式(9.1.17)代入式(9.1.18)，可得

$$\phi_2(t) = \frac{s_2(t) - s_{2,1}\phi_1(t)}{\sqrt{E_2 - s_{2,1}^2}} \tag{9.1.19}$$

式(9.1.19)中 E_2 是 $s_2(t)$ 的能量。显然

$$\int_0^{T_s} \phi_2^2(t)\mathrm{d}t = 1$$
$$\int_0^{T_s} \phi_1(t)\phi_2(t)\mathrm{d}t = 0 \tag{9.1.20}$$

按照这种步骤继续，定义

$$g_i(t) = s_i(t) - \sum_{j=1}^{i-1} s_{i,j}\phi_j(t)$$
$$s_{i,j} = \int_0^{T_s} s_i(t)\phi_j(t)\mathrm{d}t \tag{9.1.21}$$
$$\phi_i(t) = \frac{g_i(t)}{\sqrt{\int_0^{T_s} g_i^2(t)\mathrm{d}t}}$$

式中 $i=1,2,\cdots,J$，就可以得到 M 个信号所在的信号空间的基函数集合。信号空间的维数 $J \leqslant M$。如果 M 个信号是线性无关的，则 $J=M$。如果 M 个信号不是线性独立的，则 $J < M$。

例如 QPSK 的信号空间，若定义发射信号为 $s_i(t)$，在其一个码元周期($0 \leqslant t \leqslant T$)内其表达形式为

$$s_i(t) = \sqrt{\frac{2E}{T}}\cos\left[(2i-1)\frac{\pi}{4}\right]\cos(2\pi f_c t) - \sqrt{\frac{2E}{T}}\sin\left[(2i-1)\frac{\pi}{4}\right]\sin(2\pi f_c t) \tag{9.1.22}$$

基于式(9.1.22)，可以得出以下结论：$s_i(t)$ 中包含两个正交基函数 $\phi_1(t)$ 和 $\phi_2(t)$。具体来说，$\phi_1(t)$ 和 $\phi_2(t)$ 可由一对正交载波表示

$$\phi_1(t) = \sqrt{\frac{2}{T}}\cos(2\pi f_c t),\ 0 \leqslant t \leqslant T \tag{9.1.23}$$

$$\phi_2(t) = \sqrt{\frac{2}{T}}\sin(2\pi f_c t),\ 0 \leqslant t \leqslant T \tag{9.1.24}$$

QPSK 信号空间对应的坐标如表 9.1.1 所示。

表 9.1.1　QPSK 信号相位对应表

输入信号码元	QPSK 信号相位	对应坐标	
		s_{i1}	s_{i2}
10	$\pi/4$	$+\sqrt{E/2}$	$-\sqrt{E/2}$
00	$3\pi/4$	$-\sqrt{E/2}$	$-\sqrt{E/2}$
01	$5\pi/4$	$-\sqrt{E/2}$	$+\sqrt{E/2}$
11	$7\pi/4$	$+\sqrt{E/2}$	$+\sqrt{E/2}$

9.1.3 噪声模型

在第 2 章中已经介绍过，信道中高斯白噪声的均值为零，双边功率谱密度为 $n_0/2$，其任意维概率密度服从高斯分布。由于数字通信系统以码元为传输单元，因而噪声对于各个码元传输波形产生影响的时间也是码元的持续时间 T_s。若数字通信系统发送信号所在的信号空间维度为 J，下面讨论噪声在信号空间中的统计特性。

若信号空间的基函数集合为 $[\phi_1(t), \phi_2(t), \cdots, \phi_J(t)]$，持续时间为一个码元的高斯白噪声 $n(t)$ 在各个基函数上的系数为

$$n_j = \int_0^{T_s} n(t)\phi_j(t)\mathrm{d}t, \quad j = 1, \cdots, J \qquad (9.1.25)$$

则 n_j 的均值为

$$E(n_j) = E\left\{\int_0^{T_s} n(t)\phi_j(t)\mathrm{d}t\right\} = \int_0^{T_s} E[n(t)]\phi_j(t)\mathrm{d}t = 0 \qquad (9.1.26)$$

方差为

$$\begin{aligned} \sigma_{n_j}^2 &= \mathrm{var}(n_j) = E(n_j^2) \\ &= E\left\{\int_0^{T_s} n(t)\phi_j(t)\mathrm{d}t \int_0^{T_s} n(\tau)\phi_j(\tau)\mathrm{d}\tau\right\} \\ &= E\left\{\int_0^{T_s}\int_0^{T_s} n(t)n(\tau)\phi_j(t)\phi_j(\tau)\mathrm{d}\tau\mathrm{d}t\right\} \\ &= \int_0^{T_s}\int_0^{T_s} E[n(t)n(\tau)]\phi_j(t)\phi_j(\tau)\mathrm{d}\tau\mathrm{d}t \end{aligned} \qquad (9.1.27)$$

由 $n(t)$ 的统计特性可知

$$E[n(t)n(\tau)] = \frac{n_0}{2}\delta(t-\tau) \qquad (9.1.28)$$

将式(9.1.28)代入式(9.1.27)可得

$$\sigma_{n_j}^2 = \frac{n_0}{2}\int_0^{T_s}\phi_j^2(t)\mathrm{d}t = \frac{n_0}{2}, \quad j = 1, \cdots, J \qquad (9.1.29)$$

因而，各个系数的一维概率密度为

$$f(n_j) = \frac{1}{\sqrt{2\pi}\sigma_{n_j}}\exp\left(-\frac{n_j^2}{2\sigma_{n_j}^2}\right) = \frac{1}{\sqrt{\pi n_0}}\exp\left(-\frac{n_j^2}{n_0}\right) \qquad (9.1.30)$$

由于噪声在各个基函数上的系数是相互独立的，若定义 $n = [n_1, \cdots, n_J]$，其概率密度为

$$f(n) = \left(\frac{1}{\sqrt{\pi n_0}}\right)^J \exp\left(-\frac{1}{n_0}\sum_{j=1}^J n_j^2\right) \qquad (9.1.31)$$

在信号空间中，$\sum_{j=1}^J n_j^2 = \int_0^{T_s} n^2(t)\mathrm{d}t$，因而式(9.1.31)变为

$$f(n) = \left(\frac{1}{\sqrt{\pi n_0}}\right)^J \exp\left(-\frac{1}{n_0}\int_0^{T_s} n^2(t)\mathrm{d}t\right) \qquad (9.1.32)$$

9.1.4 接收信号模型

数字通信系统中的信号经过加性高斯白噪声信道传输后到达接收端，在观察空间中观察到每个码元的接收信号为

$$y(t) = s_i(t) + n(t), i = 1, \cdots, M; 0 \leqslant t \leqslant T_s \tag{9.1.33}$$

则 $y(t)$ 在基函数集合 $[\phi_1(t), \phi_2(t), \cdots, \phi_J(t)]$ 的信号空间中矢量的第 j 维系数为

$$\begin{aligned} y_j &= \int_0^{T_s} y(t) \phi_j(t) \mathrm{d}t = \int_0^{T_s} [s_i(t) + n(t)] \phi_j(t) \mathrm{d}t \\ &= \int_0^{T_s} s_i(t) \phi_j(t) \mathrm{d}t + \int_0^{T_s} n(t) \phi_j(t) \mathrm{d}t \\ &= s_{i,j} + n_j, j = 1, \cdots, J \end{aligned} \tag{9.1.34}$$

若已知发送的 $s_i(t)$ 时，则在 y_j 中 $s_{i,j}$ 是确定的量，因而其条件概率密度为

$$f_y(y_j \mid s_{i,j}) = \frac{1}{\sqrt{\pi n_0}} \exp\left(-\frac{(y_j - s_{i,j})^2}{n_0}\right) \tag{9.1.35}$$

$y(t)$ 在信号空间中对应的信号矢量 $y = [y_1, \cdots, y_J]$ 的条件概率密度为

$$f_y(y \mid s_i) = \left(\frac{1}{\sqrt{\pi n_0}}\right)^J \exp\left(-\frac{1}{n_0} \sum_{j=1}^J (y_j - s_{i,j})^2\right) \tag{9.1.36}$$

根据信号空间中信号矢量与信号之间的关系 $\sum\limits_{j=1}^J (y_j - s_{i,j})^2 = \int_0^{T_s} [y(t) - s_t(t)]^2 \mathrm{d}t$，式 (9.1.36) 可以表示为

$$f_y(y \mid s_i) = \left(\frac{1}{\sqrt{\pi n_0}}\right)^J \exp\left(-\frac{1}{n_0} \int_0^{T_s} [y(t) - s_i(t)]^2 \mathrm{d}t\right) \tag{9.1.37}$$

式 (9.1.37) 是已知发送 $s_i(t)$ 条件下接收信号 $y(t)$ 的条件概率密度，通常把这个函数称为**似然函数**，记为 $L(s_i) = f_y(y \mid s_i)$。在实际应用中，通常对似然函数取对数，称为对数似然函数，其定义为

$$L(s_i) = -\frac{1}{n_0} \sum_{j=1}^J (y_j - s_{i,j})^2 = -\frac{1}{n_0} \int_0^{T_s} [y(t) - s_i(t)]^2 \mathrm{d}t \tag{9.1.38}$$

式 (9.1.38) 中对于似然函数取对数，忽略掉了各个不同 $s_i(t)$ 的都存在的公共常数项。

9.2　数字通信信号的匹配滤波器

在数字通信系统统计模型中，观察空间得到的接收信号要经过一定的处理后，才能提取相应的检测量，再根据判决规则进行判决。在数字基带传输系统和数字频带传输系统中，接收端进行判决之前要通过抽样获得用于判决的检测量。无论是数字基带还是数字频带传输系统，在抽样之前的接收机中处理电路都可等效为一个线性滤波器，其模型如图 9.2.1 所示。

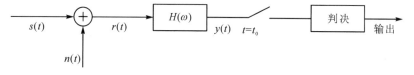

图 9.2.1　接收机的线性滤波器等效模型

在前面章节中都已介绍，判决后的误码率与抽样时刻的信噪比有关，信噪比越大误码率越小。因而希望接收机的等效线性滤波器输出的信噪比达到最大，使接收机的误码率达到最小。这种输出信噪比最大的线性滤波器称为匹配滤波器。下面具体介绍匹配滤波器。

9.2.1 匹配滤波器的输入信号模型

在图 9.2.1 中，匹配滤波器在第 k 个码元的输入信号为
$$y(t) = s_k(t) + n(t), 0 \leqslant t \leqslant T_s \tag{9.2.1}$$
式(9.2.1)中，$s_k(t)$ 的频谱为 $S_k(f)$，码元的能量为 $E_k = \int_0^{T_s} s_k^2(\tau)\mathrm{d}\tau$。$n(t)$ 为均值为零，双边功率谱密度为 $n_0/2$，概率密度服从高斯分布的噪声。

9.2.2 匹配滤波器

匹配滤波器是线性滤波器，若其冲激响应为 $h(t)$，传输函数为 $H(f)$，滤波器的输出为
$$\begin{aligned}
z(t) &= y(t) * h(t) = [s_k(t) + n(t)] * h(t) \\
&= \int_0^t s_k(\tau)h(t-\tau)\mathrm{d}\tau + \int_0^t n(\tau)h(t-\tau)\mathrm{d}\tau \\
&= s_{k,\text{o}}(t) + \eta_\text{o}(t)
\end{aligned} \tag{9.2.2}$$
在式(9.2.2)中，$s_{k,\text{o}}(t) = \int_0^t s_k(\tau)h(t-\tau)\mathrm{d}\tau$，$\eta_\text{o}(t) = \int_0^t n(\tau)h(t-\tau)\mathrm{d}\tau$。

若抽样时刻为 t_0，$0 \leqslant t_0 \leqslant T_s$，则抽样时刻的信噪比定义为
$$r_{\text{SNR}_0} = \frac{s_{k,\text{o}}^2(t_0)}{E[\eta_\text{o}^2(t_0)]} \tag{9.2.3}$$
式(9.2.3)中
$$\begin{aligned}
E[\eta_\text{o}^2(t_0)] &= \int_0^{t_0} \int_0^{t_0} E[n(\tau)n(\beta)]h(t_0-\tau)h(t_0-\beta)\mathrm{d}\tau\mathrm{d}\beta \\
&= \frac{n_0}{2} \int_0^{t_0} \int_0^{t_0} \delta(\tau-\beta)h(t_0-\tau)h(t_0-\beta)\mathrm{d}\tau\mathrm{d}\beta \\
&= \frac{n_0}{2} \int_0^{t_0} h^2(t_0-\tau)\mathrm{d}\tau
\end{aligned} \tag{9.2.4}$$
因而抽样时刻信噪比为
$$r_{\text{SNR}_0} = \frac{s_{k,\text{o}}^2(t_0)}{E[\eta_\text{o}^2(t_0)]} = \frac{\left[\int_0^{t_0} s_k(\tau)h(t_0-\tau)\mathrm{d}\tau\right]^2}{\dfrac{n_0}{2} \int_0^{t_0} h^2(t_0-\tau)\mathrm{d}\tau} \tag{9.2.5}$$
式(9.2.5)进一步推导需要用到柯西-许瓦兹不等式。若 $g_1(t)$ 和 $g_2(t)$ 是实函数，由柯西-许瓦兹不等式可得
$$\left[\int_{-\infty}^{\infty} g_1(t)g_2(t)\mathrm{d}t\right]^2 \leqslant \int_{-\infty}^{\infty} g_1^2(t)\mathrm{d}t \int_{-\infty}^{\infty} g_2^2(t)\mathrm{d}t \tag{9.2.6}$$
式(9.2.6)中当且仅当 $g_1(t) = Cg_2(t)$ 时，等号成立，C 为任意常数。若令 $g_1(t) = h(t_0-t)$，$g_2(t) = s(t)$，式(9.2.5)变为
$$r_{\text{SNR}_0} = \frac{\left[\int_0^{t_0} s_k(\tau)h(t_0-\tau)\mathrm{d}\tau\right]^2}{\dfrac{n_0}{2} \int_0^{t_0} h^2(t_0-\tau)\mathrm{d}\tau} \leqslant \frac{\int_0^{t_0} s_k^2(\tau)\mathrm{d}\tau \int_0^{t_0} h^2(t_0-\tau)\mathrm{d}\tau}{\dfrac{n_0}{2} \int_0^{t_0} h^2(t_0-\tau)\mathrm{d}\tau} = \frac{2\int_0^{t_0} s_k^2(\tau)\mathrm{d}\tau}{n_0} \tag{9.2.7}$$
由于要使 $\int_0^{t_0} s_k^2(\tau)\mathrm{d}\tau$ 的能量达到一个码元能量，$t_0 \geqslant T_s$，因而

$$r_{\text{SNR}_0} \leqslant \frac{2\int_0^{t_0} s_k^2(\tau)\mathrm{d}\tau}{n_0} \leqslant \frac{2\int_0^{T_s} s_k^2(\tau)\mathrm{d}\tau}{n_0} = \frac{2E_k}{n_0} \tag{9.2.8}$$

由式(9.2.8)的推导过程可见，获得最大信噪比的抽样时刻是码元结束以后的时刻。此时滤波器的冲激响应为

$$h(t) = Cs_k(T_s - t), \ 0 \leqslant t \leqslant T_s \tag{9.2.9}$$

由于常数 C 不影响输出信噪比，在式(9.2.9)中通常将 C 取为常数 1。匹配滤波器输出的信噪比仅与码元能量有关，与波形的形式无关。因而匹配滤波器的冲激响应可以表示为

$$h(t) = s_k(T_s - t), \ 0 \leqslant t \leqslant T_s \tag{9.2.10}$$

上面推导匹配滤波器是在时域推导的，在频域也可得到同样的结论。在频域，接收端等效的线性滤波器输出的信号分量在 t_0 时刻上抽样 $s_{k,\,o}(t_0)$ 为

$$s_{k,\,o}(t_0) = \int_{-\infty}^{\infty} S_k(f)H(f)\mathrm{e}^{j2\pi f t_0}\mathrm{d}f \tag{9.2.11}$$

输出的噪声分量 $\eta_o(t)$ 的功率谱密度为

$$P_{\eta_o}(f) = \frac{n_0}{2}\,|H(f)|^2 \tag{9.2.12}$$

噪声的平均功率为

$$E[\eta_o^2(t_0)] = \frac{n_0}{2}\int_{-\infty}^{\infty}|H(f)|^2\mathrm{d}f \tag{9.2.13}$$

抽样时刻的信噪比为

$$r_{\text{SNR}_0} = \frac{s_{k,\,o}^2(t_0)}{E[\eta_o^2(t_0)]} = \frac{\left[\int_{-\infty}^{\infty}H(f)S_k(f)\mathrm{e}^{j2\pi f t_0}\mathrm{d}f\right]^2}{\dfrac{n_0}{2}\int_{-\infty}^{\infty}|H(f)|^2\mathrm{d}f} \tag{9.2.14}$$

同样利用柯西-许瓦兹不等式，若 $g_1(t)$ 和 $g_2(t)$ 是复函数，

$$\left[\int_{-\infty}^{\infty}g_1(t)g_2(t)\mathrm{d}t\right]^2 \leqslant \int_{-\infty}^{\infty}|g_1(t)|^2\mathrm{d}t\int_{-\infty}^{\infty}|g_2(t)|^2\mathrm{d}t$$

当且仅当 $g_1(t) = Cg_2^*(t)$ 时，C 为任意常数，等号成立。因而式(9.2.14)变为

$$r_{\text{SNR}_0} = \frac{\left[\int_{-\infty}^{\infty}H(f)S_k(f)\mathrm{e}^{j2\pi f t_0}\mathrm{d}f\right]^2}{\dfrac{n_0}{2}\int_{-\infty}^{\infty}|H(f)|^2\mathrm{d}f} \leqslant \frac{\int_{-\infty}^{\infty}|S_k(f)|^2\mathrm{d}f\int_{-\infty}^{\infty}|H(f)|^2\mathrm{d}f}{\dfrac{n_0}{2}\int_{-\infty}^{\infty}|H(f)|^2\mathrm{d}f}$$

$$= \frac{2}{n_0}\int_{-\infty}^{\infty}|S_k(f)|^2\mathrm{d}f = \frac{2}{n_0}\int_0^{T_s}s_k^2(\tau)\mathrm{d}\tau = \frac{2E_k}{n_0} \tag{9.2.15}$$

式(9.2.15)中 $\int_{-\infty}^{\infty}|S_k(f)|^2\mathrm{d}f = \int_0^{T_s}s_k^2(\tau)\mathrm{d}\tau$ 利用了帕瑟瓦尔公式。线性滤波器获得最大输出信噪比时，其传输函数为

$$H(f) = CS_k^*(f)\mathrm{e}^{-j2\pi f t_0} \tag{9.2.16}$$

其冲激响应为

$$h(t) = Cs_k(t_0 - t) \tag{9.2.17}$$

对于一个物理可实现滤波器，其输出信噪比最大的时刻 t_0 在输入信号结束后，即 $t_0 \geqslant T_s$，一般取 $t_0 = T_s$。常数 C 由于不影响输出信噪比，通常取为 1。因而匹配滤波器的冲激响应为

$$h(t) = s_k(T_s - t), \ 0 \leqslant t \leqslant T_s \tag{9.2.18}$$

9.2.3　匹配滤波器的输出信号

通过上面的推导得到了匹配滤波器的冲激响应，其输出为

$$z(t) = y(t) * h(t) = [s_k(t) + n(t)] * h(t) = s_{k,\text{o}}(t) + \eta_\text{o}(t)$$

其中输出的信号分量为

$$s_{k,\text{o}}(t) = s_k(t) * h(t) = \int_0^t s_k(t-\tau)h(\tau)\mathrm{d}\tau$$

$$= \int_0^t s_k(t-\tau)s_k(t_0-\tau)\mathrm{d}\tau \tag{9.2.19}$$

令 $\alpha = t_0 - \tau$，则式(9.2.19)为

$$s_{k,\text{o}}(t) = \int_0^t s_k(t+\alpha-t_0)s_k(\alpha)\mathrm{d}\alpha = R_{s_k}(t-t_0) \tag{9.2.20}$$

在式(9.2.20)中，$R_{s_k}(t)$ 是码元 $s_k(t)$ 信号的相关函数。在抽样时刻，$s_{k,\text{o}}(t_0) = R_{s_k}(0)$。匹配滤波器充分利用了码元信号的波形信息，使其在抽样时刻信噪比达到最大，实现了该码元信号的最佳接收处理。

例 9.1　设一个码元的信号波形 $s(t)$ 如图 9.2.2(a)所示，求这个信号的匹配滤波器的传输函数和冲激响应，以及输出信号波形。

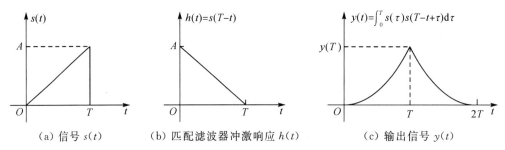

(a) 信号 $s(t)$　　　　(b) 匹配滤波器冲激响应 $h(t)$　　　　(c) 输出信号 $y(t)$

图 9.2.2　匹配滤波器输入波形、冲激响应和输出波形

解　图 9.2.2 (a)中，信号 $s(t)$ 为

$$s(t) = \frac{A}{T} \cdot t, \; 0 \leqslant t \leqslant T$$

根据式(9.2.18)，该信号对应的匹配滤波器的冲激响应如图 9.2.2(b)所示。

$$h(t) = s_k(T-t) = \frac{A}{T}(T-t), \; 0 \leqslant t \leqslant T$$

根据式(9.2.19)，接收信号经过匹配滤波器后的输出信号如图 9.2.2(c)所示。

$$y(t) = s(t) * h(t) = \int_0^T s(\tau) \cdot h(t-\tau)\mathrm{d}\tau$$

$$= \int_0^T \left(\frac{A}{T} \cdot \tau\right) \cdot \left(\frac{A}{T}(T+\tau-t)\right)\mathrm{d}\tau$$

$$= \begin{cases} \left(\dfrac{A}{T}\right)^2 \left(\dfrac{Tt^2}{2} - \dfrac{t^3}{6}\right), & 0 < t \leqslant T \\ \left(\dfrac{A}{T}\right)^2 \left(\dfrac{T(T-t)^2}{2} - \dfrac{(T-t)^3}{6}\right), & T < t \leqslant 2T \\ 0, & \text{其他} \end{cases}$$

例 9.2　图 9.2.3(a)中给出一个正交二进制信号的集合,若从此集合中选择信号通过 AWGN 信道传输。假设噪声的均值为零,双边功率谱密度为$N_0/2$。试求:

(1) 信号集中的各个信号对应匹配滤波器的冲激响应。

(2) 若仅选择集合中第一个信号传输时,给出接收端两个匹配滤波器的输出信号和波形。

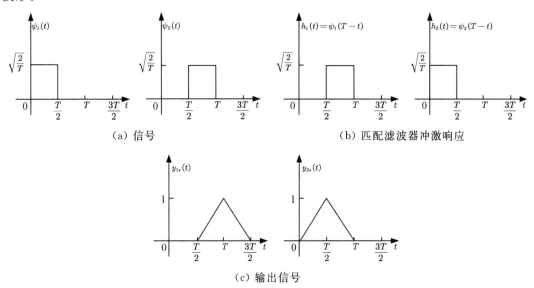

(a) 信号　　　　　　　　　(b) 匹配滤波器冲激响应

(c) 输出信号

图 9.2.3　双正交信号波形、匹配滤波器和输出波形

解　图 9.2.3(a)中,信号集合中 $\psi_1(t)$ 和 $\psi_2(t)$ 分别为

$$\psi_1(t)=\begin{cases}\sqrt{\dfrac{2}{T}}, & 0\leqslant t\leqslant\dfrac{T}{2}\\[2mm]0, & 其他\end{cases}$$

$$\psi_2(t)=\begin{cases}\sqrt{\dfrac{2}{T}}, & \dfrac{T}{2}\leqslant t\leqslant T\\[2mm]0, & 其他\end{cases}$$

两个匹配滤波器的冲激响应为

$$h_1(t)=\psi_1(T-t)=\begin{cases}\sqrt{\dfrac{2}{T}}, & \dfrac{T}{2}\leqslant t\leqslant T\\[2mm]0, & 其他\end{cases}$$

$$h_2(t)=\psi_2(T-t)=\begin{cases}\sqrt{\dfrac{2}{T}}, & 0\leqslant t\leqslant\dfrac{T}{2}\\[2mm]0, & 其他\end{cases}$$

如果传输信号为 $\psi_1(t)$,两个匹配滤波器的(无噪声)响应如图 (c)所示。由于$y_{1s}(t)$和 $y_{2s}(t)$是在 $t=T$ 时采样,可以观察得知 $y_{1s}(T)=1$ 和 $y_{2s}(T)=0$。且有 $E_s=1$ 表示信号能量。$n_1=y_{1n}(T)$ 和 $n_2=y_{2n}(T)$ 是匹配滤波器输出处的噪声成分,可以表示为

$$y_{kn}(T)=\int_0^T n(t)\psi_k(t)\mathrm{d}t, \quad k=1,2$$

显而易见，$E[n_k]=E[y_{kn}(T)]=0$，其方差为

$$\sigma_n^2 = E[y_{kn}^2(T)] = \frac{N_0}{2}\int_0^T\int_0^T\delta(t-\tau)\psi_k(\tau)\psi_k(t)\mathrm{d}t\mathrm{d}\tau$$

$$= \frac{N_0}{2}\int_0^T\psi_k^2(t)\mathrm{d}t = \frac{N_0}{2}$$

对第一个匹配滤波器，可以计算其信噪比为

$$r_{\mathrm{SNR_0}} = \frac{2E_s}{N_0} = \frac{2}{N_0}$$

例9.3 信号 $s(t)=Ap(t)$，其中 $p(t)$ 是一个持续 T 秒的单位幅度脉冲，如图9.2.4所示，求其匹配滤波器的冲激响应和输出信号。

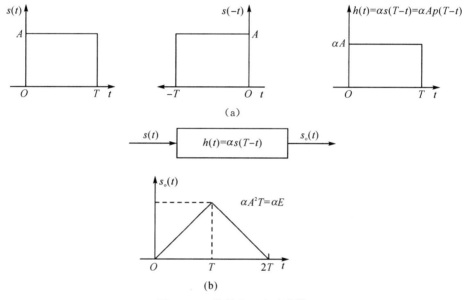

图 9.2.4　信号和匹配滤波器

解 信号为

$$s(t)=Ap(t)$$

该信号匹配滤波器的冲激响应如图9.2.4(a)所示。

$$h(t) = \alpha s(T-t) = \alpha Ap(T-t) = \begin{cases} \alpha A, & 0\leqslant t\leqslant T \\ 0, & 其他 \end{cases}$$

其中 α 为匹配滤波器的归一化因子。在 $t=T$ 时刻匹配滤波器输出取得最大值 $s_o(T)=\alpha A^2T=\alpha E$，且 $E=A^2T$ 表示信号能量。信号经过匹配滤波器的输出如图9.2.4(b)所示。

$$s_o(t) = s(t)*h(t)$$

$$= \int_0^T Ap(\tau)\cdot\alpha Ap(T-t-\tau)\mathrm{d}\tau$$

$$= \begin{cases} \alpha A^2t, & 0<t\leqslant T \\ \alpha A^2(2T-t), & T<t\leqslant 2T \\ 0, & 其他 \end{cases}$$

9.3　最佳接收准则

数字通信系统的核心任务是可靠地传输信息，因而最小差错概率准则是数字通信系统中最合理和最直观的准则，也是最佳接收机设计的准则。本节将在最小差错概率准则下推导接收机中最佳判决准则。

9.3.1　最大后验概率准则

在 9.1 节中已经给出了接收信号统计模型，如果发送端发送信号的集合为 $S=\{s_1(t), s_2(t), \cdots, s_M(t)\}$，经过高斯白噪声信道模型传输后，接收端的信号模型为 $y(t)=s_i(t)+n(t)$，$i=1, \cdots, M$；$0 \leqslant t \leqslant T_s$。接收信号服从的条件概率密度为 $f_y(y|s_i)$，$i=1$，$\cdots, M$；若已知 $s_i(t)$ 的判决区域为 R_i，则当发送 $s_i(t)$ 时，其错误概率为

$$P_e(s_i) = 1 - P_c(s_i) = 1 - \int_{R_i} f_y(y|s_i)\mathrm{d}y \tag{9.3.1}$$

则系统总的平均错误概率为

$$P_e = \sum_{i=1}^{M} P(s_i)P_e(s_i) = 1 - \sum_{i=1}^{M} \int_{R_i} P(s_i)f_y(y|s_i)\mathrm{d}y \tag{9.3.2}$$

在式(9.3.2)中，若 $f_y(y)$ 是接收矢量 y 的概率密度，$P(s_i)f_y(y|s_i)=P(s_i|y)f_y(y)$，则上式变为

$$P_e = \sum_{i=1}^{M} P(s_i)P_e(s_i) = 1 - \sum_{i=1}^{M} \int_{R_i} P(s_i|y)f_y(y)\mathrm{d}y \tag{9.3.3}$$

由式(9.3.3)可见，若使接收机误码率最小，需要使 $P(s_i|y)$ 在其判决区域 R_i 中最大，即所谓的最大后验概率准则。

最大后验概率准则：若信号 s_i 的后验概率为 $P(s_i|y)$，$i=1, \cdots, M$，最大后验概率准则为

$$\hat{s} = \arg \max_{s_k}(P(s_k|y)) \tag{9.3.4}$$

在式(9.3.4)中，$\arg\max(\cdot)$ 函数是获取使括号中函数值最大的自变量。最大后验概率也可以表示为 $P(s_i|y) \geqslant P(s_k|y)$，$k \neq i$，$y$ 判决为 s_i。

下面推导一下后验概率的表示。借助于 J 维信号空间的概念，接收信号的统计模型，也就是接收信号的条件概率密度，可以表示为

$$f_y(y|s_i) = \left(\frac{1}{\sqrt{\pi n_0}}\right)^J \exp\left(-\frac{1}{n_0}\sum_{j=1}^{J}(y_j - s_{i,j})^2\right)$$

$$= \left(\frac{1}{\sqrt{\pi n_0}}\right)^J \exp\left(-\frac{1}{n_0}\int_{0}^{T_s}[y(t) - s_i(t)]^2\mathrm{d}t\right) \tag{9.3.5}$$

由贝叶斯公式可得 s_i 的后验概率密度

$$P_y(s_i|y) = \frac{f_y(y|s_i)P(s_i)}{f_y(y)} \tag{9.3.6}$$

式中 $P(s_i)$ 是 s_i 的发送概率，即先验概率；$f_y(y)$ 是接收矢量 y 的概率密度。

在最大后验概率密度表达式(9.3.6)中，$f_y(y)$是公共项，因而后验概率由似然函数和先验概率决定。即

$$\hat{s} = \underset{s_i}{\arg\max}(f_y(y|s_i)P(s_i)) \tag{9.3.7}$$

式(9.3.7)也可以表示为

$$f_y(y|s_i)P(s_i) \geqslant f_y(y|s_k)P(s_k), k \neq i, y \text{ 判决为} s_i \tag{9.3.8}$$

式(9.3.8)是多进制数字通信系统按照最大后验概率的准则设计的判决准则，确保接收机的误码率最小。如果多进制数字通信系统发射的信号是先验等概的，式(9.3.8)则变为比较各个信号对应的似然函数，即

$$f_y(y|s_i) \geqslant f_y(y|s_k), k \neq i, y \text{ 判决为} s_i \tag{9.3.9}$$

式(9.3.9)又称为最大似然准则。

上面介绍的是多进制的情况，下面我们具体考察二进制数字通信系统的情况。

二进制数字通信系统，信号集合为$S = \{s_1(t), s_2(t)\}$，对应的先验概率为$P(s_1)$和$P(s_2)$，通过高斯白噪声信道传输后，在接收端得到两个信号对应的后验概率分别为

$$\begin{cases} P(s_1|y) = \dfrac{f_y(y|s_1)P(s_1)}{f_y(y)} \\[3mm] P(s_2|y) = \dfrac{f_y(y|s_2)P(s_2)}{f_y(y)} \end{cases} \tag{9.3.10}$$

因此，最大后验概率准则可表示为

$$\begin{cases} P(s_1|y) > P(s_2|y), y \text{ 判为} s_1 \\ P(s_1|y) < P(s_2|y), y \text{ 判为} s_2 \end{cases} \tag{9.3.11}$$

或者，可以等价地表示为

$$\begin{cases} f_y(y|s_1)P(s_1) > f_y(y|s_2)P(s_2), y \text{ 判为} s_1 \\ f_y(y|s_1)P(s_1) < f_y(y|s_2)P(s_2), y \text{ 判为} s_2 \end{cases} \tag{9.3.12}$$

对式(9.3.12)进行整理，将似然函数和先验概率分别放在不等号的两侧，则可得

$$\begin{cases} \dfrac{f_y(y|s_1)}{f_y(y|s_2)} > \dfrac{P(s_2)}{P(s_1)}, y \text{ 判为} s_1 \\[3mm] \dfrac{f_y(y|s_1)}{f_y(y|s_2)} < \dfrac{P(s_2)}{P(s_1)}, y \text{ 判为} s_2 \end{cases} \tag{9.3.13}$$

由式(9.3.13)可见，不等号左边是两个信号的似然函数比值，右边是两个信号的先验概率比值，判决准则就是比较似然函数的比值与先验概率比值之间的大小，这个由最大后验概率准则推导出来的准则，又称为似然比准则。除这种推导方式外，按照最小差错概率准则同样也可得到似然比准则。

9.3.2 似然比准则

下面以二进制数字通信系统为例，在差错概率最小的准则下推导最佳判决的准则即似然比准则，然后再推广至多进制的情况。

在二进制数字通信系统中，若发送信号的集合为$S = \{s_1(t), s_2(t)\}$，通常两个信号是相关的，其信号空间为1维，$s_1 = [s_{1,1}]$，$s_2 = [s_{2,1}]$，经过高斯白噪声信道传输后，接收信号为$y(t) = s_i(t) + n(t)$，$i = 1, 2$；$0 \leqslant t \leqslant T_s$，若$y(t)$在信号空间对应的矢量为$y = [y]$，则

接收信号的统计特性为

$$f_y(\boldsymbol{y}|\boldsymbol{s}_1) = \left(\frac{1}{\sqrt{\pi n_0}}\right)^J \exp\left(-\frac{1}{n_2}(y-s_{1,1})^2\right) \tag{9.3.14}$$

$$f_y(\boldsymbol{y}|\boldsymbol{s}_2) = \left(\frac{1}{\sqrt{\pi n_0}}\right)^J \exp\left(-\frac{1}{n_0}(y-s_{2,1})^2\right) \tag{9.3.15}$$

接收信号的概率密度曲线如图 9.3.1 所示。

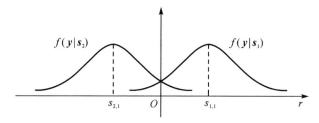

图 9.3.1 接收信号的概率密度曲线

若判决门限为 α，判决规则为

$$\begin{cases} y > \alpha \longrightarrow \boldsymbol{s}_1 \\ y < \alpha \longrightarrow \boldsymbol{s}_2 \end{cases} \tag{9.3.16}$$

根据判决规则，发送 s_1 的错误概率为

$$\begin{aligned} P_{e,s_1} &= P\{y < \alpha\} = \int_{-\infty}^{\alpha} f_y(\boldsymbol{y}|\boldsymbol{s}_1)\mathrm{d}y \\ &= \int_{-\infty}^{\alpha} \left(\frac{1}{\sqrt{\pi n_0}}\right)^J \exp\left(-\frac{1}{n_0}(y-s_{1,1})^2\right)\mathrm{d}y \end{aligned} \tag{9.3.17}$$

发送 s_2 的错误概率为

$$\begin{aligned} P_{e,s_2} &= P\{y > \alpha\} = \int_{\alpha}^{\infty} f_y(\boldsymbol{y}|\boldsymbol{s}_2)\mathrm{d}y \\ &= \int_{\alpha}^{\infty} \left(\frac{1}{\sqrt{\pi n_0}}\right)^J \exp\left(-\frac{1}{n_0}(y-s_{2,1})^2\right)\mathrm{d}y \end{aligned} \tag{9.3.18}$$

平均错误概率为

$$\begin{aligned} P_e &= P(\boldsymbol{s}_1)P_{e,s_1} + P(\boldsymbol{s}_2)P_{e,s_2} \\ &= P(\boldsymbol{s}_1)\int_{-\infty}^{\alpha} f_y(\boldsymbol{y}|\boldsymbol{s}_1)\mathrm{d}y + P(\boldsymbol{s}_2)\int_{\alpha}^{\infty} f_y(\boldsymbol{y}|\boldsymbol{s}_2)\mathrm{d}y = F(\alpha) \end{aligned} \tag{9.3.19}$$

由式(9.3.19)可见，平均错误概率是 α 的函数，对其求导，导数为零时的门限就是最佳门限，使错误概率最小的门限，因而

$$\left.\frac{\partial P_e}{\partial \alpha}\right|_{\alpha=\alpha^*} = P(\boldsymbol{s}_1)f_y(\alpha^*|\boldsymbol{s}_1) - P(\boldsymbol{s}_2)f_y(\alpha^*|\boldsymbol{s}_2) = 0 \tag{9.3.20}$$

整理后，最佳判决门限满足

$$\frac{f_y(\alpha^*|\boldsymbol{s}_1)}{f_y(\alpha^*|\boldsymbol{s}_2)} = \frac{P(\boldsymbol{s}_2)}{P(\boldsymbol{s}_1)} \tag{9.3.21}$$

由式(9.3.21)可知求解出最佳判决门限非常复杂，但可以发现，如果 $y > \alpha^*$，则

$$\frac{f_y(y|\boldsymbol{s}_1)}{f_y(y|\boldsymbol{s}_2)} > \frac{f_y(\alpha^*|\boldsymbol{s}_1)}{f_y(\alpha^*|\boldsymbol{s}_2)} = \frac{P(\boldsymbol{s}_2)}{P(\boldsymbol{s}_1)} \tag{9.3.22}$$

如果 $y < \alpha^*$，则

$$\frac{f_y(y \mid \boldsymbol{s}_1)}{f_y(y \mid \boldsymbol{s}_2)} < \frac{f_y(\alpha^* \mid \boldsymbol{s}_1)}{f_y(\alpha^* \mid \boldsymbol{s}_2)} = \frac{P(\boldsymbol{s}_2)}{P(\boldsymbol{s}_1)} \tag{9.3.23}$$

因此，无需求解出最佳判决门限，利用两个似然函数的比值与先验概率的比值就形成判决量与最佳门限，这个判决规则为似然比准则，即

$$\begin{cases} \dfrac{f_y(\boldsymbol{y} \mid \boldsymbol{s}_1)}{f_y(\boldsymbol{y} \mid \boldsymbol{s}_2)} > \dfrac{P(\boldsymbol{s}_2)}{P(\boldsymbol{s}_1)} \longrightarrow \boldsymbol{s}_1 \\[4mm] \dfrac{f_y(\boldsymbol{y} \mid \boldsymbol{s}_1)}{f_y(\boldsymbol{y} \mid \boldsymbol{s}_2)} < \dfrac{P(\boldsymbol{s}_2)}{P(\boldsymbol{s}_1)} \longrightarrow \boldsymbol{s}_2 \end{cases} \tag{9.3.24}$$

若两个先验概率相等，即 $P(\boldsymbol{s}_1) = P(\boldsymbol{s}_2) = \dfrac{1}{2}$，则式(9.3.24)似然比准则为

$$\begin{cases} f_y(\boldsymbol{y} \mid \boldsymbol{s}_1) > f_y(\boldsymbol{y} \mid \boldsymbol{s}_2) \longrightarrow \boldsymbol{s}_1 \\ f_y(\boldsymbol{y} \mid \boldsymbol{s}_1) < f_y(\boldsymbol{y} \mid \boldsymbol{s}_2) \longrightarrow \boldsymbol{s}_2 \end{cases} \tag{9.3.25}$$

式(9.3.25)比较两个信号的似然函数的大小，哪个大，发送的就是哪一个信号，这个规则称为最大似然准则，是似然比准则的特殊情况。

若将式(9.3.24)改写为

$$\begin{cases} P(\boldsymbol{s}_1) f_y(\boldsymbol{y} \mid \boldsymbol{s}_1) > P(\boldsymbol{s}_2) f_y(\boldsymbol{y} \mid \boldsymbol{s}_2) \longrightarrow \boldsymbol{s}_1 \\ P(\boldsymbol{s}_1) f_y(\boldsymbol{y} \mid \boldsymbol{s}_1) < P(\boldsymbol{s}_2) f_y(\boldsymbol{y} \mid \boldsymbol{s}_2) \longrightarrow \boldsymbol{s}_2 \end{cases} \tag{9.3.26}$$

式(9.3.26)与式(9.3.12)一致，是最大后验概率准则的表示形式。似然比判决准则实际上就是比较加权后似然函数的数值，判断的结果就是加权似然函数值大的对应的信号。利用这一结论，可以推广到多进制的情况。若 M 个发送信号，各个信号的先验概率已知，接收信号模型与二进制信号类似，则其最佳判决准则为

$$P(\boldsymbol{s}_i) f_y(\boldsymbol{y} \mid \boldsymbol{s}_i) > P(\boldsymbol{s}_k) f_y(\boldsymbol{y} \mid \boldsymbol{s}_k) \longrightarrow \boldsymbol{s}_i, \quad k \neq i \tag{9.3.27}$$

式(9.3.27)与多进制的最大后验概率准则是完全一致的。若各个发送信号先验等概时，该规则转化为最大似然准则，即

$$f_y(\boldsymbol{y} \mid \boldsymbol{s}_i) > f_y(\boldsymbol{y} \mid \boldsymbol{s}_k) \longrightarrow \boldsymbol{s}_i, \quad k \neq i \tag{9.3.28}$$

本节在数字通信系统的最直观和最合理的最佳接收准则——最小差错概率准则下，推导了接收机设计中所要遵循的最佳判决准则，即最大后验概率准则和似然比准则，二者是相互等效的。由于似然比准则比较直观，为了在后文中表达方便，最佳判决准则都表达为似然比准则。确定了最佳判决准则，数字通信系统的接收端可以按照该准则，开展最佳接收机结构的设计与性能分析。

9.4　确知信号的最佳接收机

在数字通信系统中，接收到的信号一般分为两类，一类是确知信号，即信号波形的所有参数都是确知的，如码元的起始位置、载波频率、幅度、相位等都是已知的，不知道的仅是 M 个信号中哪一个信号出现。第二类信号是随参信号，即信号波形有一个或几个参数是随机的，如果信号的相位是随机的，称为随机相位信号；如果幅度是随机的，称为随机幅度

信号。本节重点讨论二进制确知信号的最佳接收机设计，然后分析其性能。

最佳接收机是在给定的接收信号模型的条件下，按照某种准则利用概率和数理统计数学工具设计出的接收信号处理的数学模型或原理框图，不涉及具体的电路，是在最佳接收机电路设计的过程中，或是软件最佳接收机在软件无线电平台上实现需要遵循的原理。

9.4.1　二进制确知信号最佳接收机

在数字通信系统中，若在一个码元期间，两个二进制接收信号模型为

$$y(t) = \begin{cases} s_1(t) + n(t), & P(s_1), \ 0 \leqslant t \leqslant T_s \\ s_2(t) + n(t), & P(s_2), \ 0 \leqslant t \leqslant T_s \end{cases} \tag{9.4.1}$$

式(9.4.1)中，$n(t)$ 为均值为零，双边功率谱密度为 $n_0/2$，概率密度服从高斯分布的噪声。$s_1(t)$ 和 $s_2(t)$ 的能量分别为

$$\begin{cases} E_1 = \int_0^{T_s} s_1^2(t) \mathrm{d}t \\ E_2 = \int_0^{T_s} s_2^2(t) \mathrm{d}t \end{cases} \tag{9.4.2}$$

根据接收信号统计模型推导，$s_1(t)$ 和 $s_2(t)$ 的似然函数分别为

$$f_y(y \mid s_1) = \left(\frac{1}{\sqrt{\pi n_0}} \right)^J \exp\left(-\frac{1}{n_0} \int_0^{T_s} [y(t) - s_1(t)]^2 \mathrm{d}t \right) \tag{9.4.3}$$

$$f_y(y \mid s_2) = \left(\frac{1}{\sqrt{\pi n_0}} \right)^J \exp\left(-\frac{1}{n_0} \int_0^{T_s} [y(t) - s_2(t)]^2 \mathrm{d}t \right) \tag{9.4.4}$$

根据数字通信系统中最直观和最合理的差错概率最小准则，接收机采用似然比判决准则，似然比为

$$r_{LR} = \frac{f_y(y \mid s_1)}{f_y(y \mid s_2)} = \frac{\left(\frac{1}{\sqrt{\pi n_0}} \right)^J \exp\left(-\frac{1}{n_0} \int_0^{T_s} [y(t) - s_1(t)]^2 \mathrm{d}t \right)}{\left(\frac{1}{\sqrt{\pi n_0}} \right)^J \exp\left(-\frac{1}{n_0} \int_0^{T_s} [y(t) - s_2(t)]^2 \mathrm{d}t \right)}$$

$$= \exp\left\{ \frac{1}{n_0} \int_0^{T_s} [y(t) - s_2(t)]^2 \mathrm{d}t - \frac{1}{n_0} \int_0^{T_s} [y(t) - s_1(t)]^2 \mathrm{d}t \right\} \tag{9.4.5}$$

似然比准则为

$$\begin{cases} r_{LR} = \exp\left\{ \frac{1}{n_0} \int_0^{T_s} [y(t) - s_2(t)]^2 \mathrm{d}t - \frac{1}{n_0} \int_0^{T_s} [y(t) - s_1(t)]^2 \mathrm{d}t \right\} > \frac{P(s_2)}{P(s_1)} \longrightarrow s_1 \\ r_{LR} = \exp\left\{ \frac{1}{n_0} \int_0^{T_s} [y(t) - s_2(t)]^2 \mathrm{d}t - \frac{1}{n_0} \int_0^{T_s} [y(t) - s_1(t)]^2 \mathrm{d}t \right\} < \frac{P(s_2)}{P(s_1)} \longrightarrow s_2 \end{cases} \tag{9.4.6}$$

在式(9.4.6)中，不等式两端都是非负的，可以两边取自然对数，可得

$$\begin{cases} r_{LLR} = \frac{1}{n_0} \int_0^{T_s} [y(t) - s_2(t)]^2 \mathrm{d}t - \frac{1}{n_0} \int_0^{T_s} [y(t) - s_1(t)]^2 \mathrm{d}t > \ln\left(\frac{P(s_2)}{P(s_1)} \right) \longrightarrow s_1 \\ r_{LLR} = \frac{1}{n_0} \int_0^{T_s} [y(t) - s_2(t)]^2 \mathrm{d}t - \frac{1}{n_0} \int_0^{T_s} [y(t) - s_1(t)]^2 \mathrm{d}t < \ln\left(\frac{P(s_2)}{P(s_1)} \right) \longrightarrow s_2 \end{cases} \tag{9.4.7}$$

将(9.4.7)中 r_{LLR} 式展开为

$$r_{\mathrm{LLR}} = \frac{1}{n_0}\int_0^{T_s}\left[y(t)-s_2(t)\right]^2\mathrm{d}t - \frac{1}{n_0}\int_0^{T_s}\left[y(t)-s_1(t)\right]^2\mathrm{d}t$$

$$= \frac{1}{n_0}\left\{\int_0^{T_s}y^2(t)\mathrm{d}t + \int_0^{T_s}s_2^2(t)\mathrm{d}t - 2\int_0^{T_s}y(t)s_2(t)\mathrm{d}t - \right.$$

$$\left.\int_0^{T_s}y^2(t)\mathrm{d}t - \int_0^{T_s}s_1^2(t)\mathrm{d}t + 2\int_0^{T_s}y(t)s_1(t)\mathrm{d}t\right\}$$

$$= \frac{1}{n_0}\left\{E_2 - E_1 - 2\int_0^{T_s}y(t)s_2(t)\mathrm{d}t + 2\int_0^{T_s}y(t)s_1(t)\mathrm{d}t\right\} \tag{9.4.8}$$

将式(9.4.8)代入式(9.4.7)，将与 $s_1(t)$ 和 $s_2(t)$ 有关的各项移至不等式的两端，可得

$$\begin{cases}\int_0^{T_s}y(t)s_1(t)\mathrm{d}t + \dfrac{n_0}{2}\ln\left[P(s_1)\right] - \dfrac{E_1}{2} > \int_0^{T_s}y(t)s_2(t)\mathrm{d}t + \dfrac{n_0}{2}\ln\left[P(s_2)\right] - \dfrac{E_2}{2} \longrightarrow s_1 \\[3mm] \int_0^{T_s}y(t)s_1(t)\mathrm{d}t + \dfrac{n_0}{2}\ln\left[P(s_1)\right] - \dfrac{E_1}{2} < \int_0^{T_s}y(t)s_2(t)\mathrm{d}t + \dfrac{n_0}{2}\ln\left[P(s_2)\right] - \dfrac{E_2}{2} \longrightarrow s_2\end{cases}$$
$$\tag{9.4.9}$$

在式(9.4.9)中，令 $C_1 = \dfrac{n_0}{2}\ln\left[P(s_1)\right] - \dfrac{E_1}{2}$，$C_2 = \dfrac{n_0}{2}\ln\left[P(s_2)\right] - \dfrac{E_2}{2}$，该式变为

$$\begin{cases}\int_0^{T_s}y(t)s_1(t)\mathrm{d}t + C_1 > \int_0^{T_s}y(t)s_2(t)\mathrm{d}t + C_2 \longrightarrow s_1 \\[3mm] \int_0^{T_s}y(t)s_1(t)\mathrm{d}t + C_1 < \int_0^{T_s}y(t)s_2(t)\mathrm{d}t + C_2 \longrightarrow s_2\end{cases} \tag{9.4.10}$$

式(9.4.10)给出了最佳接收机的描述，其结构如图 9.4.1(a)所示。

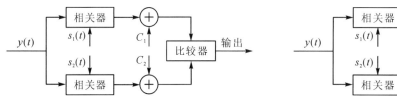

(a) 二进制确知信号的最佳接收机结构　　　(b) 先验等概等能量下二进制确知
信号的最佳接收机结构

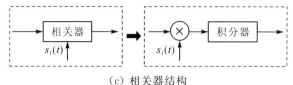

(c) 相关器结构

图 9.4.1　最佳接收机的结构

在图 9.4.1(a)中，最佳接收机是将收到的信号 $y(t)$ 分成两个支路，第一个支路与 $s_1(t)$ 相关后叠加上与 $s_1(t)$ 相关的常数，第二个支路与 $s_2(t)$ 相关后再叠加上与 $s_2(t)$ 相关的常数，然后两条支路在 $t=T_s$ 时刻比较大小，判决出发送的是 $s_1(t)$ 还是 $s_2(t)$。若 $s_1(t)$ 与 $s_2(t)$ 的码元能量相同，先验概率相同，则两条支路加上的常数相同，最佳接收机结构中可以省去加常数的处理部分。在图 9.4.1 中，由于相关器是最佳接收机中的重要部件，因而称该结构为相关器形式的最佳接收机。

在 9.2 节中介绍了匹配滤波器，对于二进制信号 $s_1(t)$ 与 $s_2(t)$，其匹配滤波器分别为

$$\begin{cases} h_1(t) = s_1(T_s - t), \, 0 \leqslant t \leqslant T_s \\ h_2(t) = s_2(T_s - t), \, 0 \leqslant t \leqslant T_s \end{cases} \tag{9.4.11}$$

将 $y(t)$ 分别输入到匹配滤波器 $h_1(t)$ 与 $h_2(t)$ 时，在 $t = T_s$ 时刻，两个匹配滤波器的输出分别为

$$\begin{cases} z_1(T_s) = \int_0^{T_s} y(t) s_1(t) \, \mathrm{d}t \\ z_2(T_s) = \int_0^{T_s} y(t) s_2(t) \, \mathrm{d}t \end{cases} \tag{9.4.12}$$

由式(9.4.12)可见，两个匹配滤波器在 $t = T_s$ 时刻，分别完成了与 $s_1(t)$ 和 $s_2(t)$ 的相关处理，因而可以利用匹配滤波器代替相关器构成最佳接收机，如图 9.4.2 所示。这种接收机形式称为匹配滤波器形式的最佳接收机。

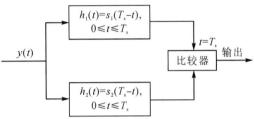

图 9.4.2　匹配滤波器形式的最佳接收机结构

无论是相关器形式的最佳接收机，还是匹配滤波器形式的最佳接收机，二者性能完全一致，都是按照似然比准则推导出来的数学模型，使数字通信系统的差错概率最小。

9.4.2　二进制确知信号的最佳接收机性能分析

最佳接收机在给定接收信号的条件下，使接收端的差错概率最小，那么它的性能究竟如何呢？下面以相关器形式的最佳接收机为例来分析二进制确知信号最佳接收机的性能。

最佳接收机的平均误码率为

$$P_e = P(s_1) P_{e, s_1} + P(s_2) P_{e, s_2} \tag{9.4.13}$$

在式(9.4.13)中 $P(s_1)$ 和 $P(s_2)$ 分别是 $s_1(t)$ 与 $s_2(t)$ 的先验概率。P_{e, s_1} 是把 $s_1(t)$ 错判成 $s_2(t)$ 的概率，P_{e, s_2} 是把 $s_2(t)$ 错判成 $s_1(t)$ 的概率。P_{e, s_1} 和 P_{e, s_2} 分析思路与方法类似，下面详细给出 P_{e, s_1} 的分析。

若发送的是 $s_1(t)$，则接收到的信号为

$$y(t) = s_1(t) + n(t), \, 0 \leqslant t \leqslant T_s \tag{9.4.14}$$

若最佳接收机中两个支路的大小关系为

$$\int_0^{T_s} y(t) s_1(t) \, \mathrm{d}t + C_1 > \int_0^{T_s} y(t) s_2(t) \, \mathrm{d}t + C_2 \tag{9.4.15}$$

则判决为 $s_1(t)$，判决正确。若

$$\int_0^{T_s} y(t) s_1(t) \, \mathrm{d}t + C_1 < \int_0^{T_s} y(t) s_2(t) \, \mathrm{d}t + C_2 \tag{9.4.16}$$

则判决为 $s_2(t)$，判决错误。将式(9.4.14)代入式(9.4.16)可得

$$\int_0^{T_s} [s_1(t) + n(t)] s_1(t) \, \mathrm{d}t + C_1 < \int_0^{T_s} [s_1(t) + n(t)] s_2(t) \, \mathrm{d}t + C_2 \tag{9.4.17}$$

整理后可得

$$\int_0^{T_s} n(t) [s_1(t) - s_2(t)] \, \mathrm{d}t < \frac{n_0}{2} \ln\left[\frac{P(s_2)}{P(s_1)}\right] + \frac{E_1 - E_2}{2} - \frac{1}{2} \int_0^{T_s} [s_1(t) - s_2(t)]^2 \, \mathrm{d}t \tag{9.4.18}$$

若两个码元能量相同，则 $E_1 = E_2$，上式简化为

$$\int_0^{T_s} n(t)\left[s_1(t)-s_2(t)\right]\mathrm{d}t < \frac{n_0}{2}\ln\left[\frac{P(s_2)}{P(s_1)}\right] - \frac{1}{2}\int_0^{T_s}\left[s_1(t)-s_2(t)\right]^2\mathrm{d}t \quad (9.4.19)$$

令 $\beta = \displaystyle\int_0^{T_s} n(t)\left[s_1(t)-s_2(t)\right]\mathrm{d}t$，$\alpha = \dfrac{n_0}{2}\ln\left[\dfrac{P(s_2)}{P(s_1)}\right] - \dfrac{1}{2}\displaystyle\int_0^{T_s}\left[s_1(t)-s_2(t)\right]^2\mathrm{d}t$，上式变为

$$\beta < \alpha \quad (9.4.20)$$

在式(9.4.20)中 β 为随机变量，α 为常数，$s_1(t)$ 错判的概率为

$$P_{e,\,s_1} = P\{\beta < \alpha\} \quad (9.4.21)$$

若知道 β 的概率密度函数，利用式(9.4.21)可以获得该错误概率。下面分析 β 的概率分布。

在接收信号模型中，$n(t)$ 为均值为零，双边功率谱密度为 $n_0/2$，概率密度服从高斯分布的噪声，β 是 $n(t)$ 的线性变换，因而 β 服从高斯分布，其均值为

$$E(\beta) = E\left\{\int_0^{T_s} n(t)\left[s_1(t)-s_2(t)\right]\mathrm{d}t\right\} = \int_0^{T_s} E[n(t)]\left[s_1(t)-s_2(t)\right]\mathrm{d}t = 0 \quad (9.4.22)$$

β 的方差为

$$\sigma_\beta^2 = E(\beta^2) = E\left\{\iint_0^{T_s} n(t)n(\tau)\left[s_1(t)-s_2(t)\right]\left[s_1(\tau)-s_2(\tau)\right]\mathrm{d}t\mathrm{d}\tau\right\}$$

$$= \int_0^{T_s}\int_0^{T_s} E[n(t)n(\tau)]\left[s_1(t)-s_2(t)\right]\left[s_1(\tau)-s_2(\tau)\right]\mathrm{d}t\mathrm{d}\tau \quad (9.4.23)$$

在式(9.4.23)中 $E[n(t)n(\tau)]=\dfrac{n_0}{2}\delta(t-\tau)$，则

$$\sigma_\beta^2 = \frac{n_0}{2}\int_0^{T_s}\left[s_1(t)-s_2(t)\right]^2\mathrm{d}t \quad (9.4.24)$$

β 的概率密度为

$$f(\beta) = \frac{1}{\sqrt{2\pi}\,\sigma_\beta}\exp\left\{-\frac{\beta^2}{2\sigma_\beta^2}\right\} \quad (9.4.25)$$

因而 $s_1(t)$ 错判的概率为

$$P_{e,\,s_1} = P\{\beta < \alpha\} = \int_{-\infty}^{\alpha}\frac{1}{\sqrt{2\pi}\,\sigma_\beta}\exp\left\{-\frac{\beta^2}{2\sigma_\beta^2}\right\}\mathrm{d}\beta$$

$$= \int_b^{\infty}\frac{1}{\sqrt{2\pi}}\exp\left\{-\frac{x^2}{2}\right\}\mathrm{d}x = \frac{1}{2}\mathrm{erfc}\left(\frac{b}{\sqrt{2}}\right) \quad (9.4.26)$$

在(9.4.26)中，x 和 b 分别为

$$x = -\frac{\beta}{\sigma_\beta} \quad (9.4.27)$$

$$b = -\frac{\alpha}{\sigma_\beta} = \frac{\dfrac{1}{2}\displaystyle\int_0^{T_s}\left[s_1(t)-s_2(t)\right]^2\mathrm{d}t - \dfrac{n_0}{2}\ln\left[\dfrac{P(s_2)}{P(s_1)}\right]}{\sqrt{\dfrac{n_0}{2}\displaystyle\int_0^{T_s}\left[s_1(t)-s_2(t)\right]^2\mathrm{d}t}}$$

$$= \sqrt{\frac{1}{2n_0}\int_0^{T_s}\left[s_1(t)-s_2(t)\right]^2\mathrm{d}t} + \frac{\ln\left[\dfrac{P(s_1)}{P(s_2)}\right]}{2\sqrt{\dfrac{1}{2n_0}\displaystyle\int_0^{T_s}\left[s_1(t)-s_2(t)\right]^2\mathrm{d}t}} \quad (9.4.28)$$

利用相同的分析方法，可以获得 $s_2(t)$ 错判的概率为

$$P_{e,s_2} = \int_{b'}^{\infty} \frac{1}{\sqrt{2\pi}} \exp\left\{-\frac{x^2}{2}\right\} \mathrm{d}x = \frac{1}{2}\mathrm{erfc}\left(\frac{b'}{\sqrt{2}}\right) \tag{9.4.29}$$

在式(9.4.29)中，b'为

$$b' = \sqrt{\frac{1}{2n_0}\int_0^{T_s}\left[s_1(t)-s_2(t)\right]^2\mathrm{d}t} + \frac{\ln\left[\dfrac{P(s_2)}{P(s_1)}\right]}{2\sqrt{\dfrac{1}{2n_0}\int_0^{T_s}\left[s_1(t)-s_2(t)\right]^2\mathrm{d}t}}$$

因而系统总的错误概率为

$$P_e = P(s_1)P_{e,s_1} + P(s_2)P_{e,s_2} = P(s_1)\cdot\frac{1}{2}\mathrm{erfc}\left(\frac{b}{\sqrt{2}}\right) + P(s_2)\cdot\frac{1}{2}\mathrm{erfc}\left(\frac{b'}{\sqrt{2}}\right) \tag{9.4.30}$$

由式(9.4.30)可见，最佳接收机的误码率与先验概率、噪声功率谱密度和两个信号差的能量有关。从信号空间的角度而言，两个信号差的能量，就是两个信号之间的距离，信号距离越大，两个信号差的能量越大，误码率就会越小。两个信号的先验概率由发送的信息决定，一般情况下是不容易确定的。由于先验等概是发送符号的各种概率分布中误码率最差的分布，且在等概情况下误码率只与$s_1(t)$和$s_2(t)$之差的能量有关，通常采用这种情况评估系统的性能。下面讨论一下先验等概的情况。

若两个信号是先验等概的，则$b=b'=A$，即

$$A = \sqrt{\frac{1}{2n_0}\int_0^{T_s}\left[s_1(t)-s_2(t)\right]^2\mathrm{d}t} \tag{9.4.31}$$

系统的误码率为

$$P_e = \frac{1}{2}\mathrm{erfc}\left(\frac{A}{\sqrt{2}}\right) \tag{9.4.32}$$

若$s_1(t)$与$s_2(t)$的互相关系数ρ定义为

$$\rho = \frac{\int_0^{T_s}s_1(t)s_2(t)\mathrm{d}t}{\sqrt{\int_0^{T_s}s_1^2(t)\mathrm{d}t}\sqrt{\int_0^{T_s}s_2^2(t)\mathrm{d}t}} \tag{9.4.33}$$

前面推导中已假设两个码元能量相同，$E_1 = E_2 = E_b$，则

$$A = \sqrt{\frac{1}{2n_0}\int_0^{T_s}\left[s_1(t)-s_2(t)\right]^2\mathrm{d}t} = \sqrt{\frac{E_b}{n_0}(1-\rho)} \tag{9.4.34}$$

因而，系统误码率为

$$P_e = \frac{1}{2}\mathrm{erfc}\left(\frac{A}{\sqrt{2}}\right) = \frac{1}{2}\mathrm{erfc}\left(\sqrt{\frac{E_b}{2n_0}(1-\rho)}\right) \tag{9.4.35}$$

由式(9.4.35)可见，二进制确知信号的最佳接收机的误码率与信噪比E_b/n_0和两个信号之间的互相关系数有关。在E_b/n_0一定的条件下，互相关系数越小，误码率越小。根据互相关系数的性能，其取值范围为$-1\leqslant\rho\leqslant1$，因而当$\rho=-1$时，最佳接收机误码率达到最小，误码率为

$$P_e = \frac{1}{2}\mathrm{erfc}\left(\sqrt{\frac{E_b}{n_0}}\right) \tag{9.4.36}$$

式(9.4.36)表明发送端的最佳波形是互相关系数为-1时$s_1(t)$与$s_2(t)$的波形。具有此性质

的二进制数字信号有 BPSK 波形和双极性基带波形等。

当 $\rho=0$ 时，最佳接收机的误码率为

$$P_e = \frac{1}{2}\mathrm{erfc}\left(\sqrt{\frac{E_b}{2n_0}}\right) \tag{9.4.37}$$

式(9.4.37)给出了 $s_1(t)$ 与 $s_2(t)$ 相互正交时的误码率公式，虽然其性能比互相关系数为 -1 时要差，但也是可选的波形。在 2FSK 系统中，通常两个发送信号的互相关系数为 0。

当 $\rho=1$ 时，最佳接收机的误码率为

$$P_e = \frac{1}{2} \tag{9.4.38}$$

这种情况下，$s_1(t)$ 与 $s_2(t)$ 是同一个信号，无法进行信息传输，因而其误码率是 0.5。

若 $s_1(t)$ 与 $s_2(t)$ 具有不同的能量，如 $s_2(t)$ 码元能量为零，$s_1(t)$ 的码元能量为 $E_1=E_b$，例如单极性波形和 2ASK 波形等情况，则误码率推导中的(9.4.19)式为

$$\int_0^{T_s} n(t)s_1(t)\mathrm{d}t < \frac{n_0}{2}\ln\left[\frac{P(s_2)}{P(s_1)}\right] - \frac{E_b}{2} \tag{9.4.39}$$

当 $s_1(t)$ 与 $s_2(t)$ 先验等概时，其误码率公式为

$$P_e = \frac{1}{2}\mathrm{erfc}\left(\sqrt{\frac{E_b}{4n_0}}\right) \tag{9.4.40}$$

图 9.4.3 给出发端信号具有的不同相关系数在不同信噪比下的误码率曲线，由图可见，等能量的条件下 $\rho=-1$ 性能最优，其次是 $\rho=0$ 的情况，再次是不等能量，即一个码元能量为零的情况。

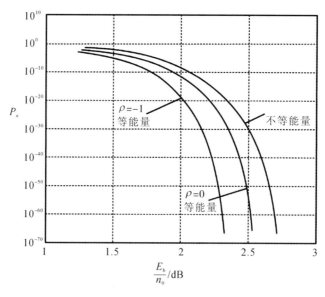

图 9.4.3　误码率曲线

例 9.4　某一 2FSK 系统发射信号为

$$\begin{cases} s_1(t)=A\sin\omega_1 t, & 0\leqslant t\leqslant T_s \\ s_2(t)=A\sin\omega_2 t, & 0\leqslant t\leqslant T_s \end{cases}$$

若 $s_1(t)$ 和 $s_2(t)$ 等概率出现，且接收机输入的高斯噪声的双边功率谱密度为 $n_0/2$ W/Hz。

（1）画出该系统在 $\omega_1 = 4\pi/T_s$，$\omega_2 = 2\omega_1$ 时，采用相关器形式的最佳接收机原理框图和各点可能的工作波形。

（2）若要使最佳接收机输出的误码率达到最小，应如何选择 ω_1 和 ω_2？在选择最佳的发射信号频率后，最佳接收机的误码率是多少？

解　设相关器形式最佳接收机的输入信号 $y(t) = [s_1(t), s_2(t), s_1(t)]$，该接收机的结构和各点波形如图 9.4.4 所示。

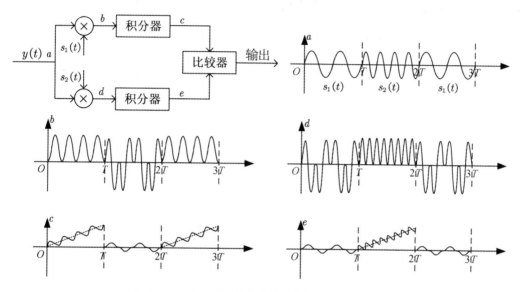

图 9.4.4　相关器形式最佳接收机结构及各点工作波形

对 2FSK 系统，其各个发射信号的能量相等

$$E_b = E_{s_1} = E_{s_2} = \int_0^{T_s} s_1^2(t)\,dt = \int_0^{T_s} s_2^2(t)\,dt = \frac{A^2 T_s}{2}$$

由于相关系数是以频率差 $\Delta\omega = (\omega_1 - \omega_2)$ 为参数的 Sa（或 sinc）函数（自行验证）

$$\rho = \frac{\int_0^{T_s} s_1(t)s_2(t)\,dt}{\sqrt{\int_0^{T_s} s_1^2(t)\,dt} \cdot \sqrt{\int_0^{T_s} s_2^2(t)\,dt}} = Sa(\Delta\omega) = \frac{\sin\Delta\omega}{\Delta\omega}$$

Sa 函数的最小值在第一个旁瓣处，这时 $\Delta\omega \approx \pm 1.43\pi$，$\rho_{\min} \approx -0.2172$（注：因为常用 FSK 信号是相位连续信号，所以 T_s 通常选为 T_1，T_2 的公倍数），此时接收机的误码率为

$$P_e = \frac{1}{2}\operatorname{erfc}\sqrt{\frac{E_b(1-\rho)}{2n_0}} \approx \frac{1}{2}\operatorname{erfc}\sqrt{\frac{1.2172A^2 T_s}{4n_0}}$$

9.5　随机相位信号的最佳接收机

在数字通信系统中，确知信号对于接收端而言是一种理想的信号形式，而在实际系统中由于受到信道畸变和收发机中非理想因素的影响，接收信号中的一些参数或多或少地存在着一些随机因素，这些随机因素对于携带信息的信号参量或者非携带信息的信号参量都

可能产生一定的影响，导致接收端恢复出的信息性能变差，因而在接收机设计中需要将其纳入考虑。

在随参信号中，比较典型的有随机相位信号，如 2FSK 和 2ASK 具有随机相位，虽然随机相位不影响其携带的信息，但影响接收端检测信号的接收机结构。因而本节就以二进制随机相位信号为例介绍具有随机参量信号的最佳接收机设计思路，并分析其性能。

9.5.1 2FSK 随机相位信号的最佳接收机

2FSK 随机相位信号模型为

$$\begin{cases} s_1(t,\phi_1)=a\cos(2\pi f_1 t+\phi_1),\ 0{\leqslant}t{\leqslant}T_s \\ s_2(t,\phi_2)=a\cos(2\pi f_2 t+\phi_2),\ 0{\leqslant}t{\leqslant}T_s \\ f(\phi_1)=\dfrac{1}{2\pi},\ 0{\leqslant}\phi_1{\leqslant}2\pi \\ f(\phi_2)=\dfrac{1}{2\pi},\ 0{\leqslant}\phi_2{\leqslant}2\pi \end{cases} \tag{9.5.1}$$

式(9.5.1)中，ϕ_1 和 ϕ_2 分别是 $s_1(t,\phi_1)$ 和 $s_2(t,\phi_2)$ 的随机相位，服从均匀分布；f_1 和 f_2 保证两个信号正交。两个码元能量相同，即

$$E_1=\int_0^{T_s}s_1^2(t,\phi_1)\mathrm{d}t=\int_0^{T_s}s_2^2(t,\phi_2)\mathrm{d}t=E_2=E_b \tag{9.5.2}$$

经过高斯白噪声信道传输后到达接收端，接收信号模型为

$$y(t)=\begin{cases} s_1(t,\phi_1)+n(t),\quad P(s_1),\ 0{\leqslant}t{\leqslant}T_s \\ s_2(t,\phi_2)+n(t),\quad P(s_2),\ 0{\leqslant}t{\leqslant}T_s \end{cases} \tag{9.5.3}$$

在式(9.5.3)中，$n(t)$ 为均值为零，双边功率谱密度为 $n_0/2$，概率密度服从高斯分布的噪声。接收信号模型包含噪声和随机相位两个随机因素，无法直接获得两个信号的似然函数，但可以获得相位和噪声联合概率密度(噪声和随机相位二者来源不同，通常假定二者是统计独立的)，然后利用概率论中边际概率分布获得似然函数，再利用似然比准则就可设计出最佳接收机。

在相位给定的条件下，$s_1(t,\phi_1)$ 和 $s_2(t,\phi_2)$ 的条件似然函数分别为

$$f_y\big[y\,|\,(s_1,\phi_1)\big]=\Big(\frac{1}{\sqrt{\pi n_0}}\Big)^J\exp\Big(-\frac{1}{n_0}\int_0^{T_s}\big[y(t)-s_1(t,\phi_1)\big]^2\mathrm{d}t\Big) \tag{9.5.4}$$

$$f_y\big[y\,|\,(s_2,\phi_2)\big]=\Big(\frac{1}{\sqrt{\pi n_0}}\Big)^J\exp\Big(-\frac{1}{n_0}\int_0^{T_s}\big[y(t)-s_2(t,\phi_2)\big]^2\mathrm{d}t\Big) \tag{9.5.5}$$

$y(t)$ 分别与相位 ϕ_1 和 ϕ_2 的联合概率密度为

$$\begin{aligned} f_y\big[(y,\phi_1)\,|\,s_1\big]&=f_y\big[y\,|\,(s_1,\phi_1)\big]f(\phi_1)\\ &=\Big(\frac{1}{\sqrt{\pi n_0}}\Big)^J\exp\Big(-\frac{1}{n_0}\int_0^{T_s}\big[y(t)-s_1(t,\phi_1)\big]^2\mathrm{d}t\Big)\cdot\frac{1}{2\pi} \end{aligned} \tag{9.5.6}$$

$$\begin{aligned} f_y\big[(y,\phi_2)\,|\,s_2\big]&=f_y\big[y\,|\,(s_2,\phi_2)\big]f(\phi_2)\\ &=\Big(\frac{1}{\sqrt{\pi n_0}}\Big)^J\exp\Big(-\frac{1}{n_0}\int_0^{T_s}\big[y(t)-s_2(t,\phi_2)\big]^2\mathrm{d}t\Big)\cdot\frac{1}{2\pi} \end{aligned} \tag{9.5.7}$$

因而，$s_1(t,\phi_1)$ 的似然函数为

$$f_y [y \mid s_1] = \int_0^{2\pi} f_y [y \mid (s_1, \ \phi_1)] f(\phi_1) \mathrm{d} \phi_1$$

$$= \frac{1}{2\pi \left(\sqrt{\pi n_0}\right)^J} \int_0^{2\pi} \exp\left\{-\frac{1}{n_0}\left(E_b + \int_0^{T_s^0} y^2(t) \mathrm{d} t\right) + \right.$$

$$\left. \frac{2}{n_0} \int_0^{T_s} a y(t) \cos(2\pi f_1 t + \phi_1) \mathrm{d} t \right\} \mathrm{d} \phi_1 \qquad (9.5.8)$$

在式(9.5.8)中，令 $C = \dfrac{\exp\left\{-\dfrac{1}{n_0}\left(E_b + \displaystyle\int_0^{T_s} y^2(t) \mathrm{d} t\right)\right\}}{\left(\sqrt{\pi n_0}\right)^J}$ ，上式变为

$$f_y [y \mid s_1] = \frac{C}{2\pi} \int_0^{2\pi} \exp\left\{\frac{2}{n_0} \int_0^{T_s} a y(t) \cos(2\pi f_1 t + \phi_1) \mathrm{d} t\right\} \mathrm{d} \phi_1 \qquad (9.5.9)$$

为了进一步简化似然函数的表示形式，令式(9.5.9)中包含随机变量 ϕ_1 的项为

$$\mathcal{R}(\phi_1) = \frac{2}{n_0} \int_0^{T_s} a y(t) \cos(2\pi f_1 t + \phi_1) \mathrm{d} t$$

$$= \frac{2a}{n_0}\left\{\int_0^{T_s} y(t) \cos(2\pi f_1 t) \mathrm{d} t \cos\phi_1 - \int_0^{T_s} y(t) \sin(2\pi f_1 t) \mathrm{d} t \sin\phi_1\right\} \qquad (9.5.10)$$

在式(9.5.10)中令

$$\begin{cases} X_1 = \displaystyle\int_0^{T_s} y(t) \cos(2\pi f_1 t) \mathrm{d} t \\[2mm] Y_1 = \displaystyle\int_0^{T_s} y(t) \sin(2\pi f_1 t) \mathrm{d} t \\[2mm] M_1 = \sqrt{X_1^2 + Y_1^2} \\[2mm] \phi_0 = \arctan\left(\dfrac{Y_1}{X_1}\right) \end{cases} \qquad (9.5.11)$$

则式(9.5.10) 为

$$\mathcal{R}(\phi_1) = \frac{2a}{n_0}\left\{X_1 \cos\phi_1 - Y_1 \sin\phi_1\right\}$$

$$= \frac{2a}{n_0} M_1 \cos(\phi_1 + \phi_0) \qquad (9.5.12)$$

将式(9.5.12)代入式(9.5.9)可得

$$f_y [y \mid s_1] = \int_0^{2\pi} f_y [y \mid (s_1, \ \phi_1)] f(\phi_1) \mathrm{d} \phi_1$$

$$= \frac{C}{2\pi} \int_0^{2\pi} \exp\left\{\frac{2a}{n_0} M_1 \cos(\phi_1 + \phi_0)\right\} \mathrm{d} \phi$$

$$= C \mathrm{I}_0\left(\frac{2a}{n_0} M_1\right) \qquad (9.5.13)$$

式(9.5.13)中 $\mathrm{I}_0(\cdot)$ 是零阶修正贝塞尔函数。

按照同样的方法可以推导出来 $s_2(t, \phi_2)$ 的似然函数

$$f_y [y \mid s_2] = C \mathrm{I}_0\left(\frac{2a}{n_0} M_2\right) \qquad (9.5.14)$$

式(9.5.14)中

$$\begin{cases} M_2 = \sqrt{X_2^2 + Y_2^2} \\ X_2 = \displaystyle\int_0^{T_s} y(t)\cos(2\pi f_2 t)\,\mathrm{d}t \\ Y_2 = \displaystyle\int_0^{T_s} y(t)\sin(2\pi f_2 t)\,\mathrm{d}t \end{cases}$$

如果系统发送信号 $s_1(t,\phi_1)$ 和 $s_2(t,\phi_2)$ 先验等概，则似然比判决准则转变为最大似然准则

$$f_y[y\,|\,s_1] > f_y[y\,|\,s_2] \longrightarrow s_1 \tag{9.5.15}$$

$$f_y[y\,|\,s_1] < f_y[y\,|\,s_2] \longrightarrow s_2 \tag{9.5.16}$$

即

$$M_1 > M_2 \longrightarrow s_1 \tag{9.5.17}$$

$$M_1 < M_2 \longrightarrow s_2 \tag{9.5.18}$$

具体可表示为

$$\left\{ \left[\int_0^{T_s} y(t)\cos(2\pi f_1 t)\,\mathrm{d}t\right]^2 + \left[\int_0^{T_s} y(t)\sin(2\pi f_1 t)\,\mathrm{d}t\right]^2 \right\}^{\frac{1}{2}}$$

$$> \left\{ \left[\int_0^{T_s} y(t)\cos(2\pi f_2 t)\,\mathrm{d}t\right]^2 + \left[\int_0^{T_s} y(t)\sin(2\pi f_2 t)\,\mathrm{d}t\right]^2 \right\}^{\frac{1}{2}} \longrightarrow s_1 \tag{9.5.19}$$

$$\left\{ \left[\int_0^{T_s} y(t)\cos(2\pi f_1 t)\,\mathrm{d}t\right]^2 + \left[\int_0^{T_s} y(t)\sin(2\pi f_1 t)\,\mathrm{d}t\right]^2 \right\}^{\frac{1}{2}}$$

$$< \left\{ \left[\int_0^{T_s} y(t)\cos(2\pi f_2 t)\,\mathrm{d}t\right]^2 + \left[\int_0^{T_s} y(t)\sin(2\pi f_2 t)\,\mathrm{d}t\right]^2 \right\}^{\frac{1}{2}} \longrightarrow s_2 \tag{9.5.20}$$

式(9.5.19)和式(9.5.20)给出了最佳接收机的信号处理的数学模型，按照此模型的最佳接收机结构如图 9.5.1 所示。

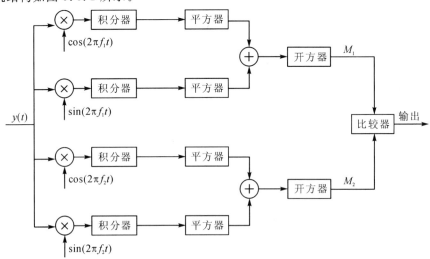

图 9.5.1　最佳接收机结构

由图 9.5.1 可见，接收到的信号 $y(t)$ 分成四路，第一支路与 $\cos(2\pi f_1 t)$ 进行相关处理，第二支路与 $\sin(2\pi f_1 t)$ 相关处理，第三支路与 $\cos(2\pi f_2 t)$ 相关处理，第四支路与 $\sin(2\pi f_2 t)$ 相关处理。然后前两个支路平方后相加再开方，在 T_s 时刻获得 M_1，后两个支路平方后相加再开方获得 M_2，M_1 与 M_2 比较大小进行判决。由于在最佳接收机中用到了相

关器,这种形式称为相关器形式的最佳接收机。除了相关器形式的最佳接收机,还可以采用匹配滤波器替代相关器构成匹配滤波器形式的最佳接收机结构。

与确知信号不同,由于随机相位信号的相位具有随机性,无法设计出与随相信号匹配的滤波器。若不考虑随机相位,可以设计出确知 2FSK 信号的匹配滤波器,两个滤波器的冲激响应分别为

$$\begin{cases} h_1(t) = \cos[2\pi f_1(T_s - t)], & 0 \leqslant t \leqslant T_s \\ h_2(t) = \cos[2\pi f_2(T_s - t)], & 0 \leqslant t \leqslant T_s \end{cases} \tag{9.5.21}$$

当这两个匹配滤波器输入 $y(t)$ 后,其输出分别为

$$\begin{cases} \begin{aligned} z_1(t) &= y(t) * h_1(t) = \int_0^t y(\tau)\cos[2\pi f_1(T_s - t + \tau)]d\tau \\ &= \left\{\int_0^t y(\tau)\cos(2\pi f_1\tau)d\tau\right\}\cos[2\pi f_1(T_s - t)] - \\ &\quad \left\{\int_0^t y(\tau)\sin(2\pi f_1\tau)d\tau\right\}\sin[2\pi f_1(T_s - t)] \\ &= \left\{\left[\int_0^t y(\tau)\cos(2\pi f_1\tau)d\tau\right]^2 + \left[\int_0^t y(\tau)\sin(2\pi f_1\tau)d\tau\right]^2\right\}^{\frac{1}{2}} \times \\ &\quad \cos[2\pi f_1(T_s - t) + \theta_1] \\ z_2(t) &= y(t) * h_2(t) = \int_0^t y(\tau)\cos[2\pi f_2(T_s - t + \tau)]d\tau \\ &= \left\{\int_0^t y(\tau)\cos(2\pi f_2\tau)d\tau\right\}\cos[2\pi f_2(T_s - t)] - \\ &\quad \left\{\int_0^t y(\tau)\sin(2\pi f_2\tau)d\tau\right\}\sin[2\pi f_2(T_s - t)] \\ &= \left\{\left[\int_0^t y(\tau)\cos(2\pi f_2\tau)d\tau\right]^2 + \left[\int_0^t y(\tau)\sin(2\pi f_2\tau)d\tau\right]^2\right\}^{\frac{1}{2}} \times \\ &\quad \cos[2\pi f_2(T_s - t) + \theta_2] \end{aligned} \end{cases} \tag{9.5.22}$$

在式(9.5.22)中,θ_1 和 θ_2 分别为

$$\begin{cases} \theta_1 = \arctan\left\{\dfrac{\int_0^t y(\tau)\sin(2\pi f_1\tau)d\tau}{\int_0^t y(\tau)\cos(2\pi f_1\tau)d\tau}\right\} \\ \theta_2 = \arctan\left\{\dfrac{\int_0^t y(\tau)\sin(2\pi f_2\tau)d\tau}{\int_0^t y(\tau)\cos(2\pi f_2\tau)d\tau}\right\} \end{cases} \tag{9.5.23}$$

若 $t = T_s$,式(9.5.22)为

$$\begin{cases} z_1(T_s) = M_1\cos\theta_1 \\ z_2(t) = M_2\cos\theta_2 \end{cases} \tag{9.5.24}$$

由式(9.5.24)可知,两个匹配滤波器输出信号分别经过包络检波器,在 $t = T_s$ 时刻,可以获得 M_1 和 M_2。利用匹配滤波器实现 2FSK 随机相位信号的最佳接收机的框图如图9.5.2所示。

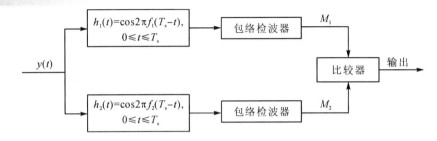

图 9.5.2 匹配滤波器形式的最佳接收机结构

9.5.2 二进制随机相位信号的最佳接收机性能分析

2FSK 随相信号最佳接收机性能的分析思路与确知信号最佳接收机性能的分析思路类似,系统的平均错误概率为

$$P_e = P(s_1)P_{e,s_1} + P(s_2)P_{e,s_2} \qquad (9.5.25)$$

式(9.5.25)中 $P(s_1)$ 和 $P(s_2)$ 分别是 $s_1(t, \phi_1)$ 和 $s_2(t, \phi_2)$ 的先验概率。由于 P_{e,s_1} 和 P_{e,s_2} 推导过程类似,下面只详细给出 P_{e,s_1} 的分析。

若发送的是 $s_1(t, \phi_1)$,则接收到的信号为

$$y(t) = s_1(t, \phi_1) + n(t), \ 0 \leqslant t \leqslant T_s \qquad (9.5.26)$$

把式(9.5.26)代入式(9.5.10)和式(9.5.14)中,可得

$$\begin{cases} X_1 = \int_0^{T_s} y(t)\cos(2\pi f_1 t)\mathrm{d}t = \int_0^{T_s} n(t)\cos(2\pi f_1 t)\mathrm{d}t + \frac{aT_s}{2}\cos\phi_1 \\[2mm] Y_1 = \int_0^{T_s} y(t)\sin(2\pi f_1 t)\mathrm{d}t = \int_0^{T_s} n(t)\sin(2\pi f_1 t)\mathrm{d}t - \frac{aT_s}{2}\sin\phi_1 \\[2mm] X_2 = \int_0^{T_s} y(t)\cos(2\pi f_2 t)\mathrm{d}t = \int_0^{T_s} n(t)\cos(2\pi f_2 t)\mathrm{d}t \\[2mm] Y_2 = \int_0^{T_s} y(t)\sin(2\pi f_2 t)\mathrm{d}t = \int_0^{T_s} n(t)\sin(2\pi f_2 t)\mathrm{d}t \end{cases} \qquad (9.5.27)$$

在 ϕ_1 给定的条件下,式(9.5.27)中各个随机变量的数学期望分别为

$$\begin{cases} E(X_1) = \int_0^{T_s} E[n(t)]\cos(2\pi f_1 t)\mathrm{d}t + \frac{aT_s}{2}\cos\phi_1 = \frac{aT_s}{2}\cos\phi_1 \\[2mm] E(Y_1) = \int_0^{T_s} E[n(t)]\sin(2\pi f_1 t)\mathrm{d}t + \frac{aT_s}{2}\sin\phi_1 = -\frac{aT_s}{2}\sin\phi_1 \\[2mm] E(X_2) = \int_0^{T_s} E[n(t)]\cos(2\pi f_2 t)\mathrm{d}t = 0 \\[2mm] E(Y_2) = \int_0^{T_s} E[n(t)]\sin(2\pi f_2 t)\mathrm{d}t = 0 \end{cases} \qquad (9.5.28)$$

式(9.5.27)中各个随机变量的方差为

$$\begin{cases} \sigma_{M_1}^2 = \sigma_{X_1}^2 = \sigma_{Y_1}^2 = \frac{n_0 T_s}{4} \\[3mm] \sigma_{M_2}^2 = \sigma_{X_2}^2 = \sigma_{Y_2}^2 = \frac{n_0 T_s}{4} \end{cases} \qquad (9.5.29)$$

由式(9.5.27)可知 X_1，Y_1，X_2，Y_2 都是高斯噪声的线性变换，都服从高斯分布，因而 M_1 服从广义瑞利分布，M_2 服从瑞利分布，即

$$\begin{cases} f(M_1) = \dfrac{M_1}{\sigma_{M_1}^2} I_0\left(\dfrac{aT_s M_1}{2\sigma_{M_1}^2}\right) \exp\left\{ - \dfrac{M_1^2 + \left(\dfrac{aT_s}{2}\right)^2}{2\sigma_{M_1}^2} \right\} \\[4mm] f(M_2) = \dfrac{M_2}{\sigma_{M_2}^2} \exp\left\{ - \dfrac{M_2^2}{2\sigma_{M_2}^2} \right\} \end{cases} \tag{9.5.30}$$

最佳接收机错误的概率为

$$\begin{aligned} P_{e,s_1} &= P\{M_1 < M_2\} = \int_0^\infty f(M_1) \int_{M_1}^\infty f(M_2)\,\mathrm{d}M_2\,\mathrm{d}M_1 \\ &= \frac{1}{2} e^{-\frac{E_b}{2n_0}} \end{aligned} \tag{9.5.31}$$

与推导 P_{e,s_1} 的过程类似，可以推导出 P_{e,s_2} 为

$$P_{e,s_2} = \frac{1}{2} e^{-\frac{E_b}{2n_0}} \tag{9.5.32}$$

因而，系统总的错误概率为

$$P_e = P(s_1)P_{e,s_1} + P(s_2)P_{e,s_2} = \frac{1}{2} e^{-\frac{E_b}{2n_0}} \tag{9.5.33}$$

例 9.5 若已知 2ASK 随相信号 $s_1(t)$ 和 $s_2(t)$，它们发送等概

$$\begin{cases} s_1(t) = A\cos(2\pi ft + \varphi),\ 0 \leqslant t \leqslant T \\ s_2(t) = 0,\ 0 \leqslant t \leqslant T \end{cases}$$

式中 φ 是服从均匀分布的随机变量，信道加性高斯白噪声双边功率谱密度为 $\dfrac{n_0}{2}$。

(1)设计该系统的匹配滤波器形式最佳接收机结构。

(2)计算最佳接收机的误码率。

解 匹配滤波器形式的最佳接收机结构如图 9.5.3 所示。

图 9.5.3 最佳接收机结构

由式(9.5.9)可知出现 $s_1(t)$ 时 $y(t)$ 的似然函数为

$$f_y[y \mid s_1] = \frac{C}{2\pi} \int_0^{2\pi} \exp\left\{ \frac{2A}{n_0} M_1 \cos(\varphi + \varphi_0) \right\} \mathrm{d}\varphi$$

$$X_1 = \int_0^T y(t)\cos(2\pi ft)\,\mathrm{d}t = \int_0^T n(t)\cos(2\pi ft)\,\mathrm{d}t + \frac{AT}{2}\cos\varphi$$

$$Y_1 = \int_0^T y(t)\sin(2\pi ft)\,\mathrm{d}t = \int_0^T n(t)\sin(2\pi ft)\,\mathrm{d}t - \frac{AT}{2}\sin\varphi$$

$$M_1 = \sqrt{X_1^2 + Y_1^2},\ \varphi_0 = \arctan\left(\frac{Y_1}{X_1}\right),\ C = \frac{\exp\left\{ -\frac{1}{n_0}\left(E_b + \int_0^T y^2(t)\,\mathrm{d}t \right) \right\}}{(\sqrt{\pi n_0})^J}$$

X_1，Y_1 的数学期望分别为

$$E[X_1] = E\left[\int_0^T n(t)\cos(2\pi ft)dt + \frac{AT}{2}\cos\varphi\right] = \frac{AT}{2}\cos\varphi$$

$$E[Y_1] = E\left[\int_0^T n(t)\sin(2\pi ft)dt - \frac{AT}{2}\sin\varphi\right] = -\frac{AT}{2}\sin\varphi$$

X_1，Y_1 的方差为

$$\sigma_M^2 = \sigma_{X_1}^2 = \sigma_{Y_1}^2 = \frac{n_0 T}{4}$$

由此可见，X_1 和 Y_1 是均值分别为 $\frac{AT}{2}\cos\varphi$，$\frac{AT}{2}\sin\varphi$，方差为 $\frac{n_0 T}{4}$ 的高斯随机变量。所以参数 M_1 服从广义瑞利分布，其一维概率密度函数为

$$f(M_1) = \frac{M_1}{\sigma_M^2}I_0\left(\frac{ATM_1}{2\sigma_M^2}\right)\exp\left\{-\frac{1}{2\sigma_M^2}\left[M_1^2 + \left(\frac{AT}{2}\right)^2\right]\right\}$$

当信号 $s_2(t)$ 出现时 $y(t)$ 为

$$y(t) = n(t)，发送 s_2(t)时$$

同理可得包络检波器输出的 M_2 服从瑞利分布，它的一维概率密度函数为

$$f(M_2) = \frac{M_2}{\sigma_M^2}\exp\left\{-\frac{M_2^2}{2\sigma_M^2}\right\}$$

由于发送信号 $s_1(t)$ 和 $s_2(t)$ 等概率发送，所以错误概率为（其中 b 为判决门限）

$$P_e = P(s_1)P(s_2/s_1) + P(s_2)P(s_1/s_2) = P(s_1)\int_{-\infty}^b f_1(M_1)dM_1 + P(s_2)\int_b^\infty f_2(M_2)dM_2$$

其中

$$P(s_2/s_1) = \int_{-\infty}^b f_1(M_1)dM_1 = 1 - \int_b^\infty f_1(M_1)dM_1$$

$$= 1 - \int_b^\infty \frac{M_1}{\sigma_M^2}I_0\left(\frac{ATM_1}{2\sigma_M^2}\right)\exp\left\{-\frac{1}{2\sigma_M^2}\left[M_1^2 + \left(\frac{AT}{2}\right)^2\right]\right\}dM_1$$

系统的信噪比为 $\frac{E_b}{n_0} = \frac{A^2 T/2}{n_0} = \frac{A^2 T}{2n_0}$，$P(s_2/s_1)$ 可以写为

$$P(s_2/s_1) = 1 - Q\left(\sqrt{2\cdot\frac{(AT/2)^2}{2\sigma_M^2}}, \frac{b}{\sigma_M}\right)$$

$$= 1 - Q\left(\sqrt{\frac{2E_b}{n_0}}, \frac{b}{\sigma_M}\right)$$

式中 $Q(\cdot)$ 为 Marcum Q 函数。最佳判决门限可以通过求误码率 P_e 关于判决门限 b 的最小值的方法得到，令 $\frac{\partial P_e}{\partial b} = 0$，可得

$$P(s_1)\cdot\left[1 - Q\left(\sqrt{2\frac{E_b}{n_0}}, \frac{b}{\sigma_M}\right)\right] = P(s_2)\cdot\exp\left(-\frac{b^2}{2\sigma_M^2}\right)$$

由题条件知 $s_1(t)$ 和 $s_2(t)$ 发送等概，所以上式可化简为

$$P(s_1)\cdot\left[1 - Q\left(\sqrt{2\frac{E_b}{n_0}}, \frac{b}{\sigma_M}\right)\right] = P(s_2)\cdot\exp\left(-\frac{b^2}{2\sigma_M^2}\right) \Rightarrow \frac{E_b}{n_0} = \ln I_0\left(\frac{(AT/2)b}{\sigma_M^2}\right)$$

在大信噪比（$E_b/n_0 \gg 1$）的条件下，最佳判决门限为 $b = (AT/2)/2$。在实际应用中，系统总是工作在大信噪比的情况下，因此最佳判决门限为 $b = AT/4$。所以系统误码率为

$$P_e = \frac{1}{2}e^{-E_b/4n_0} = \frac{1}{2}\exp\left(-\frac{A^2 T}{8n_0}\right)$$

9.6　最佳接收机与最佳基带传输系统

在数字通信系统中，最佳接收机确保了在发送信号给定的条件下系统误码率达到最小，但整个数字通信系统要达到最佳，不仅接收机需要达到最佳，发送也需要达到最佳。本节首先对比分析最佳接收机与普通接收机之间的性能，然后介绍最佳基带传输系统，以及数字通信系统可靠传输的最低信噪比。

9.6.1　最佳接收机与普通接收机性能对比

前面几章介绍了基带和频带的接收机，推导了这些接收机的性能，为了与本章的最佳接收机区别开来，我们称前面几章中的接收机为普通接收机。对于频带传输系统，普通接收机可以采用相干解调和非相干解调。下面我们以二进制数字通信系统为例，对比分析普通接收机与最佳接收机的性能。

二进制数字通信系统通常有 2ASK、2FSK 和 2PSK 等几种调制体制，我们以这几种为例，对比分析接收端采用的最佳接收机和普通接收机的性能。若在普通接收机中，解调器输入的信噪比为 $\rho = S/N$，最佳接收机相关处理后的信噪比为 E_b/n_0，二者的性能对比如表 9.6.1 所示。

表 9.6.1　误码率公式对比

传输模式	普通接收机的误码率	最佳接收机的误码率
相干 2PSK	$\dfrac{1}{2}\mathrm{erfc}(\sqrt{\rho})$	$\dfrac{1}{2}\mathrm{erfc}\left(\sqrt{\dfrac{E_b}{n_0}}\right)$
相干 2FSK	$\dfrac{1}{2}\mathrm{erfc}\left(\sqrt{\dfrac{\rho}{2}}\right)$	$\dfrac{1}{2}\mathrm{erfc}\left(\sqrt{\dfrac{E_b}{2n_0}}\right)$
相干 2ASK	$\dfrac{1}{2}\mathrm{erfc}\left(\sqrt{\dfrac{\rho}{4}}\right)$	$\dfrac{1}{2}\mathrm{erfc}\left(\sqrt{\dfrac{E_b}{4n_0}}\right)$
非相干 2FSK	$\dfrac{1}{2}\mathrm{e}^{-\frac{\rho}{2}}$	$\dfrac{1}{2}\mathrm{e}^{-\frac{E_b}{2n_0}}$

在表 9.6.1 中可以看到二者误码率的表达式具有相同形式，其区别在于两个信噪比不同的表达方式。因此两种信噪比的大小直接决定哪一种接收机形式的性能最优。下面我们分析两种信噪比之间的关系。

首先假定普通接收机中解调器前滤波器带宽为 B，信道中高斯白噪声单边功率谱密度为 n_0，码元持续时间为 T_s，因此信噪比可以表示为

$$\rho = \frac{S}{N} = \frac{E_b/T_s}{n_0 B} = \frac{E_b}{n_0} \cdot \frac{1}{BT_s} \tag{9.6.1}$$

因而两种信噪比之间的关系为

$$\begin{cases} \rho = \dfrac{E_b}{n_0} \cdot \dfrac{1}{BT_s} < \dfrac{E_b}{n_0} \Rightarrow \dfrac{1}{T_s} < B \\[3mm] \rho = \dfrac{E_b}{n_0} \cdot \dfrac{1}{BT_s} > \dfrac{E_b}{n_0} \Rightarrow \dfrac{1}{T_s} > B \end{cases} \tag{9.6.2}$$

式(9.6.2)表明,两种信噪比之间的大小关系转化为带宽 B 与 $\frac{1}{T_s}$ 之间的关系。

若 $B > \frac{1}{T_s}$,则普通接收机的信噪比小于最佳接收机的信噪比,最佳接收机的性能优。若 $B < \frac{1}{T_s}$,则普通接收机的信噪比大于最佳接收机的信噪比,普通接收机的性能优。若 $B = \frac{1}{T_s}$,二者性能一样。

一般情况下,普通接收机中解调器前的滤波器等效带宽都满足 $B > \frac{1}{T_s}$,仅在系统达到极限——奈奎斯特带宽的情况下才会出现 $B = \frac{1}{T_s}$ 的情况。在第五章已经介绍过,系统通常采用具有一定滚降因子的接收滤波器,因而最佳接收机的性能都优于普通接收机。

9.6.2 最佳基带传输系统

在第五章给出的基带传输系统或等效基带传输系统的模型,如图 9.6.1 所示。

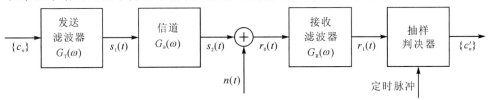

图 9.6.1 基带系统传输模型

系统传输函数为 $H(f) = G_T(f)C_h(f)G_R(f)$,数据代码 $\{c_n\}$ 经过基带系统传输后,再经过抽样判决器判决出发送的数据代码。判决后代码的误码率受到码间干扰和噪声的影响,因而要使基带传输系统达到最佳,需要系统码间干扰和噪声对于系统码元的抽样影响达到最小,即使码间干扰为零,且抽样信号的信噪比达到最大。

当数字基带传输系统码元传输速率为 $R_B = \frac{1}{T_s}$ 时,系统抽样点上无码间干扰的条件是

$$Z(f) = \sum_{n=-\infty}^{\infty} H\left(f + \frac{n}{T_s}\right) = T_s, \quad |f| \leqslant \frac{1}{2T_s} \tag{9.6.3}$$

若数字基带传输系统满足式(9.6.3)的条件,可使码间干扰为零。要做到抽样信号的信噪比最大,要求接收滤波器与到达接收端的信号匹配。在图 9.6.1 中,到达接收滤波器的第 k 个码元信号波形为

$$r_{0,k}(t) = c_k \delta(t - kT_s) * g_T(t) * c_h(t) \tag{9.6.4}$$

与式(9.6.4)中的基本波形匹配,接收滤波器的传输函数为

$$G_R(f) = G_T^*(f)C_h^*(f)e^{-j2\pi fT_s} \tag{9.6.5}$$

因而系统传输函数为

$$H(f) = |G_T(f)|^2 |C_h(f)|^2 e^{-j2\pi fT_s} \tag{9.6.6}$$

如果一个数字基带传输系统满足式(9.6.3)和(9.6.5)两个条件,则该基带系统称为最佳基带传输系统。

9.6.3　最佳传输系统的性能限

在高斯白噪声信道下，根据最佳数字传输系统设计的理论，可以设计出最佳数字通信系统，其极限性能由第三章介绍的 Shannon 信道容量公式给出。

在数字通信系统中，信号的平均功率与码元能量之间的关系为 $E_s = S \cdot T_s$，其中 E_s 为码元能量，S 和 T_s 分别为信号功率和码元持续时间。若一个码元包含 k 个比特，则每个比特的平均能量为 $E_b = E_s/k$。以二进制为例，$E_s = E_b = S \cdot T_s$，$R_b = 1/T_s$，且 $R_b \leqslant C$，由 Shannon 公式可得

$$\frac{C}{B} = \mathrm{lb}\left(1 + \frac{S}{N}\right) = \mathrm{lb}\left(1 + \frac{E_b/T_s}{n_0 B}\right) = \mathrm{lb}\left(1 + \frac{E_b}{n_0} \cdot \frac{R_b}{B}\right) \tag{9.6.7}$$

若令系统的频带利用率 $\eta = \dfrac{R_b}{B}$，则

$$\eta = \frac{R_b}{B} \leqslant \frac{C}{B} = \mathrm{lb}\left(1 + \frac{E_b}{n_0} \cdot \eta\right) \tag{9.6.8}$$

根据对数函数的单调性，可得

$$2^{\eta} \leqslant 1 + \frac{E_b}{n_0} \cdot \eta \tag{9.6.9}$$

即

$$\frac{E_b}{n_0} \geqslant \frac{2^{\eta} - 1}{\eta} \tag{9.6.10}$$

在极低速率下，即 $\eta \longrightarrow 0$ 的情况，可得信噪比的最小值为

$$\frac{E_b}{n_0} \geqslant \lim_{\eta \to 0}\left(\frac{2^{\eta} - 1}{\eta}\right) = 0.693 = -1.59 \text{ dB} \tag{9.6.11}$$

即数字通信系统实现可靠信息传输的最低信噪比为 -1.59 dB，如图 9.6.2 所示。

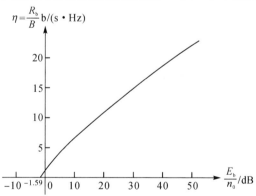

图 9.6.2　最佳传输系统频谱效率图

当系统带宽 B 不受限时，由 Shannon 公式可得这种情况下的信道容量为

$$C = \lim_{B \to \infty}\left\{B\,\mathrm{lb}\left(1 + \frac{S}{n_0 B}\right)\right\} \approx 1.443\,\frac{S}{n_0} = 1.443\,\frac{E_s/T_s}{n_0} \tag{9.6.12}$$

在一个符号持续时间 T_s，带宽不受限的条件下，可实现可靠传输的最多比特数为

$$C \cdot T_s \approx 1.443\,\frac{E_s}{n_0} \tag{9.6.13}$$

思　考　题

9.1　简述数字通信系统的统计模型。

9.2　最佳接收准则是什么？简述它的推导过程。

9.3　最大后验概率准则和似然比准则有何关系？它们的区别是什么？

9.4　匹配滤波器有何作用？它的工作原理是什么？

9.5　简述相关器的结构，它为何与匹配滤波器有等效关系？它们各自构成的最佳接收机各点波形有何区别？

9.6　确知信号的最佳波形与信号空间有何关系？满足最佳波形的条件是什么？在信号空间中如何生成最佳波形？

9.7　信号空间在分析相关系数 ρ 时有什么作用？相关系数 ρ 对误码率和最佳信号形式有何影响？

9.8　发送信号能量是否相等对最佳接收机的性能有影响吗？为什么？请举例说明。

9.9　"确知信号"和"随机信号"是什么？它们之间的区别是什么？它们的最佳接收机结构有何不同？随相信号最佳接收机属于相干解调还是非相干解调？

9.10　为什么要在先验概率相等的情况下分析误码率？先验概率不相等的情况下误码率如何变化？

9.11　最佳基带传输系统是什么？请简述最佳基带传输系统的结构与性能限。

9.12　给出最佳基带传输系统的传输函数，并分析传输函数与系统中各个模块的对应关系。

习　　题

9.1　如图 P9.1 所示，设接收信号波形 $s(t)$ 为

$$s(t)=\begin{cases}1, & 0\leqslant t\leqslant T_s \\ 0, & \text{其他}\end{cases}$$

（1）给出该信号对应的匹配滤波器的单位冲激响应和传输函数。

（2）画出匹配滤波器的单位冲激响应和它的输出信号波形。

（3）分析应在哪个时刻做判决输出信噪比最大，并给出其值。

9.2　匹配滤波器的单位冲激响应如图 P9.2 所示。

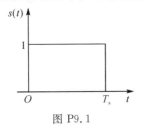

图 P9.1

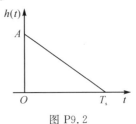

图 P9.2

（1）根据冲激响应给出与它对应的输入信号波形。

（2）画出匹配滤波器的输出波形。

（3）在哪个时刻做判决输出信噪比最大？并给出其值。

9.3　已知信道加性高斯白噪声的单边功率谱密度为 n_0，发送信号 $s_1(t)$ 和 $s_2(t)$ 的波形如图 P9.3 所示。（注：其中 1 对应 s_1，0 对应 s_2）

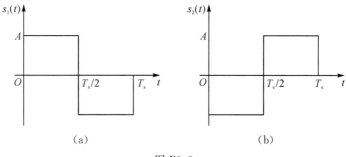

图 P9.3

（1）请画出匹配滤波器形式的最佳接收机原理框图，并确定匹配滤波器的单位冲激响应。

（2）画出所有匹配滤波器的所有可能的输出波形。

（3）当发送概率相等时，求该接收机的误码率。

9.4　在二进制基带传输系统中，发送信号 $s_1(t)$ 和 $s_2(t)$ 的波形如图 P9.4 所示，若等概率发送这两个信号，且加性高斯白噪声的双边功率谱密度为 $n_0/2$。（注：其中 1 对应 s_1，0 对应 s_2）。

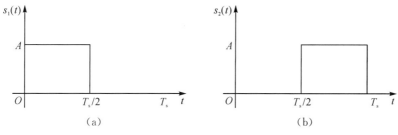

图 P9.4

（1）请画出匹配滤波器形式的最佳接收机结构。

（2）若信息代码为 101100，请画出结构中各点的波形，并标出采样点。

（3）请给出该系统的系统误码率。

9.5　考虑一组有限能量信号

$$\begin{cases} s_1(t)=1, & 0\leqslant t\leqslant 1 \\ s_2(t)=\cos 2\pi t, & 0\leqslant t\leqslant 1 \\ s_3(t)=\sin 2\pi t & 0\leqslant t\leqslant 1 \end{cases}$$

求由这三个信号张成的信号空间的一组正交基。

9.6　高斯白噪声下三进制传输系统，噪声的单边带功率谱密度为 N_0，发送信号为

$$s_1(t)=\begin{cases} 1, & 0\leqslant t\leqslant T \\ 0, & 其他 \end{cases}$$

$$s_2(t) = -s_3(t) = \begin{cases} 1, & 0 \leqslant t \leqslant \dfrac{T}{2} \\[2mm] -1, & \dfrac{T}{2} \leqslant t \leqslant T \\[2mm] 0, & \text{其他} \end{cases}$$

(1) 给出信号空间维度，并找到一个合适的信号空间的基。

(2) 根据信号空间画出各个信号的星座图，并推导和绘制最佳判决区域 R_1，R_2 和 R_3。

(3) 这三个信号当中哪一个信号更容易出错？请给出理由。

9.7 已知匹配滤波器的频率响应为

$$H(f) = \frac{1 - e^{-j2\pi fT}}{j2\pi f}$$

(1) 给出与该频率响应相对应的匹配滤波器冲激响应。

(2) 给出与该匹配滤波器对应的发送信号。

9.8 二进制传输系统解调器输入信号为

$$s_1(t) = -s_2(t) = \begin{cases} \sqrt{\dfrac{\varepsilon_b}{T}}, & 0 \leqslant t \leqslant T \\[2mm] 0, & \text{其他} \end{cases}$$

如图 P9.5 所示，接收机由一个信号积分器实现，积分结果在 $t = kT$，$k = 0$，± 1，± 2，…时刻被周期地采样。传输系统中的加性高斯白噪声的双边谱密度为 $n_0/2$。

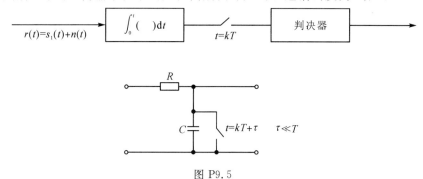

图 P9.5

(1) 求在 $t = kT$ 时刻的信噪比。

(2) 如果将接收机中的积分器用 RC 滤波器替代，替换后请给出采样时刻的关于 RC 的输出信噪比。

9.9 在 2DPSK 系统中，信息序列为 0110010，规定每个码元周期包含两个载波周期。

(1) 给出 2DPSK 相关器形式的最佳接收机的结构(理想同步)。

(2) 给出该最佳接收机的各个节点的波形。

9.10 在 2ASK 系统中，信息序列为 0110010，发送信号 $s_1(t)$(对应 1)和 $s_2(t)$(对应 0)为

$$\begin{cases} s_1(t) = A\cos\omega_c t, & 0 \leqslant t \leqslant T_s \\[2mm] s_2(t) = 0, & 0 \leqslant t \leqslant T_s \end{cases}$$

其中 $\omega_c = \dfrac{4\pi}{T_s}$，发送信号等概，且信道的加性高斯白噪声的双边功率谱密度为 $n_0/2$。

（1）给出相关器形式的最佳接收机结构，并给出接收机的每个节点的时间波形。

（2）给出匹配滤波器形式的最佳接收机结构，并给出接收机的每个节点的时间波形。

（3）分析系统的最大输出信噪比和误码率。

9.11　在 2FSK 系统中，信息序列为 0110010，发送信号 $s_1(t)$（对应 1）和 $s_2(t)$（对应 0）为

$$\begin{cases} s_1(t)=A\cos\omega_1 t, & 0\leqslant t\leqslant T_s \\ s_2(t)=A\cos\omega_2 t, & 0\leqslant t\leqslant T_s \end{cases}$$

其中 $\omega_1=2\pi\dfrac{2}{T_s}$，$\omega_2=2\pi\dfrac{3}{T_s}$，且发送等概率。信道的加性高斯白噪声的双边谱密度为 $n_0/2$。

（1）给出相关器形式的最佳接收机结构，并给出接收机的每个节点的时间波形。

（2）给出匹配滤波器形式的最佳接收机结构，并给出接收机的每个节点的时间波形。

（3）分析系统的最大输出信噪比和误码率。

9.12　在 2PSK 系统中，信息序列为 0110010，发送信号 $s_1(t)$（对应 1）和 $s_2(t)$（对应 0）为

$$\begin{cases} s_1(t)=A\cos\omega_c t, & 0\leqslant t\leqslant T_s \\ s_2(t)=-A\cos\omega_c t, & 0\leqslant t\leqslant T_s \end{cases}$$

其中 $\omega_c=2\pi\dfrac{2}{T_s}$，且发送等概率。信道的加性高斯白噪声的双边谱密度为 $n_0/2$。

（1）给出相关器形式的最佳接收机结构，并给出接收机的每个节点的时间波形。

（2）给出匹配滤波器形式的最佳接收机结构，并给出接收机的每个节点的时间波形。

（3）分析系统的最大输出信噪比和误码率。

9.13　若 2PSK 传输系统通过加性高斯白噪声信道，噪声的双边功率谱密度为 $n_0/2=10^{-10}$ W/Hz。传输信号的能量为 $E_b=A^2T/2$，其中 T 为信号时间间隔，A 为信号幅度。试证明如果使用最佳接收机接收信号，要实现数据速率为 10 kb/s、100 kb/s、1 Mb/s，分别求出误码率为 10^{-6} 的信号幅度。

9.14　在 2ASK 系统中，传输信息的速率为 4.8×10^6 b/s，接收机输入的信号幅度为 $A=1$ mV，信道单边噪声功率谱密度 $n_0=10^{-15}$ W/Hz，系统的频带利用率为 2/3 b/(s·Hz)。

（1）求相干和非相干接收机的误码率。

（2）求最佳相干和最佳非相干接收机的误码率。

9.15　2FSK 传输系统的传输信号为随相信号 $s_1(t)$（1 码）和 $s_2(t)$（0 码）

$$\begin{cases} s_1(t)=A\cos(2\pi f_1 t+\varphi_1), & 0\leqslant t\leqslant T_s \\ s_2(t)=A\cos(2\pi f_2 t+\varphi_2) & 0\leqslant t\leqslant T_s \end{cases}$$

其中 f_1 和 f_2 在 $(0,T_s)$ 内满足正交条件，$f_2=2f_1=4/T_s$。φ_1 和 φ_2 分别是服从在 $(0,2\pi)$ 均匀分布的随机变量。信道是加性高斯白噪声信道，它的双边功率谱密度为 $\dfrac{n_0}{2}$。

（1）给出匹配滤波器形式的最佳接收机的结构，并画出信号序列 0110010 在各点的波形。

（2）请分析抽样判决器的输出值的统计特性。

（3）求系统的误码率。

9.16　二进制数字基带传输系统如图 P9.6 所示，已知信道传输特性 $C(\omega)=1$，系统总

的传输函数为

$$H(\omega) = \begin{cases} \dfrac{T_s}{2}\left(1 + \cos\dfrac{\omega T_s}{2}\right), & |\omega| \leqslant \dfrac{2\pi}{T_s} \\ 0, & \text{其他} \end{cases}$$

$$d(t) = \sum_n C_n \delta(t - nT_s)$$

其中，$C_n = \pm a$，发送"1"和"0"符号概率相等。信道加性高斯白噪声双边功率谱密度为 $\dfrac{n_0}{2}$。

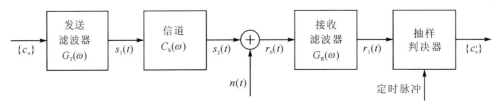

图 P9.6

（1）要使该系统成为最佳基带传输系统，请给出发送滤波器和接收滤波器的传输函数。

（2）请给出系统误码率。

仿 真 题

9.1 使用 MATLAB 对确知信号最佳接收机的抗噪声性能进行仿真。设发送信号 $s_1(t)$ 和 $s_2(t)$ 之间的互相关系数 ρ，信道加性高斯白噪声双边功率谱密度 $\dfrac{n_0}{2}$。请画出不同互相关系数下，误码率 P_e 与信噪比的关系曲线。

9.2 使用 MATLAB 对匹配滤波器形式的接收机进行仿真。已知输入信号 $s_1(t)$ 和 $s_2(t)$ 为

$$s_1(t) = \begin{cases} A\cos\omega_1 t, & 0 \leqslant t \leqslant T \\ 0, & \text{其他} \end{cases}$$

$$s_2(t) = \begin{cases} A\cos\omega_2 t, & 0 \leqslant t \leqslant T \\ 0, & \text{其他} \end{cases}$$

其中，$\omega_1 = \dfrac{4\pi}{T}$，$\omega_2 = \dfrac{6\pi}{T}$。信道加性高斯白噪声双边功率谱密度为 $\dfrac{n_0}{2}$。随机生成一个发送信号序列，然后根据 $s_1(t)$ 和 $s_2(t)$ 映射对应的时域波形。

（1）画出发送序列信号和经过信道的接收序列信号。

（2）画出两个信号经过匹配滤波器后的可能输出波形。

9.3 使用 MATLAB 对确知信号最佳接收机的抗噪声性能进行仿真，信道加性高斯白噪声双边功率谱密度为 $\dfrac{n_0}{2}$。

（1）对 2ASK 传输系统进行仿真，给出系统仿真的误码率曲线和理论误码率曲线，并

分析比较。

（2）对 2FSK 传输系统进行仿真，给出系统仿真的误码率曲线和理论误码率曲线，并分析比较。

（3）对 2PSK 传输系统进行仿真，给出系统仿真的误码率曲线和理论误码率曲线，并分析比较。

（4）对 2DPSK 传输系统进行仿真，给出系统仿真的误码率曲线和理论误码率曲线，并分析比较，并说明它与 2PSK 不同的原因。

9.4　使用 MATLAB 对二进制随相信号最佳接收机做仿真，系统采用 FSK 调制，接收输入信号的相位 φ_1 和 φ_2 是服从均匀分布的随机变量，信道加性高斯白噪声的双边功率谱密度为 $\frac{n_0}{2}$。

（1）请给出两种接收信号抽样判决量的统计特性，并绘制出其概率密度函数。

（2）请给出 f_1 和 f_2 正交与非正交的误码率曲线，并与理论误码率曲线作对比分析。

（3）改变 f_1 与 f_2 之间的频率差，分析不同频率差下的误码率曲线。

9.5　使用 MATLAB 对最佳基带传输系统做仿真，发送滤波器和接收滤波器采用根升余弦滤波器，信道为加性高斯白噪声信道，噪声双边功率谱密度为 $n_0/2$。

（1）请画出基带信号经过发送滤波器、信道和接收滤波器的信号波形。

（2）请给出系统仿真误码率曲线并与理论曲线作比较分析。

第 10 章 差错控制编码

差错控制编码，也称信道编码，是数字通信系统中提高信息传输可靠性的一种手段。数据在传输过程中，由于受到信道噪声及信道传输特性不理想等因素的影响，接收端收到的数据不可避免地会发生错误。为此，通常采用检错或纠错的方式，以提高信息传输的可靠性。目前，差错控制编码已成功应用于各种数字通信系统和存储系统。

差错控制编码的基本原理是：发送端在传输数据后附加一些校验数据，使这些数据之间产生某种约束关系；一旦传输过程中发生错误，这些约束关系将可能不再满足，接收端借此发现错误或者纠正错误。本章将讲述差错控制编码的基本概念和常用的编码方法；重点讨论两大类编码方式：线性分组码和卷积码；最后简单介绍近年来出现的一些先进的编码方法。

10.1 概　　述

10.1.1 差错控制方式

在数字通信系统中常采用三种形式进行差错控制，如图 10.1.1 所示，包括自动请求重传（Automatic Repeat reQuest，ARQ）、前向纠错（Forward Error Correction，FEC）、混合自动请求重传（Hybrid ARQ，HARQ）。

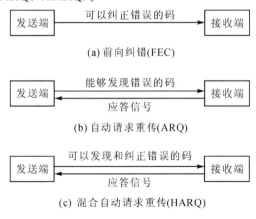

图 10.1.1　常用的差错控制方式

自动请求重传(ARQ)又称检错重传,发送端在传输的数据中增加一些校验码元,使其具有一定的检错能力。接收端对接收的码组按照校验关系检查是否发生错误,并将检查结果通过反馈信道告知发送端。发送端根据反馈信息决定重新发送原来数据还是发送新数据。

前向纠错(FEC)方式的通信系统组成如图 10.1.2 所示,编码器采用能够纠正错误的编码方式。发送端发出的码字不仅能够发现错误,而且能够纠正错误。在接收端译码后,若没有错误则直接输出。若有错误,则在接收端自动纠正后再输出。这种方法不需要反向信道,实时性好,传输效率高,但纠错编译码方法复杂,所需设备较复杂。

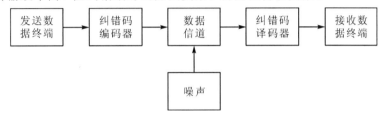

图 10.1.2 前向纠错方式示意图

混合自动请求重传(HARQ)是上述两种差错控制方式的混合。发送端使用同时具有检错和纠错能力的编码,由于检错能力通常大于纠错能力,接收端接收到码组后,如果在纠错能力范围之内则进行错误纠正,如果超出纠错能力但能够检测出错误,则通过反馈信道请求发送端重新发送这组数据。这种方式综合了自动请求重传和前向纠错两种方式的一些优点,但仍然需要反馈信道,目前在 4G LTE 与 5G NR 中均有广泛使用。

10.1.2 基本概念

为了解差错控制方式,首先介绍两种简单的编码方法。第一种编码称为单校验码(Single Parity-check Code,SPC),是一种检错码。编码输入是一个长为 n 的二元向量,通过计算这 n 个比特的异或,将得到的新比特附在 n 个比特的后面,得到长为 $n+1$ 的编码后二元向量。如果信道中发生一位比特错误,那么接收的 $n+1$ 比特异或值为 1,不满足原本的"编码后 $n+1$ 比特的异或值为 0"的这样一种约束关系。因此,可以判断接收向量中至少有一位发生了错误。实际上,只要发生了奇数个错误,单校验码都可以检测到发生了错误。

第二种编码方法称为重复码(repetition code),是一种纠错码。其实质就是将每个要发送的符号重复发送,或者说是将原来的每一个信源符号编成多个相同的码元符号,其值与原来的符号取值相同。比如重复三次的二元重复码,其编码方法就是将原来二进制序列中的每一个"0"编成"000",将每一个"1"编成"111"。

所谓的译码规则就是指接收符号与发送符号之间的映射关系。不同的译码规则会造成不同的平均错误概率,所以人们一般都根据最小错误概率准则来确定译码规则。对于二元对称信道来说,一般总认为出错概率是小于等于 0.5 的,所以对于二元重复码,最小错误概率准则与择多译码规则是一致的,也就是说,译码时根据码字中"0"、"1"的数目选择数目多的进行译码。比如重复三次的二元重复码的译码,可以将接收到的"000""001""010"和"100"译为"0",将接收到的"011""001""110"和"111"译为"1"。这样,每个码字对于传输过程中发生的任一位错误,都可以通过译码进行自动纠正。

10.1.3 里程碑编码方法

1948 年，C. E. Shannon 发表了奠基性文献"通信的数学理论"，标志着信息与编码理论这一学科的创立。Shannon 在文中提出了著名的有噪信道编码定理，即对任何通信信道都存在一个称为信道容量的参数 C，只要实际传输速率 R 小于 C，就存在一种编码方法，当码长充分大时，系统的错误概率可达到任意小。反之如果 R 大于 C，则不可能有一种编码能使差错概率趋于 0。在 Shannon 之前，人们普遍认为在有噪信道里进行通信获得任意小的错误概率的唯一途径就是减小传输速率到零。有噪信道编码定理从理论上证明了信道编码技术可使得信息传输速率接近信道容量。编码定理及其证明虽然没有给出编码的具体设计方法，却指出了达到信道容量的编译码方法的指导性路线，此后，构造可逼近信道容量（Shannon 限）的信道编码具体方法及其可实用的（线性复杂度）有效译码算法一直是信道编码理论与技术研究的中心任务，也就是如何构造出能接近或达到 Shannon 限的码（称为 Shannon 码或渐近好码）是编码学者长期追求的目标。

过去的几十年中，有两类纠错编码得到深入研究，并在通信/存储系统中得到广泛应用，即分组码与卷积码。1950 年，数学家 Hamming 提出了第一个实用的差错控制编码方案，即汉明码。方法是将输入数据每 4 比特分成一组，然后通过对信息比特进行线性组合得到 3 个校验比特，组成 7 比特的码字。利用校验比特不仅可以检测传输错误，还可以纠正单个随机错误。这个编码方法就是分组码的基本思想。分组码很快引起代数学家的兴趣，并迅速发展成系统的代数编码理论，成为纠错码中理论体系最完整、最成熟的一类码字。1954 年，Reed 和 Muller 提出了一种新的分组码：Reed-Muller 码，简记为 RM 码。RM 码是一类参数选择 很广的分组码，在码字长度和纠错能力方面具有较强的适应性。1957 年，Prange 提出了一类重要的分组码即循环码，它在线性码中占有重要地位，是分组码中研究最深入、应用最广泛的子集。循环码的码字具有循环移位特性，由此大大简化了编译码结构，使得实用成为可能。循环码中一个重要成员就是由 Bose、Ray-Chaudhuri 和 Hocquenghem 于 1959～1960 年分别提出的可纠多个随机错误的 BCH 码。BCH 码纠错能力强，编码简单，具有严格的代数结构。同年，Reed 和 Solomon 构造了一类具有很强纠错能力的多进制 BCH 码，即著名的 Reed-Solomon 码（简称为 RS 码）。RS 码最突出的优点是非常适合纠正突发错误，在 CD 播放器、DVD 播放器及 DVB 和数字用户线（DSL）标准中有广泛的应用。分组码虽然基于数据分组的编码方式，译码时必须等待整个码字完整接收下来，才能实现译码，故在码长较大时会引入一定的时延。

卷积码是与分组码同时发展起来的另一种纠错编码方式。卷积码编码时本组的校验元不仅与本组的信息元有关，还与以前时刻输入到编码器的若干信息组有关。正是由于利用了各组之间的相关性，且每组的长度及其包含的信息的长度均较小，因此在与分组码同样的码率和设备复杂度条件下，无论从理论上还是从实际上均已证明卷积码的性能不比分组码差。但是由于缺少有效的分析工具，分析上得到的成果要少于分组码，并且好码往往要借助计算机搜索。在相同的码长下，卷积码的译码比分组码相对容易一些，最常用的是维特比（Viterbi）算法，它是基于卷积码网格图的一种最大似然译码算法，卷积码译码以流的方式连续进行，译码时延相对较小。

在上述各信道编码方案中，虽然译码复杂度大多在可接受的范围内，然而由于码长较短，其性能距 Shannon 限仍有较大距离。为了构造出译码复杂度可接受且差错控制性能优异的长码，Elias 在发明卷积码的前一年便提出了乘积码的概念，这是第一个由短码构造长码的方法。乘积码以两个线性分组码作为分量码，其码长为各分量码码长的乘积，译码可通过对各分量码单独译码从而得到次优的结果。1966 年，Forney 提出了另一种由短分量码构造长码的编码方案：（串行）级联码。在级联编码方案中，将内码和外码进行串行级联，内译码器可以看作一个噪声滤波器，它不仅能改变错误分布，而且能有效增加信号的接收信噪比。为了提高级联码的性能，常采用卷积码为内码，分组码（如 RS 码）为外码。该方案充分利用了卷积码和 RS 码的纠错性能互补的特点，在工业界有着广泛的应用。级联编码方案虽然可以提高系统性能，但是同时也损失了部分编码效率，而且内、外译码器间只是顺序译码并没有信息交换。需要说明的是，几乎同一时期，Gallager 提出 LDPC 码，这是一种直接构造长码并采用低复杂度的迭代译码来解决译码问题的编码方法，但在随后的几十年中，由于受硬件与软件所限以及级联码的影响，低密度校验码并没有引起太多关注。

经典纠错编码尽管设计精巧，但其性能与 Shannon 限仍存在 $2\sim3$ dB 的明显差距。现代纠错编码的特征是具有逼近 Shannon 限的译码性能。到目前为止，学术界与工业界影响力最大的三类先进的现代纠错编码方式分别是 Turbo 码、LDPC 码与 polar 码。

1993 年，法国的 Berrou 等提出了并行级联卷积码即 Turbo 码，他将卷积码和随机交织器结合在一起，实现了随机编码的思想，同时通过多个软输出译码器之间的迭代，系统渐近性能逼近容量限。仿真结果表明，在加性高斯白噪声（Additive White Gaussian Noise，AWGN）信道上，采用长度为 65 536 比特的伪随机交织器，在调制方式为 BPSK 时，码率为 $R=1/2$ 的 Turbo 码在误比特率（Bit Error Rate，BER）为 10^{-5} 时距离 Shannon 限约 0.7 dB。这一惊人发现改变了长期以来把信道截止速率作为实际容量的历史，使信道编码理论和实践进入了一个崭新的阶段。Turbo 码除性能优异外，还具有很好的灵活性，因为它由卷积码并行级联得到，所以编码复杂度很低。理论上可以支持任意长度的信息比特进行编码，通过速率匹配操作可以得到任意码率的码字。Turbo 码译码算法为软输入软输出（soft-input soft-output）的迭代译码，其缺陷在于具有较高的译码复杂度，且译码并行度受限，同时，Turbo 码虽然中低码率性能优异，但在高码率时，受过度打孔影响，性能恶化，且容易出现较高的译码平层。随着对 Turbo 码的深入研究，发现 Turbo 码的实现原理和 Gallager 提出的 LDPC 码极其相似，从此 LDPC 码被重新发现。

LDPC 码是一类线性分组码，其对应的奇偶校验矩阵是"1"的个数很少的稀疏矩阵。LDPC 码最早是由 Gallager 于 20 世纪 60 年代初期在其博士论文中提出的，故又称为 Gallager 码。但在其后的长时间里被忽视了，其中一个重要原因是，就当时的技术条件而言，LDPC 编译码器的实现过于复杂；再就是 RS 码的发现，RS 码与卷积码构成的级联码被认为是很完美的。直到 1996 年，MacKay 等发现 LDPC 码同样具有逼近信道容量的译码性能，LDPC 码这才又引起了人们的研究兴趣。LDPC 的主要优点在于译码复杂度低且其结构适于部分并行或者全并行译码，是实现高吞吐译码的最有力竞争者。LDPC 码的缺点在于编码复杂度较高，所需的存储量较大，性能优异的 LDPC 码构造比较困难，同时对任意固定的码长与码率都需要对应一个校验矩阵，如果要支持灵活的信息比特长度与编码码率，对 LDPC 校验矩阵构造和译码器的设计来说都是个严峻的挑战。

尽管 Turbo 和 LDPC 码的性能距离 Shannon 容量限已经非常小了，但是始终没有达到容量限。2008 年，Arikan 在国际信息论会议(ISIT)上首次提出了信道极化的概念，并在 2009 年发表的论文中对极化编码(即 polar 码)给出了详细的阐述。polar 码是首个可严格证明在二进制输入对称离散无记忆信道下可达容量限的编码方案，polar 码的出现引起了学术界与工业界的高度关注。polar 码是线性分组码，其生成矩阵是基于信道极化现象构造得到的类哈达玛矩阵。Arikan 发现使用 Kronecker 积将极化核矩阵［1011］进行扩展，并使用扩展矩阵对各子信道进行合并，然后按照顺序对合并后的矢量信道进行分裂，则对于组合前的二进制信道会发生信道极化。该现象使得分裂后信道产生两极分化：一部分会变成容量趋于 0 的纯噪声信道，另一部分变成容量趋于 1 的无噪声信道。在这样的极化信道上信道编码是非常简单的，只需要将所要传输的数据加载在容量趋近于 1 的那些信道上，而容量趋近于 0 的那些信道不使用，就可以实现数据的可靠传输。在译码算法方面，Arikan 给出的原始 polar 译码方法是逐次抵消(Succesive Cancellation，SC)算法，该算法译码复杂度为 $O(N\lg N)$。在码长趋于无穷大时，使用简单的 SC 译码算法就可以取得优异性能，但是在码长受限时，基于 SC 算法的 polar 码性能损失严重。

10.2　线性分组码

10.2.1　基本原理

1. 线性分组码的定义

假设信源输出一由二进制数字 0 和 1 组成的序列，将它们分为固定长度为 k 的消息分组 (message blocks)，每个消息分组记为 u，因此共有 2^k 种不同的消息。编码器按照一定的规则将输入的消息转换为二进制 n 维向量 v，这里 $n>k$。此 n 维向量 v 就叫作消息 u 的码字(codeword)或码字向量(code vector)，n 为码字的长度，k 为信息的长度。对应于 2^k 种不同的消息，也有 2^k 种码字。这 2^k 个码字的集合就叫一个分组码(block code)，通常将分组码记为 (n,k)。若一个分组码可用，2^k 个码字必须各不相同。因此，消息 u 和码字 v 存在一一对应关系。

定义：一个长度为 n，有 2^k 个码字的分组码，当且仅当其 2^k 个码字构成域 $GF(2)$ 上所有 n 维向量组成的向量空间的一个 k 维子空间时被称为线性 (n,k) 码。(注：域的概念在进一步阅读材料中可以给出)

事实上，一个二进制分组码是线性的充要条件是其任意两个码字的模 2 和仍是该分组码中的一个码字。对于线性分组码，希望它具有如图 10.2.1 所示的系统结构(systematic structure)，其码字可分为消息部分和冗余校验部分两个部分。消息部分由 k 个原始消息位构成，冗余校验部分则是 $n-k$ 个奇偶校验(parity check)位，具有这种结构的线性分组码被称为线性系统分组码(linear systematic block code)。

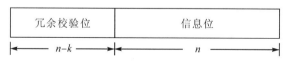

图 10.2.1　线性系统分组码结构

2. 生成矩阵和校验矩阵

因为一个二元 (n,k) 线性分组码 C 是 $GF(2)$ 上所有 n 维向量组成的向量空间的一个 k 维子空间，故 C 中存在 k 个线性独立的码字 $\boldsymbol{g}_0,\boldsymbol{g}_1,\cdots,\boldsymbol{g}_{k-1}$，使得 C 中每个码字 $\boldsymbol{c}$ 都是这 k 个线性独立码字的线性组合，即

$$\boldsymbol{c}=u_0\boldsymbol{g}_0+u_1\boldsymbol{g}_1+\cdots+u_{k-1}\boldsymbol{g}_{k-1} \tag{10.2.1}$$

其中 $u_i\in GF(2)$。

C 中 k 个线性独立的码字 $\boldsymbol{g}_0,\boldsymbol{g}_1,\cdots,\boldsymbol{g}_{k-1}$ 可以作为一个 $GF(2)$ 上的 $k\times n$ 矩阵的行向量，表示如下

$$\boldsymbol{G}=\begin{bmatrix}\boldsymbol{g}_0\\\boldsymbol{g}_1\\\vdots\\\boldsymbol{g}_{k-1}\end{bmatrix}=\begin{bmatrix}g_{0,0}&g_{0,1}&\cdots&g_{0,n-1}\\g_{1,0}&g_{1,1}&\cdots&g_{1,n-1}\\\vdots&\vdots&\ddots&\vdots\\g_{k-1,0}&g_{k-1,1}&\cdots&g_{k-1,n-1}\end{bmatrix} \tag{10.2.2}$$

令 $\boldsymbol{u}=(u_0,u_1,\cdots,u_{k-1})$ 是待编码的消息。这个消息的对应码字 $\boldsymbol{c}=(c_0,c_1,\cdots,c_{n-1})$ 可用 $\boldsymbol{u}$ 和 $\boldsymbol{G}$ 的矩阵乘积表示如下

$$\boldsymbol{c}=\boldsymbol{u}\cdot\boldsymbol{G} \tag{10.2.3}$$

因此，消息 $\boldsymbol{u}$ 的码字 $\boldsymbol{c}$ 是矩阵 $\boldsymbol{G}$ 的行向量的线性组合。矩阵 $\boldsymbol{G}$ 叫做 (n,k) 线性分组码 C 的生成矩阵。通常，生成矩阵 $\boldsymbol{G}$ 可以经过线性变换转化成如下的系统形式：

$$\boldsymbol{G}=[\boldsymbol{I}_k|\boldsymbol{P}]=\begin{bmatrix}1&0&\cdots&0&p_{0,0}&p_{0,1}&\cdots&p_{0,n-k-1}\\0&1&\cdots&0&p_{1,0}&p_{1,1}&\cdots&p_{1,n-k-1}\\\vdots&\vdots&\ddots&\vdots&\vdots&\vdots&\ddots&\vdots\\0&0&\cdots&1&p_{k-1,0}&p_{k-1,1}&\cdots&p_{k-1,n-k-1}\end{bmatrix} \tag{10.2.4}$$

$\underbrace{\quad}_{k\times k\text{单位阵}\boldsymbol{I}_k}\underbrace{\quad}_{\boldsymbol{P}\text{矩阵}}$

其中 $\boldsymbol{I}_k$ 是一个 $k\times k$ 的单位矩阵，$\boldsymbol{P}$ 是一个 $k\times(n-k)$ 的矩阵，$p_{i,j}\in GF(2)$。

令 $\boldsymbol{u}=(u_0,u_1,\cdots,u_{k-1})$ 是一个待编码的消息，对应的系统码字如下

$$\boldsymbol{c}=(c_0,c_1,\cdots,c_{k-1}c_k,c_{k+1},\cdots,c_{n-1})=(u_0,u_1,\cdots,u_{k-1})\boldsymbol{G} \tag{10.2.5}$$

其中

$$c_i=u_i,\quad i=0,1,\cdots,k-1 \tag{10.2.6}$$

$$c_{k+j}=u_0p_{0,j}+u_1p_{1,j}+\cdots+u_{k-1}p_{k-1,j},\quad j=0,1,\cdots,n-k-1 \tag{10.2.7}$$

式(10.2.5)表示 $\boldsymbol{c}$ 最右边的 $n-k$ 个码比特是信息比特的线性组合。这 $n-k$ 个由信息比特线性求和得到的码比特叫做一致校验比特(简称为校验比特)。由式(10.2.7)给出的 $n-k$ 个等式称为码的校验方程。

除了上述的定义方法外，一个 (n,k) 线性分组码 C 还可以由其校验矩阵 $\boldsymbol{H}$ 完全定义。假定 $\boldsymbol{H}$ 的维数是 m，其中 $m\geqslant n-k$。矩阵 $\boldsymbol{G}$ 和 $\boldsymbol{H}$ 的关系：

$$\boldsymbol{G}\boldsymbol{H}^{\mathrm{T}}=\boldsymbol{0} \tag{10.2.8}$$

当且仅当 $\boldsymbol{c}\cdot\boldsymbol{H}^{\mathrm{T}}=\boldsymbol{0}$ 时，二进制 n 维向量 $\boldsymbol{c}\in V$ 是 C 中的码字，即

$$C=\{\boldsymbol{c}\in V\colon \boldsymbol{c}\cdot\boldsymbol{H}^{\mathrm{T}}=\boldsymbol{0}\} \tag{10.2.9}$$

$\boldsymbol{H}$ 称为 C 的校验矩阵，C 称为 $\boldsymbol{H}$ 的零空间(null space)。因此，一个线性分组码可以由两个矩阵唯一确定，即生成矩阵和校验矩阵。

3. 最小距离

令 $c=(c_0, c_1, \cdots, c_{n-1})$ 是 $GF(2)$ 上的 n 维向量。c 的汉明重量(Hamming weight)(简称重量),记为 $w(c)$,它表示 c 非零元素的个数。例如,$c=(1001011)$ 的汉明重量为 4。现在考虑一个码字符号在 $GF(2)$ 上的 (n, k) 线性分组码 C,对 $0 \leqslant i \leqslant n$,让 A_i 表示 C 中汉明重量为 i 的码字数。数 $A_0, A_1, \cdots, A_n$ 称为 C 的重量分布。显然,$A_0 + A_1 + \cdots + A_n = 2^k$。由于线性分组码里有且仅有一个全零码字,所以 $A_0 = 1$。码 C 的最小汉明重量,记为 $w_{\min}(c)$,是 C 中非零码字的最小重量,即

$$w_{\min}(c) = \min\{w(c) : c \in C, c \neq \mathbf{0}\} \tag{10.2.10}$$

令 v 和 w 是 $GF(2)$ 上的两个 n 维向量。v 和 w 之间的汉明距离,记为 $d(v, w)$,表示 v 和 w 相应位置元素不相同的元素个数。例如 $v=(1001011)$ 和 $w=(0100011)$ 的汉明距离是 3。

(n, k) 线性分组码 C 的最小汉明距离 $d_{\min}(c)$ 定义为 C 中两个不同码字之间的最小汉明距离,即

$$d_{\min}(c) = \min\{d(v, w) : v, w \in C, v \neq w\} \tag{10.2.11}$$

对于线性分组码,确定其最小距离就等价于确定其最小重量。

10.2.2 汉明码(Hamming 码)

汉明码(Hamming Code)是一种基于奇偶效验码的线性分组纠错码,于 1950 年被数学家 Richard Wesley Hamming 发现,并用其名字命名。汉明码以其编码简单的特性而被广泛应用在各个领域中。

对于任意正整数 $m \geqslant 3$,存在具有如下参数的汉明码:

码长:$n = 2^m - 1$

信息符号数:$k = 2^m - m - 1$

校验符号数:$n - k = m$

纠错能力:$t = 1$

以 $(7, 4)$ 汉明码为例,由 $k = 4$ 位信息位添加 $m = 3$ 位校验位编码得到码字 $c = (m_0, m_1, m_2, m_3, p_0, p_1, p_2)$,其中每一个校验位均由信息位的异或组合而得到,具体计算公式见式(10.2.12)

$$\begin{cases} p_0 = m_0 \oplus m_1 \oplus m_3 \\ p_1 = m_0 \oplus m_2 \oplus m_3 \\ p_2 = m_1 \oplus m_2 \oplus m_3 \end{cases} \tag{10.2.12}$$

其中,$\oplus$ 为异或计算。表 10.2.1 给出了 $(7, 4)$ 汉明码的全部可用码字。

$(7, 4)$ 汉明码的奇偶校验矩阵可写成如下形式:

$$\mathbf{H} = \begin{bmatrix} 1 & 0 & 0 & 1 & 0 & 1 & 1 \\ 0 & 1 & 0 & 1 & 1 & 1 & 0 \\ 0 & 0 & 1 & 0 & 1 & 1 & 1 \end{bmatrix} \tag{10.2.13}$$

表 10.2.1　(7，4)汉明码的全部可用码表

信息位	校验位	信息位	校验位
0000	000	1000	111
0001	011	1001	100
0010	101	1010	010
0011	110	1011	001
0100	110	1100	001
0101	101	1101	010
0110	011	1110	100
0111	000	1111	111

10.2.3　循环码

循环码是线性分组码的一个重要子类。循环码的编码和伴随式计算可以通过线性反馈移位寄存器实现，并且其具有固定的代数结构，能找到多种实用的译码方式，因此循环码被广泛应用于通信系统的差错控制中。

如果对一个 n 维向量 $v=(v_0, v_1, \cdots, v_{n-1})$ 的分量做一次向右的循环移位，将得到另一个 n 维向量为

$$v^{(1)}=(v_{n-1}, v_0, \cdots, v_{n-2}) \tag{10.2.14}$$

称上述操作为 v 的一次循环移位(cyclic shift)。如果对 v 的分量做 i 次向右的循环移位，则得到的 n 维向量为

$$v^{(i)}=(v_{n-i}, v_{n-i+1}, \cdots, v_{n-1}, v_0, v_1, \cdots, v_{n-i+1}) \tag{10.2.15}$$

显而易见，把 v 循环右移 i 位等价于把 v 循环左移 $n-i$ 位。

定义：一个 (n, k) 线性码 C，如果每个码字的循环移位仍是 C 的码字，则称其为循环码(cyclic code)。每个码字向量 $v=(v_0, v_1, \cdots, v_{n-1})$ 用码字多项式的形式表示为 $v(x)=v_0+v_1x+\cdots+v_{n-1}x^{n-1}$。

其中所有码字多项式中有且只有一个次数最低为 $n-k$ 的非零码字多项式，形式为：$g(x)=1+g_1x+\cdots+g_{n-k-1}x^{n-k-1}$，其他的每个码字多项式都是 $g(x)$ 的倍式。一个循环码可以由非零的最小次数多项式 $g(x)$ 唯一确定，因此该式被称为生成多项式。

系统形式的 (n, k) 循环码的编码由三步组成：

（1）用 x^{n-k} 乘以消息多项式 $u(x)$；

（2）用 $x^{n-k}u(x)$ 除以 $g(x)$，得到余式 $b(x)$；

（3）得到码字多项式 $b(x)+x^{n-k}u(x)$。

所有这三步可以由除法电路来实现，如图 10.2.2 所示，该除法电路是一个 $(n-k)$ 级移位寄存器，其反馈连接基于生成多项式

$$g(x)=1+g_1x+g_2x^2+\cdots+g_{n-k-1}x^{n-k-1}+x^{n-k} \tag{10.2.16}$$

编码操作过程如下：

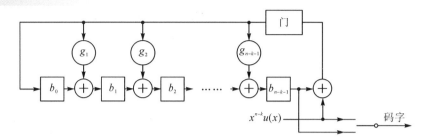

图 10.2.2 移位寄存器电路

第 1 步：将寄存器中的数值初始化为 0，串行输入（高位先进）k 个信息位 u_{k-1}，…，u_1，u_0，并作为码字的信息位。将消息向量 u 移位输入电路等价于将消息多项式 $u(x) = u_0 + u_1 x + \cdots + u_{k-1} x^{k-1}$ 预先乘以 x^{n-k} 并输入。一旦所有的消息位全部进入到电路中，则寄存器中的 $n-k$ 位就构成了余式多项式，即为校检数据。

第 2 步：关闭门，以断开反馈连接。

第 3 步：移出 $n-k$ 位校检位。这 $n-k$ 个校检位 b_0，b_1，…，b_{n-k-1} 就与 k 个信息位共同构成了一个完整的码字。

循环码的译码过程与线性码相同，需要三个步骤：（1）计算伴随式；（2）由伴随式得到错误模式（错误位置）；（3）错误纠正。

循环码的伴随式计算电路与编码类似，可以用除法电路来计算，其复杂度线性正比于校验位的数目（即 $n-k$）。

伴随式与错误模式的关联可以借助译码表来唯一确定。译码电路的一种直接的实现方案就是采用一个组合逻辑电路来执行查表。但这种设计方案的局限性在于译码电路的复杂度随着码长和需纠正差错数目的增加而呈指数增长。循环码具有良好的代数和几何性质，若对这些性质加以充分利用，就可以使用更好的译码算法简化译码电路。

错误纠正可通过将错误模式以模 2 加法加到接收向量上来实现。使用异或门即可实现纠错电路，异或门数量等同于纠错并行度。

一个通用的串行 (n,k) 循环码的译码器如图 10.2.3 所示。

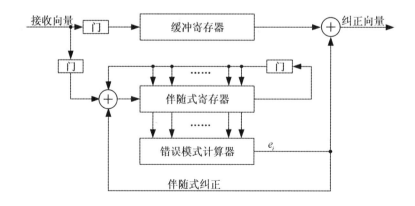

图 10.2.3 循环码译码器

循环码译码器，由伴随式寄存器、错误模式计算器和存储接收向量的缓冲寄存器三个主要部分组成。接收多项式从左端移入伴随式寄存器。为了消除错误对伴随式的影响，只需将错误通过一个异或门反馈到移位寄存器的左输入端。

译码步骤如下：

第 1 步：接收向量全部移入伴随式寄存器得到伴随式，同时接收向量也存入缓冲寄存器中。

第 2 步：将伴随式读入检测器中，检测相应的错误模式。检测器为组合逻辑电路，其电路设计方法为：当且仅当伴随式寄存器中的伴随式对应于最高位 x^{n-1} 存在的可纠正错误模式时，输出为 1。也就是说，若检测器输出端为 1，缓冲寄存器中最右端的接收符号被认为是错误的，必须被纠正；若输出为 0，则缓冲寄存器最右端的接收符号是正确的，不必纠正。因此，检测器的输出值为对应于缓冲寄存器中输出符号的差错估值。

第 3 步：从缓冲寄存器中读取第一个接收符号，与此同时，将伴随式寄存器移位一次。若检测到第一个接收符号存在差错，则被检测器的输出纠正。检测器的输出值也被反馈回伴随式寄存器来修改伴随式（即在伴随式中消除差错的影响）。此操作会产生一个新的伴随式，它对应于修正接收向量向右移位一次后所得的结果。

第 4 步：用第 3 步得到的新伴随式来检测第二个接收符号（此时处于缓冲寄存器的最右端）是否有错。译码器重复第 2 步与第 3 步。第二个接收符号的纠正方法与第一个接收符号的纠正方法完全相同。

第 5 步：译码器按以上步骤对接收到的符号位进行逐位译码，直到从缓冲寄存器读出整个接收向量为止。

上述译码器就是著名的梅吉特（Meggitt）译码器，原则上它可以应用于任何一种循环码。但是实际上它是否可实现，完全取决于错误模式检测电路。

10.2.4　BCH 码和 RS 码

1. BCH 码

BCH 码由 Bose、Chaudhuri、Hocquenghem 三人的名字命名，Hocquenghem 在 1959 年，Bose 和 Chaudhuri 在 1960 年分别独立发现了二进制 BCH 码。后来被推广至非二进制 BCH 码，其中最重要的非二进制 BCH 码为 Reed-Solomon 码。

BCH 码也是一种循环码，因此可以通过生成多项式来构造，首先介绍二进制 BCH 码。

对于任意正整数 $m(m \geqslant 3)$ 和 $t(t < 2^{m-1})$，存在具有如下参数的二进制 BCH 码：

分组长度：　　　　　　　　$n = 2^m - 1$

奇偶校验位数目：　　　　　$n - k \leqslant mt$

最小距离：　　　　　　　　$d_{\min} \geqslant 2t + 1$

显然，在一个长度为 $n = 2^m - 1$ 的分组中，该码能够纠正 t 个或少于 t 个差错的任意组合。我们称该码为纠正 t 个错误的 BCH 码，该码的生成多项式由它在 $GF(2^m)$ 上的根确定。令 α 为 $GF(2^m)$ 上的本原元，β 为一个 n 阶元素，纠正 t 个错误的 BCH 码的生成多项式 $g(x)$ 是以 β，β^2，β^3，$\cdots$，β^{2t} 为根的最低次数二进制多项式。当 β 等于 α 时，这个码也被称为本原

BCH 码，码长为 2^m-1；否则，β 不是本原元，阶数 n 也不等于 2^m-1，则该码被称为非本原 BCH 码，码长为 n。

BCH 码的纠错过程，由 3 个主要步骤组成：

第 1 步：由接收多项式 $r(x)$ 计算伴随式 $S=(S_1, S_2, \cdots, S_{2t})$。

第 2 步：由伴随式分量 $S_1, S_2, \cdots, S_{2t}$ 确定错误位置多项式 $\Lambda(x)$，典型的纠错算法为 Berlekamp-Massey 算法。

第 3 步：通过求解 $\Lambda(x)$ 的根，搜索确定错误位置，使用 Forney 算法计算错误数值并纠正 $r(x)$ 中的错误。

BCH 码的译码过程与 RS 码基本相同，具体的译码流程在 RS 码部分进行详细介绍。

接下来介绍符号取自 $GF(q)$ 的非二进制本原 BCH 码。

令 α 为 $GF(q^m)$ 中的本原元，纠正 t 个错误的 q 进制本原 BCH 码的生成多项式 $g(x)$ 是 $GF(q)$ 上以 $\alpha, \alpha^2, \alpha^3, \cdots, \alpha^{2t}$ 为根的次数最低多项式。由 $g(x)$ 生成的 q 进制 BCH 码的最小距离以 $2t+1$ 为下界。

q 进制本原 BCH 码是一种具有如下参数的循环码：

分组长度：$\qquad\qquad n=q^m-1$

奇偶校验位数目：$\qquad n-k\leqslant 2mt$

最小距离：$\qquad\qquad d_{\min}\geqslant 2t+1$

该码能够在 q^m-1 个符号位置中纠正小于等于 t 个随机符号错误。

2. RS 码

非二进制 BCH 码的最重要、最常用的子类是 RS(Reed-Solomom) 码，是由 Reed 和 Solomon 在 1960 年采用完全不同的方法独立构造出来的。

在 $GF(q)$，$q\neq 2$ 上的码长 $n=q-1$ 的本原 BCH 码称为 RS(Reed-Solomom) 码，作为一种经典的线性分组码，因其优越的纠正随机错误和突发错误的能力，自提出后就得到了广泛关注和应用，在深空通信、光纤通信、无线传输以及数据存储等多个领域都有着很好的发展前景。

1) RS 编码器

对于有限域 $GF(2^m)$ 上码长为 n，信息位长为 k，校验位长为 $n-k=2t$ 的 RS(n, k) 码，生成多项式可以表示为

$$g(x)=(x-\alpha^b)(x-\alpha^{b+1})\cdots(x-\alpha^{b+2t-1}) \qquad (10.2.17)$$

其中，b 是一个整数，通常可以通过调整 b 的取值来简化译码流程，α 是 $GF(2^m)$ 上的本原元，$\alpha^{b+i}\in GF(2^m)$，$i=0, 2, \cdots, 2t-1$。RS 码编码过程可以看作由信息多项式转换为码字多项式的过程。

$$m(x)=m_0+m_1x+\cdots+m_{k-1}x^{k-1} \qquad (10.2.18)$$

$$c(x)=c_0+c_1x+\cdots+c_{n-1}x^{n-1} \qquad (10.2.19)$$

那么，RS 码编码过程主要分为以下几个步骤：

（1）将信息多项式与 x^{n-k} 相乘，得到

$$x^{n-k}m(x)=m_0x^{n-k}+m_1x^{n-k+1}+\cdots+m_{k-1}x^{n-1} \qquad (10.2.20)$$

（2）将（1）中得到的乘积多项式除以生成多项式，得到商 $a(x)$ 和余 $b(x)$，那么乘积多项式可以表示为

$$x^{n-k}m(x)=a(x)g(x)+b(x) \qquad (10.2.21)$$

其中

$$b(x)=b_0+b_1x+\cdots+b_{n-k-1}x^{n-k-1} \qquad (10.2.22)$$

（3）对上式进行整合，得到编码后的码字多项式

$$
\begin{aligned}
c(x)&=b(x)+x^{n-k}m(x)\\
&=b_0+b_1x+\cdots+b_{n-k-1}x^{n-k-1}+m_0x^{n-k}+m_1x^{n-k+1}+\cdots+m_{k-1}x^{n-1}\\
&=c_0+c_1x+\cdots+c_{n-1}x^{n-1} \qquad (10.2.23)
\end{aligned}
$$

这种编码方式得到的码为系统码，码字多项式的高次项为信息位，低次项为校验位，由于 RS 码也是一种循环码，编码器可以用图 10.2.2 所示的移位寄存电路实现，这是 RS 码最常用的编码方式。

2）RS 译码器

译码器端接收到的多项式可以表示为

$$r(x)=c(x)+e(x)=r_0+r_1x+\cdots+r_{n-1}x^{n-1} \qquad (10.2.24)$$

其中，$e(x)$ 表示信道传输引起的错误多项式，记作

$$e(x)=e_0+e_1x^{j_1}+\cdots+e_vx^{j_v} \qquad (10.2.25)$$

若是传输过程中没有发生错误，那么 $e(x)$ 为 0，译码器接收到的是一个正确的码字；若是码字在传输过程中发生错误，$e(x)$ 不为 0。由于生成多项式 $g(x)$ 的根 $\alpha^{b+i}\in GF(2^m)$，$i=0,2,\cdots,2t-1$，也是码字多项式的根，那么有

$$r(x)=e(x) \qquad (10.2.26)$$

译码的目的就是要确定发生错误的位置 x^{j_1}，x^{j_2}，$\cdots$，x^{j_v}，以及对应的错误值，然后将得到的错误多项式 $e(x)$ 与接收多项式 $r(x)$ 相加即可得正确的码字多项式。

目前主流的硬判决译码算法主要包括三个步骤：

（1）计算伴随式：

$$S(x)=S_1+S_2x+\cdots+S_{2t}x^{2t-1}=\sum_{j=0}^{2t-1}S_{j+1}x^j \qquad (10.2.27)$$

其中，$S_i=r(\alpha^i)$，$i=0,1,\cdots,2t-1$。如果码字传输过程中没有发生错误，则 $S(x)$ 为 0，即 $S_1,S_2,\cdots,S_{2t}$ 均为 0；如果发生错误，则 $S(x)$ 不为 0。因此，可以通过计算伴随式来判断传输过程是否发生错误。

（2）求解关键方程。关键方程求解模块根据伴随式 $S_0,S_1,\cdots,S_{29}$ 求解得到错误位置多项式 $\Lambda(x)$ 和错误值多项式 $\Omega(x)$，用于后续的错误值计算，具体的算法描述见附录 A。

（3）求解错误位置和错误值。通过钱搜索算法检查 $\Lambda(\alpha^{-j})$，$j=0,1,2,\cdots,n-1$ 的各个结果，当 $\Lambda(\alpha^{-j})=0$ 时，说明 α^{-j} 位置出错，使用 Forney 算法计算该位置的错误值。

10.2.5 CRC 码

循环冗余校验（Cyclic Redundancy Check，CRC）码是一类（缩短的）循环码，因为其

编译码非常简单，并且具有优秀的突发错误检测能力，所以 CRC 码经常用于错误检测系统。

由于 CRC 码通常是通过缩短方法从循环码导出的，所以 CRC 码也用一个生成多项式$g(x)$来定义。考虑信息位长度为 k，码长为 n 的系统 CRC 码。令 $u(x) = u_0 + u_1 x + \cdots + u_{k-1} x^{k-1}$是待编码的消息向量 $\boldsymbol{u} = (u_0, u_1, \cdots, u_{k-1})$ 的多项式表示，$c(x) = c_0 + c_1 x + \cdots + c_{n-1} x^{n-1}$ 是码字 $\boldsymbol{c} = (c_0, c_1, \cdots, c_{n-1})$ 的多项式表示，假定编码时最高有效位先发送 $c_{n-1}, c_{n-2}, \cdots$。

令 $g(x) = g_0 + g_1 x + \cdots + g_{r-1} x^{r-1} + x^r$ 是次数 $r = n - k$ 的码生成多项式，其系数 $g_i \in GF(2)$。令 $R_{g(x)}[f(x)]$ 表示取多项式 $f(x)$ 除以 $g(x)$ 的余式的操作，则 CRC 码的系统形式编码运算可描述为

$$c(x) = x^r u(x) + R_{g(x)}[x^r u(x)] \tag{10.2.28}$$

其中 $x^r u(x)$ 对应于向量 $\boldsymbol{u}$ 的移位运算

$$x^r u(x) \leftrightarrow (\underbrace{0, 0, \cdots, 0}_{n-k \text{个}}, u_0, u_1, \cdots, u_{k-1}) \tag{10.2.29}$$

CRC 校验比特 $(p_0, p_1, \cdots, p_{n-k-1})$ 由多项式 $p(x) = R_{g(x)}[x^r u(x)]$ 给出。为方便起见，本小节我们使用 $\boldsymbol{G} = [\boldsymbol{P} \quad \boldsymbol{I}_k]$ 系统形式的生成矩阵表示。

式(10.2.28)中的多项式除法可用反馈移位寄存器实现，整个 CRC 码的系统编码器电路如图 10.2.4 所示。

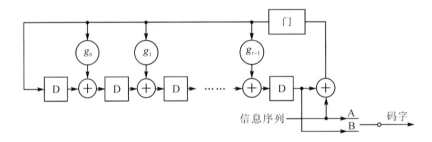

图 10.2.4　反馈移位寄存器电路

编码前，$r = n - k$ 个移位寄存器的初始状态全清为 0，门打开，输出选择开关接通 A。然后送入信息序列 $u(x)$ 的系数，高次位系数首先进入电路，它一方面作为码字的一部分送往信道，另一方面自动乘以 x^{n-k} 后进入 $g(x)$ 除法电路。k 次移位后，移位寄存器中的内容为 $p(x)$ 的系数，此时将门关闭，输出选择开关接通 B，再经过 r 次移位后，把寄存器中的校验位全部输出。这样，送往信道的码字 $c(x)$ 为

$$c = (p_0, p_1, \cdots, p_{n-k-1}, u_0, u_1, \cdots, u_{k-1}) \tag{10.2.30}$$

现在我们考虑 CRC 译码器。令接收向量的多项式表示为 $r(x) = c(x) + e(x)$，其中 $e(x)$ 为错误图样，则伴随多项式

$$s(x) = R_{g(x)}[r(x)] = R_{g(x)}[e(x)] \tag{10.2.31}$$

如果 $s(x) \neq 0$，则 $e(x) \neq 0$，即检测到 $r(x)$ 中有一个或多个错误发生。否则，如果 $s(x) = 0$，则原来的消息向量 $\boldsymbol{u}$ 可从 $r(x)$ 中立即提取得到。

考虑系统码，接收向量 r 可以写为

$$r=(r_0, r_1, \cdots, r_{n-1})=(\underbrace{p'_0, p'_1, \cdots, p'_{n-k-1}}_{\text{估计的检验位 } p'}, \underbrace{u'_0, u'_1, \cdots, u'_{k-1}}_{\text{估计的信息位 } u'}) \quad (10.2.32)$$

在接收端,我们用与发送端相同的编码器对接收到的信息块 u' 进行编码,产生估计的校验块 p''。然后比较 p' 与 p'',如果他们不同,则说明 r 不是一个有效码字,接收序列中有错误存在。这种检错方法使得发送端的编码器与接收端的错误检测电路基本相同,从而简化了设计。

实际上,根据系统形式的校验矩阵,有伴随式

$$s=r\,H^{\mathrm{T}}=p'-p'' \quad (10.2.33)$$

表 10.2.2 中列出了一些常用的不同长度 CRC 码的生成多项式。

表 10.2.2　(7,4)汉明码的全部可用码表

CRC 码	生成多项式
CRC-4	$g(x)=x^4+x^3+x^2+1$
CRC-7	$g(x)=x^7+x^6+x^4+1$
CRC-8	$g(x)=x^8+x^7+x^6+x^4+x^2+1$
CRC-12	$g(x)=x^{12}+x^{11}+x^3+x^2+x+1$
CRC-NSI	$g(x)=x^{16}+x^{15}+x^2+1$
CRC-CITT	$g(x)=x^{16}+x^{12}+x^5+1$
CRC-SDLC	$g(x)=x^{16}+x^{15}+x^{13}+x^7+x^4+x^2+x+1$
CRC-24	$g(x)=x^{24}+x^{23}+x^{14}+x^{12}+x^8+1$
CRC-32a	$g(x)=x^{32}+x^{30}+x^{22}+x^{15}+x^{12}+x^{11}+x^7+x^6+x^5+x+1$
CRC-32b	$g(x)=x^{32}+x^{26}+x^{23}+x^{22}+x^{16}+x^{12}+x^{11}+x^8+x^7+x^5+x^4+x^2+x+1$

CRC 码的检错性能如下:

一个由次数为 $r=n-k$ 的生成多项式定义的循环码(或缩短循环码,CRC 码)C 能够检测错误长度 $b \leqslant r$ 比特的所有突发错误图样。

一个长为 b 的突发错误是这样的错误图样:第一位错误符号和最后一位错误(含最后一位)符号之间的比特数是 b。例如:"……00001XXXXX1000……"是一个长度为 7 的单突发错误图样,其中 X 为任意{0,1}符号。

长度为 $b=n-k+1$ 的不可检突发错误图样在整个 b 长错误图样中的占比是 $2^{-(n-k-1)}$,即码 C 能够检测$(1-2^{-(n-k-1)}) \times 100\%$ 的长度为 $n-k+1$ 的突发错误。

长度为 $b>n-k+1$ 的不可检突发错误图样的占比是 2^{-n+k}。

例如,CRC-12 码能够检测所有长度$\leqslant 12$ 的单个突发错误,能够检测 99.95% 的长度为 13 的突发错误,还能够检测 99.976% 的长度大于 13 的突发错误。

10.3 卷 积 码

卷积码是 Elias 于 1955 年提出的一种前向纠错码，因其可以使用类似于卷积运算进行编码而得名卷积码。简单起见，下面讨论的卷积码仅限于二元卷积码。

10.3.1 卷积码的结构和描述

1. 卷积码的编码结构

卷积码编码器由 m 个移位寄存器、若干个模 2 加法器和开关电路组成，不同于上一节提到的 (n, k) 线性分组码，经卷积码编码后得到的 n 个码元不仅与当前输入的 k 个信息元有关，还与移位寄存器中保存的前 m 个信息元有关，一般记作 (n, k, N) 卷积码，这里 $N = m+1$ 称为卷积码的约束长度。

根据编码器的连接关系不同，卷积码编码器可以分为前馈编码器和反馈（递归）编码器。在这两种类别下，根据输出码元是否包含输入的信息元，编码器又可分为系统的和非系统的。图 10.3.1 为 $(2,1,3)$ 非系统前馈卷积码编码器结构示意图，图 10.3.2 为 $(3,1,3)$ 系统反馈卷积码编码器结构示意图，其中 ⊕ 表示模 2 加法。

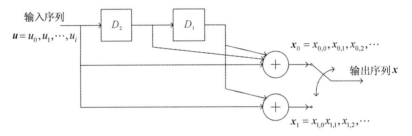

图 10.3.1 $(2,1,3)$ 非系统前馈卷积码编码器结构示意图

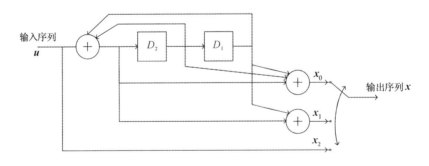

图 10.3.2 $(3,1,3)$ 系统反馈卷积码编码器结构示意图

2. 卷积码的描述方式

卷积码的描述方式一般分为两大类：图解法和解析法。下面以图 10.3.1 所示的 $n=2$，

$k=1$，$N=3$，编码效率 $\eta=\dfrac{k}{n}=\dfrac{1}{2}$ 的卷积码编码器为例分别介绍图解法和序列解析法的描述方式。

1）卷积码的图解表示

（1）树状图。(2,1,3)卷积码编码器的树状图如图 10.3.3 所示，因为编码器中有两个寄存器，因此编码器共有 $2^m=4$ 种可能的状态，用 $s_i\in S$，$i\in\{0,1,2,3\}$ 表示编码器所处状态，其中 $S=\{00,01,10,11\}$。

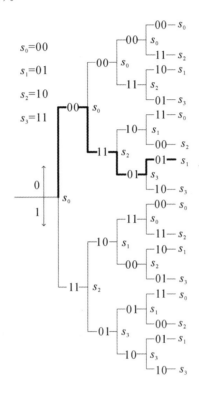

图 10.3.3 (2,1,3)卷积码编码器的树状图

假定编码器开始时处于全零状态 s_0，若输入 $u_0=0$ 则进入上半分支，此时编码器状态更新为 s_0 并输出$(x_{0,0}，x_{1,0})=00$；若输入 $u_0=1$ 则进入下半分支，此时编码器状态更新为 s_2 并输出$(x_{0,0}，x_{1,0})=11$。当下一个输入 u_1 到来时，根据编码器所处状态处于 s_0 还是 s_2 分别进行讨论。当编码器状态处于 s_0 时，编码器输出和状态转移情况与输入 u_0 到来时情况一致；当编码器状态处于 s_2 时，若输入 $u_1=0$ 则进入上半分支，此时编码器状态更新为 s_1 并输出$(x_{0,1}，x_{1,1})=10$；若输入 $u_1=1$ 则进入下半分支，此时编码器状态更新为 s_3 并输出 $(x_{0,1}，x_{1,1})=01$。当输入的信息序列为 0110 时，树状图中对应的路径如图中粗线所示，对应的输出为 00110101。

（2）网格图。卷积码的网格图也是一种描述编码器状态随时间推移而发生变化的表示形式。(2,1,3)卷积码编码器的网格图如图 10.3.4 所示。同样地，假定编码器开始时处于全零状态 s_0，当输入的信息序列为 0110 时，对应的路径如图中粗线所示。

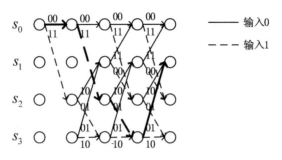

图 10.3.4 (2,1,3)卷积码编码器的网格图

（3）状态图。卷积码的状态图只考虑当前编码器和输入的信息元所产生的输出和状态转移情况。(2,1,3)卷积码编码器的状态图如图 10.3.5 所示。

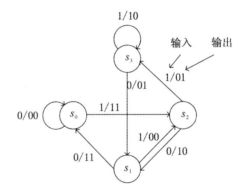

图 10.3.5 (2,1,3)卷积码编码器的状态图

2）卷积码的解析表示

由于卷积码编码器是线性系统，以图 10.3.1 所示的卷积码编码器为例，信息序列 $\boldsymbol{u}=(u_0, u_1, u_2, \cdots)$ 输入至编码器后，输出 $\boldsymbol{x}=(x_{1,0}, x_{2,0}, x_{1,1}, x_{2,1}, x_{1,2}, x_{2,2}, \cdots)$ 可以通过输入的信息序列 $\boldsymbol{u}$ 与两个编码器的冲激响应 $g^{(0)}$，$g^{(1)}$ 卷积得到。冲激响应可以通过将信息序列 $\boldsymbol{u}=(1, 0, 0, \cdots)$ 输入至编码器后观察输出序列得到。由于这里编码器的存储级数 $m=2$，因此脉冲响应只需观察 $m+1$ 个时间单元即可。图 10.3.1 所示的卷积码编码器的冲激响应如下

$$g^{(0)} = (1 \quad 1 \quad 1)$$
$$g^{(1)} = (1 \quad 0 \quad 1)$$

冲激响应 $g^{(0)}$ 和 $g^{(1)}$ 称为编码器的生成序列。因此编码器的输出可以写为

$$\boldsymbol{x}_0 = \boldsymbol{u} * g^{(0)}$$
$$\boldsymbol{x}_1 = \boldsymbol{u} * g^{(1)}$$

这里 $*$ 表示离散卷积运算，所有涉及到的加法均为模 2 加法运算。将卷积运算展开可以得到

$$x_{0,i} = u_i + u_{i-1} + u_{i-2}$$
$$x_{1,i} = u_i + u_{i-2}$$

其中 $i \geqslant 0$。

类似于分组码，可以得到卷积码的生成矩阵为

$$
G = \begin{bmatrix}
g_0^{(0)}g_0^{(1)} & g_1^{(0)}g_1^{(1)} & g_2^{(0)}g_2^{(1)} & \cdots & g_m^{(0)}g_m^{(1)} \\
& g_0^{(0)}g_0^{(1)} & g_1^{(0)}g_1^{(1)} & \cdots & g_{m-1}^{(0)}g_{m-1}^{(1)} & g_m^{(0)}g_m^{(1)} \\
& & g_0^{(0)}g_0^{(1)} & \cdots & g_{m-2}^{(0)}g_{m-2}^{(1)} & g_{m-1}^{(0)}g_{m-1}^{(1)} & g_m^{(0)}g_m^{(1)} \\
& & & \ddots & & & & \ddots
\end{bmatrix}
$$

其中空白的地方全为零。这时，编码器的输出可以写为

$$x = uG$$

10.3.2　Viterbi 译码

卷积码的译码分为两大类：代数译码和概率译码。代数译码基于码的代数结构进行译码，如门限译码算法，但目前应用较少。这里介绍一种概率译码算法——Viterbi 译码。Viterbi 译码算法是 Viterbi 在 1967 年提出的一种卷积码译码算法，实际上是一种最大似然译码算法。

Viterbi 译码算法的基本思想是：将经过信道的接收序列与所有可能的发送序列进行比较，选择其中累积度量 Γ（似然函数）最大的序列作为发送序列，同时回溯得到信息序列。这里如果使用汉明距离（欧氏距离）作为分支度量 M，累积度量最大等价于累积汉明距离（欧氏距离）最小。对于 (n,k,m) 卷积码，若信息序列长 L，Viterbi 译码算法步骤如下：

(1) 对于 $t \leqslant L$，计算 t 时刻每一个状态的路径分支度量 M_i，$i=1,2,\cdots,2^k$。对于每一个状态，这样的路径有 2^k 条。

(2) 将计算得到的分支度量 M_i 与 $t-1$ 时刻得到的累积度量 Γ_s，$s \in S$ 相加，选出 2^k 条路径中度量和 $\Gamma_s + M_i$ 最大的路径作为幸存路径，更新 t 时刻到达该状态的累积度量 Γ_s，并舍弃其余的 $2^k - 1$ 条路径。

(3) 重复步骤(1)、(2)，直到 $t=L$，选出 $t=L$ 时所有状态中累积度量 Γ_s 最大的状态 s，将到达该状态的幸存路径作为编码路径进行回溯，得到译码结果。

Viterbi 译码算法可以总结为"加、比、选"。

加：将每个路径的分支度量与累积度量相加。分支度量的计算可以使用似然函数、汉明距离或欧氏距离。

比：将到达某一状态的 2^k 条路径的度量和进行比较。

选：选出 2^k 条路径中度量和最大的路径作为幸存路径，并更新到达该状态的累积度量。

以图 10.3.1 所示的卷积码为例，假设编码器初始状态全零，信息序列 $u=01110$，经过编码器得到码字序列 $x=0011011001$，经过信道后接收序列 $y=0010010001$，使用 Viterbi 译码进行译码。

使用汉明距离作为分支度量，由于编码器初始状态全零，设 $t=0$ 时，$\Gamma_0=0$，$\Gamma_1=\Gamma_2=\Gamma_3=+\infty$。

$t=3$ 时，度量和 Γ_s+M_i 如图 10.3.6 所示。此时，到达状态 s_0 的两条路径的度量和分别为 2 和 3，保留 $s_0 \to s_0$ 的路径作为到达状态 s_0 的幸存路径。由于到达状态 s_1 的两条路径

的度量和均为 4，任选其中一条路径作为到达状态 s_1 的幸存路径，这里选择 $s_2 \rightarrow s_1$。同样地，对 s_2 和 s_3 进行类似的操作可以得到 $t=3$ 时的幸存路径如图 10.3.7 所示。图 10.3.8 和图 10.3.9 表示 $t=4$ 和 $t=5$ 时的幸存路径情况，观察到 $t=5$ 时到达状态的累积度量分别为 3、3、2、4，选择累积度量为 2 的路径作为编码路径进行回溯，得到译码序列 $u'=01110$。

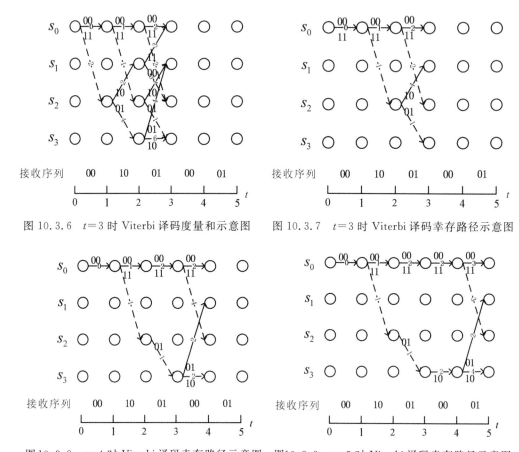

图 10.3.6 $t=3$ 时 Viterbi 译码度量和示意图　　图 10.3.7 $t=3$ 时 Viterbi 译码幸存路径示意图

图 10.3.8 $t=4$ 时 Viterbi 译码幸存路径示意图　　图 10.3.9 $t=5$ 时 Viterbi 译码幸存路径示意图

10.4 现代编码方法

10.4.1 Turbo 码

Turbo 码，又被称为并行级联卷积码（PCCC），它将卷积码与随机交织器结合在一起，实现了 Shannon 随机编码的思想，同时采用软输出迭代译码来逼近最大似然译码。

1. Turbo 码编码原理

典型的 Turbo 码是由两个递归系统卷积（Recursive Systematic Convolutional，RSC）编码器通过一个交织器并行级联而成，编码后的校验位经过删余、复用，从而产生不同码率的码字，见图 10.4.1。

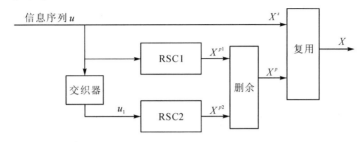

图 10.4.1　Turbo 码编码器结构框图

信息序列 $\boldsymbol{u}=\{u_1, u_2, \cdots, u_K\}$ 经过一个 K 位交织器，形成一个新序列 $u_1=\{u'_1, u'_2, \cdots, u'_K\}$（长度与信息序列内容没有变化，但是比特位置经过重新排序）。u 与 u_1 分别传送到两个分量码编码器（RSC1 与 RSC2），这样对于信息序列 u 就可以得到两组不同的校验序列 X^{p1} 与 X^{p2}。为了提高码率，序列 X^{p1} 与 X^{p2} 可以采用删余（puncturing）技术从这两个校验序列中周期地删除一些校验位，形成校验位序列 X^p。X^p 与未编码序列 X^s 经过复用后，得到 Turbo 码输出序列 X。

例如，假定图 10.4.1 中两个分量编码器的码率均是 $1/2$，由于编码器是系统形式的且对应于相同的输入信息序列，因此信息序列只需要传输一次。在不采用删余的情况下，整体码率为 $R=1/3$，为了将 Turbo 码的码率提高到 $R=1/2$，将两个校验序列按照下列删余矩阵进行删余

$$\boldsymbol{P}=\begin{bmatrix} 1 & 0 \\ 0 & 1 \end{bmatrix}$$

这里，矩阵 $\boldsymbol{P}$ 的第 m 行中的 0 表示第 m 个校验序列的对应位置比特将不被发送，采用删余技术后，Turbo 编码器在 k 时刻的输出为 $x_k=(x_k^s, x_k^p)$，$1 \leqslant k \leqslant K$。

2. Turbo 码的译码器结构

Turbo 编码器由两个分量码编码器与交织器组成，因此 Turbo 码译码器是由两个与分量码编码器分别对应的译码器，以及交织器和解交织器组合而成的，并将一个译码单元的软输出信息作为下一个译码单元的输入。为了得到更好的译码性能，要将此过程迭代数次。以上，就是 Turbo 译码器的基本工作原理，Turbo 码译码器结构框图如图 10.4.2 所示。

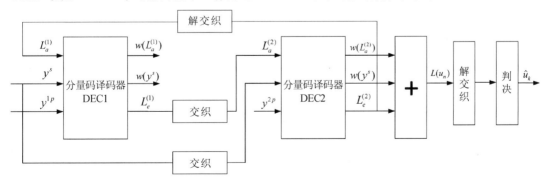

图 10.4.2　Turbo 码译码器结构框图

Turbo 码采用基于软输入软输出最大后验概率(MAP)算法的迭代译码策略,如图 10.4.2所示,它是由两个软输入软输出(SISO)译码器 DEC1 和 DEC2 串行级联组成,这两个分量码译码器均是典型的 BCJR 译码器,且交织器与编码器中所使用的交织器相同。译码器 DEC1 对分量码 RSC1 进行 MAP 译码,产生关于信息序列 u 中每一比特的后验概率信息,并将其中外信息 L_e 经过交织送给 DEC2。译码器 DEC2 将此信息作为先验信息,对分量码 RSC2 进行 MAP 译码,产生关于交织后的信息序列中每一比特的后验概率信息,然后将其中的外信息 L_e 经过解交织送给 DEC1,进行下一次译码。这样经过多次迭代,DEC1 或 DEC2 产生的外信息趋于稳定,译码性能逼近于对整个码的最大似然译码。下面对分量码译码器采用的 BCJR 算法进行简介,详细推导过程详见附录 B。

3. BCJR 算法

1974 年,Bahl、Cocke、Jelinek 和 Raviv 提出了一种最大后验概率(MAP)算法,用于估计噪声中一个 Markov 源的状态转移的后验概率,这个算法后来被称为 BCJR 算法。BCJR 算法不仅能提供比特序列的估计值,而且还能够给出每个比特被正确译码的概率,因此 BCJR 算法经常用于需要软信息输出的译码器/检测器,如 Turbo 译码器和 Turbo 均衡器等。

BCJR 算法就是工作在网格图上的一种高效 MAP 算法,为了方便起见,我们将上文中提到的软输入软输出(SISO)MAP 译码器框图在图 10.4.3 中表示,它能为每一译码比特提供对数似然比输出。

图 10.4.3　Turbo 软输入软输出译码器框图

图 10.4.3 中,MAP 译码器的输入 $L_a(u_k)$ 是关于 u_k 的先验信息,$L(u_k)$ 是关于 u_k 的对数后验概率(APP)比。它的定义如下

$$L_a(u_k) = \ln \frac{P(u_k=1)}{P(u_k=0)} \tag{10.4.1}$$

$$L(u_k) = \ln \frac{P(u_k=1 \mid \mathbf{y}_1^N)}{P(u_k=0 \mid \mathbf{y}_1^N)} \tag{10.4.2}$$

MAP 译码器的作用是,译码达到迭代次数后,根据计算出的 $L(u_k)$,然后根据如下规则进行判决

$$\hat{u}_k = \begin{cases} 1, & L(u_k) \geqslant 0 \\ 0, & L(u_k) < 0 \end{cases} \tag{10.4.3}$$

在使用 BPSK 调制、加性高斯白噪声信道条件下,BCJR 算法主要计算过程可以概括为以下几步:

(1) 对先验信息 $L_a(u_k)$ 和前向度量 α 以及后向度量 β 进行初始化

$$\begin{cases} L_a(u_k) = 0, & \text{第一次迭代} \\ L_a(u_k) = L_e(u_k), & \text{其他} \end{cases} \tag{10.4.4}$$

其中外信息 $L_e(u_k)$ 可以由上一个译码器的输出 $L(u_k)$ 除以输入 $L_a(u_k) \cdot y_k^s$ 得到，表示从上一个译码器中新得到的信息。

① 若分量编码器的卷积码结尾进行归零处理，则

$$\begin{cases} \alpha_0(0)=1, & \alpha_0(\forall s\neq 0)=0 \\ \beta_K(0)=1, & \beta_K(\forall s\neq 0)=0 \end{cases} \tag{10.4.5}$$

② 若分量码译码器的卷积码采用咬尾卷积码，则

$$\alpha_0(s)=p, \ s\in S, \tag{10.4.6}$$

$$\beta_K(s)=p, \ s\in S \tag{10.4.7}$$

其中 $p=1/2^m$，m 为分量编码器的寄存器个数。

③ 若分量码译码器的卷积码未进行结尾处理，则

$$\begin{cases} \alpha_0(0)=1, \alpha_0(\forall s\neq 0)=0 \\ \beta_K(s)=p, \ s\in S \end{cases} \tag{10.4.8}$$

（2）计算分支度量 γ

$$\gamma_k^i(s', s)=\begin{cases} P(u_k=i)\cdot A_k\exp(L_c y_k^s c_k^s + L_c y_k^p c_k^p), & \text{如果 } s'\to s \text{ 存在} \\ 0, & \text{如果 } s'\to s \text{ 不存在} \end{cases} \tag{10.4.9}$$

其中 A_k 为常数，$P(u_k=i)$ 可以由 $L_a(u_k)$ 得到。

（3）计算前向度量 α 和后向度量 β

$$\alpha_k(s) = p(S_k=s, \mathbf{y}_1^k) = \sum_{s'\in S}\alpha_{k-1}(s')\cdot\gamma_k(s', s) \tag{10.4.10}$$

$$\beta_k(s) = p(y_{k+1}^N \mid S_k=s) = \sum_{s\in S}\beta_k(s)\cdot\gamma_k(s', s) \tag{10.4.11}$$

（4）计算关于 u_k 的对数后验概率 $L(u_k)$

$$L(u_k) = \ln\frac{\displaystyle\sum_{\forall(s', s)\in B_k^1}\alpha_{k-1}(s')\cdot\gamma_k^1(s', s)\cdot\beta_k(s)}{\displaystyle\sum_{\forall(s', s)\in B_k^0}\alpha_{k-1}(s')\cdot\gamma_k^0(s', s)\cdot\beta_k(s)} \tag{10.4.12}$$

其中 B_k^i 表示由输入的 $u_k=i$ 引起的状态转移 $S_{k-1}\to S_k$ 的集合。

（5）重复（2）、（3）、（4）过程，直到迭代次数达到预设的最大迭代次数。

（6）对译码输出的对数后验概率 $L(u_k)$ 使用式（10.4.3）进行判决。

10.4.2　低密度校验码（LDPC 码）

LDPC（Low Density Parity Check）码，即低密度奇偶校验码，由 Gallager 在 1962 年提出，LDPC 码是一种具有渐近性的好码，但是高硬件实现复杂度和缺乏一定的运算条件等因素限制了它的发展。1996 年，Mackay 和 Neal 进一步发现了 LDPC 的优越译码性能，并提出了一种基于概率的置信传播（Belief-Propagation，BP）译码算法，将 LDPC 码推向了研究热潮。LDPC 适用于大容量、高速的通信场合，现已应用于 5G、DVB_S2、CCSDS 等多种通信标准中。

1. LDPC 码的基本概念

二元 (n, k) LDPC 码可以由稀疏矩阵表示，其校验矩阵大小为 $m\times n$，大多元素为零元素，非零位置为 1，其行重远远小于校验矩阵的列数。LDPC 可以分为规则与非规则两种，

各行行重一致，各列列重一致即为规则 LDPC 码，否则即为非规则 LDPC 码。一个(10，5)规则 LDPC 码的校验矩阵如下：

$$H = \begin{bmatrix} 1 & 1 & 1 & 1 & 0 & 0 & 0 & 0 & 0 & 0 \\ 1 & 0 & 0 & 0 & 1 & 1 & 1 & 0 & 0 & 0 \\ 0 & 1 & 0 & 0 & 1 & 0 & 0 & 1 & 1 & 0 \\ 0 & 0 & 1 & 0 & 0 & 1 & 0 & 1 & 0 & 1 \\ 0 & 0 & 0 & 1 & 0 & 0 & 1 & 0 & 1 & 1 \end{bmatrix} \tag{10.4.13}$$

由校验矩阵可知，其行重为 4，列重为 2，因此为规则 LDPC 码。令编码后码字为 $c = (c_0，c_1，c_2，c_3，c_4，c_5，c_6，c_7，c_8，c_9)$。

LDPC 码也可以用 Tanner 图表示，变量节点用圆形来表示，校验节点用方形来表示，节点的度定义为连接到该节点的边数。Tanner 图可以清楚表示校验矩阵，其变量节点与校验节点的连接确定了非零元素的位置，如图 10.4.4 所示。

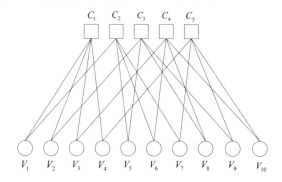

图 10.4.4　(10，5)LDPC 码的 Tanner 图表示

可见校验矩阵有 5 行，对应 5 个校验节点，校验矩阵的 10 列对应 10 个变量节点。校验节点 C_1 与变量节点 V_1、V_2、V_3 及 V_4 相连，表示校验矩阵的非零元素在第一行的第 1、2、3、4 列。由 Tanner 图可以清楚看出，校验节点和变量节点的度分别为 4 和 2。通常，采用硬判决译码的纠错性能由其最小距离决定，而采用软判决译码的纠错性能则由码重量分布决定。

2. LDPC 码的编码

如前所述，LDPC 码主要有两种类型，即规则 LDPC 码和不规则 LDPC 码。规则 LDPC 码的奇偶校验矩阵具有恒定的行重和列重。而在不规则 LDPC 码的奇偶校验矩阵中，行的重量和列的重量都不是固定的。

LDPC 码是由校验矩阵 H 定义及构造的一种特殊的线性分组码，由线性分组码的理论可知，它的编码方法一般是根据已构造的校验矩阵 H 经过初等变换导出生成矩阵 G，进而利用生成矩阵进行编码，由信息位得到校验位并组成码字序列。现有的 LDPC 码的编码方式大致可以分为两类：

（1）基于 LDPC 码的生成矩阵 G 进行编码，形同传统的线性分组码的编码方式；

（2）基于 LDPC 码的校验矩阵 H 直接进行编码，其中 H 具有特殊结构。

按照第一种编码方式，需要首先通过高斯消元法将 H 矩阵变换为式(10.4.14)的系统形式。

$$H=[P \quad I_{n-k}]$$
(10.4.14)

其中，P 是大小为 $(n-k) \times k$ 的二元矩阵，I_{n-k} 是大小为 $(n-k) \times (n-k)$ 的单位矩阵，从上式可以得到式(10.4.15)所表示的系统生成矩阵：

$$G=[I_k \quad P^T]$$
(10.4.15)

再计算信息位与生成矩阵的乘积，即可得到码字序列并完成编码，如式(10.4.16)所示。

$$c=uG=[u \quad uP^T]$$
(10.4.16)

得到的码字 c 满足 $Hc^T=0$。采用高斯消去法编码会使得 LDPC 码的编码过程异常复杂，计算量是码长的平方。在二元域上，LDPC 码的零元素特别多，校验矩阵 H 具有稀疏型，但生成矩阵 G 不具有稀疏性，大部分是 1 元素，既占存储空间又影响编码的速度。

第二种编码方式于 2001 年提出，直接基于 H 矩阵进行编码，它具有近似线性的编码复杂度。该编码方法也称 RU 编码算法，具体实现步骤为首先将校验矩阵 H 经过行列交换变为似下三角矩阵，然后利用校验矩阵的稀疏性直接进行大部分运算，最后只需用 Gauss 消元法求解很小的方程，就可以完成编码。

行列变换指的是对校验矩阵 H 进行行列重排以此来保证其稀疏性，进而可以得到一个似下三角矩阵，如图 10.4.5 所示。该校验矩阵 H 被分为 6 个部分，每个部分都是稀疏的。

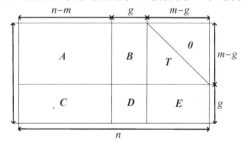

图 10.4.5　H 矩阵行列重排图

其中 m 是矩阵行数，n 是矩阵列数，g 远小于 n。矩阵 A 的大小为 $(m-g) \times (n-m)$，矩阵 B 的大小为 $(m-g) \times g$，矩阵 T 的大小为 $(m-g) \times (m-g)$，矩阵 C 的大小为 $g \times (n-m)$，矩阵 D 的大小为 $g \times g$，矩阵 E 的大小为 $g \times (m-g)$。这些矩阵都是稀疏的，T 是沿对角线的似下三角矩阵。将校验矩阵 H 左乘式(10.4.17)的矩阵，其中 I 是单位矩阵，O 是零矩阵。

$$\begin{bmatrix} I & O \\ -ET^{-1} & I \end{bmatrix}$$
(10.4.17)

之后可得到式(10.4.18)的矩阵形式。

$$\begin{bmatrix} A & B & T \\ -ET^{-1}A+C & -ET^{-1}B+D & O \end{bmatrix}$$
(10.4.18)

此时该矩阵还是稀疏性的。设码字为 $x=\{s, \ p_1, \ p_2\}$，其中 s 的长度为 $n-m$，是原始数据位，p_1 长度为 g，p_2 长度为 $m-g$，p_1，p_2 组合起来是校验位。由 $Hx^T=0$ 可以得到如下两个方程，即式(10.4.19)。

$$\begin{cases} As^T+Bp_1^T+Tp_2^T=0 \\ (-ET^{-1}A+C)s^T+(-ET^{-1}B+D)p_1^T=0 \end{cases}$$
(10.4.19)

定义 $\phi=-ET^{-1}B+D$，根据上式可以得到 p_1，p_2 的计算公式，如式(10.4.20)所示。

$$p_1^T = -\boldsymbol{\phi}^{-1}(-\boldsymbol{E}\boldsymbol{T}^{-1}\boldsymbol{A}+\boldsymbol{C})\boldsymbol{s}^T$$
$$p_2^T = -\boldsymbol{T}^{-1}(\boldsymbol{A}\boldsymbol{s}^T+\boldsymbol{B}\boldsymbol{p}_1^T)$$

(10.4.20)

因此，只要对校验矩阵 $\boldsymbol{H}$ 进行一定行列重排的预处理，然后经过计算就可以得到校验位，从而结合信息位和校验位直接得到编码后的码字，完成编码过程。进一步分析可以得到计算 p_1^T 的运算量为 $O(n+g^2)$，p_2^T 的运算量为 $O(n)$。所以在对校验矩阵 $\boldsymbol{H}$ 进行预处理时，应使 g 尽可能小，这样可使得运算量复杂度在线性范围内。

虽然 RU 编码算法最后可使得运算量复杂度降低，但它需要进行一定的预处理操作，而且 g 能否处理好也是一个难点，对于大矩阵来说有一定难度。

3. LDPC 码的译码

通常分组码的译码复杂度与码长成指数关系。对于 LDPC 码，由于其校验矩阵的稀疏性使其存在高效的译码算法，即使译码复杂度与码长呈线性关系，这进一步为 LDPC 码的应用奠定了基础。

LDPC 码的译码有以下几种方式：硬判决、软判决和混合译码算法。译码算法统称为消息传递算法（Message Passing，MP），即通过 Tanner 图上变量节点和校验节点之间的连线来传递信息，从而实现译码。随着 Tanner 图中变量节点和校验节点连接的边数的增加，译码所需的内存也随之增加。消息传递算法也称为迭代译码算法，因为关于比特的判决信息在变量节点和校验节点之间不断地来回传递，直到实现正确译码或达到最大迭代次数为止。硬判决意味着传递的关于比特的判决信息是二进制形式（用 0 和 1 来表示）的，而软判决意味着判决信息包含概率值。混合译码算法指的是同时应用硬判决和软判决算法，即先进行硬感知，在利用硬感知信息译码的同时进行软感知，如果译码失败则采用软感知信息继续译码（即软判决译码）。软判决译码算法能提供良好的性能，但译码复杂度较高，对硬件实现的要求也比较高。硬判决译码算法的复杂度低，易于硬件实现，但其译码性能不如软判决好。在噪声干扰较弱的情况下，可以选择硬判决译码算法，可有效降低数据读取时延；在噪声干扰较大的情况下，可使用软判决译码算法，从而在保证数据可靠性的前提下降低数据读取时延。

硬判决译码算法也称比特翻转算法（Bit Flipping，BF），由 Gallager 提出。该算法通过翻转某些不满足校验方程 $\boldsymbol{H}\boldsymbol{c}^T=0$ 的位来进行译码。当一次迭代完成后，翻转那个不满足校验方程最大数的比特位（0 翻 1 或 1 翻 0），这样得到一个序列组，然后利用该序列组再进行下一次迭代。当然，迭代次数要设置一个阈值。

BF 译码算法实现简单，运算复杂度低，没有乘法加法运算，缺点就是在低信噪比下性能很差，且当码字长度较大时，译码迭代次数也会变大。每次迭代都是针对一个变量节点的比特位进行翻转操作，当同时存在多个比特发生错误时，可能会造成译码错误，可以考虑通过加权的方式来提高 BF 算法的性能。因此有很多改进的 BF 算法相继被提出，例如加权比特翻转算法（Weight Bit Flipping，WBF）、修正加权比特翻转算法（Modified Weight Bit Flipping，MWBF）、改进的修正加权比特翻转算法（Improved Modified Weight Bit Flipping，IMWBF）、梯度下降比特翻转译码算法（Gradient Descent Bit Flipping，GDBF）、修正梯度下降比特翻转译码算法（Modified Gradient Descent Bit Flipping，MGDBF）、信道无关加权比特翻转算法（Channel Independent Weighted Bit Flipping，CIWBF）、基于 LDPC 码自适应位局部阈值的 BF 算法（Bit-Flipping Decoder Based on Adaptive Bit-Local

Threshold for LDPC Codes，ABTBF)、具有动态阈值的 BF 算法(BF Decoding with Dynamic Thresholds)、计数随机梯度下降位翻转译码算法(Counter Random Gradient Descent Bit Flipping，CRGDBF)。

BF 算法分为单比特翻转和多比特翻转算法两类。单比特算法在每次迭代中根据翻转规则只翻转一位。而多比特翻转算法在迭代译码过程中可进行多位翻转。很显然，多比特翻转算法比单比特翻转算法显示出更快的收敛速度，但多比特翻转算法容易使译码器产生振荡。由于本章节篇幅有限，我们仅介绍基本的比特翻转 BF 算法，对各类修正的算法感兴趣的同学可以自行学习。

在 BF 算法的译码过程中，检测器对每个接收比特进行硬判决，然后传递给对应的译码器。原始码字是 $c=[c_1, c_2, \cdots, c_N]$，经过 BPSK 调制后发送的码字是 $x=[x_1, x_2, \cdots, x_N]$，其中 $x_n=2\times c_n-1$，$n\in[1, N]$，在接收端经过匹配滤波器后的接收码字是 $z=[z_1, z_2, \cdots, z_N]$，$z_n=x_n+v_n$，$n\in[1, N]$，$v_n$ 是通过均值为 0，方差为 σ^2 的加性高斯白噪声信道(AWGN)的噪声。令 $y=[y_1, y_2, \cdots, y_N]$ 表示二进制判决序列，判决方式为若 $z_n>0$，则 $y_n=1$，若 $z_n<0$，则 $y_n=0$。BF 算法主要步骤为以下三步：

第一步：更新校验节点；

第二步：更新变量节点；

第三步：检验奇偶校验方程。

如果译码得到的码字满足校验方程的话，表示接收到的码字 y 有效，否则重复该过程，直到获得有效码字 y 或者达到最大迭代次数后停止译码。以规则 LDPC 码为例，原始码字 $c=[0\ \ 0\ \ 1\ \ 0\ \ 1\ \ 1]$，校验矩阵 H 的大小 4×6，如式(10.4.21)所示。

$$H=\begin{bmatrix} 1 & 1 & 0 & 1 & 0 & 0 \\ 0 & 1 & 1 & 0 & 1 & 0 \\ 1 & 0 & 0 & 0 & 1 & 1 \\ 0 & 0 & 1 & 1 & 0 & 1 \end{bmatrix} \tag{10.4.21}$$

其对应的 Tanner 图可以表示为图 10.4.6。

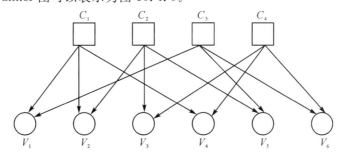

图 10.4.6　校验矩阵 H 对应的 Tanner 图

假设此刻的接收序列 $y=[1\ \ 0\ \ 1\ \ 0\ \ 1\ \ 1]$，初始化 $M=y=[1\ \ 0\ \ 1\ \ 0\ \ 1\ \ 1]$。

第一步：完成校验节点的更新，即校验节点收到来自变量节点的比特信息来完成自身的更新。由图 10.4.7 可知，第一个校验节点分别和第 1，2，4 个变量节点相连，在变量节点和校验节点之间传递的二进制信息为 $E_{11}=M_2\oplus M_4=0$；$E_{12}=M_1\oplus M_4=1$；$E_{14}=M_1\oplus M_2=1$，E_{14} 指的是由第一个校验节点传递给第四个变量节点的信息。其余校验节点的更新过程与第一个相同，可以得到 $E_{22}=0$，$E_{23}=1$，$E_{25}=1$，$E_{31}=0$，$E_{35}=0$，$E_{36}=0$，$E_{43}=1$，$E_{44}=0$，$E_{46}=1$。

校验节点将二进制信息传递给变量节点的过程如图 10.4.7 所示。

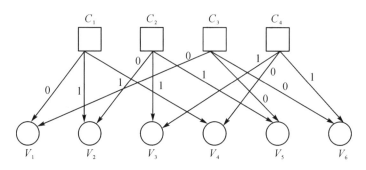

图 10.4.7　校验节点将信息传递给变量节点

第二步：完成变量节点的更新，即变量节点收到来自校验节点的信息来完成自身的更新。第一个变量节点收到来自第一个和第三个校验节点的信息，均为 0，该值与接收序列中的 M_1 的值不同，因此第一个变量节点的值由 1 翻转为 0；第二个变量节点收到来自第一个（为 1）和第二个校验节点（为 0）的信息，其中有一个和 M_2 的值相同，故不翻转第二个变量节点的值，其余变量节点以此类推，可以得到更新后的所有变量节点的值。则更新后的序列为 $\boldsymbol{M}'$，且 $\boldsymbol{M}'=\begin{bmatrix} 0 & 0 & 1 & 0 & 1 & 1 \end{bmatrix}$。

第三步：检验奇偶校验方程是否为 0。对于第一个校验节点，有 $L_1=M_1\oplus M_2\oplus M_4=0$，对于第二个校验节点，有 $L_2=M_2\oplus M_3\oplus M_5=0$，以此类推，可得 $L_3=M_1\oplus M_5\oplus M_6=0$，$L_4=M_3\oplus M_4\oplus M_6=0$。易知，变量节点的比特信息满足奇偶校验方程，即所有的校验方程均为 0，则译码器停止译码并给出 $\boldsymbol{M}'=\begin{bmatrix} 0 & 0 & 1 & 0 & 1 & 1 \end{bmatrix}$ 为最终的译码结果。如果奇偶校验方程不为 0 的话，则进一步由变量节点把信息传回给校验节点，返回译码过程的第一步开始循环执行，直至译码成功或达到最大迭代次数。

软判决译码算法也称迭代译码算法，二元 LDPC 典型的迭代译码算法有 BP 算法、最小和算法、修正最小和算法等，其中，BP 算法也称和积算法，译码性能最优，和积算法可以按消息量化分为概率域上的和积算法及对数域上的和积算法，通过变量节点和校验节点进行概率信息的传递，逐步使译码结果更可靠。概率域上的和积算法利用后验概率进行译码，但更新时引入了大量乘法，计算复杂度较高，因此对数域上的和积算法通过对数运算将乘法转换为加法，可以有效降低计算难度，并且性能同样优越。但对数域上的和积算法在实现上仍有难度，其校验节点的 tanh 相关运算给实现带来不便，最小和算法即在对数域和积算法的基础上，简化了校验节点计算，通过求最小值操作避免了 tanh 计算，但简化计算的同时也损失了一定的译码性能。

修正最小和算法即针对最小和算法所做的改进，在校验节点更新中所计算的消息在实际中要比最小和算法近似得到的要小，所以修正最小和算法通过添加归一化因子和偏移因子来校正估算带来的误差，提高译码性能。因其计算复杂度较低且具有良好的译码性能，通常应用于工程实现。

10.4.3　极化码(polar 码)

polar 码是一种新型的信道编码方法，由 E. Arikan 在 2009 年提出。polar 码是一种基于信道极化现象的线性分组码，是首个可被理论证明能达到二进制输入离散无记忆对称信道(Binary-Input Discrete Memoryless Channels，BI-DMC)信道容量的信道编码方法，具有优良的性能表现。polar 码的实现基于信道合并和分裂的方法，这使得它具有利于硬件实现的特性，即低复杂度的编译码以及确定性的结构，是一种实用的编码方法。因此，polar 码成为了近些年信道编码领域的一个研究热点。2016 年，通过多方讨论，polar 码被 3GPP 选为 5GeMBB 场景下控制信道的信道编码方法。

1. 信道极化

polar 码的理论基础是信道极化。信道极化(channel polarization)，指的是一组相互独立的二进制输入信道，通过一些变换，被分为两类极化后的信道：无噪信道和无用信道。通过信道极化，我们可以将需要传输的信息发送到容量接近 1 的无噪信道上，以保证信息传输的可靠性；至于容量接近 0 的无用信道，我们用它来传输特定的比特，它的值在传输前对收发双方来说都是已知的。信道极化的具体方法为信道合并以及信道分裂，如图 10.4.8 所示。

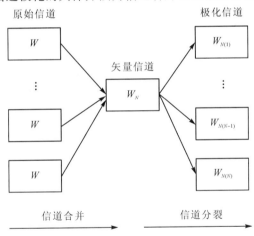

图 10.4.8　信道极化

信道合并将 N 个独立且相同的 BI-DMC 信道 W 通过映射 G_N 组成了一个矢量信道 W^N：

$$W^N : x^N \longrightarrow y^N \tag{10.4.22}$$

信道分裂则将矢量信道 W^N 又分裂为 N 个子信道

$$W_N^{(i)} : u \longrightarrow y^N \times u^{i-1}, \ 1 \leqslant i \leqslant N \tag{10.4.23}$$

在信道上述合并和分裂的过程中，信息并没有损失。

经过信道极化过程，若构造的长度 N 足够长，那么所有分裂后的子信道都将转换为无噪信道或无用信道。

2. polar 码的基本概念与编码方法

polar 码具有优秀的性能，其在包括 5G 在内的通信系统中发挥着重要的作用。polar 码也是一种线性分组码，有别于其他的线性分组码，polar 码是建立在信道极化理论基础上的编码方法。polar 码将它的 K 个要发送的信息序列放置在较可靠的 K 个子信道上，其余的

$N-K$ 个子信道发送冻结比特(冻结比特一般设置为比特"0")。

polar 码的编码可以由生成矩阵的形式表示:

$$\boldsymbol{x}_1^N = \boldsymbol{u}_1^N \boldsymbol{G}_N \tag{10.4.24}$$

其中,$\boldsymbol{u}_1^N$ 指的是信息序列,$\boldsymbol{x}_1^N$ 指的是经过编码后得到的码字序列。$\boldsymbol{G}_N$ 是 polar 码的生成矩阵。N 是 polar 码的码长。

polar 码的生成矩阵 $\boldsymbol{G}_N$ 是一个 $N \times N$ 的矩阵,具有固定的结构,它可由式(10.4.25)获得。

$$\boldsymbol{G}_N = \boldsymbol{F}^{\otimes n} \tag{10.4.25}$$

其中:$n = \text{lb } N$,$\otimes$ 表示 Kronecker 积,$n=1$ 时,$\boldsymbol{F}^{\otimes 1} = \boldsymbol{F}$。

$\boldsymbol{F}$ 是一个 2×2 的矩阵

$$\boldsymbol{F} = \begin{bmatrix} 1 & 0 \\ 1 & 1 \end{bmatrix} \tag{10.4.26}$$

由 Kronecker 积及 $\boldsymbol{F}$ 的性质可得

$$\boldsymbol{F}^{\otimes n} = \begin{bmatrix} \boldsymbol{F}^{\otimes(n-1)} & \boldsymbol{0} \\ \boldsymbol{F}^{\otimes(n-1)} & \boldsymbol{F}^{\otimes(n-1)} \end{bmatrix} \tag{10.4.27}$$

3. polar 码的构造

polar 码利用信道极化现象对信息进行编码,这要求它要能根据子信道的可靠性排序,来决定在哪些位置传输信息,在哪些位置传输冻结比特。polar 码的构造过程便是确定子信道可靠性的过程,以确定信息的传输位置。构造方法的好坏对 polar 码的性能有着直接影响,是 polar 码的一个关键问题。随着研究的深入,polar 码构造的多种方法被先后提出,E. Arikan 最先提出了巴氏参数法,之后,密度进化法、高斯近似法、极化重量构造等方法被相继提出。这些方法各有所长,使得 polar 码可适应多种应用环境。

巴氏参数法可针对二元删除(BEC)信道得到较好的构造结果,但对其他信道的效果欠佳;密度进化法可应用于 BI-DMC 信道,但计算复杂度较高;高斯近似法相较于前者,计算的复杂度较低;极化重量构造法的计算复杂度低且具有嵌套特性,很适用于在硬件上的实现。

4. polar 码的译码

1) SC 译码算法

根据 polar 码信道极化的特点,E. Arikan 最先提出了一种逐次抵消(Successive Cancellation,SC)译码算法,这是一种递归的译码方法,它按照 i 从 1 到 N 的顺序,逐次计算出每个比特的似然比和估计值。

SC 译码每计算出当前比特 u_i 的似然比,就以此通过硬判决,得到当前比特的估计值。之后,这个比特的估计值被当作正确值,在剩余的译码过程中发挥作用。可如果译码中间过程的某个比特被计算出了错误值,就可能会导致后续的译码出错,从而产生严重的错误传播现象。尤其在 polar 码的码长不过长时,此时信道极化不充分,更有可能出现上述的错误现象。因此,对于码长有限的 polar 码,SC 译码算法的性能并不十分优秀。

2) SCL 译码算法

在 SC 译码算法的基础上,逐次抵消列表(Successive Cancellation List,SCL)译码算法被提出,用于提升 polar 码的性能。

SCL 译码算法在它的译码过程中，每当对 u_i 进行判决时，若 u_i 是信息位，那么就对路径进行扩展，原先的单个译码路径会扩展为两条路径，从而保留 $u_i=0$ 和 $u_i=1$ 两种估计值。在这个过程中，每条路径的路径度量值都会被记录，用以评判路径的可靠性。在译码过程中，如果路径扩展后，路径总数超过了预设的路径总数 L，就根据路径度量值，选出其中最可靠的 L 条路径保留，其余的路径被舍弃，这样直到译码结束阶段。最后，从 L 种译码结果中根据度量值选出最可靠的一种，当作译码结果。

SCL 译码算法保留了信息比特的多种判决结果，有效避免了 SC 译码过程中因一次判决错误导致后续过程全部出错的现象，使得 polar 码的译码性能得到提升。

3）CA-SCL 译码算法

在 SCL 译码中，容易出现错误的一种场景是：在译码结束阶段，所有的 L 种结果中包含了我们想要的码字，但它经过度量值计算后，却不是最可靠的那一个，因此未被选出，导致译码错误。因此，CA-SCL(CRC-aided SCL)被提出，它在 SCL 译码器的基础上，增加了用于辅助选择译码结果的 CRC 码，使译码器能够从列表中找出正确的码字，提高译码性能。

CA-SCL 的操作是：假设一个 CRC 码的校验位长度为 r，首先对信息比特集合进行 CRC 编码，得到校验比特，之后，长度为 $K+r$ 的信息比特和校验比特集合由 polar 码编码器完成编码。之后按照正常的 SCL 算法进行译码，在这个过程中校验比特也被视为信息位。在 SCL 译码的结束时期，即根据度量值选择译码结果时，对现有的 L 个序列集进行 CRC 校验，通过校验且可靠度最高的估计序列才被当作最终的译码结果。CA-SCL 译码算法进一步提升了 polar 码的性能，使其可以达到二元 LDPC 码的译码性能。

10.4.4　编码标准

表 10.4.1 总结了常见的 Turbo 码在不同领域应用的相关标准情况，并列举了标准的应用领域、发布时间、组织以及使用的相关码参数信息。

表 10.4.1　Turbo 码的相关标准

标准名称	应用领域	发布/更新时间	发布组织	码参数 有效载荷块　码率
GMR	卫星电话	1987/2017	ETSI	200 bit～6000 bit　1/5
IEEE 802.16	WiMAX	1999/2009	IEEE	64 bit～8192 bit　1/2
3GPP LTE/LTE-A	手机和数据终端的移动通信	2006/2020	3GPP	40 bit～6144 bit 0.33～0.95
DVB-SH	卫星广播到手持设备	2011/2011	DVB(2007) ETSI(2011)	最大为 20 730 bit 1/5～1/2
IEEE 802.22	WRAN	2011/2019	IEEE	48 bit～1920 bit　2/3

GMR 是一项面向卫星电话的 ETSI 标准，该标准派生自 3GPP 系列地面数字蜂窝标准，并支持接入 GSM/UMTS 核心网络，ACeS、ICO、国际海事卫星组织、SkyTerra、TerreStar 和 Thuraya 都使用此标准。IEEE 802.16 是由电气电子工程师协会(IEEE)编写的一系列无线宽带标准，IEEE 标准委员会在 1999 年成立了一个工作组，以开发无线城域

网宽带标准。LTE Advanced 是移动通信标准，是长期演进（LTE）标准的主要增强，3GPP LTE Advanced 的目标是达到并超过 ITU 要求。DVB-SH（数字视频广播-手持式卫星业务）是基于 IP 的媒体内容和数据传送到手持终端，诸如移动电话或 PDA。IEEE 802.22 标准规定了在一个固定的基站与一个或多个固定或移动的用户通信终端之间的空中接口，该标准旨在解决用户密度较低但面积较大的郊区地带，低成本的无线宽带接入数据网络的问题。

表 10.4.2 总结了常见的 LDPC 码在不同领域应用的相关标准情况，并列举了标准的应用领域、发布时间、组织以及使用的相关码参数信息，考虑到每一项标准对应的码参数种类较多，故列举其中一种码信息作为参考。

表 10.4.2　LDPC 码的相关标准

标准名称	应用领域	发布/更新时间	发布组织	码参数		
				码长	信息位	码率
DVB-S2	卫星通信、数字视频广播	2003/2015	DVB	64800	16200	1/4
CCSDS	近地、深空通信	2011/2013	CCSDS	8176	7154	7/8
5G(3GPP)	移动通信	2017/2020	3GPP	68	22	1/3
ATSC 3.0	美国地面数字电视广播	2020/2020	ATSC	64800	8640	2/15
802.11ac	WLAN	2012/2013	IEEE	1296	648	1/2
802.16e	WiMax	1992/2005	IEEE	1056	528	1/2
CMMB	中国移动多媒体广播	2005/2006	SARFT	9216	4608	1/2

DVB-S2 指第二代卫星数字视频广播，是一种数字电视广播标准，该标准基于 DVB-S 和电子新闻收集（或 Digital 卫星新闻收集）系统，移动设备使用该系统将声音和图像从世界各地的偏远地区发送回其家庭电视台。CCSDS 已开发了涵盖多个领域的数据标准和信息系统框架，包括用于空间通信的协议和网络说明，以及对星际 Internet 和空间通信协议的规范。5G(3GPP) 指第五代移动通信系统，移动数据流量的暴涨给网络带来了严峻的挑战，流量的增长对网络能耗、比特成本以及频谱资源的高效使用提出了更高的要求，为满足日益增长的移动流量需求，新一代 5G 移动通信网络应运而生。ATSC 3.0 指下一代地面传输标准，高级电视系统委员会（Advanced Television Systems Committee，ATSC）订立了用于数字电视的高级电视系统委员会标准，取代了北美洲最常用的 NTSC，产生了新的制式。IEEE 802.11ac 是 802.11 家族的一项无线网络标准，802.11ac 是 802.11n 的继承者，它采用并扩展了源自 802.11n 的空中接口（air interface）概念，包括更宽的 RF 带宽（提升至 160 MHz），更多的 MIMO 空间流（spatial streams）（增加到 8），下行多用户的 MIMO（最多至 4 个），以及高密度的调变（modulation）（达到 256QAM）。IEEE 802.16e 是移动宽带无线接入的标准，该标准后向兼容 IEEE 802.16d，IEEE 802.16e 的物理层实现方式与 IEEE 802.16d 是基本一致的，主要差别是对 OFDMA 进行了扩展，可以支持 2048-Point、1024-Point、512-Point 和 128-Point，以适应不同载波带宽的需要。CMMB 指中国移动多媒体广播，是由国家广播电影电视总局（SARFT）在中国制定和指定的移动电视和多媒体标

准，它基于由中国广播科学研究院成立的 TiMiTech 开发的卫星和地面交互式多服务基础架构(STiMi)。

表 10.4.3 展示了 Polar 码在移动通信领域应用的相关标准情况，列举了标准的应用领域、发布时间、组织，以及使用的相关码参数信息。

表 10.4.3　Polar 码的相关标准

标准名称	应用领域	发布/更新时间	发布组织	码参数 码长　最小码率
5G	移动通信	2020/2020	3GPP	$2^{10} \sim 2^5$　1/8

华为在 2016 年 4 月份宣布率先完成中国 IMT-2020(5G)推进组第一阶段的空口关键技术验证测试，在 5G 信道编码领域全部使用极化码，2016 年 11 月 17 日国际无线标准化机构 3GPP 第 87 次会议在美国拉斯维加斯召开，中国华为主推 Polar Code(极化码)方案，同年，Polar 码方案成为 5G 控制信道 eMBB 场景编码最终方案，并成功进入 5G 基础通信框架协议，2018 年，全球第一个符合 3GPP 标准的、支持 Polar 码的 5G 系统正式发布。

思　考　题

10.1　设有一 (n, k) 线性分组码，若要求它能纠正三个随机错误，则其最小码距应该是多少？

10.2　码字(10110)的汉明重量为多少？和(01100)之间的汉明距离是多少？

10.3　影响 Turbo 码性能的因素有哪些？请做简要说明。

10.4　试总结 LDPC 码硬判决译码算法和软判决译码算法的优缺点。

10.5　请分析不同的码长、码率对 LDPC 码译码性能的影响。

10.6　相较于传统的线性分组码，请阐述 LDPC 码的优点。

10.7　试列举不同的应用场合对 LDPC 码译码性能及译码算法的要求。

习　题

10.1　考虑一个 $(8, 4)$ 系统码，其奇偶校验方程为
$$v_0 = u_1 + u_2 + u_3, \quad v_1 = u_0 + u_1 + u_2, \quad v_2 = u_0 + u_1 + u_3, \quad v_3 = u_0 + u_2 + u_3$$
其中 u_0, u_1, u_2 和 u_3 是消息位，v_0, v_1, v_2 和 v_3 是校验位。求此码的生成矩阵和校验矩阵。

10.2　请在 $GF(2^m)$ 域上计算下列多项式。

(1) $(x^4 + x^3 + x^2 + 1) + (x^3 + x^2)$；

(2) $(x^3 + x^2 + 1)(x + 1)$；

(3) $x^4 + x \bmod (x^2 + 1)$；

(4) $x^3 + x^2 + x + 1 \bmod (x + 1)$。

10.3　若 $(7, 3)$ 循环码的生成多项式为 $g(x) = x^4 + x^2 + x + 1$。

(1) 请画出用 $g(x)$ 除法电路实现 $(7, 3)$ 系统循环码的编码电路。

（2）若译码器输入是 1011011，请给出译码结果。

10.4 已知某线性分组码生成矩阵为

$$G = \begin{bmatrix} 1 & 1 & 0 & 1 & 0 & 0 \\ 0 & 1 & 1 & 0 & 1 & 0 \\ 1 & 0 & 1 & 0 & 0 & 1 \end{bmatrix}$$

（1）试求出校验矩阵，确定码长 n 和信息位长 k。

（2）求出最小码距。

10.5 已知一个 $(2,1,3)$ 卷积编码器的输入输出关系为

$$x_{0,i} = u_{i-1} + u_{i-2}$$
$$x_{1,i} = u_i + u_{i-2}$$

其中 $i \geqslant 0$。试画出该编码器的电路示意图、树状图、网格图和状态图。

10.6 对于图 10.3.1 所示的卷积码，若输入序列为 $u = 11010$，试给出编码后输出码字。若经过信道后得到接收序列为 $y = 1010010100$，试计算译码结果并给出计算过程。

10.7 已知 turbo 码编码器的生成矩阵为 $G(D) = \left[1, \dfrac{1+D^2}{1+D+D^2} \right]$，其中两个分量码编码器均为 4 状态，码率为 $1/2$ 的 $(7,5)_8$ RSC 编码器。

（1）请绘制出 Turbo 码编码器框图。

（2）请绘制出 $(7,5)$Turbo 码编码器分量码状态转移的网格图。

（3）假设采用一个大小为 7 的伪随机交织器：$\pi_7 = (4,1,6,3,5,7,2)$，Turbo 编码器输入信息比特序列 $u = (1011001)$，请表述出对应的信息位序列、校验位序列、未经删余矩阵的编码器输出码字。

（4）若采用删余矩阵 $P = \begin{bmatrix} 1 & 0 \\ 0 & 1 \end{bmatrix}$，则求出（3）中删余后码率为 $1/2$ 的 Turbo 码输出码字。

10.8 假设校验矩阵为 $H = \begin{bmatrix} 1 & 1 & 0 & 1 & 1 & 0 & 0 & 1 & 0 & 0 \\ 0 & 1 & 1 & 0 & 1 & 1 & 1 & 0 & 0 & 0 \\ 0 & 0 & 0 & 1 & 0 & 0 & 0 & 1 & 1 & 1 \\ 1 & 1 & 0 & 0 & 0 & 1 & 1 & 0 & 1 & 0 \\ 0 & 0 & 1 & 0 & 0 & 0 & 1 & 0 & 0 & 1 \end{bmatrix}$，信息序列为 $u =$

$[1\ \ 1\ \ 0\ \ 0\ \ 1]$，求编码之后的序列。

10.9 假设校验矩阵为 $H = \begin{bmatrix} 1 & 1 & 0 & 1 & 0 & 0 \\ 0 & 1 & 1 & 0 & 1 & 0 \\ 1 & 0 & 0 & 0 & 1 & 1 \\ 0 & 0 & 1 & 1 & 0 & 1 \end{bmatrix}$，码字 $c = [0\ \ 0\ \ 1\ \ 0\ \ 1\ \ 1]$ 经过

信道后，接收到的向量为 $r = [0\ \ 1\ \ 1\ \ 0\ \ 1\ \ 1]$，尝试使用比特翻转（BF）译码算法进行译码。

10.10 请写出 $(8,4)$polar 码的生成矩阵。假设它的子信道可靠度按升序排序为：$\{1,2,3,5,4,6,7,8\}$，信息序列为 $\{0,1,0,1\}$，冻结比特固定为 0，请写出经过 polar 编码后得到的码字。

第 11 章 同 步

在通信系统中，同步是进行信息传输的前提，本章将围绕载波同步、位同步和帧同步展开，分别介绍各同步技术的功能、原理、实现方法及其性能指标。

11.1 引 言

通信的目的是将一方的信息传输至另一方，收发双方一般处于不同地点，而要使他们能步调一致地协调工作，则需要同步系统来保证，只有当收发双方的同步建立起来后，才能正确传输信息。由此可见，为保证信息传输的可靠性和有效性，同步系统的性能至关重要。

在两点之间的数字通信中，同步技术按照不同功能可划分为：载波同步、位同步和帧同步。

（1）载波同步：通信系统发端发送的是已调信号，在收端需对接收信号进行解调处理。解调分为相干解调和非相干解调，与相干解调相比，非相干解调往往实现简单且不需要提取相干载波，然而无论对于哪种调制形式，在相同信噪比条件下，相干解调的误码性能总是优于非相干解调。若采取相干解调，接收端则需要提供一个与发射端调制载波同频同相的相干载波，我们将获取相干载波的过程称为载波提取，或称为载波同步。

（2）位同步：位同步是数字通信系统中特有的一种同步技术，又名码元同步。在数字通信系统中，任何消息都是一串信号码元序列，接收端为恢复码元序列，则需知道每个码元的起止时刻，以便对解调后的信号进行抽样判决，这就要求接收端必须产生一个重复频率与接收码元速率相同、相位与最佳判决时刻相同的定时脉冲序列。将提取这种定时脉冲序列的过程称为位同步，将这个定时脉冲序列称为码元同步脉冲或者位同步脉冲。

（3）帧同步：在数字通信中，信息发送端并不是将所有信息串接在一起，然后全部发送给接收端的，而是将需要传输的信息分割为"小块"进行传输，每一个小块叫做一帧。为了便于接收端对信息的处理，每个"小块"都应具有统一的固定格式，这就是帧结构。接收端需要检测出一帧的开头和结尾，识别一帧信息的到来，这样的过程为帧同步，也称为群同步。

完整的同步流程可概括为：接收端首先对已接收到的信号通过载波提取或平方变换等方法实现载波同步，以获取本地载波，完成信号解调，得到发送的基带信号。之后对其进行包络检波或者滤波等操作提取定时脉冲序列，对信号进行抽判，得到码元序列，实现位同步。最后进行帧同步处理，检测并获取每帧的起止定位信息，对码元进行正确分组，还原发端原始信息形式。由此可见，这三种同步技术虽在信号接收端发挥着不同的作用，但也不是彼此独立毫不相关的。

以上从信号接收处理的角度对三种同步进行了简要的介绍，使读者对同步有一个总体上的认知，了解同步技术在通信系统中的作用，关于三种同步方式的实现及性能我们将在后续的章节展开。

11.2　载波同步

11.2.1　载波同步概念

无论在何种调制形式下，当信号信噪比相同时，虽然非相干解调的实现复杂度更小，成本更低，但其解调性能却总是劣于相干解调，因此相干解调方式成为首选。若采用相干解调，需要在接收端获取用于解调的相干载波，而所谓载波同步，就是在接收端获取一个与发送信号同频同相的相干载波的过程。

相干载波的获取，通常有两种方法：一种是插入导频法，另一种是直接提取法。

当接收信号不包含离散的载频分量时，如单边带（SSB）信号，接收端则无法从接收信号里提取相干载波，针对这种情况，发送端可以在发送信息的同时再发送一个载波分量或与载波分量相关的导频信号，以便接收端进行提取，这种方法就是插入导频法。导频分量的插入，既可以是时域插入，也可以是频域插入。

当接收信号不包含离散的载频分量时，需要对接收信号进行非线性处理，使其含有离散载频分量或者与离散载频相关的分量，通过进一步处理获得载频分量，再对接收信号进行解调处理。这种方法就是直接提取法。

下面对两种方法进行具体介绍。

11.2.2　插入导频法

对于本身并不含有载波的抑制载波双边带信号，如 DSB 信号、等概的 2PSK 信号，或是虽含有载波分量但很难从已调信号的频谱中分离的残留边带（VSB）信号，亦或是根本不存在载波分量的单边带（SSB）信号，均可以使用插入导频法进行载波同步。

1. 频域插入

对于无法直接从频谱中分离出载波分量的信号，可以在其频谱中额外插入一个易于分离的导频信号，接收端在进行载波同步时只需将发端所插入的导频信号提取出来，即可获取解调该信号所需的载频信息。

出于以上插入导频的目的，插入导频的频率应该是与载频相关的频率值，这样才能提取出相关的载频信息。导频的插入位置也应是在原信号频谱分量尽可能小的频点处，否则将会大大提升导频提取和滤除的难度。除此之外，导频分量的功率大小也应适当。

下面介绍在抑制载波的双边带信号中插入导频的方法。

在载波调制之前，先对基带信号进行相关编码，得到如图 11.2.1 所示的频谱图，再对相关编码后的信号进行调制，得到调制后信号的频谱图，如图 11.2.2 所示。由之前介绍的插入导频的原则可知，导频最合理的插入位置应位于频谱分量的零点 f_c 处。

图 11.2.1　编码后信号频谱图

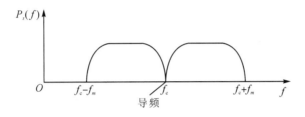

图 11.2.2　已调信号频谱图

从图 11.2.2 可以很明显地看出所插入的导频分量，显然不是用于调制的载波信号，这是因为发送端会先对载波进行 90°的相移处理，再将相移后得到的正交载波作为导频插入到已调信号中。插入导频法的具体实现过程如图 11.2.3 和图 11.2.4 所示。

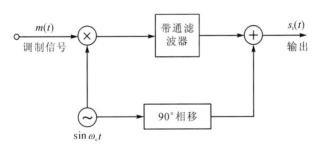

图 11.2.3　插入导频法发端框图

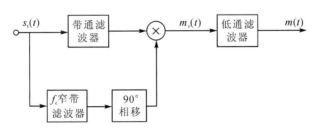

图 11.2.4　插入导频法收端框图

在信号发端，首先利用载波 $\sin\omega_c t$ 对基带信号 $m(t)$ 进行调制，得到已调信号 $m(t)\sin\omega_c t$，同时对载波信号进行 90°的相移，得到导频分量$-\cos\omega_c t$，再将导频分量和已调

信号相加输出得到发送信号 $s_t(t)$

$$s_t(t) = m(t)\sin\omega_c t - \cos\omega_c t \tag{11.2.1}$$

在信号收端,通过中心频率为 f_c 的窄带滤波器剥离出导频分量 $-\cos\omega_c t$,再对导频分量进行 $90°$ 的相移获取相干载波 $\sin\omega_c t$,然后对已调信号进行解调,将解调后的信号记为 $m_v(t)$

$$m_v(t) = s_t(t) \cdot \sin\omega_c t = m(t) \cdot \sin^2\omega_c t - \cos\omega_c t \cdot \sin\omega_c t$$

$$= \frac{1}{2}m(t) - \frac{1}{2}m(t)\cos2\omega_c t - \frac{1}{2}\sin2\omega_c t \tag{11.2.2}$$

再将 $m_v(t)$ 通过低通滤波器即可恢复调制信号 $m(t)$。

在上面的内容中一直在强调所插入的导频是"正交载波",那为什么不直接插入加于调制器的那个载波呢?如果插入的导频是调制载波,那么发端发出的信号 $s_t(t)$ 为

$$s_t(t) = m(t)\sin\omega_c t + \sin\omega_c t \tag{11.2.3}$$

经过窄带滤波器提取导频后对信号进行解调

$$m_v(t) = s_t(t) \cdot \sin\omega_c t = m(t)\sin^2\omega_c t + \sin^2\omega_c t$$

$$= \frac{1}{2}[1 + m(t)] - \frac{1}{2}[1 + m(t)]\cos2\omega_c t \tag{11.2.4}$$

然后利用低通滤波器进行滤波,显然滤波后信号中的直流成分仍然存在,这个无法去除的直流分量将对数字信号产生影响,这也就是为何导频分量选择正交载波的原因。

2PSK 和 DSB 信号都属于抑制载波的双边带信号,故上述导频插入的方法对两者皆适用。

2. 时域插入

前面介绍了频域插入导频的方法,即在频域按照一定的原则插入与载波相关的导频信号,使得信号频谱图上存在载波或与载波相关的频率分量。时域插入导频法即收发双方对帧结构进行规范,将标准载波插入到每帧数据的固定位置,然后将标准载波随数据信息一起发送。频域插入的情况下,接收信号中的导频信息在时域是连续的,而时域插入的情况下,导频信息在时域是离散的。时域插入如图 11.2.5 所示。

图 11.2.5 时域插入导频法帧结构图

从图 11.2.5 中可以看出,通过时域插入导频的信号是在每一帧的一小段时间内的载波信号,接收端可使用应用控制信号提取该载波信号。理论上可以使用窄带滤波器对接收信号滤波而直接提取载波,常用的方法是使用锁相环来提取载波,具体的实现框图如图 11.2.6 所示。

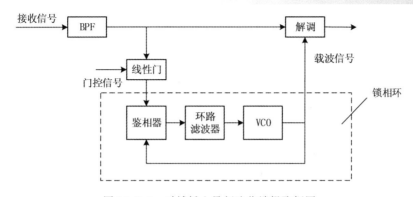

图 11.2.6　时域插入导频法收端提取框图

11.2.3　直接法

对于一些虽不含有明显载波频率分量，但可通过某些非线性变换产生载波频率分量的信号，如抑制双边带信号，可使用直接法进行载波同步。这种方法不需要发射端对已调信号进行额外的处理，接收端直接对收到的信号进行变换即可获取相干载波。

1. 平方变换法和平方环法

将调制信号记为 $m(t)$，若其中不含直流分量，则抑制双边带信号可被表示为

$$s(t) = m(t)\cos\omega_c t \tag{11.2.5}$$

接收端通过平方律器件对该信号进行平方变换，得到

$$\begin{aligned} v(t) = s^2(t) &= m^2(t)\cos^2\omega_c t \\ &= \frac{m^2(t)}{2} + \frac{1}{2}m^2(t)\cos 2\omega_c t \end{aligned} \tag{11.2.6}$$

不难看出平方律器件的输出信号中包含 $2\omega_c$ 的频率分量，可通过中心频率为 $2f_c$ 的窄带滤波器对其进行提取，再对提取出的信号进行二分频，这样即可获得解调所需的相干载波，这就是平方变换法，以上过程如图 11.2.7 所示。

图 11.2.7　平方变换法提取载波

当 $m(t) = \pm 1$ 时该信号为 BPSK 信号，此时

$$v(t) = \frac{1}{2} + \frac{1}{2}\cos 2\omega_c t \tag{11.2.7}$$

也就是说对于 BPSK 信号相干载波的提取同样可以使用以上方法。

不过需要注意的是，由于平方变换法中使用了一个二分频电路，因为分频的起点不确定，故提取出来的载波会存在 $180°$ 的相位模糊，这个问题可用前面介绍过的差分编码来解决，即将 BPSK 信号转变为 DPSK 信号。

前面的公式推导并没有考虑噪声的影响，在实际应用中，收端接收到的信号往往伴随着加性高斯白噪声，为提高滤波性能，可使用锁相环代替窄带滤波器，其实现框图如图

11.2.8所示。

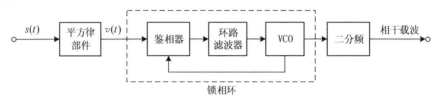

图 11.2.8 平方环法载波提取框图

将 $v(t)$ 输入鉴相器,鉴相器输出的误差电压为

$$u_d(t) = K_d \sin 2\varphi \tag{11.2.8}$$

其中 K_d 为鉴相灵敏度,φ 是误差相位。误差电压通过环路滤波器去控制压控振荡器的相位和频率,环路锁定之后,φ 很小,VCO 的频率锁定在 $2\omega_c$ 上环路的输出信号为

$$u_o(t) = A \sin(2\omega_c t + 2\varphi) \tag{11.2.9}$$

然后对环路输出信号进行二分频,即可得到所需的相干载波,在这里依旧使用到了二分频电路,故一样会存在 180° 的相位模糊问题,对于 2PSK 系统同样可通过差分编码来解决。

2. 同相正交环法

同相正交环又名科斯塔斯(Costas)环,是工程应用中最为广泛的一种抑制载波跟踪环路,其原理框图如图 11.2.9 所示。在此环路中,输入的已调信号分别与同相载波和正交载波相乘,将乘法器的输出通过低通滤波器滤除高频分量后再相乘,得到误差信号,利用误差信号对 VCO 进行调整,最终获得所需的本地载波。

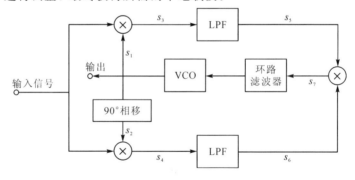

图 11.2.9 Costas 环法提取载波

设输入的抑制载波双边带信号为 $m(t)\cos\omega_c t$,将压控振荡器输出的同相载波和正交载波分别记 s_1、s_2,表示如下:

$$s_1 = \cos(\omega_c t + \varphi) \tag{11.2.10}$$

$$s_2 = \sin(\omega_c t + \varphi) \tag{11.2.11}$$

其中 φ 为本地压控振荡器的输出信号与系统输入信号之间的载波相位差。

将输入信号分别与同相载波 s_1、正交载波 s_2 输入乘法器,得到 s_3、s_4

$$s_3 = m(t)\cos\omega_c t \cdot \cos(\omega_c t + \varphi)$$

$$= \frac{1}{2}m(t)[\cos(2\omega_c t + \varphi) + \cos\varphi] \tag{11.2.12}$$

$$s_4 = m(t)\cos\omega_c t \cdot \sin(\omega_c t + \varphi)$$

$$= \frac{1}{2}m(t)[\sin(2\omega_c t + \varphi) + \sin\varphi] \tag{11.2.13}$$

将信号 s_3、s_4 输入低通滤波器得到信号 s_5、s_6

$$s_5 = \frac{1}{2}m(t)\cos\varphi \qquad (11.2.14)$$

$$s_6 = \frac{1}{2}m(t)\sin\varphi \qquad (11.2.15)$$

将信号 s_5 和 s_6 输入乘法器得到误差信号 s_7

$$s_7 = \frac{1}{8}m^2(t)\sin2\varphi \qquad (11.2.16)$$

误差信号 s_7 相当于鉴相器的输出,可用于调整 VCO 的相位和频率,通过多次调整可使稳态相位误差减小到允许的误差范围内,且没有剩余频差,此时 VCO 的输出信号 $s_1 = \cos(\omega_c t + \varphi) \approx \cos(\omega_c t)$ 就是解调所需的同步载波,而信号 $s_5 = \frac{1}{2}m(t)\cos\varphi \approx \frac{1}{2}m(t)$ 就是解调后的基带信号。

将同相正交环法与平方环法进行对比,可以看出两者在鉴相特性的形式上完全相同,同相正交环法也存在 180° 的相位模糊问题。在电路实现上同相正交环法虽然较平方环法更复杂一些,但它的工作频率就是载波频率,不需要像平方环法再进行分频处理,当载波频率很高时,同相正交环法的实现难度更低。其次,当环路稳定后,同相正交环法可直接获得解调输出,而平方环还需要额外的解调操作。

3. MPSK 的载波提取

数字通信系统中经常可见 M 相调制,对于 M 相调制信号相干载波的提取一样可以使用上述两种方法。

1)M 次方变换法

设接收信号为 MPSK 信号,如图 11.2.10 所示。若使用 M 次方环,环路中鉴相器输出的误差电压为

$$u_d = K_d \sin M\varphi \qquad (11.2.17)$$

因此 $\varphi = n\frac{2\pi}{M}$ 为 M 次方环的稳定平衡点,即环路有 M 个稳定工作点,这种现象称为 M 重相位模糊,在所提取出的载波中体现为 $\frac{360°}{M}$ 的相位模糊,同样可采用 MDPSK 进行解决该问题。

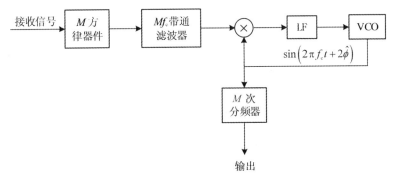

图 11.2.10　M 次方变换法载波提取框图

2）M 方环法

M 方环法又称多相科斯塔斯环法，框图如图 11.2.11 所示，该方法所提取的载波也存在同样 M 重相位模糊。在实际中因实现这种方法所需的电路复杂度较高，故很少采用。

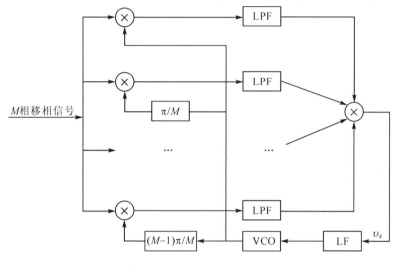

图 11.2.11　M 相 Costas 环

11.2.4　载波同步系统的性能及相位误差对解调性能的影响

1. 载波同步系统的性能

载波同步系统的性能直接关系到信号的解调效果，评判载波同步系统性能的主要指标有：效率、精度、同步建立时间和同步保持时间，显然高效率、高精度、同步建立时间短、保持时间长是载波同步系统追求的目标。

（1）效率。因发射机的发射功率是一定的，当导频信号的功率过高时会占据总发射功率较大的比重，进而降低效率。由前两小节可知，插入导频法因为需要额外多插入导频分量，故需要多消耗一些功率，因此相比于直接法提取载波，它的效率会更低一些。

（2）精度。接收端所提取出的本地载波与相干解调所需的载波之间存在相位误差 $\Delta\theta$，而更高的精度意味着更小的相位误差。相位误差通常由稳态相差 θ_e 和随机相差 σ_φ 两部分组成，稳态相差 θ_e 主要指载波信号通过同步信号提取电路后，在稳态下所引起的相差；随机相差 σ_φ 是由于随机噪声而引起同步信号的相位误差。

（3）同步建立时间 t_s。指环路从起始时刻到同步时刻所需的时间。同步建立时间的长短与起始时刻和标准载波的频差大小有关，起始频差越大，同步建立时间越长，可以通过环路的最大固有频差来计算最大同步建立时间。

（4）同步保持时间 t_c。指同步状态建立后，当同步信号消失，系统从同步到失步的时间，显然 t_c 越长越好。

这些性能指标并非是固定不变的，它们都会受到提取电路、信号和噪声等条件的影响。当采样锁相环提取载波时，锁相环的性能将会是主要影响因素，有关这方面的详细讨论本书将不再赘述，有兴趣的同学可以参阅锁相环的相关资料。

2. 载波相位误差对解调性能的影响

接收端的解调性能主要受载波相位误差 $\Delta\theta$ 的影响，且相位误差 $\Delta\theta$ 对不同信号的解调所带来的影响是不同的。

1) 载波相位误差对双边带调制信号的影响

接收端提取出载波后对接收的双边带信号进行解调，考虑到相位误差的存在，恢复的基带信号应表示为

$$s(t)=\frac{1}{2}m(t)\cos\Delta\theta \tag{11.2.18}$$

当相干载波与接收信号之间不存在相位误差，或相位误差可以忽略时，$\Delta\theta=0$，$\cos\Delta\theta=1$，此时基带信号 $s(t)=\frac{1}{2}m(t)$，幅度达到最大。

当相干载波与接收信号之间存在相位误差，或相位误差不可忽略时，$\Delta\theta\neq0$，$\cos\Delta\theta<1$，此时基带信号 $s(t)=\frac{1}{2}m(t)\cos\Delta\theta$，信号幅度因相位误差影响而下降，且因信号功率、信噪比均与信号幅度的平方成正比，故功率和信噪比将变为原来的 $\cos^2\Delta\theta$ 倍，而对于数字通信系统而言，低的信噪比也会导致误码率的下降。以 BPSK 信号为例，当相位误差为 $\Delta\theta$ 时，误码率为 $P_e=\frac{1}{2}\mathrm{erfc}\left(\sqrt{\frac{E}{n_0}}\cos\Delta\theta\right)$。

总体而言，解调存在的相位误差会导致双边带信号的幅度降低，信号功率、信噪比下降，系统误码率增高。

2) 载波相位误差对单边带和残留边带信号的影响

对单频基带信号 $m(t)=\cos\Omega t$ 进行上变频后取上边带信号

$$s(t)=\frac{1}{2}\cos(\omega_c+\Omega)t \tag{11.2.19}$$

考虑到相位误差的存在，记所提取的载波信号为 $\cos(\omega_c t+\Delta\theta)$，利用载波对上边带信号进行解调。先将两者输入乘法器，得

$$\frac{1}{2}\cos(\omega_c+\Omega)t\cdot\cos(\omega_c t+\Delta\theta)$$

$$=\frac{1}{4}\left[\cos(2\omega_c t+\Omega t+\Delta\theta)+\cos(\Omega t-\Delta\theta)\right] \tag{11.2.20}$$

利用低通滤波器提取其中的差频分量，得

$$m(t)=\frac{1}{4}\cos(\Omega t-\Delta\theta)$$

$$=\frac{1}{4}\cos\Omega t\cdot\cos\Delta\theta+\frac{1}{4}\sin\Omega t\cdot\sin\Delta\theta \tag{11.2.21}$$

由上式可以看出，解调输出的信号相比于原单频信号不仅幅度上受 $\cos\Delta\theta$ 的影响而降低，还多了一个正交干扰项 $\sin\Omega t\cdot\sin\Delta\theta$，该干扰项的存在使得所恢复的基带信号产生了波形失真，且 $\Delta\theta$ 越大，失真越严重。若该系统所传输的是数字信号，那么严重的波形失真将导致码间串扰发生，大大增高系统误码率。可见相位误差对残留边带信号和单边带信号的影响比对双边带信号的影响更大，在实际应用中，应尽可能地减小相干载波存在的相位误差。

11.3　位　同　步

上一节主要介绍了载波同步，即在接收端获取相干载波，以便于对接收信号进行解调。因此无论是模拟通信还是数字通信，只要是采用相干解调都需要进行载波同步。

对于数字通信系统，还需要对解调后的信号进行最佳时刻的抽样判决，才能恢复发端的数字信号。但由于信道传输时延、收发端之间时钟偏差等问题的存在，收端难以保证在最佳时刻进行抽判。为了解决这个问题，需利用技术措施来调整接收端的采样时钟，这个调整的过程就称为位同步。所提取的位同步信息是频率等于码速率的定时脉冲，相位则是根据判决时信号波形决定的，可能在码元中间，也可能在码元终止时刻或是其他时刻。

位同步的实现通常有两种方法：一种是插入导频法，另一种是直接法。位同步中的插入导频法与载波同步类似，它是在基带信号频谱零点处插入所需的位定时导频信号，接收端通过提取该信号实现位同步。直接法则不需要在发送端对信号插入导频，而是直接从接收到的数字信号中提取时钟信号，实现位同步。直接法又包含滤波法和锁相法两种。

11.3.1　插入导频法

1. 插入位定时导频法

若发送信号本身不含有位同步信息，接收端为实现位同步，则可在其基带信号中插入导频。例如对双极性不归零的基带信号进行导频插入后的信号频谱图如图 11.3.1(a)所示，对经过某种相关变换后的基带信插入导频后的频谱图如图 11.3.1(b)所示。从图中不难看出，位同步中插入导频的原则与载波同步相同，但与载波同步中所插入的导频分量却不同。载波同步中插入的是正交载波，这是因为相干解调器具有很好的抑制正交载波的能力，而位同步系统接收端中不含相干解调器，无法抑制正交载波，故在发端不对插入导频进行$90°$相移处理，在收端也只能采用反向相消的方法去除载频，图 11.3.2(b)中移相、倒相和相加电路模块可起到这样的作用。

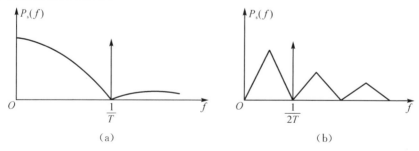

图 11.3.1　插入导频法频谱图

插入导频法的收发端框图如图 11.3.2 所示。

发端先在编码后的基带信号中插入用于位同步的导频 f_0，再对信号进行调制，得到发送信号。

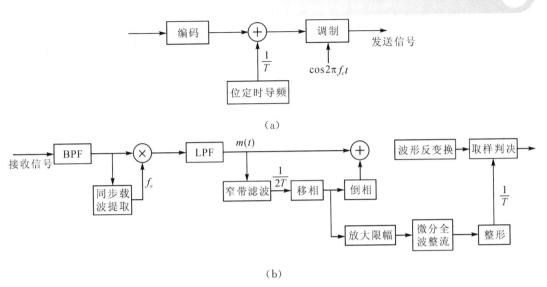

图 11.3.2 插入位定时导频系统框图

收端提取出相干载波后对信号进行解调，再利用$\frac{1}{2T}$窄带滤波器对插入的位同步导频进行提取。为消除解调后得到的基带信号 $m(t)$ 中的导频分量，可将导频分量进行移相、倒相后的结果与基带信号 $m(t)$ 叠加，通过反向相消得到不含有位同步信息的原始基带信号。

窄带滤波器提取出的导频信号频率为$\frac{1}{2T}$，而抽样判决所需的定时信号应与码元速率相同，为$\frac{1}{T}$，因此需要在窄带滤波器后接入微分全波整流电路进行倍频处理。

2. 包络调制法

所谓包络调制法，就是将位同步信息调制在已调信号的包络上，接收端通过对信号进行包络检波来获取位同步信号的波形变化规律，进而完成同步信息的提取。该方法的主要适用于恒包络调制信号。

设已调信号的表达式为

$$s_1(t) = \cos[\omega_c t + \theta(t)] \tag{11.3.1}$$

记码元宽度为 T，则位同步所需的角频率值为 $\Omega = \frac{2\pi}{T}$。设计包含位同步信息的升余弦波形信号 $x(t)$

$$x(t) = 1 + \cos\Omega t \tag{11.3.2}$$

使用信号 $x(t)$ 对已调信号进行调幅

$$s_2(t) = x(t) \cdot s_1(t) = (1 + \cos\Omega t)\cos[\omega_c t + \theta(t)] \tag{11.3.3}$$

完成调幅后的信号 $s_2(t)$ 即为发射信号，因位同步频率 Ω 远低于载波频率 ω_c，故发射信号的包络是慢变的，而其变化的规律即为所传输的为同步信息，接收端只需对接收到的信号进行包络检波即可得到信号 $x(t)$，滤除 $x(t)$ 中的直流分量后即可获得位同步信号 $\cos\Omega t$。

无论是插入定时导频还是对信号的包络进行调幅，都属于频域插入导频法，与载波同步类似，位同步信号的传递也可以在时域进行，图 11.2.5 中也展示出了位同步标准在帧结构中的位置。

11.3.2 直接法

直接法是数字通信系统中应用最为广泛的位同步方法。它不需要发端在基带信号中插入导频，而是可以直接从接收信号中通过一些变换提取同步信息。

1. 滤波法

1）波形变换滤波法

波形变换滤波法可以直接从基带信号中提取出位同步信号，该方法的实现框图如图11.3.3所示。以不归零的随机二进制信号为例进行说明：首先将基带信号输入微分或整流电路中进行波形变换，波形变换得到的信号中含有所需的位同步信息，然后将该信号输入窄带滤波器，滤出其中的同步信号分量，再对该分量的相位进行调整，调整完成后通过脉冲形成获取需要的位同步脉冲。

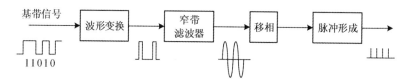

图 11.3.3 滤波法原理图

2）包络检波法

包络检波滤波法常常应用于频带受限的二相移相信号中。下面以频带受限的 BPSK 信号为例进行说明：从图 11.3.4(a)中可以看出，当 BPSK 信号带宽大于接收端的带通滤波器时，信号波形将不再维持恒幅状态，而会在相邻码元的相位反转点处出现"陷落"，通过包络检波对其包络波形进行提取，如图 11.3.4(b)所示。再将一直流信号与所提取出的包络波形进行相减，即可得到包含位同步信息的信号，如图 11.3.4(c)所示。

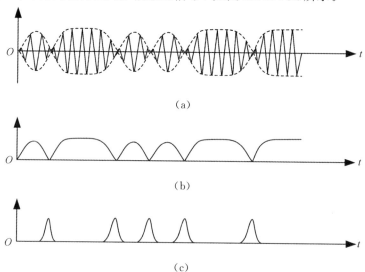

(a)

(b)

(c)

图 11.3.4 包络检波法提取 BPSK 信号的位同步信息

2. 锁相法

与载波同步类似，锁相环同样可以应用在位同步过程中。

按照鉴相器产生的误差信号对同步信号调整方式的不同，可将锁相法分为两类：一类是使用误差信号连续调整同步信号相位的模拟锁相法，一类是通过误差信号控制控制器输出脉冲，进而实现位同步的数字锁相法。无论哪种锁相法，其根本原理都是通过鉴相器比较解调后的基带码元信号与本地位同步脉冲之间相位的不同来产生误差信号，再利用误差信号对本地位同步信号进行调整，不断重复上述过程，直到达到同步状态。

本节将重点介绍数字锁相法的同步过程。数字锁相法提取位同步信号的原理框图如图 11.3.5 所示，如果解调得到的信号的码速率为 $F = \dfrac{1}{T}$，则需设置晶体振荡器的频率为 nF，晶振随之产生相应频率的信号并输入整形电路，整形电路输出两个周期均为 $T_0 = \dfrac{1}{nF} = \dfrac{n}{T}$ 但相位相差 $\dfrac{T_0}{2}$ 的脉冲序列，分别记作脉冲 a、脉冲 b，如图 11.3.6 所示。

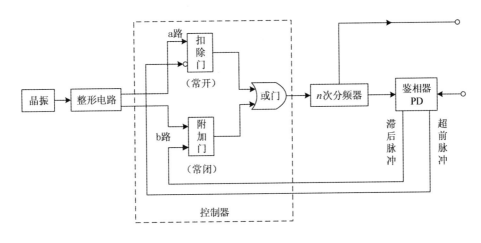

图 11.3.5　数字锁相法原理框图

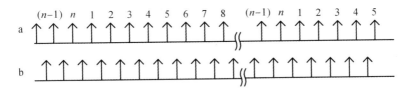

图 11.3.6　脉冲序列 a、b

将脉冲 a 和脉冲 b 输入到由一个常开的扣除门、一个常闭的附加门和一个或门所组成的控制器中。脉冲 a 经过控制器和分频器后产生本地位定时脉冲，如图 11.3.7 所示。

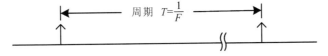

图 11.3.7　本地位定时脉冲

利用鉴相器将本地脉冲序列与码元信号的相位进行比较。

（1）当两者相位完全相同时，没有误差信号产生，说明已达同步状态，不需要再对本地脉冲信号做任何调整。

（2）如果本地脉冲信号超前于码元信号，则需要"消除"这一"差距"，因此鉴相器将会输出一个超前脉冲至开闭的扣除门。扣除门接收到超前脉冲的信息后将短暂地关闭门，扣除掉一个脉冲序列 a 的脉冲。n 次分频器本质上是一个计数器，当输入 n 个脉冲时分频器会输出 1 个脉冲。因此扣除一个 a 脉冲对分频器的影响是延迟 1 个 a 脉冲的时间输出计数脉冲，即输出脉冲的相位随之滞后 $\frac{T}{n}$，调整结果如图 11.3.8 所示。经过若干次的调整，最终达到同步。

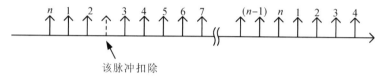

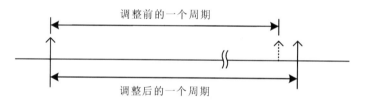

图 11.3.8 超前脉冲调整过程

（3）如果本地脉冲信号滞后于码元信号，则需要"弥补"这一"差距"，因此鉴相器将会输出一个滞后脉冲至常闭的附加门。附加门接收到滞后脉冲的信息后将短暂地开启门，放出一个来自脉冲序列 b 的脉冲。因为脉冲序列 a 和脉冲序列 b 的相位相差 $\frac{T_0}{2}$，故所放出的脉冲刚好可以插在脉冲序列 a 的两个脉冲之间（如图 11.3.9 所示），再通过或门将来自脉冲序列 a 和序列 b 的组合脉冲序列输入分频器。因该组合脉冲中有一个来自脉冲序列 b 的脉冲分量，故相比于未插入的情况下，将会使得分频器的输出相位提前 $\frac{T}{n}$，调整结果如图 11.3.9 所示。与本地脉冲超前码元信号的情况相同，当经过多次调整后，也将达到同步。

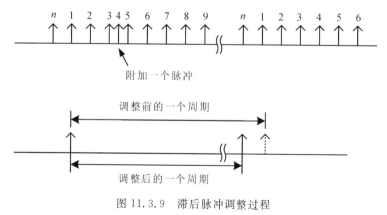

图 11.3.9 滞后脉冲调整过程

11.3.3 位同步系统的性能及其相位误差对性能的影响

位同步系统性能衡量指标与载波同步类似，主要有：相位误差、同步建立时间、同步保持时间和同步带宽等，对这些指标进行详细介绍如下。

1. 位同步系统的性能

1）相位误差 θ_e

位同步信号的平均相位和最佳相位之间的偏差叫做静态相差。通过上一节的介绍，不难看出在利用数字锁相法进行位同步时，无论本地位同步信号是超前还是滞后，锁相环对它的调整都不是连续的，每次调整的最小量均为 $2\pi/n$，其中 n 是分频器的分频次数，显然当本地同步信号的相位与码元信号的相位差值小于 $2\pi/n$ 时，环路便无法纠正了，因此，环路的最大相位误差 $\theta_e = 2\pi/n$。

最大相位误差的概念也可用时间差来描述，设码元周期为 T，则时间差 $T_e = T/n$。

2）同步建立时间 t_s

同步建立时间即为非同步状态下开始建立同步至环路到达同步状态这一过程所需的最长时间。在每次相位调整间隔均为 $2\pi/n$ 的情况下，当本地位同步信号相位与基带码元相位相差最大时，需要调整的次数最多，同步建立时间最长，显然最大相位差为 π，故最大调整次数 $N = \dfrac{\pi}{2\pi/n} = \dfrac{n}{2}$。

无论是微分整流型数字锁相环，还是同相正交积分型数字锁相环，都是通过微分整流电路从基带码元信号的过零点信息中对其相位转换信息进行提取，又因双极性不归零信号中"0→1"、"1→0"、"1→1"、"0→0"这四种转换出现的概率相同，而其中又只有"0→1"和"1→0"这两种转换存在过零点信息，故平均而言，大概是每隔两个码元时间宽度 $2T$ 进行一次本地位同步信号相位调整，所以同步建立时间 $t_s = 2T \cdot N = nT$。

3）同步保持时间 t_c

当环路处于同步状态后，因收发双方固有频差的存在，本地位同步信号会不断产生漂移，而若环路无码元相位信息输入，锁相环将会失去调整能力，导致本地位同步信号的漂移误差不断累积，最终环路失去同步。同步保持时间即为在锁相环失去调整能力的情况下，环路还能保持同步状态的时间。

设收发双方固有的码元周期分别为 $R_t = 1/f_t$，$R_r = 1/f_r$，则每个码元宽度时间内将产生的时间差 ΔR 为

$$\Delta R = |R_t - R_r| = \left| \frac{1}{f_t} - \frac{1}{f_r} \right| = \frac{|f_r - f_t|}{f_r f_t} = \frac{\Delta f}{f_0^2} \tag{11.3.4}$$

其中 $f_0 = \sqrt{f_r f_t}$，是收发双方固有码元频率的几何平均值。对上式进行等价变换，得

$$\Delta R = \frac{\Delta f}{f_0^2}$$

$$\Delta R \cdot f_0 = \frac{\Delta f}{f_0}$$

$$\frac{\Delta R}{R_0} = \frac{\Delta f}{f_0} \tag{11.3.5}$$

由上式可以看出，在收发双方存在频差为 Δf 的情况下，单位时间内产生的时间漂移为 $\Delta R/R_0$，若当累积的时间漂移大于环路可承受的最大时间漂移 R_0/M 时，可认为环路不再同步，而时间漂移量从零累积到最大值所需的时间就是同步保持时间

$$t_c = \frac{R_0/M}{\Delta R/R_0} = \frac{R_0 f_0}{\Delta f \cdot M} = \frac{1}{\Delta f \cdot M} \tag{11.3.6}$$

在已知同步保持时间 t_c 的前提下，由上式也可计算出对收发两端振荡器频率稳定度的要求

$$\Delta f = \frac{1}{M t_c} \tag{11.3.7}$$

因收发双方振荡器的频率漂移共同产生了频率误差，故在双方振荡器的频率稳定度相同的情况下，每个振荡器的稳定度不能低于

$$\frac{\Delta f}{2 f_0} = \pm \frac{1}{2 M t_c f_0} \tag{11.3.8}$$

4）同步带宽 B

同步带宽是指环路能够允许收发双方之间存在的最大频差，当频差大于同步带宽时，环路无论如何调整，也无法到达同步状态。

在对同步建立时间进行分析时提到过，环路平均在两个码元宽度时间内只对本地位同步信号进行一次调整，每次调整的相位间隔为 $2\pi/n$，等价于 R_0/n 的时间间隔（R_0 是收发双方固有码元周期的几何平均值，因为此时收发双方存在频差，故使用两周期平均值进行表示）。也就是说，平均在一个码元宽度时间 R_0 内，锁相环只能调整 $R_0/2n$ 的时间偏差，那么如果接收信号与本地位同步信号每个码元周期之间存在的时间差 ΔR 大于锁相环一个码元周期内可以调整的最大时间偏差，那么无法被调整的部分将会逐渐累积，直到失步。故环路允许的最大时间差 ΔR 为

$$\Delta R = \frac{R_0}{2n} = \frac{1}{2n f_0} \tag{11.3.9}$$

由式（11.3.4）知：$\Delta R = \frac{B}{f_0^2}$。结合式（11.3.9），有

$$\frac{B}{f_0^2} = \frac{1}{2n f_0} \tag{11.3.10}$$

化简为

$$B = \frac{f_0}{2n} \tag{11.3.11}$$

2. 位同步相位误差对性能的影响

接收端之所以要进行位同步处理，主要是为了获取本地位同步信号，然后用以对基带码元信号进行抽样判决，因此本地位同步信号中所存在的相位误差将会导致抽判点偏离最佳抽判位置，进而增大误判概率。下面以 BPSK 信号最佳接收为例，介绍位同步相位误差对系统误码率的影响。

若本地位同步信号相位超前于最佳相位，且超前值为 θ_e，则等价于实际抽判时间点先于最佳抽判时间点的时间间隔为 T_e。若采用匹配滤波器法进行检测，从图 11.3.10 中可清晰地看出实际抽判时间点与最佳抽判时间点之间的时间间隔带给码元信号能量的影响。在

码元极性转换处，T_e 的时间误差将会导致积分所得的码元能量偏小，如下图中 t_1 时刻所示；只有在前后码元极性不发生转换时，码元信号能量才不会被影响，如下图中 t_2 时刻所示。

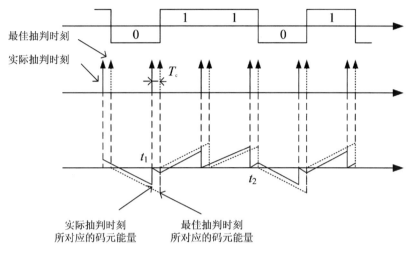

图 11.3.10 位同步相位误差对性能的影响

因双极性不归零信号中"0→1"、"1→0"、"1→1"、"0→0"这四种码元转换出现的概率相同，其中出现"0→0"和"1→1"这两种转换时信号能量不受影响(因码元极性未发生变化)，仍为 E。出现"0→1"和"1→0"这两种转换时信号能量因相位误差的存在减小为 $(1-\dfrac{2T_e}{T})E$。故在计算系统误码率时可分为两部分进行计算，最后加和即可。若接收信号为 BPSK 信号，则在相位误差影响下系统误码率为

$$P_{\text{BPSK}}=\frac{1}{4}\text{erfc}\sqrt{\frac{E}{n_0}}+\frac{1}{4}\text{erfc}\sqrt{E\left(1-\frac{2T_e}{T}\right)/n_0} \tag{11.3.12}$$

11.4 帧 同 步

11.4.1 帧同步的概念

数字通信时，发送端一般会将需要传输的信息分为一个个结构固定的数据帧进行传输，其中帧同步信号的频率可以从本地位同步信号中获取，但每个帧的开头和结尾却无法直接确定，为了检测出一帧的开头和结尾，则需要在每个帧中加入帧定位信息以助于接收端对一帧信息的到来进行识别，而获取每一帧起始时刻的过程就称为帧同步，也称为群同步。

帧同步的实现方法分为两类：一类是使用一些特殊码组作为每帧的开始和结束信息，接收端通过对这些特殊码组进行识别定位来实现帧同步，这类方法包含有连贯式插入法和间隔式插入法。另一类方法则类似载波同步和帧同步里的直接提取法，这种方法不需要发送端在信息中额外插入特殊码组，而是可以直接利用数据码组之间彼此不同的特性来实现帧

同步。目前在工程实践中,第一类方法占据主流,这也是本节主要讨论的内容。

11.4.2 连贯式插入法

连贯式插入法又称集中插入法,即在每帧的开头集中插入用于帧同步的特殊码组。插入的码组应遵循以下原则:① 该码组应在信息码中很少出现,即使出现也不能按照帧同步的规律周期出现,以避免误将信息码识别为同步码;② 为方便接收端对该码组进行检测,其应具备尖锐单峰的自相关特性;③ 用于同步的码组是不含有任何信息的,故为了保证传输效率,避免占据过多的通信资源,该码组的长度也应适中。

符合上述要求的特殊码组有:巴克码、电话基群帧同步码 0011011、小 m 序列、1 与 0 交替码等等,其中巴克码是最常用的。

1. 巴克码

将一组由 $+1$、-1 组成的有限长,且局部自相关函数 $R(j)$ 满足

$$R(j) = \sum_{i=1}^{n-j} x_i x_{i+j} = \begin{cases} n, & j=0 \\ 0 \text{ 或 } \pm 1, & 0 < j < n \\ 0, & j \geqslant n \end{cases} \tag{11.4.1}$$

的码组称为巴克码。

目前满足以上条件的巴克码组共有 8 组,分别为 11、110、1110、1101、11101、1110010、11100010010、1111100110101,现以位长为 5 的巴克码 11101 为例,展示其尖锐的单峰特性。

当 $j=0$ 时,$R(0)=5$;

当 $j=1$ 时,$R(1) = \sum_{i=1}^{4} x_i x_{i+1} = 1+1-1-1 = 0$;

当 $j=2$ 时,$R(2) = \sum_{i=1}^{3} x_i x_{i+2} = 1-1+1 = 1$。

同理可求得当 $j=-5$、-4、-3、-2、-1、3、4、5 时,$R(j)$ 分别为 0、1、0、1、0、0、1、0。根据所求结果得到图 11.4.1。

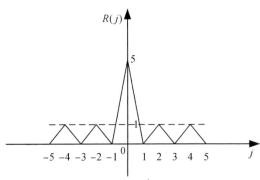

图 11.4.1　码长为 5 的巴克码的自相关函数图

由图 11.4.1 可见,巴克码 11101 在 $j=0$ 时存在尖锐单峰,具有较强的自相关特性,正因如此,巴克码可作为帧头信息插入在信息流中,接收端可利用其强的自相关特性对其进行检测定位,以识别一帧信息的起始。那么接收端是如何对巴克码进行识别的呢?巴克码

识别器就是一种常见的检测电路。

2. 巴克码识别器

在上面的内容中，着重介绍了位长为 5 的巴克码的自相关特性，下面仍以 5 位巴克码为例，介绍其接收识别过程，如图 11.4.2 所示。

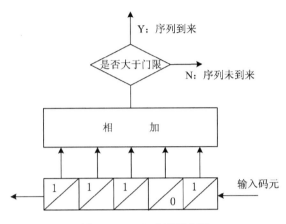

图 11.4.2　巴克码识别器

如图所示，将抽判得到的码元信号逐位输入比较单元中，该比较单元的功能是：当输入的码元与寄存器预设的码元一致时，输出 +1，否则输出 -1。因为图中比较单元寄存器所预设的码组为 11101，故只有当输入的码元为 11101，即 5 位长的巴克码时，比较单元输出的电平总和才会达到最大值 +5。为对到达的码元进行接收，可将判决门限值设为 +4，当 5 位巴克码的最后一位输入比较单元后，相加器输出电平和高于门限，识别器输出一个同步脉冲表示检测到巴克码的到来，如图 11.4.3 所示。

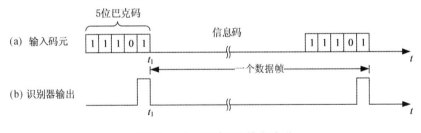

图 11.4.3　识别器的输出波形

11.4.3　间隔式插入法

间隔式插入法是将帧同步码组分散地插入到信息码流中，即每隔一定数量的信息码插入一位帧同步码元，故间隔插入法又称为分散插入法。因分散插入是在一定数量的信息码之间只插入一位同步码元，故同步码基本不占用信息时隙，每帧的传输效率较高，但也正因如此，在确认是否同步时需要连续的多个帧，只有连续的多个帧中所插入的码元都符合同步码规律时，才能确认同步状态，因此同步捕获所需的时间较长，相比于断续发送信号的通信系统，间隔式插入法更适合于连续发送信号的通信系统。

若发端使用间隔式插入法传递帧同步信息，则接收端可使用滑动同步检测电路对其进行检测，其基本原理为：在未同步时接收电路处于捕捉态，当收到的第一个与同步码相同的码元时先暂时认为它就是同步码，然后检测电路按照码同步周期检测下一帧相应位置的码元，如果不符合插入的同步码的规律，则码元向后滑动，寻找下一个与同步码相同的码元。如果所检测的码元与同步码的插入规律相符，则继续按照码同步周期检测第三帧相应位置的码元，直至连续 M 帧的每一帧都符合同步码的插入规律，说明同步码已找到，电路进入同步阶段。

滑动同步检测电路框图如图 11.4.4 所示，该图所给出的电路图是基于每隔 N 个数据码元插入一个帧同步码元进行设计的，且所插入的同步码为全 1 码。首先将码元信号输入"1"码识别器，"1"码识别器在输入的码元为 1 时输出正脉冲，码元为 0 时输出负脉冲。使用 M 计数器对"1"码识别器输出的正脉冲进行计数，若计数器计满 M 个正脉冲，则说明连续 M 帧都符合每隔 N 个数据码元插入一位同步码的规律，此时计数器输出高电平并锁定，与门 2 打开，本地帧同步码输出，电路进入同步状态。在 M 计数器进行计数的过程中，一旦有一个负脉冲输出，M 计数器都会在负脉冲的作用下复位，与门 2 关闭，与此同时在非门输出信号的控制下，本地位同步码滑动一位，"1"码识别器重复上述工作，直到电路同步。

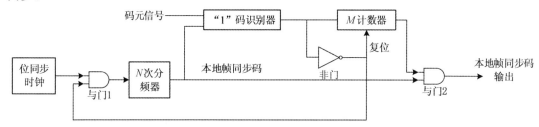

图 11.4.4　滑动同步检测电路

11.4.4　帧同步系统的性能

为了保证接收机的性能，帧同步系统的建立时间应尽可能短，在同步建立好之后系统的抗干扰性应尽可能强。为便于对帧同步系统的性能进行评价，这里引入了漏检概率 P_1、虚检概率 P_2 和同步平均建立时间 t_s 等指标，下面以连贯式插入法为例对这些性能指标进行介绍。

1. 漏检概率 P_1

通过前面的介绍可知，5 位长的巴克码自相关峰值为 +5，设置巴克码识别器的门限值为 +4，即可完成对同步码的识别，若 5 位长的巴克码中有一位码元被判决错误，则将其与本地未出错巴克码进行互相关，输出峰值仅为 +3，小于门限值，此时识别器无法检测出同步码，而这种情况就被称为漏同步。

通常在对基带信号进行抽样判决时，若噪声等干扰较大，就会导致对一些码元信号判决错误，若帧同步码组中存在被误判的码元，那么在对同步码组进行检测时很有可能因其峰值未超过识别器门限而导致漏识。这种漏识事件发生的概率被称为漏同步概率，也就是漏检概率，记为 P_1。

显然帧同步码组长度、码组插入方式、系统误码率、同步码识别器门限设置等都会对漏检概率产生影响。若系统误码率为 P_e，对于长度为 n 的同步码组设置接收端同步码识别器可容忍的错码位数为 $k(k<n)$，即当 n 位同步码中错码位数小于等于 k 时，识别器依旧可

以识别出同步码；当错码位数大于 k 时，识别器将无法识别，此时则会有漏同步的可能。因为通常识别器可容忍的错码位数 k 较小，其对应的未漏同步概率事件个数较少，易于计算，故对于漏检概率 P_1 可通过 $1-P$ (P 是未漏概率)进行计算

$$P_1 = 1 - P = 1 - \sum_{i=0}^{k} C_n^i P^i (1-P_e)^{n-i} \tag{11.4.2}$$

其中 i 表示同步码组中的错码位数。

2. 虚检概率 P_2

因同步码识别器只是通过输入码元与本地帧同步码组互相关的结果值作为是否识别到帧头的依据，假若信息码元中的一串信息码恰好与所插入的帧同步码组相同，则识别器将会发生误判，输出错误的同步信号，发生假同步。这种假同步发生的概率被称为虚检概率，记为 P_2。显然可被判定为同步码组的组合数占信息码组中所有可能组合情况的比重就是虚检概率。

若所插入的同步码组长度为 n，则共有 2^n 种"0""1"排列组合情况，如果同步码识别器允许出错的码元位数为 k，则共有 $\sum_{i=0}^{k} C_n^i$ 种被判为同步的码组，故虚检概率为

$$P_2 = \frac{\sum_{i=0}^{k} C_n^i}{2^n} \tag{11.4.3}$$

通过对漏同步和假同步的分析，不难发现同步码识别器允许出错的码元位数越多，门限值越低，漏检概率 P_1 越小，虚检概率 P_2 越大，故在实际应用中需根据具体的应用场景对识别器门限进行设定，以对漏检概率和虚检概率进行平衡。

3. 同步平均建立时间 t_s

在同步码识别器对同步码组进行检测的过程中，假设无漏同步和假同步出现，则最多只需要等待一帧的时间即可检测到帧同步码组，实现帧同步。若一帧中共有 N 个码元，每个码元的时间宽度为 T，则一帧的时间宽度为 NT。在同步捕获的过程中，如果出现一次漏同步，则需等待下一帧的到来再进行捕获，同步建立时间因此需要延长 NT，如果出现一次假同步，同步建立时间也需要延长 NT，因此帧同步的平均建立时间 t_s 与漏检概率和虚检概率息息相关，其可以表示为

$$t_s \approx (1 + P_1 + P_2) NT \tag{11.4.4}$$

11.5　同步的数字化实现

数字通信相较于模拟通信而言具有更强的抗干扰能力，且易于加密易于集成，因此具有极广泛的应用。以上三节的内容对同步的基本概念和经典实现进行了介绍，本节将主要介绍同步的数字化实现，对单载波和多载波调制下的一些同步技术算法进行介绍，并从一个完整的通信系统入手，对载波同步、位同步和帧同步三种同步方式在实例中的应用进行分析。通过结合系统同步流程讲解和仿真结果分析，可以对三种同步方式的异同之处有一个更清晰明了的认识，并对它们在实际通信系统中所起的作用有更深入的理解。

11.5.1 载波同步

因信道影响及通信双方时钟的差异，发射信号到达接收端时会产生一定的频偏和相偏，而接收端若想要对收到的信号进行解调，则需要具有一个与接收信号同频同相的本地载波。

本地载波的获取可分为两类：一类是通过插入辅助信息进行同步的方法，也称为插入导频法，即发射端所传输的信号中含有接收端已知的辅助同步信息，接收端可通过对已知信息进行处理实现载波同步，如果在时域进行插入，则称其为训练序列；如果在频域插入，则称其为导频序列。

另一类则是不含有辅助信息，接收端直接对接收到的信号进行处理，从接收信号中提取出与其同频同相的载波信号，将该提取信号作为本地载波进行解调。

1. 单载波下的载波同步

1）最大似然载波相位估计法

在 11.2 节中所介绍的插入导频法就是通过插入辅助信息进行同步的方法，本节将介绍另外一种利用导频信息进行载波相位估计的算法——最大似然载波相位估计法。

假设发射端所插入的无相位偏差且未调制的导频信号为 $s_t(t)$，导频信号经信道到达接收端时相位为 φ，故接收信号可表示为

$$s_r(t) = s_t(t; \varphi) + n(t) \tag{11.5.1}$$

其中 $n(t)$ 是均值为 0，方差为 σ^2 的加性高斯白噪声。

为研究载波相位的最大似然估计值，则需先得到估计参数 φ 相对于样本集 s_r（$s_r = [s_{r1}, \cdots, s_{rn}]$）的似然函数 $L(\varphi)$

$$
\begin{aligned}
L(\varphi) = L(s_{r1}, \cdots, s_{rN}; \varphi) &= \left(\frac{1}{\sqrt{2\pi}\sigma}\right)^N \exp\left\{-\sum_{n=1}^{N} \frac{[s_{ri}(t) - s_{ti}(t; \varphi)]^2}{2\sigma^2}\right\} \\
&= \left(\frac{1}{\sqrt{2\pi}\sigma}\right)^N \exp\left\{-\frac{1}{N_0}\int_{T_0} [s_r(t) - s_t(t; \varphi)]^2 dt\right\}
\end{aligned} \tag{11.5.2}
$$

上式 $L(\varphi)$ 的最大化显然等价于似然函数 $\Lambda(\varphi)$ 的最大化

$$
\begin{aligned}
\Lambda(\varphi) &= \exp\left\{-\frac{1}{N_0}\int_{T_0} [s_r(t) - s_t(t; \varphi)]^2 dt\right\} \\
&= \exp\left\{-\frac{1}{N_0}\int_{T_0} s_r^2(t) dt + \frac{2}{N_0}\int_{T_0} s_r(t) \cdot s_t(t; \varphi) dt - \frac{1}{N_0}\int_{T_0} s_t^2(t; \varphi) dt\right\}
\end{aligned} \tag{11.5.3}
$$

上式指数因子的第一项中不含有估计参数 φ。第二项表示的是接收信号与发射信号的互相关值，该值依赖于 φ 的选择。第三项虽然含有估计参数 φ 但其所表示的是在观测时间 T_0 内对任何 φ 值的信号能量大小，是一个常数。因此式（11.5.3）等价于

$$\Gamma(\varphi) = A\exp\left\{\frac{2}{N_0}\int_{T_0} s_r(t) \cdot s_t(t; \varphi) dt\right\} \tag{11.5.4}$$

其中 A 为常数

$$A = \exp\left\{-\frac{1}{N_0}\int_{T_0} s_r^2(t) dt - \frac{1}{N_0}\int_{T_0} s_t^2(t; \varphi) dt\right\} \tag{11.5.5}$$

对式（11.5.2）取对数得

$$\Gamma_{\mathrm{L}}(\varphi) = \ln A + \frac{2}{N_0} \int_{T_0} s_{\mathrm{r}}(t) \cdot s_{\mathrm{t}}(t;\varphi) \mathrm{d}t \tag{11.5.6}$$

相位 φ 的最大似然估计值 $\hat{\varphi}_{\mathrm{ML}}$ 即为使得对数似然函数 $\Gamma_{\mathrm{L}}(\varphi)$ 达到最大值时 φ 的取值。为求对数似然函数 $\Gamma_{\mathrm{L}}(\varphi)$ 的最大值,对式(11.5.6)求导,令导数为零,得

$$\frac{\mathrm{d}\Gamma_{\mathrm{L}}(\varphi)}{\mathrm{d}\varphi} = 0 \tag{11.5.7}$$

求解上式即可获得相位 φ 的最大似然估计值 $\hat{\varphi}_{\mathrm{ML}}$。

当所插入的导频信号 $s_{\mathrm{t}}(t) = \cos(\omega_{\mathrm{c}} t)$ 时,接收信号为 $s_{\mathrm{r}}(t) = \cos(\omega_{\mathrm{c}} t + \varphi) + n(t)$,此时 $\Gamma_{\mathrm{L}}(\varphi)$ 为

$$\Gamma_{\mathrm{L}}(\varphi) = \ln A + \frac{2}{N_0} \int_{T_0} s_{\mathrm{r}}(t) \cos(\omega_{\mathrm{c}} t + \varphi) \mathrm{d}t \tag{11.5.8}$$

令 $\dfrac{\mathrm{d}\Gamma_{\mathrm{L}}(\varphi)}{\mathrm{d}\varphi} = 0$ 得

$$\int_{T_0} s_{\mathrm{r}}(t) \cos(\omega_{\mathrm{c}} t + \hat{\varphi}_{\mathrm{ML}}) \mathrm{d}t = 0 \tag{11.5.9}$$

解得 $\hat{\varphi}_{\mathrm{ML}}$ 为

$$\hat{\varphi}_{\mathrm{ML}} = -\arctan\left[\frac{\displaystyle\int_{T_0} s_{\mathrm{r}}(t) \sin(\omega_{\mathrm{c}} t) \mathrm{d}t}{\displaystyle\int_{T_0} s_{\mathrm{r}}(t) \cos(\omega_{\mathrm{c}} t) \mathrm{d}t}\right] \tag{11.5.10}$$

上式即为载波相位最大似然估计值 $\hat{\varphi}_{\mathrm{ML}}$ 的表达式,该表达式同时给出了一种利用同相载波、正交载波结合接收信号对载波相位进行估计的实现方法,该方法如图 11.5.1 所示,将接收信号分别与同相载波和正交载波做相关,再将两个相关器的输出结果相比,该比值的反正切即为载波相位的最大似然估计值 $\hat{\varphi}_{\mathrm{ML}}$。

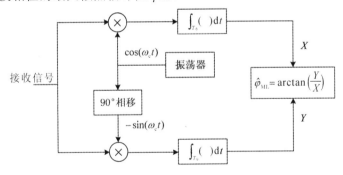

图 11.5.1 一个未调载波相位的 ML 估计值计算方法

2) 基于 FFT 变换的频偏估计算法

无数据辅助的载波同步算法一般可分为两类:一类是基于锁相环的闭环结构,通过反馈相位误差信息不断对本地载波进行调整,使得频差和相差逐渐逼近实际的频差和相差,进而实现同步。如 11.2.3 节中所介绍的同相正交环法就是在接收信号不含有额外的辅助信息的情况下,直接对接收信号进行非线性处理,从中提取出接收端所需的本地载波信号的算法。

另一类是直接对频差和相差进行估计,然后依据估计结果对接收信号进行补偿的开环结构算法,针对这一类算法,下面将以基于 FFT 变换的频偏估计算法为例进行介绍。

基于 FFT 变换的频偏估计算法的基本原理是通过 FFT 变换得到输入信号的频谱信息，再依据频谱中心的偏移对载波频偏进行估计。该算法的实现如图 11.5.2 所示。

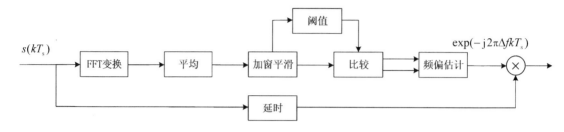

图 11.5.2　基于 FFT 变换的频偏估计算法框图

因频偏的存在，接收端下变频得到的基带信号可表示为

$$s(t) = m(t) \exp(\mathrm{j}2\pi\Delta ft) \qquad (11.5.11)$$

其中 $m(t)$ 为原基带信号，Δf 为存在的频率偏移。对上述信号进行采样得

$$s(kT_s) = m(kT_s) \exp(\mathrm{j}2\pi\Delta fkT_s) \qquad (11.5.12)$$

对该离散信号进行 FFT 变换，得到对应的频域信号

$$m(kT_s) \exp(\mathrm{j}2\pi\Delta fkT_s) \rightarrow S(f \pm \Delta f) \qquad (11.5.13)$$

可以看出当存在 Δf 的频偏时，基带信号的频谱峰值也将产生 Δf 的偏移，又因为复信号的频谱是单边谱，故基带信号频谱的偏移方向即可反映出 Δf 的正负，此时接收信号的频偏大小和方向都可以确定。

为减小基带信号频谱抖动带来的影响，可通过加窗进行平滑。先对信号的连续 M 段频谱进行平均

$$S(f) = \frac{1}{M}\sum_{k=0}^{M-1} S_k(f) \qquad (11.5.14)$$

然后进行加窗

$$S_{\text{avg}}(f) = \frac{1}{L_w}\sum_{k=-L/2}^{L/2-1} S_k(f-k) \qquad (11.5.15)$$

其中 L_w 是窗长度。加窗平滑后的频谱峰值所对应的频率值即为所存在的频偏 Δf，该值可通过峰值两旁的索引点 K_l、K_h 得到，故

$$\Delta\hat{f} = \frac{K_l + K_h}{2L}f_s \qquad (11.5.16)$$

其中，L 为 FFT 变换的点数，f_s 是采样频率。显然该算法的估计精度主要取决于 FFT 变换的点数。

2. 多载波下的载波同步

相对于单载波调制而言，多载波调制系统将数据流分为多个子数据流，并采用多个载波信号分别对子数据流进行调制，如 OFDM 调制、编码 MCM 都属于多载波调制。

对于多载波调制下的载波同步算法，本节主要以 OFDM 调制为背景进行介绍。

1) Moose 算法

通过插入已知数据辅助载波同步的思想同样适用于多载波系统。Moose 算法即为利用训练序列进行多载波同步的经典算法。

如图 11.5.3 所示，信号发端需重复发送同一个训练符号用于系统同步，信号收端接收到信号后通过 FFT 变换将训练序列转换到频域，再利用序列之间的相关性计算导频序列之间的相位差，进而在频域完成频偏估计。

图 11.5.3　Moose 算法训练符号结构

设发射端所插入的训练符号为 $m(n)$，若只考虑频偏的影响，接收信号可表示为

$$r(n) = m(n)e^{j2\pi n\varepsilon/N}, \quad n=0, 1, 2, \cdots, N-1 \tag{11.5.17}$$

其中 ε 为归一化频偏，N 为 OFDN 调制的子载波个数。

对接收到的训练符号 $1 r_1(n)$ 和训练符号 $2 r_2(n)$ 分别进行 FFT 变换得到它们的频域表达式如下

$$R_1(k) = \sum_{n=0}^{N-1} r(n)e^{-j2\pi nk/N} \tag{11.5.18}$$

$$R_2(k) = \sum_{n=N}^{2N-1} r(n)e^{-j2\pi nk/N} = \sum_{n=0}^{N-1} r(n+N)e^{-j2\pi nk/N} \tag{11.5.19}$$

其中 $k=0, 1, 2, \cdots, N-1$。

又由于发端是将同一个训练序列重复发送，即训练符号 1 和训练符号 2 在时频域存在以下关系

$$r_2(n) = r_1(n+N) = r_1(n)e^{j2\pi\varepsilon} \tag{11.5.20}$$

$$R_2(k) = R_1(k)e^{j2\pi\varepsilon} \tag{11.5.21}$$

故训练符号 1 和训练符号 2 之间的互相关值可表示为

$$R = \sum_{k=0}^{N-1} R_1^{*}(k)R_2(k) = \sum_{k=0}^{N-1} R_1^{*}(k)\left[R_1(k)e^{j2\pi\varepsilon}\right] = e^{j2\pi\varepsilon}\sum_{k=0}^{N-1} \left| R_1(k) \right|^2 \tag{11.5.22}$$

依据互相关值计算归一化频偏为

$$\hat{\varepsilon} = \frac{1}{2\pi}\text{angle}(R) \tag{11.5.23}$$

上式中相位计算函数 angle( ) 的计算范围为 $[-\pi, \pi]$，因此 Moose 算法的归一化频偏估计范围为 $[-0.5, 0.5]$。

2）M&M 算法

Morelli 和 Mengeli 提出一种新的频偏估计算法，简称为 M&M 算法。M&M 算法的训练序列由 L 个长度为 M 的 PN 序列在时域组成，如图 11.5.4 所示。

图 11.5.4　M&M 算法训练序列结构

接收端对接收到的训练序列进行相关运算

$$R(m) = \frac{1}{N-mM} \sum_{k=mM}^{N-1} r(k) r^*(k-mM) \quad 0 \leqslant m \leqslant H \tag{11.5.24}$$

其中 $M = N/L$，$H \leqslant L-1$，OFDM 符号长度记为 N。当定时同步已经完成时，可得相位偏移函数的表达式为

$$\varphi(m) = [\text{angle}\{R(m)\} - \text{angle}\{R(m-1)\}]_{2\pi} \tag{11.5.25}$$

因而得出归一化频偏估计值为

$$\hat{\varepsilon} = \frac{L}{2\pi} \sum_{m=1}^{H} w(m)\varphi(m) \tag{11.5.26}$$

其中 $w(m)$ 为加权因子，其表达式为

$$w(m) = 3 \frac{(L-m)(L-m+1) - H(L-H)}{H(4H^2 - 6LH + 3L^2 - 1)} \quad 1 \leqslant m \leqslant H \tag{11.5.27}$$

M&M 算法的归一化频偏估计范围为 $[-L/2, L/2]$。

11.5.2 位同步

1. 单载波下的位同步：Gardner 算法

Gardner 算法是常应用于二进制基带信号、BPSK 信号及 QPSK 信号中的闭环位同步算法，且经过简单的改动后也适用于 QAM 等多进制基带信号。

Gardner 算法框图如图 11.5.5 所示。

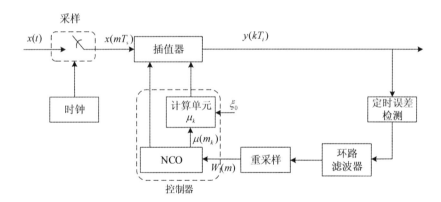

图 11.5.5　Gardner 算法框图

首先对解调后的基带信号 $x(t)$ 以频率 $f_s(f_s = 1/T_s)$ 进行采样，得到离散信号 $x(mT_s)$。设插值滤波器的脉冲响应为 $h_1(t)$，故将离散信号 $x(mT_s)$ 输入插值器后得到的输出信号为

$$y(t) = \sum_m x(m) h_1(t - mT_s) \tag{11.5.28}$$

以间隔 $t = kT_i$ 对 $y(t)$ 进行采样得 $y(kT_i)$

$$y(kT_i) = \sum_m x(mT_s) h_1(kT_i - mT_s) \tag{11.5.29}$$

现通过定义一些新的符号对上式用另一种方式进行表述。

定义插值滤波器索引 i 为

$$i = \text{int}\left[\frac{kT_i}{T_s}\right] - m \tag{11.5.30}$$

定义内插基点 m_k 为

$$m_k = \text{int}\left[\frac{kT_i}{T_s}\right] \tag{11.5.31}$$

定义分数间隔 μ_k 为

$$\mu_k = \frac{kT_i}{T_s} - m_k \tag{11.5.32}$$

所定义的插值滤波器索引 i、内插基点 m_k 和分数间隔 μ_k 之间的关系可用图 11.5.6 表示，可见内插基点 m_k 即为一个码元信号所对应的所有采样点中最优的那一个样点的索引，分数间隔 μ_k 可以理解为本地位同步脉冲与最佳判决点之间的小于调整间隔的误差。

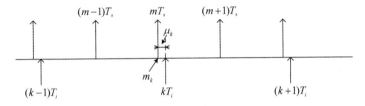

图 11.5.6　插值滤波器索引、内插基点和分数间隔之间的关系

将式(11.5.26)用插值滤波器索引 i、内插基点 m_k 和分数间隔 μ_k 表示如下

$$y(kT_i) = y[(m_k + \mu_k)T_s]$$
$$= \sum_{I_1}^{I_2} x[(m_k - i)T_s] \cdot h_I[(\mu_k + i)T_s] \tag{11.5.33}$$

由图 11.5.6 也可以看出，若 T_i 与 T_s 不一致则将会有分数间隔 μ_k 存在，μ_k 同时也会在每一次插值时对 T_i 进行调整，以逐渐实现同步。在 Gardner 算法中分数间隔 μ_k 的计算是由控制器中的 NCO 控制的，这里的 NCO 与锁相环中的 NCO 功能完全不同，在这里 NCO 相当于一个相位递减器，其差分方程为

$$\eta(m) = [\eta(m-1) - W(m-1)] \bmod 1 \tag{11.5.34}$$

其中 $W(m)$ 由环路滤波器产生，是 NCO 的控制字。NCO 在控制字的调控下可在最佳采样时刻溢出。因为 NCO 的工作周期为 T_s，故平均 $1/W(m)$ 个 T_s 周期，NCO 就溢出一次，而 NCO 的溢出又控制着插值器的插值时刻，故

$$T_i = \frac{T_s}{W(m)} \tag{11.5.35}$$

得

$$W(m) = \frac{T_s}{T_i} \tag{11.5.36}$$

上式即表现出了插值平均频率和采样频率之间的估计关系。而在环路中，$W(m)$ 由定时误差经环路滤波器产生。

NCO 随时间的变化过程图 11.5.7 所示。

图 11.5.7 中 mT_s 是第 m 个采样点，插值时刻 T_i 是曲线过零点处，从图中可以看出 $kT_i = (m_k + \mu_k)T_s$，且依据相似三角形可得

$$\frac{\mu_k T_s}{\eta(m_k)} = \frac{(1 - \mu_k)T_s}{1 - \eta(m_k + 1)} \tag{11.5.37}$$

可得

$$\mu_k = \frac{\eta(m_k)}{1 - \eta(m_k+1) + \eta(m_k)} = \frac{\eta(m_k)}{W(m_k)} \tag{11.5.38}$$

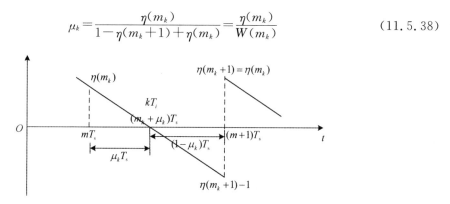

图 11.5.7 NCO 寄存器变化关系

Gardner 算法的核心操作在于定时误差检测模块。以 QPSK 信号为例,QPSK 信号有 I、Q 两路支路,插值器在各路每个码元间隔内输出两个采样点,一个采样点对应于信号的最优采样点,另一个采样点对应于两个最优采样点的中间时刻,因此定时误差检测算法就可以表示为

$$u_r = y_I\left(r - \frac{1}{2}\right)\left[y_I(r) - y_I(r-1)\right] + y_Q\left(r - \frac{1}{2}\right)\left[y_Q(r) - y_Q(r-1)\right] \tag{11.5.39}$$

其中,$y_I(r)$、$y_I(r-1)$、$y_I\left(r - \frac{1}{2}\right)$分别为第 r 时刻、第 $r-1$ 时刻、r 和 $r-1$ 中间时刻的采样值。

当相邻符号之间存在转换,且不存在定时误差时,中间值的平均值应该为零,如图 11.5.8(a)所示。当相邻符号之间没有转换,则它们的差值为零,此时中间值无法提供任何信息,如图 11.5.8(b)所示。当相邻符号之间存在转换且存在定时误差时,$y(r) - y(r-1)$ 将提供斜率信息,斜率信息和中间时刻采样值的乘积提供了定时误差信息,如图 11.5.8(c)和图 11.5.8(d)所示。

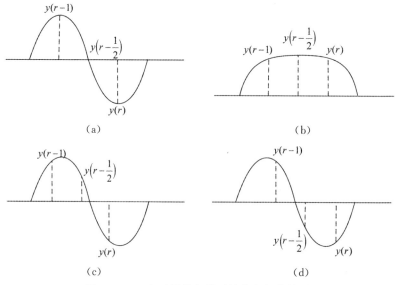

图 11.5.8 定时误差与码元转换之间的关系

2. 多载波下的位同步：基于过采样和 FFT 抽取法

OFDM 中的位同步也叫做样值同步，同样需要信号收端与发端的抽样频率相同，在无法确定最佳抽样点的情况下，可以通过过采样的方式在一个符号内尽可能多地采样，然后再通过 FFT 抽取的方式实现同步。该方法如图 11.5.9 所示。

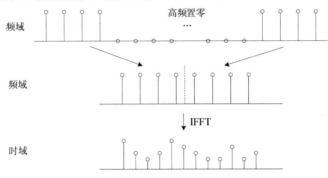

图 11.5.9　FFT 抽取法实现位同步

通过 FFT 抽取法实现位同步后即可恢复时域采样信号，如上图中所示的时域图形，但至此只是恢复了时域采样序列，序列的具体起止，也就是 OFDM 的符号同步，还要通过相关方法实现。

11.5.3　数字化同步技术实例

接下来，我们以 BPSK 调制系统为例，来说明接收同步的过程。系统各项参数为：基带信号符号速率 $R_b = 1 \text{ Mb/s}$，载波频率 $f_c = 2 \text{ MHz}$，采样频率 $f_s = 8 \text{ MHz}$，成形滤波器的滚降因子 $a = 0.8$，发端对信号进行 BPSK 调制，信道模型采用高斯白噪声信道。

系统结构见图 11.5.10。下面详细介绍系统的各个部分。

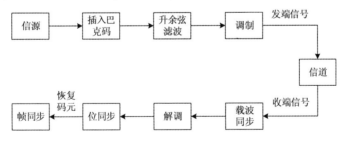

图 11.5.10　典型数字通信同步系统框图

（1）信源产生 0、1 二进制数据，见图 11.5.11。

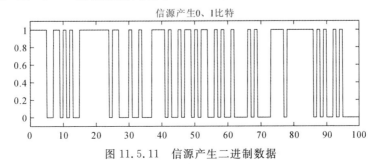

图 11.5.11　信源产生二进制数据

（2）插入巴克码。本例中为实现帧同步所采用的是码长为 13 的巴克码。通过前面的学习，已经了解了巴克码具备良好的自相关特性，其自相关函数如图 11.5.12 所示，可以看出其存在尖锐单峰，峰值为 13。因此信号接收端可通过识别巴克码来获取每一帧的起始和结束时刻。

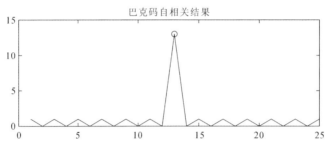

图 11.5.12　巴克码自相关结果

（3）升余弦滤波。在数字通信系统中，基带信号在进入调制器前为矩形脉冲，包含有突变的上升沿或下降沿携带的高频成分，信号频谱较宽。数字通信系统的信号都必须在一定的频带内，但是基带脉冲信号的频谱是个 Sa 函数，在频带内是无限宽的，单个符号的脉冲将会延伸到相邻符号码元内产生码间串扰，这样就会干扰到其他信号，这是不允许的。虽然其原始信号的带宽无限大，但 90% 的能量都集中在主瓣带宽内，因此可对基带信号进行成形滤波操作，见图 11.5.13。通过成形滤波将信号频率约束在带宽范围内，避免带外泄露产生干扰。

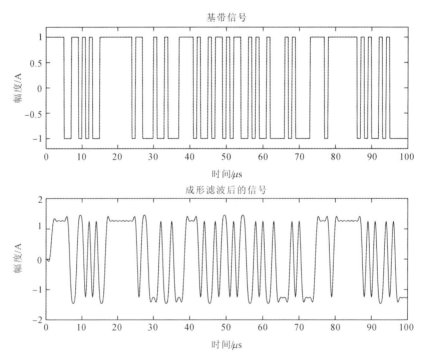

图 11.5.13　基带信号与成形滤波后信号对比

在滤波器选择中，可以考虑更适配的升余弦函数。升余弦滤波器，可作为整个系统的合成传输函数，从发送端开始，经信道到接收滤波器整个过程的传输函数。接收端滤波器是对整个传输函数的补偿，使得函数能够满足奈奎斯特第一准则，实现无码间串扰。

（4）调制。本例中所选用的调制方式为 BPSK 调制，仿真结果见图 11.5.14。

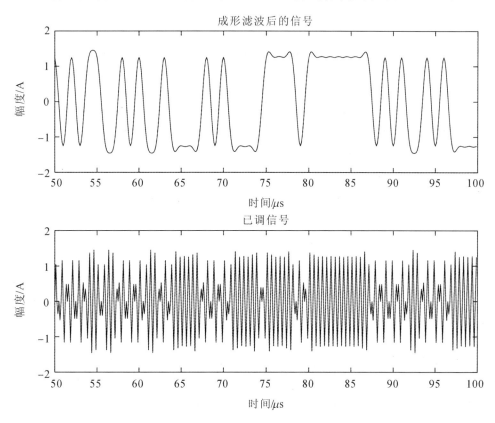

图 11.5.14 成形滤波后的信号进行调制

（5）信道。本例中仿真条件为高斯白噪声信道，信噪比为 40 dB，见图 11.5.15。

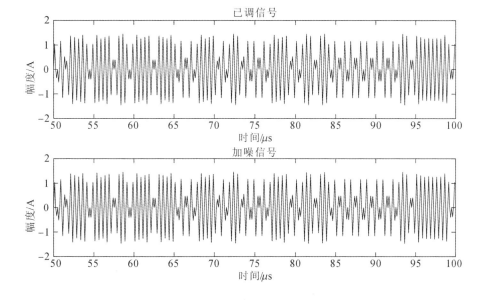

图 11.5.15 发端信号与收端信号

（6）载波同步和解调。在接收端，使用 Costas 环提取载波，信号处理流程如图 11.5.16 所示。

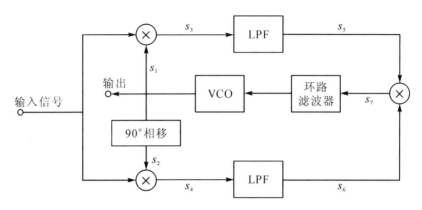

图 11.5.16　Costas 环法提取载波框图

在 11.2.3 小节中已对采用 Costas 环提取本地载波的原理进行了分析介绍，将接收信号输入 Costas 环中，通过与压控振荡器所输出的载波相乘，再通过低通滤波器滤除高频分量，即可得到下变频后的基带信号。而 Costas 环路又将使用所输出的基带信号获取误差信号，再通过误差信号对压控振荡器的频率和相位进行调整。

在本示例中，本地载波起初与接收信号的载频之间存在 2 kHz 的频差，经过 Costas 环的多次调整，本地载波与接收信号载频之间的差值逐渐缩小，最终趋于 0，Costas 环对本地载频的调整输出仿真图如图 11.5.17 所示。

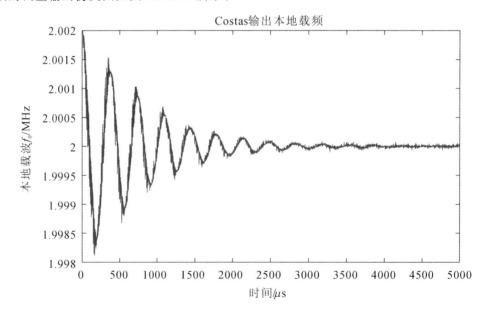

图 11.5.17　Costas 环输出本地载频

在该调整过程中，已知 Costas 环路所输出的 s_3 信号为基带信号和频率为 $2f_c$ 的高频信号的叠加，将信号 s_3 进行低通滤波后得到的 s_5 信号即为所需的基带信号。将接收信号与 s_3

信号、s_5 信号进行对比,仿真图如图 11.5.18 所示。

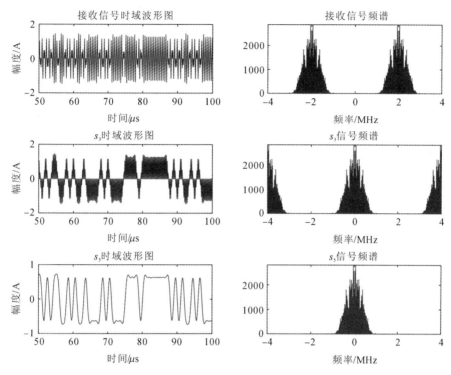

图 11.5.18 Costas 环路中各节点信号时频域对比

从图 11.5.18 中的 s_5 信号的时域波形可以看出,在 Costas 环的帮助下,已经实现了载波同步并完成了接收信号的下变频,现将 s_5 信号与发端上变频前的信号进行对比,如图 11.5.19 所示。

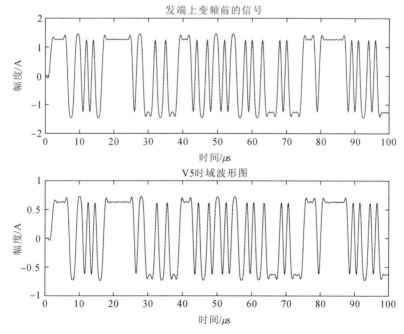

图 11.5.19 发端基带信号与收端解调信号对比

（7）位同步。本例中采用Gardner算法完成位同步处理，Gardner算法框图如图11.5.20所示。

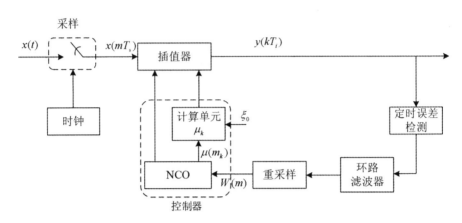

图 11.5.20　Gardner算法框图

在 11.5.2 小节中已对采用Gardner算法完成位同步的原理进行了介绍分析，简而言之就是使用每个码元上的最优采样点和两个最优采样点的中间时刻样点值进行误差检测，再通过检测出的定时误差对下一码元的最优采样时刻进行调整，最终实现位同步。本环路中所输出的分数间隔、定时误差及各个采样点所对应的环路滤波输出结果如图 11.5.21所示。

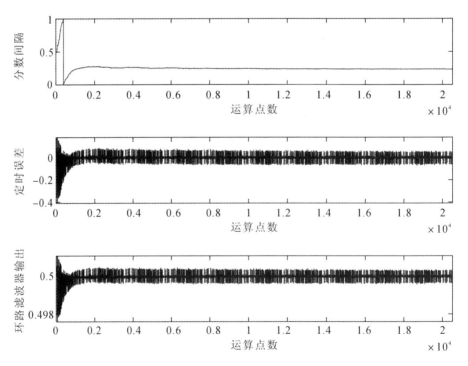

图 11.5.21　Gardner环路中各节点输出

如图 11.5.22 所示，Gardner 环路中插值器的输出 $y(kT_i)$ 即为最佳采样点结果。

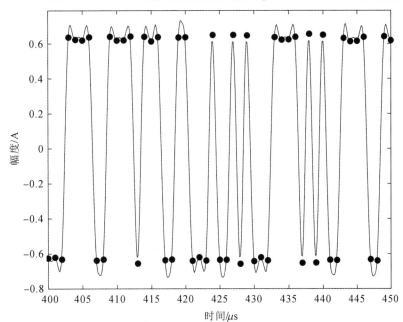

图 11.5.22　基带信号与最佳采样点

（8）帧同步。利用本地巴克码与所恢复的数字信号做相关，通过峰值识别帧头位置，所恢复码元与巴克码互相关结果如图 11.5.23 所示。

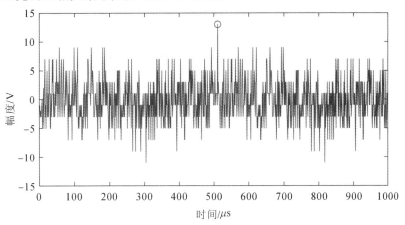

图 11.5.23　帧同步相关结果图

思　考　题

11.1　通信中，接收机为什么需要同步？都需要哪些同步过程？

11.2　插入导频法载波同步的优缺点是什么？

11.3　举出几类信号频谱中没有离散载频分量的信号。

11.4 数字通信系统为什么需要位同步？实现位同步有几类方法？

11.5 位同步误差对于系统性能有什么影响？

11.6 帧同步的目的是什么？帧同步序列有哪些插入方法？

11.7 连贯式插入法和间隔式插入法分别适用于什么类型的系统？其优缺点是什么？

11.8 巴克码的判决门限该如何确定？

11.9 过采样方法是如何降低位同步误差的？同步误差与采样率有何关系？

习　题

11.1 如图 P11.1 所示，若使用 Costas 环法对接收的 DPSK 信号进行载波同步，试回答下列问题。

（1）按照信号处理过程对该同步过程进行分析，请给出框图中所标注信号 s_1、s_2、…、s_7 的表达式。其中 $s_{\text{DPSK}} = m(t) \cdot \cos(2\pi f_c t)$，所提取出的本地载波同步信号与接收信号之间的载波相位误差为 φ。

（2）载波相位误差 φ 是否会对系统误码率产生影响？

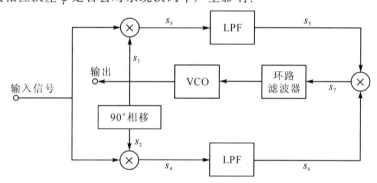

图 P11.1　Costas 环法提取载波框图

11.2 如图 P11.2 所示，对于抑制载波的双边带信号信号 $s(t) = m(t)\sin\omega_c t$ 采用频域插入法进行载波同步，倘若发射端在进行导频插入时，误插了调制载波，那么接收端在进行解调时所输出的基带信号将会受到怎样的影响呢？

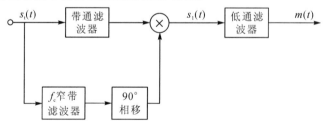

图 P11.2　插入导频法收端框图

11.3 使用数字锁相法进行位同步的关键是对接收信号的相位信息进行提取。接收信号解调后所得的基带信号波形如图 P11.3 所示，若利用微分整流电路对该信号的相位信息进行提取，试画出微分整流电路的输出波形。已知基带信号的码元周期为 T，试问整流电路的输出脉冲周期是否也为 T?

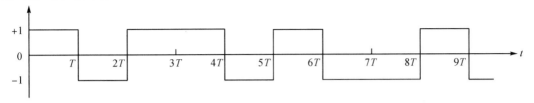

图 P11.3　基带信号波形

11.4　若使用同相正交积分型数字锁相环对一码元速率为 100 b/s 的双极性不归零信号进行位同步，如图 P11.4 所示，设置分频器的分频次数 $n=30$，那么该环路存在的最大相位误差为多少? 建立同步最长需要多长时间?

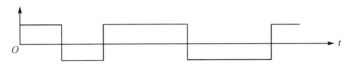

图 P11.4　基带信号波形图

11.5　若对接收到的 BPSK 信号通过包络检波法进行位同步，如图 P11.5 所示，请依据所给出的基带码元信号波形画出接收信号通过带通滤波器、包络检波及相减器的输出波形。

图 P11.5　包络检波法处理框图

11.6　若使用微分整流型数字锁相环实现位同步过程，已知微分整流型鉴相器原理框图如图 P11.6 所示，码元信号波形图如图 P11.7 所示，当本地同步信号相位滞后于码元信号时，请按照框图中信号处理流程对该滞后情况进行分析，并根据已给出的码元信号波形绘制脉冲 a、脉冲 b、脉冲 c、超前脉冲及滞后脉冲的波形图。

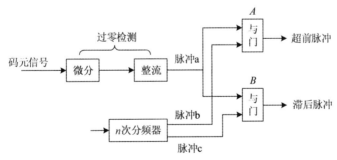

图 P11.6　微分整流型鉴相器框图

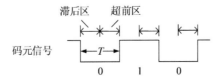

图 P11.7　码元信号波形图

11.7 若采用位长为 7 的巴克码组 1110010 作为帧同步码，如图 P11.7 所示，请对该码组的局部自相关函数值进行计算，并画出其自相关函数图。其中"1"取 +1，"0"取 −1。

11.8 用一个 5 位巴克码作为群同步码，接收误码率为 10^{-4}，试分别求出容许错码数为 0 和 1 时的漏检概率。

11.9 设一个二进制通信系统传输信息的速率为 300 b/s，信息码元的先验概率相等，若所插入的同步码组长度为 13，接收端同步码组识别器最多可容许 2 位出错，那么该系统的虚检概率为多少？若信道误码率为 10^{-4}，那么该系统的漏检概率为多少？

11.10 若采用间隔式插入法，将全 0 码作为帧同步码均匀地插入信息码流中，已知一帧共有 N 个信息码元，若连续 10 帧每帧都符合同步组规律则可确定同步。试对该方法的同步检测过程进行描述，并绘制出检测流程图。

11.11 假设有一个 OFDM 信号，帧长为 $N=256$，插入的训练序列为两个同样的长为 128 的同步训练符号，前后各有长为 16 的 CP 进行保护，试计算利用 Moose 算法估计频偏时，可估计的归一化频偏范围。

仿 真 题

11.1 采用 13 位巴克码 $[1111100110101]$ 作为帧头，通过 MATLAB 仿真分析当抽判后的数据中无错码和有一位错码时接收端的检测情况。

11.2 通过 MATLAB 对波形变化滤波法进行仿真，波形变换滤波法原理图如图 P11.8 所示。

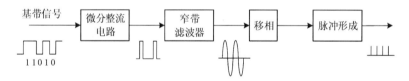

图 P11.8 波形变换滤波法原理图

仿真中，设置码元速率 1000 Baud，成形滤波器系数 0.95，采样率 8 kHz。

11.3 假设一个 QPSK 系统，采样率 $f_s = 1$ MHz，频偏在 ± 1 kHz 之间，信噪比 20 dB。设计一个频偏估计与矫正算法，用 MATLAB 仿真出校正算法流程，并画出校正前和校正后的星座图。

第12章　典型通信系统

　　本章主要介绍现代通信中的典型通信系统,从通信系统的场景入手,介绍系统的概况、信息传输方案、传输协议以及发展趋势,为后续深入学习和研究通信系统提供基础。本章所介绍的主要包括地面移动通信系统、空间通信系统、水下通信系统和机器通信系统。

12.1　地面移动通信系统

12.1.1　概述

　　地面移动通信系统是一种无线电通信系统,常见的有蜂窝系统,Ad-Hoc 网络系统,分组无线网,集群系统,无绳电话系统,无线电传呼系统等。

　　移动通信系统需要利用无线电波进行信息传输,但由于无线信道具有开放、时变等特点,因此,移动通信信道相比于有线通信信道情况更加复杂。

　　地面移动通信系统最具代表性且应用最广泛的是以第一代(1G)至第五代(5G)为代表的蜂窝移动通信系统。随着移动通信技术的迭代,移动通信系统从最初支持语音为主转变为支持高速数据传输、机器通信等多种业务。

　　蜂窝移动通信的快速发展是 20 世纪人类最伟大的科技成果之一。1946 年美国 AT&T 推出第一个移动电话,为通信领域开辟了一个崭新的发展方向。随着民用移动通信用户数量的增加和业务范围的扩大,有限的频率资源与逐渐增大的信道需求数量之间的矛盾越来越尖锐。美国贝尔实验室提出了小区制和蜂窝组网理论,这在移动通信发展史上具有里程碑意义。蜂窝组网理论也成为后续移动通信发展的基础,正是这项技术使移动通信广泛用于商用。

　　蜂窝组网理论主要包括以下几个方面:

　　(1) 频率复用:有限的频率资源可以在非相邻的小区重复使用,通过功率控制技术和信号处理方法消除同频干扰,实现同一频率资源的重复使用。

　　(2) 小区分裂:当容量不能满足要求时,可以通过缩小蜂窝小区的范围,分裂出更多的小区,进而实现频率资源的更多复用次数,进一步提高频谱利用效率。

　　(3) 越区切换:为了保持通信的连续性,当用户由一个小区移动到另外一个小区时就需要越区切换。

　　(4) 多信道共用:就是信道复用,一般通过频分、时分、空分等方法使无线信道实现多个用户共同使用。

蜂窝移动通信经过了第一代到第五代的发展，如表 12.1.1 所示。第一代蜂窝移动通信是模拟的频分多址系统，只支持语音通信；第二代蜂窝移动通信系统包括以 GSM(Global System for Mobile Communications)为代表的 GSM 和 IS-95；第三代服务移动通信系统包括 WCDMA、CDMA2000、TD-SCDMA 和 WiMAX，其中 TD-SCDMA 是被国际电联认可的中国标准；第四代蜂窝移动通信系统是 LTE/TD-LTE-Advanced；第五代移动通信技术 (5th Generation Mobile Communication Technology，简称 5G)是具有高速率、低时延和广连接特点的新一代宽带移动通信技术，5G 通信设施是实现人机物互联的网络基础设施。

表 12.1.1　移动通信的发展

	体制	业务类型	技术标准	标准增强			下行最高速率						
1G	模拟	只有话音	AMPS										
			NMT										
			TACS										
			C-Netz										
2G	数字	话音、短信息、移动互联网	GSM	GPRS	EDGE		GPRS	EDGE	IS-95A	IS-95B			
			D-AMPS				171.2 kb/s	384 kb/s	14.4 kb/s	115 kb/s			
			IS-95A	IS-95B									
3G	数字		UMTS	HSPA	HSPA+		UMTS	HSPA	HSPA+	CDMA 2000	EVDO 0	EVDO A	EVDO B
			CDMA 2000	EVDO Rev. 0	EVDO Rev. A	EVDO Rev. B	2 Mb/s	14.4 Mb/s	42 Mb/s	153 kb/s	2.4 Mb/s	3.1 Mb/s	14.7 Mb/s
4G	数字		LTE	LTE-Advanced	LTE-Pro		LTE		LTE-A		LTE-Pro		
							300 Mb/s		1 Gb/s		3 Gb/s		
5G	数字		NR				1 Gb/s						

12.1.2　第一代移动通信系统

第一代移动通信系统的主要特征是模拟式蜂窝网，实现了无线通信的移动化。1978 年底，美国贝尔实验室成功研制了先进移动电话系统(Advanced Mobile Phone Service，AMPS)，1983 年，首次在芝加哥投入商用并迅速推广。英国在 1985 年开发出全接入通信系统(Total Access Communication System，TACS)。中国的第一代移动通信系统于 1987 年开通并正式商用，采用的也是 TACS 制式。TACS 制式的上行频段为 890～915 MHz，下行频段为 935～960 MHz，信道带宽为 25 kHz，话音的调制方式为模拟的 FM 调制，信令的调制方式是数字的 FSK 调制。

第一代移动通信系统(1G)使移动电话从无到有，实现了零的突破，是人类通信史上的重要里程碑。但 1G 采用模拟的 FM 调制传送话音，信号质量非常差，且安全保密性能也很差，容易被窃听。从业务类型上看，主要提供话音通信，很难承载数据业务。而且各个系统之间没有公共信道，不支持漫游。其多址方式主要采用频分多址(FDMA)技术，FDMA 技术通过给不同的用户分配不同的成对的上下行频率子带来完成双向话音传输，这种频率复用方式，频谱利用率低，设备复杂，容量有限。虽然第一代通信系统采用大区制，基站的规格和发射功率都非常大，每个基站的服务范围也很大，但是由于地貌复杂，小区半径大，覆盖性能并不是很好。

12.1.3　第二代移动通信系统(GSM)

第二代移动通信以 GSM 为代表，实现了移动通信的数字化。GSM 也即全球移动通信系统，是由欧洲电信标准化协会制定的数字蜂窝移动通信系统，也是世界上应用最为广泛的第二代移动通信系统。与模拟通信的 1G 比较，GSM 采用高斯最小移频键控(Gaussian Filtered Minimum Shift Keying，GMSK)的数字调制技术，提高了频谱利用率和通信质量，并引入了时分多址技术，即 8 个用户以时分的方式占用相同的频率子带，使用户容量大幅增加。

第一个 GSM 标准于 1990 年颁布，目前包含 GSM900、GSM1800(或 DCS1800)、GSM1900、GSM-R 等，其区别主要是工作在不同频段，大部分手机都支持多个频段。

GSM 网络结构如图 12.1.1 所示，主要包括以下几个部分：

(1) 网络交换子系统(Network Switching Subsystem，NSS)：负责完成移动台的电话交换功能，包括移动业务交换中心(Mobile Switching Center，MSC)和数据库。

(2) 运维支撑系统(Operating Support System，OSS)：完成系统的维护管理。

(3) 基站子系统(Base Station Subsystem，BSS)：完成移动台和网络之间的无线连接，由基站控制器(Base Station Controller，BSC)和基站收发台(Base Transceiver Station，BTS)组成。

(4) 移动台(Mobile Station，MS)：指用户使用的终端设备，包括安装有客户识别模块(Subscriber Identity Module，SIM)的手机等移动通信设备。

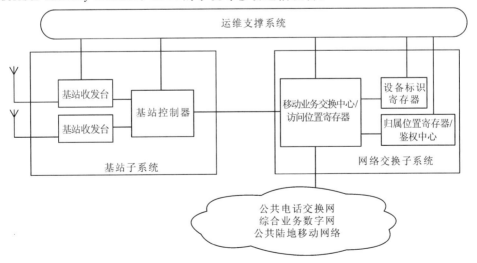

图 12.1.1　GSM 网络的基本架构

实际的 GSM 网络中，上面提到的每个组成部分可能含有多个。

GSM900 的频段分为上行频段 890～915 MHz，下行频段 935～960 MHz，上下行频段的 25 MHz 带宽都被分为共 125 个带宽为 200 kHz 的传输信道。给用户分配传输信道时，按照上下行信道成对分配，即分配一个带宽为 200 kHz 的上行信道和一个带宽为 200 kHz 的下行信道，且上下行信道相隔 45 MHz。如图 12.1.2 所示。

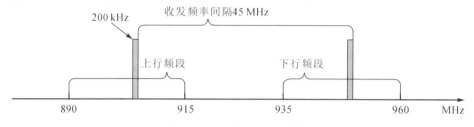

图 12.1.2　GSM900 的频谱

GSM 基站以电磁波的形式发送和接收手机信号，由于电磁波随着距离的增加而逐渐衰弱，因此需要设立很多个基站，以保证信号质量。基站的信号覆盖范围大致呈圆形，在数学上可以证明以相同半径的圆形覆盖平面，当圆心处于周围各六边形的正中心时，所用圆的数量最少。所以基站覆盖范围是呈六边形分布的，每个六边形的中心设有一个基站，称为一个小区。这样由六边形小区形成的网络覆盖，形状酷似蜂窝，因此被称作蜂窝网络。

由于 GSM 系统频率资源有限，实际中会在间隔一定距离的小区间进行频率复用。一般是将所有可用频率分成 K 组，再把小区分簇，每个簇含有 K 个小区，这样 K 组频率可以分配到一个簇内的 K 个小区。这时频率复用因子为 K:1，网络小区总数为 N，则每个频率重复使用的次数为 N/K，K 越小，频率复用次数越多，相同频率出现的距离也越近，同频干扰也越大，因此 K 是由系统可以承受的同频干扰的大小决定的。

另外，小区间的频率分配有两种方式，固定频率分配和统一动态分配。很明显固定分配是以用户均匀分布于各个小区为前提的，显然不符合实际。固定频率分配就可能出现有的小区频率资源不够使用，而有的小区频率资源闲置浪费的现象。而动态分配频率资源就可以最大限度利用所有资源，频谱利用率会更高。当然，动态分配会耗费更多的计算资源，特别是当小区数目、信道数目和用户数目都很大时，计算最优解的运算量特别巨大，因此，系统往往只能给出次优解。

实际的 GSM 系统不只采用了频分多址(FDMA)，同时也采用了时分多址(TDMA)，也即在一个载频上同时让 8 个移动终端进行通信。每个载频上都采用如图 12.1.3 的时隙结构。

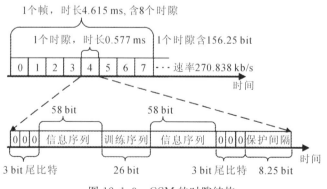

图 12.1.3　GSM 的时隙结构

可以看出，GSM 每个载频的时间轴分成一个一个的帧，帧时长约为 4.615 ms，每个帧含有 8 个时隙，每个时隙(577 μs)分配给一个移动终端，移动终端循环使用各个帧的固定时隙，移动终端在每个时隙中完成一次突发(Burst)传输。每个突发中包含起始和结束标识、保护间隔、训练序列和数据信息，其中数据信息由两个信息序列组成，每个信息序列含有 58 bit，其中有一个比特(bit)用来标识该信息序列是数据还是信令，实际可用的有 57 bit。

保护时隙是 TDMA 必须要考虑的问题，由于时分复用的各个用户与基站之间的距离不一样，传输时延不一样。为了保证用户突发到达基站后不发生时间上的重叠，首先需要基站与用户时钟同步，在此时钟同步基础上分配传输时隙，但是，为了减小时间重叠概率，每个突发时隙还要设置保护间隔，保护间隔的大小选取要根据小区覆盖范围来选取，其基本原则是保护时隙大于用户传输的时延差。

下面介绍逻辑信道的概念。所谓逻辑信道，即周期性地选择一些时隙，比如每帧中 8 个时隙中的某一个固定时隙，由这些时隙共同组成一个时分的信道，这些时分的信道根据不同功能可以定义成一个逻辑信道。如图 12.1.4 所示。

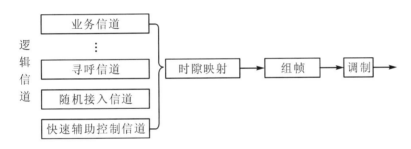

图 12.1.4　逻辑信道

GSM 中常见的逻辑信道有两类，一类是业务信道(Traffic Channel，TCH)，主要用来传送语音和数据；另外一类是控制信道，主要用来传送信令和同步信号，分为广播信道(BCH)，公用控制信道(CCCH)，专用控制信道(DCCH)。

BCH 占用 GSM 系统中的 0 号时隙进行广播，由于 BCH 包含 FCCH、SCH 和 BCCH，它们轮流占用 0 号时隙进行广播，给手机不同的信息。CCCH 主要携带接入管理功能的信令信息，也可以携带其它信令信息，这个信道由网络中的移动终端共同使用，其包含三种类型：寻呼信道(PCH)、随机接入信道(Random Access Channel，RACH)、准予接入信道(Access Grant Channel，AGCH)。DCCH 是点对点的双向控制信道。根据通信控制过程的需要，将 DCCH 分配给移动台，使之与基站进行点对点信令传输，它分为独立专用控制信道(SDCCH)、慢速辅助控制信道(SACCH)和快速辅助控制信道(FACCH)。

逻辑信道是比特级的组合和映射，组成帧之后经调制发出。从物理层来看，信号经过了比较复杂的处理流程，以 TCH 为例，其收发流程如图 12.1.5 所示。

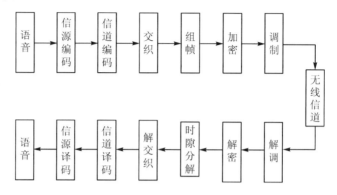

图 12.1.5 物理层信号处理流程

12.1.4 第三代移动通信系统(TD-SCDMA)

与 2G 相比，第三代移动通信(3G)实现了数字移动通信的宽带化。为了实现由 2G 网络到 3G 网络的平滑过渡，多个电信标准化组织合作成立了 3GPP(3rd Generation Partnership Project，第三代合作伙伴计划)的 3G 标准化组织。3GPP 的职能主要是制订以 GSM 核心网为基础，UTRA(Universal Terrestrial Radio Access)为无线接口的 3G 移动通信技术的规范，规范包含着 FDD 和 TDD 两种双工模式。其中大家所熟悉的 WCDMA 属于 FDD 模式，而 TDD 模式则包括两种标准，分别是 UTRA-TDD 和 TD-SCDMA。

TD-SCDMA 系统综合了四种多址方式：FDMA、TDMA、CDMA 和 SDMA，采用了智能天线、联合检测、接力切换、上行同步，以及动态信道分配和软件无线电等关键技术，这些技术的采用极大地降低了移动通信系统的干扰、扩大了系统的容量，提高了频谱利用率，同时也节省了系统成本开支。

TD-SCDMA 系统主要由三个部分组成：用户设备(User Equipment，UE)、核心网(Core Network，CN)和无线接入网络。地面无线接入网络，简称 UTRAN，它由多个无线网络子系统(RNS)组成，每个 RNS 包含多个基站(BS)和一个无线网络控制器(RNC)。核心网通过 Iu 接口与 UTRAN 相连，核心网有电路交换域和分组交换域两种功能。用户设备 UE 通过 Uu 接口与 UTRAN 相连，Uu 接口就是无线空中接口。

Uu 接口协议分为三层，即网络层、数据链路层和物理层，物理层的帧结构，如图 12.1.6所示。它采用四层结构：系统帧、无线帧、子帧和时隙。一个无线帧(Radio Frame)

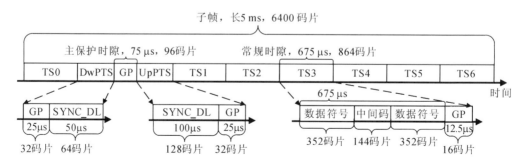

图 12.1.6 TD-SCDMA 物理层帧结构

长 10 ms，1.28M 码片（Chips），分为 2 个 5 ms 的子帧，子帧（Subframe）长 5 ms，6400 Chips，包含 7 个常规时隙 TS0～TS6，3 个特殊时隙 DwPTS、GP、UpPTS。时隙 TS0 必须用于下行传输，时隙 TS1 必须用于上行传输，其它时隙方向可以变化。同步时隙传输导频，导频用来同步，DwPTS 是下行同步时隙，传输的是下行导频信号，对应下行导频信道（DwPCH），UpPTS 是上行同步时隙，传输的是上行导频信号，对应上行导频信道（UpPCH），GP 为上下行切换的保护间隔。

DwPTS 时隙里的 SYNC-DL 是一组 PN 码，它用于区分相邻小区，系统定义了 32 个 PN 码组，每组对应一个 SYNC-DL 序列。当小区个数超过 32 个时，PN 码组在蜂窝网络中可以复用，当然，可能会产生一定的导频污染（或称导频干扰）。DwPTS 时隙内的数据不进行扩频和加扰，放在单独时隙以最大功率在全方向或某一扇区发射，以便 UE 快速获得下行同步，且减小对其它下行信号的干扰。UpPTS 时隙用来建立上行同步，UE 发送 UpPTS 进行空中登记和随机接入，得到网络应答后，发送 RACH（随机接入信道）。UpPTS 时隙里的 SYNC-UL 也是一组 PN 码，共有 256 组，用于区分接入过程中的不同 UE。

TD-SCDMA 使用的扩频码包括正交 Walsh 码和伪随机码（PN）两种。TD-SCDMA 分两个步骤对数据进行扩频：信道化和加扰。首先进行扩频，因为所用的扩频码用于标识信道，被称为信道化码。然后进行加扰，扰码与扩频码处理过程类似，都是数据序列与扰码或扩频码相乘，与扩频不同的是，扰码不改变数据序列的码片速率，只是逐个码片相乘。扰码的目的是为了让终端或基站相互之间区分开，解决了多个发射台使用相同扩频码的问题。

TS0～TS6 数据时隙都含有中间码（Midamble），即训练序列码，它的作用十分重要，一方面用作信道估计，另外还用作功率控制测量、上行同步维持、波束赋形和频偏估计。TD-SCDMA 系统共有 128 个基本训练序列，在 TS0～TS6 的每个时隙内发送，且不进行扩频和加扰。

从移动终端 UE 开机到发出随机接入请求，可以分为四个步骤：下行同步捕获、系统信息读取、建立上行同步、随机接入。

（1）下行同步捕获。UE 开机后，在主频率上搜索 DwPTS 的 64 位 SYNC_DL，由于 SYNC_DL 序列有 32 种可能，UE 把接收数据与 32 种可能的 PN 序列同时进行相关运算，根据相关峰大小确定其中的一种，同时相关峰的位置也用来进行时间同步。在空闲模式下，UE 只需要与 Node B 之间建立下行同步，当 UE 需要发起业务呼叫时，才需要完成上行同步。

（2）系统信息读取。系统信息周期性地在广播信道 BCH 上发送，它映射到 P-CCPCH 物理信道，而 P-CCPCH 使用的是 TS0 时隙。解调 BCH 的消息，需要 4 个方面的信息：无线信道的参数、当前小区的扰码、系统帧号、扩频因子和扩频码。

① 无线信道参数。只要确定了 Midamble 码，就可以利用它进行信道估计，进而获得信道参数。前面下行同步已经获得了 SYNC_DL 序列，每个 SYNC_DL 序列对应 4 个基本的 Midamble 码，UE 采用相关运算的方法，确定是哪一个 Midamble 码，并进行信道估计。

② 当前小区的扰码。小区使用的扰码与 Midamble 码一一对应，确定了 Midamble 码就确定了扰码。

③ 系统帧号。系统帧号体现在 QPSK 调制时相位变化的排列图案中，对多个连续的 DwPTS 时隙进行相位检测，就可以找到系统帧号。

④ 扩频因子和扩频码。系统规定，BCH 消息的扩频因子是 16，码道使用 0 码道和 1 码道。

（3）建立上行同步。TD-SCDMA 要求 UE 的数据要以基站的时间为基准，在预定的时刻到达基站 Node-B。UE 发送数据时刻步进调整的精度为 1/8 码片，每次最多调整 1 个码片。完成下行同步后就获得了 DwPTS 序列号，每个 DwPTS 序列号对应 8 个 SYNC_UL 码字，UE 从 8 个 SYNC_UL 码字中随机选择一个码字作为 SYNC_UL 码字。Node－B 对可能的 8 个 SYNC_UL 码字同时进行相关运算，根据相关峰大小确定是哪一个 SYNC_UL 码字。基站根据运算结果还可以获得定时和功率信息，然后通过 TS2～TS6 中的其中一个子帧(F-PACH 信道)发给 UE，UE 发出 SYNC_UL 后，将从下一子帧开始的四个子帧上等待接收 F-PACH 突发。收到 F-PACH 突发反馈后根据内容确定自己应该使用的发射功率和时间调整值，并且确定是否完成上行同步。

（4）随机接入。UE 在 PRACH 信道上送出"RRC CONNECTION REQUEST"消息，在配置的 S-CCPCH 信道上接收所有数据块并查找是否有属于自己的"RRC CONNECTION SETUP"消息，UE 如果收到自己的"RRC CONNECTION SETUP"消息，则表示随机接入最终完成。

TD-SCDMA 信道编码方案有三种：卷积编码、Turbo 编码和不编码。不同传输信道类型采用不同的编码方案和交织方案。TD-SCDMA 调制通常采用 QPSK、8PSK 或 16QAM，扩频码采用正交性良好的 OVSF 码。TD-SCDMA 采用了自适应天线阵列技术。通过自适应天线阵列实现空分多址(Space Division Multiple Address，SDMA)。联合检测算法也是 TD-SCDMA 的一项关键技术。由于多用户的 CDMA 信号在时间、频率和空间上是混合在一起的，接收机需要将它们进行分离。常用的分离方法有单用户检测算法和多用户检测算法。多用户检测算法可以充分利用造成多址干扰的所有用户信息，即有效消除多址干扰，也具有很好的抗干扰性能，并且同时检测多个用户信息。

12.1.5 第四代移动通信系统(TD-LTE/ TD-LTE-Advanced)

第四代移动通信系统(4G)在 3G 宽带数字移动通信的基础上实现了网络的全分组化。长期演进(Long Term Evolution，LTE)计划最初是 3G 向 4G 过渡升级过程中的演进标准，其核心技术是 OFDM 和 MIMO，区别于之前的 CDMA。我国厂商继推出自主知识产权的 TD-SCDMA 国际标准后，又主导了 TDD 模式的 LTE 标准 TD-LTE，进而主导了演进标准 TD-LTE-Advanced 的形成。我国主导制定的 TD-LTE-Advanced 称为 IMT-Advanced 国际 4G 标准之一。

1. LTE 网络架构

LTE 接入网称为演进型 UTRAN(Evolved UTRAN，E-UTRAN)，和 3G 的 UTRAN 架构相比，少了 RNC 层，减少了基站与核心网之间因信息交互产生的开销，成为更加扁平化的全 IP 架构。扁平化带来很多好处，包括节点数量减小，用户面时延大大缩短；简化了控制面状态激活过程，减少了状态转移时间；降低了系统复杂度，减少了接口，减少了系统内部的交互。

LTE 网络架构如图 12.1.7 所示，主要包含三个部分，终端 UE、接入网 E-UTRAN 和核心网 EPC。

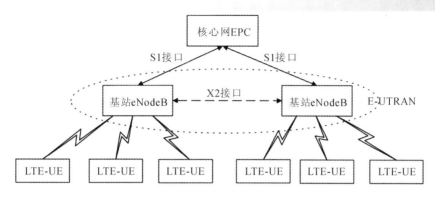

图 12.1.7　LTE 网络架构

2. LTE 的帧结构

LTE 中采用了三种双工模式：TDD、FDD 和频分半双工(H-FDD)。

LTE 支持两种帧结构：适用于 FDD 的帧类型 1(Type 1)和 TDD 的帧类型 2(Type 2)，它们的长度都是 10 ms。

(1) 帧类型 1：适用于 FDD 和 H-FDD 双工模式，其无线帧的长度是 10 ms，可以分成 10 个长度为 1 ms 的子帧，每个子帧可以分成两个等长的时隙，每个时隙长度是 0.5 ms，时隙的编号为 0～19，如图 12.1.8 所示。

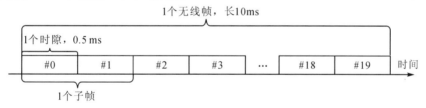

图 12.1.8　LTE 帧类型 1

(2) 帧类型 2：只适用于 TDD，其无线帧长度与帧类型 1 相同，也是 10 ms，包括 10 个 1 ms 的子帧。特殊的地方是，帧类型 2 有半帧和特殊子帧的定义，即规定无线帧是由 2 个长度都为 5 ms 的半帧组成的，每个半帧含有 1 个特殊子帧和 4 个普通子帧。普通子帧由 2 个 0.5 ms 的时隙组成，10 个普通子帧的上下行可以按规定进行动态配置。特殊子帧由 DwPTS(下行导频时隙)、GP(保护时隙)、UpPTS(上行导频时隙)这 3 个特殊时隙组成，它们的相对长度也可以按照规定变化，总时长 1 ms 不变，如图 12.1.9 所示。

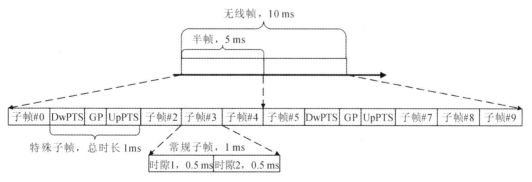

图 12.1.9　LTE 帧类型 2

3. LTE 上下行调制方式

LTE 系统的下行采用 OFDM 调制，当带宽扩展到 20 MHz 时，OFDM 相对于 CDMA 的优势明显，OFDM 采用频域均衡，计算复杂度大大降低，而且时频资源的分配更加灵活。LTE 上行采用的是 DFT-S-OFDM，该调制方法可以大幅减小峰均比，进而减小终端设备的成本。LTE 采用了 MIMO 技术，其中下行 MIMO 最大支持 8 个天线，上行 MIMO 支持 2 个用户协同 MIMO 传输。

4. LTE 的物理资源块

LTE 的物理资源块包括五种不同粒度，以便承载大小差别比较大的物理层信息，如图 12.1.10。其中，资源粒子 RE(Resource Element)是 LTE 最小的时频资源单位，频域占一个子载波(15 kHz)，时域占用一个 OFDM 符号。资源粒子组 REG(Resource Element Group)由 4 个 RE 组成，是控制信道进行资源分配的资源单位。控制信道粒子(Channel Control Element，CCE)由 9 个 REG 组成，是 PDCCH 资源分配的资源单位。资源块(Resource Block，RB)是由图 12.1.10 所示的时域上 7 个 OFDM 符号和频域上 12 个子载波组成的，RB 是 LTE 最常见的资源调度单位，上下行的业务信道都以 RB 为单位进行资源调度。资源块组 RBG(Resource Block Group)，由一组 RB 组成，是业务信道资源分配的资源单位。

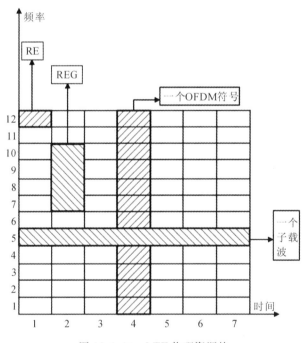

图 12.1.10 LTE 物理资源块

5. LTE 中的信道

LTE 中的信道是信息的通道，不同的信息类型需要经过不同的处理过程，也就需要对应不同的信息处理的流水线，不同的流水线就是不同的信道。LTE 采用与 UMTS 相同的三种信道：逻辑信道、传输信道和物理信道。

逻辑信道完成用户传输信息的类型定义，是包含所有用户数据的数据流，关注的是传输什么内容及什么类别的信息。传输信道对逻辑信道信息进行特定处理，再加上特定格式等指示信息的数据流，分为共享信道和专用信道。物理信道将用于不同用户、不同功能的传输信道的数据流按照相应规则确定其载频、扰码、扩频码等，并进行加扰解扰、扩频解扩、调制解调等处理，最后经射频通道发射。根据物理信道所承载的不同上层信息，定义了不同类型的物理信道。

从协议栈的角度来看，逻辑信道在 MAC 层和 RLC 层之间，传输信道在 MAC 层和物理层之间。逻辑信道映射成传输信道，每个传输信道对应底层的物理信道，由物理信道完成传输。

6. LTE 的物理信号

物理信道最终依靠物理信号完成信号的发射和接收，有些物理信号直接与传输信息有映射关系，有些物理信号起辅助传输作用，这种辅助作用很关键，是信号传输和系统运行所必需的，LTE 的下行辅助物理信号包括参考信号（Reference Signal，RS）和同步信号（Synchronization Signal，SS）。下行参考信号 RS 是一种伪随机序列，由基站通过一定的时频单元 RE 发送出去，UE 收到该伪随机序列作为导频，利用该导频进行信道估计，或作为 UE 端进行信号解调的参考。UE 在进行业务传输之前，首先需要完成与 eUTRAN 的时频同步。同步利用同步信号（Synchronization Signal，SS）完成。下行同步信号 SS 有两种。主同步信号（Primary Synchronization Signal，PSS）：用于 OFDM 符号的时间同步，频率同步及部分小区的 ID 获取。从同步信号（Secondary Synchronization Signal，SSS）：用于帧时间同步，CP 长度信息的获取及小区组 ID 获取。从同步信号 SSS 是由两个长度为 31 的 m 序列交叉级联形成长度为 62 的伪随机序列。上行参考信号 RS 同样是在特定的时频单元中发送一串伪随机码，用于 eUTRAN 与 UE 的同步以及 eUTRAN 对上行信道进行估计。

7. LTE 的小区搜索、驻留及重选

当终端 UE 开机或者失去与基站的联系时，就需要 UE 进行小区搜索，建立与基站的联系。基本的小区搜索过程是：在可能存在 LTE 小区的几个中心频点上进行搜索，尝试与可能存在的小区网络建立时频同步。解调物理广播信道（PBCH）获得主信息块（Master Information Block，MIB），从中可以获得下行系统带宽、子帧号（SFN）、指示信息（PHICH）、天线配置信息等。UE 继续接收物理下行控制信道 PDCCH，获得自己的寻呼周期，然后在固定的寻呼周期中解调 PDCCH，监听其内容。如果有属于自己的寻呼，则解调下行共享信道 PDSCH，读取系统信息块（System Information Block，SIB）消息，接收多个 SIB 后完成小区搜索。解调出 MIB 和 SIB 之后，通过小区参考信号的接收功率测量值（RSRP）来判断是否能进行小区驻留。如果满足要求，则驻留该小区。另外，UE 通过监测邻区和当前小区的信号质量，发现邻区的信号质量及电平满足接入要求，且满足一定重选判决准则，则进行小区重选（Cell Reselection），也就是终端将放弃原小区并接入该小区驻留。

8. LTE 的随机接入过程

UE 在完成小区驻留后只能利用物理随机接入信道（PRACH）上传数据，并不能进行业务传输。随机接入就是要建立 UE 和基站 eNB 之间的无线链路，实现 UE 和 eNB 之间的数据互操作。随机接入主要完成：UE 与 eNB 之间的上行同步和申请上行资源（UL_GRANT）。随机接入过程有两种：竞争性随机接入过程和非竞争性随机接入过程。

9. TD-LTE-Advanced

LTE 的 TDD 模式称为 TD-LTE/TD-LTE-Advanced，TD-LTE-Advanced 是中国政府 2009 年 10 月提交的、ITU 认可的 4G 标准。在 LTE-Advanced 后续研究中，增加了一些增强技术，包括 MIMO 增强、载波聚合、多点协作传输、中继技术和异构网络等。

12.1.6 第五代移动通信系统

第五代移动通信系统(5G)进一步提高了空口传输速率，减小了传输时延，适应大规模机器用户，实现了互联网、通信网和物联网的融合。按照国际电信联盟(ITU)的定义，5G 有三大类应用场景：增强移动宽带(Enhanced Mobile Broadband，eMBB)、超高可靠低时延通信(Ultra-Reliable and Low Latency Communications，uRLLC)和海量机器类通信(Massive Machine Type Communication，mMTC)。增强移动宽带(eMBB)主要应对移动互联网流量的大幅增加，为移动用户提供更加极致的应用体验。超高可靠低时延通信(uRLLC)主要针对对时延和可靠性具有极高要求的行业应用需求，如工业控制、远程医疗、自动驾驶等。海量机器类通信(mMTC)主要面向以传感和数据采集为目标的应用需求，如智慧城市、智能家居、环境监测等。5G 的应用场景有多样化的需求，其关键性能指标也更加多元化。ITU 定义了 5G 的八大关键性能指标，而 5G 最突出的特征是高速率、低时延、广连接，分别要求用户体验速率达 1 Gb/s，时延低至 1 ms，用户连接能力达 100 万个连接/平方千米。

5G 网络架构最根本的技术变革是以下三个方面：网络功能虚拟化(Network Function Virtualization，NFV)、软件定义网络(Software Defined Network，SDN)和云。基于 NFV、SDN 和云设计的 5G 网络架构要实现以下功能：网络虚拟化，即接入网小区逻辑虚拟化，核心网网络功能虚拟化；转发和控制分离；功能模块化、微服务化；资源部署分布化。

1. 5G 的无线接入网(RAN)架构

5G 基站的基带功能单元(如图 12.1.11 所示)由集中单元(Centralized Unit，CU)和分

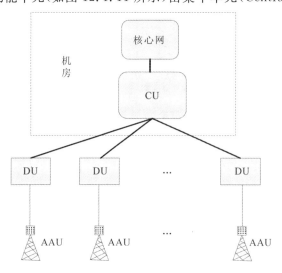

图 12.1.11　5G RAN 架构

布单元(Distributed Unit，DU)组成。CU 可以分为用户面和控制面，可以集中实现，也可以分开实现。CU 的功能主要包含对实时性要求不高的无线高层协议栈功能，部分核心网功能的下沉和边缘应用业务。DU 主要处理对物理层功能和实时性要求高的 RLC 层及以下协议层的功能。AAU 称为有源天线单元，主要功能是把基带数字信号转成模拟信号，并由天线发射出去。CU 和 DU 加上有源天线单元 AAU(Active Antenna Unit)就构成了 5G 的无线接入网架构。

2. 5G 无线网的接口

5G 无线网的接口主要包括 DU 和 AAU 之间的(evolved Common Publice Radio Interface，eCPRI)。当 CU 和 DU 分开部署时，它们之间的接口叫作 F1。CU 的用户面和控制面分开部署时，它们之间的接口叫作 E1。5G 基站和基站之间的接口，即 CU 和 CU 之间的交互接口称为 Xn。

3. 5G RAN 的网络架构关键技术

5G 网络是多种无线接入融合共存的网络，需要同时适配不同的协议架构及场景。为了适应这种需求，5G 的 RAN 需要具有无线环境的感知和智能分析能力。5G 网络 RAN 架构变革是以人为中心的，这与前几代以逻辑小区为中心是不同的。为了适应这种需求，就需要以下的关键技术：

(1) 协议定制化部署。软件定义协议栈(Software Defined Protocol，SDP)能够基于集中的无线网络控制功能对 SDP 进行定制化配置，支撑自适应接口技术。

(2) 统一接入技术。5G 是多种无线接入技术共存的网络，通过集中的无线网络控制功能，对无线资源进行分布式协同调度来实现统一的接入和管理，支持多种移动制式和多形态接入，实现业务在不同接入技术间的动态分流和汇聚。

(3) 无线感知和控制。5G 要自适应和智能化地配置网络各项参数，就需要实时感知网络状态、无线环境、终端能力、用户行为及业务和应用的状况，认知无线电(Cognitive Radio，CR)技术可以对无线环境中频谱占用和干扰大小进行感知，为无线侧智能控制中心提供决策依据。

(4) 以用户为中心的接入网，5G 的 RAN 采用面向用户无小区(User Centric No Cell，UCNC)技术，UE 的无线资源调度和无线通信链路建立与服务这个 UE 的逻辑小区是解耦的，RAN 直接以 UE 为单位管理无线链路和无线资源。

4. 5G NR 物理层标准

5G NR(New Radio)系列标准主要集中在 3 GPP 协议规范编号为 38 的系列。在 38 系列规范的编号中，以 TS 开头的表示标准协议，以 TR 开头的表示技术研究报告。各工作组的标准规范按顺序排列，38.1xx 系列是射频系列规范，38.2xx 系列是物理层系列规范，38.3xx 系列是空中接口高层系列规范，38.4xx 系列是各个接入网网元接口的系列规范，而38.5xx 系列是终端一致性的规范。标准化过程中的一些研究项目以及 3GPP 给出的技术研究报告也被列入相应的规范中，以 TR 开头。具体标准大家可以查阅公开文档。

5. 5G NR 时频资源

NR 无线帧(Frame)(如图 12.1.12 所示)的时间长度定义为 10 ms，一个无线帧包含 10 个子帧(Subframe)，每个子帧的时间长度为 1 ms。与 LTE 不同，NR 的子帧仅是计时单位，不再是基本调度单元，这样资源调度方式更灵活。一个子帧分为若干个时隙（Slot），具体的数目取决于子载波间隔。另外，无论子载波间隔是多少，一个时隙都包括 14 个 OFDM 符号，当子载波间隔变大时，OFDM 符号时长缩短，导致时隙的时间长度也变短。

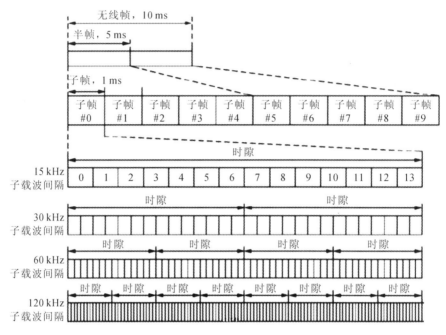

图 12.1.12　5G NR 无线帧

在频域内，将连续的 12 个子载波定义为一个物理资源块（Physical Resource Block，PRB），PRB 是频域内资源分配的基本单位，PRB 固定为 12 个子载波，使数据间的 FDM 和 TDM 复用实现更加简单。RE（Resource Element）是物理层最小的资源块，其频域上有 1 个子载波，时域上有 1 个 OFDM 符号；RB（Resource Block）是数据信道资源分配的频域基本调度单位，频域上有 12 个子载波，是一个频域概念，没有定义时域；RG（Resource Grid）称为物理层资源组，上下行分别定义。

6. 5G NR 的物理信号和物理信道

下行物理信号包括信道状态信息参考信号（Channel State Information Reference Signal，CSI-RS），它可以测量信道质量指示（Channel Quality Indicator，CQI），秩指示（Rank Indicator，RI）和预编码指示（Precoder Matrix Indicator，PMI）三个参数，这三项合起来称为信道状态信息（Channel State Information，CSI）。解调参考信号（Demodulation Reference Signal，DM-RS）是用来对上下行业务信道和控制信道进行信道估计的，以便信号能够实现相干调解。时频跟踪参考信号（Tracking Reference Signal，TRS）可以实现基站与用户之间的时频精同步。相位噪声跟踪参考信号（Phase noise Tracking Reference Signal，PT-RS）用来对相位噪声进行估计，相位噪声会破坏 OFDM 系统中各子载波之间的正交性，引入子载波间干扰；同时，相位噪声会在所有子载波上引入相同的公共相位误差（Common Phase Error，CPE），从而导致所有子载波上的调制星座点以固定角度旋转。另外，下行物理信号包括 RRM 测量参考信号、RLM 测量参考信号等。

NR 上行物理信号包括探测参考信号（Sounding Reference Signal，SRS）、解调参考信号(DM-RS)、相位噪声跟踪参考信号(PT-RS)等。其中，上行 DM-RS 和 PT-RS 与下行的设计基本相同。

物理下行共享信道(Physical Downlink Shared Channel，PDSCH)主要用于下行单播数据传输，也可用来进行寻呼消息和系统消息的传输。物理广播信道(Physical Broadcast Channel，PBCH)承载的是 UE 接入网络时所需的最小系统信息的一部分。物理下行控制信道(PDCCH)承载下行控制信息(Downlink Control Information，DCI)，主要用于传输 UE 接收 PDSCH 和传输物理上行共享信道(Physical Uplink Shared Channel，PUSCH)所需的调度信息，也可以传输时隙格式指示(Slot Format Indicator，SFI)和抢占指示(Preemption Indication，PI)等。

物理上行控制信道(PUCCH)承载上行控制信息(Uplink Control Information，UCI)，与 DCI 不同，UCI 可以根据情况由 PUCCH 或 PUSCH 承载，而 DCI 只能由 PDCCH 承载。UCI 用于反馈 HARQ-ACK 信息，指示下行的传输块是否正确接收，上报信道状态信息，以及在有上行数据到达时请求上行资源。物理随机接入信道(Physical Random Access Channel，PRACH)用于随机接入过程。

7. 5G NR 同步

时频同步是 UE 和基站通信的前提。通常 UE 通过检测基站发送的同步信号，实现时间和频率的同步。

在无线通信中，时间同步往往通过同步序列的相关运算获得。常见的同步序列有 m 序列、Gold 序列和 Zadoff-Chu 序列。在 5G 系统中，同步信号采用 m 序列，使用 BPSK 调制方式，在接收端通过相关的方式找到接收序列的位置。

手机终端通过基站周期性的、在特定位置发送的同步信号序列与基站进行频率、相位、10 ms 帧的同步以及小区同步。完成同步后，终端可以解调出小区广播的主信息块(MIB)以及系统信息块(SIB)。

下行同步信号包括主同步信号(PSS)、辅同步信号(SSS)、小区参考信号(CRS)和物理广播信道(PBCH)。在 5G NR 中，把这四部分信息与小区同步相关的信号和信道所对应的时频资源组织在一起，形成一个新的资源块，称为同步信号块(SSB)。5G NR 与 LTE 产生 PSS、SSS 信号的方式不同，LTE 采用 Z_C 序列产生 PSS 和 SSS 信号，而 5G NR 采用 m 序列生成两种信号。PSS 和 SSS 信号用于小区同步，3GPP R16 规定，PSS 和 SSS 信号的长度均为 127，所以单个 PSS 或单个 SSS 信号都无法全部表示出物理小区 ID，这也是使用两个小区同步信号的原因。

12.1.7　第六代移动通信系统(6G)

我国 IMT-2030(6G)推进组(以下简称"推进组")在"面向 2030 年及未来 IMT 系统"专题研讨会上提出，6G 无线性能指标将实现十至百倍提升。

推进组研究认为，6G 将以可持续发展的方式延伸移动通信能力边界，创新构建"超级无线宽带、极其可靠通信、超大规模连接、普惠智能服务、通信感知融合"五大典型应用场景。面向 2030 年及未来的 6G 将在 5G 原有的三大典型场景基础上拓展深化，全面支持以人为中心的沉浸式交互体验和高效可靠的物联网场景，服务范围扩展至全球立体覆盖。另外，推进组认为，6G 将具备"泛在互联、普惠智能、多维感知、全域覆盖、绿色低碳、安全可信"等突出技术特征。6G 无线性能指标将实现十至百倍提升，创新引入智能服务效率、感知精度、全域覆盖等关键性能指标，有效融合通信、计算、感知等能力支持各类智能化服务。同时，6G 网络也将在安全可信的基础上实现能效的大幅提升，最终实现"万物智联、数字孪生"的 6G 美好世界。

12.2　空间通信系统

空间通信是以航天器或天体为对象的无线电通信。航天器是指位于地球大气层以外宇宙空间的空间飞行器或宇宙飞行器。空间通信的基本形式有地球站和航天器之间的通信，航天器相互之间的通信，通过航天器转发或反射电磁波进行的地球站之间的通信。航天器有人造地球卫星、空间探测器、载人飞船、航天站和航天飞机。地球站是指设在地球表面的通信站点。

空间通信的特点包括：

（1）通信距离远，信号弱，地球站必须有灵敏度极高的接收设备才能保证有效地通信；

（2）空间目标是运动的，因而在必要时接收天线应对目标进行定向连续跟踪；

（3）航天器的发射机输出功率受到限制，地球站须使用大口径天线和低噪声放大器；

（4）深空通信中地面使用高增益的、具有指向跟踪的抛物面天线，最常用的天线口径为 18 米和 27 米；

（5）航天器的通信设备必须重量轻、体积小、抗辐射、寿命长，能经受冲击和振动，而且可靠性高；

（6）空间通信使用的频段很宽，从超长波段到毫米波段，乃至激光。卫星通信常用的频段是 1～15 GHz，并现已开始使用更高频段。

空间通信的形式有很多种，包括航天器、天体与地球站之间的通信；航天器之间的通信；通过航天器、天体实现的地球站之间的通信；通过多个航天器实现地球站之间的通信等。

空间通信系统往往是以上通信形式的结合，空间通信的业务主要有：

（1）通信：地面人员与宇航员间，或通过航天器实现地球站间通信；

（2）跟踪定位：跟踪测量运动目标(航天器或移动地球站)以确定其轨道或位置；

（3）遥测：监测航天器、空间环境、航天员的生理和活动情况；

（4）遥控：发送指令，使航天器设备完成规定的动作；

（5）电视：监视航天器工作和宇航员活动，观察地球和探测深空。

空间通信系统包括卫星通信系统、卫星导航系统、卫星测控系统、深空通信系统等，下面详细介绍卫星通信、卫星测控和深空通信三种通信系统。

12.2.1　卫星通信

卫星通信是利用人造地球卫星作为中继站来转发无线电信号的一种空间通信手段。卫星通信由人造地球卫星、测控分系统和地球站分系统组成，又可称为空间段、地面段和测控段，如图 12.2.1 所示。地球站定向发射无线通信信号给太空的卫星，卫星在进行频率变换、放大滤波等处理后将信号重新发送回远方的另外一个地球站，从而完成远距离的中继传输。卫星通信是微波中继的一种特殊形式，具有覆盖区域广、生存能力强、建设速度快、业务种类多等优点。

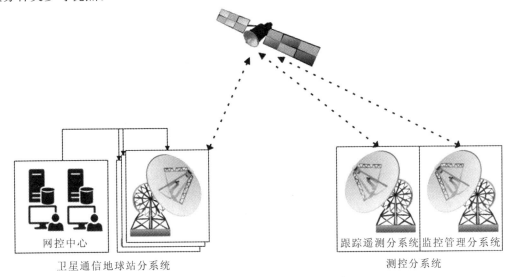

图 12.2.1　卫星通信系统

1. 卫星的轨道

人造地球卫星的轨道有圆形和椭圆形两种，圆形轨道的圆心是地球中心，椭圆形轨道的一个焦点是地球中心。按照卫星轨道平面与赤道平面的夹角可以把卫星轨道分为：倾斜轨道、极轨道和赤道轨道。通过南北极的轨道称为极轨道，与赤道平面夹角为 0 度的轨道是赤道轨道，其它的是倾斜轨道。赤道轨道的一种特殊情况是地球静止轨道，地球静止轨道位于地球赤道上空 35 786.6 km，在这个高度的卫星与地面的相对位置不变，通信覆盖范围大，信号频率稳定，与地球站的瞄准稳定，只需要 3 颗就可以覆盖大部分的地球表面。

2. 卫星的分类

按照轨道距离地面的高度可以把卫星轨道分为：高轨道，轨道高度大于 20 000 km；中轨道（Medium Earth Orbit，MEO），轨道高度为 8000 km～20 000 km；低轨道（Low Earth Orbit，LEO），轨道高度 500 km～1500 km。其中高轨道常见的是地球同步轨道（Geosynchronous Earth Orbit，GEO）。

按照业务类型，分为固定卫星业务（Fixed Satellite Service，FSS）、广播卫星业务（Broadcasting Satellite Service，BSS）、移动卫星业务（Mobile Satellite Service，MSS）三大类型。

甚小天线地球站（VSAT）卫星通信系统使网络通达千家万户。随着卫星转发器性能和终端电子技术的发展，使得 VSAT 天线和用户终端设备逐渐实现小型化。特别是 VAST 成本低，安装容易，操作简单，在公用网络骨干传输和用户接入及各类专网互联等领域得到广泛应用。在我国 VSAT 发展过程中，无线寻呼联网、证券信息广播、村村通电话、地面光纤电路备份、村村通和户户通电视等工程最具代表性。我国户户通电视是世界上最大的直播到户平台(DHT),DHT 是 VSAT 最大的应用领域。

3. 卫星互联网

近年来,全球卫星行业进入了以 LEO 星座的高通量卫星(High Throughput Satellite, HTS)为代表的卫星互联网发展阶段。卫星互联网在信息网络安全、航空通信、海事通信、普遍服务、军事通信、应急指挥、空间频率和轨道资源维护等各个方面有重要保障作用。未来的移动通信,一定是"地面基站+卫星"的天地一体模式,即移动通信和卫星通信的结合。

国内外很多企业参与了卫星互联网的开发建设。最为典型的是美国太空探索技术公司(SpaceX)的星链计划,该计划总共部署近 12 000 颗卫星,以后可能扩展到 42 000 颗。计划最初的 12 000 颗卫星在三个轨道运行,在 550 千米的卫星数量达到 1 440,2825 颗 Ku 和 Ka 波段卫星部署在 1110 千米的轨道,7500 颗 V 波段卫星部署于 340 千米的轨道。"星链"通过低轨道通信卫星提供高速互联网服务。截至 2022 年 3 月,SpaceX 已累计发射 2400 多颗"星链"卫星。

我国也有类似"星链"的计划,包括行云星座计划、虹云星座计划、银河系星座计划、鸿雁星座计划等。国家相关部委,对"鸿雁""虹云"等星座系统进行了统筹规划,成立了"中国卫星网络集团有限公司",简称中国星网。中国星网向 ITU 提交了编号为 GW-A59 和 GW-2 的宽带卫星星座计划,计划发射卫星 12992 颗。中国星网的成立是我国卫星通信和应用的一个里程碑。

4. 卫星通信的技术标准

1) 数字卫星广播标准 DVB-S2

DVB-S2 是新一代 DVB 系统,服务于宽带卫星应用,范围包括广播(BS)、数字新闻采集(DSNG)、数据分配/中继,以及 Internet 接入等交互式业务。DVB-S2 纠错编码使用 LDPC(内码)与 BCH 码(外码)级联,支持 1/4,1/3,2/5,1/2,3/5,2/3,3/4,4/5,5/6, 8/9,9/10 等多种内码码型。其中编码调制方案 8PSK+LDPC 已经十分接近香农极限,在距离理论上的香农极限 0.7~1 dB 的情况下可得到 QEF(准无误码)的接收。DVB-S2 调制方式有 QPSK、8PSK、16APSK、32APSK,远多于 DVB-S 的单一 QPSK。对于广播业务,标准配置为 QPSK 和 8PSK,16APSK 和 32APSK 是可选配置;对于交互式业务、数字新闻采集及其它专业服务,四种调制方式均为标准配置。

DVB-S2 的另一个显著改进是采用了可变编码调制(Variable Coding and Modulation, VCM)与自适应编码调制(Adaptive Coding and Modulation,ACM)。在交互式的点对点应用中,可变编码调制(VCM)允许选择不同的调制和纠错方案,并且可以逐帧改变。由于采用 VCM 技术,不同的业务类型(如 SDTV、HDTV、音频、多媒体等)就可以选择不同的错误保护级别实现分级传输,这就大大提高了传输效率。VCM 结合回传信道,还可以实现自适应编码调制 ACM,即针对每一个用户的信道条件选择调制和编码方案,使传输参数得以优化。

2) 卫星移动通信标准

3GPP 中卫星通信标准是从 R14 开始的,提出了天地融合的概念。在新一代服务和市场的服务要求标准(TS22.261)中提出 5G 需要支持卫星接入,并给出了 5G 中卫星通信的基础功能和性能需求。在标准 TR38.811 中定义了卫星网络的部署场景及结构、高度、轨道等系统参数，提出了传播模型、移动性管理等卫星通信网络的关键技术。在标准 TR38.821 中重点关注的是 5G 中如何进行卫星接入。ITU 也对卫星业务给出了技术建议书，其中 ITU-R M.[NGAT_SAT]是卫星接入的标准，将成为下一代天地融合的移动通信的标准，该标准定义了视频业务传输，导航、天气、交通、传感器、机器通信、自动驾驶等数据传输，移动平台宽带服务等的相关参数要求。

12.2.2　深空通信

深空通信是深空探测器和地面联系的唯一通道，对于深空探测任务的成败和科学目标的实现具有决定性作用。下面主要介绍深空通信的特点及面临的难点，重点介绍深空通信的主要技术。

深空通信分为测控通信和数传通信两部分。测控通信包括下行遥测、上行遥控和双向测量三个部分，测控通信的数据速率往往较低。下行遥测主要用来监控探测器的工作状态，上行遥控用来控制探测器的轨道、姿态，双向测量通道用来测量探测器的自身轨道、位置和运行速度。数传通信是单向通信，用来传输探测器获得的遥感数据，数据率往往较大。对于体积较小的探测器，测控通信和数传通信会进行融合设计。

深空通信的特点及难点包括：

（1）信号极其微弱，信噪比极低，可靠接收难度很大，比如火星到地球的信号衰减达 240 多分贝，经过超大口径天线接收的信号电平水平通常为 $-120 \sim -170$ dBm。

（2）除了热噪声，频繁的宇宙电磁活动会对深空信道造成很大干扰，这就使得深空信道极其复杂。

（3）传输时延长且不断变化，给通信协议和传输机制带来挑战。

（4）由于探测器运动、行星自转和遮挡，通信链路的可视弧段比较有限，通信链路间断可通，这就需要通信协议具有很好的鲁棒性。

由于深空通信有以上难点，需要采用高性能的传输技术才能保证深空通信的可靠性。深空通信的关键技术包括通信频段选择、调制方式、信道编码、多天线组阵、测距体制、中继传输等。

深空通信通常采用的频段有 S、X、Ka，国际电联也对深空通信频段进行了规定。深空通信最常用的信道编码是卷积码、Turbo 和 LDPC。深空通信的调制方式有抑制载波的 BPSK、QPSK、OQPSK、GMSK 等，一般用作数传通信；FM 和 PM 属于残留载波调制，残留载波方便在高动态、低信噪比条件下接收信号载波的快速捕获和跟踪，一般用作测控通信。深空测控通信系统的一项重要任务是对探测器与地面的距离进行测量，测距机制一般是地面站向探测器发射特定频率的正弦波或伪随机码，探测器上的应答机锁定这个测距信号并放大发射回地面站，地面站根据时延差计算探测器与地面站之间的距离。测量精度和最大无模糊测量距离是测距体制的两个基本指标。

地面深空站有测控站和数据单收站两类。深空测控站（如图 12.2.2 所示）的上行部分有测距终端、遥控信号调制器，下行部分有测距终端、测速终端、测角终端、遥测信号解调器。射频部分包括低噪放、上变频器、下变频器、高功放等。

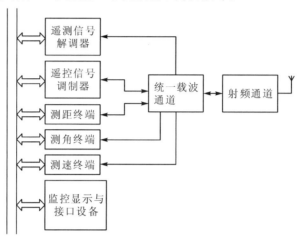

图 12.2.2 深空测控站系统组成

星载测控通信系统(如图 12.2.3 所示)包括测距信号接收设备、测距信号转发设备、遥控终端、遥测终端和测控应答机,测控应答机包括了收发射频、载波或副载波调制解调等设备。

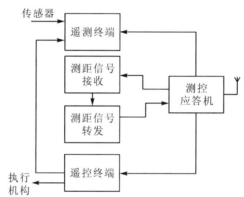

图 12.2.3 星载测控通信系统

12.3 水下无线通信系统

水下无线通信的载体可以是声波、电磁波、激光等。由于电磁波、激光等物理量在海水中传播衰减很严重,因此海水中的通信、检测、定位和导航主要采用声波。只有一些近距的保密通信场合,才利用电磁波或激光的快速衰减特性进行通信。采用声波作为信息载体的水下通信称为水声通信,水声通信是利用水介质信道进行的一种通信系统。水声通信与无线通信的基本原理相同,但是因为传输介质不同,也存在很大差别。从信息载体上看,水声通信是以声波为传播载体;从信道上来看,水声通信是在水介质中进行的。水声通信发射端需要把电信号转换成声信号,接收端利用换能器把声音信号转换成电信号,之后的信号处理过程与无线通信相同。

水下无线通信是人类认知海洋的必要工具。在海洋观测系统中，借助传感器获得的海洋学数据需要通过水下无线通信进行传输，潜艇等水下军事设备需要利用水下无线通信系统传输保密的军事信息，水下无线通信也是水下传感器网络的关键技术。

水下无线通信主要有三大类：水声通信、水下电磁波通信和水下量子通信，它们具有各自不同的特性，因此应用场景也不相同。

12.3.1　水声通信

水声通信（如图 12.3.1 所示）是水下无线通信中最成熟的技术，已经广泛应用于水下通信、探测、传感、定位、导航等领域。声波是水中信息的主要载体，它属于机械波（纵波）。声波在水下传输的信号衰减小，衰减率为电磁波的千分之一，水下传输距离远，应用范围可从几百米延伸至几十千米，更适合温度稳定的深水通信。

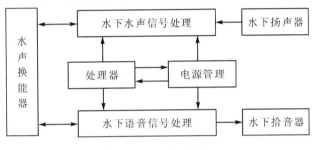

图 12.3.1　水声通信

1. 水声信道特性

在海面附近，声波的典型传播速率为 1520 m/s，比电磁波低 5 个数量级。相较于电磁波和光波，声波在海水中的衰减小得多。

复杂的水声信道是影响水声通信系统性能的主要因素。水声信道就是由海洋及其边界构成的一个非常复杂的介质空间，它具有一定的内部结构和独特的上下表面，各个部分对声波产生许多不同的影响。

水声信道的特点有：

（1）严重的多径效应。当传输距离大于水深时，声波经过不同路径到达接收端，会导致接收端收到的叠加信号在时域上展宽，从而出现码间干扰。

（2）环境噪声影响大。影响水声通信的噪声主要包括波涛拍岸、海面波浪、暴风雨、气泡带来的自然噪声，以及沿岸工业、水面作业、水下动力、水生生物产生的活动噪声。

（3）通信速率低。由于水声信道的随机变化特性，水下通信带宽十分有限，短距离、无多径效应下的带宽很难超过 50 kHz。即使采用 16 QAM 等多载波调制技术，通信速率也只有 1～20 kb/s。当工作于复杂的环境中时，通信速率可能会低于 1 kb/s。

（4）多普勒效应、起伏效应等。因发射节点与接收节点间的相对位移而产生的多普勒效应会导致载波偏移及输出信号幅度的降低，最终可能影响信息解码。另外水媒质内部是一个随机不均匀体，会使声信号产生随机的起伏，严重影响通信系统性能。

（5）其它特点。比如温度、盐度等海洋参数对声波影响很大；声波几乎无法跨越水与空气的界面传播；声波的隐蔽性差；声波也会影响水下生物，导致生态破坏。

2. 水声通信技术

水声信道是很复杂的多径传播信道,适用的载波频率低,可用带宽窄,环境噪声高,以及传播时延大。为了克服以上这些不利因素,尽可能地提高频带利用率,已经出现多种水声通信技术。美国海军水声实验室于 1945 年研制的水下电话是世界上第一个单边带调制(SSB)水声通信系统,主要用于潜艇间通信。该模拟通信系统使用 SSB 调制技术,载波频段为 8~15 kHz,使用距离达几千米。从 20 世纪 70 年代后期开始出现的 FSK 的通信系统直到目前还在应用。FSK 需要较宽的频带宽度,频带利用率低,对信噪比要求高。20 世纪80 年代初,水声通信中开始使用 PSK 调制方式。实际过程中大多使用了 DPSK 调制方式。近年来,水声通信在多载波调制技术和多输入多输出技术方面取得了很大的进步。水声通信的技术难度很大,主要是由于水声信道的时变性和空变性,需采用有效的多普勒和信道补偿措施,降低误码率,进而达到提高传输速率和通信距离的目的。用于军事时还要考虑信息的安全传输和多址接入等问题。

水声通信(特别是大于 200 米)的可用带宽在 20 kHz 以内,这种低频限制了数据传输率,只能达到几十 kb/s 的速度。

12.3.2 水下电磁波通信

1. 水下电磁波传播特性

无线电波在海水中有很严重的衰减,而且频率越高衰减越大。实验表明:无线电波在水下仅能传播 50~120 cm,低频长波无线电波水下实验可以达到 6~8 m 的通信距离,30~300 Hz 的超低频电磁波在海水中的传输距离可达 100 多米,但需很长的接收天线,这在体积较小的水下设备上实现较为困难。海水的运动对水下电磁波通信有很大的影响。海浪运动的随机性导致了接收机端的电场相移分量的标准差是呈对数指数分布的。

因此,无线电波只能实现短距离的高速通信,不能满足远距离水下组网的要求。

2. 传统的水下电磁波通信

电磁波作为最常用的信息载体和探知手段,广泛应用于陆上通信、电视、雷达、导航等领域。20 世纪上半叶,人们致力于将模拟通信移至水中。第一次世界大战期间,法国最先使用电磁波进行了潜艇通信实验。第二次世界大战期间,美国科学研究发展局曾对潜水员间的短距离无线电磁通信进行了研究,但由于水中电磁波的衰减严重,实用的水下电磁通信一度被认为无法实现。直至 20 世纪 60 年代,甚低频(VLF)和超低频(SLF)通信才开始被各国海军大量研究。甚低频的频率范围为 3~30 kHz,可覆盖几千米的范围,但仅能为水下 10~15 m 深度的潜艇提供通信。由于反侦察及潜航深度的要求,超低频(SLF)通信系统投入研制。SLF 系统的频率范围为 30~300 Hz,美国和俄罗斯等国采用 76 Hz 和 82 Hz 附近的典型频率,可实现对水下超过 80 米的潜艇进行指挥通信,因此超低频通信具有重要的战略意义。SLF 系统的地基天线达几十千米甚至上百千米,接收端的拖曳天线长度也超过千米,发射功率为兆瓦级,通信速率低于 1 b/s,仅能下达简单指令。

3. 水下无线射频通信

水下射频(RF)通信是利用频率高于 10 kHz 高频电磁波在水中进行通信的技术。使用数字通信技术可将−120 dBm 以下的弱信号从存在严重噪声的调制信号中解调出来,在衰减允许的情况下,能够采用更高的工作频率,因此射频技术应用于浅水近距离通信成为可能。这对于满足快速增长的近距离高速信息交换需求,具有重大的意义。对比其他近距离水下通信技术,射频技术具有多项优势,具体如下。

(1) 通信速率高。可以实现水下近距离、高速率的无线双工通信。近距离无线射频通信可采用远高于水声通信(50 kHz 以下)和甚低频通信(30 kHz 以下)的载波频率。若利用 500 kHz 以上的工作频率,配合正交幅度调制(QAM)或多载波调制技术,将使 100 kb/s 以上的高速数据传输成为可能。

(2) 抗噪声能力强。不受近水水域海浪噪声、工业噪声以及自然光辐射等干扰,在浑浊、低可见度的恶劣水下环境中,水下高速电磁通信的优势尤其明显。

(3) 水下电磁波的传播速度快,传输延迟低。频率高于 10 kHz 的电磁波,其传播速度比声波高 100 倍以上,且随着频率的增加,水下电磁波的传播速度迅速增加。由此可知,电磁通信将具有较低的延迟,受多径效应和多普勒展宽的影响远远小于水声通信。

(4) 界面及障碍物影响小。可轻易穿透水与空气分界面,甚至油层与浮冰层,实现水下与岸上通信。对于随机的自然与人为遮挡,采用电磁技术都可与阴影区内单元顺利建立通信连接。

(5) 无须精确对准,系统结构简单。与激光通信相比,电磁通信的对准要求明显降低,无须精确的对准与跟踪环节,省去复杂的机械调节与转动单元,因此电磁系统体积小,利于安装与维护。

(6) 功耗低,供电方便。电磁通信的高比特率使传输时间缩短,功耗降低。同时,若采用磁耦合天线,可实现无硬连接的高效电磁能量传输,大大增加了水下封闭单元的工作时间,有利于分布式传感网络的应用。

(7) 安全性高,对军事上已广泛采用的水声对抗干扰免疫。除此之外,电磁波较高的水下衰减,能够提高水下通信的安全性。

(8) 对水生生物无影响,更加有利于生态保护。

4. 水下电磁波通信的进展

水下低频射频通信虽然能实现长距离通信,但其发信台站十分庞大,天线极长,抗毁能力差。1000 km 波长的超长波电台,一般都用 1/8 波长天线,天线长度达到 125 km。例如,美国 1986 年建成并投入使用的超长波电台天线横亘 135 km。

12.3.3　水下量子通信

1. 水下激光通信

水下激光通信技术利用激光载波进行信息传输。由于波长 450～530 nm 的蓝绿激光在水下的衰减较其他光波段小得多,因此蓝绿激光作为窗口波段应用于水下通信。蓝绿激光通信的优势是在几种方式中拥有最高的传输速率。在超近距离下,其速率可到达 100 Mb/s。蓝绿激光通信方向性好,接收天线较小。蓝绿激光水下通信具有海水穿透能力强、数据传输速率快、方向性好、设备轻巧且抗截获和抗核辐射影响能力好等优点,得到快速发展,业界和军事部门一直在对其进行持续研究。20 世纪 70 年代初,水下激光通信技术的军事研究开始受到重视。90 年代初，美军完成了初级阶段的蓝绿激光通信系统实验。目前激光通信主要应用于卫星对潜通信，而水下收发系统的研究却滞后。蓝绿激光应用于浅水近距离通信存在以下几种难点。

（1）散射影响。水中悬浮颗粒及浮游生物会对光产生明显的散射作用，对于浑浊的浅水近距离传输，水下粒子造成的散射比空气中要强三个数量级，透过率明显降低。

（2）光信号在水中的吸收效应严重。包括水媒质的吸收、溶解物的吸收及悬浮物的吸收等。

（3）背景辐射的干扰。在接收信号的同时，来自水面外的强烈自然光，以及水下生物的辐射光也会对接收信噪比形成干扰。

（4）高精度瞄准与实时跟踪困难。浅水区域活动繁多，移动的收发通信单元，在水下保持实时对准十分困难。并且由于激光只能进行视距通信，两个通信点间随机的遮挡都会影响通信性能。

由以上分析可知，由于固有的传输特性，水声通信和激光通信应用于浅水领域近距离高速通信时受到局限。

目前，对潜蓝绿激光通信最大穿透海水深度可达到 600 m，远比甚低频和特低频等射频信号强，且数据传输速率可达 100 Mb/s 量级，远高于射频信号。其不足之处在于光源易被敌方的可视侦察手段探知，且通信设备复杂，技术难度较大。

2. 水下中微子通信

中微子是一种穿透能力很强的粒子，静止质量几乎为零，且不带电荷，它大量存在于阳光、宇宙射线、地球大气层的撞击以及岩石中，20 世纪 50 年代中期，人们在实验室中也发现了它。通过实验证明，中微子聚集运动的粒子束具有两个特点：

（1）它只参与原子核衰变时的弱相互作用力，却不参与重力、电磁力以及质子和中子结合的强相互作用力，因此，它可以直线高速运动，方向性极强。

（2）中微子束在水中穿越时，会产生光电效应，发出微弱的蓝色闪光，且衰减极小。

采用中微子束通信，可以确保点对点的通信，它方向性好，保密性极强，不受电磁波的干扰，衰减极小。据测定，用高能加速器产生高能中微子束，穿透整个地球后，衰减不足千分之一，也就是说，从南美洲发出的中微子束，可以直接穿透地球到达北京，而中间不需卫星和中继站。另外，中微子束通信也可以应用到对潜等水下通信，发展前景极其广阔，但由于技术比较复杂，目前还停留在实验室阶段。

3. 水下量子通信的新发展

量子通信技术是以单光子为信息载体，结合量子叠加和量子不可克隆等量子力学基本物理原理，和通信与系统、计算机科学，以及光科学与工程等学科交叉融合发展起来的新一代信息技术。量子通信有望帮助人类实现真正意义的无条件安全的保密通信，在未来的金融、军事、公共信息安全等方面展现出极广阔的发展前景，已成为未来信息技术发展的重要战略性方向之一。基于光纤和自由空间大气信道的量子通信已经被证明是可行的，近年来得到了长足的发展。然而覆盖了地球 70% 的海洋是否可以被用作量子信道，仍然是未知的。缺少了海洋，全球化的量子通信网是不完整的。

水下无线通信有三大类：水下电磁波通信、水声通信和水下量子通信，它们具有不同的特性及应用场合。虽然电磁波在水中的衰减较大，但受水文条件影响的程度甚微，使得水下电磁波通信相当稳定。水下电磁波通信的发展趋势为，既要提高发射天线辐射效率，又要增加发射天线的等效带宽，使之在增加辐射场强的同时提高传输速率。同时应用微弱信号放大和检测技术抑制和处理内部和外部的噪声干扰，优选调制解调技术和编译码技术来提高接收机的灵敏度和可靠性。由于声波在水中的衰减最小，水声通信适用于中长距离的水下无线通信。在目前及将来的一段时间内，水声通信是水下传感器网络当中主要的水下无线通信方式。但是水声通信技术的数据传输率较低，因此通过克服多径效应等不利因素的手段，达到提高带宽利用效率的目的将是未来水声通信技术的发展方向。水下光通信具有数据传输率高的优点，但是水下光通信受环境的影响较大，克服环境的影响是将来水下光通信技术的发展方向。

12.4　机器通信系统

12.4.1　概述

机器通信，又称为 M2M（Machine to Machine）通信，是指通信的双方或一方是机器，而且机器能够自动完成整个通信过程的通信形式。机器通信的通信业务包含机器到人、人到机器和机器到机器三种类型。机器通信可以实现机器和机器之间的信息交互，可将采集到的信息传送给人或后端系统，机器还可以响应来自人或后端系统（也是一种机器）的控制指令。机器通信业务主要指借助电信运营商的通信网络（以下简称"通信网络"）进行广域互连的机器通信业务。一般意义上，机器通信是机器通过通信网络与商业应用软件进行通信，可以有三种类型，如图 12.4.1 所示：一种是单个机器设备通过通信网络与商业应用软件进行通信；一种是机器设备组成的一个群与商业应用软件进行通信；还有就是机器设备组成的群通过网关等设备连接到通信网络与商业应用软件进行通信。

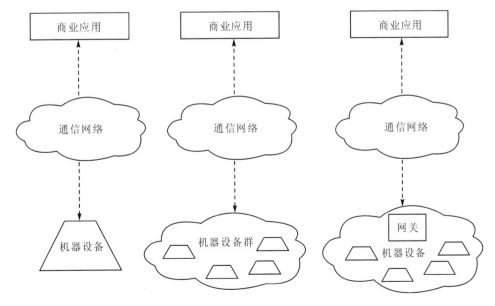

图 12.4.1　机器通信网络架构

机器通信业务从 2009 年下半年开始受到了重点关注,形成了产业界的一股新浪潮。人们发现,一方面机器通信当前已经应用在很多领域里,如环境感知类应用、车载信息类应用、无线金融支付类应用、Telemetry 类应用和资产监控类应用;另一方面机器通信会有更广泛的应用,既有应用的内涵会加深,规模会逐渐扩大,并且将会出现节能减排、远程医疗、智能家居等更多的可以广泛应用的领域。

对于电信运营商而言,机器通信业务还有一层重要意义,就是随着传统通信市场的逐渐饱和,机器通信业务成为运营商拓展空间的重要方向。这是因为,未来连入网络的机器数量十分可观,甚至超过连入网络的人的数量。电信运营商逐渐开始重视机器通信业务,并积极投身到机器通信业务的推进工作中。例如,法国电信运营商 Orange 面对 M2M 业务,针对不同需求类型的客户,分别推出了通道化业务、标准业务平台业务和行业定制化业务。而在中国,中国电信和中国移动都在机器通信领域进行了大量的探索和实践工作。

面对庞大的应用需求,在产业各方的积极推动下,机器通信业务将向规模化、泛在化、产业化的方向加速发展。那么,相对于传统的数据通信业务,机器通信有哪些特点?通信网络如何承载机器通信业务?这些问题已经成为当前通信界关注的热点。

12.4.2　机器通信特点

机器通信的特点主要体现在数据的流向、数据流量所需的带宽、机器终端的移动性、传输操作的触发机制和时间特性等方面。

1) 反向流量是机器通信的主要流量

当前的大多数机器通信业务,处于机器通信发展的第一个阶段,特点是以信息采集为主。如智能测量中的抄表应用、水文监测应用、环境监测应用等。信息的流向是从采集点的机器终端通过通信网络传送到客户的后端应用系统。借用移动蜂窝网的术语,当前的机器通信业务以反向流量为主。随着机器通信发展第二个阶段的出现,远程控制功能得以加强,信息发布类应用广泛出现,前向流量逐渐增加。而到了第三个阶段,机器通信的目标变成了其它机器,这种场景下数据流向特征可能就是基本对称了。

总的来说,综合机器通信类应用的特点,尤其是后端客户应用系统的中枢智能特征等因素,反向流量将仍然长期是机器通信的主要流量。与此形成对照的是,目前手机终端的数据流量、上网卡的数据流量主要以前向流量为主。

2) 小流量业务是机器通信主体

从数据流量所需的带宽来看,机器通信大致可以分为大流量业务和小流量业务两大类。大流量业务主要体现在两类应用上:视频采集类应用和数据汇聚传输类应用。视频采集类应用从监视区域采集视频信息,以流媒体的形式上传到远端平台。在环保监控类应用、公交监控类应用中都有实际使用。数据汇聚传输类应用主要是指使用无线路由器的应用场景。

大流量业务之外,更广泛的机器通信需求集中在小流量业务中。这些小流量应用的典型特征是一次通信过程中传输的数据极其有限,也就在 $1 \sim 10$ kb/s 之间。典型案例如出租车车辆的轨迹跟踪,一次通信过程主要向后端应用系统传送定位信息。而定位信息主要包含经度、纬度、高度、速度等信息，数据流量很小。甚至一些开关量应用，每次数据传送只是"开"或者"关"信息，数据流量就更小了。

从当前应用情况来看，小流量业务是机器通信的主体。

3）大量终端具备低移动性的特点

从机器终端的移动性角度来看，机器通信类应用有 4 种情况。第一种是大范围移动的机器终端，如车载终端，尤其是出租车等车辆的车载终端。第二种是游牧型的机器终端，如无线 POS。第三种是在一个很小范围内移动的机器终端，如在家居环境中的远程健康监测终端。第四种则是基本不移动，甚至可以说是在固定地点接入的机器终端，如很多用于环保监控的终端，基本就固定在环保监控源附近。

虽然有 4 种类型的机器通信类应用，但需要指出的是，在 4 种类型的机器通信类应用中，第四种情况的机器终端应用更多。

4）机器终端传输操作的触发机制和时间特性各不相同

从传输操作触发机制和时间特性来看，主要可以分为 3 种类型。

第一种是条件触发的即时性传输类型。此类机器终端在满足某种条件的情况下，将包含相关信息的数据立即传送到后台应用。所谓"某种条件"，会因具体应用的不同而存在不同情形。例如，开关量监控类应用，一旦开关量发生变化，终端应立即上报信息；指标监控类应用，一旦指标超过门限，终端应立即上报信息；位置触发类应用，一旦终端到达一定地域，终端应立即上报信息。

第二种是时间触发的即时性传输类型。例如，车辆轨迹跟踪类应用。一般情况下，车辆终端会以一定时长为周期，周期性地上报车辆的定位信息。触发数据上报操作的是以时间为基准的内部触发机制。

第三种是时间触发的非即时性传输类型。此类应用主要用于特定时刻的数据收集，后端应用采集这些数据主要用于后分析。此类应用并不强调数据上传的即时性，终端在数据产生后的一定时间内上传数据即可。

5）机器通信的其它重要特征

机器通信的一个重要特点就是通信终端的"程序自动控制"。程序自动控制通信操作与人为控制通信操作有很大的不同。程序自动控制模式可以让终端在较短时间内产生大量的呼叫。例如，移动的机器终端可能会聚集到一个小区内，并都试图建立和网络的数据连接。由于小区容量有限，会出现连接失败的情形。而连接失败的终端被程序控制，很快再次呼叫网络。如此往复，加剧了小区的通信处理负荷，甚至造成小区的拥塞。另外，很多行业终端散布在诸如野外等无法提供电源的地点。虽然可以采用太阳能供电，但出于成本的考虑，绝大多数此类终端只能使用电池供电。为了降低维护保养成本，这些电池供电的终端至少能够持续工作半年，甚至能够达到 1 年以上。这就要求，包括通信单元在内的整个终端单元必须具备低功耗，甚至超低功耗的特征。

此外，机器通信还具备诸如"基于组的特性""双向触发"等特征。这里不再进行描述。总之，机器通信具备独特的通信模式和特征，对于主要基于传统语音通信和上网业务的通信网络提出了新的要求。

12.4.3 机器通信的无线通信技术

适用于机器通信的无线通信技术有很多，这些技术可以分为两类：一类是短距离通信技术，如 WiFi、蓝牙、Zigbee 等；另一类是广域网通信技术，又叫低功耗广域网，即 LPWAN(Low-power Wide-Area Network)。低功耗广域网又可分为两类：一类是 LoRa、SigFox 等技术，它们特点是工作于未授权频段；另一类是 EC-GSM、LTE Cat-m、NB-IoT 等 3GPP 支持的基于蜂窝网络的通信技术，它们工作在授权频段。

低功耗广域网(LPWAN)技术里最常见的为 NB-IoT 和 LoRa。它们的区别主要有以下几点。

1) 工作频段

NB-IoT 使用了授权频段，可以独立部署、保护带部署和带内部署。大多数运营商使用 900 MHz 频段，少部分运营商使用 800 MHz 频段来部署 NB-IoT。NB-IoT 使用授权频段，因此频段干扰相对少，具有电信级网络的标准，能提供更好的信号服务质量、安全性和认证等。

LoRa 使用的是免授权的 ISM(Industrial Scientific Medical) 频段，但各地区分配的 ISM 频段不相同。在中国，中兴主导下的中国 LoRa 应用联盟(CLAA)使用的频段是 470～518 MHz。由于 LoRa 工作在免授权频段，网络的建设无需申请，而且网络架构简单，运营成本低。LoRa 联盟是一个技术标准化组织，大力推进标准化的 LoRaWAN 协议在全球的部署，推动产业生态的市场化，使符合 LoRaWAN 规范的设备可以互联互通。

2) 通信距离

通信距离是无线通信在同等功耗下一个很重要的性能指标。

NB-IoT 通信距离取决于基站密度和链路预算。GPRS 的链路预算有 144 dB，LTE 的链路预算是 142.7 dB，而 NB-IoT 设计的链路预算达到 164 dB，提升了 20 dB，这就使得开阔环境下的通信距离可以增加七倍。而信号穿透建筑外壁发生的损失约为 20 dB，所以 NB-IoT 在室内环境下的信号覆盖相对要好。而一般情况下，NB-IoT 的通信距离可以达到 15 km。

LoRa 采用的是专利技术，该技术的最大链路预算为 168 dB，天线的功率输出可以达到 +20 dBm。一般情况下，LoRa 在城市中的通信距离是 1～2 km，在郊区的通信距离最高可达 20 km。

思 考 题

12.1　1G～5G 移动通信系统各自的主要特点是什么？相邻代际的技术改进主要有哪些？

12.2　GSM 网络结构主要包括那些部分？各个部分的功能是什么？

12.3　GSM 的频段如何划分？小区间的频率如何复用和分配？

12.4　GSM 通信系统的时隙结构包含哪些部分?

12.5　什么是逻辑信道? GSM 的逻辑信道有哪些?

12.6　GSM 物理层信号处理都包含哪些部分? 各部分的功能是什么?

12.7　TD-SCDMA 物理层帧结构包含哪些部分?

12.8　移动终端如何进行随机接入? 请介绍其主要流程。

12.9　LTE 的网络架构主要包含哪些部分?

12.10　LTE 的帧结构是什么? 各个组成部分的功能是什么?

12.11　LTE 都有哪些物理资源块?

12.12　LTE 是如何进行小区搜索、驻留及重选的?

12.13　5G 的网络架构都采用了哪些关键技术?

12.14　卫星通信的发展趋势是什么?

12.15　深空测控站都包含哪些部分? 星载测控通信系统由哪些部分组成?

12.16　水声信道有什么特点? 水声通信的难点是什么?

12.17　水下电磁波的传播有什么特性? 水下激光通信的特点是什么?

12.18　机器通信有什么特点?

附录 A　RS 译码算法

目前主流的硬判决译码算法主要包括以下三个步骤。

1. 计算伴随式

伴随式的计算公式如下：

$$S_j = r(\alpha^{b+j-1}) = e(\alpha^{b+j-1}) = \sum_{k=0}^{n-1} e_k (\alpha^{b+j-1})^k, \; j = 1, 2, \cdots, 2t$$

假设接收多项式 $r(x)$ 在 $i_0, i_1, \cdots, i_v$ 处有 v 个错误，这些位置对应的错误值满足 $e_{i_k} \neq 0 (0 \leqslant k \leqslant v)$，记作 $Y_1, Y_2, \cdots, Y_v$，那么上式可以表示为

$$S_j = \sum_{k=1}^{v} Y_k e_{i_k} (\alpha^{b+j-1})^{i_k} = \sum_{k=1}^{v} Y_k (\alpha^{i_k})^{b+j-1}, \; j = 1, 2, \cdots, 2t$$

令 $X_k = \alpha^{i_k} (0 \leqslant k \leqslant v)$，取 $b = 0$，则有

$$S_1 = Y_1 X_1 + Y_2 X_2 + \cdots + Y_v X_v$$
$$S_2 = Y_1 X_1^2 + Y_2 X_2^2 + \cdots + Y_v X_v^2$$
$$\vdots$$
$$S_{2t} = Y_1 X_1^{2t} + Y_2 X_2^{2t} + \cdots + Y_v X_v^{2t}$$

这 $2t$ 个伴随式也可以表示为

$$S(x) = S_1 + S_2 x + \cdots + S_{2t} x^{2t-1} = \sum_{j=0}^{2t-1} S_{j+1} x^j$$

如果码字传输过程中没有发生错误，则 $S(x)$ 为 0，即 $S_1, S_2, \cdots, S_{2t}$ 均为 0；如果发生错误，则 $S(x)$ 不为 0。因此，可以通过计算伴随式来判断传输过程是否发生错误，在接收到的码字存在错误的情形下，伴随式记录了错误的位置和错误值的信息，可以为后续译码提供纠错基础。

2. 求解关键方程

关键方程求解步骤的计算复杂度远比其它模块高，是整个译码器设计中最困难的一部分。

定义错误位置多项式

$$\Lambda(x) = \prod_{k=1}^{v} (1 - x X_k) = 1 + \Lambda_1 x + \Lambda_2 x^2 + \cdots + \Lambda_v x^v$$

那么，错误位置多项式的系数可以表示为

$$\Lambda_0 = 1$$
$$-\Lambda_1 = \sum_{i=1}^{v} X_k = X_1 + X_2 + \cdots + X_v$$
$$\Lambda_2 = \sum_{i<j} X_i X_j = X_1 X_2 + X_1 X_3 + \cdots + X_1 X_v + \cdots + X_{v-1} X_v$$
$$-\Lambda_3 = \sum_{i<j<k} X_i X_j X_k = X_1 X_2 X_3 + X_1 X_2 X_4 + \cdots + X_{v-2} X_{v-1} X_v$$
$$\vdots$$
$$(-1)^v \Lambda_v = X_1 X_2 \cdots X_v$$

结合上式可知，伴随式和错误位置多项式的系数满足

$$S_k + \Lambda_1 S_{k-1} + \cdots + \Lambda_{k-1} S_1 + k\Lambda_k = 0 \qquad 1 \leqslant k \leqslant v$$

$$S_k + \Lambda_1 S_{k-1} + \cdots + \Lambda_{v-1} S_{k-v+1} + \Lambda_v S_{k-v} = 0 \qquad k > v$$

当 $k > v$ 时，伴随式和错误位置多项式系数之间的关系可以用如下方程表示

$$S_{v+1} + \Lambda_1 S_v + \cdots + \Lambda_{v-1} S_2 + \Lambda_v S_1 = 0$$

$$S_{v+2} + \Lambda_1 S_{v+1} + \cdots + \Lambda_{v-1} S_3 + \Lambda_v S_2 = 0$$

$$\vdots$$

$$S_{2t} + \Lambda_1 S_{2t+1} + \cdots + \Lambda_{v-1} S_{2t-v+1} + \Lambda_v S_{2t-v} = 0$$

上式被称作广义牛顿恒等式，表征了错误位置多项式 $\Lambda(x)$ 的系数 Λ_i 和伴随式多项式 $S(x)$ 的系数 S_i 之间的关系。求解错误位置多项式 $\Lambda(x)$ 就是求出系数满足广义牛顿恒等式的、次数最低的多项式。

错误值多项式定义为

$$\Omega(x) = \Omega_0 + \Omega_1 x + \cdots + \Omega_{v-1} x^{v-1}$$

由此建立关键方程

$$\Omega(x) = \Lambda(x) S(x) \bmod x^{2t}$$

求解关键方程，解出错误位置多项式 $\Lambda(x)$ 和错误值多项式 $\Omega(x)$ 以进行纠错，就是译码最重要的任务。若码字多项式 $c(x)$ 在传输过程中发生错误的个数 v 小于等于 RS 码纠错能力 t，则关键方程具有唯一解，其中

$$\deg\Omega(x) < \deg\Lambda(x) \leqslant t$$

经典的 BM 译码算法的迭代原理如下：

(1) 假设在第 μ 次迭代中，得到的 $\Lambda^{(\mu)}(x)$ 的系数满足以下 $\mu - l_\mu$ 个等式

$$S_{l_\mu+1} + \Lambda_1^{(\mu)} S_{l_\mu} + \cdots + \Lambda_{l_\mu}^{(\mu)} S_1 = 0$$

$$S_{l_\mu+2} + \Lambda_1^{(\mu)} S_{l_\mu+1} + \cdots + \Lambda_{l_\mu}^{(\mu)} S_2 = 0$$

$$\vdots$$

$$S_\mu + \Lambda_1^{(\mu)} S_{\mu-1} + \cdots + \Lambda_{l_\mu}^{(\mu)} S_{\mu-l_\mu} = 0$$

则 $\Lambda^{(\mu)}(x)$ 被认为是次数最低的多项式。

(2) 接着寻找新的最低次数多项式：$\Lambda^{(\mu+1)}(x)$。首先判断 $\Lambda^{(\mu)}(x)$ 的系数是否满足牛顿恒等式

$$S_{\mu+1} + \Lambda_1^{(\mu)} S_\mu + \cdots + \Lambda_{l_\mu}^{(\mu)} S_{\mu-l_\mu+1} = 0$$

如果满足，那么

$$\Lambda^{(\mu+1)}(x) = \Lambda^{(\mu)}(x)$$

就是新的最低次数多项式；如果不满足，就在 $\Lambda^{(\mu)}(x)$ 的基础上增加一个修正项 d_μ，使它的系数满足牛顿恒等式。这个增加的修正项可以由

$$d_\mu = S_{\mu+1} + \Lambda_1^{(\mu)} S_\mu + \cdots + \Lambda_{l_\mu}^{(\mu)} S_{\mu-l_\mu+1}$$

计算。显然，当 $S_{\mu+1}+\Lambda_1^{(\mu)}S_\mu+\cdots+\Lambda_{l_\mu}^{(\mu)}S_{\mu-l_\mu+1}\neq0$ 时，$d_\mu\neq0$。此时，返回查看第 μ 次之前每次迭代的结果，若在第 ρ 次迭代中，$d_\rho\neq0$ 且 $\rho-l_\rho$ 的值最大，则可以得到多项式 $\Lambda^{(\rho)}(x)$。而

$$\Lambda^{(\mu+1)}(x)=\Lambda^{(\mu)}(x)-d_\mu d_\rho^{-1}x^{(\mu-\rho)}\Lambda^{(\rho)}(x)$$

就是新的最低次数多项式。

（3）反复进行上述步骤，直到完成全部 $2t$ 次迭代。在最后一次迭代中，可以得到

$$\Lambda(x)=\Lambda^{(2t)}(x)$$

当错误个数不超过纠错能力 t 时，上式就是所求的错误位置多项式。

3. 求解错误位置和错误值

在获得错误位置多项式 $\Lambda(x)$ 后，可以通过钱搜索（Chien search）算法找到各个错误位置。钱搜索算法检查 $\Lambda(\alpha^{-j})$，$j=0,1,2,\cdots,n-1$ 的各个结果，当 $\Lambda(\alpha^{-j})=0$ 时，α^{-j} 是错误位置之一，该位置的错误值可以通过下式计算

$$e_{i_j}=-\frac{X_k^{-b+1}\Omega(X_j^{-1})}{\Lambda'(X_j^{-1})}$$

附录 B　BCJR 译码算法

在推导 BCJR 算法前，首先先对贝叶斯(Bayes)公式进行回顾，即

$$P(u, v) = P(u|v)P(v)$$

对贝叶斯公式进行推广，可以得到

$$P(u, v|w) = P(u|v, w)P(v|w)$$

下面以图附录 B.1 所示的卷积码通信系统模型为例对 BCJR 算法进行推导。

令通信系统框图输入的信息序列 $u = (u_1, u_2, \cdots, u_K)$，$u_k \in \{0, 1\}$，经过卷积编码后，生成编码符号序列 $c = (c_1, c_2, \cdots, c_N)$，其中 $c_k = (c_k^s, c_k^p)$，$1 \leqslant k \leqslant N$($N$ 表示网格图长度)。对编码符号 $c_k^s \in \{0, 1\}$、$c_k^p \in \{0, 1\}$经过进行 BPSK 调制，得到在信道上传输的发送符号 x_k^s 和 x_k^p。

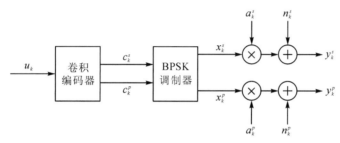

图附录 B.1　卷积码通信系统框图

对于图附录 B.1 所示的信道模型，信道接收序列表示为

$$y = y_1^N = (y_1, y_2, \cdots, y_k, \cdots, y_N)$$

y 由 N 个符号对 $y_k = (y_k^s, y_k^p)$组成，其中

$$y_k^s = a_k^s x_k^s + n_k^s = a_k^s(2c_k^s - 1)\sqrt{E_s} + n_k^s$$

$$y_k^p = a_k^p x_k^p + n_k^p = a_k^p(2c_k^p - 1)\sqrt{E_s} + n_k^p$$

其中，E_s 是每个发送符号的平均能量，a_k^s 和 a_k^p 为信道参数(对于加性高斯白噪声传输信道而言，二者均为 1)，n_k^s 和 n_k^p 是两个均值为 0，方差为 $\sigma_n^2 = N_0/2$ 且满足独立同分布特性的高斯噪声值。

根据最大后验概率准则，译码器输出可以表示为

$$\hat{u}_k = \arg \max_{u_k \in \{0, 1\}} P(u_k|y)$$

其中，$P(u_k|y)$是信息比特 u_k 对应的接收序列 y 的后验概率值。

软输入软输出(SISO)译码器框图如图附录 B.2 所示。其中，$L_a(u_k)$是关于 u_k 的先验信息，$L(u_k)$是关于 u_k 的对数似然比。定义如下

$$L_a(u_k) = \ln \frac{P(u_k = 1)}{P(u_k = 0)}$$

$$L(u_k) = \ln \frac{P(u_k = 1|y_1^N)}{P(u_k = 0|y_1^N)}$$

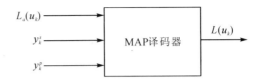

图附录 B.2 软输入软输出（SISO）译码器框图

在经过 BCJR 算法后，根据以下规则进行硬判决得到译码结果

$$\hat{u}_k = \begin{cases} 1, & L(u_k) \geqslant 0 \\ 0, & L(u_k) < 0 \end{cases}$$

接下来基于 BCJR 算法对 $L(u_k)$ 进行推导。

设分量码编码器有 m 个记忆单元，令 $S_k = (a_k, a_{k-1}, \cdots, a_{k-m+1})$ 表示 k 时刻编码器状态，用 S 表示编码器状态的集合，集合内元素个数为 2^m。将卷积码网格图上第 k 个时刻的状态转移分支定义为 $b_k \overset{\text{def}}{=\!=} (S_{k-1}, u_k, c_k, S_k)$，其中 u_k 和 c_k 分别是对应转移 $S_{k-1} \rightarrow S_k$ 时的信息符号和编码符号。用 $B_k(s', s)$ 表示连接状态 $S_{k-1} = s' \in S$ 和 $S_k = s \in S$ 的分支集合。

根据贝叶斯公式推导，可以将后验概率表示为

$$P(u_k = i \mid \mathbf{y}_1^N) = \sum_{\forall (s', s) \in B_k^i} P(u_k = i, S_{k-1} = s', S_k = s \mid \mathbf{y}_1^N)$$

$$= \sum_{\forall (s', s) \in B_k^i} \frac{P(u_k = i, S_{k-1} = s', S_k = s, \mathbf{y}_1^N)}{P(\mathbf{y}_1^N)}$$

其中，B_k^i 是由输入的 $u_k = i$ 引起的状态转移 $S_{k-1} \rightarrow S_k$ 的集合。因此，上式可以表示为

$$L(u_k) = \ln \frac{\displaystyle\sum_{\forall (s', s) \in B_k^1} p(u_k = 1, S_{k-1} = s', S_k = s, \mathbf{y}_1^N) / p(\mathbf{y}_1^N)}{\displaystyle\sum_{\forall (s', s) \in B_k^0} p(u_k = 0, S_{k-1} = s', S_k = s, \mathbf{y}_1^N) / p(\mathbf{y}_1^N)}$$

概率 $p(u_k = i, S_{k-1} = s', S_k = s, \mathbf{y}_1^N)$ 中的 $\mathbf{y}_1^N$ 以 k 时刻为界进行分割，可以得到 $\mathbf{y}_1^{k-1}$，$\mathbf{y}_k$，$\mathbf{y}_{k+1}^N$：

$$p(u_k = i, S_{k-1} = s', S_k = s, \mathbf{y}_1^N)$$
$$= p(u_k = i, S_{k-1} = s', S_k = s, (\mathbf{y}_1, \mathbf{y}_2, \cdots, \mathbf{y}_{k-1}), \mathbf{y}_k, (\mathbf{y}_{k+1}, \cdots, \mathbf{y}_N))$$
$$= p(u_k = i, S_{k-1} = s', S_k = s, \mathbf{y}_1^{k-1}, \mathbf{y}_k, \mathbf{y}_{k+1}^N)$$

利用贝叶斯公式，对 $p(u_k = i, S_{k-1} = s', S_k = s, \mathbf{y}_1^N)$ 进行分解，可得

$$p(u_k = i, S_{k-1} = s', S_k = s, \mathbf{y}_1^N)$$
$$= p(u_k = i, S_{k-1} = s', S_k = s, \mathbf{y}_1^{k-1}, \mathbf{y}_k, \mathbf{y}_{k+1}^N)$$
$$= p(\mathbf{y}_{k+1}^N \mid \mathbf{y}_k, \mathbf{y}_1^{k-1}, u_k = i, S_{k-1} = s', S_k = s) \cdot$$
$$\quad p(\mathbf{y}_k, \mathbf{y}_1^{k-1}, u_k = i, S_{k-1} = s', S_k = s)$$
$$= p(\mathbf{y}_{k+1}^N \mid S_k = s) \cdot p(\mathbf{y}_k, \mathbf{y}_1^{k-1}, u_k = i, S_{k-1} = s', S_k = s)$$
$$= p(\mathbf{y}_{k+1}^N \mid S_k = s) \cdot p(\mathbf{y}_k, u_k = i, S_k = s \mid S_{k-1} = s', \mathbf{y}_1^{k-1}) \cdot p(_{k-1} = s', \mathbf{y}_1^{k-1})$$
$$= p(S_{k-1} = s', \mathbf{y}_1^{k-1}) \cdot p(u_k = i, S_k = s, \mathbf{y}_k \mid S_{k-1} = s') \cdot p(\mathbf{y}_{k+1}^N \mid S_k = s)$$
$$= \alpha_{k-1}(s') \cdot \gamma_k^i(s', s) \cdot \beta_k(s)$$

其中，

（1）$\alpha_k = p(S_k = s, \mathbf{y}_1^k)$ 称为前向状态度量，由 k 时刻状态 $S_k = s \in S$ 和接收的信道序列 $\mathbf{y}_1^k$ 共同决定。

（2）$\beta_k = p(\mathbf{y}_{k+1}^N \mid S_k = s)$ 称为后向状态度量。

（3）$\gamma_k^i(s', s) = p(u_k = i, S_k = s, \mathbf{y}_k \mid S_{k-1} = s')$ 是输入为 $u_k = i$ 时，在网格图中由状态 $S_{k-1} = s'$ 转移至 $S_k = s$ 的分支度量。

我们认为 BCJR 算法中的状态转移过程是满足 Markov 性的，即时刻 k 之后发生的事情与 k 到达状态 S_k 之前的序列 $\mathbf{y}_1^k$ 相互独立。

定义

$$\gamma_k(s', s) \overset{\text{def}}{=\!=} p(S_k = s, \mathbf{y} \mid S_{k-1} = s') = \sum_{\forall\, b_k \in B_k(s',\, s)} \gamma_k^i(s', s)$$

为 $S_{k-1} = s'$ 到 $S_k = s$ 的状态转移概率。$\gamma_k(s', s)$ 的数值是从 $S_{k-1} = s'$ 到 $S_k = s$ 所对应的所有分支度量的总和。

此时，$L(u_k)$ 的计算公式可以表示为

$$L(u_k) = \ln \frac{\displaystyle\sum_{\forall\,(s',\, s) \in B_k^1} \alpha_{k-1}(s') \cdot \gamma_k^1(s', s) \cdot \beta_k(s) / p(\mathbf{y}_1^N)}{\displaystyle\sum_{\forall\,(s',\, s) \in B_k^0} \alpha_{k-1}(s') \cdot \gamma_k^0(s', s) \cdot \beta_k(s) / p(\mathbf{y}_1^N)}$$

下面对 α_k、β_k 和 $\gamma_k(s', s)$ 进行推导。

$$\begin{aligned}
\alpha_k(s) &= \sum_{s' \in S} p(S_k = s, S_{k-1} = s', \mathbf{y}_1^k) \\
&= \sum_{s' \in S} p(S_{k-1} = s', \mathbf{y}_1^{k-1}) p(S_k = s, \mathbf{y}_k \mid S_{k-1} = s', \mathbf{y}_1^{k-1}) \\
&= \sum_{s' \in S} p(S_{k-1} = s', \mathbf{y}_1^{k-1}) p(S_k = s, \mathbf{y}_k \mid S_{k-1} = s') \\
&= \sum_{s' \in S} \alpha_{k-1}(s') \cdot \gamma_k(s', s)
\end{aligned}$$

其中，初始化 $\alpha_0(s) = p(S_0 = s)$。

类似地，$\beta_k(s)$ 可通过如下后向递归计算

$$\begin{aligned}
\beta_{k-1}(s') &= \sum_{s \in S} p(S_k = s, y_k^N \mid S_{k-1} = s') \\
&= \sum_{s \in S} p(\mathbf{y}_{k+1}^N \mid S_k = s) \cdot p(S_k = s, \mathbf{y}_k \mid S_{k-1} = s') \\
&= \sum_{s \in S} \beta_k(s) \cdot \gamma_k(s', s)
\end{aligned}$$

其中初始值为 $\beta_N(s) = p(S_N = s)$。

分支度量 $\gamma_k^i(s', s)$ 可进一步分解为

$$\begin{aligned}
\gamma_k^i(s', s) &= P(u_k = i \mid S_{k-1} = s') \cdot P(S_k = s, \mathbf{y}_k \mid S_{k-1} = s', u_k = i) \\
&= P(u_k = i \mid S_{k-1} = s') \cdot P(S_k = s \mid S_{k-1} = s', u_k = i) \\
&= p(u_k = i, S_k = s, \mathbf{y}_k \mid S_{k-1} = s') \\
&= P(u_k = i) \cdot P(S_k = s \mid S_{k-1} = s', u_k = i) \cdot p(\mathbf{y}_k \mid \mathbf{c}_k)
\end{aligned}$$

其中，$P(u_k)$ 是 $u_k = i$ 的先验概率，$P(S_k = s \mid S_{k-1} = s', u_k = i)$ 是在输入为 $u_k = i$ 的条件下，状态转移 $S_{k-1} \longrightarrow S_k$ 发生的概率，该数值为 1 或者 0。$p(\boldsymbol{y}_k \mid \boldsymbol{c}_k)$ 表示的是接收到序列 $\boldsymbol{y}_k$ 的概率。

对于无记忆信道而言，可以进行如下计算

$$
\begin{aligned}
p(\boldsymbol{y}_k \mid \boldsymbol{c}_k) &= p(y_k^s, y_k^p \mid c_k^s, c_k^p) \\
&= p(y_k^s \mid c_k^s) \cdot p(y_k^p \mid c_k^p) \\
&= \frac{1}{\sqrt{2\pi}\sigma} \exp\left(-\frac{y_k^s - \sqrt{E_s}\,(2c_k^s - 1)^2}{2\sigma^2}\right) \cdot \\
&\quad\ \frac{1}{\sqrt{2\pi}\sigma} \exp\left(-\frac{y_k^s - \sqrt{E_s}\,(2c_k^s - 1)^2}{2\sigma^2}\right) \\
&= A_k \exp\left(\frac{4\sqrt{E_s}\,(y_k^s c_k^s + y_k^p c_k^p)}{N_0}\right)
\end{aligned}
$$

其中，A_k 是独立于编码比特的常数。令 $L_c = 4E_s/N_0$ 为信道的可靠性度量值。因此上式可以改写成

$$
p(y_k \mid S_k = s, S_{k-1} = s', u_k = i) = A_k \exp(L_c y_k^s c_k^s + L_c y_k^p c_k^p)
$$

因此分支度量公式可以写成

$$
\gamma_k^i(s', s) = \begin{cases} P(u_k = i) \cdot A_k \exp(L_c y_k^s c_k^s + L_c y_k^p c_k^p), & u_k = i \text{ 且 } s' \to s \\ 0, & \text{其他} \end{cases}
$$

由于求解 $\gamma_k(s', s)$ 时采用概率密度函数代替转移概率，并对 $\gamma_k(s', s)$ 的计算过程进行简化，这会导致 $\gamma_k(s', s) > 1$ 的情况发生，会出现前向度量和后向度量的计算值溢出，因此需要对于 $\alpha_k(s)$ 和 $\beta_k(s)$ 进行归一化处理。令

$$
\widetilde{\alpha}_k(s) = \frac{\alpha_k(s)}{p(\boldsymbol{y}_1^k)}
$$

$$
\widetilde{\beta}_k(s) = \frac{\beta_k(s)}{p(\boldsymbol{y}_{k+1}^N \mid \boldsymbol{y}_1^k)}
$$

由于 $p(\boldsymbol{y}_1^k) = \sum_s p(S_k = s, \boldsymbol{y}_1^k)$，所以

$$
\widetilde{\alpha}_k(s) = \frac{\alpha_k(s)}{\sum_s \alpha_k(s)}
$$

此时

$$
\begin{aligned}
\widetilde{\alpha}_k(s) &= \frac{\sum_{s'} \alpha_{k-1}(s')\gamma_k(s', s)/p(\boldsymbol{y}_1^{k-1})}{\sum_s \sum_{s'} \alpha_{k-1}(s')\gamma_k(s', s)/p(\boldsymbol{y}_1^{k-1})} \\
&= \frac{\sum_{s'} \alpha_{k-1}(s')\gamma_k(s', s)}{\sum_s \sum_{s'} \alpha_{k-1}(s')\gamma_k(s', s)}
\end{aligned}
$$

对于 $\widetilde{\beta}_k(s)$，考虑到 $p(\boldsymbol{y}_k^N \mid \boldsymbol{y}_1^{k-1}) = p(\boldsymbol{y}_{k+1}^N \mid \boldsymbol{y}_1^k)p(\boldsymbol{y}_1^k)/p(\boldsymbol{y}_1^{k-1})$，因此可以得到

$$\widetilde{\beta}_{k-1}(s') = \frac{\beta_{k-1}(s')}{p(\mathbf{y}_k^N \mid \mathbf{y}_1^{k-1})} = \frac{\sum\limits_s \beta_k(s)\gamma_k(s',s)}{p(\mathbf{y}_{k+1}^N \mid \mathbf{y}_1^k)p(\mathbf{y}_1^k)/p(\mathbf{y}_1^{k-1})}$$

$$= \frac{\sum\limits_s \beta_k(s)\gamma_k(s',s)/p(\mathbf{y}_{k+1}^N \mid \mathbf{y}_1^k)}{\sum\limits_s \alpha_k(s)/p(\mathbf{y}_1^{k-1})}$$

$$= \frac{\sum\limits_s \widetilde{\beta}_k(s)\gamma_k(s',s)}{\sum\limits_s \sum\limits_{s'} \alpha_{k-1}(s')\gamma_k(s',s)/p(\mathbf{y}_1^{k-1})}$$

$$= \frac{\sum\limits_s \widetilde{\beta}_k(s)\gamma_k(s',s)}{\sum\limits_s \sum\limits_{s'} \widetilde{\alpha}_{k-1}(s')\gamma_k(s',s)}$$

结合 $p(u_k=i,S_{k-1}=s',S_k=s,\mathbf{y}_1^N)$、$\widetilde{\alpha}_k(s)$ 和 $\widetilde{\beta}_k(s)$ 的计算公式，可以得到

$$p(u_k=i,S_{k-1}=s',S_k=s,y_1^N) = \alpha_{k-1}(s')p(\mathbf{y}_1^{k-1}) \cdot \gamma_k^i(s',s) \cdot \beta_k(s)p(\mathbf{y}_{k+1}^N \mid \mathbf{y}_1^k)$$

$$= \alpha_{k-1}(s') \cdot \gamma_k^i(s',s) \cdot \beta_k(s) \cdot p(\mathbf{y}_1^{k-1})p(\mathbf{y}_1^N)/p(\mathbf{y}_1^k)$$

$$= \alpha_{k-1}(s') \cdot \gamma_k^i(s',s) \cdot \beta_k(s) \cdot p(\mathbf{y}_1^N)/p(\mathbf{y}_k^k \mid \mathbf{y}_1^{k-1})$$

将上式带入至 $L(u_k)$ 的计算公式中，并对分子分母同时乘以 $p(\mathbf{y}_k \mid \mathbf{y}_1^{k-1})$，可以得到最终计算公式为

$$L(u_k) = \ln \frac{\sum\limits_{\forall(s',s)\in B_k^1} \alpha_{k-1}(s') \cdot \gamma_k^1(s',s) \cdot \beta_k(s)}{\sum\limits_{\forall(s',s)\in B_k^0} \alpha_{k-1}(s') \cdot \gamma_k^0(s',s) \cdot \beta_k(s)}$$

至此，完成了 BCJR 算法推导。

参 考 文 献

［1］ 张辉，曹丽娜. 现代通信原理与技术［M］. 4 版，西安：西安电子科技大学出版
　　　社，2018.

［2］ 樊昌信，曹丽娜. 通信原理［M］. 6 版，北京：国防工业出版社，2012.

［3］ 樊昌信，任光亮. 现代通信原理，［M］. 北京：人民邮电出版社，2009.

［4］ David Tse，Pramod Viswanath. 无线通信基础［M］. 李锵，周进，译. 北京：人民邮
　　　电出版社，2010.

［5］ 马海武，刘毓，达新宇. 通信原理［M］. 北京：北京邮电大学出版社，2004.

［6］ 樊昌信. 通信原理教程［M］. 北京：电子工业出版社，2019.

［7］ 沈越泓，高媛媛，魏以民. 通信原理［M］. 北京：机械工业出版社，2008.

［8］ 丁奇. 大话无线通信［M］. 北京：人民邮电出版社，2010.

［9］ 隋晓红，张小清，白玉，等. 通信原理［M］. 北京：机械工业出版社，2022.

［10］ 陈爱军. 深入浅出通信原理［M］. 北京：清华大学出版社，2018.

［11］ 王育民，李晖，梁传甲. 信息论与编码理论［M］. 北京：高等教育出版社，2005.

［12］ Thomas M. Cover，Joy A. Thomas. 信息论基础［M］. 阮吉寿，张华，译. 北京：机
　　　 械工业出版社，2007.

［13］ 刘学勇. 详解 MATLAB/Simulink 通信系统建模与仿真（视频教程版）［M］. 北京：
　　　 电子工业出版社，2011.

［14］ 杜勇. 数字通信同步技术的 MATLAB 与 FPGA 实现［M］. 北京：电子工业出版
　　　 社，2013.

［15］ F. M. Gardner. Interpolation in digital modems. I. Fundamentals ［J］. IEEE
　　　 Transactions on Communications，1993，41(3)：501 - 507.

［16］ L. Erup，F. M. Gardner，R. A. Harris. Interpolation in digital modems. II.
　　　 Implementation and performance ［J］. IEEE Transactions on Communications，
　　　 1993，41(6)：998-1008.

［17］ Schmidl T M，Cox D C. Robust frequency and timing synchronization for OFDM
　　　 ［J］. IEEE transactions on communications，1997，45(12)：1613 - 1621.

［18］ Moose P H. A technique for orthogonal frequency division multiplexing frequency
　　　 offset correction［J］. IEEE Transactions on communications，1994，42(10)：2908
　　　 - 2914.

［19］ Morelli M，Mengali U. An improved frequency offset estimator for OFDM
　　　 applications［C］//1999 IEEE Communications Theory Mini-Conference (Cat. No.
　　　 99EX352). IEEE，1999：106 - 109.

［20］ John G Proakis. 数字通信［M］. 5 版. 张力军，译. 北京：电子工业出版社，2011.

［21］ 曹志刚. 通信原理与应用：系统案例部分［M］. 北京：高等教育出版社，2015.

［22］ 殷敬伟. 水声通信原理及信号处理技术［M］. 北京：国防工业出版社，2011.

[23]　David Boswarthick，Omar Elloumi，Olivier Hersent. M2M Communications：A Systems Approach[M]. New York：John Wiley & Sons，Inc.，2012.

[24]　王永德，王军.随机信号分析基础[M]. 5 版. 北京：电子工业出版社，2020.

[25]　郑薇，找淑清，李卓明.随机信号分析[M]. 3 版. 北京：电子工业出版社，2015.

[26]　李晓峰，周宁，傅志中，等. 随机信号分析[M]. 5 版. 北京：电子工业出版社，2018.

[27]　John W. Leis. Communication Systems Principles Using MATLAB [M]. New York：John Wiley & Sons，Inc.，2018.

[28]　LEON W. COUCH, II. Digital and analog communication systems[M]. 8th ed. New York：Prentice Hall，Inc.，2013.

[29]　John G. Proakis. Masoud Salehi COMMUNICATION SYSTEMS ENGINEERING [M]. 2nd ed. New York：Prentice Hall，Inc.，2002.

[30]　Ha，Tri T. Theory and design of digital communication systems[M]. New York：Cambridge University Press，2011.

[31]　Simon Haykin. Communication systems [M]. 4th ed. New York：John Wiley & Sons，Inc.，2001.

[32]　Ifiok Otung. Communication Engineering Principles[M]. 2nd ed. New York：John Wiley & Sons，Inc.，2021.

[33]　John G Proakis，Masoud Salehi，Gerhard Bauch. 现代通信系统(MATLAB 版)[M]. 3 版. 刘树棠，任品毅，译. 北京：电子工业出版社，2017.

[34]　Rodger E. Ziemer，William H. Tranter. 通信原理：调制、编码与噪声[M]. 7 版. 谭明新，译. 北京：电子工业出版社，2018.

[35]　John G Proakis，Masoud Salehi. 通信系统原理[M]. 2 版. 郭宇春，张立军，李磊，译. 北京：机械工业出版社，2015.

[36]　Yonina C. Eldar,Gitta Kutyniok. 压缩感知理论与应用 [M].梁栋，王海峰，译. 北京：机械工业出版社，2019.